Springer Collected Works in Mathematics

More information about this series at http://www.springer.com/series/11104

(Photographed by K.S., 1992)

南雲道夫

MITIO NAGUMO

Mitio Nagumo

Collected Papers

Editors

Masaya Yamaguti • Louis Nirenberg • Sigeru Mizohata • Yasutaka Sibuya

Reprint of the 1993 Edition

Springer

Author
Mitio Nagumo (1905-1995)
Osaka University
Osaka, Japan

Editors
Masaya Yamaguti (1925-1998)
Kyoto University
Kyoto, Japan

Professor Louis Nirenberg
Courant Institute of Mathematical Sciences
New York, NY, USA

Sigeru Mizohata (1924-2002)
Kyoto University
Kyoto, Japan

Professor Emeritus Yasutaka Sibuya
School of Mathematics
University of Minnesota
Minneapolis, MN, USA

ISSN 2194-9875
ISBN 978-4-431-54933-8
Springer Tokyo Heidelberg New York Dordrecht London

Library of Congress Control Number: 2014946819

Printed on acid-free paper

Springer is part of Springer Science+Business Media (www.springer.com)

Preface

This volume contains almost all of Mitio Nagumo's mathematical papers published in languages other than Japanese, plus two papers translated into English from Japanese. The papers are divided into three groups, namely, those on ordinary differential equations, on partial differential equations, and those on other mathematical topics. A commentary for each group has been written by the editors.

We hope this volume will deepen the reader's appreciation of Professor Nagumo's mathematical originality.

We should like to express our hearty thanks for the collaboration and efforts of Professors Hiroki Tanabe, Kenzo Shinkai, and Michihiro Nagase.

We express our most sincere gratitude to Springer-Verlag for having undertaken this publication.

November 1992

Editorial Committee

Sigeru Mizohata
Louis Nirenberg
Yasutaka Sibuya
Masaya Yamaguti

Preface

Contents

[1] Numbers in brackets refer to the Bibliography at the end of this volume.

Contents

Eine hinreichende Bedingung für die Unität der Lösung von Differentialgleichungen erster Ordnung

[Japan. J. Math., 3 (1926) 107–112]

(Eingegangen am 7. October, 1926.

Es sei eine Differentialgleichung

$$\frac{dy}{dx}=f(x,y) \tag{1}$$

gegeben. Wir setzen voraus, *dass im Bereiche* $|x-x_0|\leqq l$, $|y-y_0|\leqq k$, *der kurz mit* B *bezeichnet wird, die Funktion* $f(x,y)$ *stetig ist und es eine hinreichend kleine positive Zahl* ε *gibt, für welche stets im* B *die Ungleichung*

$$\frac{x-x_0}{y_2-y_1}\{f(x,\ y_2)-f(x,\ y_1)\}<1 \tag{2}$$

gilt, wenn $0<|x-x_0|\leqq\varepsilon$, $y_1\neq y_2$, $|y_i-y_0|\leqq M\varepsilon$, $(i=1,2)$ *sind, worin* M *das Maximum von* $|f(x,y)|$ *im* B *bezeichnet.*

Dann beweisen wir, *dass daraus die Eindeutigkeit der Lösung von* (1) *mit den Anfangswerten* $x=x_0$, $y=y_0$ *mindestens fürs Intervall* $|x-x_0|\leqq\varepsilon$ *erfolgt.*

Wir führen den Beweis nur wenn $x-x_0\geqq 0$, weil für den anderen Fall der Beweis ganz ähnlich durchführbar ist.

Angenommen, in der Tat, es gäbe zwei verschiedene Lösungen $y_1(x)$ und $y_2(x)$ durch $(x=x_0,\ y=y_0)$ für $|x-x_0|\leqq\varepsilon$, dann gibt es mindestens einen Wert $x=x_1$, $(x_0<x_1\leqq x_0+\varepsilon)$, so dass $y_1(x_1)\neq y_2(x_1)$. Wir können annehmen $y_2(x_1)>y_1(x_1)$. Für $x_0\leqq x\leqq x_0+\varepsilon$ besteht auch $|y_i-y_0|\leqq M\varepsilon$, $(i=1,2)$. Aus (2) erhält man

$$f(x_1,\ y_2)-f(x_1,\ y_1)<\frac{y_2(x_1)-y_1(x_1)}{x_1-x_0},$$

und nach (1)

$$\left(\frac{dy_2}{dx}-\frac{dy_1}{dx}\right)_{x=x_1}<\frac{y_2(x_1)-y_1(x_1)}{x_1-x_0}. \tag{2'}$$

Wir setzen $\quad F(x)=y_2(x)-y_1(x)$

und $\quad \xi(x)=\dfrac{y_2(x_1)-y_1(x_1)}{x_1-x_0}(x-x_0).$

Für diese Funktionen gelten die folgenden Beziehungen:

$$F(x_0)=0,$$
$$F'(x)=\frac{dy_2}{dx}-\frac{dy_1}{dx}=f(x,\ y_2)-f(x,\ y_1),$$
$$F'(x_0)=0,$$
$$\xi(x_0)=0,$$
$$\xi'(x)=\frac{y_2(x_1)-y_1(x_1)}{x_1-x_0}>0$$
$$F(x_1)=\xi(x_1).$$

Dann folgt aus $\xi'(x_0)>F'(x_0)$ für einen in hinreichender Nähe von x_0 liegenden Wert

$$x=x',\quad x_0<x'<x_1,$$
$$\xi(x')>F(x'),$$

d. h.,

$$\xi(x')-F(x')>0. \tag{3}$$

Aber (2′) zeigt uns $\xi'(x_1)>F'(x_1)$, und da $\xi(x_1)=F(x_1)$ ist, gibt es einen in hinreichender Nähe von x_1 liegenden Wert $x=x''$, $x'<x''<x_1$, für den die Ungleichung

$$\xi(x'')-F(x'')<0 \tag{4}$$

gilt.

Weil $F(x)$ und $\xi(x)$ stetig sind, muss es, wie man aus (3) und (4) ersieht, mindestens einen Wert von x zwischen x' und x'' geben, so dass

$$F(x)=\xi(x)$$

ist. Sei $\bar{x}$ der grösste solcher Werte, so muss $F(\bar{x})=\xi(\bar{x})$ und

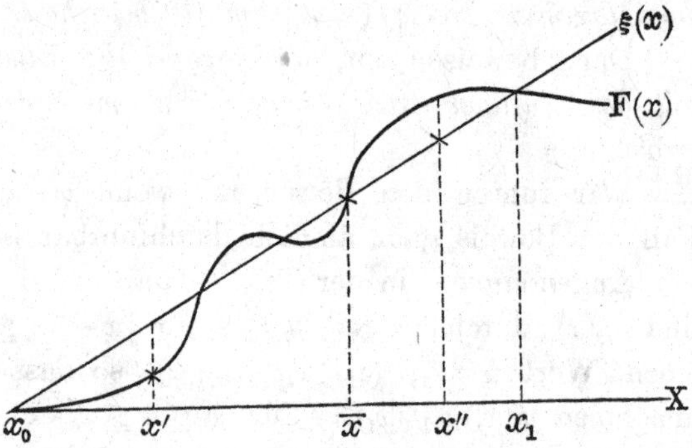

Fig. 1

$$F'(\bar{x})\geqq\xi'(\bar{x}). \tag{5}$$

Aber

$$\xi'(\bar{x})=\frac{y_2(x_1)-y_1(x_1)}{x_1-x_0}=\frac{y_2(x_1)-y_1(x_1)}{x_1-x_0}\ \frac{\bar{x}-x_0}{\bar{x}-x_0}=\frac{\xi(\bar{x})}{\bar{x}-x_0}=\frac{F(\bar{x})}{\bar{x}-x_0}$$
$$=\frac{y_2(\bar{x}_1)-y_1(\bar{x})}{\bar{x}-x_0}$$

und

$$F'(\bar{x})=f(\bar{x},\ y_2(\bar{x}))-f(\bar{x},\ y_1(\bar{x})).$$

Dann kommt aus (5)

$$f(\bar{x}, y_2(\bar{x})) - f(\bar{x}, y_1(\bar{x})) \geqq \frac{y_2(\bar{x}) - y_1(\bar{x})}{\bar{x} - x_0} \quad (>0),$$

d. h.
$$\left(\frac{\bar{x}-x_0}{y_2-y_1}\right)_{x=\bar{x}} \{f(\bar{x}, y_2) - f(\bar{x}, y_1)\}_{x=\bar{x}} \geqq 1,$$

heraus, was aber im Widerspruch steht mit (2). W. z. b. w.

Bemerkungen.

1) Die Formel (2) enthält die Lipschitzsche Bedingung als einen speziellen Fall, weil der absolute Betrag von

$$\frac{x-x_0}{y_2-y_1}\{f(x, y_2) - f(x, y_1)\}$$

mit $|x-x_0|$ beliebig klein wird.

2) Da $f(x, y)$ im B stetig ist, gibt es für irgend eine kleine positive Zahl η eine positive Zahl ε, so dass

$$|f(x, y) - f(x_0, y_0)| < \eta$$

gilt im Bereiche

$$|x-x_0| \leqq \varepsilon, \quad |y-y_0| \leqq M\varepsilon.$$

Dann für jede Lösung von (1) durch den Punkt (x_0, y_0)

$$y = y_0 + \{f(x_0, y_0) + \delta\}(x-x_0)$$

im $|x-x_0| \leqq \varepsilon$, wo $|\delta| < \eta$ ist. So können wir anstatt (2) für $|x-x_0| \leqq \varepsilon$ und $|\delta_i| < \eta$, $(i=1, 2)$ stets setzen

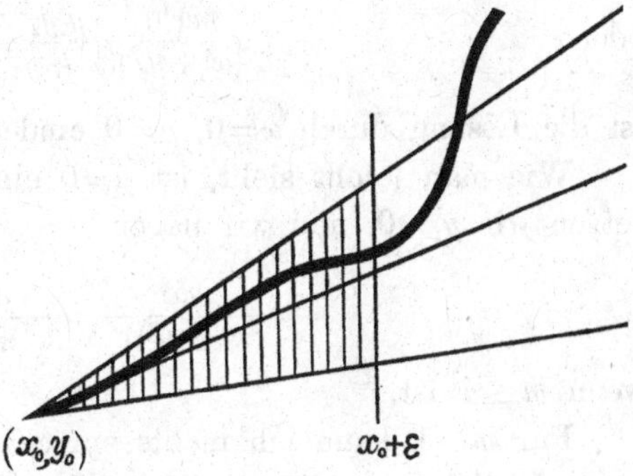

Fig. 2

$$\frac{f\{x, y_0 + (f(x_0, y_0) + \delta_2)(x-x_0)\} - f\{x, y_0 + (f(x_0, y_0) + \delta_1)(x-x_0)\}}{\delta_2 - \delta_1} < 1.$$

3) Ist eine Lösung von (1), $\bar{y}(x)$, durch $(x=x_0, y=y_0)$ vorhanden, so können wir für y_1 in (2) die Lösung $\bar{y}(x)$ einsetzen.

Beispiele.

I. $$\frac{dy}{dx} = \frac{mx^3y}{x^4+y^2} \quad (m \text{ konst.}).$$

Es gilt $$\left|\frac{mx^3y}{x^4+y^2}\right| \leqq \left|\frac{mx}{2}\right| \quad \text{wegen } |2x^2y| \leqq x^4+y^2.$$

So ist $\frac{dy}{dx}$ stetig in jedem Punkte (x, y), und genügt der Lipschitzschen Bedingung überall ausser einer kleinen Umgebung von $x=0$, $y=0$. In der Tat:

$$|f(x, y_2)-f(x, y_1)| = \left| \frac{mx^3}{(x^4+y_2^2)(x^4+y_1^2)}(x^4(y_2-y_1)+y_1y_2(y_1-y_2)) \right|.$$

Gesetzt $y_1=0$, erhält man

$$|f(x, y_2)-f(x, y_1)| = \left| \frac{mx^3}{x^4+y_2^2} \right| \cdot \left| y_2-y_1 \right|,$$

wo $\left| \frac{mx^3}{x^4+y_2^2} \right|$ in je kleiner Umgebung von $x=0$, $y=0$ beliebig gross werden kann.

Die linke Seite von (2) lautet für diesen Fall, wo $x_0=0$, $y_0=0$ sind:

$$\frac{x}{y_2-y_1}\left(\frac{mx^3y_2}{x^4+y_2^2} - \frac{mx^3y_1}{x^4+y_1^2} \right) = \frac{mx^4(x^4-y_1y_2)}{(x^4+y_2^2)(x^4+y_1^2)}.$$

Weil $|x^4(x^4-y_1y_2)| < (x^4+y_2^2)(x^4+y_1^2)$ ist sicherlich für $1 \geqq m \geqq -1$,

oder
$$\frac{mx^4(x^4-y_1y_2)}{(x^4+y_2^2)(x^4+y_1^2)} < 1,$$

ist die Lösung durch $x=0$, $y=0$ eindeutig bestimmt.

Wie man leicht sieht, ist $y=0$ eine Lösung durch $(x=0, y=0)$. So setzen wir $y_1=0$, und wir haben

$$\frac{mx^8}{(x^4+y_2^2)x^4} = \frac{mx^4}{x^4+y_2^2} < 1,$$

wenn $m \leqq 1$ ist.

Für $m>1$ kann ich nichts sprechen. Aber für den Fall $m=4$, gibt es sicherlich unendlich viele Lösungen von (1) durch $(x=0, y=0)$, nämlich

$$y=\sqrt{c^2+x^4}-c, \quad y=0;$$

und
$$y=c-\sqrt{c^2+x^4}, \quad (c \geqq 0).$$

II. Lavrentieff hat eine Differentialgleichung

$$\frac{dy}{dx}=f(x, y) \tag{6}$$

angestellt[1], wobei $f(x, y)$ im Bereiche $0 \leqq x \leqq 1$, $0 \leqq y \leqq 1$, den wir kurz mit B bezeichnen, stetig ist, und deren Lösungen die im (B) überall dicht liegenden Verzweigungspunkte besitzen. Unter einem Verzweigungspunkte verstehen wir einen Punkt, durch welchen mindestens zwei verschiedene Lösungen von (6) gehen, die in je kleiner Umgebung des

(1) Math. Zeitschrift **23** (1925).

Punktes verschiedene Werte y haben für einen denselben Wert von x. Wir setzen auch, dass auf $y=0$, $0 \leqq x \leqq 1$ und $y=1$, $0 \leqq x \leqq 1$ die Funktion $f(x, y)$ verschwindet, und $|f(x, y)|$ im B das Maximum M hat.

Eine geringe Modifikation von Lavrentieff'schem Beispiele liefert uns ein Beispiel der Differentialgleichung

$$\frac{dy}{dx} = F(x, y) \tag{7}$$

wobei $F(x, y)$ im Bereiche, $0 \leqq x \leqq 1$, $0 \leqq y \leqq 1$, der mit B_0 bezeichnet wird, stetig ist, und Verzweigungspunkte der Lösungen überall dicht im B_0 liegen, während durch $(x=x_0, y=y_0)$ die einzige Lösung, $y=0$, läuft.

Teilen wir den Bereich B_0 in abzählbare Bänder durch die der x-Achse parallelen Strecken $0 \leqq x \leqq 1$, $y=\frac{1}{2^n}$, $(n=1, 2, 3, \ldots\ldots)$. Das Band,

$$0 \leqq x \leqq 1, \quad \frac{1}{2^{n-1}} \geqq y > \frac{1}{2^n}$$

bezeichnen wir mit B_n. Dann definieren wir eine Funktion $F(x, y)$ folgendermassen:

$$\text{im } B_n \qquad F(x, y) = \frac{f(x, 2^n y - 1)}{2^n}.$$

Diese Formel ist nichts anderes als die Transformation durch welche die ganze Lösungskurvenschar von (6) in B_n zusammengedrängt wird. Auf $y=0$ $(0 \leqq x \leqq 1)$ haben wir $F(x, y)=0$.

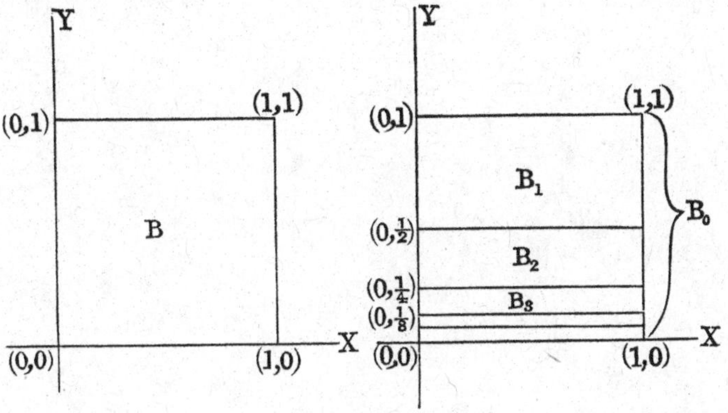

Fig. 3

In jedem B_n gilt $\qquad |F(x, y)| \leqq \frac{M}{2^n}$,

oder
$$|F(x, y)| \leqq My.$$

Also ist $F(x, y)$ im B_0 stetig.

Nun ist $y=0$ für $0 \leqq x \leqq 1$ sicherlich eine Lösung von (7) durch $(x=0, y=0)$. Wir nehmen einen beliebigen Punkt $x=x_0$, $y=0$ auf dieser Lösung und benutzen die Formel (2), dann erhalten wir für diesen Punkt

$$\frac{x-x_0}{y_2}\{F(x, y_2)-F(x, 0)\}=\frac{(x-x_0)F(x, y_2)}{y_2}.$$

Weil
$$\left|\frac{(x-x_0)F(x, y_2)}{y_2}\right| \leqq \left|\frac{(x-x_0)My_2}{y_2}\right| = |x-x_0|M$$

ist, wird die Bedingung (2) befriedigt für einen genügend kleinen Wert von $|x-x_0|$. Da x_0 beliebig im $0 \leqq x_0 \leqq 1$ genommen werden kann, so muss $y=0$ die einzige Lösung von (7) durch $(x=0, y=0)$ sein. Im B_0 liegen doch Verzweigungspunkte überall dicht. W. z. b. w.

Den 21. Juni, 1926.

Mathematisches Institut,
K. Universität zu Tôkyô.

Über die Nullstellen der Integrale von gewöhnlichen linearen homogenen Differentialgleichungen

[Japan. J. Math., 4 (1927) 169–178]

1.

Wir wollen zunächst die lineare Kombination von n Funktionen reeller Veränderlichen, $y(x)=\sum_{i=1}^{n} c_i y_i(x)$, betrachten. Wir annehmen, dass die Funktionen $y_i(x)$ mit im Intervalle $\alpha \leqq x \leqq \beta$ stetigen n-ten Ableitungen versehen sind, und dass die Wronskische Determinante:

$$W(x)=\begin{vmatrix} y_1(x) & y_2(x) & \dots\dots\dots & y_n(x) \\ y_1'(x) & y_2'(x) & \dots\dots\dots & y'_n(x) \\ \dots & \dots & \dots & \dots \\ y_1^{(n-1)}(x) & y_2^{(n-1)}(x) & \dots\dots & y_n^{(n-1)}(x) \end{vmatrix}$$

im Intervalle $\alpha \leqq x \leqq \beta$ niemals verschwindet, und darin auch die Ungleichung:

$$|W(x)| \geqq U \qquad (1)$$

besteht, wobei U eine positive Konstante bedeutet.

Wir setzen auch voraus, dass im $\alpha \leqq x \leqq \beta$ $y(x)$ nicht identisch aber n-mal verschwindet (der Multiplizität nach gerechnet). Hier sollen mindestens zwei von einander verschiedene Nullstellen vorhanden, denn sonst muss $W(x)$, gegen unsere Annahme, für die Nullstellen verschwinden. Nun wollen wir beweisen, dass jedes Intervall im $\alpha \leqq x \leqq \beta$, worin $y(x)$ n-mal verschwindet, eine positive von der Werten c_i unabhängige untere Schranke hat.

Wir bezeichnen mit a, $a+h_1$, $a+h_2$, ..., $a+h_\lambda$ die Nullstellen von $y(x)$, und mit $\kappa_\nu+1 (\nu=0, 1, 2, \dots, \lambda)$ ihre Multiplizität.
Es bestehen also:

$$c_1 y_1^{(\mu)}(a+h_\nu)+c_2 y_2^{(\mu)}(a+h_\nu)+\dots\dots+c_n y_n^{(\mu)}(a+h_\nu)=0,$$
$$\mu=0, 1, 2, \dots, \kappa_\nu; \quad \nu=0, 1, 2, \dots, \lambda.$$

Wir verstehen dabei unter h_0 den Wert Null, und voraussetzen, dass

$$0=h_0<h_1<h_2<\ldots\ldots<h_\lambda.$$

Wir setzen der Kürze halber:

$$D\begin{pmatrix} y^{(\alpha_1)}(x_1), & y^{(\alpha_2)}(x_2), & \ldots\ldots, & y^{(\alpha_n)}(x_n) \\ 1 & 2 & \ldots\ldots & n \end{pmatrix}$$

$$=\begin{vmatrix} y_1^{(\alpha_1)}(x_1) & y_2^{(\alpha_1)}(x_1) & \ldots\ldots & y_n^{(\alpha_1)}(x_1) \\ y_1^{(\alpha_2)}(x_2) & y_2^{(\alpha_2)}(x_2) & \ldots\ldots & y_n^{(\alpha_2)}(x_2) \\ \ldots & \ldots & \ldots & \ldots \\ y_1^{(\alpha_n)}(x_n) & y_2^{(\alpha_n)}(x_n) & \ldots\ldots & y_n^{(\alpha_n)}(x_n) \end{vmatrix}.$$

Da mindestens eine der Konstanten c_i von Null verschieden ist, so verschwindet die Determinante:

$$D\begin{pmatrix} y(a), & y'(a), & \ldots, & y^{(\kappa_0)}(a), & y(a+h_1), & \ldots, & y^{(\kappa_1)}(a+h_1), & \ldots, \\ 1 & 2 & & \ldots\ldots & & & & \end{pmatrix}$$

$$\begin{pmatrix} y(a+h_\lambda), & \ldots, & y^{(\kappa_\lambda)}(a+h_\lambda) \\ \ldots\ldots & & n \end{pmatrix}=0. \qquad (2)$$

Man betrachte die Determinante:

$$F_\lambda^0(x)=D\begin{pmatrix} y(a), & y'(a), & \ldots, & y(a+h_{\lambda-1}), & \ldots, & y^{(\kappa_{\lambda-1})}(a+h_{\lambda-1}), \\ 1 & 2 & & \ldots\ldots & & \end{pmatrix}$$

$$\begin{pmatrix} y(x), & y'(a+h_\lambda), & \ldots, & y^{(\kappa_\lambda)}(a+h_\lambda) \\ \ldots\ldots & & & n \end{pmatrix}$$

welche dadurch entsteht, dass man in $(n-\kappa_\lambda)$-te Zeile der Determinante (2) anstatt der Werte $y_i(a+h_\lambda)$ die Funktionen $y_i(x)$ $(i=1, 2, \ldots, n)$ einsetzt. Die Determinante $F_\lambda^0(x)$ verschwindet für $x=a+h_{\lambda-1}$ und für $x=a+h_\lambda$ wegen (2). Man hat also nach Rolleschem Satze.

$$\frac{d}{dx}F_\lambda^0(a+\xi_{\lambda,0})=0,$$

oder

$$D\begin{pmatrix} y(a), & y'(a), & \ldots\ldots, & y^{(\kappa_{\lambda-1})}(a+h_{\lambda-1}), & y'(a+\xi_{\lambda,0}), & y'(a+h_\lambda), & \ldots, \\ 1 & 2 & & \ldots\ldots & & & \end{pmatrix}$$

$$\begin{pmatrix} y^{(\kappa_\lambda)}(a+h_\lambda) \\ n \end{pmatrix}=0, \qquad (2')$$

wobei $h_{\lambda-1}<\xi_{\lambda,0}<h_\lambda$ ist. Betrachte man nun die Determinante:

$$F_\lambda^1(x)=D\begin{pmatrix} y(a), & y'(a), & \ldots, & y^{(\kappa_{\lambda-1})}(a+h_{\lambda-1}), & y'(a+\xi_{\lambda,0}), & y'(x), \\ 1 & 2 & & \ldots\ldots\ldots\ldots\ldots\ldots & & \\ & & y''(a+h_\lambda), & \ldots, & y^{(\kappa_\lambda)}(a+h_\lambda) & \\ & & \ldots\ldots\ldots & & n & \end{pmatrix},$$

welche dadurch entsteht, dass man in $(n-\kappa_\lambda+1)$-te Zeile der Determinante (2′) anstatt der Werte $y_i'(a+h_\lambda)$ $(i=1, 2, \ldots, n)$ die Funktionen $y_i'(x)$ einsetzt. Die Funktion $F_\lambda^1(x)$ verschwindet für $x=a+\xi_{\lambda,0}$ und für $x=a+h_\lambda$. Wir haben also wegen Rolleschen Satzes:

$$\frac{d}{dx}F_\lambda^1(a+\xi_{\lambda,1})=0,$$

oder

$$D\begin{pmatrix} y(a), & y'(a), & \ldots, & y^{(\kappa_{\lambda-1})}(a+h_{\lambda-1}), & y'(a+\xi_{\lambda,0}), & y''(a+\xi_{\lambda,1}), \\ 1 & 2 & & \ldots\ldots\ldots\ldots\ldots\ldots & & \\ & & y''(a+h_\lambda), & \ldots, & y^{(\kappa_\lambda)}(a+h_\lambda) & \\ & & \ldots\ldots\ldots & & n & \end{pmatrix}=0, \tag{2''}$$

wobei $\xi_{\lambda,0}<\xi_{\lambda,1}<h_\lambda$ ist. Diese Verfahren wie oben wenden wir Schritt für Schritt auf die $(n-\kappa_\lambda+2)$-te, $(n-\kappa_\lambda+3)$-te, ..., n-te Zeilen der Determinante (2″) an, und wir bekommen:

$$D\begin{pmatrix} y(a), & y'(a), & \ldots, & y^{(\kappa_{\lambda-1})}(a+h_{\lambda-1}), & y'(a+\xi_{\lambda,0}), & y''(a+\xi_{\lambda,1}), \\ 1 & 2 & & \ldots\ldots\ldots\ldots\ldots\ldots & & \\ & & y'''(a+\xi_{\lambda,2}), & \ldots, & y^{(\kappa_\lambda+1)}(a+\xi_{\lambda,\kappa_\lambda}) & \\ & & \ldots\ldots\ldots & & n & \end{pmatrix}=0, \tag{2'''}$$

wobei $h_{\lambda-1}<\xi_{\lambda,0}<\xi_{\lambda,1}<\xi_{\lambda,2}<\ldots<\xi_{\lambda,\kappa_\lambda}<h_\lambda$ sind.

Dies Verfahren wenden wir wieder auf die letzten $\kappa_\lambda+1$ Zeilen an, und zwar $\kappa_{\lambda-1}$-mal wiederholt; wir bekommen also:

$$D\begin{pmatrix} y(a), & y'(a), & \ldots, & y(a+h_{\lambda-1}), & \ldots, & y^{(\kappa_{\lambda-1})}(a+h_{\lambda-1}), & y^{(\kappa_{\lambda-1}+1)}(a+\xi_{\lambda,0}'), \\ 1 & 2 & & \ldots\ldots\ldots\ldots\ldots\ldots & & & \\ & & y^{(\kappa_{\lambda-1}+2)}(a+\xi_{\lambda,1}') & \ldots, & y^{(\kappa_\lambda+\kappa_{\lambda-1}+1)}(a+\xi_{\lambda,\kappa_\lambda}') & & \\ & & \ldots\ldots\ldots & & n & & \end{pmatrix}=0,$$

wobei $h_{\lambda-1}<\xi_{\lambda,0}'<\xi_{\lambda,1}'<\dots<\xi_{\lambda,\kappa_\lambda}'<h_\lambda$ sind.

Wir wenden ähnliches Verfahren auf die letzten $\kappa_{\lambda-1}+\kappa_\lambda+2$ Zeilen an, $(\kappa_{\lambda-2}+1)$–mal wiederholt, dann auf die letzten $\kappa_{\lambda-2}+\kappa_{\lambda-1}+\kappa_\lambda+3$ Zeilen $(\kappa_{\lambda-3}+1)$–mal wiederholt, usw., bis schliesslich wir bekommen:

$$\begin{vmatrix} y_1(a) & y_2(a) & \dots\dots & y_n(a) \\ y_1'(a+\eta_1) & y_2'(a+\eta_1) & \dots\dots & y_n'(a+\eta_1) \\ y_1''(a+\eta_2) & y_2''(a+\eta_2) & \dots\dots & y_n''(a+\eta_2) \\ \dots & \dots & \dots & \dots \\ y_1^{(n-1)}(a+\eta_{n-1}) & y_2^{(n-1)}(a+\eta_{n-1}) & \dots\dots & y_n^{(n-1)}(a+\eta_{n-1}) \end{vmatrix} = 0, \qquad (3)$$

wobei $0\leqq\eta_1\leqq\eta_2\leqq\dots\leqq\eta_{n-2}<\eta_{n-1}$ und $\eta_i\leqq h_{(i)}$ sind. Dabei bedeutet $h_{(i)}$ die in der $(i+1)$–te Zeile der auf linker Seite von (2) stehenden Determinante auftretenden h_ν. Es ist auch $0<\eta_{n-1}<h_\lambda$. Nach dem Mittelwertsatz haben wir für (3):

$$\begin{vmatrix} y_1(a) & y_2(a) & \dots\dots & y_n(a) \\ y_1'(a+\eta_1) & y_2'(a+\eta_1) & \dots\dots & y_n'(a+\eta_1) \\ \dots & \dots & \dots & \dots \\ y_1^{(n-2)}(a+\eta_{n-2}) & y_2^{(n-2)}(a+\eta_{n-2}) & \dots\dots & y_n^{(n-2)}(a+\eta_{n-2}) \\ y_1^{(n-1)}(a)+\eta_{n-1}y_1^{(n)}(a+\theta_n\eta_{n-1}) & y_2^{(n-1)}(a)+\eta_{n-1}y_2^{(n)}(a+\theta_n\eta_{n-1}) & \dots\dots & y_n^{(n-1)}(a)+\eta_{n-1}y_n^{(n)}(a+\theta_n\eta_{n-1}) \end{vmatrix} = 0,$$

oder

$$\begin{vmatrix} y_1(a) & y_2(a) & \dots\dots & y_n(a) \\ y_1'(a+\eta_1) & y_2'(a+\eta_1) & \dots\dots & y_n'(a+\eta_1) \\ \dots & \dots & \dots & \dots \\ y_1^{(n-2)}(a+\eta_{n-2}) & y_2^{(n-2)}(a+\eta_{n-2}) & \dots\dots & y_n^{(n-2)}(a+\eta_{n-2}) \\ y_1^{(n)}(a+\theta_n\eta_{n-1}) & y_2^{(n)}(a+\theta_n\eta_{n-1}) & \dots\dots & y_n^{(n)}(a+\theta_n\eta_{n-1}) \end{vmatrix} \eta_{n-1}$$

$$+\begin{vmatrix} y_1(a) & y_2(a) & \ldots\ldots & y_n(a) \\ y_1'(a+\eta_1) & y_2'(a+\eta_1) & \ldots\ldots & y_n'(a+\eta_1) \\ \multicolumn{4}{c}{\dotfill} \\ y_1^{(n-2)}(a+\eta_{n-2}) & y_2^{(n-2)}(a+\eta_{n-2}) & \ldots\ldots & y_n^{(n-2)}(a+\eta_{n-2}) \\ y_1^{(n-1)}(a) & y_2^{(n-1)}(a) & \ldots\ldots & y_n^{(n-1)}(a) \end{vmatrix}=0, \quad (3')$$

wobei $o<\theta_n<1$ ist.

Wenden wir nun den Mittelwertsatz Schritt für Schritt noch auf die $(n-1)-$te, $(n-2)-$te, ..., dritte und zweite Zeile der Determinante an, welche auf linker Seite von (3′) als zweites Glied steht, und entwickeln diese nach diesen Zeilen. Wir bekommen also:

$$\begin{vmatrix} y_1(a) & \ldots\ldots & y_n(a) \\ y_1'(a+\eta_1) & \ldots\ldots & y_n'(a+\eta_1) \\ \multicolumn{3}{c}{\dotfill} \\ y_1^{(n-2)}(a+\eta_{n-2}) & \ldots\ldots & y_n^{(n-2)}(a+\eta_{n-2}) \\ y_1^{(n)}(a+\theta_n\eta_{n-1}) & \ldots\ldots & y_n^{(n)}(a+\theta_n\eta_{n-1}) \end{vmatrix}\eta_{n-1}$$

$$+\begin{vmatrix} y_1(a) & \ldots\ldots & y_n(a) \\ \multicolumn{3}{c}{\dotfill} \\ y_1^{(n-3)}(a+\eta_{n-3}) & \ldots\ldots & a_n^{(n-3)}(a+\eta_{n-3}) \\ y_1^{(n-1)}(a+\theta_{n-1}\eta_{n-2}) & \ldots\ldots & y_n^{(n-1)}(a+\theta_{n-1}\eta_{n-2}) \\ y_1^{(n-1)}(a) & \ldots\ldots & y_n^{(n-1)}(a) \end{vmatrix}\eta_{n-2}+\ldots\ldots$$

$$+\begin{vmatrix} y_1(a) & \ldots\ldots & y_n(a) \\ y_1''(a+\theta_2\eta_1) & \ldots\ldots & y_n''(a+\theta_2\eta_1) \\ y_1''(a) & \ldots\ldots & y_n''(a) \\ \multicolumn{3}{c}{\dotfill} \\ y_1^{(n-1)}(a) & \ldots\ldots & y_n^{(n-1)}(a) \end{vmatrix}\eta_1+\begin{vmatrix} y_1(a) & \ldots\ldots & y_n(a) \\ y_1'(a) & \ldots\ldots & y_n'(a) \\ \multicolumn{3}{c}{\dotfill} \\ y_1^{(n-2)}(a) & \ldots\ldots & y_n^{(n-2)}(a) \\ y_1^{(n-1)}(a) & \ldots\ldots & y_n^{(n-1)}(a) \end{vmatrix}=0,$$

wobei $0<\theta_\mu<1$ sind.

Daraus folgt die Ungleichung:

$$\sum_{i=1}^{n-1} U_i\eta_i \geqq U, \quad (4)$$

wobei U_i die oberen Grenzen der absoluten Beträge der Determinanten:

$$\begin{vmatrix} y_1(x) & y_2(x) & \cdots\cdots & y_n(x) \\ y_1'(x_1) & y_2'(x_1) & \cdots\cdots & y_n'(x_1) \\ \cdots\cdots & \cdots\cdots & \cdots\cdots & \cdots\cdots \\ y_1^{(i-1)}(x_{i-1}) & y_2^{(i-1)}(x_{i-1}) & \cdots\cdots & y_n^{(i-1)}(x_{i-1}) \\ y_1^{(i+1)}(x_i) & y_2^{(i+1)}(x_i) & \cdots\cdots & y_n^{(i+1)}(x_i) \\ y_1^{(i+1)}(x) & y_2^{(i+1)}(x) & \cdots\cdots & y_n^{(i+1)}(x) \\ y_1^{(i+2)}(x) & y_2^{(i+2)}(x) & \cdots\cdots & y_n^{(i+2)}(x) \\ \cdots\cdots & \cdots\cdots & \cdots\cdots & \cdots\cdots \\ y_1^{(n-1)}(x) & y_2^{(n-1)}(x) & \cdots\cdots & y_n^{(n-1)}(x) \end{vmatrix}$$

bedeutet, wobei die Werte $x, x_1, x_2, \ldots, x_{i-1}, x_i$ im $\alpha \leqq x \leqq \beta$ unabhängig von einander variieren. Ersetzt man η_i durch $h_{(i)}$ so erhält man:

$$\sum_{i=1}^{n-1} U_i h_{(i)} > U. \tag{4'}$$

Setzt man $h_\lambda - h_{(i)} = \bar{h}_{(i)}$, und führt die obigen Verfahren, indem man anstatt $a, a+h_1, \ldots, a+h_\lambda$ die Stellen $a+h_\lambda$, $a+h_\lambda-\bar{h}_{(n-2)} = a+h_{(n-2)}$, $\ldots$, $a+h_\lambda-\bar{h}_{(0)}=a$ betrachtet, so folgt ähnlicherweise die Ungleichung:

$$\sum_{i=1}^{n-1} U_i \bar{h}_{(i)} > U.$$

Dies mit (4′) ergibt:

$$\left(\sum_{i=1}^{n-1} U_i\right) h_\lambda > 2U,$$

oder:

$$h > \frac{2U}{\sum_{i=1}^{n-1} U_i}, \tag{5}$$

wobei h das abgeschlossene Intervall, das darin n Nullstellen von $y(x) = \sum_{i=1}^{n} c_i y_i(x)$ enthält, bedeutet. Wir haben nähmlich:

Es sei $y(x) = \sum_{i=1}^{n} c_i y_i(x)$ *irgend eine nicht identisch verschwindende lineare Kombination von* n*-mal stetig differentierbaren Funktionen* $y_i(x)$ $(i=1, 2, \ldots, n)$, *wobei die Wronskische Determinante* $W(x)$ *im Intervalle* $\alpha \leqq x \leqq \beta$, *ihrem absoluten Betrage nach, nicht kleiner als eine positive*

Konstante U ist. Ist h die Länge irgend eines abgeschlossenen Teilintervalles von $\alpha \leqq x \leqq \beta$, worin $y(x)$ n-mal verschwindet, so hat h eine von den Werten c_i unabhängige untere Schranke $\dfrac{2U}{\sum_{i=1}^{n-1} U_i}$ (1).

2.

Wir sind jetzt zur Untersuchung der linearen homogenen Differentialgleichungen vorbereitet. Es sei eine lineare homogene gewöhnliche Differentialgleichung:

$$y^{(n)}+p_1(x)y^{(n-1)}+p_2(x)y^{(n-2)}+\dots+p_n(x)y=0 \tag{6}$$

vorgelegt, wobei die Funktionen $p_\kappa(x)$ $(\kappa=1, 2, \dots, n)$ im Intervalle $\alpha \leqq x \leqq \beta$ beschränkt und stückweise stetig sind. Wir betrachten die n Integrale dieser Differentialgleichung, $y_i(x)$, mit den Anfangsbedingungen:

$$y_i^{(\nu)}(\alpha)=\begin{cases} 0, & \text{wenn } \nu \neq i-1, \\ 1, & \text{wenn } \nu = i-1, \end{cases} \tag{7}$$

$$(\nu=0, 1, 2, \dots\dots, n-1), \quad (i=1, 2, \dots\dots, n).$$

Es gilt also für diese Integrale:

$$W(x)=e^{-\int_\alpha^x p_1(\xi)d\xi}.$$

Wir haben dann sicherlich:

$$|W(x)| \geqq e^{-P_1 l}$$

im $\alpha \leqq x \leqq \beta$, wobei $P_1 \geqq |p_1(x)|$ und $l=\beta-\alpha$ sind.

Die Grösse der Funktionen $y_i^{(\nu)}(x)$ abzuschätzen, wenden wir nun die Methode der sukzessiven Approximationen an. Es ist dann leicht einzusehen, dass die Integrale $y_i(x)$ von (6) mit den Anfangsbedingungen (7) und ihre Ableitungen $y_i^{(\nu)}(x)$, ihrer absoluten Beträgen nach, nicht grösser als die Integrale $Y_i(x)$ der folgenden Differentialgleichung:

$$y^{(n)}=P(y^{(n-1)}+y^{(n-2)}+\dots+y'+y) \tag{8}$$

mit denselben Anfangsbedingungen (7) bzw. ihre Ableitungen $Y_i^{(\nu)}(x)$, wobei $P \geqq |P_i(x)|$ $(i=1, 2, \dots, n)$ im $\alpha \leqq x \leqq \beta$ ist: d. h.,

$$Y_i(x) \geqq |y_i(x)|, \quad Y_i^{(\nu)}(x) \geqq |y_i^{(\nu)}(x)|, \quad \begin{matrix}(i=1, 2, \dots, n), \\ (\nu=1, 2, \dots, n).\end{matrix}$$

---

(1) Wie man leicht einsehen kann, ist die Stetigkeit von $y_i^{(n)}(x)$ nicht notwendig, sondern brauchen die $y_i^{(n)}(x)$ nur im $\alpha \leqq x \leqq \beta$ beschränkt und integrierbar zu sein.

Wir wenden also die Methode der sukzessiven Approximationen mit den Anfangsbedingungen (7) auf die Differentialgleichung (8) an. Als erste Annährungen setze man:

$$\eta_i^{(\nu)}(x)=\begin{cases}0, \text{ wenn } \nu\neq i-1,\\ 1, \text{ wenn } \nu=i-1,\end{cases} \quad \text{für} \quad \alpha\leqq x\leqq\beta.$$

Wir setzen diese in die rechte Seite von (8) ein, und durch Integrationen erhalten wir:

$$\eta_i^{(\nu)}(x)=\varepsilon_{i,\nu}\frac{(x-\alpha)^{i-1-\nu}}{(i-1-\nu)!}+P\frac{(x-\alpha)^{n-\nu}}{(n-\nu)!}, \quad (\nu=0, 1, \ldots, n),$$

$$\varepsilon_{i,\nu}=\begin{cases}0, \quad \text{wenn} \quad \nu>i-1,\\ 1, \quad \text{wenn} \quad 0\leqq\nu\leqq i-1.\end{cases}$$

Diese in die rechte Seite von (8) eingesetzt, erhält man durch Integration die zweite Annährungen:

$$\eta_i^{(\nu)}(x)=\varepsilon_{i,\nu}\frac{(x-\alpha)^{i-1-\nu}}{(i-1-\nu)!}+P\sum_{\nu_1=0}^{i-1}\frac{(x-\alpha)^{n-\nu+\nu_1}}{(n-\nu+\nu_1)!}+P^2\sum_{\nu_1=1}^{n}\frac{(x-\alpha)^{n-\nu+\nu_1}}{(n-\nu+\nu_1)!}.$$

Durch ähnliches Verfahren erhält man allgemein als k-te Annährungen:

$$\eta_i^{(\nu)}(x)=\varepsilon_{i,\nu}\frac{(x-\alpha)^{i-1-\nu}}{(i-1-\nu)!}+P\sum_{\nu_1=0}^{i-1}\frac{(x-\alpha)^{n-\nu+\nu_1}}{(n-\nu+\nu_1)!}+P^2\sum_{\nu_1=0}^{i-1}\sum_{\nu_2=1}^{n}\frac{(x-\alpha)^{n-\nu+\nu_1+\nu_2}}{(n-\nu+\nu_1+\nu_2)!}$$

$$+P^3\sum_{\nu_1=0}^{i-1}\sum_{\nu_2=1}^{n}\sum_{\nu_3=1}^{n}\frac{(x-\alpha)^{n-\nu+\nu_1+\nu_2+\nu_3}}{(n-\nu+\nu_1+\nu_2+\nu_3)!}+\ldots\ldots$$

$$+P^{k-1}\sum_{\nu_1=0}^{i-1}\sum_{\nu_2=1}^{n}\cdots\sum_{\nu_{k-1}=1}^{n}\frac{(x-\alpha)^{n-\nu+\nu_1+\ldots+\nu_{k-1}}}{(n-\nu+\nu_1+\ldots+\nu_{k-1})!}$$

$$+P^{k}\sum_{\nu_1=1}^{n}\sum_{\nu_2=1}^{n}\cdots\sum_{\nu_{k-1}=1}^{n}\frac{(x-\alpha)^{n-\nu+\nu_1+\nu_2+\ldots+\nu_{k-1}}}{(n-\nu+\nu_1+\nu_2+\ldots+\nu_{k-1})!},$$

insbesondere hat man:

$$\eta_i^{(n)}(x)=P\sum_{\nu_1=0}^{i-1}\frac{(x-\alpha)^{\nu_1}}{\nu_1!}+P^2\sum_{\nu_1=0}^{i-1}\sum_{\nu_2=1}^{n}\frac{(x-\alpha)^{\nu_1+\nu_2}}{(\nu_1+\nu_2)!}+\ldots\ldots$$

$$+P^{k-1}\sum_{\nu_1=0}^{i-1}\sum_{\nu_2=1}^{n}\cdots\sum_{\nu_{k-1}=1}^{n}\frac{(x-\alpha)^{\nu_1+\nu_2+\ldots+\nu_{k-1}}}{(\nu_1+\nu_2+\ldots+\nu_{k-1})!}$$

$$+P^k\sum_{\nu_1=1}^{n}\sum_{\nu_2=1}^{n}\cdots\sum_{\nu_{k-1}=1}^{n}\frac{(x-\alpha)^{\nu_1+\nu_2+\cdots+\nu_{k-1}}}{(\nu_1+\nu_2+\ldots+\nu_{k-1})!}.$$

Dabei gilt:

$$\lim_{k\to\infty}P^k\sum_{\nu_1=1}^{n}\sum_{\nu_2=1}^{n}\cdots\sum_{\nu_{k-1}=1}^{n}\frac{(x-\alpha)^{\nu_1+\nu_2+\cdots+\nu_{k-1}}}{(\nu_1+\nu_2+\ldots+\nu_{k-1})!}=0. \tag{9}$$

Denn man setze:

$$t_k=P^k\sum_{\nu_1=1}^{\infty}\sum_{\nu_2=1}^{\infty}\cdots\sum_{\nu_{k-1}=1}^{\infty}\frac{(x-\alpha)^{\sum_{r=1}^{k-1}\nu_r}}{\left(\sum_{r=1}^{k-1}\nu_r\right)!},\qquad x\geqq\alpha,$$

und betrachte die mehrfache positive Reihe:

$$\sum_{k=2}^{\infty}t_k=\sum_{k=2}^{\infty}P^k\sum_{\nu_1=1}^{\infty}\cdots\sum_{\nu_{k-1}=1}^{\infty}\frac{(x-\alpha)^{\sum_{r=1}^{k-1}\nu_r}}{\left(\sum_{r=1}^{k-1}\nu_r\right)!}=P^2\sum_{\nu=1}^{\infty}\frac{(1+P)^{\nu-1}}{\nu!}(x-\alpha)^\nu$$

$$=\frac{P^2}{1+P}(e^{(1+P)(x-\alpha)}-1).$$

Da $\sum_{k=2}^{\infty}t_k$ konvergiert, so bekommt man: $\lim_{k\to\infty}t_k=0$.

Aus $0<P^k\sum_{\nu_1=1}^{n}\sum_{\nu_2=1}^{n}\cdots\sum_{\nu_{k-1}=1}^{n}\frac{(x-\alpha)^{\nu_1+\nu_2+\cdots+\nu_{k-1}}}{(\nu_1+\nu_2+\ldots+\nu_{k-1})!}<t_k$ folgt sogleich die Gültigkeit von (9). Wir haben also für $k\to\infty$:

$$Y_i^{(n)}(x)=P\sum_{\nu_1=0}^{i-1}\frac{(x-\alpha)^{\nu_1}}{\nu!}+P^2\sum_{\nu_1=0}^{i-1}\sum_{\nu_2=1}^{n}\frac{(x-\alpha)^{\nu_1+\nu_2}}{(\nu_1+\nu_2)!}+\ldots\ldots$$

$$+P^k\sum_{\nu_1=0}^{i-1}\sum_{\nu_2=1}^{n}\cdots\sum_{\nu_k=1}^{n}\frac{(x-\alpha)^{\sum_{r=1}^{k}\nu_r}}{\left(\sum_{r=1}^{k}\nu_r\right)!}+\ldots\ldots.$$

Es ist aber

$$0<Y_i^{(n)}(x)\leqq\sum_{k=1}^{\infty}P^k\sum_{\nu_1=0}^{\infty}\sum_{\nu_2=1}^{\infty}\cdots\sum_{\nu_k=1}^{\infty}\frac{(x-\alpha)^{\sum_{r=1}^{k}\nu_r}}{\left(\sum_{r=1}^{k}\nu_r\right)!}$$

$$=P\sum_{\nu=0}^{\infty}\frac{(1+P)^{\nu}(x-\alpha)^{\nu}}{\nu!}=Pe^{(1+P)(x-\alpha)}.$$

Also für $\alpha\leqq x\leqq\beta$:

$$Y_i^{(n}(x)\leqq Pe^{(1+P)l}=M.$$

Durch Integrationen:

$$\left|y_i^{(\nu)}(x)\right|\leqq Y_i^{(\nu)}(x)\leqq\varepsilon_{i,\nu}\frac{(x-\alpha)^{i-1-\nu}}{(i-1-\nu)!}+M\frac{(x-\alpha)^{n-\nu}}{(n-\nu)!}\leqq(1+M)k,$$

wobei k das Maximum von $\frac{l^{\nu}}{\nu!}(\nu=0, 1, 2, 3, \ldots)$ bezeichnet. Wir bekommen dann nach Hadamardscher Abschätzungsformel von Determinanten:

$$U_i\leqq n^{\frac{n}{2}}(1+M)^n k^n, \qquad i=1, 2, \ldots, n-1.$$

Wir haben also schliesslich:

$$h>\frac{2e^{-P_1 l}}{(n-1)n^{\frac{n}{2}}(1+M)^n k^n}.$$

Damit haben wir bewiesen:

Ist h die Länge irgend eines abgeschlossenen Teilintervalles von $\alpha\leqq x\leqq\beta$, *worin ein nicht identisch verschwindendes Integral der linearen homogenen Differentialgleichung* (6) $n-$*mal verschwindet, so hat h eine für alle nicht identisch verschwindende Integrale von* (6) *gemeinsame untere Schranke, welche nur aus der oberen Schranke von* $|p_i(x)|$ $(i=1, 2, \ldots, n)$ im $\alpha\leqq x\leqq\beta$ *gerechnet werden kann.*

Den 7. April, 1927.

Mathematisches Institut, K. Universität zu Tôkyô.

Über das System der gewöhnlichen Differentialgleichungen

[Japan. J. Math., 4 (1927) 215–230]

(Eingegangen am 10. Juli, 1927.)

Es sei ein System der beschränkten Funktionen reeller Veränderlichen:

$$f_i(t, x_1, x_2, \ldots, x_\kappa), \qquad (i=1, 2, \ldots, \kappa),$$

vorgelegt, wobei diese Funktionen im Bereiche $|t-t_0| \leqq l$, $|x_i - x_i^0| \leqq k$ definiert sind. Wir bezeichnen das Bereich mit B. Wir wollen nun ein System der stetigen Funktionen $x_i = x_i(t)$, $(i=1, 2, \ldots, \kappa)$ von t ein Integralsystem der Differentialgleichungen:

$$\frac{dx_i}{dt} = f_i(t, x_1, x_2, \ldots, x_\kappa), \tag{I}$$
$$(i=1, 2, \ldots, \kappa),$$

nennen(1), wenn für diese Funktionen in bezug auf ihre allen Hauptderivierten, die Ungleichungen:

$$\overline{f}_i(t, x_1(t), \ldots, x_\kappa(t)) \geqq D^{\pm}_{\pm} x_i(t) \geqq \underline{f}_i(t, x_1(t), \ldots, x_\kappa(t)), \tag{I'}$$
$$(i=1, 2, \ldots, \kappa),$$

gelten, wobei $\overline{f}_i$ bzw. $\underline{f}_i$ die obere bzw. untere Limesfunktionen von f_i im Bereiche B bedeuten(2).

1.

Ehe wir die Existenz des Integralsystems und andere Theoreme beweisen, schicken wir folgende Hilfssätze voraus.

Hilfssatz 1. *Genügt eine stetige Funktion von t, $x(t)$, den Ungleichungen:*

(1) Auch geometrisch sagen wir, dass das Funktionensystem eine Integralkurve der Differentialgleichungen darstellt.

(2) Vgl. Caratheodory: Vorlesungen über reelle Funktionen, S. 122. Dafür dass wir nicht so weit von dem gewöhnlichen Sinne des Integralsystems der gewöhnlichen Differentialgleichungen abweichen, dürfen wir uns auf dem Falle beschränken, wobei die Funktionen f_i nur auf nirgends dichter Menge im B unstetig sind. Sind alle f_i stetig im B, so stimmt die oben erwähnte Definition mit der gewöhnlichen überein.

$$\beta \leqq D_{\pm}^{\pm}x(t) \leqq \alpha$$

für jeden Wert von t im $t_1-\delta \leqq t \leqq t_1+\delta$, $(\delta > 0)$, dann besteht für irgend zwei Werte von t, t' und t'', im $t_1-\delta \leqq t \leqq t_1+\delta$ die Beziehung:

$$\beta \leqq \frac{x(t'')-x(t')}{t''-t} \leqq \alpha.$$

Für den Beweis vergleiche man; Carathéodory: Vorlesungen über reelle Funktionen, S. 532—534.

Hilfssatz 2. *Es sei eine Folge der im Intervalle $t_0-l \leqq t \leqq t_0+l$ (das kurz mit L bezeichnet wird) gleichmässig beschränkten stetigen Funktionen $\{x_n(t)\}$ vorgelegt, deren Derivierten auch im L gleichmässig beschränkt sind.*

$$|x_n(t)| \leqq G,$$
$$|D_{\pm}^{\pm}x_n(t)| \leqq G. \qquad (G=\text{Konst.}) \qquad (1)$$

Wir können dann eine Teilfolge $\{x_{n_\nu}(t)\}$ aus $\{x_n(t)\}$ auswählen, so dass die Folge $\{x_{n_\nu}(t)\}$ für $\nu\rightarrow\infty$ im L gleichmässig gegen eine stetige Funktion $x(t)$ konvergiert.

Wegen des Hilfssatzes 1 erhält man aus (1):

$$|x_n(t'')-x_n(t')| \leqq G\,|t''-t'|$$

für beliebige zwei Werte von t, t'' und t', im L, wobei G von n und t unabhängige Konstante ist. Dann können wir nach dem bekannten Häufungsprinzip für Funktionen den vorliegenden Hilfssatz beweisen. (Man vergleiche: Courant und Hilbert: Methoden der mathematischen Physik I, S. 40—41.)

Hilfssatz 3. *Es sei ein System der Folgen stetiger Funktionen $\{x_i^n(t)\}$, $(i=1, 2, \ldots, \kappa)$, gegeben, welche, in bezug auf ihre oberen Derivierten, den Ungleichungen:*

$$|x_i^n(t)-x_i^0| \leqq k, \qquad (2)$$
$$D^{\pm}x_i^n(t) \leqq \phi_i(t, x_1^n(t), x_2^n(t), \ldots, x_\kappa^n(t)), \qquad (3)$$
$$(i=1, 2, \ldots, \kappa),$$

im Intervalle L' (offenem Teilintervalle von L) genügen, wobei die Funktionen $\phi_i(t, x_1, x_2, \ldots, x_\kappa)$ im B stetig sind. Konvergiert jede Folge $\{x_i^n(t)\}$, $(i=1, 2, \ldots, \kappa)$, gleichmässig gegen eine stetige Funktion $x_i(t)$ im L', so bestehen auch die Ungleichungen:

$$D^{\pm}x_i(t) \leqq \phi_i(t, x_1(t), \ldots, x_\kappa(t)), \qquad (4)$$
$$(i=1, 2, \ldots, \kappa),$$

im L'.

Wegen (2) haben wir im L'

$$|x_i(t)-x_i^0| \leqq k.$$

Sei t_1 irgend ein Wert von t im L', so liegt der Punkt $(t=t_1,\ x_i=x_i(t_1))$ auch im B. Da die Funktionen $\phi_i(t, x_1, \dots, x_\kappa)$ im B stetig sind, können wir eine positive Zahl δ so klein wählen, dass für $|t-t_1|<\delta$ und $|x_i-x_i(t_1)|<\delta$ stets die Ungleichungen:

$$|\phi_i(t, x_1, x_2, \dots, x_\kappa)-\phi_i(t_1, x_1(t_1), x_2(t_1), \dots, x_\kappa(t_1))| < \varepsilon, \qquad (5)$$
$$(i=1, 2, \dots, \kappa),$$

bestehen, wobei ε eine beliebig klein vorgeschriebene positive Zahl bedeutet. Wir nehmen dann eine andere positive Zahl h, kleiner als δ, so klein, dass für $|t-t_1|<h$ stets:

$$\left|x_i(t)-x_i(t_1)\right| < \frac{\delta}{2}, \qquad (i=1, 2, \dots, \kappa),$$

gelten. Wir haben auch für genügend grosses n und für $|t-t_1|<h$:

$$\left|x_i^n(t)-x_i(t)\right| < \frac{\delta}{2}.$$

Daraus folgt für $|t-t_1|<h$ und genügend grosses n:

$$|x_i^n(t)-x_i(t_1)| < \delta,$$

und also nach (5)

$$|\phi_i(t, x_1^n(t), \dots, x_\kappa^n(t))-\phi_i(t_1, x_1(t_1), \dots, x_\kappa(t_1))| < \varepsilon.$$

Dies mit (3) ergibt:

$$D^{\pm}x_i^n(t) < \phi_i(t_1, x_1(t_1), \dots, x_\kappa(t_1))+\varepsilon.$$

Dann nach dem Hilfssatz 1, für genügend grosses n, im $|t-t_1|<h$,

$$\frac{x_i^n(t)-x_i^n(t_1)}{t-t_1} \leqq \phi_i(t_1, x_1(t_1), \dots, x_\kappa(t_1))+\varepsilon,$$
$$(i=1, 2, \dots, \kappa).$$

Wächst n unendlich gross, so erhält man für $|t-t_1|<h$:

$$\frac{x_i(t-x_i(t_1)}{t-t_1} \leqq \phi_i(t_1, x_1(t_1), \dots, x_\kappa(t_1))+\varepsilon.$$

Läst man nun ε mit h gegen Null konvergieren, dann

$$D^{\pm}x_i(t_1) \leqq \phi_i(t_1\, x_1,(t_1), \ldots, x_\kappa(t_1)),$$
$$(i=1, 2, \ldots, \kappa),$$

wobei t_1 ein beliebiger Wert von t im L' sein kann. W. z. b. w.

Der Hilfssatz 3 bleibt noch richtig, wenn man (3) und (4) durch die Ungleichungen:

$$D_{\pm}x_i^n(t) \geqq \psi_i(t, x_1^n(t), \ldots, x_\kappa^n(t))$$

bzw.
$$D_{\pm}x_i(t) \geqq \psi_i(t, x_1(t), \ldots, x_\kappa(t)),$$
$$(i=1, 2, \ldots, \kappa),$$

ersetzt, wobei die Funktionen $\psi_i(t, x_1, \ldots, x_\kappa)$ im B stetig sind.

2.

Satz 1. *Es sei* P_0 $(t=\tau,\ x_i=\xi_i)$ *ein innerer Punkt von* B, *der den Bedingungen:* $|\tau-t_0|<\eta$, $|\xi_i-x_i^0|<\zeta$, $\eta<l$, $\zeta<k$ *genügt. Es bestehen auch die Ungleichungen:*

$$|f_i(t, x_1, x_2, \ldots, x_\kappa)| \leqq G, \quad (i=1, 2, \ldots, \kappa), \ (G=\text{Konst.})$$

im B. *Darum können wir beweisen, dass es im Intervalle* $\tau-\delta \leqq t \leqq \tau+\delta$, $\left(\delta \leqq l-\eta,\ \delta \leqq \dfrac{k-\zeta}{G}\right)$, *mindestens ein Integralsystem der Differentialgleichungen:*

$$\frac{dx_i}{dt}=f_i(t, x_1, x_2, \ldots, x_\kappa) \qquad \text{(I)}$$

mit den Anfangsbedingungen $x_i(\tau)=\xi_i$, $(i=1, 2, \ldots, \kappa)$, *gibt.*

Die Limesfunktionen, $\bar{f}_i$ und $\underline{f}_i$, haben dieselbe Schranken wie f_i. Also:

$$|\bar{f}_i(t, x_1, \ldots, x_\kappa)| \leqq G \quad \text{und} \quad |\underline{f}_i(t, x_1, \ldots, x_\kappa)| \leqq G.$$

Da die Limesfunktionen, $\bar{f}_i$ im B oberhalb stetig, und $\underline{f}_i$ im B unterhalb stetig sind, so gibt es Folgen der im B stetigen Funktionen $\{\phi_i^n(t, x_1, \ldots, x_\kappa)\}$, welche monoton abnehmend gegen $\bar{f}_i(t, x_1, \ldots, x_\kappa)$ konvergieren, und Folgen der im B stetigen Funktionen $\{\psi_i^n(t, x_1, \ldots, x_\kappa)\}$, welche monoton zunehmend gegen $\underline{f}_i(t, x_1, \ldots, x_\kappa)$ konvergieren([3]). Wir haben zunächst im B:

$$\phi_i^n(t, x_1, \ldots, x_\kappa) \geqq \bar{f}_i(t, x_1, \ldots, x_\kappa) \geqq \underline{f}_i(t, x_1, \ldots, x_\kappa) \geqq \psi_i^n(t, x_1, \ldots, x_\kappa)$$

Wir können dabei ϕ_i^n und ψ_i^n so wählen, dass auch die Unglei-

([3]) Vgl. Carathéodory: Vorlesungen über reelle Funktionen, S. 401—402.

chungen:

$$|\phi_i^n| \leqq G, \qquad |\psi_i^n| \leqq G,$$

$$\phi_i^n - \psi_i^n \geqq \frac{\varepsilon}{2^n}, \quad 0 < \varepsilon < G, \quad (i=1, 2, \ldots, \kappa),$$

bestehen.

Nun betrachten wir ein System der Folgen stetiger Funktionen $\{x_i^n(t)\}$, $(i=1, 2, \ldots, \kappa)$, welche im Intervalle $\tau-\delta \leqq t \leqq \tau+\delta$ den Relationen:

$$\phi_i^n(t, x_1^n(t), \ldots, x_\kappa^n(t)) \geqq D_\pm x_i^n(t) \geqq \psi_i^n(t, x_1^n(t), \ldots, x_\kappa^n(t)), \qquad (6)$$
$$x_i^n(\tau) = \xi_i, \quad (i=1, 2, \ldots, \kappa),$$

genügen. Man kann die Existenz solcher Funktionen folgendermassen beweisen. Wir setzen:

$$F_i^n(t, x_1, \ldots, x_\kappa) = \frac{\phi_i^n(t, x_1, \ldots, x_\kappa) + \psi_i^n(t, x_1, \ldots, x_\kappa)}{2},$$
$$(i=1, 2, \ldots, \kappa),$$

im B. Dann sind F_i^n im B stetig und folgenden Beziehungen genügen:

$$\left.\begin{aligned} &\phi_i^n(t, x_1, \ldots, x_\kappa) - F_i^n(t, x_1, \ldots, x_\kappa) \geqq \frac{\varepsilon}{2^{n+1}}, \\ &F_i^n(t, x_1, \ldots, x_\kappa) - \psi_i^n(t, x_1, \ldots, x_\kappa) \geqq \frac{\varepsilon}{2^{n+1}}, \\ &|F_i^n(t, x_1, \ldots, x_\kappa)| \leqq G, \end{aligned}\right\} \qquad (7)$$
$$(i=1, 2, \ldots, \kappa),$$

im B. Weil F_i^n, ϕ_i^n, und ψ_i^n im abgeschlossenen Bereiche B stetig sind, so können wir eine positive Zahl h derart finden, dass für $|t''-t'| < h$, $|x_i''-x_i'| < Gh$ stets

$$\left.\begin{aligned} &\left|F_i^n(t'', x_1'', \ldots, x_\kappa'') - F_i^n(t', x_1', \ldots, x_\kappa')\right| < \frac{\varepsilon}{2^{n+2}}, \\ &\left|\phi_i^n(t'', x_1'', \ldots, x_\kappa'') - \phi_i^n(t', x_1', \ldots, x_\kappa')\right| < \frac{\varepsilon}{2^{n+2}}, \\ &\left|\psi_i^n(t'', x_1'', \ldots, x_\kappa'') - \psi_i^n(t', x_1', \ldots, x_\kappa')\right| < \frac{\varepsilon}{2^{n+2}}, \end{aligned}\right\} \qquad (8)$$
$$(i=1, 2, \ldots, \kappa),$$

bestehen, wobei n festgehalten ist. Wir zerlegen das Intervall $\tau \leqq t \leqq \tau+\delta$ in N Teilintervalle, $\tau_\nu \leqq t \leqq \tau_{\nu+1}$, $(\tau_0=\tau,\ \tau_N=\tau+\delta)$, deren Längen sämtlich kleiner als h sind. Dann konstruieren wir die Funktionen $x_i^n(t)$ folgendermassen. Für $\tau \leqq t \leqq \tau_1$ setezn wir:

$$x_i^n(t)=\xi_i+F_i^n(\tau, \xi_1, \xi_2, \ldots, \xi_\kappa)(t-\tau),$$
$$(i=1, 2, \ldots, \kappa).$$

Im Intervalle $\tau < t < \tau_1$ also stets gelten:

$$|t-\tau| < h, \quad |x_i^n(t)-\xi_i| < Gh,$$

und
$$D_\pm^\pm x_i^n(t)=F_i^n(\tau, \xi_1, \ldots, \xi_\kappa).$$

Daraus folgt, wegen (7) und (8), das Bestehen der Ungleichungen (6) für $\tau < t < \tau_1$. Setzen wir dann für $\tau_1 \leqq t \leqq \tau_2$:

$$x_i^n(t)=x_i^n(\tau_1)+F_i^n(\tau_1, x_1^n(\tau_1), x_2^n(\tau_1), \ldots, x_\kappa^n(\tau_1))(t-\tau_1),$$
$$(i=1, 2, \ldots, \kappa).$$

Wir haben also im Intervalle $\tau_1 < t < \tau_2$:

$$D_\pm^\pm x_i^n(t)=F_i^n(\tau_1\, x_1^n(\tau_1), x_2^n(\tau_1), \ldots, x_\kappa^n(\tau_1)),$$

und folglich im $\tau_1 \leqq t < \tau_2$ das Bestehen der Ungleichungen (6). Ähnlicherweise setzen wir allgemein für $\tau_\nu \leqq t \leqq \tau_{\nu+1}$:

$$x_i^n(t)=x_i^n(\tau_\nu)+F_i^n(\tau_\nu, x_1^n(\tau_\nu), \ldots, x_\kappa^n(\tau_\nu))(t-\tau_\nu),$$
$$(i=1, 2, \ldots, \kappa),$$

und daraus ergeben sich die Ungleichungen (6) für $\tau_\nu \leqq t < \tau_{\nu+1}$. Ähnlich kann man leicht die Existenz der oben erwähnten Funktionen $x_i(t)$ auf dem ganzen Intervalle $\tau-\delta \leqq t \leqq \tau+\delta$ beweisen. Die durch $x_i=x_i^n(t)$ dargestellten Kurven laufen für $\tau-\delta \leqq t \leqq \tau+\delta$ ganz im B. D. h., für $\tau-\delta \leqq t \leqq \tau+\delta$ sind stets:

$$|x_i^n(t)-x_i^0| \leqq k, \quad (i=1, 2, \ldots, \kappa),$$

wobei x_i^0 und k von t und n unabhängig sind.

Nach dem Hilfssatz 2 können wir eine Teilfolge der natürlichen Zahlen $\{n_\nu\}$ auswählen, so dass das System der Folgen $\{x_i^{n_\nu}(t)\}$, $(i=1, 2, \ldots, \kappa)$, gleichmässig im $\tau-\delta \leqq t \leqq \tau+\delta$ gegen ein System der stetigen Funktionen $x_i(t)$, $(i=1, 2, \ldots, \kappa)$, konvergiert. Denn es gilt für alle n und t, $(\tau-\delta \leqq t \leqq \tau+\delta)$,

$$|x_i^n(t)| \leqq |x_i^0|+k$$

und
$$|D_\pm^\pm x_i^n(t)| \leqq G, \quad (i=1, 2, \ldots, \kappa).$$

Weil für irgend zwei natürliche Zahlen, μ und ν, welche der Relation $\mu < \nu$ genügen, (also auch $n_\mu < n_\nu$) wir

$$\phi_i^{n_\mu}(t, x_1, \ldots, x_\kappa) \geqq \phi_i^{n_\nu}(t, x_1, \ldots, x_\kappa) \geqq \psi_i^{n_\nu}(t, x_1, \ldots, x_\kappa) \geqq \psi_i^{n_\mu}(t, x_1, \ldots, x_\kappa)$$

im B haben, so können wir nach (6) für $\tau-\delta \leqq t \leqq \tau+\delta$ schliessen:

$$\phi_i^{n_\mu}(t, x_1^{n_\nu}(t), \ldots, x_\kappa^{n_\nu}(t)) \geqq D^\pm_\pm x_i^{n_\nu}(t) \geqq \psi_i^{n_\mu}(t, x_1^{n_\nu}(t), \ldots, x_\kappa^{n_\nu}(t)).$$

Lässt man ν unendlich wachsen, so folgt nach dem Hilfssatz 3 die Beziehung:

$$\phi_i^{n_\mu}(t, x_1(t), \ldots, x_\kappa(t)) \geqq D^\pm_\pm x_i(t) \geqq \psi_i^{n_\mu}(t, x_1(t), \ldots, x_\kappa(t)).$$

Für $\mu \to \infty$ haben wir schliesslich die Ungleichungen:

$$\bar{f}_i(t, x_1(t), \ldots, x_\kappa(t)) \geqq D^\pm_\pm x_i(t) \geqq \underline{f}_i(t, x_1(t), \ldots, x_\kappa(t)),$$
$$(i=1, 2, \ldots, \kappa),$$

im Intervalle $\tau-\delta \leqq t \leqq \tau+\delta$. W. z. b. w.

3.

Satz 2. *Es sei ein System der Folgen im B beschränkter Funktionen $\{g_i^n(t, x_1, x_2, \ldots, x_\kappa)\}$, $(i=1, 2, \ldots, \kappa)$, gegeben. Die Funktionen $g_i^n(t, x_1, \ldots, x_\kappa)$ sollen im B den Ungleichungen:*

$$\phi_i^n(t, x_1, \ldots, x_\kappa) \geqq g_i^n(t, x_1, \ldots, x_\kappa) \geqq \psi_i^n(t, x_1, \ldots, x_\kappa), \qquad (9)$$
$$(i=1, 2, \ldots, \kappa),$$

genügen, wobei die Funktionen ϕ_i^n und ψ_i^n im B gleichmässig beschränkt sind, und die ϕ_i^n oberhalb stetig, die ψ_i^n unterhalb stetig sind. Die Folgen $\{\phi_i^n\}$, $(i=1, 2, \ldots, \kappa)$, konvergieren monoton abnehmend gegen die Funktionen $\bar{f}_i$ im B, und die Folgen $\{\psi_i^n\}$, $(i=1, 2, \ldots, \kappa)$, konvergieren monoton zunehmend gegen die Funktionen $\underline{f}_i$ im B. Also

$$G \geqq \phi_i^n(t, x_1, \ldots, x_\kappa) \geqq \bar{f}_i(t, x_1, \ldots, x_\kappa) \geqq \underline{f}_i(t, x_1, \ldots, x_\kappa)$$
$$\geqq \psi_i^n(t, x_1, \ldots, x_\kappa) \geqq -G,$$

und $$\lim_{n\to\infty}\phi_i^n=\bar{f}_i, \quad \lim_{n\to\infty}\psi_i^n=\underline{f}_i, \quad (i=1, 2, \ldots, \kappa).$$

Nun sei eine Folge der Integralsysteme $\{x_i=x_i^n(t)\}$, $(i=1, 2, \ldots, \kappa)$, $\tau-\delta \leqq t \leqq \tau+\delta$, der gewöhnlichen Differentialgleichungen:

$$\frac{dx_i}{dt}=g_i^n(t, x_1, \ldots, x_\kappa), \quad (i=1, 2, \ldots, \kappa), \qquad (10)$$

vorgelegt, wobei die Ungleichungen $|x_i^n(t)-x_i^0| \leqq k$ bestehen. $\{n_\nu\}$ sei *eine Teilfolge der natürlichen Zahlen derart, dass die Folgen* $\{x_i^{n_\nu}(t)\}$, $(i=1, 2, \ldots, \kappa)$, *gleichmässig gegen stetigen Funktionen* $x_i(t)$, $(i=1, 2, \ldots, \kappa)$, *konvergieren*([4]).

Nun wollen wir beweisen, dass diese Funktionen $x_i(t)$ *den Differentialgleichungen :*

$$\frac{dx_i}{dt}=f_i(t, x_1, x_2, \ldots, x_\kappa), \quad (i=1, 2, \ldots, \kappa),$$

genügen.

Aus (9) und (10) erhält man für $\tau-\delta \leqq t \leqq \tau+\delta$:

$$\phi_i^{n_\nu}(t, x_1^{n_\nu}(t), \ldots, x_\kappa^{n_\nu}(t)) \geqq D_\pm^\pm x_i^{n_\nu}(t) \geqq \psi_i^{n_\nu}(t, x_1^{n_\nu}(t), \ldots, x_\kappa^{n_\nu}(t)). \qquad (11)$$

Da $\phi_i^n\ (t, x_1, \ldots, x_\kappa)$ im B beschränkt und oberhalb stetig sind, so gibt es Folgen der im B stetigen Funktionen $\Phi_{i,j}^n\ (t, x_1, \ldots, x_\kappa)$, $(j=1, 2, 3, \ldots)$, welche, unter festgehaltenem n, monoton abnehmend gegen ϕ_i^n im B konvergieren. Also für $n_\nu > n$ haben wir:

$$\Phi_{i,j}^n(t, x_1^{n_\nu}(t), \ldots, x_\kappa^{n_\nu}(t)) \geqq \phi_i^n(t, x_1^{n_\nu}(t), \ldots, x_\kappa^{n_\nu}(t))$$
$$\geqq \phi_i^{n_\nu}(t, x_1^{n_\nu}(t), \ldots, x_\kappa^{n_\nu}(t)).$$

Daraus folgt wegen (11) für $n_\nu > n$ im $\tau-\delta \leqq t \leqq \tau+\delta$:

$$\Phi_{i,j}^n(t, x_1^{n_\nu}(t), \ldots, x_\kappa^{n_\nu}(t)) \geqq D_\pm^\pm x_i^{n_\nu}(t).$$

Nach dem Hilfssatz 3 bekommen wir dann für $\nu \to \infty$:

$$\Phi_{i,j}^n(t, x_1(t), \ldots, x_\kappa(t)) \geqq D_\pm^\pm x_i(t), \quad (i=1, 2, \ldots, \kappa).$$

Wächst j unendlich gross, so erhält man:

$$\phi_i^n(t, x_1(t), \ldots, x_\kappa(t)) \geqq D_\pm^\pm x_i(t).$$

Lässt man dann n gegen Unendliche gehen,

$$\overline{f}_i(t, x_1(t), \ldots, x_\kappa(t)) \geqq D_\pm^\pm x_i(t), \quad (i=1, 2, \ldots, \kappa).$$

Ganz ähnlich können wir auch schliessen, dass

$$D_\pm^\pm x_i(t) \geqq \underline{f}_i(t, x_1(t), \ldots, x_\kappa(t)), \quad (i=1, 2, \ldots, \kappa).$$

W. z. b. w.

Bemerkung zum Satz 2. Obwohl die Monotonie der Konvergenz von ϕ_i^n und ψ_i^n nicht notwendig ist, doch ist sie nicht entbehrlich, wie folgendes Beispiel uns lehrt.

Wir setzen:

([4]) Nach dem Hilfssatz 2.

$$g^n(t, x) = e^{-8^n\left(t-x-\frac{1}{2^n}\right)^2}.$$

(Das ist der Fall wo $\kappa=1$ ist). Wir haben hier:

$$|g^n(t, x)| \leqq 1 \quad \text{für alle } t \text{ und } x,$$

und

$$\lim_{n\to\infty} g^n(t, x) = 0 \quad \text{für alle } t \text{ und } x.$$

Wir haben also:

$$f(t, x) = 0 \quad \text{für alle } t \text{ und } x.$$

Das Integral der Differentialgleichung:

$$\frac{dx}{dt} = g^n(t, x) = e^{-8^n\left(t-x-\frac{1}{2^n}\right)^2}$$

mit der Anfangsbedingung $x = \frac{-1}{2^n}$ für $t=0$ ist aber

$$x = x^n(t) = t - \frac{1}{2^n}.$$

Diese Funktionen haben aber als ihre Grenze die Funktion:

$$x = t$$

während die Differentialgleichung:

$$\frac{dx}{dt} = f(t, x) = 0$$

nur die Konstanten als ihre Integrale besitzt.

Wir sagen, dass eine abgeschlossene Menge M im B die Eigenschaft $E(a)$ hat, wenn es um jeden Punkt P_0 von M eine Umgebung derart gibt, dass für alle andere Punkte P dieser Umgebung mindestens eine der Ungleichungen:

$$|x_i - x_i^0| > a\,|t - t_0|, \quad (i=1, 2, \ldots, \kappa),$$

besteht, wobei $(t_0, x_1^0, x_2^0, \ldots, x_\kappa^0)$ und $(t, x_1, x_2, \ldots, x_\kappa)$ die Koordinaten der Punkte P_0 und P bezeichnen.

Satz 3. *Der Satz 2 bleibt noch richtig, wenn man die Monotonie der Konvergenz von darauftretenden* $\{\phi_i^n\}$ *und* $\{\psi_i^n\}$ *im* B *durch die folgenden Bedingungen ersetzt.*

M sei eine abgeschlossene Menge im B, die die Eigenschaft $E(G)$ besitzt. ϕ_i^n und ψ_i^n, $(i=1, 2, \ldots, \kappa)$ sind im B gleichmässig beschränkt.

$$|\phi_i^n| \leqq G, \quad |\psi_i^n| \leqq G.$$

Und für jede von M fremde abgeschlossene Menge M' wird eine natürliche Zahl N gefunden, so dass für alle $n > N$, $\{\phi_\iota^n\}$ im M' *monoton abnehmend gegen $\bar{f}_\iota$ konvergieren, und $\{\psi_\iota^n\}$ im M' monoton zunehmend gegen $\underline{f}_\iota$ konvergieren.*

Liegt ein Punkt P_1 $(t=t_1,\ x_\iota=x_\iota(t_1))$ nicht auf M, so kann man eine abgeschlossene Umgebung U um P_1 finden, die ganz von M fremd ist. Dann können wir eine kleine positive Zahl δ' und eine genügend grosse natürliche Zahl N derart bestimmen, dass für $t_1-\delta' < t < t_1+\delta'$ und $n_\nu > N$ alle Punkte $(t,\ x_\iota=x_\iota^{n_\nu}(t))$ in dieser Umgebung U liegen, und in U für $n > N$ $\{\phi_\iota^n\}$ mit n monoton abnehmen, $\{\psi_\iota^n\}$ mit n monoton zunehmen. Wir bekommen also nach dem Satz 2 für $t_1-\delta' < t < t_1+\delta'$:

$$\bar{f}_\iota(t,\ x_1(t),\ \dots,\ x_\kappa(t)) \geqq D^{\pm} x_\iota(t) \geqq \underline{f}_\iota(t,\ x_1(t),\ \dots,\ x_\kappa(t)),$$
$$(i=1,\ 2,\ \dots,\ \kappa).$$

Liegt dagegen der Punkt P_1 auf M, so kann man eine positive Zahl δ' so bestimmen, dass im Bereiche $|t-t_1| \leqq \delta'$, $|x_\iota-x_\iota(t_1)| \leqq G\delta'$, $(i=1,\ 2,\ \dots,\ \kappa)$, für alle Punkte P' $(t',\ x_1',\ \dots,\ x_\kappa')$ von M ausser P_1 mindestens eine der Ungleichungen:

$$|x_\iota'-x_\iota(t_1)| > |t'-t_1|\,G, \qquad (t=1,\ 2,\ \dots,\ \kappa),$$

besteht. Andererseits kann man leicht schliessen, dass für alle t die Ungleichungen:

$$|x_\iota(t)-x_\iota(t_1)| \leqq |t-t_1|\,G, \qquad (i=1,\ 2,\ \dots,\ \kappa), \tag{12}$$

bestehen. Die durch die Funktionen $x_\iota=x_\iota(t)$, $(i=1,\ 2,\ \dots,\ \kappa)$, dargestellte Kurve im B hat also für $|t-t_1| < \delta'$ keinen Punkt ausser P_1 mit M gemeinsam. Es gilt dann nach der vorangehenden Betrachtung für $0 < |t-t_1| < \delta'$:

$$\bar{f}_\iota(t,\ x_1(t),\ \dots,\ x_\kappa(t)) \geqq D^{\pm} x_\iota(t) \geqq \underline{f}_\iota(t,\ x_1(t),\ \dots,\ x_\kappa(t)), \tag{13}$$
$$(i=1,\ 2,\ \dots,\ \kappa).$$

In bezug auf beliebig vorgeschriebene positive Zahl ε kann man eine andere positive Zahl $h\,(<\delta')$ so klein bestimmen, dass im Bereiche $|t-t_1| \leqq h$, $|x_\iota-x_\iota(t_1)| \leqq Gh$, $(i=1,\ 2,\ \dots,\ \kappa)$, die Ungleichungen:

$$\left.\begin{aligned} \bar{f}_\iota(t,\ x_1,\ \dots,\ x_\kappa) &< \bar{f}_\iota(t_1,\ x_1(t_1),\ \dots,\ x_\kappa(t_1))+\varepsilon, \\ \underline{f}_\iota(t,\ x_1,\ \dots,\ x_\kappa) &> \underline{f}_\iota(t_1,\ x_1(t_1),\ \dots,\ x_\kappa(t_1))-\varepsilon, \end{aligned}\right\} \tag{14}$$
$$(i=1,\ 2,\ \dots,\ \kappa),$$

bestehen. Seien η und ζ positive Zahlen, die den Ungleichungen:

$$h > \eta > \zeta > 0$$

genügen. Aus (12) folgt sogleich:

$$G\zeta \geqq x_i(t_1+\zeta)-x_i(t_1) \geqq -G\zeta. \tag{15}$$

Aus (13) und (14) für $t_1+\zeta \leqq t \leqq t_1+\eta$

$$\bar{f}_i(t_1, x_1(t_1), \ldots, x_\kappa(t_1))+\varepsilon \geqq D^{\pm}_{\pm} x_i(t) \geqq \underline{f}_i(t_1, x_1(t_1), \ldots, x_\kappa(t_1))-\varepsilon.$$

Also nach dem Hilfssatz 1

$$(\eta-\zeta)(\bar{f}_i(1)+\varepsilon) \geqq x_i(t_1+\eta)-x_i(t_1+\zeta) \geqq (\eta-\zeta)(\underline{f}_i(1)-\varepsilon). \tag{16}$$

Unter $\bar{f}_i(1)$ und $\underline{f}_i(1)$ verstehen wir $\bar{f}_i(t_1, x_1(t_1), \ldots, x_\kappa(t_1))$ bzw. $\underline{f}_i(t_1, x_1(t_1), \ldots, x_\kappa(t_1))$. Aus (15) und (16) ergeben sich:

$$\frac{(\eta-\zeta)(\bar{f}_i(1)+\varepsilon)+G\zeta}{\eta} \geqq \frac{x_i(t_1+\eta)-x_i(t_1)}{\eta} \geqq \frac{(\eta-\zeta)(\underline{f}_i(1)-\varepsilon)-G\zeta}{\eta},$$
$$(i=1, 2, \ldots, \kappa).$$

Konvergiert ζ gegen Null,

$$\bar{f}_i(1)+\varepsilon \geqq \frac{x_i(t_1+\eta)-x_i(t_1)}{\eta} \geqq \underline{f}_i(1)-\varepsilon.$$

Dann lassen wir η mit ε nach Null streben, so erhalten wir:

$$\bar{f}_i(t_1, x_1(t_1), \ldots, x_\kappa(t_1)) \geqq D^+_+ x_i(t_1) \geqq \underline{f}_i(t_1, x_1(t_1), \ldots, x_\kappa(t_1)),$$
$$(i=1, 2, \ldots, \kappa .$$

Ganz ähnlich erhält man:

$$\bar{f}_i(t_1, x_1(t_1), \ldots, x_\kappa(t_1)) \geqq D^-_- x_i(t_1) \geqq \underline{f}_i(t, x_1(t_1), \ldots, x_\kappa(t_1)),$$
$$(i=1, 2, \ldots, \kappa).$$

Daraus können wir schliessen im Intervalle $\tau-\delta \leqq t \leqq \tau+\delta$:

$$\bar{f}_i(t, x_1(t), \ldots, x_\kappa(t)) \geqq D^{\pm}_{\pm} x_i(t) \geqq \underline{f}_i(t, x_1(t), \ldots, x_\kappa(t)),$$
$$(i=1, 2, \ldots, \kappa).$$

W. z. b. w.

Satz 4. *Sei* $x_i=x_i(t)$, $(i=1, 2, \ldots, \kappa)$, *das einzige Integralsystem der gewöhnlichen Differentialgleichungen:*

$$\frac{dx_i}{dt}=f_i(t, x_1, x_2, \ldots, x_\kappa), \quad (i=1, 2, \ldots, \kappa), \tag{I}$$

mit den Anfangsbedingungen $x_i(t_0)=x_i^0$, $(i=1, 2, \ldots, \kappa)$, $(\tau-\delta < t_0 < \tau+\delta)$, *(es gibt also kein anderes Integralsystem mit den obigen Anfangsbeding-*

ungen). Und sei $x_\iota^n(t)$, $(i=1, 2, \dots \kappa)$, *ein Integralsystem der gewöhnlichen Differentialgleichungen:*

$$\frac{dx_\iota}{dt}=g_\iota^n(t, x_1, x_2, \dots, x_\kappa), \quad (i=1, 2, \dots, \kappa),$$

mit den Anfangsbedingungen $x_\iota^n(t_0^n)=x_\iota^{0,n}$, *wobei* g_ι^n *den Vorauszetzungen des Satzes 3 genügen, und*

$$\left.\begin{aligned}&\lim_{n\to\infty} t_0^n=t_0,\\ &\lim_{n\to\infty} x_\iota^{0,n}=x_\iota^0, \quad (i=1, 2, \dots, \kappa),\end{aligned}\right\} \tag{17}$$

sind. Dann konvergieren die Folgen $\{x_\iota^n(t)\}$, $(i=1, 2, \dots, \kappa)$, *im Intervalle* $\tau-\delta \leqq t \leqq \tau+\delta$ *gleichmässig gegen* $x_\iota(t)$, $(i=1, 2, \dots, \kappa)$.

Angenommen in der Tat, konvergiere nicht gleichmässig im $\tau-\delta \leqq t \leqq \tau+\delta$ eine Folge $\{x_j^n(t)\}$, oder bloss divergiere eine Folge $\{x_j^n(t)\}$ für irgend einen Wert t_1 im $\tau-\delta \leqq t \leqq \tau+\delta$, wobei j festgehalten ist, so gäbe es zwei Teilfolgen der natürlichen Zahlen, $\{n_\nu'\}$ und $\{n_\nu''\}$, derart, dass im $\tau-\delta \leqq t \leqq \tau+\delta$ die Folgen $\{x_\iota^{n_\nu'}(t)\}$, $(i=1, 2, \dots, \kappa)$, gleichmässig gegen $\bar{x}_\iota(t)$, und die Folgen $\{x_\iota^{n_\nu''}(t)\}$ gleichmässig gegen $\bar{\bar{x}}_\iota(t)$ konvergieren, wobei $\bar{x}_j(t)$ und $\bar{\bar{x}}_j(t)$ im $\tau-\delta \leqq t \leqq \tau+\delta$ nicht identisch sind. Aus dem Satz 3 können wir aber schliessen, dass die beiden Funktionensysteme, $\bar{x}_\iota(t)$, $(i=1, 2, \dots, \kappa)$, und $\bar{\bar{x}}_\iota(t)$, $(i=1, 2, \dots, \kappa)$, im $\tau-\delta \leqq t \leqq \tau+\delta$ Integralsysteme der Differentialgleichungen (I) sind. Auch nach (17) genügen die beiden Funktionensysteme $\bar{x}_\iota(t)$, $(i=1, 2, \dots, \kappa)$, und $\bar{\bar{x}}_\iota(t)$, $(i=1, 2, \dots, \kappa)$, den Anfangsbedingungen $x_\iota(t_0)=x_\iota^0$, $(i=1, 2, \dots, \kappa)$. Es gibt also zwei verschiedene Integralsysteme der Differentialgleichungen mit denselben Anfangsbedingungen $x_\iota(t_0)=x_\iota^0$, gegen unsere Annahme.

4.

Unter einem Verästelungspunkte P von (I) verstehen wir einen solchen, durch den mindestens zwei Integralkurven $\bar{x}_\iota(t)$, $(i=1, 2, \dots, \kappa)$, und $\bar{\bar{x}}_\iota(t)$, $(i=1, 2, \dots, \kappa)$, von (I) gehen, welche in beliebig kleiner Umgebung von P nicht identisch sind. Gibt es irgend einen Punkt $P_\alpha(t_\alpha, x_\iota^\alpha)$, durch den mindestens zwei verschiedene Integralkurven $\bar{x}_\iota(t)$, $(i=1, 2, \dots, \kappa)$, und $\bar{\bar{x}}_\iota(t)$, $(i=1, 2, \dots, \kappa)$, gehen, so gibt es einen Wert t_1 von t, für den die Ungleichung $\bar{x}_j(t_1)\neq\bar{\bar{x}}_j(t_1)$ besteht, wobei j eine bestimmte

Zahl von $i(=1, 2, \ldots, \kappa)$ bezeichnet. Da für alle $i(=1, 2, \ldots, \kappa)$ $\overline{x}_i(t_a)=\overline{\overline{x}}_i(t_a)$ sind, so gibt es einen t_1 am nächsten liegenden Wert t_2 von t, für den die Gleichungen $\overline{\overline{x}}_i(t_2)=\overline{x}_i(t_2)$, $(i=1, 2, \ldots, \kappa)$, bestehen. Dann ist der Punkt $(t=t_2,\ x_i=\overline{x}_i(t_2))$ ein Verästelungspunkt.

Satz 5. *Es gebe für jeden Punkt* $(t=t_1,\ x_i=x_i^1)$ *vom* B *eine kegelförmige Umgebung* $0<|t-t_1|\leqq \varepsilon$, $|x_i-x_i^1|\leqq G|t-t_1|$ *derart, dass für im Durchschnitt dieser Umgebung mit* B *liegende Punkte* $(t, x_1', \ldots, x_\kappa')$ *und* $(t, x_1'', \ldots, x_\kappa'')$ *die Funktionen* f_i *stets den* 4κ *Ungleichungen:*

$$\left|\underline{\overline{f}}_i(t, x_1'', \ldots, x_\kappa'')-\underline{\overline{f}}_i(t, x_1', \ldots, x_\kappa')\right|\leqq \sum_{\nu=1}^{\kappa} a_\nu^i \frac{|x_\nu''-x_\nu'|}{|t-t_1|} \tag{18}$$

genügen, wobei jede $\underline{\overline{f}}_i$ *entweder* $\overline{f}_i$ *oder* $\underline{f}_i$ *bezeichnet, und* a_ν^i *von* $(t, t_1, x_1', \ldots, x_\kappa', x_1'', \ldots, x_\kappa'')$ *abhängige nicht negative Werte bedeuten, die die Bedingung:*

$$\sum_{\nu=1}^{\kappa} a_\nu^i \leqq a < 1, \quad (a=\text{Konst.}), \tag{19}$$

erfüllen. Dann ist das Integralsystem von (I) *mit den Anfangsbedingungen* $x_i=\xi_i$ *für* $t=\tau$ *im* B *eindeutig bestimmt*(⁵).

Man braucht nur zu beweisen, dass es keinen Verästelungspunkt im B gibt.

Wäre $(t=t_1,\ x_i=x_i^1)$ ein Verästelungspunkt im B, so gehen durch $(t=t_1,\ x_i=x_i^1)$ mindestens zwei verschiedene Integralkurven $x_i=x_i'(t)$ und $x_i=x_i''(t)$, $(i=1, 2, \ldots, \kappa)$, die beide für $0<|t-t_1|\leqq\varepsilon$ ganz in der Umgebung $0<|t-t_1|\leqq\varepsilon$, $|x_i-x_i^1|\leqq G|t-t_1|$ liegen und darin mit einander nicht identisch sind. Man bezeichne mit α den grössten Wert unter 16κ oberen Grenzen von $|D^{\pm}_{\pm}x_i''(t)-D^{\pm}_{\pm}x_i'(t)|$ im $|t-t_1|\leqq\varepsilon$. α kann weder Null noch Unendlich sein. Denn α wäre Null, so würden $x_i'(t)$ und $x_i''(t)$ im $|t-t_1|\leqq\varepsilon$ mit einander identisch. Daraus erhält man:

$$D^{\pm}_{\pm}|x_i''(t)-x_i'(t)|\leqq\alpha, \qquad (i=1, 2, \ldots, \kappa),$$

oder

$$|x_i''(t)-x_i'(t)|\leqq\alpha|t-t_1|$$

im $|t-t_1|\leqq\varepsilon$. Dies mit (19) ergibt:

(⁵) Vgl. Max Müller: Über die Eindeutigkeit der Integrale eines Systems gewöhnlicher Differentialgleichungen usw., Sitzungsberichte der Heidelberger Akademie der Wissenschaften Math.-nat. Klasse, 1927, 9. Abhandlung § 9.

$$\sum_{\nu=1}^{\kappa} a_{\nu}^{i} \frac{|x_i''(t)-x_i'(t)|}{|t-t_1|} \leqq a\alpha < \alpha, \quad (i=1, 2, \ldots, \kappa).$$

Andererseits aber, mindestens für einen Wert von i, hat $|\underline{\overline{f}}_i(t, x_1'', \ldots, x_\kappa'') -\underline{\overline{f}}_i(t, x_1', \ldots, x_\kappa')|$ die obere Grenze nicht kleiner als α im $|t-t_1| \leqq \varepsilon$, wobei $\underline{\overline{f}}_i$ geeignet gewählte Funktionen unter $\overline{f}_i$ und $\underline{f}_i$ sein sollen. Dies aber nun im Widerspruch steht mit der Tatsache, dass die obere Grenze des rechten Gliedes von (18) kleiner als α ist. Es gibt also keinen Verästelungspunkt im B, w. z. b. w.

5.

Satz 6. *Die Menge M aller Punkte der Integralkurven von* (I) *durch einen Punkt* P_0 $(t=t_0, x_i=x_i^0)$, *welche dem Argumentwerte* $t=t_1$, $\left(|t_1-t_0| < \frac{k}{G}\right)$, *entsprechen, bildet ein Kontinuum.*

Zunächst betrachten wir die Gesamtheit $\mathfrak{K}_n$ aller Systeme der stetigen Funktionen $\overline{x}_i(t)$, die den Bedingungen:

$$\psi_i^n(t, \overline{x}_1(t), \ldots, \overline{x}_\kappa(t)) \leqq D_\pm^\pm \overline{x}_i(t) \leqq \phi_i^n(t, \overline{x}_1(t), \ldots, \overline{x}_\kappa(t)), \qquad (6')$$
$$(i=1, 2, \ldots, \kappa),$$
$$\overline{x}_i(t_0)=x_i^0, \qquad (i=1, 2, \ldots, \kappa),$$

im B genügen, wobei die Funktionen ψ_i^n und ϕ_i^n dieselbe Bedeutungen wie im Satz 1 haben. Dann ist die Menge M_n aller Punkte $(t=t_1, x_i=\overline{x}_i(t_1))$, wobei t_1 festgehalten ist, ein Kontinuum. Wir können leicht sehen, dass M_n abgeschlossen ist. Wäre M_n nicht zusammenhängend, so würde M_n in zwei von einander fremde abgeschlossene Mengen M' und M'' zerlegt. Die Gesamtheiten der Kurven $x_i=\overline{x}_i(t)$, $(i=1, 2, \ldots, \kappa)$, von $\mathfrak{K}_n$, die durch P_0 gehen und in M' bzw. M'' münden, bezeichnen wir mit $\mathfrak{K}'$ bzw. $\mathfrak{K}''$, und ihre Durchschnitte mit der Menge aller Punkte von $t=\tau(=\text{Konst.})$ im B mit M_τ' bzw. M_τ''. M_τ' und M_τ'' sind auch abgeschlossen. Dann können wir einen Wert $t=t_2$ finden, so dass für alle τ zwischen t_1 und t_2 die abgeschlossene Mengen M_τ' und M_τ''

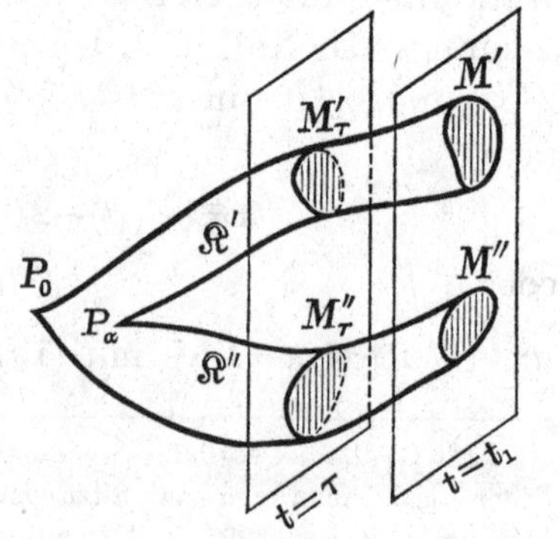

von einander fremd sind. Der Bequemlichkeit halber setzen wir voraus, dass $t_0 < t_1$, also auch $t_0 \leqq t_2 < t_1$. Die untere Grenze von solchem t_2 sei t_a. Dann haben M_{t_a}' und M_{t_a}'' mindestens einen Punkt P_a $(t=t_a, x_i=x_i^a)$ gemein. Es gilt $t_0 \leqq t_a < t_1$. Hieraus folgt, dass durch P_a mindestens zwei Kurven K', $(x_i'(t))$, und K'', $(x_i''(t))$, gehen, von denen die erste zu $\mathfrak{K}'$ die zweite zu $\mathfrak{K}''$ gehört. Da für die Kurven K' und K'' die Bedingungen (6′) gelten, so erhält man:

$$\left.\begin{aligned} &|x_i'(t_a+\delta)-x_i^a| \leqq G\delta, \\ &|x_i''(t_a+\delta)-x_i^a| \leqq G\delta, \end{aligned}\right\} \quad (20)$$

$$(0<\delta<t_1-t_a).$$

Nun betrachten wir eine Integralkurve $\tilde{K}$, $x_i=\tilde{x}_i(t)$, des Differentialgleichungssystems:

$$\frac{dx_i}{dt}=F^n{}_i(t, x_1, \ldots, x_\kappa), \quad (21)$$

$$(i=1, 2, \ldots, \kappa),$$

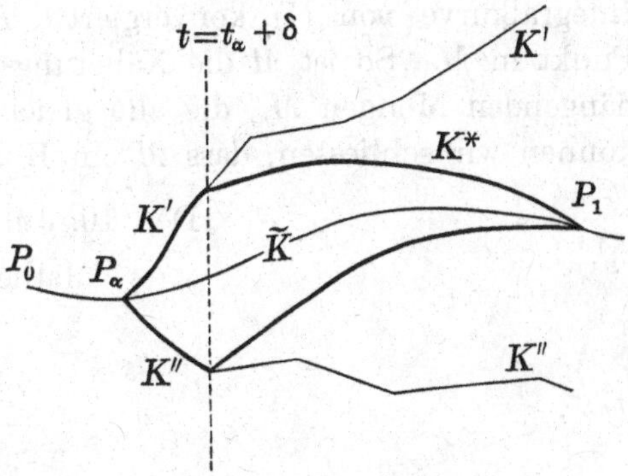

mit den Anfangsbedingungen $\tilde{x}_i(t_a)=x_i^a$, wobei $F_i^n(t, x_1, \ldots, x_\kappa)$ dieselbe Bedeutung wie im Satz 1 haben. Wir verbinden den Punkt $(t=t_a+\delta,\ x_i=x_i'(t_a+\delta))$ auf K' mit den Punkt P_1 $(t=t_1,\ x_i=\tilde{x}_i(t_1))$ auf $\tilde{K}$ durch die Kurve K^*:

$$x_i^*(t)=\tilde{x}_i(t)+(x_i'(t_a+\delta)-\tilde{x}_i(t_a+\delta))\frac{t_1-t}{t_1-t_a-\delta}, \quad t_a+\delta \leqq t \leqq t_1.$$

Es gilt hierbei:

$$|\tilde{x}_i(t_a+\delta)-x_i^a| \leqq G\delta, \quad (i=1, 2, \ldots, \kappa).$$

Also nach (20) haben wir

$$|\tilde{x}_i(t_a+\delta)-x_i'(t_a+\delta)| \leqq 2G\delta. \quad (22)$$

Aus

$$D^{\pm}x_i^*(t)=\frac{d\tilde{x}_i}{dt}-\frac{x_i'(t_a+\delta)-\tilde{x}_i(t_a+\delta)}{t_1-t_a-\delta}, \quad (i=1, 2, \ldots, k),$$

kann man leicht sehen, dass wegen (7) des Satzes 1, (21) und (22), für genügend kleines δ die Funktionen $x_i^*(t)$ den Bedingungen (6′) genügen. Wir haben also eine zu $\mathfrak{K}_n$ gehörige Kurve $\bar{K}$, die aus einem Stück der

Kurve K' für $t_0 \leqq t \leqq t_a+\delta$ und einem Stück der Kurve K^* für $t_a+\delta \leqq t \leqq t_1$ besteht. Die Kurve $\bar{K}$ soll dann zu $\mathfrak{K}'$ gehören, denn sonst gehört $\bar{K}$ zu $\mathfrak{K}''$, so haben $M_{t_{a+\delta}}'$ und $M_{t_{a+\delta}}''$, gegen unsere Annahme, den gemeinsamen Punkt von K' und $\bar{K}$ gemein. $\bar{K}$ hat auch mit $\tilde{K}$ den Punkt P_1, $(t_1, \tilde{x}_i(t_1))$, gemein. Ganz ähnlich können wir zu $\mathfrak{K}''$ gehörige Kurve $\bar{K}$ finden, welche mit $\tilde{K}$ den Punkt P_1 gemeinsam hat. Hieraus folgt, dass P_1 gleichzeitig zu M' und M'' gehört, was aber unserer Voraussetzung widerspricht. M_n soll also zusammenhängend sein. Aus den Voraussetzungen ist es leicht zu sehen, dass alle M_n die M in sich enthalten. Aus jeder Menge M_n wählen wir einen Punkt P_n aus, und betrachten eine durch P_0 und gleichzeitig durch P_n gehende Kurve K_n, $x_i = x_i^n(t)$, die den Bedingungen (6') genügt. Dann gibt es eine Teilfolge der natürlichen Zahlen $\{n_\nu\}$ derart, dass K_{n_ν} gegen eine Integralkurve von (I) konvergiert. P_{n_ν} konvergiert dann gegen einen Punkt in M. So ist M die Näherungsgrenze der Folge der zusammenhängenden Mengen M_n, die alle gleichmässig beschränkt sind. Daraus können wir schliessen, dass M ein Kontinuum ist[5].

Den 10. Juli, 1927.

Mathematisches Institut,
K. Universität zu Tôkyô.

---

(5) Vgl. Hahn: Theorie der reellen Funktionen, S. 87, Satz XVII.

Eine hinreichende Bedingung für die Unität der Lösung von gewöhnlichen Differentialgleichungen n-ter Ordnung

[Japan. J. Math., 4 (1927) 307–309]

(Eingegangen am 23. Oktober, 1927.)

Es sei eine gewöhnliche Differentialgleichung n-ter Ordnung:

$$\frac{d^n y}{dx^n}=f(x, y, y', \ldots, y^{(n-1)}) \tag{1}$$

gegeben. Wir setzen voraus, *dass im kleinen Bereiche* $|x-x_0|\leqq l$, $|y^{(i)}-y_0^{(i)}|\leqq k$, $(i=0, 1, \ldots, n-1)$, *die Funktion* $f(x, y, y', \ldots, y^{(n-1)})$ *in bezug auf* $(x, y, y', \ldots, y^{(n-1)})$ *stetig ist, und stets die Ungleichung:*

$$\left|f(x, y_2, y_2', \ldots, y_2^{(n-1)})-f(x, y_1, y_1', \ldots, y_1^{(n-1)})\right|$$
$$\leqq \sum_{i=0}^{n-1}\frac{(n-i)!\,a_i}{|x-x_0|^{n-i}}\left|y_2^{(i)}-y_1^{(i)}\right| \tag{2}$$

gilt, wobei a_i *nicht negative Funktionen von* $(x_0, x, y_1, y_1', \ldots, y_1^{(n-1)}, y_2, y_2', \ldots, y_2^{(n-1)})$ *bedeuten, die im Bereiche überall die Bedingung:*

$$\sum_{i=0}^{n-1} a_i \leqq 1 \text{ (}^1\text{)} \tag{3}$$

erfüllen.

Nun wollen wir beweisen, *dass daraus die Eindeutigkeit der Lösung von* (1) *mit den Anfangsbedingungen:*

$$y^{(i)}=y_0^{(i)}, \quad (i=0, 1, \ldots, n-1), \quad \text{für} \quad x=x_0 \tag{4}$$

erfolgt.

Gäbe es zwei verschiedene Lösungen $y_1(x)$ und $y_2(x)$ von (1) mit denselben Anfangsbedingungen (4), so gibt es einen Wert von x, $x=x_1$, für den der absolute Betrag $|y_2^{(n)}(x)-y_1^{(n)}(x)|$ seinen Maximumwert α im $|x-x_0|\leqq l$ annimmt. Sicherlich ist α positiv, denn sonst würden $y_1(x)$ und $y_2(x)$ mit denselben Anfangsbedingungen (4) für $|x-x_0|\leqq l$ identisch. Wir haben also:

$$|y_2^{(n)}(x)-y_1^{(n)}(x)|\leqq\alpha$$

---

(1) a_i seien speziellenfalls Konstanten, etwa $a_i=\frac{1}{n}$.

im $|x-x_0| \leqq l$. Da $y_1^{(n)}(x)$ und $y_2^{(n)}(x)$ wegen der Differentialgleichung (1) stetig sind und $|y_2^{(n)}(x_0)-y_1^{(n)}(x_0)|=0$ ist, d.h., wenigstens in der Nähe von $x=x_0$, $|y_2^{(n)}(x)-y_1^{(n)}(x)| < \alpha$, so erhält man:

$$\left|y_2^{(i)}(x)-y_1^{(i)}(x)\right| < \frac{\alpha}{(n-i)!}\left|x-x_0\right|^{n-i}, \quad (i=0, 1, \ldots, n-1),$$

für $x \neq x_0$. Wir bekommen also nach (3):

$$\sum_{i=0}^{n-1} \frac{(n-i)!\, a_i}{|x-x_0|^{n-i}} \left|y_2^{(i)}(x)-y_1^{(i)}(x)\right| < \alpha \tag{5}$$

für alle x im $|x-x_0| \leqq l$ ausser $x=x_0$. Andererseits besteht

$$\begin{aligned}&|f(x_1, y_2(x_1), y_2'(x_1), \ldots, y_2^{(n-1)}(x_1))-f(x_1, y_1(x_1), y_1'(x_1), \ldots, y_1^{(n-1)}(x_1))| \\ &\qquad = |y_2^{(n)}(x_1)-y_1^{(n)}(x_1)| = \alpha,\end{aligned} \tag{6}$$

was aber der Beziehung (2) widerspricht. Also soll die Lösung von (1) mit den Anfangsbedingungen (4) für $|x-x_0| \leqq l$ eindeutig bestimmt sein.

Bemerkungen.

i) Die Unität der Lösung von (1) mit den Bedingungen (4) mag noch unter den folgenden Bedingungen bewiesen werden.

Die Stetigkeit der Funktion $f(x, y, y', \ldots, y^{(n-1)})$ ausser $x=x_0$ sei vorausgesetzt, und bestehe die Ungleichung:

$$\left|f(x, y, y', \ldots, y^{(n-1)})\right| \leqq \frac{K}{|x-x_0|^p}$$

im Bereiche, wobei K und $p(<1)$ Konstanten bedeuten. Die Bedingung (2) wird durch

$$\begin{aligned}&\left|f(x, y_2, y_2', \ldots, y_2^{(n-1)})-f(x, y, y_1', \ldots, y_1^{(n-1)})\right| \\ &\qquad \leqq \sum_{i=0}^{n-1}\left(\prod_{\nu=1}^{n-i}(\nu-p)\, a_i \frac{|y_2^{(i)}-y_1^{(i)}|}{|x-x_0|^{n-i}}\right)\end{aligned} \tag{2'}$$

ersetzt, wobei a_i nicht-negative Funktionen von $(x_0, x, y_1, y_1', \ldots, y_1^{(n-1)}, y_2, y_2', \ldots, y_2^{(n-1)})$ bezeichnen, die im Bereiche überall der Bedingung:

$$\sum_{i=0}^{n-1} a_i \leqq a < 1, \qquad (a=\text{Konst.}), \tag{3'}$$

genügen.

Für den Beweis bezeichne man hier mit α das Maximum von $|y_2^{(n)}(x)-y_1^{(n)}(x)| \cdot |x-x_0|^{p+\varepsilon}$ im $|x-x_0| \leqq l$ anstatt dasjenige von

$|y_2^{(n)}(x)-y_1^{(n)}(x)|$, wobei ε eine solche beliebige positive Zahl bedeutet, dass $p+\varepsilon<1$. Anstatt (5) und (6) erhält man hier also:

$$\sum_{l=0}^{n-1}\prod_{\nu=1}^{n-l}(\nu-p)a_l\frac{|y_2^{(l)}-y_1^{(l)}|}{|x-x_0|^{n-l}}<\sum_{l=0}^{n-1}\left(\prod_{\nu=1}^{n-l}\frac{\nu-p}{\nu-p-\varepsilon}a_l\frac{\alpha}{|x-x_0|^{p+\varepsilon}}\right) \qquad (5')$$

bzw. $$\left|f(x_1, y_2(x_1), \ldots, y_2^{(n-1)}(x_1))-f(x_1, y_1(x_1), \ldots, y_1^{(n-1)}(x_1))\right|$$

$$=\frac{\alpha}{|x_1-x_0|^{p+\varepsilon}}. \qquad (6')$$

Aus (5') und 6') mit (2') ergibt sich die Ungleichung:

$$1<\sum_{l=0}^{n-1}\left(\prod_{\nu=1}^{n-l}\frac{\nu-p}{\nu-p-\varepsilon}a_l\right).$$

Da ε beliebig klein gamacht werden kann, so folgt für $\varepsilon\to 0$:

$$1\leqq\sum_{l=0}^{n-1}a_l,$$

was aber mit (3') im Widerspruch steht, w. z. b. w.

ii) Die vorausgesetzte Bedingung unseres Satzes (oder der Bemerkung i) enthält die Lipschitzsche Bedingung als einen speziellen Fall. Denn unter Lipschitzscher Bedingung gilt unsere Bedingung in genügend kleiner Umgebung jedes Punktes $(x=x_0,\ y^{(l)}=y_0^{(l)})$ von gegebenem Bereiche, indem man setze etwa $a_l=\dfrac{1}{2n}$.

Den 21. Oktober, 1927.

Mathematisches Institut, K. Universität zu Tôkyô.

Über Integralkurven von gewöhnlichen Differentialgleichungen

[Proc. Phys-Math. Soc. Japan. **9** (1927) 156]

Hier will ich mich auf das System der gewöhnlichen Differentialgleichungen reeller Veränderlichen

$$\frac{dx_i}{dt} = f_i(t, x_1, x_2, \cdots, x_\mu), \qquad i = 1, 2, \cdots, \mu$$

beschränken, wobei die rechten Seiten in Bezug auf $(t, x_1, x_2, \cdots, x_\mu)$ im Bereiche $|t - t_0| \leq \ell$, $|x_i - x_i^0| \leq k$ stetig sind. Dabei wird auch Differentialgleichung einer einzigen abhängigen Veränderlichen

$$\frac{dx}{dt} = f(t, x)$$

behandelt. Die hier gewonnenen Ergebnisse sind die folgenden:

1) M_n seien die Mengen der einem festen Werte von t entsprechenden Punkte auf allen Integralkurven durch die gegen den Punkt P konvergierender Anfangspunkte P_n, und M sei die Menge der demselben Werte von t entsprechenden Punkte auf allen Integralkurven durch den Punkt P. Dann gilt: die obere Näherungsgrenze von M_n bildet eine Teilmenge von M.

2) Die oben erwähnte Menge M ist ein Kontinuum. (Der Beweis dieses Satzes ist hier in anderem Wege geführt als Kneserscher in Sitzungsberichte der Preussischen Akademie der Wissenschaften, 1923,) Ist die Menge M_0 der Anfangspunkte Zusammenhängend, so its es auch die Menge der Punkte, für einen festen wert von t, auf allen Integralkurven durch die Punkte von M_0.

3) In Bezug auf die Eigenschaften der Verzweigungspunkte gibt es einen merk-würdigen Unterschied zwischen den Fällen einer einzigen Differentialgleichung und eines Differentialgleichungensystems.

4) Die Menge aller Verzweigungspunkte hat die Gestalt $\underset{\nu}{\mathfrak{D}} \underset{\mu}{\mathfrak{V}} A_{\mu,\nu}$, wobei $A_{\mu,\nu}$ für alle Indices μ, ν abgeschlossene Menge bedeutet: aber die Umkehrung gilt nicht immer.

5) Es gibt Differentialgleichung

$$\frac{dx}{dt} = f(t, x)$$

mit stetigem zweitem Gliede, deren Integrale auf und nur auf der im Innern vom Bereiche beliebig vorgelegten abzählbaren Menge verzweigen.

(Vorgelegt am 2. April, 1927)

Über die Konvergenz der Integrale der Functionenfolgen und ihre Anwendung auf das gewöhnliche Differentialgleichungssystem

[Japan. J. Math., 5 (1928) 97–125]

(Eingegangen am 22. März, 1928)

1. Gleichmässige Summierbarkeit. Hilfssätze.

Definition. Eine Menge der Funktionen $\{f(x)\}$, welche auf einer messbaren Menge M im Intervalle $< a, b >$ summierbar (nach de la Vallée Poussin) sind, wird auf M *gleichmässig summierbar* genannt, wenn es für beliebig vorgeschriebene positive Zahl ε eine andere δ gibt, so dass für alle Funktionen von $\{f(x)\}$ dieselbe Ungleichung

$$\left| \int_E f(x)\, dx \right| < \varepsilon$$

gilt, sobald E irgend eine messbare Teilmenge von M, deren Mass kleiner als δ ist, bedeutet.

Diese Eigenschaft der Funktionenmenge $\{f(x)\}$ ist schon von Herrn Vitali aufmerksam gemacht worden(1). Er nennt aber die Integrale $\int f(x)dx$ gleichartig totalstetig (equi-assolutamente continui) zu sein.

Aus der Definition bekommen wir sogleich(2):

i) Genügt jede Funktion von $\{f(x)\}$ der Bedingung

$$|f(x)| \leqq F(x)$$

auf M, wobei $F(x)$ von der Einzelheit der Funktionen $f(x)$ unabhängig und auf M summierbar ist, so ist die Funktionenmenge $\{f(x)\}$ auf M gleichmässig summierbar.

Insbesondere ist die Funktionenmenge $\{f(x)\}$, deren Funktionen auf M gleichmässig beschränkt sind, auf M gleichmässig summierbar.

ii) Dafür dass die Funktionenmenge $\{f(x)\}$ auf M gleichmässig sum-

(1) Vitali: Sull'integrazioni per serie. Rend. del Circ. mat. di Palermo **23** (1907) 137.

(2) Hier will ich in die Beweise dieser Behauptungen nicht eingehen. Für den Beweis von ii) vergleiche man: Hobson: Theory of functions of a real variable II (1926), 296.

mierbar sei, ist es notwendig und hinreichend, dass die Funktionenmenge $\{|f(x)|\}$ auf M gleichmässig summierbar ist.

iii) Es sei die Funktionenmenge $\{f(x)\}$ auf M gleichmässig summierbar, und sei die Funktionenmenge $\{g(x)\}$ auf M gleichmässig beschränkt, so ist auch die Funktionenmenge $\{f(x)g(x)\}$, die aus Produkten der Funktionen $f(x)$ von $\{f(x)\}$ mit $g(x)$ von $\{g(x)\}$ besteht, auf M gleichmässig summierbar.

Hilfssatz 1. *Ist die Funktionenmenge $\{f(x)\}$ in $<a, b>$ gleichmässig summierbar, so ist die Funktionenmenge $\left\{\int_a^x f(x)dx\right\}$ in $<a, b>$ gleichartig stetig und gleichmässig beschränkt.*

Zu jeder positiven Zahl ε gibt es nach Voraussetzung eine andere δ, so dass für alle Funktionen von $\{f(x)\}$

$$\left|\int_a^{x_2} f(x)dx - \int_a^{x_1} f(x)dx\right| = \left|\int_{x_1}^{x_2} f(x)\,dx\right| < \varepsilon$$

ist, sobald nur $a \leqq x_1 \leqq b$, $a \leqq x_2 \leqq b$ und $|x_2 - x_1| < \delta$ ist. $\left\{\int_a^x f(x)\,dx\right\}$ ist also in $<a, b>$ gleichartig stetig. Wählt man eine natürliche Zahl n derart, dass $n\delta > b-a$ ist, so ist für alle Funktionen von $\{f(x)\}$, indem man das Intervall $<a, x>$ in n gleiche Intervalle (a_ν, b_ν) zerlegt,

$$\left|\int_a^x f(x)\,dx\right| \leqq \sum_{\nu=1}^{n}\left|\int_{a_\nu}^{b_\nu} f(x)\,dx\right| < n\varepsilon,$$

d. h., $\left\{\int_a^x f(x)\,dx\right\}$ ist in $<a, b>$ gleichmässig beschränkt.

Hilfssatz 2. *Es sei die Funktionenmenge $\{f_n(x)\}$ in $<a, b>$ gleichmässig summierbar, und bestehe die Beziehung*

$$(1) \qquad \lim_{n\to\infty}\int_a^x f_n(x)dx = \int_a^x F(x)\,dx$$

für alle x in $<a, b>$, wobei $F(x)$ in $<a, b>$ summierbare Funktion bedeutet, so gilt auch für irgend eine messbare Menge M in $<a, b>$ die Beziehung

$$\lim_{n\to\infty}\int_M f_n(x)dx = \int_M F(x)dx.$$

Aus (1) folgt für irgend zwei Werte von x, etwa α und β, in $<a, b>$ die Relation

$$(2) \qquad \lim_{n\to\infty}\int_a^\beta f_n(x)dx=\int_a^\beta F(x)dx.$$

Da $\{f_n(x)\}$ in $<a, b>$ gleichmässig summierbar ist, können wir für beliebig vorgeschriebene positive Zahl ε, eine andere δ finden, so dass für irgend eine die M enthaltende messbare Menge E in $<a, b>$ die Ungleichungen

$$\left|\int_{E-M} f_n(x)dx\right|<\frac{\varepsilon}{5}$$

und

$$\left|\int_{E-M} F(x)dx\right|<\frac{\varepsilon}{5}$$

für alle n gelten, sobald $m(E-M)<\delta$(³) ist.

Wir wählen dann eine abzählbare Menge der von einander getrennten Teilintervalle von $<a, b>$, $\{(a_\nu, b_\nu)\}$, deren Vereinigungsmenge die Menge M überdeckt und die Ungleichung

$$\sum_{\nu=1}^{\infty}(b_\nu-a_\nu)-m(M)<\delta$$

befriedigt. So ist für alle n

$$(3) \qquad \left|\sum_{\nu=1}^{\infty}\int_{a_\nu}^{b_\nu} f_n(x)dx-\int_M f_n(x)dx\right|<\frac{\varepsilon}{5}$$

und

$$(4) \qquad \left|\sum_{\nu=1}^{\infty}\int_{a_\nu}^{b_\nu} F(x)\,dx-\int_M F(x)dx\right|<\frac{\varepsilon}{5}.$$

Es gibt eine natürliche Zahl N derart, dass

$$\sum_{\nu=1}^{\infty}(b_\nu-a_\nu)-\sum_{\nu=1}^{N}(b_\nu-a_\nu)<\delta$$

ist. Dann gelten für alle n

$$(5) \qquad \left|\sum_{\nu=1}^{\infty}\int_{a_\nu}^{b_\nu} f_n(x)dx-\sum_{\nu=1}^{N}\int_{a_\nu}^{b_\nu} f_n(x)\,dx\right|<\frac{\varepsilon}{5}$$

(³) Mit $m(A)$ bezeichnen wir das Mass der messbaren Menge A.

und

$$\left| \sum_{\nu=1}^{\infty} \int_{a_\nu}^{b_\nu} F(x)dx - \sum_{\nu=1}^{N} \int_{a_\nu}^{b_\nu} F(x)dx \right| < \frac{\varepsilon}{5}. \tag{6}$$

Nach (2) können wir eine solche natürliche Zahl n_ε bestimmen, dass für alle $n > n_\varepsilon$

$$\left| \sum_{\nu=1}^{N} \int_{a_\nu}^{b_\nu} f_n(x)dx - \sum_{\nu=1}^{N} \int_{a_\nu}^{b_\nu} F(x)dx \right| < \frac{\varepsilon}{5} \tag{7}$$

gilt. Aus (3), (4), (5), (6) und (7) bekommen wir schliesslich

$$\left| \int_M f_n(x)dx - \int_M F(x)dx \right| < \varepsilon$$

für alle $n > n_\varepsilon$, w. z. b. w.

Bemerkung. *Aus der gleichmässigen Summierbarkeit von* $\{f_n(x)\}$ *und der Existenz der Grenze* $\lim_{n\to\infty} \int_a^x f_n(x)dx = G(x)$ *für alle* x *in* $< a, b >$ *können wir schliessen, dass die Konvergenz in* $< a, b >$ *gleichmässig ist, und* $G(x)$ *sich in der Form*

$$G(x) = \int_a^x F(x)dx$$

darstellen lässt, wobei $F(x)$ *in* $< a, b >$ *summierbare Funktion ist.*

Die Gleichmässigkeit der Konvergenz folgt aus der gleichartigen Stetigkeit von $\left\{ \int_a^x f_n(x)dx \right\}$. Wir haben dann nur das Bestehen der Form $G(x) = \int_a^x F(x)dx$ zu beweisen.

Es seien (a_ν, b_ν) beliebige endlich viele von einander getrennte Intervalle in $<a, b>$. So gilt stets

$$\lim_{n\to\infty} \int_{a_\nu}^{b_\nu} f_n(x)dx = G(b_\nu) - G(a_\nu),$$

und daher

$$\sum \left| G(b_\nu) - G(a_\nu) \right| = \lim_{n\to\infty} \sum \left| \int_{a_\nu}^{b_\nu} f_n(x)dx \right|. \tag{8}$$

Es sei ε eine beliebige positive Zahl. Man kann dann eine andere positive Zahl δ derart finden, dass für alle n

$$\sum \left| \int_{a_\nu}^{b_\nu} f_n(x)dx \right| < \varepsilon$$

gilt, sobald $\sum (b_\nu - a_\nu) < \delta$ ist. Aus (8) folgt also

$$\sum \left| G(b_\nu) - G(a_\nu) \right| \leqq \varepsilon$$

d. h., die Funktion $G(x)$ ist in $< a, b >$ totalstetig. Es gilt auch $G(a)=0$. $G(x)$ ist daher in der Form

$$G(x) = \int_a^x F(x)dx$$

darstellbar, wobei $F(x)$ in $< a, b >$ summierbar ist([4]).

Hilfssatz 3. *Es sei die Funktionenfolge* $\{f_n(x)\}$ *auf einer messbaren Menge* M *in* $< a, b >$ *gleichmässig summierbar, und sei* $F(x)$ *eine auf* M *messbare Funktion des bestimmten Vorzeichens. Es bestehe auch die Beziehung*

$$(9) \qquad \lim_{n \to \infty} \int_{M_i} f_n(x)dx = \int_{M_i} F(x)dx,$$

wobei M_i *mit* i *monoton wachsend gegen* M *konvergierende messbare Mengen bedeuten.*

Dann ist auch $F(x)$ *auf* M *summierbar und es besteht*

$$\lim_{n \to \infty} \int_M f_n(x)dx = \int_M F(x)dx.$$

Wir beweisen den vorliegenden Satz nur wenn $F(x)$ nicht negativ ist, denn für den anderen Fall ist der Beweis ganz ähnlich durchfürbar. Wir definieren eine Funktionenfolge $\{F_i(x)\}$ durch

$$\begin{cases} F_i(x) = F(x) & \text{auf } M_i, \\ F_i(x) = 0 & \text{ausserhalb } M_i. \end{cases}$$

Man hat also

([4]) Vgl. Carathéodory: Vorlesungen über reelle Funktionen, 545.

(10) $$\int_{M_i} F(x)dx = \int_M F_i(x)dx.$$

Dann konvergiert die Funktionenfolge $\{F_i(x)\}$ monoton wachsend gegen die Funktion $F(x)$ auf M. Wegen der gleichmässigen Summierbarkeit von $\{f_n(x)\}$ gibt es nach Hilfssatz 1 eine positive Zahl G, sodass für alle n

$$\int_M f_n(x)dx \leqq G.$$

Dann ist auch nach (9) und (10)

$$0 \leqq \int_M F_i(x)dx \leqq G,$$

d. h., die Folge $\left\{\int_M F_i(x)dx\right\}$ ist beschränkt. Daraus folgt, dass $F(x)$ auf M summierbar ist, und die Gleichung

$$\lim_{i\to\infty} \int_M F_i(x)dx = \int_M F(x)dx$$

gilt([5]), oder

(11) $$\lim_{i\to\infty} \int_{M_i} F(x)dx = \int_M F(x)dx.$$

Man bezeichne mit $\bar{M}_i$ das Komplement von M_i in bezug auf M, so ist

(12) $$\lim_{i\to\infty} m(\bar{M}_i) = 0.$$

Es sei ε eine beliebige vorgeschriebene positive Zahl, so gibt es nach der gleichmässigen Summierbarkeit von $\{f_n(x)\}$ und (12) eine natürliche Zahl i_ε derart, dass für alle n

$$\left|\int_{\bar{M}_{i_\varepsilon}} f_n(x)dx\right| < \frac{\varepsilon}{3}$$

ist, also auch für alle n

([5]) Vgl. Carathéodory: a. a. O., 438-441.

$$(13)\qquad \left|\int_M f_n(x)dx - \int_{M_{i_\varepsilon}} f_n(x)dx\right| < \frac{\varepsilon}{3}.$$

Nach (12) können wir dabei i_ε noch derart wählen, dass

$$(14)\qquad \left|\int_{M_{i_\varepsilon}} F(x)dx - \int_M F(x)\,dx\right| < \frac{\varepsilon}{3}.$$

Nach (9) können wir auch eine natürliche Zahl n_ε so bestimmen, dass für alle $n > n_\varepsilon$

$$(15)\qquad \left|\int_{M_{i_\varepsilon}} f_n(x)dx - \int_{M_{i_\varepsilon}} F(x)\,dx\right| < \frac{\varepsilon}{3}$$

ist.

Aus (13), (14), und (15) bekommen wir schliesslich

$$\left|\int_M f_n(x)dx - \int_M F(x)\,dx\right| < \varepsilon$$

für alle $n > n_\varepsilon$, w. z. b. w.

Hilssatz 4. *Es sei* $\{f_n(x)\}$ *eine Folge der auf einer messbaren Menge* M *in* $<a, b>$ *gleichmässig summierbaren Funktionen, welche auf* M *gegen eine Funktion* $F(x)$ *asymptotisch konvergiert. Dann besteht die Gleichung*

$$\lim_{n\to\infty}\int_M f_n(x)dx = \int_M F(x)dx.$$

Mit M_i' bezeichne man solche Teilmenge von M, auf welchem $F(x)$ die Bedingung

$$O \leqq F(x) \leqq i$$

erfüllt, wobei i eine positive ganze Zahl bedeutet. Die Menge M_i' ist dann messbar. Zunächst beweisen wir, dass

$$(16)\qquad \lim_{n\to\infty}\int_{M_i'} f_n(x)dx = \int_{M_i'} F(x)dx.$$

Da $f_n(x)$ auf M gleichmässig summierbar sind und $F(x)$ auf M_i' beschränkt ist, so gibt es für beliebige positive Zahl ε eine andere δ derart, dass für jede messbare Teilmenge E von M_i', deren Mass kleiner als δ ist, die Ungleichungen

$$(17)\qquad \begin{cases} \left|\int\limits_E f_n(x)dx\right| < \dfrac{\varepsilon}{3}, \\ \left|\int\limits_E F(x)\,dx\right| < \dfrac{\varepsilon}{3} \end{cases}$$

gelten. Nach der asymptotischen Konvergenz der Funktionenfolge $\{f_n(x)\}$ gegen $F(x)$ können wir eine natürliche Zahl n_ε so wählen, dass es für jede $n > n_\varepsilon$ eine messbare Teilmenge P_n von M_i' derart gibt, dass

$$(18)\qquad m(P_n) > m(M_i') - \delta$$

und für alle x von P_n

$$(19)\qquad |f_n(x) - F(x)| < \frac{\varepsilon}{3(b-a)}$$

ist. Weil für alle $n > n_\varepsilon$

$$\left|\int\limits_{M_i'} f_n(x)dx - \int\limits_{M_i'} F(x)dx\right| \leqq \left|\int\limits_{P_n} f_n(x)dx - \int\limits_{P_n} F(x)dx\right| + \left|\int\limits_{M_i'-P_n} f_n(x)dx\right| + \left|\int\limits_{M_i'-P_n} F(x)\,dx\right|$$

ist, so ist nach (17), (18) und (19)

$$\left|\int\limits_{M_i'} f_n(x)dx - \int\limits_{M_i'} F(x)\,dx\right| < \varepsilon$$

für alle $n > n_\varepsilon$. Damit ist (16) bewiesen.

Die Mengenfolge $\{M_i'\}$ konvergiert mit i monoton wachsend gegen die messbare Teilmenge M' von M, worauf $F(x)$ nicht negativ ist. Man hat also nach Hilfssatz 3

$$(20)\qquad \lim_{n\to\infty} \int\limits_{M'} f_n(x)dx = \int\limits_{M'} F(x)dx.$$

Ebenso können wir beweisen für die messbare Teilmenge M'' von M, worauf $F(x)$ negativ ist, dass

$$(21)\qquad \lim_{n\to\infty} \int\limits_{M''} f_n(x)dx = \int\limits_{M''} F(x)\,dx.$$

Aus (20) und (21) folgt dann schliesslich

$$\lim_{n\to\infty} \int\limits_{M} f_n(x)dx = \int\limits_{M} F(x)dx.$$

2. Fundamentalsätze.

Satz 1. *Es sei die Funktionenfolge* $\{f_n(x, y)\}$ *unter folgenden Voraussetzungen gegeben:*

(a) *Jede* $f_n(x, y)$ *ist in* $< a, b >$ *messbar als Funktion von* x *für jedes feste* y, *stetig als Funktion von* y *für jedes* x *fast überall in* $< a, b >$.

(b) *Für jede positive Zahl* P *gibt es in* $< a, b >$ *gleichmässig summierbare Funktionen* $\varphi_n(x, P)$, *so dass für alle* $|y| \leqq P$ *und* n

$$|f_n(x, y)| \leqq \varphi_n(x, P)$$

ist.

(c) *Für* $|y| \leqq P$ *sind* $f_n(x, y)$ *als Funktionen von* y *in bezug auf alle* n *und* x *asymptotisch überall in* $< a, b >$ *gleichmässig stetig.* D. h., für $|y| \leqq P$ und für beliebig vorgeschriebene positive Zahlen ε und η gibt es eine von n unabhängige positive Zahl δ und messbare Mengen M_n in $< a, b >$, deren Masse grösser als $(b-a)-\eta$ sind, so dass für alle x von M_n stets

$$|f_n(x, y_2)-f_n(x, y_1)| < \varepsilon$$

gilt, sobald nur $|y_j| \leqq P\,(j=1, 2)$ und $|y_2-y_1| < \delta$.

(d) *Für jedes feste* y *gilt*

$$\lim_{n \to n} \int_a^x f_n(x, y)dx = \int_a^x F(x, y)\,dx$$

für alle x *in* $< a, b >$, *wobei* $F(x, y)$ *als Funktion von* x *für jedes feste* y *summierbar, und als Funktion von* y *für jedes feste* x *fast überall in* $< a, b >$ *stetig ist.*

(e) *Die Funktionenfolge* $\{f_n(x, y(x))\}$ *ist in* $< a, b >$ *gleichmässig summierbar, wobei* $y(x)$ *eine in* $< a, b >$ *messbare Funktion von* x *bedeutet.*

Dann besteht

$$\lim_{n \to \infty} \int_a^x f_n(x, y(x))dx = \int_a^x F(x, y(x))\,dx$$

für alle x *in* $< a, b >$ (⁶).

Mit M_P (wobei P eine positive ganze Zahl ist) bezeichnen wir solche Teilmenge von $< a, \xi > (a \leqq \xi \leqq b)$, dass die Ungleichungen

---

(⁶) Für die Messbarkeit der Funktionen $f_n(x, y(x))$ und $F(x, y(x))$ vergleiche man: Carathéodory: a. a. O., 665.

(22) $$|y(x)| \leqq P$$

und

$$F(x, y(x)) \geqq 0$$

bestehen. Die Menge M_P ist also messbar.

Zunächst beweisen wir, dass

(23) $$\lim_{n\to\infty} \int_{M_P} f_n(x, y(x))dx = \int_{M_P} F(x, y(x))dx$$

ist. Sei $\{y_\nu(x)\}$ die Folge der auf M_P endlichwertigen messbaren Funktionen, welche auf M_P gleichmässig gegen die messbare Funktion $y(x)$, die auf M_P beschränkt ist, konvergiert(7). Wir können dabei auch voraussetzen, dass

(24) $$|y_\nu(x)| \leqq P$$

ist. Dann bekommen wir

(25) $$\lim_{\nu\to\infty} F(x, y_\nu(x)) = F(x, y(x))$$

fast überall auf M_P.

Da $y_\nu(x)$ auf M_P endlichwertige messbare Funktion ist, so gibt es endlich viele von einander getrennte messbare Mengen $G_1, G_2, \ldots\ldots, G_k$ derart, dass auf jede G_i $y_\nu(x) = c_i$ (c_i = konst.) und $M_P = \sum_{i=1}^{k} G_i$ ist. Nun sei E eine beliebige messbare Teilmenge von M_P. Man hat auf jedem Durchschnitte von G_i mit E

$$\lim_{n\to\infty} \int_{G_i\cdot E} f_n(x, y_\nu(x))dx = \lim_{n\to\infty} \int_{G_i\cdot E} f_n(x, c_i)dx = \int_{G_i\cdot E} F(x, c_i)dx = \int_{G_i\cdot E} F(x, y_\nu(x))dx,$$

also auf der Vereinigungsmenge $E = \sum_{i=1}^{k} G_i \cdot E$

(26) $$\lim_{n\to\infty} \int_E f_n(x, y_\nu(x))dx = \int_E F(x, y_\nu(x))dx$$

für jede ν.

Zu jeder positiven Zahl ε gibt es nach (b) und (24) eine andere δ, so dass

(7) Vgl. Carathéodory: a. a. O., 389.

$$\left|\int_E f_n(x, y_\nu(x))\,dx\right| < \varepsilon$$

für alle n und ν, sobald nur $m(E)<\delta$ ist. Man hat also aus (26)

$$\left|\int_E F(x, y_\nu(x))dx\right| \leqq \varepsilon$$

für alle ν, sobald nur $m(E) < \delta$. Die Funktionenfolge $\{F(x, y_\nu(x))\}$ ist also auf M_P gleichmässig summierbar. Dann folgt aus (25) nach Hilfssatz 4

$$\lim_{\nu\to\infty}\int_{M_P} F(x, y_\nu(x))dx = \int_{M_P} F(x, y(x))dx. \tag{27}$$

Nach (b), (22) und (24) können wir für beliebig vorgeschriebene positive Zahl ε eine andere η finden, so dass für jede messbare Teilmenge E_η von M_P die Ungleichungen

$$\begin{cases} \left|\int_{E_\eta} f_n(x, y(x))dx\right| < \dfrac{\varepsilon}{9} \text{ für alle } n, \\ \left|\int_{E_\eta} f_n(x, y_\nu(x))dx\right| < \dfrac{\varepsilon}{9} \text{ fur alle } n \text{ und } \nu \end{cases} \tag{28}$$

gelten, sobald nur $m(E_\eta) < \eta$ ist.

Nach (c) gibt es dann eine positive Zahl δ und messbare Teilmengen $M_{P,n}$ von M_P derart, dass

$$m(M_{P,n}) > m(M_P) - \eta \tag{29}$$

ist, und für alle x von $M_{P,n}$ stets

$$\left|f_n(x, y_2) - f_n(x, y_1)\right| < \frac{\varepsilon}{9(b-a)} \tag{30}$$

gild, sobald nur $|y_j| \leqq P\ (j = 1, 2)$ und $|y_2 - y_1| < \delta$.

Es gibt nach (27) eine natürliche Zahl N derart, dass

$$\left|\int_{M_P} F(x, y_N(x))dx - \int_{M_P} F(x, y(x))dx\right| < \frac{\varepsilon}{3} \tag{31}$$

und

$$|y_N(x) - y(x)| < \delta.$$

Aus (28), (29) und (30) folgt dann, indem man $E_\eta = M_P - M_{P,n}$ setzt,

$$\left|\int_{M_P} f_n(x, y_N(x))dx - \int_{M_P} f_n(x, y(x))dx\right| < \frac{\varepsilon}{3} \tag{32}$$

für alle n. Nach (26) können wir eine natürliche Zahl n_ε derart finden, dass für alle $n > n_\varepsilon$ (wenn man $E = M_P$ setzt)

$$\left|\int_{M_P} f_n(x, y_N(x))dx - \int_{M_P} F(x, y_N(x))dx\right| < \frac{\varepsilon}{3}.$$

Dies mit (31) und (32) gibt die Ungleichung

$$\left|\int_{M_P} f_n(x, y(x))dx - \int_{M_P} F(x, y(x))dx\right| < \varepsilon$$

für alle $n > n_\varepsilon$. Hiermit ist die Gleichung (23) bewiesen.

Lässt man nun P nach ∞ streben, so konvergiert die Folge $\{M_P\}$ monoton wachsend gegen die messbare Menge M, worauf $F(x, y(x))$ in $<a, \xi>$ nicht negativ ist. So erhält man nach Hilfssatz 3 wegen der gleichmässigen Summierbarkeit von $\{f_n(x, y(x))\}$

$$\lim_{n\to\infty} \int_M f_n(x, y(x))dx = \int_M F(x, y(x))dx. \tag{33}$$

Ebenso erhält man für die messbare Menge M' in $<a, \xi>$ worauf $F(x, y(x))$ negativ ist,

$$\lim_{n\to\infty} \int_{M'} f_n(x, y(x))dx = \int_{M'} F(x, y(x))dx.$$

Hieraus folgt wegen (33) schliesslich

$$\lim_{n\to\infty} \int_a^\xi f_n(x, y(x))dx = \int_a^\xi F(x, y(x))dx,$$

wobei ξ einen beliebigen Wert von x in $<a, b>$ bedeutet, w. z. b. w.

Bemerkung. Wir können den Satz 1 folgendermassen erweitern:

Es sei die Funktionenfolge $\{f_n[x, y_2, y_2, \dots, y_k]\}$ *unter folgenden Voraussetzungen gegeben:*

(a′) *Jede* $f_n[x, y_1, y_2, \dots, y_k]$ *ist in* $<a, b>$ *messbar als Funktion von* x *für jedes feste* $(y_1, y_2, \dots, y_k)$, *stetig als Funktion von* $(y_1, y_2, \dots, y_k)$ *für jedes feste* x *fast überall in* $<a, b>$.

(b′) *Für jede positive Zahl P gibt es in $<a, b>$ gleichmässig summierbare Funktionen $\varphi_n(x, P)$, so dass für alle $|y_i| \leqq P (i=1, 2, \ldots, k)$ und n*

$$|f_n[x, y_1, y_2, \ldots, y_k]| \leqq \varphi_n(x, P)$$

ist.

(c′) *Für $|y_i| \leqq P (i=1, 2, \ldots, k)$ sind $f_n[x, y_1, \ldots, y_k]$ als Funktionen von $(y_1, y_2, \ldots, y_k)$ in bezug auf alle n und x asymptotisch überall in $<a, b>$ gleichmässig stetig.* D. h., für $|y_i| \leqq P$ und für beliebig vorgeschriebene positive Zahlen ε und η gibt es eine von n unabhängige positive Zahl δ und messbare Mengen M_n in $<a, b>$, deren Masse grösser als $(b-a)-\eta$ sind, so dass für alle x von M_n stets

$$|f_n[x, z_1, z_2, \ldots, z_k]-f_n[x, y_1, y_2, \ldots, y_k]| < \varepsilon$$

gild, sobald nur $|y_i| \leqq P$, $|z_i| \leqq P (i=1, 2, \ldots, k)$ und $|z_i-y_i| < \delta$.

(d′) *Für jedes feste $(y_1, y_2, \ldots, y_k)$ gilt*

$$\lim_{n\to\infty}\int_a^x f_n[x, y_1, y_2, \ldots, y_k]dx = \int_a^x F[x, y_1, y_2, \ldots, y_k]dx$$

für alle x in $<a, b>$, wobei $F[x, y_1, \ldots, y_k]$ als Funktion von x für jedes feste $(y_1, y_2, \ldots, y_k)$ in $<a, b>$ messbar und als Funktion von $(y_1, y_2, \ldots, y_k)$ für jedes feste x fast überall in $<a, b>$ stetig ist.

(e′) *Die Funktionenfolge $\{f_n[x, y_1(x), y_2(x), \ldots, y_k(x)]\}$ ist in $<a, b>$ gleichmässig summierbar, wobei $y_i(x) (i=1, 2, \ldots, k)$ in $<a, b>$ messbare Funktionen von x bedeuten.*

Dann besteht

$$\lim_{n\to\infty}\int_a^x f_n[x, y_1(x), y_2(x), \ldots, y_k(x)]dx = \int_a^x F[x, y_1(x), y_2(x), \ldots, y_k(x)]dx$$

für alle x in $<a, b>$.

Der Beweis ist ganz analog wie in Satz 1 durchfürbar.

Satz 2. *Es sei die Funktionenfolge $\{f_n[x, y_1, y_2, \ldots, y_k]\}$ unter den Voraussetzungen* (a′), (b′), (c′), (d′) *und* (e′) *in der Bemerkung zu Satz* 1 *gegeben.*

Wir fügen hier noch folgende Voraussetzung hinzu:

(f′) *Die Funktionenfolge $\{f_n[x, y_{1,n}(x), y_{2,n}(x), \ldots, y_{k,n}(x)]\}$ ist in $<a, b>$ gleichmässig summierbar, wobei die Folgen der messbaren Funktionen*

$\{y_{i,n}(x)\}$ $(i=1, 2, \ldots, k)$ *in* $< a, b >$ *asymptotisch gegen die Funktionen* $y_i(x)$ *konvergieren.*

Dann besteht

$$\lim_{n\to\infty}\int_a^x f_n[x, y_{1,n}(x), y_{2,n}(x), \ldots, y_{k,n}(x)]dx = \int_a^x F[x, y_1(x), y_2(x), \ldots, y_k(x)]dx$$

für alle x *in* $< a, b >$.

Wir wissen schon, dass

$$\lim_{n\to\infty}\int_a^x f_n[x, y_1(x), \ldots, y_k(x)]dx = \int_a^x F[x, y_1(x), \ldots, y_k(x)]dx$$

ist. Man hat also nur zu beweisen, dass die Gleichung

$$\lim_{n\to\infty}\int_a^x \{f_n[x, y_{1,n}(x), \ldots, y_{k,n}(x)] - f_n[x, y_1(x), \ldots, y_k(x)]\}dx = 0 \tag{34}$$

für alle x in $< a, b >$ gilt.

Es seien ε und η beliebig vorgeschriebene positive Zahlen. Mit E_P bezeichne man solche messbare Menge in $< a, b >$, dass die Ungleichung

$$|y_i(x)| \leqq P$$

für alle $i(=1, 2, \ldots, k)$ besteht. Nun nehmen wir P so gross, dass $m(E_P) > (b-a) - \frac{\eta}{3}$ ist. P ist nur von η abhängig. Nach (c') gibt es eine positive Zahl $\delta(< P)$ derart, dass auf einer Folge der messbaren Mengen M'_n in $< a, b >$, deren Masse grösser als $(b-a) - \frac{\eta}{3}$ sind, stets

$$|f_n[x, z_1, z_2, \ldots, z_k] - f_n[x, y_1, y_2, \ldots, y_k]| < \varepsilon$$

gilt, sobald nur $|y_i| \leqq 2P$, $|z_i| \leqq 2P$ und $|y_i - z_i| < \delta$ $(i=1, 2, \ldots, k)$ sind. δ ist also nur von ε und η abhängig.

Da die Funktionenfolgen $\{y_{i,n}(x)\}$ $(i = 1, 2, \ldots, k)$ in $< a, b >$ asymptotisch gegen die Funktionen $y_i(x)$ konvergieren, so kann man eine natürliche Zahl n_0 so bestimmen, dass auf einer Folge der messbaren Mengen M_n'' in $< a, b >$, deren Masse grösser als $(b-a) - \frac{\eta}{3}$ sind, die Ungleichung

$$|y_{i,n}(x) - y_i(x)| < \delta$$

für alle $n > n_0$ und $i(=1, 2, \ldots, k)$ gilt. Mit M_n bezeichnen wir den Durchschnitt der messbaren Mengen E_P, M'_n und M_n'', so ist $m(M_n) >$

$(b-a)-\eta$ für alle $n > n_0$. Auf M_n besteht dann

$$|f_n[x, y_{1,n}(x), \ldots, y_{k,n}(x)] - f_n[x, y_1(x), \ldots, y_k(x)]| < \varepsilon$$

für alle $n > n_0$, wobei n_0 nur von ε und η abhängig ist. Die Funktionenfolge $\{f_n[x, y_{1,n}(x), \ldots, y_{k,n}(x)] - f_n[x, y_1(x), \ldots, y_k(x)]\}$ konvergiert also in $< a, b >$ asymptotisch gegen Null. Diese Folge ist auch in $< a, b >$ gleichmässig summierbar. Nach Hilfssatz 4 schliessen wir dann das Bestehen der Gleichung (34), w. z. b. w.

3. Integrale der Produkte. Integrale der iterierten Formen.

Satz 3. *Es seien* $\{f_n(x)\}$, $\{f_n(x)G(x)\}$ *und* $\{f_n(x)g_n(x)\}$ *Folgen der in* $< a, b >$ *gleichmässig summierbaren Funktionen, wobei* $\{g_n(x)\}$ *eine gegen die Funktion* $G(x)$ *in* $< a, b >$ *asymptotisch konvergierende Folge der messbaren Funktionen bedeutet. Gilt die Gleichung*

$$\lim_{n\to\infty}\int_a^x f_n(x)dx = \int_a^x F(x)dx$$

für alle x *in* $< a, b >$, *dann besteht auch die Beziehung*

$$\lim_{n\to\infty}\int_a^x f_n(x)g_n(x)dx = \int_a^x F(x)G(x)dx$$

für alle x *in* $< a, b >$.

Wie man leicht sehen kann, genügen die Funktionenfolgen $\{f_n(x)y_1\}$, $\{f_n(x)G(x)\}$ und $\{f_n(x)g_n(x)\}$ den Voraussetzungen (a'), (b'), (d'), (e') und (f') von Satz 2, indem man $y_1(x) = G(x)$ und $y_{1,n}(x) = g_n(x)$ setzt. Wir haben also nur das Bestehen der Bedingung (c') zu beweisen.

Man bezeichne mit $\bar{M}_n$ solche Mengen in $< a, b >$, dass darauf die Ungleichung

$$(31) \qquad |f_n(x)| > K \qquad (>0)$$

besteht. Da $\{f_n(x)\}$ in $< a, b >$ gleichmässig summeirbar ist, so gibt es nach Hilfssatz 1 und ii) eine von n unabhängige Zahl A derart, dass für irgend eine messbare Menge E in $< a, b >$ und für alle n.

$$(32) \qquad \int_E |f_n(x)|\, dx < A.$$

Aus (31) folgt

$$\int_{\bar{M}_n} |f_n(x)|\, dx \geqq K \cdot m(\bar{M}_n).$$

Dies mit (32) ergibt

$$A > K \cdot m(\bar{M}_n),$$

oder

$$m(\bar{M}_n) < \frac{A}{K}.$$

Mit M_n bezeichne man die Komplementärmengen von $\bar{M}_n$ in bezug auf $< a, b >$. Nun seien ε und η beliebig vorgeschriebene positive Zahlen. Wir wählen dann K so gross, dass

$$K > \frac{A}{\eta}.$$

Daher ist

$$m(\bar{M}_n) < \eta,$$

oder

$$m(M_n) > (b-a) - \eta.$$

Und auf M_n ist stets

$$|f_n(x)| \leqq K.$$

Dann wählen wir eine positive Zahl δ, so dass

$$\delta < \frac{\varepsilon}{K}.$$

Auf M_n gilt dann

$$|f_n(x)z - f_n(x)y| < \varepsilon,$$

sobald nur $|z-y| < \delta$, $|z| \leqq K$ und $|y| \leqq K$. Also ist die Bedingung (c′) erfüllt, w. z. b. w.

Satz 4. *Es sei die Funktionenfolge* $\{f_n(x)\}$ *in* $< a, b >$ *gleichmässig beschränkt, und genüge der Gleichung*

$$\lim_{n\to\infty} \int_a^x f_n(x)dx = \int_a^x F(x)dx \tag{33}$$

für alle x *in* $< a, b >$. *Es sei* $\varphi(x)$ *eine in* $< a, b >$ *totalstetige Funktion, die den Bedingungen*

$$a \leqq \varphi(x) \leqq b \quad \textit{für alle } x \textit{ in } < a, b >$$

und

(34) $$\varphi'(x) \neq 0 \quad \textit{fast überall in } < a, b >$$

genügt. Dann ist auch

$$\lim_{n \to \infty} \int_a^x f_n(\varphi(x))dx = \int_a^x F(\varphi(x))dx$$

für alle x in $< a, b >$.

Es sei

(35) $$|f_n(x)| \leqq G$$

für alle n und x in $< a, b >$ und sei M solche Menge in $< a, b$ dass

$$F(x) \geqq G + \varepsilon \qquad (\varepsilon > 0)$$

ist, so ist

(36) $$\int_M F(x)dx \geqq (G+\varepsilon) \cdot m(M).$$

Aber aus (33) nach Hilfssatz 2

$$\lim_{n \to \infty} \int_M f_n(x)dx = \int_M F(x)dx,$$

also aus (35)

$$\int_M F(x)dx \leqq G \cdot m(M).$$

Dies mit (36) ergibt

$$(G+\varepsilon) \cdot m(M) \leqq G \cdot m(M),$$

oder $$m(M) = 0.$$

Da ε beliebig klein gemacht werden kann, so ist die Menge, worauf $F(x) > G$ ist, eine Nullmenge. Ebenso können wir schliessen, dass die Menge, worauf $F(x) < -G$ ist, auch eine Nullmenge ist. Ist M_x eine beliebige Menge in $< a, b >$, die durch $y = \varphi(x)$ auf eine Nullmenge der y-Achse abgebildet wild, so ist die Teilmenge von M_x, auf welcher $\varphi(x)$ von Null verschiedene Differentialquotienten besitzt, ebenfalls eine

Nullmenge(8). M_x ist also nach (34) auch eine Nullmenge. Man kann dann $F(x)$ durch mit ihr äquivalente Funktion, die in $< a, b >$ beschränkt ist, ersetzen ohne den Integralwert

$$\int_a^x F(\varphi(x))\,\varphi'(x)dx$$

zu ändern. $F(\varphi(x))\varphi'(x)$ ist also in $< a, b >$ summierbar. Dann gilt

$$\int_a^x F(\varphi(x))\,\varphi'(x)dx = \int_{\varphi(a)}^{\varphi(x)} F(x)dx$$

für alle x in $< a, b >$(9). Und auch gilt

$$\int_a^x f_n(\varphi(x))\,\varphi'(x)dx = \int_{\varphi(a)}^{\varphi(x)} f_n(x)dx$$

für alle x in $< a, b >$. Nach (33) ist also

$$\lim_{n\to\infty}\int_a^x f_n(\varphi(x))\varphi'(x)dx = \int_a^x F(\varphi(x))\,\varphi'(x)dx.$$

Da die Folge $\{f_n(x)\}$ in $< a, b >$ gleichmässig beschränkt, und die Funktion $\varphi'(x)$ in $< a, b >$ summierbar ist, so ist die Folge $\{f_n(\varphi(x))\varphi'(x)\}$ in $< a, b >$ gleichmässig summierber. Aus $f_n(\varphi(x)) = [f_n(\varphi(x))\varphi'(x)]\dfrac{1}{\varphi'(x)}$ und der gleichmässigen Beschränktheit von $\{f_n(\varphi(x))\}$ in $< a, b >$ folgt dann nach Satz 3

$$\lim_{n\to\infty}\int_a^x f_n(\varphi(x))dx = \int_a^x F(\varphi(x))dx.$$

Satz 5. *Es sei die Funktionenfolge $\{f_n(x)\}$ in $< a, b >$ gleichmässig summierbar, und genüge der Gleichung*

$$\lim_{n\to\infty}\int_a^x f_n(x)dx = \int_a^x F(x)dx \tag{37}$$

für alle x in $< a, b >$. Es sei $\varphi(x)$ eine in $< a, b >$ monotone totalstetige Funktion, die den Bedingungen $a \leqq \varphi(x) \leqq b$ für alle x in $< a, b >$ und

$$|\varphi'(x)| > \alpha > 0 \ (\alpha = \text{Konst.}) \text{ für alle } x \text{ in } < a, b > \tag{38}$$

genügt.

(8) Vgl. Carathéodory: a. a. O., S. 560.
(9) Vgl. Carathéodory: a. a. O., S. 559.

Dann ist auch

$$\lim_{n\to\infty}\int_a^x f_n(\varphi(x))dx=\int_a^x F(\varphi(x))dx$$

für alle x in $<a, b>$.

Aus der Monotonie der totalstetigen Funktion $\varphi(x)$ folgt([10])

$$\int_a^x f_n(\varphi(x))\varphi'(x)dx=\int_{\varphi(a)}^{\varphi(x)} f_n(x)dx,$$

$$\int_a^x F(\varphi(x))\varphi'(x)dx=\int_{\varphi(a)}^{\varphi(x)} F(x)dx.$$

Also nach (37)

$$\lim_{n\to\infty}\int_a^x f_n(\varphi(x))\varphi'(x)dx=\int_a^x F(\varphi(x))\varphi'(x)dx \tag{39}$$

für alle x in $<a, b>$. Bezeichnet man mit E_y die messbare Menge in $<a, b>$, auf welche eine beliebige messbare Menge E_x in $<a, b>$ durch $y=\varphi(x)$ abgebildet wird, so hat man nach (38)

$$m(E_y)>\alpha\cdot m(E_x),$$

oder

$$m(E_x)<\frac{m(E_y)}{\alpha}. \tag{40}$$

Nun sei ε eine beliebig vorgeschriebene positive Zahl, so kann man eine andere δ_1 finden, so dass

$$\left|\int_{E_y} f_n(y)dy\right|<\varepsilon$$

für alle n gilt, sobald $m(E_y)<\delta_1$ ist. Aus der Relation

$$\int_{E_x} f_n(\varphi(x))\varphi'(x)dx=\int_{E_y} f_n(y)dy$$

kann man eine zweite positive Zahl δ derart finden, dass

$$\left|\int_{E_x} f_n(\varphi(x))\varphi'(x)dx\right|<\varepsilon$$

([10]) Vgl. Tonelli: Fondamenti di calcolo delle variazioni I, 177—179.

für alle n stattfindet, sobald nur $m(E_x) < \delta$ ist. $\{f_n(\varphi(x))\varphi'(x)\}$ ist also in $< a, b >$ gleichmässig summeirbar. Da $\frac{1}{\varphi'(x)}$ nach (38) in $< a, b >$ beschränkt ist, so ist auch $\{f_n(\varphi(x))\}$ in $< a, b >$ gleichmässig summierbar. Wir bekommen daher aus (39) nach Satz 3

$$\lim_{n\to\infty}\int_a^x f_n(\varphi(x))dx = \int_a^x F(\varphi(x))dx$$

für alle x in $< a, b >$.

Bemerkungen. i) Die gleichmässige Beschränktheit von $\{f_n(x)\}$ in Satz 4 oder das Bestehen der Ungleichung (38) in Satz 5 kann nicht ausgelassen werden, wie folgendes Beispiel uns lehrt.

Man setze

$$f_n(x) = \begin{cases} 0 & \text{für } 0 \leqq x < \frac{1}{n}, \\ \frac{1}{\sqrt{x}} & \text{für } \frac{1}{n} \leqq x \leqq \frac{4}{n}, \\ 0 & \text{für } \frac{4}{n} < x, \end{cases}$$

und

$$\varphi(x) = \frac{x^2}{4}.$$

$\{f_n(x)\}$ ist also in $< 0, 4 >$ gleichmässig summierber und $\varphi(x)$ in $< 0, 4 >$ monoton totalstetig und der Relation

$$0 \leqq \varphi(x) \leqq 4 \text{ in } < 0, 4 >$$

genügt. Man hat überdies

$$\lim_{n\to\infty}\int_a^x f_n(x)dx = \lim_{n\to\infty}\int_{\frac{1}{n}}^{\frac{4}{n}} \frac{dx}{\sqrt{x}} = 0,$$

also $F(x) = 0$ fast überall in $< a, b >$. Dagegen erhält man

$$\int_0^x f_n(\varphi(x))dx = \int_{\frac{2}{\sqrt{n}}}^{\frac{4}{\sqrt{n}}} \frac{2dx}{x} = 2\log 2 \; (> 0)$$

für alle n und $x \geqq \frac{4}{\sqrt{n}}$ und folglich

$$\lim_{n\to\infty}\int_0^x f_n(\varphi(x))dx \neq \int_0^x F(\varphi(x))dx$$

für alle $x > 0$.

ii) Die Bedingung (34) in Satz 4 kann nicht ausgelassen werden, was folgendes Beispiel zeigt.

Man setze $$f_n(x)=2\sin^2 nx$$
und

$$\varphi(x)=\begin{cases} x & \text{für } 0 \leqq x < \frac{\pi}{2}, \quad (\text{also } \varphi'(x)=1), \\ \frac{\pi}{2} & \text{für } \frac{\pi}{2} \leqq x < \pi, \quad (\text{also } \varphi'(x)=0), \\ x-\frac{\pi}{2} & \text{für } \pi \leqq x, \quad (\text{also } \varphi'(x)=1). \end{cases}$$

Man hat also

$$\lim_{n\to\infty}\int_0^x f_n(x)dx = x.$$

Dagegen erhält man für $x \geqq \pi$

$$\int_0^x f_n(\varphi(x))dx = \left(x-\frac{\pi}{2}\right) - \frac{1}{2n}\sin 2n\left(x-\frac{\pi}{2}\right), \text{ falls } n \text{ gerade ist,}$$

$$\int_0^x f_n(\varphi(x))dx = \left(x+\frac{\pi}{2}\right) - \frac{1}{2n}\sin 2n\left(x-\frac{\pi}{2}\right), \text{ falls } n \text{ ungerade ist.}$$

$\left\{\int_0^x f_n(\varphi(x))dx\right\}$ ist also nicht konvergent.

Die Sätze 4 und 5 sind im folgenden Satz enthalten.

Satz 6. *Es seien die Funktionenfolgen* $\{f_n(x)\}$, $\{f_n(\varphi(x))\varphi'(x)\}$ *und* $\{f_n(\varphi(x))\}$ *in* $< a, b >$ *gleichmässig summierbar, wobei* $\varphi(x)$ *eine totalstetige Funktion, die den Bedingungen*

$$a \leqq \varphi(x) \leqq b \quad \textit{für alle } x \textit{ in } < a, b >$$

und

$$\varphi'(x) \neq 0 \qquad \textit{fast überall in } < a, b >$$

genügt.

Dann folgt aus der Beziehung

$$\lim_{n\to\infty}\int_a^x f_n(x)dx=\int_a^x F(x)dx,\quad a\leqq x\leqq b \tag{41}$$

die Gültigkeit der Gleichung

$$\lim_{n\to\infty}\int_a^x f_n(\varphi(x))dx=\int_a^x F(\varphi(x))dx$$

für alle x in $<a, b>$.

Mit $\chi(x, p)$ bezeichne man solche Funktion von x, dass

$$\chi(x,p)=\begin{cases} 1 & \text{für } x \text{ derart, dass } p\geqq F(x)\geqq 0,\\ 0 & \text{für } x \text{ derart, dass } F(x)>p \text{ oder } F(x)<0.\end{cases}$$

Dann sind die Funktionenfolgen $\{f_n(x)\chi(x,p)\}$, $\{f_n(\varphi(x))\chi(\varphi(x),p)\varphi'(x)\}$ und $\{f_n(\varphi(x))\chi(\varphi(x),p)\}$ in $<a, b>$ gleichmässig summierbar. Wir bekommen daher aus (41) nach Satz 3

$$\lim_{n\to\infty}\int_a^x f_n(x)\chi(x,p)dx=\int_a^x F(x)\chi(x,p)dx. \tag{42}$$

Es gilt aber

$$\int_a^x f_n(\varphi(x))\chi(\varphi(x),p)\varphi'(x)dx=\int_{\varphi(a)}^{\varphi(x)} f_n(x)\chi(x,p)dx,$$

und auch, weil $F(\varphi(x))\chi(\varphi(x),p)$ in $<a, b>$ beschränkt ist,

$$\int_a^x F(\varphi(x))\chi(\varphi(x),p)\varphi'(x)dx=\int_{\varphi(a)}^{\varphi(x)} F(x)\chi(x,p)dx.$$

Also aus (42)

$$\lim_{n\to\infty}\int_a^x f_n(\varphi(x))\chi(\varphi(x),p)\varphi'(x)dx=\int_a^x F(\varphi(x))\chi(\varphi(x),p)\varphi'(x)dx.$$

Multipliziert man $f_n(\varphi(x))\chi(\varphi(x),p)\varphi'(x)$ mit $\frac{1}{\varphi'(x)}$, so hat man nach Satz 3

$$\lim_{n\to\infty}\int_a^x f_n(\varphi(x))\chi(\varphi(x),p)dx=\int_a^x F(\varphi(x))\chi(\varphi(x),p)\,dx.$$

Bezeichnet man mit M_p solche Menge in $< a, x >$, dass

$$p \geqq F(\varphi(x)) \geqq 0$$

ist, so ist die obige Gleichung nichts anders als

$$\lim_{n \to \infty} \int_{M_p} f_n(\varphi(x))dx = \int_{M_p} F(\varphi(x))dx.$$

Lässt man p gegen ∞ streben, so ist nach Hilfssatz 3

$$\lim_{n \to \infty} \int_{M} f_n(\varphi(x)dx = \int_{M} F(\varphi(x))dx,$$

wobei M solche Menge in $< a, x >$ bedeutet, dass

$$F(\varphi(x)) \geqq 0.$$

Ebenso ergibt sich

$$\lim_{n \to \infty} \int_{M'} f_n(\varphi(x))dx = \int_{M'} F(\varphi(x))dx,$$

wobei M' solche Menge in $< a, x >$ bedeutet, dass

$$F(\varphi(x)) < 0.$$

Wir bekommen also schliesslich

$$\lim_{n \to \infty} \int_{a} f_n(\varphi(x))dx = \int_{a}^{x} F(\varphi(x))dx$$

für alle x in $< a, b >$.

4. Differentialgleichungssysteme.

Satz 7. *Es sei die Folge der Funktionensysteme* $\{f_i[t, x_1, \ldots, x_k; n]\}$ $(i=1, 2, \ldots, k)$ *unter folgenden Voraussetzungen gegeben:*
(a) $f_i[t, x_1, x_2, \ldots, x_k; n]$ *ist in* $< a, b >$ *messbar als Funktion von* t *für jedes feste* $(x_1, x_2, \ldots, x_k)$, *stetig als Funktion von* $(x_1, x_2, \ldots, x_k)$ *für jedes feste* t *fast überall in* $< a, b >$.
(b) *Es gibt in* $< a, b >$ *gleichmässig summierbare Funktionen* $\varphi_n(t)$, *so dass für alle* x_i *und* n

$$|f_i[t, x_1, \ldots, x_k; n]| \leqq \varphi_n(t)$$

ist.

(c) *Für jede positive Zahl P sind $f_i[t, x_1, \ldots, x_k; n]$ für $|y_i| \leqq P$ $(i=1, 2, \ldots, k)$ als Funktionen von $(x_1, x_2, \ldots, x_k)$ in bezug auf alle n und t asymptotisch überall in $< a, b >$ gleichmässig stetig*(11).

(d) *Für jedes feste $(x_1, x_2, \ldots, x_k)$ gilt*

$$\lim_{n\to\infty} \int_a^t f_i[t, x_1, \ldots, x_k; n]\,dt = \int_a^t F_i[t, x_1, \ldots, x_k]\,dt$$

$$(i=1, 2, \ldots, k)$$

für alle t in $< a, b >$, wobei $F_i[t, x_1, \ldots, x_k]$ als Funktion von t für jedes feste $(x_1, x_2, \ldots, x_k)$ in $< a, b >$ messbar und als Funktion von $(x_1, x_2, \ldots, x_k)$ für jedes feste t fast überall in $< a, b >$ stetig ist.

(e) *Es gibt ein einziges Funktionensystem $x_i(t)$ $(i=1, 2, \ldots, k)$, welches das Gleichungssystem*

$$(43) \qquad x_i(t) = x_i(a) + \int_a^t F_i[t, x_2(t), x_2(t), \ldots, x_k(t)]\,dt \quad (i=1, 2, \ldots, k)$$

für $a \leqq t \leqq b$ befriedigt.

Dann bestehen, für die Folge der Lösungssysteme der Gleichungssysteme

$$(44) \qquad x_i(t; n) = x_i(a; n) + \int_a^t f_i[t, x_1(t; n), \ldots, x_k(t; n); n]\,dt\text{(12)}$$

mit den Nebenbedingungen

$$(45) \qquad \lim_{n\to\infty} x_i(a; n) = x_i(a) \qquad (i=1, 2, \ldots, k)$$

auch die Gleichungen

$$(46) \qquad \lim_{n\to\infty} x_i(t; n) = x_i(t) \qquad (i=1, 2, \ldots, k)$$

für alle t in $< a, b >$, wobei die Konvergenz (46) in $< a, b >$ zwar gleichmässig ist.

Es sei $\{n_\nu\}$ eine beliebige Teilfolge der natürlichen Zahlen. Aus (b), (44) und (45) nach Hilfssatz 1 folgt, dass die Funktionenfolgen $\{x_i(t; n)\}$ $(i = 1, 2, \ldots, k)$ in $< a, b >$ gleichmässig beschränkt und gleichartig stetig sind. Wir können daher eine Teilfolge $\{\bar{n}_\nu\}$ aus $\{n_\nu\}$ aussondern, so dass die Folge der Funktionensysteme $\{x_i(t; \bar{n}_\nu)\}$

---

(11) Vgl. die Bedingung (c′) in der Bemerkung zu Satz I.

(12) Die Existenz solcher Lösungssysteme wird ganz ähnlich wie in Carathéodory's Vorlesungen über reelle Funktionen, 655—672 bewiesen.

gleichmässig in $< a, b >$ gegen ein Funktionensystem $\bar{\bar{x}}_i(t)$ $(i=1, 2,\ldots,k)$ konvergiert.

$$\lim_{\nu\to\infty} x_i(t;\bar{n}_\nu)=\bar{\bar{x}}_i(t). \tag{47}$$

Wir bekommen dann nach Satz 2

$$\lim_{\nu\to\infty}\int_a^t f_i[t, x_1(t;\bar{n}_\nu), \ldots, x_k(t;\bar{n}_\nu);\ \bar{n}_\nu]dt=\int_a^t F_i[t, \bar{\bar{x}}_1(t), \ldots, \bar{\bar{x}}_k(t)]dt$$
$$(i=1, 2, \ldots, k)$$

für alle t in $< a, b >$. Dies mit (44), (45) und (47) ergibt

$$\bar{\bar{x}}_i(t)=x_i(a)+\int_a^t F_i[t, \bar{\bar{x}}_1(t), \ldots, \bar{\bar{x}}_k(t)]dt \qquad (i=1, 2, \ldots, k)$$

für alle t in $< a, b >$. Das Funktionensystem $\bar{\bar{x}}_i(t)$ ist also ein Lösungssystem der Gleichungen (43). Das Funktionensystem $\bar{\bar{x}}_i(t)$ $(i=1, 2, \ldots,k)$ ist dann nach Voraussetzung (e) mit dem Funktionensysteme $x_i(t)$ $(i=1, 2, \ldots, k)$ identisch.

Konvergiert irgendwie die Folge der Lösungssysteme von (44), so konvergiert sie nach obiger Erörterung in $< a, b >$ gleichmässig gegen das Funktionensystem $x_i(t)$ $(i=1, 2, \ldots, k)$. Nehmen wir an, dass die Folge der Lösungssysteme von (44) für irgend einen Wert von t in $< a, b >$, z. B. $t=t_1$, divergiert, dann können wir zwei Teilfolgen der natürlichen Zahlen $\{n'_\nu\}$ und $\{n_\nu''\}$ derart angeben, dass die Folgen $\{x_i(t;\ n'_\nu)\}$ und $\{x_i(t;\ n_\nu'')\}$ gegen die Funktionensysteme $x_i^*(t)$ bzw. $x_i^{**}(t)$ konvergieren, wobei mindestens für ein i $x_i^*(t_1)\neq x_i^{**}(t_1)$ ist. Dann haben wir nach obiger Erörterung, dass $x_i^*(t)$ und $x_i^{**}(t)$ mit $x_i(t)$ also auch mit einander identisch sein sollen, was aber unserer Annahme widerspricht. Hiermit ist der vorliegende Satz bewiesen.

Bemerkungen. i) Man kann die Bedingung (b) in Satz 7 durch folgende ersetzen.

(b′) *Für jede positive Zahl* P *gibt es in* $< a, b >$ *gleichmässig summierbare Funktionen* $\varphi_n(t, P)$, *so dass für alle* $|x_i|\leqq P$ $(i=1, 2,\ldots, k)$ *und* n

$$|f_i[t, x_1, x_2, \ldots, x_k;\ n]|\leqq\varphi_n(t, P) \qquad (i=1, 2, \ldots, k)$$

ist.

Für den Beweis wähle man P so gross, dass für alle i und t in $< a, b >$

$$\left|x_i(t)\right|<\frac{P}{3} \tag{48}$$

ist. Aus der gleichmässigen Summierbarkeit von $\{\varphi_n(t, P)\}$ können wir eine positive Zahl h derart finden, dass für jedes Teilintervall $<\alpha, \beta>$ von $<a, b>$, dessen Länge kleiner als h ist, die Ungleichung

$$\int_{\alpha}^{\beta} \varphi_n(t, P)dt < \frac{P}{3}$$

für alle n gilt. Nun zerlegen wir das Intervall $<a, b>$ in λ Teilintervalle $\tau_\nu \leqq t \leqq \tau_{\nu+1} (\tau_0 = a, \tau_\lambda = b)$, deren jedes die Länge kleiner als h besitzt. Man hat also für alle n

$$(49) \qquad \int_{\tau_\nu}^{\tau_{\nu+1}} \varphi_n(t, P)\, dt < \frac{P}{3} \quad (\nu = 0, 1, \dots, \lambda).$$

Nach (45) und (48) kann man eine natürliche Zahl n_1 derart finden, dass für alle $n > n_1$ und $i (= 1, 2, \dots, k)$

$$(50) \qquad \left| x_i(a; n) \right| < \frac{2}{3} P$$

ist. Dann können wir nach (49), (b′) und (50) leicht schliessen, dass für alle $n > n_1$ und t in $<a, \tau_1>$

$$| x_i(t; n) | < P$$

ist. Aus (b′) folgt also nach Hilfssatz 1, dass die Funktionenfolgen $\{x_i(t; n)\}$ $(i = 1, 2, \dots, h)$ für alle $n > n_1$ in $<a, \tau_1>$ gleichartig stetig und gleichmässig beschränkt sind. Wir können dann ganz analog wie in Satz 7 beweisen, dass die Folge der Funktionensysteme $\{x_i(t; n)\}$ für $n > n_1$ in $<a, \tau_1>$ gleichmässig gegen das Funktionensystem $x_i(t)$ konvergiert, also auch

$$\lim_{n \to \infty} x_i(\tau_1; n) = x_i(\tau_1) \qquad (i = 1, 2, \dots, k).$$

Ebenso können wir schliessen, dass die Folge der Funktionensysteme $\{x_i(t; n)\}$ für $n > n_2 (\geqq n_1)$ in $<\tau_1, \tau_2>$, also auch in $<a, \tau_2>$, gleichmässig gegen das Funktionensystem $x_i(t)$ konvergiert, und also

$$\lim_{n \to \infty} x_i(\tau_2; n) = x_i(\tau_2) \qquad (i = 1, 2, \dots, k).$$

Ähnlich fortfahrend bekommen wir schliesslich, dass die Folge der Funktionensysteme $\{x_i(t; n)\}$ für $n > n_\lambda$ in $<a, b>$ gleichmässig gegen das Funktionensystem $x_i(t)$ konvergiert.

ii) Unter geeigneten konkreten Bedingungen kann man Satz 7 elementar beweisen. In folgenden Zeilen will ich in ganz anderem Wege die Güte der Näherung abschätzen.

Es seien die Funktionen $f_i[t, x_1, x_2, \dots, x_k]$ und $F_i[t, x_1, x_2, \dots, x_k]$ $(i = 1, 2, \dots, k)$ im Bereiche $a \leqq t \leqq b, | x_i - \xi_i | \leqq 2M(b-a)$ stetig und genügen für jedes dem Bereiche angehörige Punktepaar $(t, x_1^*, x_2^*, \ldots, x_k^*)$, $(t, x_1^{**}, x_2^{**}, \ldots, x_k^{**})$ den Lipschitzschen Bedingungen

$$(51)\quad \begin{cases} |f_i[t, x_1^{**}, \ldots, x_k^{**}] - f_i[t, x_1^*, \ldots, x_k^*]| \leqq L_1 \sum_{j=1}^{k} |x_j^{**} - x_j^*|, \\ |F_i[t, x_1^{**}, \ldots, x_k^{**}] - F_i[t, x_1^*, \ldots, x_k^*]| \leqq L_0 \sum_{j=1}^{k} |x_j^{**} - x_j^*|. \end{cases}$$

Im Bereiche sei ferner

$$(52)\qquad |f_i[t, x_1, x_2, \ldots, x_k]| \leqq M \qquad (M > 0)$$

und

$$(53)\qquad \left| \int_a^t f_i[t, x_1, \ldots, x_k]dt - \int_a^t F_i[t, x_1, \ldots, x_k]\,dt \right| < \varepsilon$$

für jedes festgehaltene $x_j (j = 1, 2, \ldots, k)$.

Nun wollen wir die Differenz zwischen den Lösungssystemen $x_i(t)$ und $y_i(t)$ der Differentialgleichungssysteme

$$(54)\quad \begin{cases} \dfrac{dx_i}{dt} = F_i[t, x_1, x_2, \ldots, x_k] \\ \text{bzw.} \quad \dfrac{dy_i}{dt} = f_i[t, y_1, y_2, \ldots, y_k] \end{cases}$$

mit den Anfangsbedingungen

$$x_i(a) = \xi_i \quad \text{bzw.} \quad y_i(a) = \eta_i,$$

wobei $|\xi_i - \eta_i| \leqq \delta$, $\delta < M(b-a)$ ist, abschätzen.

Aus (54) folgt

$$(55)\quad |y_i(t) - x_i(t)| \leqq \delta + \left| \int_a^t f_i[t, y_1(t), \ldots, y_k(t)]dt - \int_a^t F_i[t, y_1(t), \ldots, y_k(t)]\,dt \right| + \int_a^t |F_i[t, y_1(t), \ldots, y_k(t)] - F_i[t, x_1(t), \ldots, x_k(t)]|\,dt.$$

Zunächst wollen wir die Grösse

$$g(t) = \left| \int_a^t f_i[t, y_1(t), \ldots, y_k(t)]dt - \int_a^t F_i[t, y_1(t), \ldots, y_k(t)]dt \right|$$

abschätzen. Dazu zerlegen wir das Intervall $< a, t >$ in $2n$ gleiche

Teilintervalle $\tau_\nu \leqq t \leqq \tau_{\nu+1}$ $(\tau_1 = a, \tau_{2n+1} = t)$. Dann ist

$$(56)\quad g(t) \leqq \sum_{\nu=1}^{n} \left| \int_{\tau_{2\nu-1}}^{\tau_{2\nu+1}} \{ f_i[t, y_1(t), \ldots, y_k(t)] - f_i[t, y_1(\tau_{2\nu}), \ldots, y_k(\tau_{2\nu})] \} dt \right|$$

$$+ \sum_{\nu=1}^{n} \left| \int_{\tau_{2\nu-1}}^{\tau_{2\nu+1}} f_i[t, y_1(\tau_{2\nu}), \ldots, y_k(\tau_{2\nu})] dt - \int_{\tau_{2\nu-1}}^{\tau_{2\nu+1}} F_i[t, y_1(\tau_{2\nu}), \ldots, y_k(\tau_{2\nu})] dt \right|$$

$$+ \sum_{\nu=1}^{n} \left| \int_{\tau_{2\nu-1}}^{\tau_{2\nu+1}} \{ F_i[t, y_1(t), \ldots, y_k(t)] - F_i[t, y_1(\tau_{2\nu}), \ldots, y_k(\tau_{2\nu})] \} dt \right|.$$

Aus (51) und (52) folgt

$$\left| \int_{\tau_{2\nu-1}}^{\tau_{2\nu+1}} \{ f_i[t, y_1(t), \ldots, y_k(t)] - f_i[t, y_1(\tau_{2\nu}), \ldots, y_k(\tau_{2\nu})] \} dt \right|$$

$$\leqq L_1 \sum_{j=1}^{k} \int_{\tau_{2\nu-1}}^{\tau_{2\nu+1}} | y_j(t) - y_j(\tau_{2\nu}) | \, dt \leqq L_1 k \cdot 2 \cdot \frac{M}{2} \left(\frac{t-a}{2n} \right)^2 = k L_1 M \left(\frac{t-a}{2n} \right)^2$$

und

$$\left| \int_{\tau_{2\nu-1}}^{\tau_{2\nu+1}} \{ F_i[t, y_1(t), \ldots, y_k(t)] - F_i[t, y_1(\tau_{2\nu}), \ldots, y_k(\tau_{2\nu})] \} dt \right| \leqq k L_0 M \left(\frac{t-a}{2n} \right)^2$$

Man hat also nach (53) und (56)

$$g(t) \leqq k(L_0 + L_1) M \frac{(t-a)^2}{4n} + \varepsilon n.$$

Das Maximum der Funktion $\dfrac{k(L_0+L_1)M(t-a)^2}{4x} + \varepsilon x$ für $x > 0$ ist gleich $\sqrt{k(L_0+L_1)M\varepsilon}\,(t-a)$. Sei x_0 dem Maximum entsprechender Wert von x. So erhält man für $g(t)$ folgende Abschätzung, in dem man $n = [x_0] + 1$ setzt,

$$g(t) \leqq \varepsilon + \sqrt{k(L_0+L_1)M\varepsilon}\,(t-a).$$

Dann gilt nach (55) und (51)

$$| y_i(t) - x_i(t) | \leqq \delta + \varepsilon + \sqrt{k(L_0+L_1)M\varepsilon}\,(t-a) + L_0 \int_a^t \sum_{j=1}^{k} | y_j - x_j | \, dt,$$

also

$$\sum_{i=1}^{k} |y_i(t) - x_i(t)| \leqq k\left\{\delta+\varepsilon+\sqrt{k(L_0+L_1)M\varepsilon}\,(t-a)+L_0\int_a^t \sum_{i=1}^{k} |y_i-x_i|\,dt\right\}.$$

Daraus erhält man

$$\sum_{i=1}^{k} |y_i(t) - x_i(t)| \leqq k\left\{(\delta+\varepsilon)+\alpha(t-a)+L_0 k\int_a^t \{\delta+\varepsilon+\alpha(t-a)\}\,dt \right.$$

$$\left. +kL_0^2\int_a^t dt\int_a^t \sum_{i=1}^{k} |y_i-x_i|\,dt \right\}$$

$$\leqq k\left\{(\delta+\varepsilon)[1+kL_0(t-a)]+\alpha\left[(t-a)+\frac{kL_0(t-a)^2}{2\,!}\right]\right.$$

$$\left. +kL_0^2\int_a^t dt\int_a^t \sum_{i=1}^{k} |y_i-x_i|\,dt\right\}$$

$$\leqq k\left\{(\delta+\varepsilon)\left[1+kL_0(t-a)+\frac{k^2L_0^2(t-a)^2}{2\,!}\right]+\alpha\left[(t-a)+\frac{kL_0(t-a)^2}{2\,!}\right.\right.$$

$$\left.\left. +\frac{k^2L_0^2(t-a)^3}{3\,!}\right]+k^2L_0^3\int_a^t dt\int_a^t dt\int_a^t \sum_{i=1}^{k} |y_i-x_i|\,dt\right\},$$

wobei $\alpha=\sqrt{k(L_0+L_1)M\varepsilon}$ ist.

Ebenso fortgefahren bekommen wir schliesslich

$$\sum_{i=1}^{k} |y_i(t) - x_i(t)| \leqq k\left\{(\delta+\varepsilon)e^{kL_0(t-a)} + \frac{\sqrt{k(L_0+L_1)M\varepsilon}}{kL_0}\,[e^{kL_0(t-a)}-1]\right\},$$

denn

$$k^{n-1}L_0^n\int_a^t dt\int_a^t dt \ldots \int_a^t \sum_{i=1}^{k} |y_i(t) - x_i(t)|\,dt \leqq k^n L_0^n\,\frac{G(t-a)^n}{n!},$$

wobei die Integration n-mal wiederholt ist, und G das Maximum von $|y_i(t)-x_i(t)|$ für alle i und t in $< a, b >$ bezeichnet, und

$$\lim_{n\to\infty} k^n L_0^n\,\frac{G(t-a)^n}{n!}=0$$

ist.

Den 22. März, 1928.

Mathematisches Institut, K. Universität zu Tôkyô.

Über die Nullstellen der Integrale von gewöhnlichen linearen homogenen Differentialgleichungen, II

[Japan. J. Math., 5 (1928) 225–238]

(Eingegangen am 25. Februar, 1928.)

Der in meiner früheren Untersuchung „Über die Nullstellen der Integrale von gewöhnlichen linearen homogenen Differentialgleichungen“(1) geführte Beweis ist so stümperhaft und sein Ergebnis ist zu grob.

Auf einem ganz anderen Wege hat kürzlich Herr Fite den folgenden Satz bewiesen(2):

Es sei l die Länge des Intervalls, worin irgend eine der linearen homogenen Differentialgleichung

$$y^{(n)}+p_1(x)y^{(n-1)}+\dots\dots+p_n(x)y=0$$

genügende nicht identisch verschwindende Funktion $y(x)$ und jede ihrer $n-1$ ersten Ableitungen $y'(x)$, $y''(x)$, ..., $y^{(n-1)}(x)$ ihre Nullstellen besitzen. Es gibt dann eine positive untere Schranke von l, die nur aus den oberen Grenzen von $|p_i(x)|$ gerechnet werden kann.

In folgenden Zeilen möchte ich meine Erörterung umarbeiten, und in § 2 mit Hilfe des Gedankengangs von Herrn Fite meine Abschätzung verbessern.

1.

Es sei $f(x)$ eine in dem abgeschlossenen Intervall $<\alpha, \beta>$ $(k-1)$-mal differenzierbare Funktion, die in $<\alpha, \beta>$ k-mal aber nicht identisch verschwindet (der Multiplizität nach gerechnet). Wir bezeichnen mit $a_\nu(\nu=1, 2, \dots\dots, k)$ die k Nullstellen von $f(x)$ in $<\alpha, \beta>$, die in der Anordnung

$$a_1 \leqq a_2 \leqq \dots\dots\dots \leqq a_k$$

liegen. Wir haben dann nach Rolleschem Satz, dass die Ableitung

(1) Japanese Journal of Math., **4** (1927), 169-178. In dieser früheren Arbeit gibt es auch einen Fehler. Man vergleiche dazu die Fussnote(4).

(2) Annals of Math., Second series, **18** (1917), 214.

$k-1$ Nullstellen $a_\nu'(\nu=1, 2, \ldots\ldots, k-1)$ in $<\alpha, \beta>$ besitzt, wobei die Beziehung

$$a_\nu \leqq a_\nu' \leqq a_{\nu+1}$$

besteht. Ahnlich fortfahrend sehen wir, dass die i-te Ableitung $f^{(i)}(x)$ $k-i$ Nullstellen $a_\nu^{(i)}(i=1, 2, \ldots\ldots, k-i)$ in $<\alpha, \beta>$ besitzt, wobei die Relation

$$a_\nu^{(i-1)} \leqq a_\nu^{(i)} \leqq a_{\nu+1}^{(i-1)} \quad (i=1, 2, \ldots\ldots, k-1)$$

besteht. Daraus wählen wir die $2k-1$ Stellen

$$a_1 \leqq a_1' \leqq \ldots\ldots \leqq a_1^{(k-2)} \leqq a_1^{(k-1)} \leqq a_2^{(k-2)} \leqq \ldots\ldots \leqq a_{k-1}' \leqq a_k$$

aus, und der Kürze halber setzen wir

$$a_1^{(i)} = a^{(i)}, \qquad a_{k-i}^{(i)} = b^{(i)}.$$

Dann ist $a^{(0)} \leqq a^{(1)} \leqq \ldots\ldots\ldots \leqq a^{(k-1)} = b^{(k-1)} \leqq \ldots\ldots\ldots \leqq b^{(1)} \leqq b^{(0)}$ und $f^{(i)}(a^{(i)})=0$, $f^{(i)}(b^{(i)})=0$, $(i=0, 1, 2, \ldots\ldots, k-1)$.

Wir haben also:

Hilfssatz 1. *Verschwindet irgend eine in $<\alpha, \beta>$ $(k-1)$-mal differenzierbare Funktion $f(x)$ k-mal in $<\alpha, \beta>$*(³)*, so gibt es in $<\alpha, \beta>$ $2k-1$ Stellen*

$$a^{(0)} \leqq a^{(1)} \leqq \ldots\ldots \leqq a^{(k-1)} = b^{(k-1)} \leqq \ldots\ldots \leqq b^{(1)} \leqq b^{(0)},$$

für die $f^{(i)}(a^{(i)})=0$, $f^{(i)}(b^{(i)})=0$ sind.

Nun beweisen wir:

Satz 1. *Es sei $y(x)=\sum_{\nu=1}^{n} c_\nu y_\nu(x)$ irgend eine lineare Kombination der in $<\alpha, \beta>$ $(n-1)$-mal stetig differenzierbaren linear unabhängigen Funktionen $y_\nu(x)(\nu=1, 2, \ldots\ldots\ldots, n)$. Wir setzen voraus, dass $y(x)$ in $<\alpha, \beta>$ n-mal aber nicht identisch verschwindet. Dass die Wronskische Determinante*

(³) In dieser Untersuchung wird die Nullstellen der Funktionen stets der Multiplizität nach gerechnet, falls nichts anders ausgesprochen ist.

$$W(x)=\begin{vmatrix} y_1(x) & y_2(x)\ldots & \ldots y_n(x) \\ y_1'(x) & y_2'(x)\ldots\ldots & y'_n(x) \\ \ldots\ldots & \ldots\ldots & \ldots\ldots \\ y_1^{(n-1)}(x) & y_2^{(n-1)}(x)\ldots\ldots & y_n^{(n-1)}(x) \end{vmatrix}$$

niemals in $<\alpha, \beta>$ *verschwindet, ist notwendig und hinreichend dafür, dass die Länge irgend eines abgeschlossenen Teilintervalls von* $<\alpha, \beta>$, *worin* $y(x)$ *n-mal verschwindet, eine von* $c_\nu(\nu=1, 2, \ldots\ldots, n)$ *unabhängige positive untere Schranke hat.*

Verschwindet $W(x)$ an irgend einer Stelle in $<\alpha, \beta>$, etwa $x=\xi$, so gibt es nicht alle verschwindende Werte $c_1, c_2, \ldots\ldots, c_n$, die dem Gleichungssystem

$$\sum_{\nu=1}^{n} c_\nu y_\nu^{(i)}(\xi)=0 \quad (i=0, 1, 2, \ldots\ldots, n-1)$$

genügen. $y(x)=\sum_{\nu=1}^{n} c_\nu y_\nu(x)$ verschwindet dann n-mal an $x=\xi$. Die Bedingung ist also notwendig.

Die Bedingung ist auch hinreichend. Denn, verschwindet $y(x)$ n-mal in einem Teilintervall $<a, b>$ von $<\alpha, \beta>$, so hat man nach Hilfssatz 1

$$y^{(i)}(a_i)=0,$$

oder

$$\sum_{\nu=1}^{n} c_\nu y_\nu^{(i)}(a_i)=0, \quad a\leqq a_i\leqq b \ (i=0, 1, \ldots\ldots, n-1),$$

wobei c_ν nicht alle verschwinden. Wir haben also([4])

([4]) In meiner früheren Arbeit gibt es einen Fehler (S. 174). Die Ungleichung $\sum_{i=1}^{n-1} U_i\bar{h}_{(i)}>U$ ist falsch. Wir können den Beweis in meiner früheren Arbeit noch folgendermassen vereinfachen. Bei (1) in vorliegender Arbeit ist $a\leqq a_0\leqq a_1\leqq\ldots\ldots\leqq a_{n-1}$, wie Hilfssatz 1 uns lehrt. Daraus bekommen wir, wie in meiner früheren Arbeit, die Ungleichung

$$\sum_{i=1}^{n-1} U_i(a_i-a)\geqq U.$$

Ebenso bekommen wir $\sum_{i=1}^{n-1} U_i(b-b_i)\geqq U$, wobei $a_{n-1}=b_{n-1}\leqq\ldots\leqq b_1\leqq b_0\leqq b$ ist. Hieraus folgt

$$h\geqq\frac{2U}{\sum_{i=1}^{n-1} U_i},$$

wobei $h=b-a$ ist. Für $n>2$ gilt immer nur das Ungleichheitszeichen.

$$(1)\qquad \begin{vmatrix} y_1(a_0) & y_2(a_0) & \cdots\cdots & y_n(a_0) \\ y_1'(a_1) & y_2'(a_1) & \cdots\cdots & y'_n(a_1) \\ \cdots & \cdots & \cdots & \cdots \\ y_1^{(n-1)}(a_{n-1}) & y_2^{(n-1)}(a_{n-1}) & \cdots & y_n^{(n-1)}(a_{n-1}) \end{vmatrix} = 0.$$

Wäre die untere Grenze der Länge von $<a, b>$ gleich Null, so können wir eine gegen einen Punkt $x=\xi$ in $<\alpha, \beta>$ konvergierende Folge der Intervalle $<a_\kappa, b_\kappa>$(5) auswählen, deren jedes n Nullstellen einer nicht identisch verschwindenden Funktion $y(x)=\sum_{\nu=1}^{n-1} c_\nu y_\nu(x)$ enthält. Wir bekommen also

$$\begin{vmatrix} y_1(a_{0,\kappa}) & y_2(a_{0,\kappa}) & \cdots\cdots & y_n(a_{0,\kappa}) \\ y_1'(a_{1,\kappa}) & y_2'(a_{1,\kappa}) & \cdots\cdots & y_n'(a_{1,\kappa}) \\ \cdots & \cdots & \cdots & \cdots \\ y_1^{(n-1)}(a_{n-1,\kappa}) & y_1^{(n-1)}(a_{n-1,\kappa}) & \cdots\cdots & y_n^{(n-1)}(a_{n-1,\kappa}) \end{vmatrix} = 0,$$

wobei $a_\kappa \leqq a_{i,\kappa} \leqq b_\kappa (i=0, 1, \ldots\ldots, n-1)$ sind. Aus $\lim_{\kappa\to\infty} a_\kappa=\xi$ und $\lim_{\kappa\to\infty} b_\kappa=\xi$ folgt also $\lim_{\kappa\to\infty} a_{i,\kappa}=\xi\,(i=0, 1, \ldots\ldots, n-1)$. Da alle $y_\nu^{(i)}(x)$ $(i=0, 1, \ldots\ldots, n-1)(\nu=1, 2, \ldots\ldots, n)$ in $<\alpha, \beta>$ stetig sind, so ergibt sich schliesslich

$$\begin{vmatrix} y_1(\xi) & y_2(\xi) & \cdots\cdots & y_n(\xi) \\ y_1'(\xi) & y_2'(\xi) & \cdots\cdots & y'_n(\xi) \\ \cdots & \cdots & \cdots & \cdots \\ y_1^{(n-1)}(\xi) & y_2^{(n-1)}(\xi) & \cdots\cdots & y_n^{(n-1)}(\xi) \end{vmatrix} = W(\xi)=0,$$

gegen unsere Annahme, w. z. b. w.

2.

Hilfssatz 2. *Es sei $f(x)$ eine in einem Teilintervalle $<a, b>$ von $<\alpha, \beta>$ k-mal verschwindende Funktion, deren k-te Ableitung der Ungleichung*

$$|f^{(k)}(x)| \leqq M \quad (M=\text{konst.})$$

(5) D. h., für die beiden Endpunkte der intervalle $<a_\kappa, b_\kappa>$

$$\lim_{\kappa\to\infty} a_\kappa=\xi \quad \text{und} \quad \lim_{\kappa\to\infty} b_\kappa=\xi$$

bestehen.

in $<a, b>$ genügt. Dann bestehen für $f(x)$ die Ungleichungen

$$|f(a)| \leqq M\frac{(b-a)^k}{k!},$$

$$|f(b)| \leqq M\frac{(b-a)^k}{k!}.$$

Nach Hilfssatz 1 haben wir

$$f^{(i)}(a_i)=0 \quad \text{und} \quad f^{(i)}(b_i)=0,$$

wobei $a \leqq a_0 \leqq a_1 \leqq \ldots\ldots \leqq a_{k-1}=b_{k-1} \leqq b_{k-2} \leqq \ldots\ldots \leqq b_1 \leqq b_0 \leqq b$ ist. Dann ist

$$|f^{(k-1)}(x)| = \left| \int_{b_{k-1}}^{x} f^{(k)}(x)dx \right| \leqq M(x-b_{k-1}) \leqq M(x-a) \quad \text{für } b_{k-1} \leqq x \leqq b.$$

Und also auch

$$|f^{(k-2)}(x)| = \left| \int_{b_{k-2}}^{x} f^{(k-1)}(x)dx \right| \leqq \int_{a}^{x} |f^{(k-1)}(x)|\, dx \leqq M\frac{(x-a)^2}{2} \quad \text{für } b_{k-2} \leqq x \leqq b.$$

Ähnlich fortfahrend bekommen wir schliesslich

$$|f(x)| \leqq M\frac{(x-a)^k}{k!} \quad \text{für} \quad b_0 \leqq x \leqq b,$$

also

$$|f(b)| \leqq M\frac{(b-a)^k}{k!}.$$

Ebenso erhält man

$$|f(a)| \leqq M\frac{(b-a)^k}{k!},$$

w. z. b. w.

Nun sei $y(x)$ irgend ein nicht identisch verschwindendes Integral der homogenen linearen Differentialgleichung

$$(2) \qquad y^{(n)}+p_1(x)y^{(n-1)}+p_2(x)y^{(n-2)}+\ldots\ldots+p_n(x)y=0,$$

wobei die Ungleichungen $|p_i(x)| \leqq P_i$ (P_i=konst.) in $<\alpha, \beta>$ bestehen.

Wir setzen noch voraus, dass $y(x)$ in einem Teilintervall $<a, b>$ von $<\alpha, \beta>$ n-mal verschwindet. Mit M_i bezeichnen wir die obere Grenze von $|y^{(n-i)}(x)|$ in $<a, b>$. $y^{(n-i)}(x)$ verschwindet mindestens

i-mal in $<a, b>$. Sie verschwindet also mindestens $\left\{i-\left[\frac{i}{2}\right]\right\}$-mal entweder in $<a, x>$ oder in $<x, b>$, wobei $[\xi]$ die grösste ganze Zahl, die ξ nicht übertrifft, bedeutet. Wegen des Hilfssatzes 2 besteht dann entweder

$$|y^{(n-i)}(x)| \leqq M_{\left[\frac{i}{2}\right]} \frac{(x-a)^{i-\left[\frac{i}{2}\right]}}{\left(i-\left[\frac{i}{2}\right]\right)!}$$

oder

$$|y^{(n-i)}(x)| \leqq M_{\left[\frac{i}{2}\right]} \frac{(b-x)^{i-\left[\frac{i}{2}\right]}}{\left(i-\left[\frac{i}{2}\right]\right)!}.$$

Also

$$M_i \leqq M_{\left[\frac{i}{2}\right]} \frac{(b-a)^{i-\left[\frac{i}{2}\right]}}{\left(i-\left[\frac{i}{2}\right]\right)!}.$$

Durch Wiederholung dieses Verfahrens erhält man schliesslich

$$(3) \qquad M_i \leqq M_0 \frac{(b-a)^i}{\underline{\left| i-i(1) \right.}\ \underline{\left| i(1)-i(2) \right.}\ \underline{\left| i(2)-i(3) \right.} \cdots\cdots 1},$$

wobei $i(\nu)$ durch $i(1)=\left[\frac{i}{2}\right]$ und $i(\kappa+1)=\left[\frac{i(\kappa)}{2}\right]$ $(\kappa=1, 2, \ldots\ldots, \nu-1)$ definiert wird.

Aus der Differentialgleichung (2) erhält man

$$M_0 \leqq \sum_{i=1}^{n} P_i M_i.$$

Dies mit (3) ergibt

$$(4) \qquad 1 \leqq \sum_{i=1}^{n} \frac{P_i \cdot (b-a)^i}{\underline{\left| i-i(1) \right.}\ \underline{\left| i(1)-i(2) \right.} \cdots\cdots 1}.$$

Wir betrachten nun die Funktion

$\varphi(\xi)=\sum_{i=1}^{n} \frac{P_i \xi^i}{\underline{\left| i-i(1) \right.}\ \underline{\left| i(1)-i(2) \right.} \cdots\cdots 1}$, welche für $\xi \geqq 0$ stetig ist und mit

ξ beständig wächst. Die Gleichung $\varphi(\xi)=1$ hat genau eine positive Wurzel, etwa $\xi=l$, falls nicht alle P_i gleich Null sind. Wir haben dann

$$b-a\geqq l.$$

Damit haben wir bewiesen:

Satz 2. *Ist $<a, b>$ irgend ein abgeschlossenes Teilintervall von $<\alpha, \beta>$, worin ein nicht identisch verschwindendes Integral der linearen homogenen Differentialgleichung (2) n-mal verschwindet, so hat die Länge des Intervalls $<a, b>$ eine für alle nicht identisch verschwindenden Integrale von (2) gemeinsame positive untere Schranke, welche nur aus den oberen Schranken von $|p_i(x)|$ $(i=1, 2, \ldots\ldots, n)$ in $<\alpha, \beta>$ gerechnet werden kann.*

Bemerkungen. i) Die Funktionen $p_i(x)$ seien der Bedingung

(5) $$|p_i(x)|\leqq Gr^i, \quad \alpha\leqq x\leqq\beta$$

unterworfen, wobei G und r positive Konstanten bedeuten. Die Funktion

$$\Phi(\xi)=\sum_{\nu=1}^{\infty}\frac{\xi^\nu}{\lfloor\underline{\nu-\nu(1)}\ \lfloor\underline{\nu(1)-\nu(2)}\ldots\ldots 1}$$

ist ganz transzendent und für $\xi\geqq 0$ von Null gegen Unendliche mit ξ stets wächst. Nach (4) folgt dann

$$1<G\Phi\{r(b-a)\}.$$

Mit $F(\xi)$ bezeichnen wir die inverse Funktion von $\Phi(\xi)$ für $\xi\geqq 0$. $F(\xi)$ wächst auch stets mit ξ von Null gegen Unendliche. Wir bekommen also

$$b-a>\frac{1}{r}F\left(\frac{1}{G}\right),$$

d. h., die Länge des Intervalls $<a, b>$ hat eine positive untere Schranke, welche unter der Bedingung (5) von n unabhängig ist und für $G\to 0$ gegen Unendliche wächst.

ii) Wie man vielleicht aus § 1 vermutet, ist die Beschränktheit der Funktionen $p_i(x)$ für die Existenz der unteren Schranke von $b-a$ nicht notwendig. Dafür ist aber nur die Endlichkeit von $\int_\alpha^\beta|p_i(x)|\,dx$ $(i=1, 2, \ldots\ldots, n)$ hinreichend.

Denn, aus (2) durch Integration folgt

$$y^{(n-1)}(x) = -\sum_{i=1}^{n} \int_c^x p_i(x) y^{(n-i)}(x)\, dx,$$

wobei c eine Nullstelle von $y^{(n-1)}(x)$ in $<a, b>$ bezeichnet. Wir haben also

$$M_1 \leqq \sum_{i=1}^{n} M_i \int_a^b |p_i(x)|\, dx.$$

Durch ähnliche Überlegung wie in dem Beweis des Satzes 2 erhält man dann

$$1 \leqq \sum_{i=1}^{n} \frac{(b-a)^{i-1} \int_a^b |p_i(x)|\, dx}{\underline{|i-i(1)} \; \underline{|i(1)-i(2)} \ldots\ldots \underline{|i(\nu_i-1)-i(\nu_i)}},$$

wobei ν_i solche Zahlen bedeuten, dass $i(\nu_i)=1$ sind.

Wir setzen

$$\operatorname*{Max}_{\alpha \leqq x \leqq \beta - l} \left\{ \int_x^{x+l} |p_i(x)|\, dx \right\} = P_i(l).$$

$P_i(l)$ wächst von Null mit l monoton für $l \geqq 0$. Wir haben also

$$b-a \geqq l_1 > 0,$$

wobei l_1 der Gleichung

$$1 = \sum_{i=1}^{n} \frac{l_1^{i-1} P_i(l_1)}{\underline{|i-i(1)} \; \underline{|i(1)-i(2)} \ldots\ldots \underline{|i(\nu_i-1)-i(\nu_i)}}$$

genügt.

3.

Es sei $<a, b>$ irgend ein abgeschlossenes Teilintervall von $<\alpha, \beta>$, worin ein nicht identisch verschwindendes Integral von (2) mindestens n-mal verschwindet. Wir bezeichnen mit l die untere Grenze der Längen der abgeschlossenen Teilintervalle von $<a, b>$ (die sicherlich positiv ist), worin nicht identisch verschwindende Integrale von (2) mindestens n-mal verschwinden können. Dann können wir eine gegen ein Intervall $<a_0, b_0>$ von der Länge l konvergierende Folge der Teilintervalle von $<a, b>$, $\{<a_\nu, b_\nu>\}$, auswählen, worin nicht identisch verschwindende Integrale $y_\nu(x)$ von (2) n Nullstellen

$a_{1,\nu}, a_{2,\nu}, \ldots\ldots, a_{n,\nu}$ besitzen.

Es sei $\{Y_1(x), Y_2(x), \ldots\ldots, Y_n(x)\}$ ein Fundamentalsystem der Integrale von (2). Dann wird $y_\nu(x)$ durch

$$y_\nu(x)=\sum_{i=1}^{n} c_{i,\nu}\, Y_i(x)$$

dargestellt, wobei $c_{i,\nu}$ ohne die Nullstellen von $y_\nu(x)$ zu ändern, so gewählt werden kann, dass $\sum_{i=1}^{n} c^2_{i,\nu}=1$ ist.

Es gibt eine Teilfolge der natürlichen Zahlen $\{\nu_\kappa\}$ derart, dass für jedes $i(=1, 2, \ldots\ldots, n)$ $\lim_{\kappa\to\infty} c_{i,\nu_k} = c_i$ wird. Wegen $\sum_{i=1}^{n} c^2_{i,\nu} = 1$ besteht auch $\sum_{=1}^{n} c^2_i=1$. Die Folge $\{y_{\nu_k}(x)\}$ konvergiert also für $\kappa\to\infty$ in $<\alpha, \beta>$ gleichmässig gegen $y(x)=\sum_{i=1}^{n} c_i Y_i(x)$. Die Häufungsstellen von a_{i,ν_k} (i festgehalten) sind auch Nullstellen von $y(x)$. Ist $x=\xi$ irgend ein Punkt in $<a, b>$, auf den λ Nullstellen von $y_{\nu_k}(x)$ häufen, so kann man, wie beim Beweise von Satz 1, leicht schliessen, dass $y(x)$ an $x=\xi$ mindestens λ-mal verschwindet. Also haben wir ein nicht identisch verschwindendes Integral von (2) bekommen, welches in einem abgeschlossenen Teilintervall $<a_0, b_0>$ von $<a, b>$ von der Länge l mindestens n-mal verschwindet. Es gibt kein Teilintervall von $<a_0, b_0>$ mehr, worin ein nicht identisch verschwindendes Integral von (2) n-mal verschwinden kann.

Ein abgeschlossenes Intervall $<a, b>$ wird ein *extremes Intervall* genannt, wenn in $<a, b>$ ein nicht identisch verschwindendes Integral von (2) mindestens n-mal verschwindet, aber es kein echtes Teilintervall von $<a, b>$ gibt, worin ein nicht identisch verschwindendes Integral von (2) n-mal verschwinden kann. Ein Intervall, welches kein extremes Teilintervall (sich selbst eingeschlossen) enthält, wird ein *unterextremes Intervall* genannt. Jedes Intervall, worin ein nicht identisch verschwindendes Integral von (2) n-mal verschwindet, enthält ein extremes Intervall. Konvergiert eine Folge der extremen Intervalle in $<\alpha, \beta>$ gegen ein Intervall $<a, b>$, so ist das Intervall ein extremes Intervall.

Setz 3. *Wir können stets ein nicht identisch verschwindendes Integral $y(x)$ von (2) finden, welches beliebig vorgeschriebene $n-1$ Nullstellen in*

$<\alpha, \beta>$ besitzt. Durch diese $n-1$ Nullstellen entweder wird $y(x)$ bis auf einen konstanten Faktor eindeutig bestimmt, oder kann man die n-te Nullstelle von $y(x)$ in $<\alpha, \beta>$ beliebig bestimmen, indem die $n-1$ Nullstellen festgehalten sind. Liegen die $n-1$ Nullstellen von $y(x)$ in einem unterextremen Intervall, so wird $y(x)$ bis auf einen konstanten Faktor eindeutig bestimmt.

Diesen Satz beweist man wie folgt:

Wir können $y(x)$ in der Form $y(x)=\sum_{n=1}^{n} c_i y_i(x)$ darstellen, wobei $\{y_1(x), y_2(x), \ldots\ldots, y_n(x)\}$ ein Fundamentalsystem der Integrale von (2) bedeutet. Wir bezeichnen mit $a_1, a_2, \ldots\ldots\ldots, a_\lambda$ die vorgeschriebenen Nullstellen von $y(x)$ und mit $\kappa_\nu+1 (\nu=1, 2, \ldots\ldots, \lambda)$ ihre Multiplizität. Es ist also $\sum_{\nu=1}^{\lambda}(\kappa_\nu+1)=n-1$. Dann werden wir die Konstanten c_i, die nicht alle gleich Null sind, derart bestimmen, dass

$$\sum_{i=1}^{n} c_i y_i^{(\mu)}(a_\nu)=0, \quad (\mu=0, 1, \ldots\ldots, \kappa_\nu)(\nu=1, 2, \ldots\ldots, \lambda).$$

Diese $n-1$ linearen homogenen Gleichungen mit n Unbekannten c_i haben stets nicht alle verschwindenden Lösungen c_i. Hat die $n-1$ reihige Matrix

$$\begin{pmatrix} y_1(a_1) & y_2(a_1) \ldots\ldots\ldots\ldots & y_n(a_1) \\ y_1'(a_1) & y_2'(a_1) \ldots\ldots\ldots & y'_n(a_1) \\ \ldots\ldots & \ldots\ldots & \ldots\ldots \\ y_1^{(\kappa_1)}(a_1) & y_2^{(\kappa_1)}(a_1) \ldots & y_n^{(\kappa_1)}(a_1) \\ \ldots\ldots & \ldots\ldots & \ldots\ldots \\ \ldots\ldots & \ldots\ldots & \ldots\ldots \\ y_1(a_\lambda) & y_2(a_\lambda) \ldots\ldots\ldots & y_n(a_\lambda) \\ \ldots\ldots & \ldots\ldots & \ldots\ldots \\ y_1^{(\kappa_\lambda)}(a_\lambda) & y_2^{(\kappa_\lambda)}(a_\lambda) \ldots & y_n^{(\kappa_\lambda)}(a_\lambda) \end{pmatrix}$$

den Rang $n-1$, so wird das Integral $y(x)$ von (2) durch die oben geschriebenen Nullstellen bis auf einen konstanten Faktor eindeutig bestimmt. Hat die Matrix den Rang kleiner als $n-1$, so können wir leicht schliessen, dass die n linearen homogenen Gleichungen

$$\sum_{i=1}^{n} c_i y_i^{(\mu)}(a_\nu)=0 \quad (\mu=0, 1, \ldots\ldots, \kappa_\nu)(\nu=1, 2, \ldots\ldots, \lambda),$$

$$\sum_{i=1}^{n} c_i y_i^{(\tau)}(a_n)=0$$

stets nicht alle verschwindenden Lösungen c_i haben, wobei a_n eine beliebige Stelle in $<\alpha, \beta>$ sein kann, und

$$\tau=0, \text{ falls } a_n \neq a_\nu \text{ für alle } \nu(=1, 2, \ldots\ldots, \lambda)$$

$$\tau=\kappa_\nu+1, \text{ falls } a_n=a_\nu.$$

Also können wir die n-te Nullstelle von $y(x)$ beliebig bestimmen.

Die $n-1$ vorgeschriebenen Nullstellen von $y(x)$ liegen in einem unterextremen Intervalle. Würde $y(x)$ durch diese $n-1$ Nullstellen bis auf einen konstanten Faktor nicht eindeutig bestimmt, so können wir die n-te Nullstelle von $y(x)$ in demselben unterextremen Intervalle bestimmen, worin $y(x)$ schon $n-1$ Nullstellen besitzt. Dies kann aber nicht der Fall sein, w. z. b. w.

4.

In bezug auf die in einem extremen Intervalle liegenden n Nullstellen des nicht identisch verschwindenden Integrals $y(x)$ von (2) können nur die folgenden Fälle auftreten:

Erster Fall. $y(x)$ verschwindet mehrmals mindestens an einem inneren Punkte des extremen Intervalls.

Zweiter Fall. $y(x)$ verschwindet mehrmals mindestens an den beiden Endpunkten des extremen Intervalls.

Dritter Fall. $y(x)$ verschwindet nur einmal an jeder Nullstelle von $y(x)$ in dem extremen Intervalle ausser an einem Endpunkte des extremen Intervalls.

Wir wollen nur den dritten Fall behandeln. Sei a der Endpunkt des extremen Intervalls an dem $y(x)$ k-mal $(k \geqq 1)$ verschwindet, und b der andere Endpunkt des extremen Intervalls, an dem $y(x)$ nur einmal verschwindet. Mit a_h bezeichnen wir die anderen Nullstellen von $y(x)$ zwischen a und b. Als ein Fundamentalsystem der Integrale von (2) können wir das System der Integrale von (2), $\{y_1(x), y_2(x), \ldots\ldots, y_n(x)\}$, mit den Anfangsbedingungen

$$y_i^{(\nu)}(a)=\begin{cases}1, & \text{falls } \nu=i-1\\ 0, & \text{falls } \nu\neq i-1\end{cases}$$

wählen. $y(x)$ wird also durch

$$y(x)=c_{k+1}y_{k+1}(x)+c_{k+2}y_{k+2}(x)+\ \ldots\ldots\ +c_n y_n(x),\ (c_{k+1}\neq 0)$$

dargestellt. Denn $y(x)$ verschwindet genau k-mal an $x=a$.

Nun betrachten wir eine Schar der Integrale von (2)

$$y(x)=r_{k+1}y_{k+1}(x)+r_{k+2}y_{k+2}(x)+\ \ldots\ldots\ +r_n y_n(x),$$

die an $x=a$ den Anfangsbedingungen

$$y^{(\nu)}(a)=r_{\nu+1}\ (\nu=k,\ k+1,\ \ldots\ldots,\ n-1)$$

genügen. Sei $x=\xi$ irgend eine einfache Nullstelle von $y(x)$. $y(x)$ ist nach x und r_i stetig differenzierbar. Dann aus $y(\xi)=0$ und $\left(\frac{dy}{dx}\right)_{x=\xi}\neq 0$ bekommen wir, dass ξ mit r_i in genügend kleiner Umgebung von c_i stetig ändert und nach r_i stetig differenzierbar ist. Nämlich:

$$\frac{\partial\xi}{\partial r_i}=-\left(\frac{\dfrac{\partial y}{\partial r_i}}{\dfrac{dy}{dx}}\right)_{x=\xi}.$$

Die Ableitung $\frac{\partial y}{\partial r_i}$ ist aber mit $y_i(x)$ identisch, also

$$\frac{\partial\xi}{\partial r_i}=-\frac{y_i(\xi)}{\left(\dfrac{dy}{dx}\right)_{x=\xi}}. \tag{6}$$

Nun lassen wir den $(n-k)$-dimensionalen Punkt $(r_{k+1}, r_{k+2}, \ldots\ldots, r_n)$ in genügend kleiner Umgebung von $r_\nu=c_\nu(\nu=k+1,\ k+2,\ \ldots\ldots\ldots,\ n)$ wandern. Für diese r_ν verschwindet $y(x)$ genau k-mal an $x=a$ und einmal in jeder von einander getrennten Umgebung von $x=a_h$ und $x=b$. Und zwischen a und b gibt es keine Nullstelle von $y(x)$ weiter. Da das Intervall $<a,\ b>$ ein extremes Intervall ist, so ist die in der Umgebung von $x=b$ liegende einfache Nullstelle von $y(x)$, $x=\xi$, in bezug auf r_ν bei $r_\nu=c_\nu(\nu=k+1,\ k+2,\ \ldots\ldots,\ n)$ stationär, d. h.,

$$\left(\frac{\partial\xi}{\partial r_k}\right)_{\xi=b}=0.$$

Dann aus $\left(\frac{dy}{dx}\right)_{x=b} \neq 0$ und (6) folgt

$$y_\nu(b)=0, \ (\nu=k+1, \ k+2, \ \ldots\ldots, \ n).$$

Wir bekommen also, dass jedes an $x=a$ k-mal verschwindende Integral von (2) auch an $x=b$ verschwinden muss. Da man $n-1$ Nullstellen von $y(x)$ beliebig wählen kann, so kann man die $n-k-1$ Nullstellen von $y(x)$ in (a, b) [oder (b, a)] beliebig wählen, indem man die an $x=a$ liegenden k Nullstellen und die an $x=b$ liegende Nullstelle von $y(x)$ festbleiben lässt.

Also haben wir:

Satz 4. *Verschwindet ein nicht identisch verschwindes Integral $y(x)$ von (2) n-mal in einem extremen Intervalle, so verschwindet $y(x)$ auch an den beiden Endpunkten des extremen Intervalls. Inbezug auf die Nullstellen von $y(x)$ haben wir nur drei Fälle:*

Erster Fall: $y(x)$ verschwindet mehrmals mindestens an einem innern Punkte des extremen Intervalls.

Zweiter Fall: $y(x)$ verschwindet mehrmals mindestens an den beiden Endpunkten des extremen Intervalls.

Dritter Fall: Wir können die im Innern des extremen Intervalls liegenden Nullstellen von $y(x)$ beliebig wandern lassen ohne die an den beiden Endpunkten des Intervalls liegenden Nullstellen zu ändern.

Beispiel. Die Differentialgleichung

$$\frac{d^3y}{dx^3}+\frac{dy}{dx}=0$$

hat die allgemeine Lösung

$$y(x)=C_1 \sin (x+\alpha)+C_0,$$

wobei α, C_0 und C_1 beliebige Konstanten bedeutet. Dies Integral besitzt keine Nullstelle falls $|C_0|>|C_1|$, und unendlich viele in $-\infty<x<\infty$ falls $|C_0|\leqq|C_1|$. Ist $x=a$ irgend eine Nullstelle von $y(x)$, so ist das Intervall $<a, a+2\pi>$ ein extremes Intervall. Falls $|C_0|<|C_1|$ sind die beiden Endpunkte von $<a, a+2\pi>$ einfache Nullstellen. Die dritte Nullstelle $x=\xi$ kann ganz beliebig in $<a, a+2\pi>$ wandern. Für $|C_0|=|C_1|$ verschwindet $y(x)$ genau zweimal an den beiden Endpunkten von $<a, a+2\pi>$.

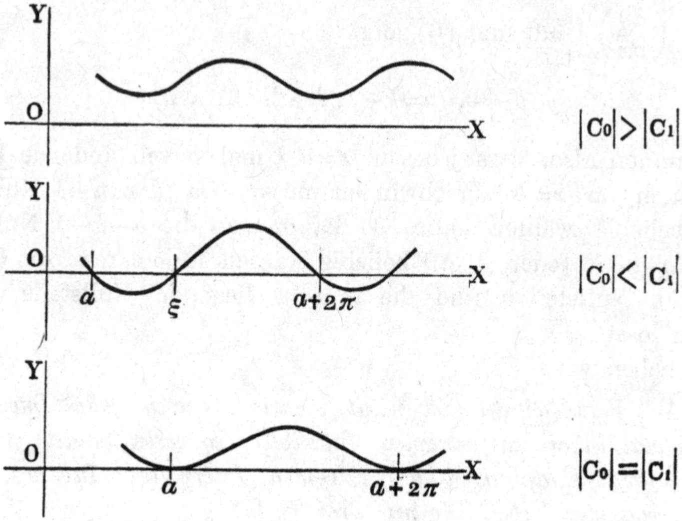

Den 23. Februar, 1928.
Mathematisches Institut, K. Universität zu Tôkyô.

Über das Verhalten der Folge der Integralsysteme von gewöhnlichen Differentialgleichungen

[Proc. Imp. Acad. Tokyo, 4 (1928) 450–453]

(Rec. Sept. 19, 1928. Comm. by T. YOSIE, M.I.A., Oct. 2, 1928.)

Die vorliegende Arbeit beschäftigt sich mit der Untersuchung des Verhaltens der Folge der Integralsysteme von gewöhnlichen Differentialgleichungen in normaler Form

$$\frac{dx_i}{dt}=f_i\left\{t, x_1, \ldots, x_k, \overset{n}{\varphi}_1(t), \ldots, \overset{n}{\varphi}_\lambda(t)\right\} \quad (i=1, 2, \ldots, k),$$

wobei die Konvergenz der Folge der Integrale von Funktionensystemen $\{\overset{n}{\varphi}_1(t), \ldots, \overset{n}{\varphi}_\lambda(t)\}$ vorausgesetzt wird. Dabei ist die Stetigkeit der Funktionen nicht notwendig vorausgesetzt. Hier verstehen wir unter Integralsystemen dieser Differentialgleichungen mit den Anfangsbedingungen $x_i(t_0)=\xi'_i$ die Funktionensysteme $\{x_1(t), \ldots, x_k(t)\}$, die den Gleichungssystemen

$$x_i(t)=\xi'_i+\int_{t_0}^{t} f_i\left\{t, x_1(t), \ldots, x_k(t), \overset{n}{\varphi}_1(t), \ldots, \overset{n}{\varphi}_\lambda(t)\right\}dt \quad (i=1, 2, \ldots, k)$$

genügen, wobei die Integrale im Sinne von de la Vallée-Poussin verstanden werden. Dann erhalten wir die folgenden Sätze, deren Beweise in „Japanese Journal of Mathematics" erscheinen werden. Der Kürze halber bezeichnen wir mit $\overline{B}$ den Bereich $a \leqq t \leqq b$, $|x_i-\xi_i| \leqq l$, $-\infty<\varphi_\mu<\infty$ und mit B den Bereich $a \leqq t \leqq b$, $|x_i-\xi_i| \leqq l$.

I. Die Funktionen $F_i\{t, x_1, \ldots, x_k, \varphi_1, \ldots, \varphi_\lambda\}$ und ihre partiellen Ableitungen $\frac{\partial F_i}{\partial \varphi_\mu}$ und $\frac{\partial F_i}{\partial \varphi_\mu \partial \varphi_\nu}$ $(\mu, \nu=1, \ldots, \lambda)$ seien in $\overline{B}$ stetig. F_i genügen auch für $|\varphi_\mu| \leqq h$ in B der Lipschitzbedingung

$$\left|F_i\left\{t, x_1^*, \ldots, x_k^*, \varphi_1, \ldots, \varphi_\lambda\right\}-F_i\left\{t, x_1, \ldots, x_k, \varphi_1, \ldots, \varphi_\lambda\right\}\right|$$
$$\leqq K_h \sum_{j=1}^{k}\left|x_j^*-x_j\right|,$$

wobei K_h nur von h abhängige Konstante bedeutet. Es seien $\overset{n}{x}_i(t)$ und

$x_i(t)$ die in einem Teilbereich von B liegenden Integralsysteme der Differentialgleichungen

$$\frac{dx_i}{dt}=F_i\left\{t, x_1, \ldots, x_k, \overset{n}{\varphi}_1(t), \ldots, \overset{n}{\varphi}_\lambda(t)\right\}$$

bzw.
$$\frac{dx_i}{dt}=F_i\left\{t, x_1, \ldots, x_k, \varphi_1(t), \ldots, \varphi_\lambda(t)\right\}$$

mit den Anfangsbedingungen $\overset{n}{x}_i(t_0)=\overset{n}{\xi}_i$ bzw. $x_i(t_0)=\xi_i$, wobei $\varphi_\mu(t)$ und $\overset{n}{\varphi}_\mu(t)$ in $\langle a, b \rangle$ summierbare Funktionen sind. Dann erhält man:

Dafür, dass nur aus den Relationen

$$|\overset{n}{\varphi}_\mu(t)|\leqq h, \quad |\varphi_\mu(t)|\leqq h, \quad \lim_{n\to\infty}\overset{n}{\xi}_i=\xi_i'$$

und
$$\lim_{n\to\infty}\int_{t_0}^{t}\overset{n}{\varphi}_\mu(t)dt=\int_{t_0}^{t}\varphi_\mu(t)dt$$

stets die Gleichungen

$$\lim_{n\to\infty}\overset{n}{x}_i(t)=x_i(t) \qquad (i=1, 2, \ldots, k)$$

folgen, wobei h eine beliebige feste Konstante und $(t_0, \xi'_1, \ldots, \xi'_k)$ einen beliebigen inneren Punkt von B bedeutet, ist es notwendig und hinreichend, dass F_i in bezug auf $(\varphi_1, \varphi_2, \ldots, \varphi_\lambda)$ linear sind.

II. Die Funktionen F_i und ihre partiellen Ableitungen $\frac{\partial F_i}{\partial \varphi_\mu}$ seien in $\overline{B}$ stetig. F_i genügen auch der Bedingung

$$\left|F_i\left\{t, x_1^*, \ldots, x_k^*, \varphi_1, \ldots, \varphi_\lambda\right\}-F_i\left\{t, x_1, \ldots, x_k, \varphi_1, \ldots, \varphi_\lambda\right\}\right|$$
$$\leqq K\left(\varphi_1, \ldots, \varphi_\lambda\right)\sum_{j=1}^{k}\left|x_j^*-x_j\right|,$$

wobei K eine nicht negative stetige Funktion von $(\varphi_1, \ldots, \varphi_\lambda)$ bedeutet. Es seien $\overset{n}{x}_i(t)$ und $x_i(t)$ die in B liegenden Integralsysteme der Differentialgleichungen

$$\frac{dx_i}{dt}=F_i\left\{t, x_1, \ldots, x_k, \overset{n}{\varphi}_1(t), \ldots, \overset{n}{\varphi}_\lambda(t)\right\}$$

bzw.
$$\frac{dx_i}{dt}=F_i\left\{t, x_1, \ldots, x_k, \varphi_1(t), \ldots, \varphi_\lambda(t)\right\}$$

mit den Anfangsbedingungen $\overset{n}{x}_i(t_0)=\overset{n}{\xi}_i$ bzw. $x_i(t_0)=\xi_i$, wobei $\overset{n}{\varphi}_\mu(t)$ in

$\langle a, b\rangle$ summierbare und $\varphi_\mu(t)$ in $\langle a, b\rangle$ stetige Funktionen sind. Weiter definieren wir

$$\mathscr{E}_i\left\{t, x_1, \ldots, x_k; \varphi_1, \ldots, \varphi_\lambda; \varphi_1^*, \ldots, \varphi_\lambda^*\right\}$$

$$\equiv F_i\left\{t, x_1, \ldots, x_k, \varphi_1^*, \ldots, \varphi_\lambda^*\right\} - F_i\left\{t, x_1, \ldots, x_k, \varphi_1, \ldots, \varphi_\lambda\right\}$$

$$-\sum_{\mu=1}^{\lambda}\left(\varphi_\mu^* - \varphi_\mu\right)\frac{\partial F_i}{\partial \varphi_\mu}\left\{t, x_1, \ldots, x_k, \varphi_1, \ldots, \varphi_\lambda\right\}.$$

Unter den folgenden fünf Bedingungen

$$\left|\mathscr{E}_i\left\{t, x_1, \ldots, x_k; \varphi_1(t); \ldots, \varphi_\lambda(t); \varphi_1^*, \ldots, \varphi_\lambda^*\right\}\right|$$

$$\leqq a\mathscr{E}_1\left\{t, x_1, \ldots, x_k; \varphi_1(t), \ldots, \varphi_\lambda(t); \varphi_1^*, \ldots, \varphi_\lambda^*\right\} \quad (i=1, 2, \ldots, k)$$

in B für alle φ^*, wobei a eine positive Konstante ist,

$$\int_{t_0}^{t} |\overset{n}{\varphi}_\mu(t)|dt \leqq H \text{ für alle } n \ (H\text{: eine beliebige feste Konstante}),$$

$$\lim_{n\to\infty} \overset{n}{\xi}_i = \xi'_i, \qquad \int_{t_0}^{t} K\left(\overset{n}{\varphi}_1(t), \ldots, \overset{n}{\varphi}_\lambda(t)\right)dt \leqq L,$$

wobei die Konstante L die Bedingung $kaLe^{kL} \leqq 1$ erfüllt, und im Sinne der gleichmässigen Konvergenz

$$\lim_{n\to\infty}\int_{t_0}^{t} \overset{n}{\varphi}_\mu(t)\, dt = \int_{t_0}^{t} \varphi_\mu(t) dt \quad (t \leqq t_0),$$

gelten dann die Ungleichungen

$$\underline{\lim}_{n\to\infty}\, \overset{n}{x}_1(t) \geqq x_1(t) \qquad \text{für } t \geqq t_0.$$

III. Es sei eine Folge der Differentialgleichungssysteme

$$\text{(A)} \qquad \frac{dx_i}{dt} = f_i\left\{t, x_1, \ldots, x_k, \overset{n}{\varphi}_1(t), \ldots, \overset{n}{\varphi}_\lambda(t)\right\}$$

$$+\sum_{\mu=1}^{\lambda} \overset{n}{\varphi}_\mu(t) g_{i\mu}\left\{t, x_1, \ldots, x_k\right\} \quad (i=1, 2, \ldots, k)$$

vorgelegt, wobei f_i in $\overline{B}$ beschränkt und $g_{i\mu}$ samt ihren partiellen Ableitungen $\frac{\partial g_{i\mu}}{\partial x_j}(i, j=1, 2, \ldots, k)(\mu=1, \ldots, \lambda)$ in B stetig sind. Die Funktionen $\overset{n}{\varphi}_\mu(t)$ seien im Intervalle $\langle t_0-\delta_n, t_0+\delta_n\rangle$ summierbar. $\overset{n}{x}_i(t)$ seien die für $t_0-\delta_n \leqq t < t_0+\delta_n$ in B liegenden Integralsysteme der Differentialgleichungen (A) mit den Anfangsbedingungen $\overset{n}{x}_i(t_0-\delta_n) = \overset{n}{\xi}_i$. Dann haben wir :

Dafür, dass nur aus den Relationen

$$\int_{t_0-\delta_n}^{t_0+\delta_n} |\overset{n}{\varphi}_\mu(t)|dt \leqq H, \quad \lim_{n\to\infty} \delta_n = 0, \quad \lim_{n\to\infty} \overset{n}{\xi}_i = \xi'_i$$

und

$$\lim_{n\to\infty} \int_{t_0-\delta_n}^{t_0+\delta_n} \overset{n}{\varphi}_\mu(t)dt = \Phi_\mu,$$

wobei $(t_0, \xi'_1, \ldots, \xi'_k)$ *einen beliebigen inneren Punkt von B bedeutet, stets die Gleichungen*

$$\lim_{n\to\infty} \overset{n}{x}_i(t_0+\delta_n) = X_i(\Phi_1, \ldots, \Phi_\lambda; t_0, \xi'_1, \ldots, \xi'_k)$$

folgen[1], *dabei* X_i *nur von* $\Phi_1, \ldots, \Phi_\lambda, t_0, \xi'_1, \ldots, \xi'_k$ *abhängige Funktionen bedeuten, ist es notwendig und hinreichend, dass die Funktionen* $g_{i\mu}$ $(i=1, 2, \ldots, k)$ *in B der Bedingung*

$$\sum_{j=1}^{k} \frac{\partial g_{i\mu}}{\partial x_j} \cdot g_{j\nu} = \sum_{j=1}^{k} \frac{\partial g_{i\nu}}{\partial x_j} g_{j\mu} \quad (\mu, \nu = 1, 2, \ldots, \lambda)$$

genügen.

1) Das ist für $\lambda=1$ stets der Fall.

Über das Verhalten der Folge der Integralsysteme von gewöhnlichen Differentialgleichungen

[Japan. J. Math., **6** (1929) 89–118]

(Eingegangen am 28. Juli, 1928.)

Die vorliegende Arbeit beschäftigt sich mit der Untersuchung des Verhaltens der Folge der Integralsysteme von gewöhnlichen Differentialgleichungen in normaler Form

$$\frac{dx_i}{dt}=f_i\Big(t, \underset{(1,k)}{x}, \overset{n}{\underset{(1,\lambda)}{\varphi}}(t)\Big) \qquad (i=1,\ 2,\ \ldots\ldots,\ k)$$ [1],

wobei die Folge der Integrale von Funktionensystemen $\Big\{\overset{n}{\underset{(1,\lambda)}{\varphi}}(t)\Big\}$ konvergiert, während die Folge der Funktionensysteme selbst nicht notwendig konvergiert. Dabei ist die Stetigkeit der Funktionen nicht vorausgesetzt. Hier verstehen wir unter Intergralsystemen dieser Differentialgleichungen mit den Anfangsbedingungen $\overset{n}{x}_i(t_0)=\overset{n}{\xi}_i$ die Funktionensysteme $\Big\{\overset{n}{\underset{(1,k)}{x}}(t)\Big\}$, die den Gleichungssystemen

$$\overset{n}{x}_i(t)=\overset{n}{\xi}_i+\int_{t_0}^{t} f_i\Big(t, \overset{n}{\underset{(1,k)}{x}}(t), \overset{n}{\underset{(1,\lambda)}{\varphi}}(t)\Big)dt \qquad (i=1,\ 2,\ \ldots\ldots,\ k)$$

genügen, wobei die Integrale im Sinne von C. de la Vallée-Poussin verstanden werden. Für die Existenz solcher Funktionensysteme ist es hinreichend, dass die Funktionen $\underset{(1,k)}{f}\Big(t, \underset{(1,k)}{x}, \underset{(1,\lambda)}{\varphi}\Big)$ als Funktionen von t für jedes feste $\Big(\underset{(1,k)}{x}, \underset{(1,\lambda)}{\varphi}\Big)$ messbar und als Funktionen von $\Big(\underset{(1,k)}{x}, \underset{(1,\lambda)}{\varphi}\Big)$ für jedes feste t fast überall in $<a, b>$ stetig sind, und dass die Ungleichungen

$$\Big|f_i\Big(t, \underset{(1,k)}{x}, \overset{n}{\underset{(1,\lambda)}{\varphi}}(t)\Big)\Big| \leqq \Phi_n(t) \quad (i=1,\ 2,\ \ldots\ldots,\ k)$$

für alle $\Big(\underset{(1,k)}{x}\Big)$ gelten, wobei $\Phi_n(t)$ in $<a, b>$ summierbar sind[2].

---

(1) Die Bezeichnung $\underset{(1,\nu)}{a}$ bedeutet die Buchstabenfolge $a_1, a_2, \ldots\ldots, a_\nu$. Z. B. $\overset{n}{\underset{(1,\lambda)}{\varphi}}(t)$ bedeutet die Folge $\overset{n}{\varphi}_1(t), \overset{n}{\varphi}_2(t), \ldots\ldots, \overset{n}{\varphi}_\lambda(t)$.

(2) Man vergleiche dazu; Carathéodory: Vorlesungen über reelle Funktionen, 665-672.

Der Kürze halber bezeichnen wir im folgenden mit $\bar{B}_l$ den Bereich $a \leqq t \leqq b$, $|x_i - \xi_i| \leqq l$, $-\infty < \varphi_\mu < \infty$ und mit B_l den Bereich $a \leqq t \leqq b$, $|x_i - \xi_i| \leqq l$.

§ 1.

Hilfssatz 1. Es seien Differentialgleichungssysteme

$$(1) \qquad \frac{dx_i}{dt} = F_i\Big(t, \underset{(1,k)}{x}\Big) \qquad (i=1, 2, \ldots\ldots, k)$$

und

$$(2) \qquad \frac{dy_i}{dt} = F_i\Big(t, \underset{(1,k)}{y}\Big) + G_i\Big(t, \underset{(1,k)}{y}\Big) \qquad (i=1, 2, \ldots\ldots, k)$$

vorgelegt. In B_l gelten die Ungleichungen

$$(3) \qquad \left| F_i\Big(t, \underset{(1,k)}{x^*}\Big) - F_i\Big(t, \underset{(1,k)}{x}\Big) \right| \leqq \Psi(t) \sum_{j=1}^{k} \left| x_j^* - x_j \right| \qquad (i=1, 2, \ldots\ldots, k),$$

wobei $\Psi(t)$ eine in $< a, b >$ summierbare Funktion ist. Es seien $\Big\{ \underset{(1,k)}{x}(t) \Big\}$ und $\Big\{ \underset{(1,k)}{y}(t) \Big\}$ die in B_l liegenden Integralsysteme von (1) bzw. (2) mit denselben Anfangsbedingungen $x_i(t_0) = y_i(t_0) = \xi'_i (a \leqq t_0 < b, |\xi'_i - \xi_i| < l)$, wobei auch die Bedingung

$$(4) \qquad \left| G_i\Big(t, \underset{(1,k)}{y(t)}\Big) \right| \leqq A(t) \quad (i=1, 2, \ldots\ldots, k)$$

erfüllt ist. Wir haben dann die Abschätzungsformel

$$\sum_{i=1}^{k} \left| y_i(t) - x_i(t) \right| \leqq k \int_{t_0}^{t} A(\tau) e^{k \int_\tau^t \Psi(u) du} d\tau$$

für $t \geqq t_0$.

Beweis: Aus (1) und (2) erhält man für $t \geqq t_0$

$$\left| y_i(t) - x_i(t) \right| \leqq \int_{t_0}^{t} \left| G_i\Big(t, \underset{(1,k)}{y(t)}\Big) \right| dt + \int_{t_0}^{t} \left| F_i\Big(t, \underset{(1,k)}{y(t)}\Big) - F_i\Big(t, \underset{(1,k)}{x(t)}\Big) \right| dt$$

$$(i=1, 2, 3, \ldots\ldots, k),$$

also nach (4) und (3), indem man die beiden Seiten obiger Ungleichungen nach i von 1 bis k summiert,

$$(5)\qquad \sum_{i=1}^{k}\left|y_i(t)-x_i(t)\right| \leqq k\left\{\int_{t_0}^{t}A(\tau)d\tau+\int_{t_0}^{t}\Psi(\tau)\sum_{i=1}^{k}\left|y_i(\tau)-x_i(\tau)\right|d\tau\right\}.$$

Definiert man die Funktionenfolge $B_n(t)$ durch

$$(6)\qquad \begin{cases} B_0(t)=\displaystyle\int_{t_0}^{t}A(\tau)d\tau, \\ B_n(t)=\displaystyle\int_{t_0}^{t}\Psi(\tau)B_{n-1}(\tau)d\tau \qquad (n\geqq 1), \end{cases}$$

so erhält man aus (5)

$$(7)\qquad \sum_{i=1}^{k}\left|y_i(t)-x_i(t)\right| \leqq k\left\{\sum_{\nu=0}^{n}k^{\nu}B_{\nu}(t)+k^{n}B_{n+1}(t)M\right\},$$

wobei M solche positive Zahl bedeutet, dass

$$\sum_{i=1}^{k}\left|y_i(t)-x_i(t)\right| \leqq M \qquad \text{für } t_0\leqq t\leqq b.$$

Aus (6) erhält man aber

$$(8)\qquad B_n(t)=\int_{t_0}^{t}A(\tau)\frac{\left(\int_{\tau}^{t}\Psi(u)du\right)^{n}}{n\,!}d\tau.$$

Denn, dies ist für $n=0$ selbstverständlich. Setzt man nun voraus, (8) für $n=\nu-1$ richtig sei, so hat man für $n=\nu$

$$B_{\nu}(t)=\int_{t_0}^{t}\Psi(\tau)\left\{\int_{t_0}^{\tau}A(u)\frac{\left(\int_{u}^{\tau}\Psi(v)dv\right)^{\nu-1}}{(\nu-1)\,!}du\right\}d\tau$$

$$=\int_{t_0}^{t}A(u)du\int_{u}^{t}\frac{\left(\int_{u}^{\tau}\Psi(v)dv\right)^{\nu-1}}{(\nu-1)\,!}\Psi(\tau)d\tau$$

(nach Dirichletscher Formel)

$$=\int_{t_0}^{t}A(u)du\frac{\left(\int_{u}^{t}\Psi(v)dv\right)^{\nu}}{\nu\,!}=\int_{t_0}^{t}A(\tau)\frac{\left(\int_{\tau}^{t}\Psi(u)du\right)^{\nu}}{\nu\,!}d\tau,$$

womit (8) bewiesen ist. Da

$$\lim_{n\to\infty} k^n B_{n+1}(t) = \lim_{n\to\infty} k^n \int_{t_0}^{t} A(\tau) \frac{\left(\int_{\tau}^{t} \Psi(u)du\right)^{n+1}}{(n+1)!} d\tau = 0$$

ist, so ergibt sich aus (7) und (8) für $n \to \infty$

$$\sum_{i=1}^{k} \left| y_i(t) - x_i(t) \right| \leqq k \int_{t_0}^{t} A(\tau) e^{k\int_{\tau}^{t}\Psi(u)du} d\tau.$$

Hilfssatz 2. Es seien $\left\{ \underset{(1,k)}{x}(t) \right\}$ und $\left\{ \underset{(1,k)}{y}(t) \right\}$ die in B_t liegenden Integralsysteme von (1) bzw. (2) mit den Anfangsbedingungen

$$x_i(t_0) = \xi_i', \quad y_i(t_0) = \xi_i'',$$

$$|\xi_i' - \xi_i''| \leqq \delta \quad (i = 1, 2, \ldots\ldots, k),$$

wobei die Bedingung (4) durch

$$(9) \qquad \left| \int_{t_0}^{t} G_i\left(t, \underset{(1,k)}{y}(t)\right) dt \right| \leqq \eta \qquad \text{für } t_0 \leqq t \leqq b$$

ersetzt ist. Dann erhält man für $t_0 \leqq t \leqq b$

$$\sum_{i=1}^{k} \left| y_i(t) - x_i(t) \right| \leqq k(\delta + \eta) e^{k\int_{t_0}^{t}\Psi(\tau)d\tau}.$$

Beweis: Anstatt (5) erhält man jetzt

$$(10) \qquad \sum_{i=1}^{k} \left| y_i(t) - x_i(t) \right| \leqq k\left\{ \delta + \eta + \int_{t_0}^{t} \Psi(\tau) \sum_{i=1}^{k} \left| y_i(\tau) - x_i(\tau) \right| d\tau \right\}.$$

Definiert man nun die Funktionenfolge $\Psi_n(t)$ durch

$$\Psi_0(t) = 1$$

und

$$\Psi_n(t) = \int_{t_0}^{t} \Psi(\tau) \Psi_{n-1}(\tau) d\tau \quad (n \geqq 1),$$

so folgt aus (10)

$$(11) \qquad \sum_{i=1}^{k} \left| y_i(t) - x_i(t) \right| \leqq k(\delta + \eta) \sum_{\nu=0}^{n} k^\nu \Psi_\nu(t) + k^{n+1} \Psi_{n+1}(t) M,$$

wobei M dieselbe Bedeutung wie in Hilfssatz 1 hat. Wie man leicht sieht, ist

$$\Psi_\nu(t)=\frac{1}{\nu\,!}\left(\int_{t_0}^{t}\Psi(\tau)\,d\tau\right)^{\nu};$$

so ist nach (11) für $t\geqq t_0$

$$\sum_{i=1}^{k}\left|y_i(t)-x_i(t)\right|\leqq k(\delta+\eta)e^{k\int_{t_0}^{t}\Psi(\tau)d\tau}.$$

§ 2.

Satz 1. Bei den Differentialgleichungssystemen

$$(12)\qquad \frac{dx_i}{dt}=f_i\Big(t,\underset{(1,k)}{x}\Big)+\sum_{\mu=1}^{\lambda}\overset{n}{\varphi}_\mu(t)\cdot g_{i,\mu}\Big(t,\underset{(1,k)}{x}\Big)\quad (i=1,\,2,\,\ldots\ldots,\,k)$$

seien die Funktionen $g_{i,\mu}$ in B_l stetig und genügen die Funktionen f_i und $g_{i,\mu}$ in B_l den Ungleichungen

$$(13)\qquad |f_i|\leqq\Psi(t),$$

$$(14)\qquad \left|f_i\Big(t,\underset{(1,k)}{x^*}\Big)-f_i\Big(t,\underset{(1,k)}{x}\Big)\right|\leqq\Psi(t)\sum_{j=1}^{k}\left|x_j^*-x_j\right|$$

und

$$(15)\qquad \left|g_{i,\mu}\Big(t,\underset{(1,k)}{x^*}\Big)-g_{i,\mu}\Big(t,\underset{(1,k)}{x}\Big)\right|\leqq K\sum_{j=1}^{k}\left|x_j^*-x_j\right|$$

$$(i=1,\,2,\,\ldots\ldots,\,k)\quad(\mu=1,\,2,\,\ldots\ldots,\,\lambda),$$

wobei $\Psi(t)$ eine in $< a,\, b >$ summierbare Funktion und K eine Konstante ist.

Die Folge der in $< a,\, b >$ summierbaren Funktionensysteme $\left\{\underset{(1,\lambda)}{\overset{n}{\varphi}}(t)\right\}$ sei den folgenden Bedingungen unterworfen:

$$(16)\qquad \int_a^b\left|\overset{n}{\varphi}_\mu(t)\right|dt\leqq H\quad (H\text{: eine beliebige feste Konstante})$$

und

$$(17)\qquad \lim_{n\to\infty}\int_{t_0}^{t}\overset{n}{\varphi}_\mu(t)dt=\int_{t_0}^{t}\varphi_\mu(t)dt\qquad(\mu=1,\,2,\,\ldots\ldots,\,\lambda),$$

wobei die Konvergenz gleichmässig ist, so bestehen für die Folge der in B_l liegenden Integralsysteme $\left\{\underset{(1,k)}{\overset{n}{x}}(t)\right\}$ von (12) mit den Anfangsbedingungen

$$(18)\qquad \overset{n}{x}_i(t)=\overset{n}{\xi}_i,\ \lim_{n\to\infty}\overset{n}{\xi}_i=\xi'_i\quad (i=1,\ 2,\ \ldots\ldots,\ k)$$

im Sinne der gleichmässigen Konvergenz die Gleichungen

$$\lim_{n\to\infty}\overset{n}{x}_i(t)=x_i(t)\quad (i=1,\ 2,\ \ldots\ldots,\ k)$$

für $t\geqq t_0$, *wobei* $\left\{\underset{(1,k)}{x}(t)\right\}$ *das Integralsystem der Differentialgleichungen*

$$(19)\qquad \frac{dx_i}{dt}=f_i\left(t,\underset{(1,k)}{x}\right)+\sum_{\mu=1}^{\lambda}\varphi_\mu(t)\cdot g_{i,\mu}\left(t,\underset{(1,k)}{x}\right)\quad (i=1,\ 2,\ \ldots\ldots,\ k)$$

mit den Anfangsbedingungen $x_i(t_0)=\xi'_i$ *bedeutet.*

Beweis: Zunächst beweisen wir, dass für jedes μ

$$(20)\qquad \int_a^b|\varphi_\mu(t)|\,dt\leqq H.$$

Jeder positiven Zahl ε können wir eine andere δ zuordnen, sodass für jede messbare Menge M_δ in $<a,\ b>$, deren Mass kleiner als δ ist,

$$(\mathrm{a})\qquad \int_{M_\delta}|\varphi_\mu(t)|\,dt\leqq\frac{\varepsilon}{4}.$$

M_+ sei diejenige Menge in $<a,\ b>$, worauf φ_μ positiv ist, und M_- sei diejenige, worauf φ_μ negativ ist. Wir wählen eine abzählbare Menge der von einander getrennten Intervalle $\{(a_\nu,\ b_\nu)\}$, deren Vereinigungsmenge die M_+ überdeckt und die Ungleichung

$$(21)\qquad \sum_{\nu=1}^{\infty}(b_\nu-a_\nu)<m(M_+)+\frac{\delta}{2}\quad (^3)$$

befriedigt, und eine Menge der von einander getrennten Intervalle $\{(a'_\nu,\ b'_\nu)\}$ in $<a,\ b>$, deren Vereinigungsmenge die M_- überdeckt und die Ungleichung

$$(22)\qquad \sum_{\nu=1}^{\infty}(b_\nu'-a_\nu')<m(M_-)+\frac{\delta}{2}$$

befriedigt. Die Menge der für die beiden Intervallenmengen $\{(a_\nu,\ b_\nu)\}$ und $\{(a'_\nu,\ b'_\nu)\}$ gemeinsamen Punkte hat das Mass kleiner als δ. Aus (a), (21) und (22) erhält man

$$\int_{M_+}\varphi_\mu(t)dt<\sum_{\nu=1}^{\infty}\int_{a_\nu}^{b_\nu}\varphi_\mu(t)dt+\frac{\varepsilon}{4}$$

---

(3) Mit $m(M)$ bezeichnen wir das Mass der messbaren Menge M.

und

$$-\int_{M_-}\varphi_\mu(t)dt<-\sum_{\nu=1}^{\infty}\int_{a'_\nu}^{b'_\nu}\varphi_\mu(t)dt+\frac{\varepsilon}{4}.$$

Es gibt also für genügend grosses N

$$\int_{M_+}\varphi_\mu(t)dt<\sum_{\nu=1}^{N}\int_{a_\nu}^{b_\nu}\varphi_\mu(t)dt+\frac{\varepsilon}{4} \tag{23}$$

und

$$-\int_{M_-}\varphi_\mu(t)dt<-\sum_{\nu=1}^{N}\int_{a'_\nu}^{b'_\nu}\varphi_\mu(t)dt+\frac{\varepsilon}{4}. \tag{24}$$

Es sei $\{(a_\nu'', b_\nu'')\}$ $(\nu=1, 2, \ldots\ldots, N')$ die Menge der von einander getrennten Intervalle, die dadurch entsteht, dass aus jedem Intervalle von $\{(a_\nu, b_\nu)\}$ und $\{(a_\nu', b_\nu')\}$ $(\nu=1, 2, \ldots\ldots\ldots, N)$ für je zwei Intervalle gemeinsame Teile ausgestrichen ist. Dann ist

$$\sum_{\nu=1}^{N}\int_{a_\nu}^{b_\nu}\varphi_\mu(t)dt-\sum_{\nu=1}^{N}\int_{a_\nu'}^{b_\nu'}\varphi_\mu(t)dt<\sum_{\nu=1}^{N'}\pm\int_{a_\nu''}^{b_\nu''}\varphi_\mu(t)dt+\frac{\varepsilon}{2},$$

wobei wir jedem in rechter Seite stehenden Summanden das positive oder negative Zeichen geben, je nachdem (a_ν'', b_ν'') zu einem (a_ν, b_ν) oder zu einem (a'_ν, b'_ν) gehört. Dies mit (23) und (24) ergibt

$$\int_a^b|\varphi_\mu(t)|\,dt<\sum_{\nu=1}^{N'}\pm\int_{a_\nu''}^{b_\nu''}\varphi_\mu(t)dt+\varepsilon. \tag{25}$$

Aus (16) und (17) erhält man aber

$$\sum_{\nu=1}^{N'}\pm\int_{a_\nu''}^{b_\nu''}\varphi_\mu(t)dt\leqq H,$$

also nach (25)

$$\int_a^b|\varphi_\mu(t)|\,dt<H+\varepsilon.$$

Da ε beliebig klein gewählt werden kann, so folgt daraus die Ungleichung (20).

Es sei ε' eine beliebig vorgeschriebene positive Zahl, so kann man nach t und x in B_l stetig differentiierbare Funktionen $g^{*}_{t,\mu}$ derart finden, dass in $\overset{(1,k)}{B_l}$ die Ungleichungen

$$(26)\qquad \left| g^*_{i,\mu}\left(t, \underset{(1,k)}{x}\right) - g_{i,\mu}\left(t, \underset{(1,k)}{x}\right) \right| < \varepsilon'$$

$$(i=1,\ 2,\ \ldots\ldots,\ k)\ (\mu=1,\ 2,\ \ldots\ldots,\ \lambda)$$

gelten. Nun betrachten wir die Integralsysteme $\left\{ \underset{(1,k)}{\overset{n}{y}}(t) \right\}$ der Differentialgleichungen

$$(27)\qquad \frac{dy_i}{dt} = f_i\left(t, \underset{(1,k)}{y}\right) + \sum_{\mu=1}^{\lambda} \overset{n}{\varphi}_\mu(t) \cdot g^*_{i,\mu}\left(t, \underset{(1,k)}{y}\right) \quad (i=1,\ 2,\ \ldots\ldots,\ k)$$

oder

$$\frac{dy_i}{dt} = F_i\left(t, \underset{(1,k)}{y}\right) + \sum_{\mu=1}^{\lambda} \overset{n}{\varphi}_\mu(t) \left\{ g^*_{i,\mu}\left(t, \underset{(1,k)}{y}\right) - g_{i,\mu}\left(t, \underset{(1,k)}{y}\right) \right\} \quad (i=1,\ 2,\ \ldots\ldots,\ k)$$

mit den Anfangsbedingungen $\overset{n}{y}_i(t_0) = \xi_i'$, wobei $F_i\left(t, \underset{(1,k)}{x}\right)$ die rechten Seiten von (12) bedeuten. Dann ist nach (12), (14) und (15)

$$\left| F_i\left(t, \underset{(1,k)}{x^*}\right) - F_i\left(t, \underset{(1,k)}{x}\right) \right| \leqq \left\{ \Psi(t) + K \sum_{\mu=1}^{\lambda} \left| \overset{n}{\varphi}_\mu(t) \right| \right\} \sum_{j=1}^{k} \left| x^*_j - x_j \right|,$$

und nach (16) und (26)

$$\int_a^b \left| \sum_{\mu=1}^{\lambda} \overset{n}{\varphi}_\mu(t) \{ g^*_{i,\mu} - g_{i,\mu} \} \right| dt \leqq \lambda \varepsilon' H.$$

Wir bekommen also nach (16) wegen Hilfssatz 2

$$(28)\qquad \sum_{i=1}^{k} \left| \overset{n}{y}_i(t) - \overset{n}{x}_i(t) \right| \leqq k\,(\delta_n + \lambda\varepsilon' H) e^{k(\lambda K H + H')},$$

wobei $\delta_n = \underset{i=1,2,\ldots,k}{Max} \left| \overset{n}{\xi}_i - \xi_i' \right|$ und $\int_a^b \Psi(t)dt = H'$ gesetzt sind.

Ebenso hat man für das Integralsystem $\left\{ \underset{(1,k)}{y}(t) \right\}$ der Differentialgleichungen

$$(29)\qquad \frac{dy_i}{dt} = f_i\left(t, \underset{(1,k)}{y}\right) + \sum_{\mu=1}^{\lambda} \varphi_\mu(t) \cdot g^*_{i,\mu}\left(t, \underset{(1,k)}{y}\right) \quad (i=1,\ 2,\ \ldots\ldots,\ k)$$

mit den Anfangsbedingungen $y_i(t_0) = \xi_i'$ die Ungleichungen

$$(30)\qquad \sum_{i=1}^{k} \left| y_i(t) - x_i(t) \right| \leqq k\lambda\varepsilon' H e^{k(\lambda K H + H')}.$$

Man setze

$$F_i^*\Big(t, \underset{(1,k)}{y}\Big) = f_i\Big(t, \underset{(1,k)}{y}\Big) + \sum_{\mu=1}^{\lambda} \varphi_\mu(t) \cdot g_{i,\mu}^*\Big(t, \underset{(1,k)}{y}\Big),$$

so hat man für (27) und (29)

$$\frac{dy_i}{dt} = F_i^*\Big(t, \underset{(1,k)}{y}\Big) + \sum_{\mu=1}^{\lambda} \Big\{ \overset{n}{\varphi}_\mu(t) - \varphi_\mu(t) \Big\} g_{i,\mu}^*\Big(t, \underset{(1,k)}{y}\Big) \quad (i=1, 2, \ldots\ldots, k)$$

bzw.

$$\frac{dy_i}{dt} = F_i^*\Big(t, \underset{(1,k)}{y}\Big) \quad (i=1, 2, \ldots\ldots, k).$$

Jetzt haben wir die Abschätzung

$$\left| \int_{t_0}^{t} \sum_{\mu=1}^{\lambda} \Big\{ \overset{n}{\varphi}_\mu(t) - \varphi_\mu(t) \Big\} \cdot g_{i,\mu}^*\Big(t, \underset{(1,k)}{\overset{n}{y}(t)}\Big) dt \right|$$

$$\leqq \sum_{\mu=1}^{\lambda} \left| g_{i,\mu}^*\Big(t, \underset{(1,k)}{\overset{n}{y}}\Big) \int_{t_0}^{t} \Big\{ \overset{n}{\varphi}_\mu(t) - \varphi_\mu(t) \Big\} dt \right| + \sum_{\mu=1}^{\lambda} \left| \int_{t_0}^{t} \frac{\partial g_{i,\mu}^*}{\partial t}\Big(\tau, \underset{(1,k)}{\overset{n}{y}(\tau)}\Big) d\tau \right.$$

$$\left. \times \int_{t_0}^{\tau} \Big\{ \overset{n}{\varphi}_\mu(u) - \varphi_\mu(u) \Big\} du \right| + \sum_{\mu=1}^{\lambda} \sum_{j=1}^{k} \left| \int_{t_0}^{t} \frac{\partial g_{i,\mu}^*}{\partial x_j}\Big(\tau, \underset{(1,k)}{\overset{n}{y}(\tau)}\Big) \frac{d\overset{n}{y}_j(\tau)}{d\tau} d\tau \right.$$

$$\left. \times \int_{t_0}^{\tau} \Big\{ \overset{n}{\varphi}_\mu(u) - \varphi_\mu(u) \Big\} du \right| \leqq \lambda \varepsilon_n M_{\varepsilon'} \{1 + (b-a) + k(H' + \lambda M_{\varepsilon'} H)\},$$

wobei $M_{\varepsilon'}$ und ε_n solche positive Zahlen bedeuten, dass in B_t

$$|g_{i,\mu}^*| \leqq M_{\varepsilon'}, \quad \left| \frac{\partial g_{i,\mu}^*}{\partial t} \right| \leqq M_{\varepsilon'}, \quad \left| \frac{\partial g_{i,\mu}^*}{\partial x_j} \right| \leqq M_{\varepsilon'}$$

$$(i, j=1, 2, \ldots\ldots, k) \quad (\mu=1, 2, \ldots\ldots, \lambda)$$

und

$$\left| \int_{t_0}^{t} \Big\{ \overset{n}{\varphi}_\mu(t) - \varphi_\mu(t) \Big\} dt \right| \leqq \varepsilon_n.$$

Dabei gilt $\lim_{n\to\infty} \varepsilon_n = 0$. Nach Hilfssatz 2 haben wir dann

$$\text{(31)} \qquad \sum_{i=1}^{k} \left| \overset{n}{y}_i(t) - y_i(t) \right| \leqq k\lambda \varepsilon_n G_{\varepsilon'} e^{k(\lambda L H + H')},$$

wobei $G_{\varepsilon'} = M_{\varepsilon'}\{1 + (b-a) + k(H' + \lambda M_{\varepsilon'} H)\}$, $L = \mathrm{Max}(K, M_{\varepsilon'})$ gesetzt ist. Aus (28), (31) und (30) erhält man also

$$\text{(32)} \qquad \sum_{i=1}^{k} \left| \overset{n}{x}_i(t) - x_i(t) \right| \leqq k\{\delta_n + 2\lambda \varepsilon' H + \lambda \varepsilon_n G_{\varepsilon'}\} e^{k(\lambda L H + H')}.$$

Nun sei ε eine beliebig vorgeschriebene positive Zahl und ε' eine so klein gewählte Zahl, dass

$$\varepsilon' < \frac{\varepsilon}{4k\lambda He^{k(\lambda LH+H')}}.$$

So können wir N_ε so gross nehmen, dass für alle $n > N_\varepsilon$

$$\delta_n < \frac{\varepsilon}{4ke^{k(\lambda LH+H')}}$$

und

$$\varepsilon_n < \frac{\varepsilon}{4k\lambda G_{\varepsilon'} e^{k(\lambda LH+H')}}.$$

Daraus erhält man nach (32)

$$\sum_{i=1}^{k} \left| \overset{n}{x}_i(t) - x_i(t) \right| \leqq \varepsilon$$

für $n > N_\varepsilon$. W. z. b. w.

Bemerkung. Besitzen die Funktionen $g_{i,\mu}$ anstatt der Stetigkeit in B_i die folgenden Eigenschaften:

$g_{i,\mu}$ sind in $< a, b >$ messbar als Funktionen von t für jedes feste $\left(\underset{(1,k)}{x}\right)$ und stetig als Funktionen von $\left(\underset{(1,k)}{x}\right)$ für jedes feste t fast überall in $< a, b >$; $g_{i,\mu}$ genügen auch in B_i den Ungleichungen

$$\text{(33)} \qquad \left| g_{i,\mu}\left(t, \underset{(1,k)}{x}\right) \right| \leqq \Phi(t) \quad (i=1, 2, \ldots\ldots, k) \ (\mu=1, 2, \ldots\ldots, \lambda),$$

wobei $\Phi(t)$ eine in $< a, b >$ summierbare Funktion ist; und das Differentalgleichungssystem (19) lässt nur einziges Integralsystem $\left\{\underset{(1,k)}{x}(t)\right\}$ zu: so können wir aus den Bedingungen (13), (14), (17), (18) und

$$\text{(16')} \qquad \left| \overset{n}{\varphi}_\mu(t) \right| \leqq h \quad (h: \text{eine beliebige feste Konstante})$$

dasselbe Resultat wie in Satz 1 erhalten.

Beweis: Aus (13), (33) und (16') erhält man die Ungleichungen

$$\text{(34)} \qquad \left| f_i\left(t, \underset{(1,k)}{x}\right) + \sum_{\mu=1}^{\lambda} \overset{n}{\varphi}_\mu(t) \cdot g_{i,\mu}\left(t, \underset{(1,k)}{x}\right) \right| \leqq S(t) \quad (i=1, 2, \ldots\ldots, k)$$

in B für alle n, wobei $S(t)$ eine in $< a, b >$ summierbare Funktion ist. Aus (16'), (33) und (17) bekommen wir nach dem in meiner früheren

Arbeit „Über die Konvergenz der Integrale usw." bewiesenen Satz 3([4]) die Gleichungen

$$\lim_{n\to\infty}\int_{t_0}^{t}\left\{f_i\left(t, \underset{(1,k)}{x}\right)+\sum_{\mu=1}^{\lambda}\overset{n}{\varphi}_\mu(t)\cdot g_{i,\mu}\left(t, \underset{(1,k)}{x}\right)\right\}dt$$

$$=\int_{t_0}^{t}\left\{f_i\left(t, \underset{(1,k)}{x}\right)+\sum_{\mu=1}^{\lambda}\varphi_\mu(t)\cdot g_{i,\mu}\left(t, \underset{(1,k)}{x}\right)\right\}dt$$

für jedes feste $\left(\underset{(1,k)}{x}\right)$. Dann haben wir nach dem in meiner oben zitierten Arbeit bewiesenen Satz 7([5]) das Bestehen der Gleichungen

$$\lim_{n\to\infty}\overset{n}{x}_i(t)=x_i(t) \quad (i=1, 2, \ldots\ldots, k)$$

für $t \geqq t_0$, wobei die Konvergenz in $< t_0, b >$ gleichmässig ist.

§ 3.

Satz 2. Es seien die Funktionen $F_i\left(t, \underset{(1,k)}{x}, \underset{(1,\lambda)}{\varphi}\right)$ und ihre partiellen Ableitungen $\frac{\partial F_i}{\partial \varphi_\mu}$ und $\frac{\partial^2 F_i}{\partial\varphi_\mu\partial\varphi_\nu}$ $(i=1, 2, \ldots\ldots, k)$ $(\mu, \nu=1, 2, \ldots\ldots, \lambda)$ in $\bar{B}_\infty$ stetig. F_i genügen auch für $|\varphi_\mu| \leqq h$ der Lipschtizbedingung

$$\left|F_i\left(t, \underset{(1,k)}{x^*}, \underset{(1,\lambda)}{\varphi}\right)-F_i\left(t, \underset{(1,k)}{x}, \underset{(1,\lambda)}{\varphi}\right)\right| \leqq K_h\sum_{j=1}^{k}|x_j^*-x_j| \quad (i=1,2,\ldots,k), \tag{35}$$

wobei K_h eine nur von h abhängige Konstante bedeutet. Die Funktionensysteme $\left\{\underset{(1,k)}{\overset{n}{x}}(t)\right\}$ und $\left\{\underset{(1,k)}{x}(t)\right\}$ seien die in einem Teilbereiche von B_∞ liegenden Integralsysteme der Differentialgleichungen

$$\frac{dx_i}{dt}=F_i\left(t, \underset{(1,k)}{x}, \underset{(1,\lambda)}{\overset{n}{\varphi}(t)}\right) \quad (i=1, 2, \ldots\ldots, k) \tag{36}$$

bzw.

$$\frac{dx_i}{dt}=F_i\left(t, \underset{(1,k)}{x}, \underset{(1,\lambda)}{\varphi(t)}\right) \quad (i=1, 2, \ldots\ldots, k) \tag{37}$$

mit den Anfangsbedingungen $\overset{n}{x}_i(t_0)=\overset{n}{\xi}_i$, $x_i(t_0)=\xi_i'$, wobei $\overset{n}{\varphi}_\mu(t)$ und $\varphi_\mu(t)$ in $< a, b >$ summierbare Funktionen sind. Dann erhält man:

([4]) Nagumo: Über die Konvergenz der Integrale der Funktionenfolgen und ihre Anwendung auf das gewöhnliche Differentialgleichungssystem. Dies Journal **5** (1928), 111.

([5]) Nagumo: a. a. O., 119.

Dafür, dass nur aus den Relationen

$$\left|\overset{n}{\varphi}_\mu(t)\right| \leqq h, \ |\varphi_\mu(t)| \leqq h, \qquad \lim_{n\to\infty}\overset{n}{\xi}_i=\xi_i'$$

$$(\mu=1, 2, \ldots\ldots, \lambda) \quad (i=1, 2, \ldots\ldots, k)$$

und

$$\lim_{n\to\infty}\int_{t_0}^{t}\overset{n}{\varphi}_\mu(t)dt=\int_{t_0}^{t}\varphi_\mu(t)dt \qquad (\mu=1, 2, \ldots\ldots, \lambda) \tag{38}$$

im Sinne der gleichmässigen Konvergenz, stets die Gleichungen

$$\lim_{n\to\infty}\overset{n}{x}_i(t)=x_i(t) \qquad (i=1, 2, \ldots\ldots, k) \quad \textit{für } t\geqq t_0$$

folgen, wobei h *eine beliebige feste positive Zahl und* $\Big(t_0, \underset{(1,k)}{\xi'}\Big)$ *einen beliebigen inneren Punkt von* B_∞ *bedeutet, ist es notwendig und hinreichend, dass* F_i *in bezug auf* $\Big(\underset{(1,\lambda)}{\varphi}\Big)$ *linear sind .*

Beweis: Dass diese Bedingung hinreichend ist, folgt unmittelbar aus Satz 1. Um die Notwendigkeit der Bedingung zu beweisen, setzen wir

$$\begin{aligned}\varepsilon_i\Big(t, \underset{(1,k)}{x}; \underset{(1,\lambda)}{\varphi}; \underset{(1,\lambda)}{\varphi^*}\Big)&=F_i\Big(t, \underset{(1,k)}{x}, \underset{(1,\lambda)}{\varphi^*}\Big)-F_i\Big(t, \underset{(1,k)}{x}, \underset{(1,\lambda)}{\varphi}\Big)\\&-\sum_{\mu=1}^{\lambda}\Big(\varphi_\mu{}^*-\varphi_\mu\Big)\frac{\partial F_i}{\partial\varphi_\mu}\Big(t, \underset{(1,k)}{x}, \underset{(1,\lambda)}{\varphi}\Big) \quad (i=1, 2, \ldots\ldots, k)\end{aligned} \tag{39}$$

und betrachten zunächst die Integralsysteme $\overset{n}{y}_i(t)$ der Differentialgleichungen

$$\frac{dy_i}{dt}=F_i\Big(t, \underset{(1,k)}{y}, \underset{(1,\lambda)}{\overset{n}{\varphi}(t)}\Big)-\varepsilon_i\Big(t, \underset{(1,k)}{y}; \underset{(1,\lambda)}{\varphi(t)}; \underset{(1,\lambda)}{\overset{n}{\varphi}(t)}\Big) \quad (i=1, 2, \ldots\ldots, k) \tag{40}$$

oder

$$\frac{dy_i}{dt}=F_i\Big(t, \underset{(1,k)}{y}, \underset{(1,\lambda)}{\varphi(t)}\Big)+\sum_{\mu=1}^{\lambda}\Big\{\overset{n}{\varphi}_\mu(t)-\varphi_\mu(t)\Big\}\frac{\partial F_i}{\partial\varphi_\mu}\Big(t, \underset{(1,k)}{y}, \underset{(1,\lambda)}{\varphi(t)}\Big) \tag{40'}$$

$$(i=1, 2, \ldots\ldots, k)$$

mit den Anfangsbedingungen $\overset{n}{y}_i(t_0)=\overset{n}{\xi}_i$. Man erhält aus (40′) und (38), wegen Satz 1 (indem man $\underset{(1,\lambda)}{\varphi(t)}$ als stetig voraussetzt),

$$\lim_{n\to\infty}\overset{n}{y}_i(t)=x_i(t) \quad (i=1, 2, \ldots\ldots, k). \tag{41}$$

Aus (35), (36) und (40) bekommen wir nach Hilfssatz 1

$$(42)\qquad \sum_{i=1}^{k}\left|\overset{n}{y}_i(t)-\overset{n}{x}_i(t)\right| \leqq k\int_{t_0}^{t}\bar{\varepsilon}_n(\tau)e^{kK_h(t-\tau)}\,d\tau \qquad (t\geqq t_0),$$

wobei $\bar{\varepsilon}_n(\tau)=\underset{i=1,2,\ldots,k}{\operatorname{Max}}\left|\varepsilon_i\left(\tau,\ \underset{(1,k)}{\overset{n}{y}(\tau)};\ \underset{(1,\lambda)}{\varphi(\tau)};\ \underset{(1,\lambda)}{\overset{n}{\varphi}(\tau)}\right)\right|$ ist. Andererseits haben wir

$$\overset{n}{x}_i(t)-\overset{n}{y}_i(t)=\int_{t_0}^{t}\varepsilon_i\left(t,\ \underset{(1,k)}{\overset{n}{y}(t)};\ \underset{(1,\lambda)}{\varphi(t)};\ \underset{(1,\lambda)}{\overset{n}{\varphi}(t)}\right)dt$$

$$+\int_{t_0}^{t}\left\{F_i\left(t,\ \underset{(1,k)}{\overset{n}{x}(t)},\ \underset{(1,\lambda)}{\overset{n}{\varphi}(t)}\right)-F_i\left(t,\ \underset{(1,k)}{\overset{n}{y}(t)},\ \underset{(1,\lambda)}{\overset{n}{\varphi}(t)}\right)\right\}dt \quad (i=1,\ 2,\ \ldots\ldots,\ k),$$

also nach (42) und (35)

$$\overset{n}{x}_i(t)-\overset{n}{y}_i(t)\geqq\int_{t_0}^{t}\varepsilon_{i,n}(\tau)d\tau-\int_{t_0}^{t}K_h\left\{k\int_{t_0}^{\tau}\bar{\varepsilon}_n(u)e^{kK_h(\tau-u)}du\right\}d\tau,$$

oder

$$(43)\qquad \overset{n}{x}_i(t)-\overset{n}{y}_i(t)\geqq\int_{t_0}^{t}\varepsilon_{i,n}(\tau)d\tau-\int_{t_0}^{t}\bar{\varepsilon}_n(\tau)\left\{e^{kK_h(t-\tau)}-1\right\}d\tau \quad \text{für } t\geqq t_0,$$

wobei $\varepsilon_{i,n}(\tau)=\varepsilon_i\left(\tau,\ \underset{(1,k)}{\overset{n}{y}(\tau)};\ \underset{(1,\lambda)}{\varphi(\tau)};\ \underset{(1,\lambda)}{\overset{n}{\varphi}(\tau)}\right)$ ist. Ebenso erhält man

$$\overset{n}{x}_i(t)-\overset{n}{y}_i(t)\leqq\int_{t_0}^{t}\varepsilon_{i,n}(\tau)d\tau+\int_{t_0}^{t}\bar{\varepsilon}_n(\tau)\{e^{kK_h(t-\tau)}-1\}d\tau \quad \text{für } t\geqq t_0.$$

Nun beweisen wir, dass in $\bar{B}_\infty$ $\dfrac{\partial^2F_i}{\partial\varphi_\mu^2}=0$ $(i=1,\ 2,\ \ldots\ldots,\ k)$ $(\mu=1,\ 2,\ \ldots\ldots,\ \lambda)$ sein muss. Wäre dies nicht der Fall, so können wir eine Umgebung U eines inneren Punktes von B_∞, $|t-t_0|\leqq\delta_1$, $|x_i-\xi_i'|\leqq\delta_1 G$, $|\varphi_\mu-\varphi_\mu^*|\leqq\delta$ (wo G solche Zahl bedeutet, dass in U $|F_i|\leqq G$ sind) derart finden, dass in U für mindestens ein i und ein μ, etwa für $i=p$ und $\mu=m$, $\dfrac{\partial^2F_p}{\partial\varphi_m^2}\neq0$ würde. Dabei können wir voraussetzen, dass in U

$$\frac{\partial^2F_p}{\partial\varphi_m^2}>0$$

ist[6], also es eine positive Zahl α gibt, dass in U die Ungleichung

---

(6) Für den Fall $\dfrac{\partial^2F_p}{\partial\varphi_m^2}<0$ ist der Beweis ähnlicherweise durchführbar.

$$\frac{1}{2}\frac{\partial^2 F_p}{\partial \varphi_m^2} \geqq \alpha$$

besteht. Man kann noch eine positive Zahl β finden, sodass in U für alle i die Ungleichungen

$$\left|\frac{1}{2}\frac{\partial^2 F_i}{\partial \varphi_m^2}\right| \leqq \beta \quad (i=1,\ 2,\ \ldots\ldots,\ k)$$

gelten. Nun setzen wir $\varphi_m(t) = \varphi^*_m$, $\overset{n}{\varphi}_m(t) = \varphi^*_m + \delta \sin nt$, $\varphi_\mu(t) = \overset{n}{\varphi}_\mu(t) = \varphi_\mu^*$ falls $\mu \neq m$, so hat man

$$\varepsilon_{i,n}(\tau) = \frac{\delta^2}{2}(\sin nt)^2 \frac{\partial^2 F_i}{\partial \varphi_m^2}\left(t,\ \underset{(1,k)}{\overset{n}{y}(t)},\ \underset{(1,m-1)}{\varphi^*},\ \tilde{\varphi}_{m,n}(t),\ \underset{(m+1,\lambda)}{\varphi^*}\right)(i=1,2,\ldots\ldots,k),$$

wobei $\tilde{\varphi}_{m,n}(t)$ die Ungleichungen $\left|\tilde{\varphi}_{m,n}(t) - \varphi_m^*\right| \leqq \delta$ befriedigt. Wir haben dann

$$\varepsilon_{p,n}(\tau) \geqq \alpha\delta^2 \sin^2 n\tau,$$

$$\bar{\varepsilon}_n(\tau) \leqq \beta\delta^2 \sin^2 n\tau,$$

folglich aus (43)

$$\overset{n}{x}_p(t) - \overset{n}{y}_p(t) \geqq \int_{t_0}^{t} \delta^2 \sin^2 n\tau \{\alpha - \beta(e^{kK_h(t-\tau)} - 1)\}\, d\tau \tag{44}$$

für $t \geqq t_0$. Wählt man nun δ_1 so klein, dass

$$\frac{1}{2}\alpha \geqq \beta(e^{kK_h\delta_1} - 1),$$

also $$\alpha - \beta(e^{kK_h(t-\tau)} - 1) \geqq \frac{1}{2}\alpha \qquad \text{für } t_0 \leqq \tau \leqq t \leqq t_0 + \delta_1,$$

so haben wir aus (44) für $n \to \infty$

$$\varliminf_{n\to\infty}\left\{\overset{n}{x}_p(t) - \overset{n}{y}_p(t)\right\} \geqq \frac{\alpha}{4}\delta^2(t - t_0) \qquad \text{für } t_0 \leqq t \leqq t_0 + \delta_1.$$

Dies mit (41) ergibt

$$\varliminf_{n\to\infty} \overset{n}{x}_p(t) \geqq x_p(t) + \frac{\alpha}{4}\delta^2(t - t_0) \qquad \text{für } t_0 \leqq t \leqq t_0 + \delta_1.$$

Die Folge $\overset{n}{x}_p(t)$ kann also nicht gegen $x_p(t)$ konvergieren; damit sind die Gleichungen

$$\frac{\partial^2 F_i}{\partial \varphi_\mu^2} = 0$$

in $\bar{B}_\infty$ für alle i und μ bestätigt.

Wir haben jetzt die Gültigkeit der Gleichungen

$$\frac{\partial^2 F_i}{\partial\varphi_\mu \partial\varphi_\nu}=0 \quad (i=1, 2, \ldots\ldots, k) \ (\mu \neq \nu) \ (\mu, \nu=1, 2, \ldots\ldots, \lambda)$$

zu beweisen. Wäre dies nicht der Fall, z. B. etwa $\dfrac{\partial^2 F_p}{\partial\varphi_{m_1}\partial\varphi_{m_2}} \neq 0$ in einer Umgebung in $\bar{B}_\infty$, $|t-t_0| \leqq \delta_1$, $|x_i-\xi_i'| \leqq G\delta_1$, $|\varphi_\mu-\varphi_\mu^*| \leqq \delta$, so braucht man nur zu setzen

$$\overset{n}{\varphi}_\mu(t)=\varphi_\mu(t)=\varphi_\mu^* \text{ falls } \mu \neq m_1, m_2; \ \varphi^*_{m_1}=\varphi_{m_1}(t), \ \varphi^*_{m_2}=\varphi_{m_2}(t),$$

$$\overset{n}{\varphi}_{m_1}(t)=\varphi^*_{m1}+\delta\sin nt, \ \overset{n}{\varphi}_{m_2}(t)=\varphi^*_{m_2}+\delta\sin nt,$$

was aber, ganz analog wie oben, zum Widerspruch mit

$$\lim_{n\to\infty}\overset{n}{x}_i(t)=x_i(t) \qquad (i=1, 2, \ldots\ldots, k)$$

führt. W. z. b. w.

§ 4.

Satz 3. Es seien die Funktionen $F_i\Big(t, \underset{(1,k)}{x}, \underset{(1,\lambda)}{\varphi}\Big)$ und ihre partiellen Ableitungen $\dfrac{\partial F_i}{\partial\varphi_\mu}(i=1, 2, \ldots\ldots, k)(\mu=1, 2, \ldots\ldots, \lambda)$ in $\bar{B}_i$ stetig. F_i genügen auch in $\bar{B}_i$ der Bedingung

$$(45) \qquad \left|F_i\Big(t, \underset{(1,k)}{x^*}, \underset{(1,\lambda)}{\varphi}\Big)-F_i\Big(t, \underset{(1,k)}{x}, \underset{(1,\lambda)}{\varphi}\Big)\right| \leqq K\Big(\underset{(1,\lambda)}{\varphi}\Big)\sum_{j=1}^{k}|x_j^*-x_j|$$

$$(i=1, 2, \ldots\ldots, k),$$

wobei K eine stetige Funktion von $\Big(\underset{(1,\lambda)}{\varphi}\Big)$ ist. Es seien $\Big\{\underset{(1,k)}{\overset{n}{x}(t)}\Big\}$ und $\Big\{\underset{(1,k)}{x(t)}\Big\}$ die in B_i liegenden Integralsysteme der Differentialgleichungen

$$(46) \qquad \frac{dx_i}{dt}=F_i\Big(t, \underset{(1,k)}{x}, \underset{(1,\lambda)}{\overset{n}{\varphi}(t)}\Big) \ (i=1, 2, \ldots\ldots, k)$$

bzw.

$$\frac{dx_i}{dt}=F_i\Big(t, \underset{(1,k)}{x}, \underset{(1,\lambda)}{\varphi(t)}\Big) \ (i=1, 2, \ldots\ldots, k)$$

mit den Anfangsbedingungen $\overset{n}{x}_i(t_0)=\xi_i$, $x_i(t_0)=\xi'_i$, wobei $\underset{(1,\lambda)}{\overset{n}{\varphi}(t)}$ in $<a, b>$

messbare und $\underset{(1,\lambda)}{\varphi}(t)$ in $< a,\ b >$ stetige Funktionen sind. Es bestehen auch

$$\int_a^b |\overset{n}{\varphi}_\mu(t)|\,dt \leqq H \qquad (\mu=1,\ 2,\ \ldots\ldots,\ \lambda) \tag{47}$$

für alle n, wobei H eine beliebige feste Konstante ist, und

$$\left|\mathcal{E}_i\Big(t,\ \underset{(1,k)}{x};\ \underset{(1,\lambda)}{\varphi}(t);\ \underset{(1,\lambda)}{\varphi^*}\Big)\right| \leqq \alpha\mathcal{E}_1\Big(t,\ \underset{(1,k)}{x};\ \underset{(1,\lambda)}{\varphi}(t);\ \underset{(1,\lambda)}{\varphi^*}\Big)\ (i=1,\ 2,\ \ldots\ldots,\ k) \tag{48}$$

für alle φ^* und x in $\bar{B}_l$, wo $\mathcal{E}_i$ dieselbe Bedeutung wie in Satz 2 hat und α eine positive Konstante ist.

Dann aus den Relationen

$$\int_{t_0}^{t_1} K\Big(\underset{(1,\lambda)}{\overset{n}{\varphi}}(t)\Big)\,dt \leqq L \qquad \textit{für alle } n, \tag{49}$$

$$\lim_{n\to\infty}\overset{n}{\xi}_i = \xi_i' \qquad (i=1,\ 2,\ \ldots\ldots,\ k)$$

und

$$\lim_{n\to\infty}\int_{t_0}^{t}\overset{n}{\varphi}_\mu(t)\,dt = \int_{t_0}^{t}\varphi_\mu(t)\,dt \ \textit{ für } t \geqq t_0 \qquad (\mu=1,\ 2,\ \ldots\ldots,\ \lambda) \tag{50}$$

im Sinne der gleichmässigen Konvergenz, folgen die Ungleichungen

$$\varliminf_{n\to\infty}\overset{n}{x}_1(t) \geqq x_1(t) \qquad \textit{für } t_0 \leqq t \leqq t_1,$$

falls die Konstante L genügend klein genommen wird.

Beweis: Aus (45) (wobei $\underset{(1,\lambda)}{\varphi}$ stetige Funktionen von t sind), (47) und (50) nach Satz 1 erhält man für die Integralsysteme $\Big\{\underset{(1,k)}{\overset{n}{y}}(t)\Big\}$ der Differentialgleichungen

$$\frac{dy_i}{dt} = F_i\Big(t,\ \underset{(1,k)}{y},\ \underset{(1,\lambda)}{\varphi}(t)\Big) + \sum_{\mu=1}^{\lambda}\Big\{\overset{n}{\varphi}_\mu(t) - \varphi_\mu(t)\Big\}\frac{\partial F_i}{\partial\varphi_\mu}\Big(t,\ \underset{(1,k)}{y},\ \underset{(1,\lambda)}{\varphi}(t)\Big) \tag{51}$$

$$(i=1,\ 2,\ \ldots\ldots,\ k)$$

mit den Anfangsbedingungen $\overset{n}{y}_i(t_0) = \overset{n}{\xi}_i$ die Gleichungen

$$\lim_{n\to\infty}\overset{n}{y}_i(t) = x_i(t) \qquad \textit{für } t \geqq t_0\ (i=1,\ 2,\ \ldots\ldots,\ k). \tag{52}$$

Die Differentialgleichungssysteme (51) sind aber nichts anders als die folgenden:

$$(51') \qquad \frac{dy_i}{dt} = F_i\Big(t, \underset{(1,k)}{y}, \underset{(1,\lambda)}{\overset{n}{\varphi}}(t)\Big) - \mathcal{E}_i\Big(t, \underset{(1,k)}{y}; \underset{(1,\lambda)}{\varphi}(t); \underset{(1,\lambda)}{\overset{n}{\varphi}}(t)\Big) \quad (i=1, 2, \ldots\ldots, k).$$

Aus (46), (51′), (45), (49) und (48) nach Hilfssatz 1 bekommen wir

$$(53) \qquad \sum_{i=1}^{k}\left|\overset{n}{y}(t) - \overset{n}{x}_i(t)\right| \leqq k\alpha e^{kL}\int_{t_0}^{t}\mathcal{E}_{1,n}(\tau)d\tau \qquad \text{für } t_0 \leqq t \leqq t_1,$$

wobei $\mathcal{E}_{1,n}(\tau) = \mathcal{E}_1\Big(\tau, \underset{(1,k)}{\overset{n}{y}}(\tau); \underset{(1,\lambda)}{\varphi}(\tau); \underset{(1,\lambda)}{\overset{n}{\varphi}}(\tau)\Big)$ ist. Wir haben weiter aus (46) und (51′)

$$\overset{n}{x}_1(t) - \overset{n}{y}_1(t) = \int_{t_0}^{t}\mathcal{E}_{1,n}(\tau)d\tau + \int_{t_0}^{t}\Big\{F_1\Big(\tau, \underset{(1,k)}{\overset{n}{x}}(\tau), \underset{(1,\lambda)}{\overset{n}{\varphi}}(\tau)\Big) - F_1\Big(\tau, \underset{(1,k)}{\overset{n}{y}}(\tau), \underset{(1,\lambda)}{\overset{n}{\varphi}}(\tau)\Big)\Big\}d\tau,$$

also nach (45), (53) und (49) für $t_0 \leqq t \leqq t_1$

$$\overset{n}{x}_1(t) - \overset{n}{y}_1(t) \geqq \int_{t_0}^{t}\mathcal{E}_{1,n}(\tau)d\tau - \int_{t_0}^{t}K\Big(\underset{(1,\lambda)}{\overset{n}{\varphi}}(\tau)\Big)\sum_{i=1}^{k}\left|\overset{n}{x}_i(\tau) - \overset{n}{y}_i(\tau)\right| d\tau$$

$$\geqq \int_{t_0}^{t}\mathcal{E}_{1,n}(\tau)d\tau - k\alpha e^{kL}\int_{t_0}^{t}K\Big(\underset{(1,\lambda)}{\overset{n}{\varphi}}(\tau)\Big)d\tau\int_{t_0}^{\tau}\mathcal{E}_{1,n}(u)du$$

$$\geqq \int_{t_0}^{t}\mathcal{E}_{1,n}(\tau)\Big\{1 - k\alpha e^{kL}\int_{\tau}^{t}K\Big(\underset{(1,\lambda)}{\overset{n}{\varphi}}(u)\Big)du\Big\}d\tau$$

$$\geqq \Big(1 - k\alpha L e^{kL}\Big)\int_{t_0}^{t}\mathcal{E}_{1,n}(\tau)d\tau.$$

Nehmen wir L so klein, dass

$$1 - k\alpha L e^{kL} \geqq 0,$$

dann haben wir für alle n

$$\overset{n}{x}_1(t) \geqq \overset{n}{y}_1(t) \quad (t_0 \leqq t \leqq t_1).$$

Dies mit (52) ergibt

$$\varliminf_{n\to\infty}\overset{n}{x}_1(t) \geqq x_1(t)$$

für $t_0 \leqq t \leqq t_1$, w. z. b. w.

Bemerkung. In Satz 3 kann man die Stetigkeit der Funktionen $\underset{(1,\lambda)}{\varphi}(t)$ durch ihre blosse Messbarkeit in $< a, b >$ ersetzen, wenn man nur anstatt der Bedingung (47) die folgenden gebraucht:

$|\overset{n}{\varphi}_\mu(t)| \leqq h$ für alle n, $|\varphi_\mu(t)| \leqq h$ (h : eine beliebige feste positive Zahl)

Obige Voraussetzungen betreffen nur den Gleichungen (52). Die neuen Bedingungen aber ändern die Gleichungen (52) nicht. Dazu vergleiche man die Bemerkung zu Satz 3.

§ 5.

Satz 4. Es sei eine Folge der Differentialgleichungssysteme

$$\frac{dx_i}{dt} = f_i\Big(t, \underset{(1,k)}{x}, \overset{n}{\varphi}(t)\Big) + \overset{n}{\varphi}(t) \cdot g_i\Big(t, \underset{(1,k)}{x}\Big) \quad (i=1, 2, \ldots\ldots, k) \tag{54}$$

vorgelegt, wobei $f_i\Big(t, \underset{(1,k)}{x}, \varphi\Big)$ in $\overline{B}_l$ beschränkt sind, und g_i in B_l der Lipschitzbedingung

$$\left| g_i\Big(t, \underset{(1,k)}{x^*}\Big) - g_i\Big(t. \underset{(1,k)}{x}\Big) \right| \leqq K \sum_{j=1}^{k} |x_j^* - x_j| \quad (i=1, 2, \ldots\ldots, k) \tag{55}$$

genügende stetige Funktionen sind. $\overset{n}{\varphi}(t)$ seien im Intervalle $< t_0 - \delta_n$, $t_0 + \delta_n >$ $(a < t_0 < b)$ summierbare Funktionen, die der Bedingung

$$\int_{t_0-\delta_n}^{t_0+\delta_n} |\overset{n}{\varphi}(t)|\, dt \leqq H \tag{56}$$

unterworfen sind.

Bezeichnet man mit $\Big\{\underset{(1,k)}{\overset{n}{x}(t)}\Big\}$ *die für* $t_0 - \delta_n \leqq t \leqq t_0 + \delta_n$ *in* B_l *liegenden Integralsysteme der Differentialgleichungen* (54) *mit den Anfangsbedingungen* $\overset{n}{x}_i(t_0 - \delta_n) = \overset{n}{\xi}_i$, *so haben wir aus den Relationen*

$$\begin{cases} \lim\limits_{n\to\infty} \delta_n = 0, \\ \lim\limits_{n\to\infty} \overset{n}{\xi}_i = \xi'_i \quad (i=1, 2, \ldots\ldots, k) \end{cases} \tag{57}$$

und

$$\lim_{n\to\infty} \int_{t_0-\delta_n}^{t_0+\delta_n} \overset{n}{\varphi}(t)\, dt = \Phi, \tag{58}$$

stets die Gleichungen

$$\lim_{n\to\infty} \overset{n}{x}_i(t_0 + \delta_n) = X_i(\Phi) \quad (i=1, 2, \ldots\ldots, k)$$

wobei das Funktionensystem $\left\{\underset{(1,k)}{X(t)}\right\}$ *das Integralsystem der Differentialgleichungen*

$$\frac{dX_i}{dt}=g_i\left(t_0,\ \underset{(1,k)}{X}\right)\qquad (i=1,\ 2,\ \ldots\ldots,\ k) \tag{59}$$

mit den Anfangsbedingungen $X_i(0)=\xi_i'$ *bedeutet.*

Beweis: Man betrachte die Integralsysteme $\left\{\underset{(1,k)}{\overset{n}{y}(t)}\right\}$ der Differentialgleichungen

$$\frac{dy_i}{dt}=\overset{n}{\varphi}(t)\cdot g_i\left(t_0,\ \underset{(1,k)}{y}\right)\qquad (i=1,\ 2,\ \ldots\ldots,\ k) \tag{60}$$

mit den Anfangsbedingungen $\overset{n}{y}_i(t_0-\delta_n)=\overset{n}{x}_i(t_0-\delta_n)$. Die Gleichungen (54) sind aber nichts anders als die folgenden

$$\frac{dx_i}{dt}=\overset{n}{\varphi}(t)\cdot g_i\left(t_0,\ \underset{(1,k)}{x}\right)+f_i\left(t,\ \underset{(1,k)}{x},\ \overset{n}{\varphi}\right)+\overset{n}{\varphi}(t)\left\{g_i\left(t,\ \underset{(1,k)}{x}\right)-g_i\left(t_0,\ \underset{(1,k)}{x}\right)\right\} \tag{54'}$$
$$(i=1,\ 2,\ \ldots\ldots,\ k).$$

Bezeichnet man mit M und ε_n solche positive Zahlen, dass

$$|f_i|\leqq M \qquad (i=1,\ 2,\ \ldots\ldots,\ k)\ \text{in}\ \overline{B}_i,$$

$$\left|g_i\left(t,\ \underset{(1,k)}{y}\right)-g_i\left(t_0,\ \underset{(1,k)}{y}\right)\right|\leqq\varepsilon_n$$
$$(i=1,\ 2,\ \ldots\ldots,\ k)\ \text{in}\ \overline{B}_i\ \text{für}\ t_0-\delta_n\leqq t\leqq t_0+\delta_n,$$

wobei ε_n für $n\to\infty$ nach Null strebt, so hat man aus (60), (54'), (55) und (56) nach Hilfssatz 2

$$\sum_{i=1}^{k}\left|\overset{n}{y}_i(t)-\overset{n}{x}_i(t)\right|\leqq k(2\delta_n M+\varepsilon_n H)e^{kKH} \tag{61}$$

für $t_0-\delta_n\leqq t\leqq t_0+\delta_n$.

Nun teilen wir die Intervalle $<t_0-\delta_n,\ t_0+\delta_n>$ in $2p$ gleiche Teilintervalle $I^n_{p,\mu}$, $\left(t_0+\frac{\mu-1}{p}\delta_n,\ \ t_0+\frac{\mu}{p}\delta_n\right)$, ein, deren Längen gleich $\frac{\delta_n}{p}$ sind, und definieren wir die in jedem $I^n_{p,\mu}$ konstanten Funktionen $\overset{n}{\psi}_p(t)$ durch

$$\overset{n}{\psi}_p(t)=\frac{p}{\delta_n}\int_{t_0+\frac{\mu-1}{p}\delta_n}^{t_0+\frac{\mu}{p}\delta_n}\overset{n}{\varphi}(t)dt\qquad \text{in}\ I^n_{p,\mu}\ (\mu=-p+1,\ -p+2,\ \ldots,\ 0,\ 1,\ \ldots,\ p).$$

Dann haben wir

$$(62) \qquad \int_{t_0-\delta_n}^{t_0+\delta_n} |\overset{n}{\psi}_p(t)|dt \leqq \int_{t_0-\delta_n}^{t_0+\delta_n} |\overset{n}{\varphi}(t)|\,dt \leqq H$$

und

$$(63) \qquad \lim_{p\to\infty}\int_{t_0-\delta_n}^{t} \overset{n}{\psi}_p(t)dt = \int_{t_0-\delta_n}^{t} \overset{n}{\varphi}(t)dt \text{ für jedes feste } n \quad (t_0-\delta_n \leqq t \leqq t_0+\delta_n).$$

Betrachten wir die Integralsysteme $\left\{ \overset{n}{\underset{(1,k)}{y}}{}_{,p}(t) \right\}$ der Differentialgleichungen

$$\frac{dy_i}{dt} = \overset{n}{\psi}_p(t)\cdot g_i\Big(t_0, \underset{(1,k)}{y}\Big) \qquad (i=1, 2, \ldots\ldots, k)$$

mit den Anfangsbedingungen $\overset{n}{y}_{i,p}(t_0-\delta_n) = \overset{n}{y}_i(t_0-\delta_n)$, so haben wir aus (60), (62) und (63) nach Satz 1

$$(64) \qquad \lim_{p\to\infty} \overset{n}{y}_{i,p}(t) = \overset{n}{y}_i(t) \qquad (i=1, 2, \ldots\ldots, k)$$

für $t_0-\delta_n \leqq t \leqq t_0+\delta_n$. Leicht bekommen wir auch

$$(65) \qquad \overset{n}{y}_{i,p}(t_0+\delta_n) = \overset{n}{X}_i\Big(\int_{t_0-\delta_n}^{t_0-\delta_n} \overset{n}{\varphi}(t)dt\Big),$$

wobei $\left\{ \overset{n}{\underset{(1,k)}{X}}(t) \right\}$ die Integralsysteme der Differentialgleichungen (59) mit den Anfangsbedingungen $\overset{n}{X}_i(0) = \overset{n}{y}_i(t_0-\delta_n) = \overset{n}{\xi}_i$ bedeuten.

Aus (64) und (65) erhält man

$$\overset{n}{y}_i(t_0+\delta_n) = \overset{n}{X}_i\Big(\int_{t_0-\delta_n}^{t_0+\delta_n} \overset{n}{\varphi}(t)dt\Big) \qquad (i=1, 2, \ldots\ldots, k)(^7),$$

und damit aus (57) und (58) folgt

$$(66) \qquad \lim_{n\to\infty} \overset{n}{y}_i(t_0+\delta_n) = X_i(\Phi) \qquad (i=1, 2, \ldots\ldots, k),$$

denn $g_i\Big(t_0, \underset{(1,k)}{X}\Big)$ genügen der Lipschitzbedingung (55).

Aus (61) folgt auch

$$\lim_{n\to\infty} \left\{ \overset{n}{y}_i(t_0+\delta_n) - \overset{n}{x}_i(t_0+\delta_n) \right\} = 0 \qquad (i=1, 2, \ldots\ldots, k).$$

Dies mit (66) ergibt

$$\lim_{n\to\infty} \overset{n}{x}_i(t_0+\delta_n) = X_i(\Phi) \qquad (i=1, 2, \ldots\ldots, k).$$

---

(7) Dies können wir aus (60) direkt ableiten, indem man $u = \int_{t_0-\delta_n}^{t} \overset{n}{\varphi}(t)dt$ als neue unabhängige Variable betrachtet.

Satz 5. Es sei eine Folge der Differentialgleichungssysteme

$$(67)\qquad \frac{dx_i}{dt}=f_i\Big(t, \underset{(1,k)}{x}, \overset{n}{\underset{(1,\lambda)}{\varphi}}(t)\Big)+\sum_{\mu=1}^{\lambda}\overset{n}{\varphi}_\mu(t)\, g_{i,\mu}\Big(t, \underset{(1,k)}{x}\Big) \qquad (i=1, 2, \ldots\ldots, k)$$

vorgelegt, wobei $f_i\Big(t, \underset{(1,k)}{x}, \underset{(1,\lambda)}{\varphi}\Big)$ in $\overline{B_i}$ beschränkt und $g_{i,\mu}$ samt ihren partiellen Ableitungen $\frac{\partial g_{i,\mu}}{\partial x_j}$ $(i, j=1, 2, \ldots\ldots, k)$ $(\mu=1, 2, \ldots\ldots, \lambda)$ in B_j stetig sind. Die Funktionen $\overset{n}{\underset{(1,\lambda)}{\varphi}}(t)$ seien im Intervalle $<t_0-\delta_n, t_0+\delta_n>$ summierbar. $\Big\{\overset{n}{\underset{(1,k)}{x}}(t)\Big\}$ seien die für $t_0-\delta_n \leqq t \leqq t_0+\delta_n$ in B_i liegenden Integralsysteme der Differentialgleichungen (67) mit den Anfangsbedingungen $\overset{n}{x}_i(t_0-\delta_n)=\overset{n}{\xi}_i$. Dann haben wir:

Dafür, dass nur aus den Relationen

$$(68)\qquad \int_{t_0-\delta_n}^{t_0+\delta_n} \Big|\overset{n}{\varphi}_\mu(t)\Big|\, dt \leqq H \quad (\mu=1, 2, \ldots\ldots, \lambda) \ \textit{für alle}\ n,$$

$$(69)\qquad \lim_{n\to\infty} \delta_n=0,$$

$$(70)\qquad \lim_{n\to\infty} \overset{n}{\xi}_i=\xi'_i \qquad (i=1, 2, \ldots\ldots, k)$$

und

$$(71)\qquad \lim_{n\to\infty} \int_{t_0-\delta_n}^{t_0+\delta_n} \overset{n}{\varphi}_\mu(t)dt=\Phi_\mu \quad (\mu=1, 2, \ldots\ldots, \lambda),$$

wobei $\Big(t_0, \underset{(1,k)}{\xi'}\Big)$ *einen beliebigen inneren Punkt von* B_i *bedeutet, stets die Gleichungen*

$$(72)\qquad \lim_{n\to\infty} x_i(t_0+\delta_n)=X_i\Big(\underset{(1,\lambda)}{\Phi}, t_0, \underset{(1,k)}{\xi'}\Big) \quad (i=1, 2, \ldots\ldots, k)$$

folgen, dabei X_i *nur von* $\underset{(1,\lambda)}{\Phi}$, t_0, $\underset{(1,k)}{\xi'}$ *abhängige Funktionen bedeuten, ist es notwendig und hinreichend, dass die Funktionen* $g_{i,\mu}\Big(t, \underset{(1,k)}{x}\Big)$ *im innern von* B_i *der Bedingung*

$$\sum_{j=1}^{k}\frac{\partial g_{i,\mu}}{\partial x_j}\cdot g_{j,\nu}=\sum_{j=1}^{k}\frac{\partial g_{i,\nu}}{\partial x_j}\cdot g_{j,\mu}\text{(}^8\text{)}$$

$$(i=1, 2, \ldots\ldots, k)\ (\mu, \nu=1, 2, \ldots\ldots, \lambda)$$

genügen.

---

(8) Vgl. die Fussnote (10).

Beweis: Es sei $\left\{\underset{(1,k)}{X}_{,\mu}\left(t, \underset{(1,k)}{\xi'}\right)\right\}$ das Integralsystem der Differntialgleichungen.

$$\text{(73)} \qquad \frac{dX_i}{dt} = g_{i,\mu}\left(t_0, \underset{(1,k)}{X}\right) \quad (i=1, 2, \ldots\ldots, k)$$

mit den Anfangsbedingungen $X_{i,\mu}\left(0, \underset{(1,k)}{\xi'}\right)=\xi'_i$. Dann haben wir als Integralsysteme von (73) mit den Anfangsbedingungen $X_{i,\mu}\left(t_1, \underset{(1,k)}{\xi'}\right)=\xi'_i$ die Funktionensysteme $\left\{\underset{(1,k)}{X}_{,\mu}\left(t-t_1, \underset{(1,k)}{\xi'}\right)\right\}$. Die Schar der Integralsysteme von (73) mit den Anfangsbedingungen $X_{i,\mu}\left(t_1, \underset{(1,k)}{\xi'}\right)=\xi'_i$ führt für $t=t_1+\alpha$ die Punkte $\left(\underset{(1,k)}{\xi'}\right)$ in $\xi''_i=X_{i,\mu}\left(\alpha, \underset{(1,k)}{\xi'}\right)$ über. Diese Transformation der k-dimensionalen Punkte heisse $T_\alpha^{(\mu)}$. Also schreiben wir.

$$\left(\underset{(1,k)}{\xi''}\right)=T_\alpha^{(\mu)}\left(\underset{(1,k)}{\xi'}\right).$$

Die Transformationen $T_\alpha^{(\mu)}$ sind umkehrbar eindeutig und in bezug auf $\left(\alpha, \underset{(1,k)}{\xi'}\right)$ stetig. Zunächst wollen wir beweisen:

Dafür, dass nur aus (68), (69), (70) und (71) stets (72) folgen, ist es notwendig und hinreichend, dass die Reihenfolge der je zwei aufeinander folgenden Transformationen $T_\eta^{(\mu)}$ und $T_\zeta^{(\nu)}$ vertauschbar ist;

$$\text{(74)} \qquad T_\eta^{(\mu)}T_\zeta^{(\nu)}=T_\zeta^{(\nu)}T_\eta^{(\mu)} \quad (\mu, \nu=1, 2, \ldots\ldots, \lambda).$$

wobei η und ζ unter einer gewissen Schranke liegende beliebige Zahlen bedeuten.

Ganz analog wie in Satz 4([9]) bekommen wir für die Integralsysteme $\left\{\underset{(1,k)}{\overset{n}{y}}(t)\right\}$ der Differentialgleichungen

$$\text{(75)} \qquad \frac{dy_i}{dt}=\sum_{\mu=1}^{\lambda}\overset{n}{\varphi}_\mu(t)\cdot g_{i,\mu}\left(t_0, \underset{(1,k)}{y}\right) \quad (i=1, 2, \ldots\ldots, k)$$

mit den Anfangsbedingungen $\overset{n}{y}_i(t_0-\delta_n)=\overset{n}{x}_i(t_0-\delta_n)=\overset{n}{\xi}_i$ folgende Abschätzung

$$\sum_{i=1}^{k}\left|\overset{n}{y}_i(t)-\overset{n}{x}_i(t)\right| \leqq k(2\delta_n M+\lambda\varepsilon_n H)e^{k\lambda KH}$$

([9]) Vgl. die Ungleichung (61).

für $t_0-\delta_n \leqq t \leqq t_0+\delta_n$, wobei M, K und ε_n solche positive Zahlen bedeuten, dass in B_l

$$|f_i| \leqq M, \quad \left|\frac{\partial g_{i,\mu}}{\partial x_j}\right| \leqq K \quad (i, j=1, 2, \ldots\ldots, k)(\mu=1, 2, \ldots\ldots, \lambda)$$

und

$$\left|g_{i,\mu}\left(t, \underset{(1,k)}{x}\right)-g_{i,\mu}\left(t_0, \underset{(1,k)}{x}\right)\right| \leqq \varepsilon_n \quad (i=1, 2, \ldots\ldots, k)(\mu=1, 2, \ldots\ldots, \lambda),$$

sobald $|t-t_0| \leqq \delta_n$. Wir haben also

$$\text{(76)} \qquad \lim_{n\to\infty}\left\{\overset{n}{y}_i(t_0+\delta_n)-\overset{n}{x}_i(t_0+\delta_n)\right\}=0 \quad (i=1, 2, \ldots\ldots, k)$$

Setzt man nun $\overset{n}{\varphi}_p(t)=0$ falls $p \neq \mu, \nu$,

$$\overset{n}{\varphi}_\mu(t)=\begin{cases}\dfrac{\eta}{\delta_n} & \text{für} \quad t_0-\delta_n \leqq t < t_0,\\ 0 & \text{für} \quad t_0 \leqq t \leqq t_0+\delta_n,\end{cases}$$

$$\overset{n}{\varphi}_\nu(t)=\begin{cases}0 & \text{für} \quad t_0-\delta_n \leqq t < t_0,\\ \dfrac{\zeta}{\delta_n} & \text{für} \quad t_0 \leqq t \leqq t_0+\delta_n,\end{cases}$$

wobei $|\eta|$ und $|\zeta|$ unter geeignet gewählter Schranke H liegen, sodass $\left\{\underset{(1,k)}{\overset{n}{y}}(t)\right\}$ für $t_0-\delta_n \leqq t \leqq t_0+\delta_n$ ganz in B_l liegen, so erhält man

$$\int_{t_0-\delta_n}^{t_0+\delta_n}\left|\overset{n}{\varphi}_\kappa(t)\right| dt \leqq H \quad (\kappa=1, 2, \ldots\ldots, \lambda)$$

und

$$\left(\underset{(1,k)}{\overset{n}{y}}(t_0+\delta_n)\right)=T_\eta^{(\mu)}T_\zeta^{(\nu)}\left(\underset{(1,k)}{\overset{n}{\xi}}\right).$$

Also nach (76) und (70)

$$\text{(77)} \qquad \left(\lim_{n\to\infty}\underset{(1,k)}{\overset{n}{x}}(t_0+\delta_n)\right)=\lim_{n\to\infty}T_\eta^{(\mu)}T_\zeta^{(\nu)}\left(\underset{(1,k)}{\overset{n}{\xi}}\right)=T_\eta^{(\mu)}T_\zeta^{(\nu)}\left(\underset{(1,k)}{\xi'}\right).$$

Setzt man dagegen $\overset{n}{\varphi}_p(t)=0$ falls $p \neq \mu, \nu$,

$$\overset{n}{\varphi}_\mu(t)=\begin{cases}0 & \text{für} \quad t_0-\delta_n \leqq t < t_0,\\ \dfrac{\eta}{\delta_n} & \text{für} \quad t_0 \leqq t \leqq t_0+\delta_n,\end{cases}$$

$$\overset{n}{\varphi}_\nu(t)=\begin{cases}\dfrac{\zeta}{\delta_n} & \text{für} \quad t_0-\delta_n \leqq t < t_0,\\ 0 & \text{für} \quad t_0 \leqq t \leqq t_0+\delta_n,\end{cases}$$

so hat man wie oben

$$\int_{t_0-\delta_n}^{t_0+\delta_n}\left|\overset{n}{\varphi}_\kappa(t)\right|dt \leqq H \quad (\kappa=1, 2, \ldots\ldots, \lambda)$$

und

$$\left(\lim_{n\to\infty}\overset{n}{\underset{(1,k)}{x}}(t_0+\delta_n)\right)=T_\zeta^{(\nu)}T_\eta^{(\mu)}\left(\underset{(1,k)}{\xi'}\right).$$

Da $\left(\underset{(1,k)}{\xi'}\right)$ einen beliebigen inneren Punkt von B_ι bedeutet, so zeigt dies mit (77), dass die Bedingung (74) notwendig ist.

Um die Hinlänglichkeit der Bedingung (74) zu beweisen, zerlegen wir das Intervall $<t_0-\delta_n,\ t_0+\delta_n>$ in λm gleiche Teilintervalle (deren Längen gleich $\frac{2\delta_n}{\lambda m}$ sind) und setzen wir

$$\overset{n}{\psi}_{\mu,m}(t)=\begin{cases}\dfrac{\lambda m}{2\delta_n}\chi_n(\mu,p) \quad \text{in} \quad \left(t_0-\delta_n+2\left[\dfrac{p-1}{m}+\dfrac{\mu-1}{\lambda m}\right]\delta_n,\right.\\ \qquad\qquad\qquad\qquad \left. t_0-\delta_n+2\left[\dfrac{p-1}{m}+\dfrac{\mu}{\lambda m}\right]\delta_n\right),\\ \text{sonst} \quad 0,\end{cases}$$

wobei

$$\chi_n(\mu,p)=\int_{t_0-\delta_n+2\frac{p-1}{m}\delta_n}^{t_0-\delta_n+2\frac{p}{m}\delta_n}\overset{n}{\varphi}_\mu(t)dt$$

ist. Dann haben wir

$$\int_{t_0-\delta_n}^{t_0+\delta_n}\left|\overset{n}{\psi}_{\mu,m}(t)\right|dt \leqq \int_{t_0-\delta_n}^{t_0+\delta_n}\left|\overset{n}{\varphi}_\mu(t)\right|dt \leqq H$$

und

$$\lim_{m\to\infty}\int_{t_0-\delta_n}^{t}\overset{n}{\psi}_{\mu,m}(t)dt=\int_{t_0-\delta_n}^{t}\overset{n}{\varphi}_\mu(t)dt \quad \text{für} \quad t_0-\delta_n \leqq t \leqq t_0+\delta_n.$$

Man hat also nach Satz 1 für die Integralsysteme $\left\{\overset{n}{\underset{(1,k)}{z}}{}_{,m}(t)\right\}$ der Differentialgleichungen

$$\frac{dz_\iota}{dt}=\sum_{\mu=1}^{\lambda}\overset{n}{\psi}_{\mu,m}(t)\cdot g_{\iota,\mu}\left(t_0,\underset{(1,k)}{z}\right) \quad (i=1, 2, \ldots\ldots, k)$$

mit den Anfangsbedingungen $\overset{n}{z}_{\iota,m}(t_0-\delta_n)=\overset{n}{y}_\iota(t_0-\delta_n)=\overset{n}{\xi}_\iota$ die Gleichungen

$$\text{(78)} \qquad \lim_{m\to\infty}\overset{n}{z}_{\iota,m}(t)=\overset{n}{y}_\iota(t) \quad (t_0-\delta_n \leqq t \leqq t_0+\delta_n)$$

für jedes n. Es gilt aber

$$\left(\overset{n}{\underset{(1,k)}{z}}{}_{,m}(t_0+\delta_n)\right)=T^{(1)}_{\chi_n(1,1)}T^{(2)}_{\chi_n(2,1)}\cdots\cdots T^{(\lambda)}_{\chi_n(\lambda,1)}T^{(1)}_{\chi_n(1,2)}T^{(2)}_{\chi_n(2,2)}\cdots\cdots T^{(\lambda)}_{\chi_n(\lambda,2)}\cdots$$

$$\ldots\ldots T^{(1)}_{\chi_n(1,m)} T^{(2)}_{\chi_n(2,m)} \ldots\ldots T^{(\lambda)}_{\chi_n(\lambda,m)} \Big(\underset{(1,k)}{\overset{n}{\xi}} \Big).$$

Da nach (74) je zwei Transformationen unter einander vertauschbar sind, so ist

$$\Big(\underset{(1,k)}{\overset{n}{z}},\, {}_m (t_0+\delta_n) \Big) = T^{(1)}_{\chi_n(1,1)} T^{(1)}_{\chi_n(1,2)} \ldots\ldots T^{(1)}_{\chi_n(1,m)} T^{(2)}_{\chi_n(2,1)} T^{(2)}_{\chi_n(2,2)} \ldots\ldots T^{(2)}_{\chi_n(2,m)} \ldots\ldots$$

$$\ldots\ldots T^{(\lambda)}_{\chi_n(\lambda,1)} T^{(\lambda)}_{\chi_n(\lambda,2)} \ldots\ldots T^{(\lambda)}_{\chi_n(\lambda,m)} \Big(\underset{(1,k)}{\overset{n}{\xi}} \Big)$$

$$= T^{(1)}_{\chi_n(1)} T^{(2)}_{\chi_n(2)} \ldots\ldots T^{(\lambda)}_{\chi_n(\lambda)} \Big(\underset{(1,k)}{\overset{n}{\xi}} \Big)$$

wo $\chi_n(\mu) = \int_{t_0-\varepsilon_n}^{t_0+\delta_n} \overset{n}{\varphi}_\mu(t)dt.$ Dies mit (78) ergibt für $m \to \infty$

$$\Big(\underset{(1,k)}{\overset{n}{y}} (t_0+\delta_n) \Big) = T^{(1)}_{\chi_n(1)} T^{(2)}_{\chi_n(2)} \ldots\ldots T^{(\lambda)}_{\chi_n(\lambda)} \Big(\underset{(1,k)}{\overset{n}{\xi}} \Big)$$

Lässt man nun n nach dem Unendlichen streben, so erhält man aus (70), (71) und (76)

$$\Big(\lim_{n\to\infty} \underset{(1,k)}{\overset{n}{x}} (t_0+\delta_n) \Big) = T^{(1)}_{\Phi_1} T^{(2)}_{\Phi_2} \ldots\ldots T^{(\lambda)}_{\Phi_\lambda} \Big(\underset{(1,k)}{\xi'} \Big),$$

wobei die rechte Seite nur von $\underset{(1,\lambda)}{\Phi}$, t_0, $\underset{(1,k)}{\xi'}$ abhängt. Die Hinlänglichkeit der Bedingung (74) ist damit bewiesen.

Jetzt haben wir zu beweisen, dass: Dafür, dass die Bedingung (74) stets gilt, ist es notwendig und hinreichend, dass die Funktionen $g_{i,\mu}$ im innern von B_i der Bedingung

$$(79) \qquad \sum_{j=1}^{k} \frac{\partial g_{i,\mu}}{\partial x_j} \cdot g_{j,\nu} = \sum_{j=1}^{k} \frac{\partial g_{i,\nu}}{\partial x_j} \cdot g_{j,\mu} \quad (i=1, 2, \ldots\ldots, k)(\mu, \nu=1, 2, \ldots\ldots, \lambda)$$

genügen.(10)

Es seien $\Big\{ \underset{(1,k)}{u} (t, 0) \Big\}$ und $\Big\{ \underset{(1,k)}{v} (t, 0) \Big\}$ die Integralsysteme der Differentialgleichungen

$$(80) \qquad \frac{du_i}{dt} = g_{i,\mu} \Big(t_0, \underset{(1,k)}{u} \Big) \quad (i=1, 2, \ldots\ldots, k)$$

bzw.

$$(81) \qquad \frac{dv_i}{dt} = g_{i,\nu} \Big(t_0, \underset{(1,k)}{v} \Big) \quad (i=1, 2, \ldots\ldots, k)$$

(10) Dies ist nichts anders als das Verschwinden des Klammerausdrucks (U, V) der zwei infinitesimalen Transformationen U und V, deren endliche Transformationen $T^{(\mu)}_\alpha$ bzw. $T^{(\nu)}_\beta$ sind. Vgl. Lie: Vorlesungen über continuierliche Gruppen (1893), 437.

mit den Anfangsbedingungen $u_i(0, 0)=v_i(0, 0)=\xi'_i$. Es sei ferner $\left\{\underset{(1,k)}{u}(t, \zeta)\right\}$ das Integralsystem von (80) mit den Anfangsbedingungen

(82) $$u_i(0, \zeta)=v_i(\zeta, 0) \quad (i=1, 2, \ldots\ldots, k)$$

und $\left\{\underset{(1,k)}{v}(t, \eta)\right\}$ das integralsystem von (81) mit den Anfangsbedingungen

(83) $$v_i(0, \eta)=u_i(\eta, 0) \quad (i=1, 2, \ldots\ldots, k).$$

Also

(84) $$\frac{\partial u_i(\eta, \zeta)}{\partial \eta}=g_{i,\mu}\left(t_0, \underset{(1,k)}{u}(\eta, \zeta)\right) \quad (i=1, 2, \ldots\ldots, k),$$

(85) $$\frac{\partial v_i(\zeta, \eta)}{\partial \zeta}=g_{i,\nu}\left(t_0, \underset{(1,k)}{v}(\zeta, \eta)\right) \quad (i=1, 2, \ldots\ldots, k).$$

Nach Definition haben wir dann

$$\left(\underset{(1,k)}{u}(\eta, \zeta)\right)=T_\zeta^{(\nu)}T_\eta^{(\mu)}\left(\underset{(1,k)}{\xi'}\right)$$

und

$$\left(\underset{(1,k)}{v}(\zeta, \eta)\right)=T_\eta^{(\mu)}T_\zeta^{(\nu)}\left(\underset{(1,k)}{\xi'}\right).$$

Die Bedingung (74) kann demnach durch

(86) $$u_i(\eta, \zeta)=v_i(\zeta, \eta) \quad (i=1, 2, \ldots\ldots, k)$$

ersetzt werden.

Nun setzen wir voraus, dass (86) gültig sei. Dann erhält man

$$\frac{\partial^2 u_i}{\partial \eta \partial \zeta}=\frac{\partial^2 v_i}{\partial \zeta \partial \eta},$$

daher nach (84) und (85)

(87) $$\sum_{j=1}^{k}\frac{\partial g_{i,\mu}\left(t_0, \underset{(1,k)}{u}\right)}{\partial u_j}\frac{\partial u_j}{\partial \zeta}=\sum_{j=1}^{k}\frac{\partial g_{i,\nu}\left(t_0, \underset{(1,k)}{v}\right)}{\partial v_j}\frac{\partial v_j}{\partial \eta}.$$

Aus (86) erhält man auch

$$\frac{\partial u_j}{\partial \zeta}=\frac{\partial v_j}{\partial \zeta}, \quad \frac{\partial v_j}{\partial \eta}=\frac{\partial u_j}{\partial \eta},$$

also wegen (84) und (85)

(88) $$\begin{cases}\dfrac{\partial u_j}{\partial \zeta}=g_{j,\nu}\left(t_0, \underset{(1,k)}{v}\right)\\[2mm] \dfrac{\partial v_j}{\partial \eta}=g_{j,\mu}\left(t_0, \underset{(1,k)}{u}\right).\end{cases}$$

Da u_i und v_i nach (86) identisch sind und $(t_0, u_i=v_i=x_i)$ ein beliebiger innerer Punkt von B_i sein kann, so erhält man aus (87) und (88)

$$\sum_{j=1}^{k}\frac{\partial g_{i,\mu}\left(t_0, \underset{(1,k)}{x}\right)}{\partial x_j}g_{j,\nu}\left(t_0, \underset{(1,k)}{x}\right)=\sum_{j=1}^{k}\frac{\partial g_{i,\nu}\left(t_0, \underset{(1,k)}{x}\right)}{\partial x_j}g_{j,\mu}\left(t_0, \underset{(1,k)}{x}\right).$$

Die Bedingung (79) ist also notwendig.

Die Bedingung (79) ist auch hinreichend. Denn, man setze in (79) für $\underset{(1,k)}{x}$ die Funktionen $\underset{(1,k)}{v}(\zeta, \eta)$, so hat man nach (85)

$$\sum_{j=1}^{k}\frac{\partial g_{i,\mu}\left(t_0, \underset{(1,k)}{v}\right)}{\partial v_j}\frac{\partial v_j}{\partial \zeta}=\sum_{j=1}^{k}\frac{\partial g_{i,\nu}\left(t_0, \underset{(1,k)}{v}\right)}{\partial v_j}g_{j,\mu}\left(t_0, \underset{(1,k)}{v}\right),$$

oder

$$\frac{\partial g_{i,\mu}\left(t_0, \underset{(1,k)}{v}(\zeta,\eta)\right)}{\partial \zeta}=\sum_{j=1}^{k}\frac{\partial g_{i,\nu}\left(t_0, \underset{(1,k)}{v}(\zeta,\eta)\right)}{\partial v_j}g_{j,\mu}\left(t_0, \underset{(1,k)}{v}(\zeta,\eta)\right).$$

Aus (85) folgt auch

$$\frac{\partial}{\partial \zeta}\frac{\partial v_i(\zeta,\eta)}{\partial \eta}=\sum_{j=1}^{k}\frac{\partial g_{i,\nu}\left(t_0, \underset{(1,k)}{v}(\zeta,\eta)\right)}{\partial v_j}\frac{\partial v_j(\zeta,\eta)}{\partial \eta}.$$

Die beiden Funktionensysteme

$$\left\{\underset{(1,k)}{g}_{,\mu}\left(t_0, \underset{(1,k)}{v}(\zeta,\eta)\right)\right\} \quad \text{und} \quad \left\{\frac{\partial v_1(\zeta,\eta)}{\partial \eta}, \ldots\ldots, \frac{\partial v_k(\zeta,\eta)}{\partial \eta}\right\}$$

genügen also für jedes η als Funktionen von ζ demselben gewöhnlichen linearen Differentialgleichungssystem

$$\frac{dw_i}{d\zeta}=\sum_{j=1}^{k}\frac{\partial g_{i,\nu}\left(t_0, \underset{(1,k)}{v}\right)}{\partial v_j}w_j \quad (i=1, 2, \ldots\ldots, k)$$

wobei
$$\frac{\partial g_{i,\nu}\left(t_0, \underset{(1,k)}{v}\right)}{\partial v_j}$$

stetige Funktionen von ζ sind. Die beiden Funktionensysteme

$$\left\{\underset{(1,k)}{g}_{,\mu}\right\} \quad \text{und} \quad \left\{\frac{\partial v_1}{\partial \eta}, \ldots\ldots, \frac{\partial v_k}{\partial \eta}\right\}$$

haben auch dieselbe Anfangsbedingungen. Denn, aus (83) und (84) folgt

$$\frac{\partial v_i(0,\eta)}{\partial \eta}=\frac{\partial u_i(\eta,0)}{\partial \eta}=g_{i,\mu}\Big(t_0,\underset{(1,k)}{u}(\eta,0)\Big)$$
$$=g_{i,\mu}\Big(t_0,\underset{(1,k)}{v}(0,\eta)\Big)\quad (i=1,2,\ldots\ldots,k).$$

Die Funktionensysteme

$$\Big\{\underset{(1,k)}{g},_\mu\Big(t_0,\underset{(1,k)}{v}(\zeta,\eta)\Big)\Big\}\quad\text{und}\quad\Big\{\frac{\partial v_1(\zeta,\eta)}{\partial\eta},\ldots\ldots,\frac{\partial v_k(\zeta,\eta)}{\partial\eta}\Big\}$$

sind also identisch. Nämlich

$$\text{(89)}\qquad \frac{\partial v_i(\zeta,\eta)}{\partial \eta}=g_{i,\mu}\Big(t_0,\underset{(1,k)}{v}(\zeta,\eta)\Big)\quad (i=1,2,\ldots\ldots k).$$

Die Gleichungen (84) und (89) zeigen uns, dass die beiden Funktionensysteme $\Big\{\underset{(1,k)}{u}(\eta,\zeta)\Big\}$ und $\Big\{\underset{(1,k)}{v}(\zeta,\eta)\Big\}$ für jedes ζ als Funktionen von η demselben Differentialgleichungssystem

$$\frac{dw_i}{d\eta}=g_{i,\mu}\Big(t_0,\underset{(1,k)}{w}\Big)\quad (i=1,2,\ldots\ldots,k)$$

(wobei die rechten Seiten nach w stetig differenzierbar sind,) mit denselben Anfangsbedingungen $u_i(0,\zeta)=v_i(\zeta,0)$[11] genügen. Die beiden Funktionensysteme $\Big\{\underset{(1,k)}{u}(\eta,\zeta)\Big\}$ und $\Big\{\underset{(1,k)}{v}(\zeta,\eta)\Big\}$ sind damit identisch. W. z. b. w.

Beispiel. Die Geschwindigkeit eines elektrisierten materiellen Punktes in magnetischem Felde (falls sie nicht so gross ist) genügt dem Differentialgleichungssystem

$$\frac{dx_1}{dt}=\lambda_1\{c_3\varphi_3(t)x_2-c_2\varphi_2(t)x_3\},$$
$$\frac{dx_2}{dt}=\lambda_1\{c_1\varphi_1(t)x_3-c_3\varphi_3(t)x_1\},$$
$$\frac{dx_3}{dt}=\lambda_1\{c_2\varphi_2(t)x_1-c_1\varphi_1(t)x_2\},$$

wobei λ_1 eine gewisse Konstante, x_1, x_2, x_3 die drei Komponenten der Geschwindigkeit des materiellen Punketes und $c_1\varphi_1(t)$, $c_2\varphi_2(t)$, $c_3\varphi_3(t)$ von Zeit abhängige Komponenten des magnetischen Feldes in bezug auf dasselbe rechtwinklige Koordinatensystem bedeuten. Hierbei sind

[11]) Vgl. (82).

$$\begin{array}{lll} g_{1,1}=0, & g_{1,2}=-\lambda_1 c_2 x_3, & g_{1,3}=\lambda_1 c_3 x_2, \\ g_{2,1}=\lambda_1 c_1 x_3, & g_{2,2}=0, & g_{2,3}=-\lambda_1 c_3 x_1, \\ g_{3,1}=-\lambda_1 c_1 x_2, & g_{3,2}=\lambda_1 c_2 x_1, & g_{3,3}=0. \end{array}$$

Man hat also für (79)

$$\left.\begin{array}{l} \lambda_1^2 c_3 c_2 x_3=0 \\ \lambda_1^2 c_2 c_3 x_2=0 \end{array}\right\} \text{ falls } \mu=2,\ \nu=3,$$

folglich $c_2c_3=0$. Dann setzen wir etwa $c_3=0$.
So erhält man für $\mu=1,\ \nu=2$

$$\lambda_1^2 c_2 c_1 x_2=0,$$
$$\lambda_1^2 c_1 c_2 x_1=0,$$

folglich $c_1c_2=0$. Wir haben also, dass mindestens zwei unter c_1, c_2, c_3 verschwinden sollen, d. h.;

Der Effekt des magnetischen Feldes auf die Geschwindigkeit eines elektrisierten materiellen Punktes (falls die Geschwindigkeit nicht so gross ist) in unendlich kleinem Zeitintervall ist nicht nur von dem Zeitintegral des magnetischen Feldes sondern auch von der Art wie das Feld in dem unendlich kleinen Zeitintervall variiert, falls seine mindestens zwei Komponenten ganz von einander unabhängig sind, abhängig. Der Effekt ist aber nur von dem Zeitintegral des Feldes abhängig, falls das Feld inzwischen dieselbe Richtung beibehält.

Bemerkung. Satz 5([12]) wird noch gültig bleiben, wenn man die Beschränktheit von f_i in $\overline{B_i}$ durch folgende Bedingung ersetzt:

$$(90)\qquad \begin{cases} |f_i| \leqq A\left(\sum_{\mu=1}^{\lambda} |\varphi_\mu|\right) & (i=1, 2, \ldots\ldots, k) \text{ in } \overline{B_i}, \\ \lim\limits_{u\to\infty} \dfrac{A(u)}{u}=0. \end{cases}$$

Denn, es sei ε eine beliebige positive Zahl, so kann man nach (90) eine positive Zahl h derart finden, dass für $\sum_{\mu=1}^{\lambda}|\varphi_\mu| \geqq h$ stets die Ungleichungen

$$|f_i| \leqq \varepsilon \sum_{\mu=1}^{\lambda} |\varphi_\mu| \quad (i=1, 2, \ldots\ldots, k)$$

gelten. Andererseits gibt es eine Konstante M derart, dass für $|\varphi_\mu|$

([12]) und auch Satz 4.

$\leqq h \quad (\mu=1, 2, \ldots\ldots, \lambda)$

$$|f_i| \leqq M \qquad (i=1, 2, \ldots\ldots, k).$$

Dann erhält man nach Hilfssatz 2 für die Integralsysteme $\left\{\overset{n}{y}_{(1,k)}(t)\right\}$ der Differentialgleichungen (75) mit den Anfangsbedingungen

$$\overset{n}{y}_i(t_0-\delta_n)=\overset{n}{x}_i(t_0-\delta_n)$$

die Abschätzung für $t_0-\delta_n \leqq t \leqq t_0+\delta_n$

$$\sum_{i=1}^{k}\left|\overset{n}{y}_i(t)-\overset{n}{x}_i(t)\right| \leqq k(2\delta_n M+\lambda\varepsilon H+\lambda\varepsilon_n H)e^{k\lambda KH}.$$

Lässt man n nach dem Unendlichen streben,

$$\overline{\lim_{m\to\infty}}\sum_{i=1}^{k}\left|\overset{n}{y}_i(t_0+\delta_n)-\overset{n}{x}_i(t_0+\delta_n)\right| \leqq \lambda\varepsilon H e^{k\lambda KH}.$$

Da ε eine beliebige positive Zahl bedeutet, so erhält man daraus

$$\lim_{n\to\infty}\left\{\overset{n}{y}_i(t_0+\delta_n)-\overset{n}{x}_i(t_0+\delta_n)\right\}=0 \quad (i=1, 2, \ldots\ldots, k).$$

Die weitere Erörterung kann in demselben Wege wie in Satz 5 durchgeführt werden.

Mathematisches Institut, K. Universität zu Tokyo.

Über die gleichmässige Summierbarkeit und ihre Anwendung auf ein Variationsproblem

[Japan. J. Math., **6** (1929) 173–182]

(Eingegangen am 18. Dezember, 1928.)

In meiner früheren Arbeit „Über die Konvergenz der Integrale usw."(1) habe ich definiert:

Eine Menge von Funktionen $\{f(x)\}$, welche auf einer messbaren Menge M im Intervalle $\langle a, b\rangle$ summierbar (nach de la Vallée-Poussin) sind, wird auf M *gleichmässig summierbar* genannt, wenn es für beliebig vorgeschriebene positive Zahl ε eine andere δ_ε gibt, so dass für alle Funktionen von $\{f(x)\}$ dieselbe Ungleichung

$$(1)\qquad \left|\int_E f(x)dx\right| < \varepsilon$$

gilt, sobald E irgend eine messbare Teilmenge von M, deren Mass kleiner als δ_ε ist, bedeutet.

Dabei können wir die Bedingung (1) durch

$$\int_E \left|f(x)\right| dx < \varepsilon$$

ersetzen.

Nun wollen wir den folgenden Satz beweisen:

Satz 1. *$\Phi(u)$ sei eine nicht negative monoton wachsende stetige Funktion von $u(\geqq 0)$, welche der Bedingung*

$$(2)\qquad \lim_{u\to\infty}\frac{\Phi(u)}{u} = +\infty$$

genügt. Es sei $\{f(x)\}$ eine solche Funktionenmenge, dass für alle Funktionen von $\{f(x)\}$ dieselbe Ungleichung

$$(3)\qquad \int_M \Phi(|f(x)|)dx \leqq B$$

gilt, wobei B eine feste positive Zahl bedeutet. Dann ist die Funktionenmenge $\{f(x)\}$ auf M gleichmässig summierbar. Und umgekehrt; ist die

(1) Dies Journal **5** (1928), 97.

Funktionenmenge $\{f(x)\}$ *auf* M *gleichmässig summierbar, so gibt es eine positive monoton wachsende stetige Funktion* $\Phi(u)$ $(u \geqq 0)$) *derart, dass die Bedingung* (2) *gilt und für alle Funktionen von* $\{f(x)\}$ *dieselbe Ungleichung* (3) *besteht.*

Beweis: Es sei E eine messbare Teilmenge von M und $E_{n,f}$ die messbare Teilmenge von E, worauf die Ungleichung $n+1 > |f(x)| \geqq n$ gilt. Dann haben wir

$$(4) \quad \int_E |f(x)|\,dx \leqq \sum_{n=0}^{\infty}(n+1)m(E_{n,f}) = m(E) + \sum_{n=0}^{\infty} n \cdot m(E_{n,f}),\text{[2]}$$

und

$$\int_M \Phi(|f(x)|)dx \geqq \int_E \Phi(|f(x)|)dx \geqq \sum_{n=0}^{\infty}\Phi(n)\cdot m(E_{n,f}).$$

Also wegen (3)

$$(5) \qquad B \geqq \sum_{n=0}^{\infty}\Phi(n).m(E_{n,f}).$$

Nun sei ε eine beliebig vorgeschriebene positive Zahl. Dann gibt es nach (2) eine positive ganze Zahl N, so dass für alle $n \geqq N$ die Ungleichung

$$n \leqq \frac{\varepsilon}{2B}\Phi(n)$$

gilt. Aus (4) bekommen wir also

$$\begin{aligned}\int_E |f(x)|\,dx &\leqq m(E) + \sum_{n=0}^{N-1} n\cdot m(E_{n,f}) + \sum_{n=N}^{\infty} n \cdot m(E_{n,f}) \\ &\leqq N\cdot m(E) + \frac{\varepsilon}{2B}\sum_{n=N}^{\infty}\Phi(n)\cdot m(E_{n,f}) \\ &\leqq N\cdot m(E) + \frac{\varepsilon}{2B}\sum_{n=0}^{\infty}\Phi(n)\cdot m(E_{n,f}).\end{aligned}$$

Dies mit (5) verglichen ergibt

$$\int_E |f(x)|\,dx \leqq N\cdot m(E) + \frac{\varepsilon}{2}.$$

Daraus erhält man für alle Funktionen von $\{f(x)\}$ und für jede messbare Teilmenge E von M die Ungleichung

(2) Mit $m(M)$ bezeichnen wir das Mass der messbaren Menge M.

$$\int_E |f(x)|\,dx < \varepsilon,$$

sobald $m(E) < \frac{\varepsilon}{2N}$, womit die erste Hälfte des Satzes bewiesen ist.

Nun sei $\{f(x)\}$ eine auf M gleichmässig summierbare Funktionenmenge. So haben wir für jede Funktion von $\{f(x)\}$ dieselbe Ungleichung

$$\int_M |f(x)|\,dx \leqq H, \tag{6}$$

wobei H eine feste Konstante bedeutet. $M_{n,f}$ sei die messbare Teilmenge von M, worauf die Ungleichung

$$n \leqq |f(x)| < n+1$$

gilt. Aus (6) erhält man dann

$$\sum_{n=0}^{\infty} n \cdot m(M_{n,f}) \leqq H.$$

Folglich

$$N \sum_{n=N}^{\infty} m(M_{n,f}) \leqq H,$$

oder

$$\sum_{n=N}^{\infty} m(M_{n,f}) \leqq \frac{H}{N}. \tag{7}$$

Da $\{f(x)\}$ auf M gleichmässig summierbar ist, so gibt es eine Folge der positiven Zahlen $\{\delta_\nu\}$ derart, dass für jede Funktion von $\{f(x)\}$ die Ungleichung

$$\int_{E_\nu} |f(x)|\,dx < \frac{1}{3_\nu} \tag{8}$$

gild, sobald $m(E_\nu) \leqq \delta_\nu$. $\{N_\nu\}$ sei eine solche Teilfolge der natürlichen Zahlen, dass

$$\frac{H}{N_\nu} \leqq \delta_\nu \quad (N_\nu > 1).$$

Dann folgt aus (7) und (8) für alle Funktionen von $\{f(x)\}$

$$\sum_{n=N_\nu}^{\infty} n \cdot m(M_{n,f}) \leqq \sum_{n=N_\nu}^{\infty} \int_{M_{n,f}} |f(x)|\,dx < \frac{1}{3_\nu}, \tag{9}$$

und um so mehr

$$\sum_{n=N_\nu}^{\infty} m(M_{n,f}) < \frac{1}{3^\nu}.$$

Dies mit (9) verglichen ergibt

$$\sum_{n=N_\nu}^{\infty} (n+1)\cdot m(M_{n,f}) < \frac{2}{3^\nu}.$$

Dann offenbar

$$\sum_{n=N_\nu}^{N_{\nu+1}-1} (n+1)\cdot m(M_{n,f}) < \frac{2}{3^\nu},$$

also

$$(10)\qquad \sum_{n=N_\nu}^{N_{\nu+1}-1} \int_{M_{n,f}} |f(x)|\,dx < \frac{2}{3^\nu}$$

für alle Funktionen von $\{f(x)\}$.

Nun definieren wir eine stetige Funktion $\Phi(u)$ durch

$$(11)\qquad \Phi(u)=\begin{cases} N_1 & \text{für}\quad 0\leqq u<N_1,\\ \left(\dfrac{3}{2}\right)^{\nu-1}\left\{1+\dfrac{u-N_\nu}{2(N_{\nu+1}-N_\nu)}\right\}u & \text{für}\quad N_\nu\leqq u<N_{\nu+1}\ (\nu\geqq 1).\end{cases}$$

$\Phi(u)$ ist also monoton wachsend und positiv. Es gilt

$$\frac{\Phi(u)}{u}\geqq\left(\frac{3}{2}\right)^{\nu-1}\quad \text{für}\quad N_\nu\leqq u<N_{\nu+1}\ (\nu\geqq 1),$$

folglich

$$\lim_{u\to\infty}\frac{\Phi(u)}{u}=\infty.$$

Aus (11) erhält man

$$(12)\qquad \Phi(|f(x)|)<\left(\frac{3}{2}\right)^{\nu}|f(x)|$$

für $N_\nu\leqq|f(x)|<N_{\nu+1}$ $(\nu\geqq 1)$, also

$$\int_M \Phi(|f(x)|)dx=\sum_{n=1}^{N_1-1}\int_{M_{n,f}}\Phi(|f(x)|)dx+\sum_{\nu=1}^{\infty}\sum_{n=N_\nu}^{N_{\nu+1}-1}\int_{M_{n,f}}\Phi(|f(x)|)dx$$

$$<\Phi(N_1)m(M)+2\sum_{\nu=1}^{\infty}\left(\frac{1}{2}\right)^{\nu}\quad \text{wegen (10) u. (12),}$$

nämlich

$$\int_M \Phi(|f(x)|)dx < \Phi(N_1)\cdot m(M)+2$$

für alle Funktionen von $\{f(x)\}$. W. z. b. w.

Als eine unmittelbare Anwendung des obigen Satzes erhalten wir:

Satz 2. *$\{f(x)\}$ sei eine unendliche Menge der in $\langle a, b\rangle$ gleichmässig beschränkten totalstetigen Funktionen, deren Ableitungen $f'(x)$ sämtlich der Bedingung genügen:*

$$\int_a^b \Phi(|f'(x)|)dx \leqq B,$$

wobei B eine von der Einzelheit der Funktionen von $\{f(x)\}$ unabhängige Konstante bedeutet und $\Phi(u)$ eine der Bedingung

$$\lim_{u\to\infty}\frac{\Phi(u)}{u}=\infty$$

genügende nicht negative monoton wachsende stetige Funktion von $u\ (\geqq 0)$ ist. Dann können wir eine Funktionenfolge $\{f_n(x)\}$ aus $\{f(x)\}$ derart auswählen, dass $f_n(x)$ gleichmässig gegen eine totalstetige Funktion $f(x)$ konvergiert.

Beweis: Nach Satz 1 gilt zunächst, dass $\{f'(x)\}$ in $\langle a, b\rangle$ gleichmässig summierbar ist. Wir haben also

$$|f(x_1)-f(x_2)| = \left|\int_{x_1}^{x_2} f'(x)dx\right| < \varepsilon_\delta$$

sobald $|x_1-x_2|<\delta$, $a\leqq x_1$, $x_2\leqq b$, wobei ε_δ mit δ nach Null strebt. Die Funktionenmenge $\{f(x)\}$ ist also in $\langle a, b\rangle$ gleichartig stetig. $\{f(x)\}$ ist auch nach Voraussetzung in $\langle a, b\rangle$ gleichmässig beschränkt. Man kann also nach Ascolischem Satz eine Folge $\{f_n(x)\}$ aus $\{f(x)\}$ aussondern derart, dass $f_n(x)$ in $\langle a, b\rangle$ gleichmässig gegen eine stetige Funktion $f_\omega(x)$ konvergiert. $\{(a_\nu, b_\nu)\}$ sei eine endliche Menge der von einander getrennten Teilintervalle von $\langle a, b\rangle$. Dann erhält man wegen der gleichmässigen Summierbarkeit von $\{f'(x)\}$

$$\sum_\nu |f_n(b_\nu)-f_n(a_\nu)| \leqq \sum_\nu \int_{a_\nu}^{b_\nu} |f'(x)|\,dx < \varepsilon_\delta$$

für alle Funktionen von $\{f(x)\}$, sobald $\sum_\nu(b_\nu-a_\nu)<\delta$. Wir haben also

$$\sum_\nu |f_\omega(b_\nu)-f_\omega(a_\nu)| = \lim_{n\to\infty}\sum_\nu |f_n(b_\nu)-f_n(a_\nu)| \leqq \varepsilon_\delta,$$

sobald $\sum_{\nu}(b_\nu - a_\nu) < \delta$ ist, wobei ε_δ mit δ gegen Null konvergiert, w.z.b.w.

§ 2.

Es sei $F(x, y, p)$ eine samt ihrer partiellen Ableitung $\frac{\partial F}{\partial p}$, in einem beschränkten abgeschlossenen Bereiche G von (x, y), in bezug auf (x, y, p) stetige Funktion.

Eine Menge der totalstetigen Funktionen $\{y(x)\}$, deren jede einen endlichen Integralwert $J_y = \int_a^b F(x, y(x), y'(x))dx$ besitzt (wobei $\langle a, b\rangle$ von der Funktion $y(x)$ abhängig ist), heisst in bezug auf J *vollständig*(3), wenn jede Häufungsfunktion $y_\omega(x)$ von $\{y(x)\}$(4), falls sie totalstetig ist und der Integralwert J_{y_ω} endlich ist, auch der Menge $\{y(x)\}$ angehört.

Wir setzen der Kürze halber

$$\mathfrak{E}(x, y, p, p^*) = F(x, y, p^*) - F(x, y, p) - (p^* - p)\frac{\partial F}{\partial p}(x, y, p).$$

Nun wollen wir einen Existenzsatz eines Variationsproblems beweisen, welcher eine Erweiterung eines Existenzsatzes von Herrn Tonelli liefert(5).

Satz 3. Voraussetzungen: i) $\{y(x)\}$ *sei eine in bezug auf J vollständige Menge der in G liegenden totalstetigen Funktionen.*

ii) *Die Längen der Definitionsintervalle $\langle a, b\rangle$ aller Funktionen von $\{y(x)\}$ liegen zwischen zwei festen positiven Werten.*

iii) *Es gibt eine stetige monoton wachsende Funktion $\Phi(p)$, welche den Bedingungen*

$$F(x, y, p) \geqq \Phi(|p|) \quad \textit{in } G \textit{ für jedes } p, \tag{13}$$

und

$$\lim_{p \to +\infty} \frac{\Phi(p)}{p} = +\infty \tag{14}$$

genügt.

iv) *In G gilt stets*

$$\mathfrak{E}(x, y, p, p^*) \geqq 0 \tag{15}$$

für beliebige p und p^* (nämlich: F ist als Funktion von p konvex).

(3) Vgl. Tonelli: Fondamenti di calcolo delle variazioni II, 281.

(4) Vgl. Doetsch: Überblick über Gegenstand und Methode der Funktionalanalysis. Jahresbericht der Deutschen Mathematiker Vereinigung **36** (1927), 7.

(5) Tonelli: A. a. O., 282.

Schluss: *Es gibt dann eine totalstetige Funktion* $y_\omega(x)$ *von* $\{y(x)\}$, *für welche* J_y *den kleinsten Wert hat.*

Beweis: Es gibt eine untere Grenze U von J_y für $\{y(x)\}$. Denn, $\Phi(|p|)$ besitzt wegen (14) ein Minimum M. Nach (13) und (14) ist also für alle Funktionen von $\{y(x)\}$

$$J_y \geqq \begin{cases} 0 & \text{falls } M \geqq 0 \\ M(\beta-\alpha) & \text{falls } M < 0, \end{cases}$$

wobei $\langle \alpha, \beta \rangle$ ein den G einschliessendes Intervall von x bedeutet. Es sei $\{y_\nu(x)\}$ eine Folge der aus $\{y(x)\}$ ausgewählten Funktionen, für welche die Folge der Integrale J_{y_ν} gegen U konvergiert. Dabei können wir voraussetzen, dass die Folge der Definitionsintervalle $\{(a_\nu, b_\nu)\}$ gegen ein Intervall (a, b) konvergiert.

Es sei ε eine beliebig vorgeschriebene positive Zahl, so kann man eine positive ganze Zahl N_ε so bestimmen, dass für alle $\nu > N_\varepsilon$

$$\int_{a_\nu}^{b_\nu} F(x, y_\nu(x), y'_\nu(x))dx < U+\varepsilon.$$

Es sei δ_1 auch eine beliebig kleine positive Zahl $\left(\text{kleiner als } \dfrac{b-a}{2}\right)$, so hat man für genügend grosses ν, etwa grösser als $N_\varepsilon' \geqq N_\varepsilon$,

$$\int_{a+\delta_1}^{b-\delta_1} F(x, y_\nu(x), y_\nu'(x))dx < U+\varepsilon+2\delta_1 M^*, \tag{16}$$

wobei $M^*=0$, falls das Minimum von $\Phi(|p|)$ $(\leqq F)$ nicht negativ ist, $M^*=-M$, falls das Minimum M von $\Phi(|p|)$ negativ ist. Nach (13) bekommen wir also

$$\int_{a+\delta_1}^{b-\delta_1} \Phi(|y_\nu'(x)|)dx < U+\varepsilon+2\delta_1 M^*. \tag{17}$$

Setzt man $\Phi^*(p)=\Phi(p)+M^*$, so ist $\Phi^*(|p|)$ nicht negativ und genügt der Bedingung

$$\lim_{p\to\infty} \frac{\Phi^*(p)}{p} = +\infty.$$

Aus (17) folgt

$$\int_{a+\delta_1}^{b-\delta_1} \Phi^*(|y_\nu'(x)|)dx < \mathrm{U}+\varepsilon+(b-a)M^*$$

für alle $\nu > N_\varepsilon'$. Nach Satz 2 können wir dann eine Teilfolge $\{y_{n_\nu}(x)\}$ aus $\{y_\nu(x)\}$ derart auswählen, dass $\{y_{n_\nu}(x)\}$ in $\langle a+\delta_1, b-\delta_1 \rangle$ gleichmässig gegen eine totalstetige Funktion konvergiert. Ganz analog wie oben können wir eine Teilfolge $\{y_{n'_\nu}(x)\}$ aus $\{y_{n_\nu}(x)\}$ auswählen, sodass $\{y_{n'_\nu}(x)\}$ in $\left\langle a+\frac{\delta_1}{2}, b+\frac{\delta_1}{2}\right\rangle$ gleichmässig gegen eine totalstetige Funktion konvergiert. Durch Wiederholung dieses Verfahrens (d. h., durch das sogenannte Diagonalverfahren) können wir schliesslich eine Folge $\{y_n(x)\}$ aus $\{y_\nu(x)\}$ aussondern, sodass $\{y_n(x)\}$ in $\langle a+\delta, b-\delta\rangle$, wo δ wie kleine positive Zahl auch sein mag, gleichmässig gegen eine totalstetige Funktion $y_\omega(x)$ konvergiert.

Nun sei M_P eine messbare Teilmenge von $\langle a+\delta, b-\delta\rangle$, worauf $y_\omega(x)$ der Bedingung

$$|y'_\omega(x)|\leqq P$$

genügt. Dann haben wir

$$\int_{M_P} F(x, y_n(x), y'_n(x))dx-\int_{M_P} F(x, y_\omega(x), y'_\omega(x))dx$$

$$=\int_{M_P}\{F(x, y_n(x), y'_n(x))-F(x, y_n(x), y'_\omega(x))\}dx$$

$$+\int_{M_P}\{F(x, y_n(x), y'_\omega(x))-F(x, y'_\omega(x), y'_\omega(x))\}dx,$$

folglich

$$\int_{M_P} F(x, y_n(x), y'_n(x))dx-\int_{M_P} F(x, y_\omega(x), y'_\omega(x))dx \tag{18}$$

$$\geqq\int_{M_P}\{F(x, y_n(x), y'_n(x))-F(x, y_n(x), y'_\omega(x))\}dx-(b-a)\varepsilon_n,$$

wobei ε_n für $n\to\infty$ nach Null strebt. Es gibt aber nach (15)

$$F(x, y_n(x), y'_n(x))-F(x, y_n(x), y'_\omega(x))$$

$$=\mathfrak{E}(x, y_n, y'_\omega, y'_n)+(y'_n-y'_\omega)\frac{\partial F}{\partial p}(x, y_n, y'_\omega)$$

$$\geqq(y'_n(x)-y'_\omega(x))\frac{\partial F}{\partial p}(x, y_n(x), y'_\omega(x)).$$

Dies mit (18) verglichen ergibt

$$\int_{M_P} F(x, y_n(x), y'_n(x))dx-\int_{M_P} F(x, y_\omega(x), y'_\omega(x))dx \tag{19}$$

$$\geqq\int_{M_P}\{y'_n(x)-y'_\omega(x)\}\frac{\partial F}{\partial p}(x, y_n(x), y'_\omega(x))dx-(b-a)\varepsilon_n.$$

Wir definieren die Funktion $\chi(x, P)$ durch

$$\chi(x, P)=\begin{cases} 1 & \text{auf } M_P, \\ 0 & \text{ausserhalb } M_P. \end{cases}$$

Die Funktionen $\frac{\partial F}{\partial p}(x, y_n, y'_\omega)\chi(x, P)$ sind dann in $\langle a+\delta, b-\delta\rangle$ gleichmässig beschränkt und die Funktionen $y'_n(x)-y'_\omega(x)$ sind auf $\langle a+\delta, b-\delta\rangle$ gleichmässig summierbar. Die Funktionenfolgen

$$\left\{(y'_n-y'_\omega)\frac{\partial F}{\partial p}(x, y_\omega, y'_\omega)\chi(x, P)\right\} \text{ und } \left\{(y'_n-y'_\omega)\frac{\partial F}{\partial p}(x, y_n, y'_\omega)\chi(x, P)\right\}$$

sind also auf $\langle a+\delta, b-\delta\rangle$ gleichmässig summierbar. Wir haben ferner

$$\lim_{n\to\infty}\frac{\partial F}{\partial p}(x, y_n, y'_\omega)\chi(x, P)=\frac{\partial F}{\partial p}(x, y_\omega, y'_\omega)\chi(x, P)$$

für $a+\delta\leqq x\leqq b-\delta$, und

$$\lim_{n\to\infty}\int_{a+\delta}^{x}\{y'_n(x)-y'_\omega(x)\}dx=0$$

für $a+\delta\leqq x\leqq b-\delta$. Dann ergibt sich nach Satz 3 in meiner früheren Arbeit „Über die Konvergenz der Integrale usw.“([6]) die Gleichung

$$\lim_{n\to\infty}\int_{a+\delta}^{b-\delta}(y'_n-y'_\omega)\frac{\partial F}{\partial p}(x, y_n, y'_\omega)\chi(x, P)dx=0,$$

oder

$$\lim_{n\to\infty}\int_{M_P}(y'_n-y'_\omega)\frac{\partial F}{\partial p}(x, y_n, y'_\omega)dx=0.$$

Somit nach (19)

$$\lim_{n\to\infty}\int_{M_P}F(x, y_n, y'_n)dx\geqq\int_{M_P}F(x, y_\omega, y'_\omega)dx. \tag{20}$$

Setzen wir $F^*(x, y, p)=F(x, y, p)+M^*$, so ist F^* nicht negativ, und

$$\int_{a+\delta}^{b-\delta}F^*(x, y_n, y'_n)dx=\int_{a+\delta}^{b-\delta}F(x, y_n, y'_n)dx+(b-a-2\delta)M^*,$$

also nach (16) (da δ_1 eine beliebige positive Zahl ist)

$$\int_{a+\delta}^{b-\delta}F^*(x, y_n, y'_n)dx\leqq U+\varepsilon+(b-a)M^*,$$

([6]) Nagumo: A. a. O., 111.

folglich

$$(21) \qquad \int_{M_P} F^*(x, y_n, y'_n)dx \leqq U+\varepsilon+(b-a)M^*$$

für $n > N'_\varepsilon$. Man hat aber

$$\int_{M_P} F(x, y_n, y'_n)dx - \int_{M_P} F(x, y_\omega, y'_\omega)dx$$

$$= \int_{M_P} F^*(x, y_n, y'_n)dx - \int_{M_P} F^*(x, y_\omega, y'_\omega)dx,$$

somit nach (20) und (21)

$$U+\varepsilon+(b-a)M^* \geqq \int_{M_P} F^*(x, y_\omega, y'_\omega)dx.$$

Da F^* nicht negativ ist, so erhält man für $P \to \infty$

$$U+\varepsilon+(b-a)M^* \geqq \int_{a+\delta}^{b-\delta} F^*(x, y_\omega, y'_\omega)dx.$$

Und auch für $\delta \to 0$

$$U+\varepsilon+(b-a)M^* \geqq \int_a^b F^*(x, y_\omega, y'_\omega)dx,$$

oder

$$U+\varepsilon \geqq \int_a^b F(x; y_\omega, y'_\omega)dx.$$

Also $y_\omega(x)$ gehört der Menge $\{y(x)\}$ an. Lässt man nun ε nach Null streben,

$$U \geqq \int_a^b F(x, y_\omega, y'_\omega)dx.$$

Dagegen hat man

$$U \leqq \int_a^b F(x, y_\omega, y'_\omega)dx,$$

denn, y_ω gehört der Menge $\{y(x)\}$ an. Also erhält man schliesslich

$$U = \int_a^b F(x, y_\omega, y'_\omega)dx,$$

w. z. b. w.

Mathematisches Institut, K. Universität zu Tokyo.

Anwendung der Variationsrechnung auf gewöhnliche Differentialgleichungssysteme welche willkürliche Funktionen enthalten

[Japan. J. Math., **6** (1930) 251–261]

(Eingegangen am 19. März, 1929.)

Die wohlbekannten Integrabilitätsbedingungen des Systems der totalen Differentialgleichungen

$$dy_j = \sum_{i=1}^{k} F_{j,i}\,(y_1, \ldots, y_m, x_1, \ldots, x_k)\, dx_i \qquad (j=1, 2, \ldots, m)\ (^1)$$

sind im folgenden Probleme enthalten: Wir fragen nach einer Bedingung dafür, dass jedes Integralsystem $y_j(t)$ von

$$\frac{dy_j}{dt} = g_j(y_1, \ldots, y_l, u_1(t), \ldots, u_k(t)) \qquad (j=1, 2, \ldots, l)$$

für $t=t_1$ die Werte $y_j(t_1)$ annimmt, welche nur von den Anfangswerten von $y_j(t)$ für $t=t_0$ und den Anfangs- und Endwerten, $x_i(t_0)$ und $x_i(t_1)$, der Integralsysteme von

$$\frac{dx_i}{dt} = f_i(x_1, \ldots, x_k, u_1(t), \ldots, u_k(t)) \qquad (i=1, 2, \ldots, k)$$

abhängen, während die Funktionen $u(t)$ beliebig variieren können ohne $x_i(t_0)$ und $x_i(t_1)$ zuändern.

In vorliegender Arbeit ist die Methode der Variationsrechung, d. h., das δ-Algorithmus benutzt.

Satz. Es seien $x(t)$ und $y(t)$ (^{2}) die Integralsysteme der Differentialgleichungen

$$(1) \qquad \frac{dx_i}{dt} = f_i(x_1, \ldots, x_k, u_1(t), \ldots, u_k(t)) \qquad (i=1, 2, \ldots, k)$$

bzw.

$$(2) \qquad \frac{dy_j}{dt} = g_j(y_1, \ldots, y_l, u_1(t), \ldots, u_k(t)) \qquad (j=1, 2, \ldots, l)$$

mit den Anfangsbedingungen $x_i = x_i(t_0)$, $y_j = y_j(t_0)$ für $t=t_0$, wobei, $u(t)$

(^{1}) Vgl. Morera: Ueber die Integration der vollständigen Differentiale (Math. Ann. **27** (1886), 403). Vgl. auch Goursat: Leçons sur l'intégration des équations aux dérivées partielles du premier ordre, 103; und Weyl: Mathematische Analyse des Raumproblems, 66.

(^{2}) Der Kürze halber schreiben wir x, y und u für $(x_1, \ldots, x_k)$, $(y_1, \ldots, y_l)$ und $(u_1, \ldots, u_k)$.

stückweise stetige Funktionen von t bedeuten, während $f_i, \frac{\partial f_i}{\partial x_r}, \frac{\partial f_i}{\partial u_\mu}, \frac{\partial^2 f_i}{\partial u_\mu \partial x_r}, \frac{\partial^2 f_i}{\partial u_\mu \partial u_\nu}$ in einem konvexen Bereiche B definierte stetige Funktionen von (x, u) und $g_j, \frac{\partial g_j}{\partial y_s}, \frac{\partial g_j}{\partial u_\mu}, \frac{\partial^2 g_j}{\partial u_\mu \partial y_s}, \frac{\partial^2 g_j}{\partial u_\mu \partial u_\nu}$ in einem gewissen Bereiche B' definierte stetige Funktionen von (y, u) sind. Die Bereiche B und B' stimmen für jeden konstanten Wert von x und jeden konstanten Wert von y überein als ein Bereich von u. Die Funktionaldeterminante $\frac{\partial(f_1, \ldots, f_k)}{\partial(u_1, \ldots, u_k)}$ verschwindet niemals in B, und u werden aus (1) als eindeutige Funktionen von x und $\frac{dx}{dt}$ aufgelöst. Es gilt auch *keine* Relation von der Form

$$\sum_{\mu=1}^{k} \frac{\partial g_j}{\partial u_\mu} \alpha_\mu(u) = 0 \qquad (j=1, 2, \ldots, l) \tag{3}$$

für nicht gleichzeitig identisch verschwindende α. Dann behaupten wir:

Dafür, dass $y_j(t)$ für $t=t_1$ stets die Werte $y_j(t_1)$ haben, welche nur von den Anfangswerten von $y_j(t)$, $y_j(t_0)$, Anfangs- und Endwerten von $x_i(t)$, $x_i(t_0)$ und $x_i(t_1)$, abhängen, während die $u(t)$, ohne $x(t_0)$ und $x(t_1)$ zuändern, beliebig variieren können, (wobei t_0 und t_1 auch beliebig sind), ist es notwendig und hinreichend, dass (1) *und* (2) *die Formen haben*

$$\frac{dx_i}{dt} = f_{i,0}(x) + \sum_{\mu=1}^{k} \varphi_\mu(u) \cdot f_{i,\mu}(x) \qquad (i=1, 2, \ldots, k),$$

$$\frac{dy_j}{dt} = g_{j,0}(y) + \sum_{\mu=1}^{k} \varphi_\mu(u) \cdot g_{j,\mu}(y) \qquad (j=1, 2, \ldots, l),$$

wo $f_{i,\mu}$ und $g_{j,\mu}$ den Bedingungen

$$\sum_{r=1}^{k} \left(\frac{\partial f_{i,\mu}}{\partial x_r} \cdot f_{r,\nu} - \frac{\partial f_{i,\nu}}{\partial x_r} \cdot f_{r,\mu} \right) = \sum_{\rho=1}^{k} c_{\mu,\nu}^{(\rho)} f_{i,\rho},$$

$$\sum_{s=1}^{l} \left(\frac{\partial g_{j,\mu}}{\partial y_s} g_{s,\nu} - \frac{\partial g_{j,\nu}}{\partial y_s} \cdot g_{s,\mu} \right) = \sum_{\rho=1}^{k} c_{\mu,\nu}^{(\rho)} g_{j,\rho}$$

$$(c_{\mu,\nu}^{(\rho)} = konst.) \quad (i=1, 2, \ldots, k; j=1, 2, \ldots, l; \mu,\nu=0, 1, \ldots, k)$$

genügen.

Beweis: Zunächst setzen wir voraus, dass $u(t)$ stetig differenzierbar sind. $x(t)$ und $\bar{x}(t)$ seien irgend zwei Integralsysteme von (1), welche dieselben Anfangswerte $x_i(t_0) = \bar{x}_i(t_0)$ haben. Wir setzen $x_i(t, \varepsilon) = x_i(t) +$

$\varepsilon\{\bar{x}_i(t)-x_i(t)\}$. Man erhält $u(t,\varepsilon)$ aus (1) als Funktionen von x und $\frac{dx}{dt}$ aufgelöst. $y(t,\varepsilon)$ sei dem $u(t,\varepsilon)$ entsprechendes Integralsystem von (2) mit den Anfangsbedingungen $y_j=y_j(t_0)$ für $t=t_0$. $x(t,\varepsilon)$, $y(t,\varepsilon)$ und $u(t,\varepsilon)$ sind nach t und ε stetig differenzierbar. Mit dem Strich $'$ bezeichnen wir die Differentiation nach t und mit δ die Differentiation nach ε.

Aus (1) erhält man, indem man die beiden Seiten nach ε differenziert, mit nach t stetig differenzierbaren Funktionen ξ_i multipliziert und nach i addiert,

$$\sum_{i=1}^{k}\xi_i\delta x_i'=\sum_{i=1}^{k}\sum_{r=1}^{k}\xi_i\frac{\partial f_i}{\partial x_r}\delta x_r+\sum_{i=1}^{k}\sum_{\mu=1}^{k}\xi_i\frac{\partial f_i}{\partial u_\mu}\delta u_\mu.$$

Durch partielle Integration folgt

$$\sum_{i=1}^{k}\xi_i\,\delta x_i\Big|^{t=t_1}=\sum_{r=1}^{k}\int_{t_0}^{t_1}\Big(\xi'_r+\sum_{i=1}^{k}\xi_i\frac{\partial f_i}{\partial x_r}\Big)\delta x_r dt+\sum_{\mu=1}^{k}\int_{t_0}^{t_1}\Big(\sum_{i=1}^{k}\xi_i\frac{\partial f_i}{\partial u_\mu}\Big)\delta u_\mu dt.$$

Nun seien $\xi_i^{[m]}$ die Integralsysteme der Differentialgleichungen

$$(4)\qquad \xi'_r+\sum_{i=1}^{k}\xi_i\frac{\partial f_i}{\partial x_r}=0\qquad (r=1,2,\dots,k)$$

mit den Anfangsbedingungen $\xi_i^{[\rho]}(t_1)=\begin{cases}0 \text{ falls } \rho\neq i,\\ 1 \text{ falls } \rho=i.\end{cases}$ Dann haben wir

$$(5)\qquad \delta x_\rho(t)=\sum_{\mu=1}^{k}\int_{t_0}^{t_1}\Big(\sum_{i=1}^{k}\xi_i^{[\rho]}\frac{\partial f_i}{\partial u_\mu}\Big)\delta u_\mu dt\qquad (\rho=1,2,\dots,k).$$

Ganz analog erhält man

$$(6)\qquad \delta y_\sigma(t_1)=\sum_{\mu=1}^{k}\int_{t_0}^{t_1}\Big(\sum_{j=1}^{l}\eta_j^{[\sigma]}\frac{\partial g_j}{\partial u_\mu}\Big)\delta u_\mu dt\qquad (\sigma=1,2,\dots,l),$$

wobei $\eta_j^{[\sigma]}$ die Integralsysteme der Differentialgleichungen

$$(7)\qquad \eta'_s+\sum_{j=1}^{l}\eta_j\frac{\partial g_j}{\partial y_s}=0\qquad (s=1,2,\dots,l)$$

mit den Anfangsbedingungen $\eta_j^{[\sigma]}(t_1)=\begin{cases}0 \text{ falls } \sigma\neq j\\ 1 \text{ falls } \sigma=j\end{cases}$ bedeuten.

Unser Problem ist also dem folgenden äquivalent: Aus dem Verschwinden von (5) für alle ρ folgt stets das Verschwinden von (6) für alle σ. Oder, es gibt von t unabhängige Werte $c_\rho^{(\sigma)}$, sodass

$$(8)\qquad \sum_{\rho=1}^{k} c_\rho^{(\sigma)} \sum_{i=1}^{k} \xi_i^{[\rho]} \frac{\partial f_i}{\partial u_\mu} = \sum_{j=1}^{l} \eta_j^{[\sigma]} \frac{\partial g_j}{\partial u_\mu} \qquad (\mu=1,\dots,k;\ \sigma=1,\dots,l).$$

Dazu ist es notwendig und hinreichend, dass

$$(9)\qquad \begin{vmatrix} \sum_{i=1}^{k}\xi_i^{[1]}\frac{\partial f_i}{\partial u_1} & \cdots\cdots & \sum_{i=1}^{k}\xi_i^{[k]}\frac{\partial f_i}{\partial u_1} & \sum_{j=1}^{l}\eta_j^{[\sigma]}\frac{\partial g_j}{\partial u_1} \\ \cdots & \cdots & \cdots & \cdots \\ \sum_{i=1}^{k}\xi_i^{[1]}\frac{\partial f_i}{\partial u_k} & \cdots\cdots & \sum_{i=1}^{k}\xi_i^{[k]}\frac{\partial f_i}{\partial u_k} & \sum_{j=1}^{l}\eta_j^{[\sigma]}\frac{\partial g_j}{\partial u_k} \\ \frac{d}{dt}\left(\sum_{j=1}^{k}\xi_i^{[1]}\frac{\partial f_i}{\partial u_\mu}\right) & \cdots\cdots & \frac{d}{dt}\left(\sum_{i=1}^{k}\xi_i^{[k]}\frac{\partial f_i}{\partial u_\mu}\right), & \frac{d}{dt}\left(\sum_{j=1}^{l}\eta_j^{[\sigma]}\frac{\partial g_j}{\partial u_\mu}\right) \end{vmatrix} = 0 \qquad \begin{pmatrix}\mu=1,\dots,k;\\ \sigma=1,\dots,l\end{pmatrix}.$$

Denn, die Notwendigkeit der obigen Bedingungen ist klar. Die oben links stehende k-reihige Unterdeterminante von (9) ist gleich

$$\begin{vmatrix} \frac{\partial f_1}{\partial u_1} \cdots\cdots \frac{\partial f_k}{\partial u_1} \\ \cdots\cdots\cdots \\ \frac{\partial f_1}{\partial u_k} \cdots\cdots \frac{\partial f_k}{\partial u_k} \end{vmatrix} \cdot \begin{vmatrix} \xi_1^{[1]} \cdots\cdots \xi_1^{[k]} \\ \cdots\cdots\cdots \\ \xi_k^{[1]} \cdots\cdots \xi_k^{[k]} \end{vmatrix},$$

also verschwindet niemals. Die $(k+1)$-te Zeile von (9) ist also eine lineare Kombination der ersten k Zeilen, nämlich

$$\frac{d}{dt}\left(\sum_{i=1}^{k}\xi_i^{[\rho]}\frac{\partial f_i}{\partial u_\mu}\right) = \sum_{\lambda=1}^{k}\alpha_{\mu,\lambda}(t)\left(\sum_{i=1}^{k}\xi_i^{[\rho]}\frac{\partial f_i}{\partial u_\lambda}\right),$$

$$\frac{d}{dt}\left(\sum_{j=1}^{l}\eta_j^{[\sigma]}\frac{\partial g_j}{\partial u_\mu}\right) = \sum_{\lambda=1}^{k}\alpha_{\mu,\lambda}(t)\left(\sum_{j=1}^{l}\eta_j^{[\sigma]}\frac{\partial g_j}{\partial u_\lambda}\right).$$

$\sum_{i=1}^{k}\xi_i^{[\rho]}\frac{\partial f_i}{\partial u_\mu}$ und $\sum_{j=1}^{l}\eta_j^{[\sigma]}\frac{\partial g_j}{\partial u_\mu}$ sind also die Integralsysteme derselben linearen Differentialgleichungen

$$\frac{dw_\mu}{dt} = \sum_{\lambda=1}^{k}\alpha_{\mu,\lambda}(t)w_\lambda \qquad (\mu=1, 2, \dots, k).$$

Die k Integralsysteme $\left(\sum_{i=1}^{k}\xi_i^{(\rho)}\frac{\partial f_i}{\partial u_1}, \dots, \sum_{i=1}^{k}\xi_i^{(\rho)}\frac{\partial f_i}{\partial u_k}\right)$ $(\rho=1, 2, \dots, k)$ sind aber linear unabhängig. Daraus folgt die Gültigkeit von (8). Die Bedingungen (9) sind also hinreichend.

Man erhält nach (4)

$$(10)\quad \left\{\begin{aligned} &\frac{d}{dt}\left(\sum_{i=1}^{k}\xi_i^{[\rho]}\frac{\partial f_i}{\partial u_\mu}\right)=-\sum_{i=1}^{k}\xi_i^{[\rho]}F_\mu^i,\\ &\qquad\text{wo}\quad F_\mu^i=\sum_{r=1}^{k}\left(\frac{\partial f_i}{\partial x_r}\frac{\partial f_r}{\partial u_\mu}-\frac{\partial^2 f_i}{\partial x_r\partial u_\mu}f_r\right)-\sum_{\nu=1}^{k}\frac{\partial^2 f_i}{\partial u_\mu\partial u_\nu}u_\nu';\\ &\frac{d}{dt}\left(\sum_{j=1}^{l}\eta_j^{[\sigma]}\frac{\partial g_j}{\partial u_\mu}\right)=-\sum_{j=1}^{l}\eta_j^{[\sigma]}G_\mu^j,\\ &\qquad\text{wo}\quad G_\mu^j=\sum_{s=1}^{l}\left(\frac{\partial g_j}{\partial y_s}\frac{\partial g_s}{\partial u_\mu}-\frac{\partial^2 g_j}{\partial y_s\partial u_\mu}g_s\right)-\sum_{\nu=1}^{k}\frac{\partial^2 g_j}{\partial u_\mu\partial u_\nu}u_\nu'.\end{aligned}\right.$$

So hat man für (9)

$$\sum_{j=1}^{l}\begin{vmatrix}\dfrac{\partial f_1}{\partial u_1}\cdots\cdots\dfrac{\partial f_k}{\partial u_1} & \dfrac{\partial g_j}{\partial u_1}\\ \cdots\cdots\cdots\cdots & \\ \dfrac{\partial f_1}{\partial u_k}\cdots\cdots\dfrac{\partial f_k}{\partial u_k} & \dfrac{\partial g_j}{\partial u_k}\\ F_\mu^1\,\cdots\cdots\,F_\mu^k & G_\mu^j\end{vmatrix}\cdot\begin{vmatrix}\xi_1^{(1)}\cdots\cdots\xi_1^{(k)} & 0\\ \vdots\qquad\quad\vdots & \vdots\\ \xi_k^{(1)}\cdots\cdots\xi_k^{(k)} & 0\\ 0\cdots\cdots 0 & \eta_j^{(\sigma)}\end{vmatrix}=0,$$

also für $t=t_1$ (wo t_1 ein beliebiger Wert von t sein kann)

$$\begin{vmatrix}\dfrac{\partial f_1}{\partial u_1}\cdots\cdots\dfrac{\partial f_k}{\partial u_1} & \dfrac{\partial g_j}{\partial u_1}\\ \cdots\cdots\cdots\cdots & \\ \dfrac{\partial f_1}{\partial u_k}\cdots\cdots\dfrac{\partial f_k}{\partial u_k} & \dfrac{\partial g_j}{\partial u_k}\\ F_\mu^1\cdots\cdots F_\mu^k & G_\mu^j\end{vmatrix}=0 \qquad (j=1,2,\ldots,l;\ \mu=1,2,\ldots,k),$$

oder nach (10)

$$(11)\quad\begin{vmatrix}\dfrac{\partial f_1}{\partial u_1}\cdots\cdots\dfrac{\partial f_k}{\partial u_1} & \dfrac{\partial g_j}{\partial u_1}\\ \cdots\cdots\cdots\cdots & \\ \dfrac{\partial f_1}{\partial u_k}\cdots\cdots\dfrac{\partial f_k}{\partial u_k} & \dfrac{\partial g_j}{\partial u_k}\\ \breve{F}_\mu^1\ \cdots\cdots\ \breve{F}_\mu^k & \breve{G}_\mu^j\end{vmatrix}$$

$$-\sum_{\nu=1}^{k} u'_\nu \begin{vmatrix} \frac{\partial f_1}{\partial u_1} \cdots\cdots \frac{\partial f_k}{\partial u_1} & \frac{\partial g_j}{\partial u_1} \\ \cdots\cdots\cdots\cdots & \cdots \\ \frac{\partial f_1}{\partial u_k} \cdots\cdots \frac{\partial f_k}{\partial u_k} & \frac{\partial g_j}{\partial u_k} \\ \frac{\partial}{\partial u_\nu}\left(\frac{\partial f_1}{\partial u_\mu}\right) \cdots\cdots \frac{\partial}{\partial u_\nu}\left(\frac{\partial f_k}{\partial u_\mu}\right) & \frac{\partial}{\partial u_\nu}\left(\frac{\partial g_j}{\partial u_\mu}\right) \end{vmatrix} = 0,$$

wo $F^i_\mu = \sum_{r=1}^{k}\left(\frac{\partial f_i}{\partial x_r}\frac{\partial f_r}{\partial u_\mu} - \frac{\partial^2 f_i}{\partial x_r \partial u_\mu} f_r\right)$, $G^j_\mu = \sum_{s=1}^{l}\left(\frac{\partial g_j}{\partial y_s}\frac{\partial g_s}{\partial u_\mu} - \frac{\partial^2 g_j}{\partial y_s \partial u_\mu} g_s\right)$.

Da $u(t)$ beliebige (stetig differenzierbare) Funktionen sein können, so verschwindet der Koeffizient von u'_ν

$$\begin{vmatrix} \frac{\partial f_1}{\partial u_1} \cdots\cdots \frac{\partial f_k}{\partial u_1} & \frac{\partial g_j}{\partial u_1} \\ \cdots\cdots\cdots\cdots & \cdots \\ \frac{\partial f_1}{\partial u_k} \cdots\cdots \frac{\partial f_k}{\partial u_k} & \frac{\partial g_j}{\partial u_k} \\ \frac{\partial}{\partial u_\nu}\left(\frac{\partial f_1}{\partial u_\mu}\right) \cdots\cdots \frac{\partial}{\partial u_\nu}\left(\frac{\partial f_k}{\partial u_\mu}\right) & \frac{\partial}{\partial u_\nu}\left(\frac{\partial g_j}{\partial u_\mu}\right) \end{vmatrix} = 0 \quad (\mu = 1, 2, \ldots, k). \tag{12}$$

Weil die k-reihige Unterdeterminante $\begin{vmatrix} \frac{\partial f_1}{\partial u_1} \cdots\cdots \frac{\partial f_k}{\partial u_1} \\ \cdots\cdots\cdots \\ \frac{\partial f_1}{\partial u_k} \cdots\cdots \frac{\partial f_k}{\partial u_k} \end{vmatrix}$ von (12) niemals verschwindet, so ist die $(k+1)$-te Zeile von (12) eine lineare Kombination der k ersten Zeilen;

$$\frac{\partial}{\partial u_\nu}\left(\frac{\partial f_i}{\partial u_\mu}\right) = \sum_{\lambda=1}^{k} \alpha_{\mu,\lambda}(u, x)\frac{\partial f_i}{\partial u_\lambda},$$

$$\frac{\partial}{\partial u_\nu}\left(\frac{\partial g_j}{\partial u_\mu}\right) = \sum_{\lambda=1}^{k} \alpha_{\mu,\lambda}(u, x)\frac{\partial g_j}{\partial u_\lambda}, \tag{13}$$

wo α in bezug auf u stetig sind. α sind zwar von x unabhängig. Denn, aus (13) folgt für irgend zwei Wertsysteme von x, x^* und x^{**},

$$\sum_{\lambda=1}^{k}\left\{\alpha_{\mu,\lambda}(u, x^*) - \alpha_{\mu,\lambda}(u, x^{**})\right\}\frac{\partial g_j}{\partial u_\lambda} = 0 \qquad (j = 1, 2, \ldots, l).$$

Nach Voraussetzung (3) gilt daher $\alpha_{\mu,\lambda}(u, x^*) = \alpha_{\mu,\lambda}(u, x^{**})$. $\left(\frac{\partial f_i}{\partial u_1}, \ldots\ldots, \frac{\partial f_i}{\partial u_k}\right)$ und $\left(\frac{\partial g_j}{\partial u_1}, \ldots\ldots, \frac{\partial g_j}{\partial u_k}\right)$ sind also die Integralsysteme derselben linearen Differentialgleichungen

$$\frac{d}{du_\nu}\omega_\mu=\sum_{\lambda=1}^{k}\alpha_{\mu,\lambda}(u)\cdot\omega_\lambda \qquad (\mu=1,2,\ldots,k;\ \nu=1,2,\ldots,k).$$

Aus der linearen Unabhängikeit der k Integralsysteme $\left(\frac{\partial f_i}{\partial u_1},\ldots,\frac{\partial f_i}{\partial u_k}\right)$ $(i=1,2,\ldots,k)$ folgt dann, indem man für x feste Werte x^* setzt und für diese Werte x^*, $\frac{\partial f_\lambda}{\partial u_\mu}(x^*,u)=\varphi_{\lambda,\mu}(u)$ schreibt,

$$(14)\qquad \begin{cases} \dfrac{\partial f_i}{\partial u_\mu}=\sum\limits_{\lambda=1}^{k} f_{i,\lambda}(x)\cdot\varphi_{\lambda,\mu}(u) & (i,\mu=1,2,\ldots,k),\\[2ex] \dfrac{\partial g_j}{\partial u_\mu}=\sum\limits_{\lambda=1}^{k} g_{j,\lambda}(y)\cdot\varphi_{\lambda,\mu}(u) & (j=1,2,\ldots,l). \end{cases}$$

Infolge von

$$\begin{vmatrix} \frac{\partial f_1}{\partial u_1} & \cdots & \frac{\partial f_k}{\partial u_1}\\ \cdots & \cdots & \cdots \\ \frac{\partial f_1}{\partial u_k} & \cdots & \frac{\partial f_k}{\partial u_k}\end{vmatrix} = \begin{vmatrix} \varphi_{1,1} & \cdots & \varphi_{k,1}\\ \cdots & \cdots & \cdots\\ \varphi_{1,k} & \cdots & \varphi_{k,k}\end{vmatrix}\cdot\begin{vmatrix} f_{1,1} & \cdots & f_{k,1}\\ \cdots & \cdots & \cdots\\ f_{1,k} & \cdots & f_{k,k}\end{vmatrix}\neq 0$$

gelten auch

$$(15)\qquad \begin{vmatrix} f_{1,1} & \cdots & f_{k,1}\\ \cdots & \cdots & \cdots\\ f_{1,k} & \cdots & f_{k,k}\end{vmatrix}\neq 0,$$

$$(15')\qquad \begin{vmatrix} \varphi_{1,1} & \cdots & \varphi_{1,k}\\ \cdots & \cdots & \cdots\\ \varphi_{k,1} & \cdots & \varphi_{k,k}\end{vmatrix}\neq 0.$$

Für $\frac{\partial}{\partial u_\nu}\left(\frac{\partial f_i}{\partial u_\mu}\right)-\frac{\partial}{\partial u_\mu}\left(\frac{\partial f_i}{\partial u_\nu}\right)$ haben wir nach (14)

$$\sum_{\lambda=1}^{k} f_{i,\lambda}(x)\cdot\left(\frac{\partial\varphi_{\lambda,\mu}}{\partial u_\nu}-\frac{\partial\varphi_{\lambda,\nu}}{\partial u_\mu}\right)=0 \qquad (i=1,2,\ldots,k).$$

Dies ergibt mit (15) verglichen,

$$\frac{\partial\varphi_{\lambda,\mu}}{\partial u_\nu}-\frac{\partial\varphi_{\lambda,\nu}}{\partial u_\mu}=0 \qquad (\mu,\nu=1,2,\ldots,k;\ \lambda=1,2,\ldots,k).$$

Es gibt also Funktionen $\varphi_\lambda(u)$ derart, dass

$$\frac{\partial\varphi_\lambda}{\partial u_\mu}=\varphi_{\lambda,\mu}.$$

Folglich

$$f_i = f_{i,0}(x) + \sum_{\lambda=1}^{k} f_{i,\lambda}(x)\cdot\varphi_\lambda(u),$$

$$g_j = g_{j,0}(y) + \sum_{\lambda=1}^{k} g_{j,\lambda}(x)\cdot\varphi_\lambda(u),$$

$$(16)\quad \begin{cases} \breve{F}^i_\mu = \sum_{\lambda=1}^{k} \varphi_{\lambda,\mu} \tilde{F}^i_\lambda, \\ \qquad \text{wo } \tilde{F}^i_\lambda = \sum_{\mu'=0}^{k} \varphi_{\mu'} \sum_{r=1}^{k} \left(\frac{\partial f_{i,\mu'}}{\partial x_r} f_{r,\lambda} - \frac{\partial f_{i,\lambda}}{\partial x_r} f_{r,\mu'} \right), \\ \breve{G}^j_\mu = \sum_{\lambda=1}^{k} \varphi_{\lambda,\mu} \tilde{G}^j_\lambda, \\ \qquad \text{wo } \tilde{G}^j_\lambda = \sum_{\mu'=0}^{k} \varphi_{\mu'} \sum_{s=1}^{l} \left(\frac{\partial g_{j,\mu'}}{\partial y_s} g_{s,\lambda} - \frac{\partial g_{j,\lambda}}{\partial y_s} g_{s,\mu'} \right), \end{cases} \qquad (\varphi_0 = 1).$$

Aus (11), (12), (14) und (16) erhält man also

$$\begin{vmatrix} \sum_{\lambda=1}^{k} f_{1,\lambda}\,\varphi_{\lambda,1} \cdots\cdots \sum_{\lambda=1}^{k} f_{k,\lambda}\,\varphi_{\lambda,1} & \sum_{\lambda=1}^{k} g_{j,\lambda}\,\varphi_{\lambda,1} \\ \cdots\cdots\cdots\cdots\cdots\cdots & \\ \sum_{\lambda=1}^{k} f_{1,\lambda}\,\varphi_{\lambda,k} \cdots\cdots \sum_{\lambda=1}^{k} f_{k,\lambda}\,\varphi_{\lambda,k} & \sum_{\lambda=1}^{k} g_{j,\lambda}\,\varphi_{\lambda,k} \\ \sum_{\lambda=1}^{k} \tilde{F}^1_\lambda\,\varphi_{\lambda,\mu} \cdots\cdots \sum_{\lambda=1}^{k} \tilde{F}^k_\lambda\,\varphi_{\lambda,\mu} & \sum_{\lambda=1}^{k} \tilde{G}^j_\lambda\,\varphi_{\lambda,\mu} \end{vmatrix}$$

$$= \sum_{\lambda=1}^{k} \varphi_{\lambda,\mu} \begin{vmatrix} \varphi_{1,1} \cdots\cdots \varphi_{k,1} \\ \cdots\cdots\cdots \\ \varphi_{1,k} \cdots\cdots \varphi_{k,k} \end{vmatrix} \cdot \begin{vmatrix} f_{1,1} \cdots\cdots f_{k,1} & g_{j,1} \\ \cdots\cdots\cdots & \\ f_{1,k} \cdots\cdots f_{k,k} & g_{j,k} \\ \tilde{F}^1_\lambda \cdots\cdots \tilde{F}^k_\lambda & \tilde{G}^j_\lambda \end{vmatrix} = 0.$$

Dies mit (15′) und (16) verglichen ergibt

$$\begin{vmatrix} f_{1,1} \cdots\cdots f_{k,1} & g_{j,1} \\ \cdots\cdots\cdots & \\ f_{1,k} \cdots\cdots f_{k,k} & g_{j,k} \\ \tilde{F}^1_\lambda \cdots\cdots \tilde{F}^k_\lambda & \tilde{G}^j_\lambda \end{vmatrix}$$

$$=\sum_{\mu'=0}^{k}\varphi_{\mu'}\begin{vmatrix} f_{1,1} \cdots\cdots\cdots\cdots f_{k,1} & g_{j,1} \\ \cdots\cdots\cdots\cdots\cdots\cdots\cdots\cdots & \cdots\cdots \\ f_{1,k} \cdots\cdots\cdots\cdots f_{k,k} & g_{j,k} \\ \sum_{r=1}^{k}\left(\frac{\partial f_{1,\mu'}}{\partial x_r}f_{r,\lambda}-\frac{\partial f_{1,\lambda}}{\partial x_r}f_{r,\mu'}\right)\cdots\sum_{r=1}^{k}\left(\frac{\partial f_{k,\mu'}}{\partial x_r}f_{r,\lambda}-\frac{\partial f_{k,\lambda}}{\partial x_r}f_{r,\mu'}\right) & \sum_{s=1}^{l}\left(\frac{\partial g_{j,\mu'}}{\partial y_s}g_{s,\lambda}-\frac{\partial g_{j,\lambda}}{\partial y_s}g_{s,\mu'}\right) \end{vmatrix}=0.$$

Differenziert man nach u_μ, so erhält man wegen (15′)

$$\begin{vmatrix} f_{1,1} \cdots\cdots\cdots\cdots f_{k,1} & g_{j,1} \\ \cdots\cdots\cdots\cdots\cdots\cdots\cdots\cdots & \cdots\cdots \\ f_{1,k} \cdots\cdots\cdots\cdots f_{k,k} & g_{j,k} \\ \sum_{r=1}^{k}\left(\frac{\partial f_{1,\mu'}}{\partial x_r}f_{r,\lambda}-\frac{\partial f_{1,\lambda}}{\partial x_r}f_{r,\mu'}\right)\cdots\sum_{r=1}^{k}\left(\frac{\partial f_{k,\mu'}}{\partial x_r}f_{r,\lambda}-\frac{\partial f_{k,\lambda}}{\partial x_r}f_{r,\mu'}\right) & \sum_{s=1}^{l}\left(\frac{\partial g_{j,\mu'}}{\partial y_s}g_{s,\lambda}-\frac{\partial g_{j,\lambda}}{\partial y_s}g_{s\mu'}\right) \end{vmatrix}=0.$$

Nach (15) gilt dann

$$\sum_{r=1}^{k}\left(\frac{\partial f_{i,\mu'}}{\partial x_r}f_{r,\lambda}-\frac{\partial f_{i,\lambda}}{\partial x_r}f_{r,\mu'}\right)=\sum_{\rho=1}^{k}c^{(\rho)}_{\mu',\lambda}(x)\cdot f_{i,\rho} \qquad (i=1, 2, \dots, k),$$

$$(17) \qquad \sum_{s=1}^{l}\left(\frac{\partial g_{j,\mu'}}{\partial y_s}g_{s,\lambda}-\frac{\partial g_{j,\lambda}}{\partial y_s}g_{s,\mu'}\right)=\sum_{\rho=1}^{k}c^{(\rho)}_{\mu',\lambda}(x)\cdot g_{j,\rho} \qquad (j=1, 2, \dots, l).$$

Seien x^* und x^{**} irgend zwei Wertsysteme von x, so folgt aus (17)

$$(18) \qquad \sum_{\rho=1}^{k}\left\{c^{(\rho)}_{\mu',\lambda}(x^*)-c^{(\rho)}_{\mu',\lambda}(x^{**})\right\}g_{j,\rho}=0$$

$$(j=1, 2, \dots, l;\ \lambda=1, 2, \dots, k).$$

Nach (14) und (15′) erhält man aber

$$g_{j,\rho}=\sum_{\mu=1}^{k}\overline{\varphi}_{\rho,\mu}(u)\cdot\frac{\partial g_j}{\partial u_\mu} \qquad (j=1, 2, \dots, l),$$

wobei $\begin{vmatrix} \overline{\varphi}_{1,1} \cdots\cdots \overline{\varphi}_{1,k} \\ \cdots\cdots\cdots\cdots \\ \overline{\varphi}_{k,1} \cdots\cdots \overline{\varphi}_{k,k} \end{vmatrix} \neq 0.$ Wir haben also aus (18)

$$\sum_{\rho=1}^{k}\left\{c^{(\rho)}_{\mu',\lambda}(x^*)-c^{(\rho)}_{\mu',\lambda}(x^{**})\right\}\sum_{\mu=1}^{k}\overline{\varphi}_{\rho,\mu}(u)\frac{\partial g_j}{\partial u_\mu}=0 \qquad (j=1, 2, \dots, l).$$

Nach Voraussetzung (3) folgt dann

$$\sum_{\rho=1}^{k}\left\{c^{(\rho)}_{\mu',\lambda}(x^*)-c^{(\rho)}_{\mu',\lambda}(x^{**})\right\}\overline{\varphi}_{\rho,\mu}=0 \qquad (\mu=1, 2, \dots, k),$$

folglich

$$c^{(\rho)}_{\mu',\lambda}(x^*)=c^{(\rho)}_{\mu',\lambda}(x^{**}) \qquad (\rho, \mu', \lambda=1, 2, \dots, k),$$

d. h., c sind *reine* Konstanten. Also haben wir schliesslich

$$(19)\quad \begin{cases} f_i = f_{i,0}(x) + \sum_{\mu=1}^{k} \varphi_\mu(u) \cdot f_{i,\mu}(x) & (i=1, 2, \ldots, k), \\ g_j = g_{j,0}(y) + \sum_{\mu=1}^{k} \varphi_\mu(u) \cdot g_{j,\mu}(x) & (j=1, 2, \ldots, l), \end{cases}$$

wobei

$$\sum_{r=1}^{k}\left(\frac{\partial f_{i,\mu}}{\partial x_r} f_{r,\nu} - \frac{\partial f_{i,\nu}}{\partial x_r} f_{r,\mu}\right) = \sum_{\rho=1}^{k} c_{\mu,\nu}^{(\rho)} f_{i,\rho}.$$

$$\sum_{s=1}^{l}\left(\frac{\partial g_{j,\mu}}{\partial y_s} g_{s,\nu} - \frac{\partial g_{j,\nu}}{\partial y_s} g_{s,\mu}\right) = \sum_{\rho=1}^{k} c_{\mu,\nu}^{(\rho)} g_{j,\rho}.$$

Wie es leicht zu sehen ist, können wir anstatt $u(t)$ die Funktionen φ_μ als willkürliche Funktionen annehmen und $\varphi_\mu = u_\mu$ setzen. Dann sehen wir, dass $\dfrac{\partial f_i}{\partial u_\mu}$ in (10) frei von u sind, und infolgedessen können wir bisherige Voraussetzung der stetigen Differenzierbarkeit von $u(t)$ durch die schwächere der stückweisen Stetigkeit ersetzen. Wegen (19) und $\varphi_\mu = u_\mu$ werden die obigen Erörterungen sehr vereinfacht. Da man die obige Beweisführung leicht umkehren kann, so ist unsere Behauptung völlig bewiesen.

Bemerkung. Als ein spezieller Fall des obigen Satzes können wir die Integrabilitätsbedingungen des Systems der totalen Differentialgleichungen

$$dy_j = \sum_{i=1}^{k} F_{ji}(y_1, \ldots, y_m, x_1, \ldots, x_k)\, dx_i \qquad (j=1, 2, \ldots, m)$$

herleiten. Dazu haben wir nur zu setzen

$$y_{m+i} = x_i \qquad (i=1, 2, \ldots, k;\ m+k=l),$$

$$u_\mu(t) = \frac{dx_\mu}{dt} \qquad (\mu=1, 2, \ldots, k)$$

Dann werden die Integrabilitätsbedingungen durch

$$\frac{\partial F_{ji}}{\partial x_r} - \frac{\partial F_{jr}}{\partial x_i} + \sum_{s=1}^{m}\left(\frac{\partial F_{ji}}{\partial y_s} F_{sr} - \frac{\partial F_{jr}}{\partial y_s} F_{si}\right) = 0$$

gegeben, indem die Gleichungen (1) und (2) die folgenden Formen haben:

$$(1)\qquad \frac{dx_i}{dt}=u_i(t) \qquad (i=1, 2, ..., k),$$

$$(2)\qquad \begin{cases} \dfrac{dy_j}{dt}=\sum\limits_{\mu=1}^{k} F_{j\mu}(y_1, \ldots\ldots, y_{m+1}, \ldots\ldots, y_{m+k})\, u_\mu(t) & \text{für} \quad 1\leqq j\leqq m, \\ \dfrac{dy_j}{dt}=u_{j-m}(t) & \text{für} \quad m+1\leqq j\leqq m+k. \end{cases}$$

Mathematisches Institut, K. Universität zu Tokyo.

On a condition of stability for a differential equation *(with M. Hukuhara)*

[Proc. Imp. Acad. Tokyo, **6** (1930) 131–132]

(Rec. Mar. 24, 1930. Comm. by T. Yosie, M.I.A., April 12, 1930.)

Recently O. Perron[1] has pointed out the inaccuracy of Fatou's criterion for stability in relation to the differential equation

$$\frac{d^2x}{dt^2}+\Phi(t)x=0, \tag{1}$$

where $\Phi(t)$ denotes a continuous real function lying between the positive boundaries $a^2 \leqq \Phi(t) \leqq b^2$ for all values of t.

Fatou asserted that the integrals of the differential equation (1) and their derivatives are bounded, while Perron gave an example having an integral not bounded even when $\lim_{t\to\infty}\Phi(t)=1$.

Fatou's assertion may however be amended in the following manner:

If the improper integral $\int_{t_0}^{\infty}|\Phi(t)-c^2|\,dt$ *converges, where* c *is a positive constant, then the integrals of the differential equation* (1) *and their first derivatives are bounded for* $t>t_0$.

Proof: Consider the integral $x(t)$ of (1) and the integral $y(t)$ of the differential equation

$$\frac{d^2y}{dt^2}+c^2y=0, \tag{2}$$

with the same initial values for $t=t_1\,(>t_0)$. From (1) and (2) we obtain the identity

$$\frac{d^2}{dt^2}(x-y)+c^2(x-y)=(c^2-\Phi)\,x,$$

and hence

$$x-y=\frac{1}{c}\left\{\sin ct\int_{t_1}^{t}(c^2-\Phi)x\cos ct\,dt-\cos ct\int_{t_1}^{t}(c^2-\Phi)x\sin ct\,dt\right\}. \tag{3}$$

As it is always possible from our assumption, let us now take t_1 so large that

1) O. Perron, Über ein vermeintliches Stabilitätskriterium, Gött. Nachr. (1930), 1.

$$\int_{t_1}^{t} |c^2-\Phi|\,dt < \frac{ca}{2} \qquad (0<a<1)$$

for $t>t_1$. If $x(t)$ were not bounded for $t>t_0$, then there exists a positive number l for any large constant M such that

$$|x(t)|<M \quad \text{for} \quad t_1 \leqq t < t_1+l, \quad \text{and}$$

(4) $$|x(t_1+l)|=M.$$

Then we obtain from (3)

$$|x(t)| \leqq N+aM \quad \text{for} \quad t_1 \leqq t \leqq t_1+l,$$

if the constant N is taken such that $|y(t)| \leqq N$ for $|t|<\infty$.

If therefore we take $M>\dfrac{N}{1-a}$, then it follows

$$|x(t)|<M \quad \text{for} \quad t_1 \leqq t \leqq t_1+l.$$

This contradicts (4), hence $x(t)$ must be bounded for $t>t_0$.

It can also be easily proved, that the first derivatives are bounded.

Remark: If $\Phi(t)$ is a positive non-decreasing function, it is not difficult to prove that every solution of (1) is bounded for $t>0$. Particularly, when $\Phi(t)$ tends to a finite value for $t\to\infty$, its derivatives are also bounded.

Sur la stabilité des intégrales d'un système d'équations différentielles *(with M. Hukuhara)*

[Proc. Imp. Acad. Tokyo, 6 (1930) 357–359]

(Rec. Oct. 27, 1930. Comm. by T. YOSIE, M.I.A., Nov. 12, 1930.)

Soit un système d'équations différentielles ordinaires contenant un paramètre a:

$$(A_a) \qquad \frac{dx_i}{dt} = f_i(x_1, x_2, \ldots\ldots, x_n;\ t, a) \qquad (i=1, 2, \ldots\ldots, n).$$

Nous faisons des hypothèses suivantes:

1°. *Les f_i sont des fonctions continues définies dans le domaine D:*

$$0 \leqq t < \infty, \quad a_1 \leqq a \leqq a_2, \quad |x_i| \leqq b$$

et satisfont dans ce domaine aux conditions de Lipschitz:

$$|f_i(x_1, \ldots\ldots, x_n;\ t, a) - f_i(y_1, \ldots\ldots, y_n;\ t, a')|$$
$$\leqq \lambda \sum_{i=1}^{n} |x_i - y_i| + \mu |a - a'|.$$

2°. *Il existe une fonction $M(x_1, \ldots\ldots, x_n;\ t, a)$ jouissant des propriétés:*

(i) *qu'elle satisfait dans D à la condition de Lipschitz:*

$$|M(x_1, \ldots\ldots, x_n;\ t, a) - M(y_1, \ldots\ldots, y_n;\ t, a')|$$
$$\leqq \alpha \sum_{i=1}^{n} |x_i - y_i| + \beta |a - a'|.$$

(ii) *que si $x_i = x_i(t)$ sont des intégrales quelconques de (A_a), la fonction $M[x_1(t), \ldots\ldots, x_n(t);\ t, a]$ est une fonction non croissante de t et reste supérieure à $\sum_{i=1}^{n} |x_i(t)|$ pour $t > 0$.*

(iii) *qu'il existe des valeurs $(x_1^0, x_2^0, \ldots\ldots, x_n^0)$ telles que l'on ait*

$$M(x_1^0, x_2^0, \ldots\ldots, x_n^0;\ 0, a) < b - k$$

k étant un nombre positif plus petit que b.

Dans ces hypothèses, nous allons montrer

que si $a(t)$ est une fonction continue de t telle que l'on ait

$$a_1 \leqq a(t) \leqq a_2 \qquad \text{pour} \quad t > 0$$
$$\beta \int_0^\infty |a'(t)|\, dt < k \qquad \left(a'(t) = \frac{d}{dt} a(t)\right)$$

et si les valeurs $(x_1^0, x_2^0, \ldots\ldots, x_n^0)$ *satisfont à la condition* (iii), *les intégrales* $y_i = y_i(x)$ *du système*

$$\text{(B)} \qquad \frac{dy_i}{dt} f_i(y_1, y_2, \ldots\ldots, y_n; t, a(t)) \qquad (i=1, 2, \ldots\ldots, n)$$

définies par les conditions initiales $y_i(0) = x_i^0$ *restent dans* D *pour* $0 < t < \infty$.

En effet, désignons par $x_i = x_i^{(j)}(t)$ les intégrales du système $(A_{a(j\delta)})$ définies par les conditions initiales $x_i(j\delta) = y_i(j\delta)$, δ étant un nombre positif quelconque mais fixe. Si l'on prend δ assez petit, on aura

$$n\mu\delta e^{n\lambda\delta} < \beta, \quad (na\mu\delta e^{n\lambda\delta} + \beta)\int_0^\infty |a'(t)|\,dt < k,$$

ce que nous supposerons dorénavant. Comparons d'abord les intégrales $y_i(t)$ avec $x_i^{(0)}(t)$. On aura

$$\left|\frac{d}{dt}[y_i(t) - x_i^{(0)}(t)]\right| \leqq \lambda \sum_{i=1}^n |y_i(t) - x_i^{(0)}(t)| + \mu |a(t) - a(0)|,$$

d'où l'on déduit pour $0 \leqq t \leqq \delta$

$$\begin{aligned} \sum |y_i(t) - x_i^{(0)}(t)| &\leqq n\mu e^{n\lambda\delta}\int_0^\delta |a(t) - a(0)|\,dt \\ &\leqq n\mu\delta e^{n\lambda\delta}\int_0^\delta |a'(t)|\,dt. \end{aligned}$$

Donc

$$\sum |y_i(t)| \leqq M_0 + n\mu\delta e^{n\lambda\delta}\int_0^\delta |a'(t)|\,dt$$

où

$$M_0 = M(x_1^0, \ldots\ldots, x_n^0;\ 0, a(0)).$$

De même la comparaison des $y_i(t)$ avec $x_i^{(1)}(t)$ nous donnera pour $\delta \leqq t \leqq 2\delta$

$$\sum |y_i(t)| \leqq M[y_1(\delta), \ldots\ldots, y_n(\delta); \delta, a(\delta)] + n\mu\delta e^{n\lambda\delta}\int_\delta^{2\delta} |a'(t)|\,dt.$$

Or les hypothèses relatives à la fonction M entraînent

$$M[y_1(\delta), \ldots\ldots, y_n(\delta); \delta, a(\delta)] \leqq M_0 + (na\mu\delta e^{n\lambda\delta} + \beta)\int_0^\delta |a'(t)|\,dt.$$

Donc

$$\sum |y_i(t)| \leqq M_0 + (na\mu\delta e^{n\lambda\delta} + \beta)\int_0^\delta |a'(t)|\,dt + n\mu\delta e^{n\lambda\delta}\int_\delta^{2\delta} |a'(t)|\,dt.$$

D'une manière générale, on obtient pour $j\delta \leqq x \leqq (j+1)\delta$

$$\sum |y_i(t)| \leqq M_0 + (na\mu\delta e^{n\lambda\delta} + \beta)\int_0^{j\delta} |a'(t)|\,dt + n\mu\delta e^{n\lambda\delta}\int_{j\delta}^{(j+1)\delta} |a'(t)|\,dt.$$

On peut en conclure que les intégrales $y_i = y_i(t)$ restent dans D pour $t > 0$. C. Q. F. D.

Remarque I. Nous avons supposé pour simplifier l'énoncé la convergence de l'intégrale $\int_0^\infty |a'(t)|\,dt$. Mais cela n'est pas nécessaire pour que notre méthode soit utilisable. Il suffit de supposer l'existence d'un nombre positif δ tel que les séries $\sum_{j=0}^{\infty}\int_{t_j}^{t_{j+1}} |a(t)-a(t_j)|\,dt$, $\sum_{j=0}^{\infty} |a(t_{j+1})-a(t_j)|$ convergent si l'on choisit le nombre t_j convenablement dans l'intervalle $(j\delta, (j+1)\delta)$. On en verra aussitôt que notre résultat contient comme un cas particulier le cas où l'intégrale $\int_0^\infty |a(t)-a_\infty|\,dt$ converge, a_∞ désignant la limite de $a(t)$ pour $t=\infty$.

Remarque II. Si nous appliquons notre résultat à l'équation

$$\text{(C)} \qquad \frac{d^2y}{dt^2}+f(t)y=0\,,$$

nous obtenons le théorème suivant:

Si $f(t)$ tend vers une valeur positive lorsque t augmente indéfiniment et si l'intégrale $\int_0^\infty |f'(t)|\,dt$ converge, les intégrales de l'équation (C) *sont stables.*

Ce théorème contient comme un cas particulier le cas où $f(t)$ est une fonction monotone tendant vers une valeur positive.

Un théoremè relatif à l'ensemble des courbes intégrales d'un système d'équations différentielles ordinaries *(with M. Hukuhara)*

[Proc. Phys-Math. Soc. Japan, 12 (1930) 233–239]

(Lu le 18 octobre 1930)

Le but de ce mémoire est à donner une démonstration simple du théorème suivant:

Soit donné un système d'équations différentielles

$$(1) \qquad \frac{dy_i}{dx}=f_i(x, y_1, y_2, \ldots, y_n) \qquad (i=1, 2, \ldots, n),$$

où les seconds membres f_i sont des fonctions continues de l'ensemble $(x, y_1, y_2, \cdots, y_n)$ dans un domaine $D: 0\leqq x-x_0\leqq a$, $|y_i-y_i^0|\leqq b$. Désignons par R la région remplie par les courbes intégrales du système (1) passant par le point $P_0(x_0, y_1^0, y_2^0, \ldots, y_n^0)$. Considérons seulement la partie de R située entre deux hyperplan $x=x_0$, $x=x_0+a'=x_0+\mathrm{Min}\left(a, \frac{b}{M}\right)$, M désignant le maximum des $|f_i|$ dans D. Alors, si P est un point frontière de cette partie de R, il existe au moins une courbe intégrale partant de P_0, aboutissant à P et parcourant la frontière de R.

Intercalons entre x_0 et x_0+a' une suite de nombres croissants

$$(\mathrm{I}) \qquad x_1, x_2, \ldots, x_{n-1}$$

et désignons par δ le plus grand des intervalles partiels (x_{i-1}, x_i) $(i=1, 2, \ldots, n;\ x_n=x_0+a')$. On peut trouver un nombre positif $\eta(\delta)$ tendant vers zéro avec δ et tel que l'on ait

$$|f_i(x^1, y_1^1, \ldots, y_n^1)-f_i(x^2, y_1^2, \ldots, y_n^2)|<\eta(\delta)^{(1)}$$

pourvu que $(x^1, y_1^1, \ldots, y_n^1)$, $(x^2, y_1^2, \ldots, y_n^2)$ soient deux points appartenant à D et distants de δ au plus l'un de l'autre. Soit $P_1(x_1, y_1^1, \ldots, y_n^1)$ un point quelconque situé sur l'hyperplan $x=x_1$ et tel que les coefficients angulaires c_i^0 de la droite P_0, P_1 satisfassent aux inégalités

$$|c_i^0-f_i(x_0, y_1^0, \ldots, y_n^0)|\leqq\eta(\delta\sqrt{nM^2+1}).$$

Soit $P_2(x_2, y_1^2, \ldots, y_n^2)$ un point quelconque situé sur l'hyperplan $x=x_2$ et tel que les coefficients angulaires c_i^1 de la droite P_1, P_2 satisfassent aux inégalités

$$|c_i^1-f_i(x_1, y_1^1, \ldots, y_n^1)|\leqq\eta(\delta\sqrt{nM^2+1}).$$

(1) Si δ est assez petit, le nombre $\eta(\delta\sqrt{nM^2+1})$ est $<\frac{1}{2\sqrt{n}}=\sqrt{nM^2+1}$, ce qu'on suppose dorénavant.

En continuant ainsi, on obtient une suite de points $P_0, P_1, \ldots, P_n$ telle que le point $P_i(x_i, y_1^i, \ldots, y_n^i)$ soit un point de l'hyperplan $x=x_i$ et que les coefficients angulaires $c_1^i, c_2^i, \ldots, c_n^i$ de la droite P_i, P_{i+1} satisfassent aux inégalités

$$|c_j^i-f_j(x_i, y_1^i, \ldots, y_n^i)| \leqq \eta(\delta\sqrt{nM^2+1}).$$

En joignant les points $P_0, P_1, \ldots, P_n$, on obtient une ligne polygonale que nous appellerons ligne polygonale (L_η). L'ensemble de toutes ces lignes polygonales remplit une région R_I. Soit $Q(\xi, \eta_1, \ldots, \eta_n)$ un point quelconque situé sur la frontière de R_I. ξ étant entre x_0 et x_0+a', il existe un entier i tel que $x_i<\xi\leqq x_{i+1}$. Q étant un point de R_I, il y a au moins une ligne polygonale (L_η) passant par Q. Soient P_i, P_{i+1} les sommets de cette ligne polygonale situés sur les hyperplans $x=x_i$, $x=x_{i+1}$ respectivement. Considérons l'ensemble des droites passant par Q et dont les coefficients angulaires γ_j satisfont aux inéglités

$$|\gamma_j-f_j(x_i, y_1^i, \ldots, y_n^i)| \leqq \eta(\delta\sqrt{nM^2+1})$$

$(x_i, y_1^{(i)}, \ldots, y_n^i)$ étant les coordonnées de P_i.

Ces droites coupent l'hyperplan $x=x_i$ en des points Q' dont l'ensemble forme un ensemble E. L'ensemble E contient certainement un point de R_I puisque P_i appartient à E. Montrons que l'ensemble E contient aussi des points n'appartenant pas à R_I. Supposons le contraire. Tout point Q de E est distant de P_i de moins de $\delta\sqrt{nM^2+1}$ (1). Par suite, les valeurs de f_i en Q' diffèrent de moins de $\eta(\delta\sqrt{nM^2+1})$ de celles de f_i en P_i. Il s'ensuit que si Q'' est le point de rencontre de l'hyperplan $x=\xi$ et la droite passant par Q' et ayant ses coefficients angulaires égaux aux valeurs de f_i en P_i, tout point Q'' appartiendrait à R_I. Le point Q ne pourrait donc être point frontière de R_I. Par conséquent, E contient des point n'appartenant pas à R_I et par suite des points frontières de R_I. Soit Q_i l'un quelconque d'entre eux. Comme nous avons obtenu le point Q_i en partant de Q, nous pouvons obtenir, en partant de Q_i, un point frontière Q_{i-1} de R_I situé sur l'hyperplan $x=x_{i-1}$ et tel que les coefficients angulaires de la droite $Q_{i-1}Q_i$ soient différents de $2\eta(\delta\sqrt{nM^2+1})$ au plus de f_i en Q_{i-1}. De même, on définit de proche en proche les points $Q_{i-2}, Q_{i-3}, \ldots$ et on arrive enfin au point P_0. Soit Q_{i+1} le point de rencontre de la droite $Q_i Q$ avec l'hyperplan $x=x_{i+1}$ et définissons $Q_{i+2}, Q_{i+3}, \ldots, Q_n$ convenablement de sorte que $P_0 Q_1 Q_2 \ldots Q_n$ est une ligne polygonale $(L_{2\eta})$. Cette ligne polygonale passe par Q et les sommets situés entre P_0 et Q sont des points frontières de R_I.

Cela posé, considérons une suite de divisions de l'intervalle (x_0, x_0+a'):

(1) Voir la note (1) au bas de la page précédente.

$(I'), (I''), \ldots, (I^{(i)}), \ldots$ telle que le plus grand des intervalles partiels relatifs à la division $(I^{(i)})$ tende vers zéro avec $\frac{1}{i}$. A chaque division $(I^{(i)})$ correspond une région $R_{I^{(i)}}$. L'ensemble $\overline{R}$ des points communs à toutes les $R_{I^{(i)}}$ coïncide avec la région R remplie par les courbes intégrales passant par P_0. En effect, si P est un point de $\overline{R}$, il existe une ligne polygonale (L_η) correspondant à $(I^{(i)})$ passant par P. Désignons-la par L^i. L'ensemble des lignes polygonales L^i est également continu. On peut en extraire une suite partielle tendant uniformément vers une courbe C qui est nécessairement une courbe intégrale passant par P_0 et P. Pour démontrer la réciproque, il suffit de montrer que si P est un point de R, il existe une ligne polygonale (L_η) correspondant à (I) et passant par P. Pour cela considérons la courbe intégrale C passant par P_0 et P. Si i' est le plus grand des indices i tels que $x_i < \xi$, on définit P_i pour $i \leqq i'$ comme point de rencontre de C avec $x = x_i$. Le point P_{i+1} est défini comme point de rencontre de la droite P_i, P avec $x = x_{i+1}$. On a alors une ligne polygonale (L_η), $P_0 P_1 P_2 \ldots P_n$, répondant à la question, en choisissant convenablement les points $P_{i+2}, \ldots, P_n$.

Puisque $\overline{R}$ coïncide avec R, si P est un point frontière de R, on peut trouver un point $P^{(i)}$ sur la frontière de $R_{I^{(i)}}$ de sorte que la suite des points $P^{(i)}$ tend vers P. D'après ce que nous avons vu plus haut, nous pouvons trouver une ligne polygonale $(L_{2\eta})$ correspondant à $(I^{(i)})$, passant par P_0 et $P^{(i)}$ et dont les sommets situés entre P_0 et $P^{(i)}$ sont des points frontières de $R_{I^{(i)}}$. Désignons-la par $\overline{L}^{(i)}$. L'ensemble des $\overline{L}^{(i)}$ est évidemment également continu. On peut donc en extraire une suite partielle tendant vers une courbe C qui est nécessairement une courbe intégrale passant par P_0 et P. Or, d'après la construction même, dans le voisinage de chaque point de C situé entre P_0 et P se trouve une infinité de points n'appartenant pas à R. Le théorème est donc établi.

Quant à la partie de C située au delà de P on ne peut rien dire. Il peut arriver que cette partie de C se trouve à l'intérieur de R de quelque manière qu'on choisisse la courbe intégrale C passant par P_0 et P. Montrons-le par un exemple.

Prenons un plan π sur lequel on trace deux axes rectangulaires $0X, 0Y$. Définissans la courbe $C_{r,\theta}$ comme il suit :

Si $|\theta| \leqq \frac{1}{2}$, $C_{r,\theta}$ désigne la courbe

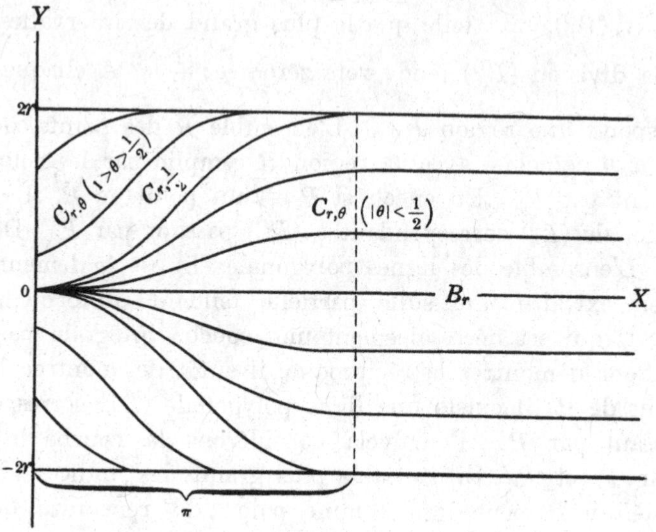

Fig. 1.

$$Y=\begin{cases} r\theta(1-\cos X) & (0\leqq X\leqq\pi),\\ r\theta & (\pi\leqq X);\end{cases}$$

Si $\frac{1}{2}<|\theta|\leqq 1$, $C_{r,\theta}$ désigne la courbe

$$Y=r\{1-\cos(X+(2\theta-1)\pi)\}$$
$$(0\leqq X\leqq 2(1-\theta)\pi).$$

Si l'on considère $\theta(|\theta|\leqq 1)$ comme paramètre, on obtient une famille F_r de courbes qui remplit la demi-bande B_r: $0\leqq X$, $|Y|\leqq 2r$. D'autre part, prenons dans un espace à 3 dimensions trois axes rectangulaires Ox, Oy, Oz. Faisons correspondre à chaque valeur de r un cylindre de révolution Σ_r dont la définition voici:

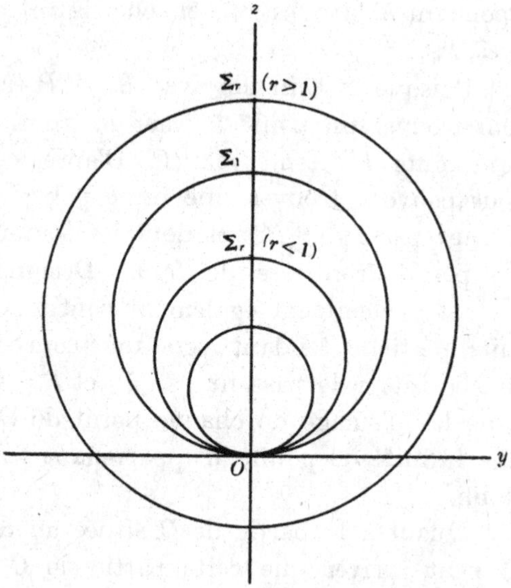

Fig. 2.

Si $r\leqq 1$, Σ_r est le cylindre touchant le plan $z=0$ le long de l'axe des x et dont le méridien a pour longueur $4r$; si $r>1$, l'axe du cylindre de révolution coïncide avec celui de Σ_1 et la longueur du méridien de Σ_r est égale à $4r$.

Désignons par g_r la génératrice de Σ_r passant par les points les plus bas de Σ_r, c'est-à-dire la genératrice dont les équations sont $y=0$, $z=$ constante non positive. Prenons la demie-bande B_r sur laquelle on a tracé au préalable les courbes $C_{r,\theta}$ de la famille F_r et mettons-la en contact avec le cylindre Σ_r de telle manière que les demies-droites OX, g_r' coïncident, g_r' étant la partie de g_r située à droite de $x=0$. Puis enveloppons de la bande B_r la partie de Σ_r où $x\geqq 0$. La longueur de la courbe méridienne de Σ_r étant égale à la largeur de la bande B_r, les deux côtés parallèles de B_r viennent en coïncidence après l'enveloppement. Ainsi la surface de Σ_r se trouve recouverte de la famille F_r des courbes $C_{r,\theta}$. La partie de l'espace où $x\geqq 0$ est donc recouverte des courbes $C_{r,\theta}$.

Cela posé, soit $P(x, y, z)$ un point qelconque dont l'abscisse x est >0. Si P n'est pas un point du plan $y=0$, on peut trouver un nombre déterminé r tel que P se trouve sur la surface Σ_r. Puisque la surface Σ_r a été recouverte de la famille F_r des courbes $C_{r,\theta}$ on peut trouver un nombre déterminé θ tel que la courbe $C_{r,\theta}$ passe par P. Désignons par $f(x, y, z)$, $g(x, y, z)$ les coefficients angulaires de la tangente de la courbe $C_{r,\theta}$ au point P. Si P est un point du plan $y=0$, on pose $f(x, y, z)=g(x, y, z)=0$. Les fonctions f, g sont évidemment des fonctions continues(1) de (x, y, z) pour $x\geqq 0$. Considérons maintenant les équations différentielles simultanées

$$\frac{dy}{dx}=f(x, y, z), \qquad \frac{dz}{dx}=g(x, y, z). \tag{2}$$

Il est presque évident, ce qu'on peut vérifier sans peine, que si P est un point tel que $x\geqq 0$, $y\neq 0$, la courbe intégrale de (2) passant par P coïncide nécessairement avec $C_{r,\theta}$, r, θ étant définis de la manière que la courbe $C_{r,\theta}$ passe par P. Il s'ensuit que si C est une courbe intégrale de (2) passant par 0, elle est nécessairement une courbe $C_{r,\theta}$ où $r\leqq 1$, $|\theta|\leqq\frac{1}{2}$. Réciproquement, toute courbe $C_{r,\theta}$ où $r\leqq 1$, $|\theta|\leqq\frac{1}{2}$ est une courbe intégrale de (2) passant par 0. La forme de la région R remplie par les courbes intégrales passant par 0 s'obtient donc facilement. La section S_ξ de R par un plan $x=\xi$ est, si $\xi\geqq\pi$, formée des points frontières et intérieurs d'un cercle qui est la section de Σ_1 par le plan $x=\xi$. Si $0\leqq\xi<\pi$, la projection orthogonale S_ξ' de S_ξ sur le plan des yz s'obtient comme il suit: Soit K la section de Σ_1 par le plan des yz. Prenons

(1) On peut obtenir aisément les expression analytiques de f et de g; mais cela importe peu.

sur la circonférence K deux points A, A' telles que $\widehat{OA}=\widehat{OA'}=1-\cos\xi$. La projection S_ξ' est formée de deux parties, l'une D_1 la partie du cercle K située au-dessous de la droite OA, l'autre D_2 la partie du cercle K située au-dessous de la droite OA'.

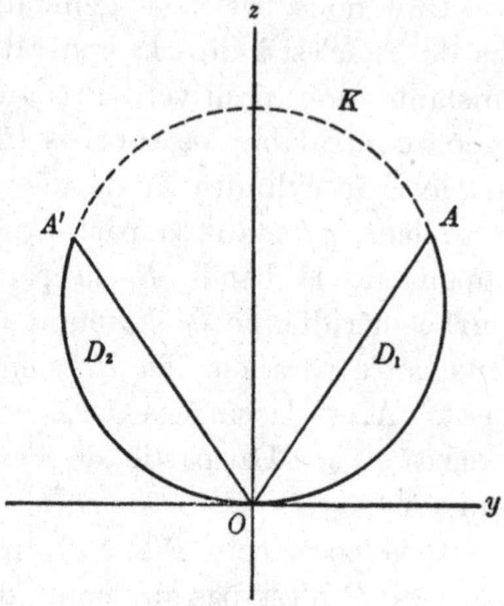

Fig. 3.

Considérons maintenant un point $Q(\pi, 0, \zeta)$ du diamètre de la section de Σ_1 par un plan $x=\xi$ et parallèle à l'axe des z. Soit C la courbe intégrale de (2) passant par 0 et Q. La partie de C entre 0 et Q est sur la frontière de R; mais si Q n'est pas une extrémité du diamètre, la partie de C située au delà de Q est à l'intérieur de R.

Donnons à cette occasion un exemple tel que la section de la région R par un plan $x=\xi$ n'est pas simplement connexe. Pour cela, il suffit de modifier un peu la définition de la famille des cylindres de révolution Σ_r. Définissons cette famille comme il suit:

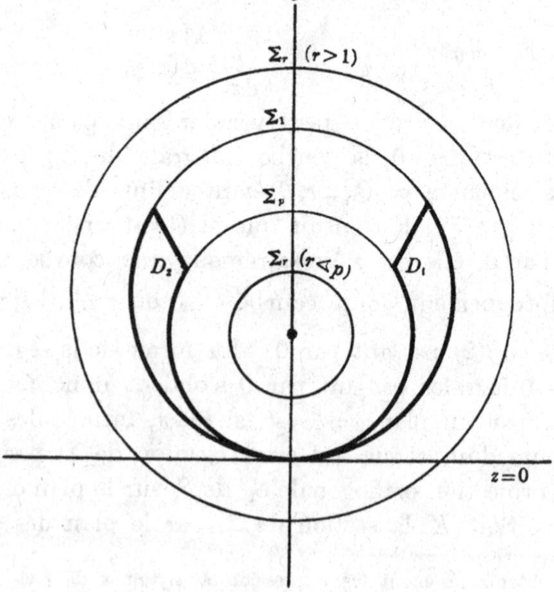

Fig. 4

Si $r \geqq p(1 \geqq p \geqq 0)$, la définition de Σ_r reste même; si $r<p$, l'axe du cylindre de révolution Σ_r coïncide avec celui de Σ_p et la longueur de du méridien de Σ_r est égale à $4r$.

En utilisant la famille de Σ_r ainsi définie, imitons le procédé exposé tout à l'heure. On obtiendra alors un système d'équations différentielles tel que l'ensemble des courbes intégrales passant par 0 soit identique à l'ensemble des courbes $C_{r,\theta}$ où $p \leqq r \leqq 1$, $|\theta| \leqq \frac{1}{2}$. Donc à droite du plan $x=\pi$ la région R coïncide avec la partie située entre deux cylindres Σ_1 et Σ_p. Par suite, la section de R par un plan $x=\xi>\pi$ n'est pas simplement connexe.

Über eine Klasse der Mittelwerte

[Japan. J. Math., 7 (1930) 71–79]

(Eingegangen am 1. November, 1929)

Es ist leicht zu sehen, *dass die durch die Gleichung*

$$(1)\qquad \mu(x_1, x_2, \ldots, x_n)=\varphi^{-1}\Big(\sum_{i=1}^{n}\frac{\varphi(x_i)}{n}\Big) \quad (n=1, 2, 3, \ldots)$$

definierten Mittelwerte μ *von* $x_1, \ldots, x_n$ $(a \leqq x_i \leqq b)$, *wo* $\varphi(x)$ *eine in* $\langle a, b\rangle$ *eigentlich monotone*(¹) *stetige Funktion ist, den folgenden Bedingungen genügen:*

(i) $\mu(x_1, \ldots, x_n)$ *ist eine symmetrische Funktion von* $(x_1, \ldots, x_n)$.

(ii) $\mu(x_1, \ldots, x_n)=\mu(\mu(x_1, \ldots, x_r)*[r], x_{r+1}, \ldots, x_n)$(²).

(iii) $\mu(x_1, \ldots, x_n)$ *ist eine stetige Funktion von* $(x_1, \ldots, x_n)$, *und*

$$a \leqq \mu(x_1, \ldots, x_n) \leqq b \quad \text{für} \quad a \leqq x_i \leqq b.$$

(iv) *Aus* $x_1 < x_2$ *folgt* $x_1 < \mu(x_1, x_2) < x_2$.

(v) $\mu(a, a, \ldots, a)=a$.

Nun wollen wir beweisen, *dass die den obigen fünf Bedingungen genügende Funktion* $\mu(x_1, \ldots, x_n)$ *die Form* (1) *haben muss.*

In § 6 will ich noch der hinzugefügten Bedingung (vi) $\mu(x_1+l, \ldots, x_n+l)=\mu(x_1, \ldots, x_n)+l$ genügende Mittelwerte betrachten.

1.

Hilfssatz 1. *Es gilt* $\mu(x_1*[p], x_2*[p], \ldots, x_r*[p])=\mu(x_1, x_2, \ldots, x_r)$.

Beweis: $\mu(x_1*[p], \ldots, x_r*[p])=\mu(x_1, x_2, \ldots, x_r, x_1, \ldots, x_r, \ldots, x_1, \ldots, x_r)$

(nach (i))

$=\mu(\mu(x_1, \ldots, x_r)*[r], \mu(x_1, \ldots, x_r)*[r], \ldots, \mu(x_1, \ldots, x_r)*[r])$

(nach (i) u. (ii))

(¹) D.h., $\varphi(x)$ ist eine monotone Funktion, welche für irgend zwei verschiedene Werte von x auch verschiedene Werte besitzt.

(²) $a*[r]$ bedeutet die Folge der r gleichen Werte $\underbrace{a, a, \ldots, a}_{r}$

$=\mu(x_1, \ldots, x_r)$. (nach (v)).

Hilfssatz 2. *Es gilt* $\mu(x_1, \ldots, x_r, x_{r+1}, \ldots, x_{2r}, \ldots, x_{(p-1)r+1}, \ldots, x_{pr})$

$$=\mu(\mu(x_1, \ldots, x_r), \mu(x_{r+1}, \ldots, x_{2r}), \ldots, \mu(x_{(p-1)r+1}, \ldots, x_{pr})).$$

Beweis: $\mu(x_1, \ldots, x_r, x_{r+1}, \ldots, x_{2r}, \ldots, x_{(p-1)r+1}, \ldots, x_{pr})$

$$=\mu(\mu(x_1, \ldots, x_r)*[r], \mu(x_{r+1}, \ldots, x_{2r})*[r], \ldots, \mu(x_{(p-1)r+1}, \ldots, x_{pr})*[r])$$ (nach (i) u. (ii))

$$=\mu(\mu(x_1, \ldots, x_r), \mu(x_{r+1}, \ldots, x_{2r}), \ldots, \mu(x_{(p-1)r+1}, \ldots, x_{pr}))$$ (nach Hilfssatz 1).

Hilfssatz 3. *Aus den Relationen*

$$\mu(x_1, x_{-1})=\mu(x_2, x_{-2})=x_0,$$
$$\mu(x_1, x_2)=x_3 \quad \textit{und} \quad \mu(x_{-1}, x_{-2})=x_{-3}$$

folgt $$\mu(x_3, x_{-3})=x_0.$$

Beweis: $\mu(x_3, x_{-3})=\mu(\mu(x_1, x_2), \mu(x_{-1}, x_{-2}))$

$=\mu(x_1, x_2, x_{-1}, x_{-2})$ (nach Hilfssatz 2)

$=\mu(\mu(x_1, x_{-1}), \mu(x_2, x_{-2}))$ (nach (i) u. Hilfssatz 2)

$=\mu(x_0, x_0)=x_0$ (nach (v)).

Hilfssatz 4. *Aus den Relationen*

$$\mu(x_1, x_{-1})=\mu(x_3, x_{-3})=x_0,$$
$$\mu(x_1, x_2)=x_3 \quad \text{und} \quad \mu(x_{-1}, x_{-2})=x_{-3}$$

folgt $$\mu(x_2, x_{-2})=x_0.$$

Beweis: $x_0=\mu(x_3, x_{-3})=\mu(\mu(x_1, x_2), \mu(x_{-1}, x_{-2}))$

$=\mu(x_1, x_2, x_{-1}, x_{-2})$

$=\mu(\mu(x_1, x_{-1}), \mu(x_2, x_{-2}))=\mu(x_0, \mu(x_2, x_{-2}))$.

Wäre $x_0 \neq \mu(x_2, x_{-2})$, so würde $x_0 \gtrless \mu(x_2, x_{-2})$; also nach (iv)

$$x_0 \gtrless \mu(x_0, \mu(x_2, x_{-2}))$$

Dies steht aber im Widerspruch mit $x_0=\mu(x_0, \mu(x_2, x_{-2}))$, w.z.b.w.

2.

$\psi(t)$ sei irgend eine eigentlich monotone stetige Funktion von t, dann genügen auch die transformierten Funktionen

$$M(t_1, \ldots, t_n)=\psi^{-1}(\mu(\psi(t_1), \ldots, \psi(t_n))) \quad (n=1, 2, 3, \ldots),$$

als Mittelwerte von $t_1, \ldots, t_n$, *den Postulaten* (i), (ii), (iii), (iv) *und* (v), wie man leicht bestätigen kann. Nun wollen wir die Funktion ψ so definieren, dass $M(t_1, \ldots, t_n)$ die einfachste Form besitzt.

Wir setzen $a=\psi(0)$, $b=\psi(1)$ und $\mu(a, b)=\psi\left(\frac{1}{2}\right)$; also

$$\psi(0) < \psi\left(\frac{1}{2}\right) < \psi(1).$$

Ferner setzen wir $\mu\left(\psi(0), \psi\left(\frac{1}{2}\right)\right)=\psi\left(\frac{1}{4}\right)$ und $\mu\left(\psi\left(\frac{1}{2}\right), \psi(1)\right)=\psi\left(\frac{3}{4}\right)$; also

$$\psi(0) < \psi\left(\frac{1}{4}\right) < \psi\left(\frac{1}{2}\right) < \psi\left(\frac{3}{4}\right) < \psi(1).$$

Im allgemeinen setzen wir

$$\mu\left(\psi\left(\frac{i}{2^k}\right), \psi\left(\frac{i+1}{2^k}\right)\right)=\psi\left(\frac{2i+1}{2^{k+1}}\right) \quad \left(\begin{matrix} k=1, 2, 3, \ldots \\ 0 \leqq i \leqq 2^k-1 \end{matrix}\right).$$

Ξ sei die Menge aller Brüche ξ von der Form $\frac{i}{2^k}$ $\left(\begin{matrix} k=1, 2, 3, \ldots \\ 0 \leqq i \leqq 2^k \end{matrix}\right)$. Aus der Relation $\xi_1 < \xi_2$ (ξ_1 und ξ_2 aus Ξ) folgt stets

$$\psi(\xi_1) < \psi(\xi_2).$$

Wir beweisen folgende Tatsache: *Der Wertevorrat von $\psi(\xi)$ für alle ξ von Ξ bildet eine in $\langle a, b\rangle$ überall dichte Menge.*

Beweis: Wäre dies nicht der Fall, so gibt es ein Teilintervall $\langle \alpha, \beta\rangle$ von $\langle a, b\rangle$, worin kein $\psi(\xi)$ existiert. Das Intervall $\langle \alpha, \beta\rangle$ befindet sich entweder in $\left\langle\psi(0), \psi\left(\frac{1}{2}\right)\right\rangle$ oder in $\left\langle\psi\left(\frac{1}{2}\right), \psi(1)\right\rangle$. $\langle \alpha, \beta\rangle$ sei in $\left\langle\psi\left(\frac{i_1}{2}\right), \psi\left(\frac{i_1+1}{2}\right)\right\rangle$ (i_1=entweder 0 oder 1) enthalten; dann befindet sich $\langle \alpha, \beta\rangle$ entweder in $\left\langle\psi\left(\frac{i_1}{2}\right), \psi\left(\frac{2i_1+1}{4}\right)\right\rangle$ oder in $\left\langle\psi\left(\frac{2i_1+1}{4}\right), \psi\left(\frac{i_1+1}{2}\right)\right\rangle$. $\langle \alpha, \beta\rangle$ sei in $\left\langle\left(\frac{i_2}{4}\right), \psi\left(\frac{i_2+1}{4}\right)\right\rangle$ enthalten. Ähnlich fortfahrend bekommen wir eine Folge der in einander eingeschachtelten Intervalle $\left\langle\psi\left(\frac{i_\nu}{2^\nu}\right), \psi\left(\frac{i_\nu+1}{2^\nu}\right)\right\rangle$, die $\langle \alpha, \beta\rangle$ enthalten. Da $\psi\left(\frac{i_\nu}{2^\nu}\right) \leqq \psi\left(\frac{i_{\nu+1}}{2^{\nu+1}}\right) \leqq \alpha$ und $\psi\left(\frac{i_\nu+1}{2^\nu}\right) \geqq \psi\left(\frac{i_{\nu+1}+1}{2^{\nu+1}}\right) \geqq \beta$ sind, so sind die beiden Folgen $\left\{\psi\left(\frac{i_\nu}{2^\nu}\right)\right\}$ und $\left\{\psi\left(\frac{i_\nu+1}{2^\nu}\right)\right\}$ konvergent. α' und β' seien ihre

Grenzwerte. Dann ist $\alpha' \leqq \alpha < \beta \leqq \beta'$. $\langle \alpha', \beta' \rangle$ ist in jedem $\left\langle \psi\left(\frac{i_\nu}{2^\nu}\right), \psi\left(\frac{i_\nu+1}{2^\nu}\right)\right\rangle$ enthalten. Der Mittelwert $\mu\left(\psi\left(\frac{i_\nu}{2^\nu}\right), \psi\left(\frac{i_\nu+1}{2^\nu}\right)\right)$ der beiden Endwerte von $\left\langle \psi\left(\frac{i_\nu}{2^\nu}\right), \psi\left(\frac{i_\nu+1}{2^\nu}\right)\right\rangle$ ist aber ein Endwert des nachfolgenden Intervalls $\left\langle \psi\left(\frac{i_{\nu+1}}{2^{\nu+1}}\right), \psi\left(\frac{i_{\nu+1}+1}{2^{\nu+1}}\right)\right\rangle$; folglich liegt $\mu\left(\psi\left(\frac{i_\nu}{2^\nu}\right), \psi\left(\frac{i_\nu+1}{2^\nu}\right)\right)$ nicht im innern von $\langle \alpha', \beta' \rangle$. Da $\mu(\alpha', \beta') = \lim_{\nu\to\infty} \mu\left(\psi\left(\frac{i_\nu}{2^\nu}\right), \psi\left(\frac{i_\nu+1}{2^\nu}\right)\right)$, so liegt auch $\mu(\alpha', \beta')$ nicht im innern von $\langle \alpha', \beta' \rangle$, was aber mit (iv) im Widerspruch steht. Also muss der Wertevorrat von $\psi(\xi)$, für alle ξ von Ξ, eine in $\langle a, b \rangle$ übo all dichte Menge bi den.

Da $\psi(\xi)$ auf Ξ (überall dicht in $\langle 0, 1 \rangle$) monoton wächst und dessen Wertevorrat in $\langle a, b \rangle$ überall dicht ist, so können wir $\psi(\xi)$ zu einer stetigen eigentlich monotonen Funktion auf ganzem Intervalle $\langle 0, 1 \rangle$ ergänzen. Die inverse Funktion ψ^{-1} von ψ ist auch stetig. Die Funktion $x = \psi(t)$ bildet das $\langle 0, 1 \rangle$ umkehrbar eindeutig und stetig auf das $\langle a, b \rangle$ ab.

3.

Jetzt betrachten wir die Funktion $M(t_1, \ldots, t_n) = \psi^{-1}(\mu(\psi(t_1), \ldots, \psi(t_n)))$. Für $n=2$ bekommen wir:

$$M(t_1, t_2) = \frac{t_1 + t_2}{2}.$$

Beweis: Dazu haben wir zu beweisen, dass

$$\text{(A)} \qquad \mu(\psi(t_1), \psi(t_2)) = \psi\left(\frac{t_1+t_2}{2}\right)$$

ist. Zunächst nehmen wir an, dass t_1 und t_2 der Ξ angehöhren. Wir können t_1 und t_2 in der Form $t_1 = \frac{i-p}{2^k}$, $t_2 = \frac{i+p}{2^k}$ (k, i, p: positive ganze Zahlen) schreiben.

Der Fall $p=1$: Die Behauptung ist für $k=1$ klar. Wir nehmen also an, dass (A) für $k < m$ bereits bewiesen ist. Nun sei $k=m$. Ist $i = 2i'+1$, so ist $t_1 = \frac{i'}{2^{m-1}}$ und $t_2 = \frac{i'+1}{2^{m-1}}$; (A) ist also durch die Konstruktion von $\psi(t)$ erfüllt. Ist $i=2i'$, so ist $t_1 = \frac{2i'-1}{2^m} = \frac{1}{2}\left(\frac{i'-1}{2^{m-1}} + \frac{i'}{2^{m-1}}\right)$

und $t_2=\frac{2i'+1}{2^m}=\frac{1}{2}\left(\frac{i'}{2^{m-1}}+\frac{i'+1}{2^{m-1}}\right)$; also $\psi(t_1)=\mu\left(\psi\left(\frac{i'-1}{2^{m-1}}\right), \psi\left(\frac{i'}{2^{m-1}}\right)\right)$, $\psi(t_2)=\mu\left(\psi\left(\frac{i'}{2^{m-1}}\right), \psi\left(\frac{i'+1}{2^{m-1}}\right)\right)$. Wegen unserer Annahme gilt $\mu\left(\psi\left(\frac{i'-1}{2^{m-1}}\right), \psi\left(\frac{i'+1}{2^{m-1}}\right)\right)=\psi\left(\frac{i'}{2^{m-1}}\right)$. Nach Hilfssatz 3 erhält man also $\mu\left(\psi\left(\frac{i-1}{2^m}\right), \psi\left(\frac{i+1}{2^m}\right)\right)=\psi\left(\frac{i}{2^m}\right)$.

Der Fall $p>1$: Wir nehmen an, dass (A) für $p<r$ $(r>1)$ bereits bewiesen ist. Wegen des vorgehenden Beweises

$$\mu\left(\psi\left(\frac{i-r}{2^k}\right), \psi\left(\frac{i-(r-2)}{2^k}\right)\right)=\psi\left(\frac{i-(r-1)}{2^k}\right) \quad \text{und}$$

$$\mu\left(\psi\left(\frac{i+(r-2)}{2^k}\right), \psi\left(\frac{i+r}{2^k}\right)\right)=\psi\left(\frac{i+(r-1)}{2^k}\right).$$

Ferner wegen unserer Annahme $\mu\left(\psi\left(\frac{i-(r-2)}{2^k}\right), \psi\left(\frac{i+(r-2)}{2^k}\right)\right)=\psi\left(\frac{i}{2^k}\right)$, und $\mu\left(\psi\left(\frac{i-(r-1)}{2^k}\right), \psi\left(\frac{i+(r-1)}{2^k}\right)\right)=\psi\left(\frac{i}{2^k}\right)$. Dann erhalten wir wegen Hilfssatzes 4 $\mu\left(\psi\left(\frac{i-r}{2^k}\right), \psi\left(\frac{i+r}{2^k}\right)\right)=\psi\left(\frac{i}{2^k}\right)$.

Nun seien t_1 und t_2 beliebige Zahlen in $\langle 0, 1\rangle$. Da t_1 und t_2 durch die Zahlen $\left\{\frac{i_n-p_n}{2^{k_n}}\right\}$ bzw. $\left\{\frac{i_n-p_n}{2^{k_n}}\right\}$ beliebig genau approximiert werden können, so bestätigt man wegen der Stetigkeit von ψ und μ die Gleichung (A).

4.

Wir wollen das Bestehen der folgenden Gleichung beweisen:

$$M(t_1, \ldots, t_n)=\sum_{i=1}^{n}\frac{t_i}{n}.$$

Für $n=2$ ist diese schon bewiesen. Wir setzen voraus, dass dieselbe für $n<N$ bereits bewiesen ist. Für $n=N$ beweisen wir folgendermassen:

$$\begin{aligned} M(t_1, \ldots, t_N) &= M(t_1*[N-1], t_2*[N-1], \ldots, t_N*[N-1]) \\ &= M(t_2, t_3, \ldots, t_N, t_1, t_3, t_4, \ldots, t_N, \ldots, t_1, t_2, \ldots, t_{N-1}) \\ &= M(M(t_2, t_3, \ldots, t_N), M(t_1, t_3, \ldots, t_N), \ldots, M(t_1, t_2, \ldots, t_{N-1})) \\ &= M(t_1', t_2', \ldots, t_N') \end{aligned}$$

wo $t_1'=\frac{t_2+t_3\ldots+t_N}{N-1}$, $t_2'=\frac{t_1+t_3+\ldots+t_N}{N-1}$, ..., $t_N'=\frac{t_1+t_2+\ldots+t_{N-1}}{N-1}$;

oder $t_l'=\frac{\sum_{i=1}^{N}t_i-t_l}{N-1}$. Dabei gelten die Gleichungen

$$\left|t_l'-\sum_{i=1}^{N}\frac{t_i}{N}\right|=\frac{1}{N-1}\left|t_l-\sum_{i=1}^{N}\frac{t_i}{N}\right|,$$

und

$$\sum_{i=1}^{N}\frac{t_i'}{N}=\sum_{i=1}^{N}\frac{t_i}{N}.$$

Ähnlich fortfahrend bekommen wir

$$M(t_1,\ldots,t_N)=M(t_1',\ldots,t_N')=M(t_1'',\ldots,t_N'')=\ldots\ldots=M(t_1^{(\nu)},\ldots,t_N^{(\nu)}),$$

wo $t_l^{(\nu)}=\frac{\sum_{i=1}^{N}t_i^{(\nu-1)}-t_l^{(\nu-1)}}{N-1}$. Dabei gelten die Gleichungen

$$\sum_{i=1}^{N}\frac{t_i^{(\nu)}}{N}=\sum_{i=1}^{N}\frac{t_i^{(\nu-1)}}{N}=\ldots\ldots=\sum_{i=1}^{N}\frac{t_i}{N},$$

und

$$\left|t_l^{(\nu)}-\sum_{i=1}^{N}\frac{t_i}{N}\right|=\frac{1}{N-1}\left|t_l^{(\nu-1)}-\sum_{i=1}^{N}\frac{t_i}{N}\right|=\frac{1}{(N-1)^\nu}\left|t_l-\sum_{i=1}^{N}\frac{t_i}{N}\right|.$$

Also

$$\lim_{\nu\to\infty}t_l^{(\nu)}=\sum_{i=1}^{N}\frac{t_i}{N},$$

folglich $M(t_1,\ldots,t_N)=\lim_{\nu\to\infty}M(t_1^{(\nu)},\ldots,t_N^{(\nu)})=\sum_{i=1}^{N}\frac{t_i}{N}$, w. z. b. w.

φ sei die inverse Funktion von ψ. Setzt man $t_i=\varphi(x_i)$, so ist

$$\sum_{i=1}^{N}\frac{\varphi(x_i)}{n}=M(\varphi(x_1),\ldots,\varphi(x_n))=\varphi(\mu(x_1,\ldots,x_n)),$$

folglich

$$\mu(x_1,\ldots,x_n)=\varphi^{-1}\left(\sum_{i=1}^{n}\frac{\varphi(x_i)}{n}\right). \tag{1}$$

5.

Genügt irgendeine eigentlich monotone stetige Funktion φ_1 (für φ) der Gleichung (1), so ist für beliebige Konstanten c_1 und c_2

$$c_1\varphi_1(\mu(x_1,\ldots,x_n))+c_2=\sum_{i=1}^{n}\frac{c_1\varphi_1(x_i)+c_2}{n}.$$

Man setze $c_1\varphi_1(x)+c_2=\varphi_2(x)(c_1\neq 0)$, so genügt auch die Funktion φ_2 (für φ) der Gleichung (1). Wir wählen die Konstanten c_1, c_2 so, dass

$$\begin{cases} c_1\varphi_1(a)+c_2=0, \\ c_1\varphi_1(b)+c_2=1, \end{cases}$$

d.h., $\varphi_2(a)=0$, $\varphi_2(b)=1$. (Da $\varphi_1(a)\neq\varphi_1(b)$, so kann dies System nach c_1 und c_2 eindeutig aufgelöst werden, und $c_1\neq 0$).

ψ_2 sei die inverse Funktion von φ_2, ψ_2 genügt also wegen (1) für $n=2$, indem man $\varphi=\varphi_2$, $x_1=\psi_2(t_1)$, $x_2=\psi_2(t_2)$ setzt, den Gleichungen

$$\mu(\psi_2(t_1),\ \psi_2(t_2))=\psi_2\left(\frac{t_1+t_2}{2}\right),$$

und

$$\psi_2(0)=a, \qquad \psi_2(1)=b.$$

Vergleicht man $\psi_2(t)$ mit der in § 2 definierten Funktion $\psi(t)$, so findet man leicht, dass $\psi_2(t)$ mit $\psi(t)$ übereinstimmt. Folglich $\varphi_2(x)=\varphi(x)$, oder $c_1\varphi_1(x)+c_1=\varphi(x)$ $(c_1\neq 0)$.

Daraus können wir schliessen, *dass irgend zwei der Gleichung* (1) *genügende eigentlich monotone stetige Funktionen* φ_1 *und* φ_2 *durch eine lineare Relation*

$$\varphi_2(x)=g\cdot\varphi_1(x)+h \qquad (g\neq 0\ ;\ g,\ h:\ \text{konst.})$$

verbunden sind.

6.

Jetzt fügen wir den Postulaten (i), (ii), (iii), (iv), und (v) noch das folgende hinzu:

(vi) $\mu(x_1+l, \ldots, x_n+l)=\mu(x_1, \ldots, x_n)+l$ (l beliebige reele Zahl).

Dies und (1) ergeben

$$\mu(x_1, \ldots, x_n)+l=\varphi^{-1}\left(\sum_{i=1}^{n}\frac{\varphi(x_i+l)}{n}\right)$$

Die durch $\varphi_2(x)=\varphi(x+l)$ definierte Funktion $\varphi_2(x)$ genügt also der Gleichung (1). Folglich erhält man die Funktionalgleichung

$$(2) \qquad \varphi(x+l)=g(l)\varphi(x)+h(l), \qquad g(l)\neq 0.$$

Dabei können wir annehmen $\varphi(0)=0$. Setzt man in (2) $x=0$, so erhält man wegen $\varphi(0)=0$,

$$\varphi(l)=h(l).$$

Dann haben wir für (2)

$$(2') \qquad \varphi(x+l)=g(l)\varphi(x)+\varphi(l) \qquad (g(l)\neq 0).$$

Daraus bekommen wir, indem wir $x=\Delta x$ setzen,

$$(3) \qquad \frac{\varphi(l+\Delta x)-\varphi(l)}{\Delta x}=g(l)\frac{\varphi(\Delta x)-\varphi(0)}{\Delta x}, \qquad (g(l)\neq 0).$$

Da $\varphi(x)$ monoton ist, so ist $\varphi(x)$ fast überall differentiierbar. $\varphi(x)$ sei etwa an $x=l_1$ differentiierbar, so lehrt die Gleichung (3), dass $\varphi(x)$ auch an $x=0$ und folglich an jeder Stelle von x differentiierbar ist. Nach (2') folgt

$$g(l)=\frac{\varphi(1+l)-\varphi(l)}{\varphi(1)}, \qquad \varphi(1)\neq 0.$$

$g(l)$ ist dann stetige Funktion von l, folglich ist $\varphi(x)$ stetig differentiierbar, $g(l)$ ist also auch stetig differentiierbar.

Differentiiert man die beiden Seiten von (2') nach l,

$$\varphi'(x+l)=g'(l)\varphi(x)+\varphi'(l).$$

Setzt man $l=0$, dann wird

$$\varphi'(x)=g'(0)\varphi(x)+\varphi'(0).$$

$\varphi(x)$ ist ein Integral der Differentialgleichung in der Form

$$\frac{dy}{dx}=\alpha y+\beta \qquad (\alpha,\ \beta:\ \text{konst.}).$$

Ist $\alpha\neq 0$, so erhält man $y=ce^{\alpha x}-\dfrac{\beta}{\alpha}$; daraus folgt

$$(4) \qquad \mu(x_1, \dots, x_n)=\frac{1}{\alpha}\log\left(\sum_{i=1}^{n}\frac{e^{\alpha x_i}}{n}\right).$$

Ist $\alpha=0$, so erhält man $y=c+\beta x$; und also

$$(4') \qquad \mu(x_1, \dots, x_n)=\sum_{i=1}^{n}\frac{x_i}{n}.$$

Es ist leicht zu sehen, dass die Mittelwerte (4) und (4') den Postulaten (i), (ii), (iii), (iv), (v) und (vi) genügen. Wir haben also den Satz gewonnen:

Satz. *Genügen die Mittelwerte* $\mu(x_1, \dots, x_n)$ $(n=1, 2, 3, \dots)$ *den Postulaten* (i), (ii), (iii), (iv), (v) *und* (vi), *so haben die Mittelwerte entweder die Form*

$$\mu(x_1, \dots, x_n)=\frac{1}{\alpha}\log\left(\sum_{i=1}^{n}\frac{e^{\alpha x_i}}{n}\right) \qquad (\alpha\neq 0),$$

oder die Form

$$\mu(x_1, \ldots, x_n)=\sum_{i=1}^{n}\frac{x_i}{n} \quad \textit{(arithmetisches Mittel).}$$

Zusatz. *Ersetzt man das Postulat* (vi) *durch*

$$\text{(vii)} \qquad \mu(lx_1, \ldots, lx_n)=l\mu(x_1, \ldots, x_n) \qquad (x_i>0,\ l>0),$$

so erhält man entweder

$$\mu(x_1, \ldots, x_n)=\left(\sum_{i=1}^{n}\frac{x_i^{\alpha}}{n}\right)^{\frac{1}{\alpha}},$$

oder $$\mu(x_1, \ldots, x_n)=\sqrt[n]{\prod_{i=1}^{n}x_i} \quad \textit{(geometrisches Mittel).}$$

Beweis: Man betrachte die durch $x=\varphi(t)=e^t$ transformierten Mittelwerte

$$M(t_1, \ldots, t_n)=\varphi^{-1}(\mu(\varphi(t_1), \ldots, \varphi(t_n)))=\log\mu(e^{t_1}, \ldots, e^{t_n}).$$

Dann erhält man für (vii)

$$M(t_1+\lambda, \ldots, t_n+\lambda)=M(t_1, \ldots, t_n)+\lambda \qquad (\lambda=\log l).$$

Also gilt entweder

$$M(t_1, \ldots, t_n)=\frac{1}{\alpha}\log\left(\sum_{i=1}^{n}\frac{e^{\alpha t_i}}{n}\right) \qquad (\alpha\neq 0),$$

oder $$M(t_1, \ldots, t_n)=\sum_{i=1}^{n}\frac{t_i}{n}.$$

Daraus bekommen wir leicht

entweder $$\mu(x_1, \ldots, x_n)=\left(\sum_{i=1}^{n}\frac{x_i^{\alpha}}{n}\right)^{\frac{1}{\alpha}},$$

oder $$\mu(x_1, \ldots, x_n)=\sqrt[n]{\prod_{i=1}^{n}x_i}.$$

Mathematisches Institut, K. Universität zu Tôkyô.

Über das Verfahren der sukzessiven Approximationen zur Integration gewöhnlicher Differentialgleichung und die Eindeutigkeit ihrer Integrale

[Japan. J. Math., 7 (1930) 143–160]

(Eingegangen am 3. Januar, 1930)

Der erste Paragraph der vorliegenden Arbeit beschäftigt sich mit dem Verfahren der sukzessiven Approximationen zur Integration der gewöhnlichen Differentialgleichungen in normaler Form, wobei die Stetigkeit der rechten Seiten nur im Bereiche vorausgesetzt ist, worin die unabhängige Variable grösser als Anfangswert ist. Dabei spielt die Differentialgleichung $\frac{dy}{dx}=g(x, y)$, wo $g(x, y)$ mit y monoton wächst, die wesentlichste Rolle.

Im zweiten Paragraphen sind verschiedene Unitätssätze des Integrals gewöhnlicher Differentialgleichungen vom ziemlich einheitlichen Gesichtspunkte aus behandelt.

§. 1.

I. *$g(x, y)$ sei eine im Bereiche B, $0 < x \leqq a$, $\underline{l}(x) \leqq y \leqq \overline{l}(x)$* (wo $\underline{l}(x)$ und $\overline{l}(x)$ in $0 \leqq x \leqq a$ stetige Funktionen sind und $\underline{l}(x) < \overline{l}(x)$ für $x > 0$, $\overline{l}(0) \leqq 0 \leqq \underline{l}(0)$, *stetige Funktion. $g(x, y)$ wachse Monoton, wenn man y vergrössert.*

Hilfssatz 1. *Es gebe eine stetige Funktion $z_0(x)$, die in B liegt* (d. h., $\underline{l}(x) \leqq z_0(x) \leqq \overline{l}(x)$ für $0 < x \leqq a$), *derart, dass alle durch die Gleichungen*

$$(1)\qquad \begin{cases} z_1(x) = \int_0^x g(x,\ z_0(x))dx, \\ z_{n+1}(x) = \int_0^x g(x,\ z_n(x))dx \qquad (0 \leqq x \leqq a) \end{cases}$$

definierten Funktionen $z_n(x)$ in B existieren (im Sinne des uneigentlichen Integrals nach Cauchy,) *und die Ungleichung*

$$(2)\qquad z_0(x) \geqq \int_0^x g(x,\ z_0(x))dx \quad [=z_1(x)] \quad (0 \leqq x \leqq a)$$

besteht. Dann konvergiert die Funktionenfolge $\{z_n(x)\}$ in $\langle \delta, a \rangle$, wo δ eine beliebige positive Zahl bedeutet, gleichmässig (monoton abnehmend) *gegen eine Lösung $y(x)$ der Differentialgleichung*

$$\frac{dy}{dx}=g(x, y);$$

dabei genügt $y(x)$ *der Ungleichung* $z_0(x)\geqq y(x)\geqq \underline{l}(x)$.

Beweis: Aus (2) folgt (weil $g(x, y)$ mit y monoton wächst)

$$\int_0^x g(x, z_0(x))dx \geqq \int_0^x g(x, z_1(x))\,dx,$$

oder nach (1) $z_1(x)\geqq z_2(x)$; und ähnlicherweise fortfahrend $z_n(x)\geqq z_{n+1}(x)$. Daraus folgt (wegen $z_n(x)\geqq \underline{l}(x)$) die Konvergenz der Funktionenfolge $\{z_n(x)\}$ (monoton abnehmend). Alle $z_n(x)$ sind in $\langle 0, a\rangle$ stetig und genügen der Ungleichung $z_0(x)\geqq z_n(x)\geqq \underline{l}(x)$.

Die Funktionenmenge $\{z_n(x)\}$ ist für $\delta\leqq x\leqq a$ gleichgradig stetig. Denn, im Bereiche $\delta\leqq x\leqq a$, $\underline{l}(x)\leqq y\leqq \overline{l}(x)$ gibt es das Maximum von $|g(x, y)|$; M sei dieser Maximumwert. Man hat dann

$$|z_n(x_1)-z_n(x_2)|\leqq M|x_1-x_2|. \quad (n=1, 2,\dots\dots\dots)$$

Dies besagt, dass $\{z_n(x)\}$ in $\langle\delta, a\rangle$ gleichgradig stetig ist. $\{z_n(x)\}$ konvergiert daher in $\langle\delta, a\rangle$ gleichmässig gegen eine stetige Funktion $y(x)$, $z_0(x)\geqq y(x)\geqq \underline{l}(x)$. Aus (1) erhält man also für $n\to\infty$

$$y(x)-y(\delta)=\int_\delta^x g(x, y(x))dx \qquad (\delta\leqq x\leqq a),$$

oder

$$\frac{dy(x)}{dx}=g(x, y(x)) \quad (0<x\leqq a),$$

w. z. b. w.

Bemerkung. Ersetzt man (2) durch

$$z_0(x)\leqq\int_0^x g(x, z_0(x))dx \qquad (0<x\leqq a),$$

dann konvergiert die Funktionenfolge $\{z_n(x)\}$ in $\langle\delta, a\rangle$ (wo δ beliebige positive Zahl bedeutet) gleichmässig (monoton zunehmend) gegen eine Lösung $y(x)$ der Differentialgleichung $\frac{dy}{dx}=g(x, y)$, wobei $y(x)$ den Ungleichung $\overline{l}(x)\geqq y(x)\geqq z_0(x)$ genügt.

Hilfssatz 2. $u(x)$ und $u^*(x)$ seien für $0<x\leqq a$ den Ungleichungen $\overline{l}(x)\geqq u(x)\geqq u^*(x)\geqq \underline{l}(x)$ genügende stetige Funktionen, sodass die beiden Integrale $\int_0^x g(x, u(x))dx$ und $\int_0^x g(x, u^*(x))dx$ existieren (nach Cauchy). Dann existiert für irgendeine in $(0, a\rangle$ stetige den Ungleichungen $u(x)\geqq y(x)\geqq u^*(x)$ genügende Funktion $y(x)$ das Integral $\int_0^x g(x, y(x))dx$

(nach Cauchy).

Beweis: Für beliebig vorgeschriebene positive Zahl ε, gibt es nach Voraussetzung eine andere δ derart, dass die Ungleichungen

$$\left|\int_{x_1}^{x_2} g(x,\ u(x))dx\right| < \varepsilon,$$

$$\left|\int_{x_1}^{x_2} g(x,\ u^*(x))dx\right| < \varepsilon$$

gelten, sobald $0 < x_1 < x_2 < \delta$. Daraus erhält man leicht

$$\left|\int_{x_1}^{x_2} g(x,\ y(x))\,dx\right| < \varepsilon$$

sobald $0 < x_1 < x_2 < \delta$. Die Existenz des Integrals $\int_0 g(x,\ y(x))dx$ ist damit bewiesen.

Hilfssatz 3. *Es gebe eine und nur eine für* $0 \leqq x \leqq a$ *stetige Lösung* $Y(x)$ *der Differentialgleichung*

$$\frac{dy}{dx} = g(x,\ y) \tag{3}$$

mit den Bedingungen $Y(0)=0$ *und*

$$z_0(x) \geqq Y(x) \geqq z_0^*(x), \tag{4}$$

wo $z_0(x)$ *und* $z_0^*(x)$ *für* $0 < x \leqq a$ *stetig sind, und* $\bar{l}(x) \geqq z_0(x) > z_0^*(x) \geqq \underline{l}(x)$. $z_0(x)$ *und* $z_0^*(x)$ *genügen auch der Bedingung, dass* $\int_0^x g(x,\ z_0(x))dx$ *und* $\int_0^x g(x,\ z_0^*(x))dx$ *in B existieren und*

$$z_0(x) \geqq \int_0^x g(x,\ z_0(x))\,dx, \tag{5}$$

$$z_0^*(x) \leqq \int_0^x g(x,\ z_0^*(x))dx.$$

$y_0(x)$ *sei irgendeine der Bedingung*

$$z_0(x) \geqq y_0(x) \geqq z_0^*(x) \tag{6}$$

genügende für $0 < x \leqq a$ *stetige Funktion. Dann existieren die durch die Gleichungen*

$$y_n(x) = \int_0^x g(x,\ y_{n-1}(x))dx \quad 0 \leqq x \leqq a \tag{7}$$

definierten Funktionen $y_n(x)$ *in B; und die Funktionenfolge* $\{y_n(x)\}$ *konvergiert in* $\langle 0,\ a\rangle$ *gleichmässig gegen* $Y(x)$.

Beweis: Definieren wir die Funktionenfolgen $\{z_n(x)\}$ und $\{z_n^*(x)\}$

durch die Gleichungen

$$z_n(x)=\int_0^x g(x,\ z_{n-1}(x))dx$$

bzw.

$$z_n^*(x)=\int_0^x g(x,\ z^*_{n-1}(x))\,dx.$$

Aus (4) folgt $\int_0^x g(x,\ z_0(x))dx \geqq \int_0^x g(x,\ Y(x))dx = Y(x)$, d. h., $z_1(x)\geqq Y(x)$. Wegen (5) besteht auch $z_0(x) \geqq z_1(x)$ Nach Hilfssatz 2 folgt dann die Existenz des Integrals $\int_0^x g(x,\ z_1(x))\,dx$. Wir bekommen also

$$\int_0^x g(x,\ z_0(x)dx \geqq \int_0^x g(x,\ z_1(x))dx \geqq \int_0^x g(x,\ Y(x))\,dx = Y(x),$$

d. h.,

$$z_1(x) \geqq z_2(x) \geqq Y(x).$$

Ähnlicherweise kann man die Existenz der Integrale $\int_0^x g(x,\ z_{n-1}(x))dx$ beweisen und die Ungleichungen erhalten:

$$z_{n-1}(x) \geqq z_n(x) \geqq Y(x).$$

Wegen Hilfssatz 1 folgt dann, dass die Folge $\{z_n(x)\}$ in $\langle\delta,\ a\rangle$ (δ: eine beliebig kleine positive Zahl) gleichmässig (monoton abnehmend) gegen ein Integral $y_\omega(x)$ der Gleichung (3) konvergiert, das der Bedingung $z_1(x) \geqq y_\omega(x) \geqq Y(x)$ genügt.

Da $z_1(x)$ und $Y(x)$ beide in $\langle 0,\ a\rangle$ stetig sind und $z_1(0)=Y(0)=0$, so ist auch $y_\omega(x)$ in $\langle 0,\ a\rangle$ stetig und $y_1(0)=0$. Wegen unserer Voraussetzung fällt dann $y_\omega(x)$ mit $Y(x)$ zusammen. Aus $z_1(x) \geqq z_n(x) \geqq Y(x)$ und $\lim_{x\to 0} z_1(x)=\lim_{x\to 0} Y(x)=0$ folgt die Gleichmässigkeit der Konvergenz von $\{z_n(x)\}$ im ganzen Intervalle $\langle 0,\ a\rangle$. Ähnlicherweise sieht man, dass die Folge $\{z^*_n(x)\}$ in $\langle 0,\ a\rangle$ gleichmässig gegen $Y(x)$ konvergiert.

Nach (6) und (7) wegen Hilfssatz 2 erkennt man die Existenz der Integrale $\int_0^x g(x,\ y_{n-1}(x))dx$ und erhält die Ungleichungen

$$z_n(x) \geqq y_n(x) \geqq z^*_n(x).$$

Daher konvergiert die Funktionfolge $\{y_n(x)\}$ in $\langle 0,\ a\rangle$ gleichmässig gegen $Y(x)$,

Hilfssatz 4. $y(x)$ und $y^*(x)$ seien irgend zwei Lösungen von (3) unter der Bedingung $\overline{l}(x) \geqq \{y(x), y^*(x)\} \geqq \underline{l}(x)$. Dann ist die Differenz $y(x)-y^*(x)$ eine nicht negative monoton wachsende Funktion von x, wenn für irgendeinen Wert von x, etwa $x=x_0$, die Ungleichung $y(x_0) > y^*(x_0)$ gilt.

Wenn (3) eine für $0 \leqq x \leqq a$ stetige Lösung besitzt, dann ist jede Lösung $y(x)$ von (3), so weit $\bar{l}(x) \geqq y(x) \geqq \underline{l}(x)$, in $\langle 0, a \rangle$ stetig.

Beweis: $y(x)$ und $y^*(x)$ seien irgend zwei Lösungen von (3) unter der Bedingung $\bar{l}(x) \geqq y(x) \geqq y^*(x) \geqq \underline{l}(x)$ für $0 \leqq \alpha \leqq x \gtreqless \beta \leqq a$. Dann ist, für $\alpha \leqq x \leqq \beta$, $g(x, y(x)) \geqq g(x, y^*(x))$, und

$$y(x_2) - y^*(x_2) - [y(x_1) - y^*(x_1)] = \int_{x_1}^{x_2} \{g(x, y(x)) - g(x, y^*(x))\} dx.$$

Die Differenz $y(x) - y^*(x)$ wächst also für $\alpha \leqq x \leqq \beta$ mit x monoton. Nun setzen wir voraus, dass $y(x_0) > y^*(x_0)$ $(0 < x_0 < a)$. Dann ist $y(x) - y^*(x)$ positiv für $x \geqq x_0$. Wäre $y(x) - y^*(x)$ einmal für irgend einen Wert von x, etwa $x = x^*(< x_0)$, negativ, so würde dies negativ für $x \geqq x^*$, was aber nicht der Fall sein kann. Da die Differenz von irgend zwei Lösungen $|y(x) - y^*(x)|$ mit x monoton wächst, so gibt es den Grenzwert $\lim_{x \to 0} |y(x) - y^*(x)|$. Dann können wir aus der Stetigkeit von $y(x)$ für $x = 0$ auch die Stetigkeit von $y^*(x)$ für $x = 0$ schliessen.

Satz 1. *$Y(x)$ sei eine in $\langle 0, a \rangle$ stetige Lösung der Differentialgleichung*

$$(3) \qquad \frac{dy}{dx} = g(x, y)$$

mit der Anfangsbedingung $Y(0) = 0$. Jede Lösung von (3), welche mit $Y(x)$ nicht identisch ist, sei für jeden Wert von x in $(0, a\rangle$ von $Y(x)$ verschieden.

$y_0(x)$ sei irgendeine in $\langle 0, a \rangle$ stetige Funktion folgender Beschaffenheit: $y_0(0) = 0$. Es gibt zwei Lösungen von (3), $\bar{y}(x)$ und $\underline{y}(x)$ welche den Bedingungen

$$\bar{l}(x) \geqq \bar{y}(x) \geqq y_0(x) \geqq \underline{y}(x) \geqq \underline{l}(x),$$

und

$$\bar{y}(x) > Y(x) > \underline{y}(x) \quad \text{für } 0 < x \leqq a$$

genügen. Wenn x sich Null nähert, so wird $y_0(x)$ kleiner als jede Lösung von (3), die grösser als $Y(x)$ ist, und gleichzeitig wird grösser als jede Lösung von (3), die kleiner als $Y(x)$ ist.

Wir bilden die Funktionenfolge $\{y_n(x)\}$ durch

$$y_n(x) = \int_0^x g(x, y_{n-1}(x)) dx \qquad (n = 1, 2, 3, \cdots\cdots).$$

Dann konvergiert die Folge $\{y_n(x)\}$ in $\langle 0, a \rangle$ gleichmässig gegen $Y(x)$.

Beweis: Wir haben wegen Hilfssatz 3 nur die Existenz solcher Funktionen $z_0(x)$ und $z_0^*(x)$ zu beweisen, dass

$$\bar{l}(x) \geqq z_0(x) \geqq y_0(x) \geqq z_0^*(x) \geqq \underline{l}(x),$$

$$z_0(x) \geqq Y(x) \geqq z_0^*(x),$$

$$z_0(x) \geqq \int_0^x g(x, z_0(x))dx,$$

$$z_0^*(x) \leqq \int_0^x g(x, z_0^*(x))dx,$$

und $Y(x)$ die einzige Lösung von (3) ist, welche der Bedingung

$$z_0(x) \geqq Y(x) \geqq z_0^*(x)$$

genügt. Gibt es einen solchen positiven Wert von x, etwa $x=x_1$, dass für $0 < x \leqq x_1$ $y_0(x) \leqq Y(x)$ ist, dann können wir einen positiven Wert von x kleiner als x_1, etwa $x=x_1^*$, derart finden, dass die beide Punkte P $(x=x_1^*, y=Y(x_1^*))$ und Q $(x=x_1, y=\bar{y}(x_1))$ verbindende Strecke PQ mit der positiven x-Axe den Winkel bildet, dessen Tangenz grösser als das Maximum von $g(x,y)$ im Bereiche $x_1^* \leqq x \leqq a$, $\underline{l}(x) \leqq y \leqq \bar{l}(x)$ ist. $y=u(x)$ sei die Gleichung der geraden Linie PQ.

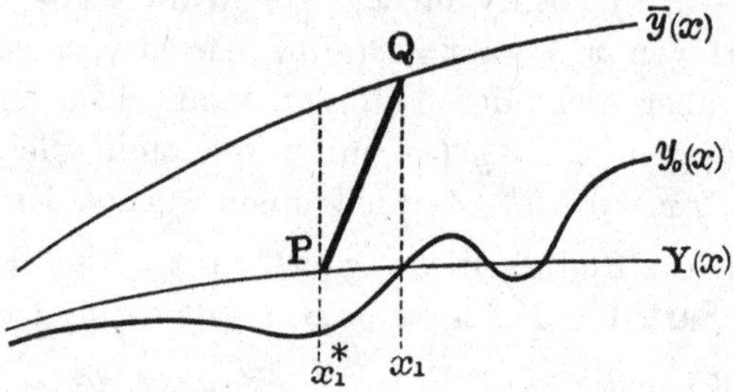

In diesem Fall können wir $z_0(x)$ folgendermassen definieren:

$$z_0(x) = Y(x) \quad \text{für} \quad 0 < x \leqq x_1^*,$$

$$z_0(x) = u(x) \quad \text{für} \quad x_1^* < x \leqq x_1,$$

$$z_0(x) = \bar{y}(x) \quad \text{für} \quad x_1 < x \leqq a.$$

Nun setzen wir voraus, dass es keinen positiven Wert von x, $x=x_1$, derart gibt, dass für $0 < x \leqq x_1$, $y_0(x) \leqq Y(x)$ ist. α sei eine positive Zahl, sodass $\alpha \leqq \underset{0 \leqq x \leqq a}{\mathrm{Max}}(y_0(x) - Y(x))$.

Wir wählen die Lösungen von (3), $\bar{y}_n(x)$, für welche

$$\bar{y}_n(a) = Y(a) + \frac{\alpha}{n} \quad (n=1, 2, 3, 4, \cdots\cdots)$$

Dann haben wir wegen Hilfssatz 4

$$\left.\begin{aligned} \bar{y}(x) \geqq \bar{y}_n(x) > Y(x) \\ \bar{y}_n(x) \geqq \bar{y}_{n+1}(x) \\ \bar{y}_n(x) - Y(x) \leqq \frac{\alpha}{n} \end{aligned}\right\} \quad \text{für} \quad 0 < x \leqq a.$$

Für jedes n gibt es einen positiven Wert von x etwa $x=x_n$, derart, dass

$$\bar{y}_n(x_n) = y_0(x_n)$$

und

$$\bar{y}_n(x) > y_0(x)$$

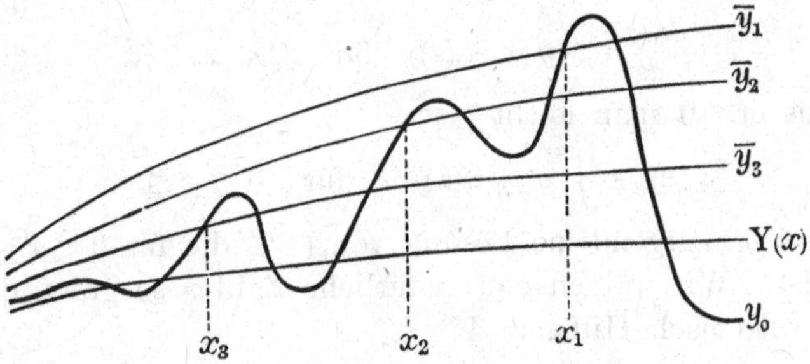

für $0 < x < x_n$ (nach Voraussetzung). Es gilt $x_{n+1} \leqq x_n$. $\{x_{n\nu}\}$ sei eine Teilfolge von $\{x_n\}$ derart, dass $x_{n_{\nu+1}} < x_{n\nu}$ ist. wir schreiben ξ_ν für $x_{n\nu}$ und $\eta_\nu(x)$ für $\bar{y}_{n\nu}(x)$. Insbesondere setzen wir $\bar{y}(x) = \eta_0(x)$. Dann ist $\eta_{\nu+1}(\xi_{\nu+1}) < \eta_\nu(\xi_{\nu+1})$.

Nun wählen wir die Werte ξ_ν^* zwischen $\xi_{\nu+1}$ und ξ_ν derart, dass die beide Punkte $P_\nu(x=\xi_\nu^*,\ y=\eta_\nu(\xi_\nu^*))$ und $Q_\nu(x=\xi_\nu,\ y=\eta_{\nu-1}(\xi_\nu))$ verbindende Strecke $P_\nu Q_\nu$ mit der x-Axe solchen Winkel bildet, dass dessen Tangenz grösser als das Maximum von $g(x, y)$ im Bereiche $\xi_{\nu+1} \leqq x \leqq a$,

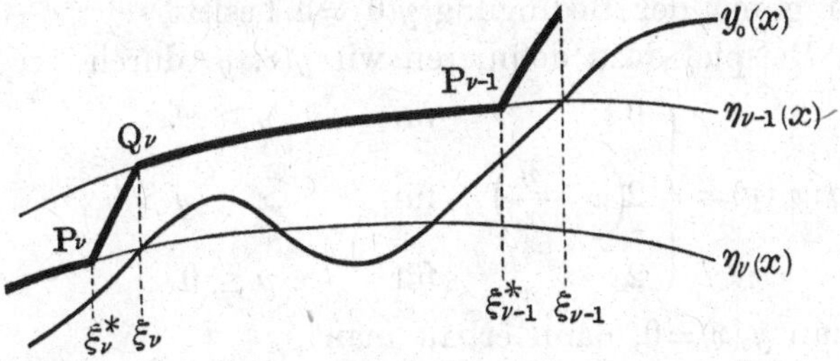

$\bar{l}(x) \leqq y \leqq \underline{l}(x)$ ist. $y = u_\nu(x)$ sei die Gleichung der geraden Linie $P_\nu Q_\nu$. Die Folgen $\{\xi_\nu\}$ und $\{\xi_\nu^*\}$ konvergieren gegen Null. Wir definieren die Funktion $z_0(x)$ durch

$$z_0(x) = \begin{cases} u_\nu(x) & \text{für} \quad \xi_\nu^* < x \leqq \xi_\nu, \\ \eta_{\nu-1}(x) & \text{für} \quad \zeta_\nu < x \leqq \xi_{\nu-1}^*. \end{cases}$$

$z_0(x)$ ist also für $0 < x \leqq a$ stetig und den Ungleichungen genügen

$$\bar{y}(x) \geqq z_0(x) > Y(x), \quad z_0(x) \geqq y_0(x)$$

für $0 < x \leqq a$, und $z_0(x) \leqq \eta_\nu(x)$ für $0 < x \leqq \xi_\nu^*$. Daraus erhält man

$$0 \leqq \lim_{x \to 0} \{z_0(x) - Y(x)\} \leqq \lim_{x \to 0} \{\eta_\nu(x) - Y(x)\} \leqq \frac{\alpha}{n_\nu},$$

folglich
$$\lim_{x \to 0} z_0(x) = \lim_{x \to 0} Y(x) = 0.$$

Ferner haben wir $\dfrac{dz_0(x)}{dx} = g(x,\ z_0\ (x))$ für $\xi_\nu < x < \xi_{\nu-1}^*$,

$$\frac{dz_0(x)}{dx} > g(x, z_0(x)) \quad \text{für} \quad \xi_\nu^* < x < \xi_\nu.$$

Hieraus erhält man leicht

$$z_0(x) \geqq \int_0^x g(x, z_0(x))dx \quad \text{für} \quad 0 < x \leqq a.$$

Nun sei $y(x)$ irgendeine Lösung von (3), die für $0 < x \leqq a$ grösser als $Y(x)$ ist. Wir wählen eine natürliche Zahl ν so gross, dass $y(a) > \eta_\nu(a)$ ist. Also nach Hilfssatz 4

$$y(x) \geqq \eta_\nu(x) \quad \text{für} \quad 0 < x \leqq a.$$

Für $\xi_{\nu+1}^* \leqq x < \xi_{\nu+1}$ hat man aber $\eta_\nu(x) > z_0(x)$; folglich

$$y(x) > z_0(x) \quad \text{für} \quad \xi_{\nu+1}^* \leqq x < \xi_{\nu+1}.$$

Ähnlicherweise wie für $z_0(x)$, können wir die Funktion $z_0^*(x)$ definieren, welche mit $z_0(x)$ allen geforderten Bedingungen genügt. W. z. b. w.

Bemerkung 1. Für den Fall, wo $g(x, y)$ monoton *abnimmt*, obwohl sie in abgeschlossener Hülle von B stetig ist, bleibt Satz 1 nicht mehr richtig, während in diesem Falle die Differentialgleichung (3) nur *einzige* Lösung mit der Bedingung $y(0)=0$ besitzt.

Als ein Beispiel dazu definieren wir $g(x, y)$ durch

$$g(x, y) = \begin{cases} 0 & \text{für} \quad y \geqq x^2 \\ 2\left(x - \dfrac{y}{x}\right) & \text{für} \quad x^2 > y > 0, \\ 2x & \text{für} \quad y \leqq 0. \end{cases}$$

Setzt man $y_0(x)=0$, dann erhält man

$$y_{2n-1}(x) = x^2,$$
$$y_{2n}(x) = 0.$$

$\{y_n(x)\}$ also divergiert, während $y(x)=\frac{1}{2}x^2$ die einzige Lösung von (3) ist, welche die Bedingung $y(0)=0$ erfüllt.

Bemerkung 2. Es gibt für $x \geqq 0$ mit y monoton wachsende *stetige* Funktion $g(x, y)$, für welche das oben dargestellte Verfahren für *irgendeine* Anfangsfunktion $y_0(x)$ *stets konvergiert*, während $\frac{dy}{dx}=g(x, y)$ unendlich viele von einander verschiedene Lösungen $y(x)$ mit dem Anfangswerte $y(0)=0$ besitzt.

Als ein Beispiel dazu definieren wir $g(x, y)$ durch

$$g(x, y) = \begin{cases} 2\sqrt{y} & \text{für}\, y \geqq 0, \\ 0 & \text{für} \quad y < 0. \end{cases}$$

$g(x, y)$ ist also nicht negativ und mit y monoton wächst. Jede Lösung von (3), mit dem Anfangswerte $y(0)=0$, ist durch

$$y(x) = \begin{cases} 0 & \text{für } 0 \leqq x \leqq x_0, \\ & \qquad (x_0: \text{beliebig}) \\ (x-x_0)^2 & \text{für } x_0 < x \end{cases}$$

gegeben. $y_0(x)$ sei irgendeine für $0 \leqq x \leqq a$ stetige Funktion. x_1 sei die untere Grenze aller solchen Werte von x, dass $y_0(x)$ positiv ist. Gibt es kein solches x_1, so erhält man $y_n(x) \equiv 0$ für $n \geqq 1$, $0 \leqq x \leqq a$.

Wir setzen dann voraus, dass x_1 existiert. Aus der Gleichung $y_1(x) = \int_0^x g(x, y_0(x))dx$, $(g(x, y) \geqq 0)$, folgt dann, dass $y_1(x)$ mit x monoton wächst, $y_1(x)=0$ für $0 \leqq x \leqq x_1$ und $y_1(x) > 0$ für $x > x_1$. Nun definieren wir die Funktionen $z_0(x)$ und $z_0^*(x)$ durch

$$z_0(x) = \begin{cases} 0 & \text{für } 0 \leqq x \leqq x_1, \\ M(x-x_1) & \text{für } x_1 < x \leqq a, \text{ wo } M > 4a, \dfrac{M^2}{4} > y_0(x); \end{cases}$$

$$z_0^*(x) = \begin{cases} 0 & \text{für } 0 \leqq x \leqq x_1+\varepsilon, \\ (x-x_1-\varepsilon)^2 & \text{für } x_1+\varepsilon < x \leqq x_1+\varepsilon' \quad (\varepsilon' > \varepsilon), \\ (\varepsilon'-\varepsilon)^2 & \text{für } x_1+\varepsilon' < x, \end{cases}$$

wo ε beliebig kleine positive Zahl bedeutet, und ε' so genommen ist, dass $z_0^*(x) \leqq y_1(x)$ ist. Es ist leicht zu sehen, dass

$$z_0(x) \geqq y_1(x) \geqq z_0^*(x),$$
$$z_0(x) > (x-x_1)^2 \qquad \text{für} \quad x > x_1,$$
$$z_0^*(x) \leqq (x-x_1-\varepsilon)^2 \quad \text{für} \quad x > x_1+\varepsilon,$$

und

$$z_0(x) \geqq \int_0^x g(x, z_0(x))\, dx,$$
$$z_0^*(x) \leqq \int_0^x g(x, z_0^*(x))\, dx.$$

Definiert man die Folgen $\{z_n(x)\}$ und $\{z_n^*(x)\}$ durch $z_n(x) = \int_0^x g(x, z_{n-1}(x))dx$ bezw. $z_n^*(x) = \int_x^x g(x, z_{n-1}^*(x))dx$, dann nach Hilfssatz 1 konvergieren (zwar gleichmässig) die Folgen $\{z_n(x)\}$ und $\{z_n^*(x)\}$ gegen die Lösungen von (3), $y_\omega(x)$ bezw. $y_\omega^*(x)$, wobei

$$y_\omega(x) = \begin{cases} 0 & \text{für } 0 \leqq x \leqq x_1, \\ (x-x_1)^2 & \text{für } x > x_1; \end{cases}$$

$$y^*_\omega(x)=\begin{cases}0 & \text{für}\quad 0\leqq x\leqq x_1+\varepsilon,\\ (x-x_1-\varepsilon)^2 & \text{für}\quad x>x_1+\varepsilon.\end{cases}$$

Daraus können wir leicht schliessen, dass $\{y_n(x)\}$ gleichmässig gegen $y_\omega(x)$ (eine Lösung von (3) mit der Bedingung $y_\omega(x)=0$) konvergiert.

II. Nun betrachten wir ein System der gewöhnlichen Differentialgleichungen

(8) $$\frac{dy}{dx}=f_i(x, y_1,\ldots\ldots, y_k) \quad (i=1, 2,\ldots\ldots, k),$$

wo $f_i(x, y_1,\ldots\ldots, y_k)$ im Bereiche $0<x\leqq a$, $|y_i-Y_i(x)|\leqq l(x)$(wo $l(x)$ in $\langle 0, a\rangle$ stetig ist) stetige Funktion von $(x, y_1,\ldots\ldots,y_k)$ sind, und $Y_i(x)$ $(i=1, 2,\ldots\ldots k)$ sei ein derartiges Integralsystem von (8), dass $Y_i(x)$ in $\langle 0, a\rangle$ stetig ist und $Y_i(0)=0$.

$y_i^0(x)$ $(i=1, 2,\ldots\ldots,k)$ sei ein System der in $\langle 0, a\rangle$ stetigen Funktionen mit den Anfangswerten $y_i^0(0)=0$. Darauf wenden wir das Picardsche Verfahren der sukzessiven Approximationen an, sodass man hat

(9) $$y_i^n(x)=\int_0^x f_i(x, y_1^{n-1}(x),\ldots\ldots, y_k^{n-1}(x))dx \quad (n=1, 2, 3,\ldots\ldots)$$

Satz 2. *Die Funktionen $f_i(x, y_1,\ldots\ldots,y_k)$ genügen folgender Bedingung*

(10) $$|f_i(x, y_1,\ldots\ldots,y_k)-f_i(x, Y_1(x),\ldots\ldots,Y_k(x))|\leqq g(x,|y-Y(x)|) \quad ([1]),$$

wo $g(x, y)$ eine im Bereiche $0<x\leqq a$, $0\leqq y\leqq l(x)$ definierte mit y monoton wachsende stetige Funktion von (x, y) ist. Ferner $g(x, 0)=0$ für $0<x\leqq a$, und jede in $(0, a\rangle$ nicht identisch verschwindende Lösung der Differentialgleichung

(3) $$\frac{dy}{dx}=g(x, y)$$

sei für $0<x\leqq a$ positiv.

$y_i^0(x)$ genügen nächststehenden Bedingungen: Es gibt eine derartige Lösung von (3), $\bar{y}(x)[\leqq l(x)]$, dass $|y^0(x)-Y(x)|\leqq\bar{y}(x)$. Nähert sich x nach Null, so wird $|y^0(x)-Y(x)|$ kleiner als jede von $y(x)\equiv 0$ verschiedene Lösung von (3).

Dann konvergieren die Funktionenfolgen $\{y_i^n(x)\}$ in $\langle 0, a\rangle$ gleichmässig gegen $Y_i(x)$.

Beweis. Man setze $|y^0(x)-Y(x)|=z_0(x)$ und

$$z_n(x)=\int_0^x g(x, z_{n-1}(x))dx \qquad (n=1, 2\ldots\ldots).$$

([1]) Wir schreiben $|\cdots\cdots|$ anstatt $\operatorname*{Max}_{i=1,2,\ldots,k}|\cdots\cdots_i|$.

Nach Satz 1 konvergiert die Folge $\{z_n(x)\}$ in $\langle 0, a\rangle$ gleichmässig gegen $y(x)\equiv 0$. Nach Voraussetzung genügen $Y_i(x)$ den Gleichungen

$$Y_i(x)=\int_0^x f_i(x, Y_1(x),\ldots\ldots,Y_k(x))dx.$$

Also nach (9) und (10)

$$\left|y_i^1(x)-Y_i(x)\right|\leqq\int_0^x\left|f_i(x, y_1^0(x),\ldots\ldots,y_k^0(x))-f_i(x, Y_1(x),\ldots\ldots,Y_k(x))\right|dx$$

$$\leqq\int_0^x g(x,|y^0(x)-Y(x)|)dx=\int_0^x g(x, z_0(x))dx,$$

oder

$$|y^1(x)-Y(x)|\leqq z_1(x).$$

Daraus erhält man auch

$$|y_i^2(x)-Y_i(x)|\leqq\int_0^x g(x,|y^1(x)-Y(x)|)dx\leqq\int_0^x g(x, z_1(x))\,dx,$$

oder

$$|y^2(x)-Y(x)|\leqq z_2(x).$$

Ähnlicherweise bekommen wir

$$|y^n(x)-Y(x)|\leqq z_n(x).$$

Die Folgen $\{y_i^n(x)\}$ konvergieren also in $\langle 0, a\rangle$ gleichmässig gegen $Y_i(x)$.

Zusatz A. *$f_i(x, y_1,\ldots,y_k)$ und $g(x, y)$ genügen allen in Satz 2 geforderten Bedingungen. $f_i(x, y_1,\ldots,y_k)$ seien ferner im abgeschlossenen Bereiche $0\leqq x\leqq a, |y-Y(x)|\leqq l(x)$ stetig. Jede nicht (identisch) verschwindende Lösung von (3), $y(x)$, genüge der Bedingung*

$$\lim_{x\to 0}\frac{y(x)}{x}>0.$$

Dann konvergieren die Funktionenfolgen $\{y_i^n(x)\}$ in $\langle 0, a'\rangle$ gleichmässig gegen $Y_i(x)$, wobei $y_i^0(x)$ beliebige in $\langle 0, a\rangle$ stetige mit $|y^0(x)|\leqq l(x)$, $y^0(0)=0$ bedingte Funktionen und a' eine positive Zahl bedeuten.

Beweis: Da wie man leicht ersieht

$$\lim_{x\to 0}\frac{y_i^1(x)-Y_i(x)}{x}=0\qquad(i=1, 2,\ldots\ldots, k)$$

ist, so braucht man nur $y_i^0(x)$ in Satz 2 durch $y_i^1(x)$ zu ersetzen.

§ 2.

Die Funktionen $f_i(x, y_1,\ldots\ldots,y_k)$ seien im Bereiche $0<x\leqq a, |y_i-Y_i(x)|\leqq l(x)$ stetig. $g(x, y)$ sei im Bereiche $0<x\leqq a$, $0\leqq y\leqq l(x)$ stetig und $g(x, 0)=0$.

Die Differentialgleichung

$$\frac{dy}{dx}=g(x, y)$$

nennen wir *Oberdifferentialgleichung* von

(11) $$\frac{dy_i}{dx}=f_i(x, y_1,\ldots\ldots,y_k) \qquad (i=1, 2,\ldots\ldots,k)$$

in bezug auf das Funktionensystem $Y_i(x)$, wenn die Ungleichungen

(12) $$|f_i(x, y_1,\ldots\ldots,y_k)-f_i(x, Y_1(x),\ldots\ldots,Y_k(x)| < g(x,|y-Y(x)|)$$

für $0<|y-Y(x)|\leqq l(x)$, $0<x\leqq a$ bestehen.

Hilfssatz 5. *$z(x)$ sei eine in $(b, a\rangle$ stetige mit vorwärts-und rückwärtsgenommenen Differentialquotienten versehene positive Funktion, und genüge der Ungleichung*

(13) $$D_{\pm}z(x)<g(x, z(x)) \text{ für } b<x\leqq a.$$

$y=\eta(x)$ sei eine Lösung der Differentialgleichung $\frac{dy}{dx}=g(x, y)$ für welche $\eta(x_1)=z(x_1)(0<x_1\leqq a)$ ist. Dann besteht die Ungleichung

$$z(x)>\eta(x) \quad \text{für} \quad b<x<x_1.$$

Beweis: Da für $x=x_1$

$$D_{\pm}z(x_1)<g(x_1, z(x_1))=g(x_1, \eta(x_1))=\frac{d\eta(x)}{dx}_{x=x_1}$$

ist, so gibt es eine positive Zahl δ derart, dass

$$z(x)>\eta(x) \text{ für } x_1-\delta<x<x_1.$$

Wäre die Ungleichung $z(x)>\eta(x)$ nicht für alle x in $(0, x_1)$ gültig, so gäbe es einen Wert von x, etwa $x=x_2$ $(b<x_2<x_1)$ derart, dass $z(x_2)=\eta(x_2)$ und $z(x)>\eta(x)$ für $x_2<x<x_1$. Daraus können wir leicht schliessen, dass

$$D_{+}z(x_2)\geqq\frac{d}{dx}\eta(x)_{x=x_2}=g(x_2, \eta(x_2))=g(x_2, z(x_2)),$$

was aber mit (13) im Widerspuch steht. Unsere Behauptung ist damit bewiesen.

Satz. 3. *$Y_i(x)(i=1, 2,\ldots\ldots,k)$ sei ein Integralsystem von (11) mit der Beschaffenheit, dass $Y_i(x)$ in $\langle 0, a\rangle$ stetig sind und $Y_i(0)=0$.*

(14) $$\frac{dy}{dx}=g(x, y)$$

sei eine Oberdifferentialgleichung von (11) in bezug auf das System $Y_i(x)$ $(i=1,\ldots\ldots,k)$ (²)*; und $y(x)\equiv 0$ sei die einzige Lösung von (14) unter der Bedingung $0\leqq y(x)\leqq l^*(x)$ $(\leqq l(x)$, $(l^*(x)>0$ für $0<x\leqq a)$*

Dann ist $y_i=Y_i(x)$ $(i=1, 2,\ldots\ldots,k)$ das einzige Integralsystem von (11)

(²) Man kann die Definition der Oberdifferentialgleichung etwas erweiteren, indem man der Ungleichung (12) das Gleichheitszeichen hinzufügt. Wir lassen aber den Beweis vorbei.

unter der Bedingung $Y_i(0)=0$ *und* $|y-Y(x)| \leqq l^*(x)$.

Beweis; $y_i(x)(i=1, 2, \ldots\ldots, k)$ sei irgendein Integralsystem von (11), welche der Bedingung $|y(x)-Y(x)| \leqq l^*(x)$, $y_i(0)=0$ genügt. Man setze

$$z(x)=|y(x)-Y(x)|.$$

Wie man leicht sieht, ist $z(x)$ für $0<x \leqq a$ mit vorwärts-und rückwärtsgenommenen Differentialquotienten ausgestattet, und genügt der Ungleichung

$$D_{\pm}z(x) \leqq \left| \frac{dy(x)}{dx} - \frac{dY(x)}{dx} \right|. \tag{15}$$

Nach (12) und (15) bekommen wir, während $z(x)$ positiv ist,

$$\begin{aligned} D_{\pm}z(x) &\leqq |f(x, y_1(x), \ldots\ldots, y_k(x)) - f(x, Y_1(x), \ldots\ldots, Y_k(x))| \\ &< g(x, z(x)). \end{aligned}$$

Wäre $z(x)$ einmal positiv für irgendeinen Wert von x in $(0, a\rangle$, etwa für $x=x_1$, dann nehmen wir ein Integral von (14), $y=\eta(x)$, mit dem Werte $\eta(x_1)=z(x_1)(>0)$. Nach Hilfssatz 5 erhält man dann, während $z(x)$ positiv ist, $z(x)>\eta(x)$; folglich $z(x)>\eta(x)$ für $0<x<x_1$, da $\eta(x)$ niemals in $(0, a)$ verschwinden kann. Es gibt nach Voraussetzung einen Wert von x in $(0, x_1)$, etwa $x=x_2$, derart, dass $\eta(x_2)>l^*(x_2)$. Daher $z(x_2)>l^*(x_2)$. Das steht aber mit $z(x) \leqq l^*(x)$ im Widerspruch, w. z. b. w.

Zusatz B. $f_i(x, y_1, \ldots\ldots, y_k)$ *genügen den Ungleichungen*

$$|f_i(x, y_1, \ldots\ldots, y_k) - f_i(x, Y_1(x), \ldots\ldots, Y_k(x))| \leqq \varphi(x), \tag{16}$$

wo $Y_i(x)$ $(i=1, 2, \ldots\ldots, k)$ *ein Integralsystem von* (11) *mit der Eigenschaft bedeutet, dass* $Y_i(x)$ *in* $\langle 0, a\rangle$ *stetig sind und* $Y_i(0)=0$, *und* $\varphi(x)$ *in* $\langle 0, a\rangle$ *integrierbar ist.*

$$\frac{dy}{dx}=g(x, y) \tag{14}$$

sei eine Oberdifferentialgleichung von (11) *in bezug auf das System* $Y_i(x)$ $(i=1,2 \ldots\ldots k)$ *und* $y(x)\equiv 0$ *sei die einzige Lösung von* (14) *unter der Bedingung* $0 \leqq y(x) \leqq \int_0^x \varphi(x)dx (>0$ *für* $x>0)$. *Dann ist* $y_i=Y_i(x)$ $(i=1,2, \ldots\ldots, k)$ *das einzige Integralsystem von* (11) *mit den Anfangswerten* $Y_i(0)=0$.

Beweis: Aus (16) erhält man leicht

$$|y(x)-Y(x)| \leqq \int_0^x \varphi(x)dx.$$

Wir haben also in Satz 3 nur zu setzen: $\int_0^x \varphi(x)dx=l^*(x)$, w. z. b. w.

Nun wollen wir eine Klasse solcher Differentialgleichungen finden, dass, für jede Differentialgleichung der Klasse, $y(x)\equiv 0$ die einzige Lösung unter der Bedingung $0\leqq y\leqq l^*(x)$ ist.

Satz 4. *$l^*(x)$ sei für $0<x\leqq a$ positiv, stetig differentiierbar und $l^*(0)=0$. $g(x, y)$ sei im Bereiche $0<x\leqq a$, $0\leqq y\leqq l(x)$ $(l(x)>l^*(x))$ stetig und $g(x, 0)=0$. $g(x, y)$ genüge auch folgender Bedingung: Es gibt eine im Bereiche $0\leqq x\leqq a$, $0\leqq u$ stetige und für $0<x\leqq a$, $0<u$ nach x und u stetig differentiierbare Funktion $\eta(x, u)$ derart, dass $\eta_u(x, u)>0$ für $x>0$, $u>0$; $\eta(0, u)=0$, $\eta(x, 0)=0$, $\eta(x, c)=l^*(x)$ (c: positive Konstante) und*

$$(17)\qquad \frac{g(x, \eta(x, u))-\eta_x(x, u)}{\eta_u(x, u)}\leqq-\psi(x)\Omega(u)$$

wo $\int_0^x\psi(x)dx=+\infty$ für $x>0$, und $\Omega(u)>0$ für $0<u\leqq c$.

Dann wird $l^*(x)$ kleiner als jede von $y(x)\equiv 0$ verschiedene (nicht negative) *Lösung von*

$$(14)\qquad \frac{dy}{dx}=g(x, y),$$

wenn x der Null genügend nähert.

Beweis: $y(x)$ sei irgendeine von $y(x)\equiv 0$ verschiedene Lösung von (14). Man setze $y(x)=\eta(x, u(x))$ und löse sie nach $u(x)$ auf. Für $u(x)$ erhalten wir die Differentialgleichung

$$\frac{du}{dx}=\frac{g(x, \eta(x, u))-\eta_x(x, u)}{\eta_u(x, u)}$$

während $u(x)$ [folglich $y(x)$] positiv bleibt. Nach (17) wächst $u(x)$ monoton, wenn x monoton abnimmt. $u(x)$ ist also stets grösser als eine positive Zahl ε für $0<x<\delta$, wo δ eine geeignete positive Zahl bedeutet. Nach (17) folgt also auch

$$\frac{du}{dx}\leqq-\psi(x)\zeta$$

während $u(x)\leqq c$ ist, wo ζ eine positive Zahl bedeutet. Daraus erhält man

$$u(x_2)\geqq u(x_1)+\zeta\int_{x_2}^{x_1}\psi(x)dx \qquad \text{für}\quad 0<x_2<x_1<\delta,$$

während $u(x)\leqq c$ ist. Es gibt also einen positiven Wert von x, etwa x^*, derart, dass $u(x)>c$ für $0<x<x^*$, folglich $y(x)>l^*,(x)$ für $0<x<x^*$, w. z. b. w.

Beispiel. (I) Man setze $\eta(x, u)=u\cdot l^*(x)$ $\psi(x)=\dfrac{\frac{d}{dx}l^*(x)}{l^*(x)}$, und nehme nur das Gleichheitszeichen von (17); nämlich

$$\frac{g(x,\ ul^*(x))-ul^{*\prime}(x)}{l^*(x)}=-\frac{l^{*\prime}(x)}{l^*(x)}\Omega(u),$$

wo $\Omega(u)$ stetig, $\Omega(0)=0$ und $\Omega(u)>0$ für $0<u\leqq 1$ ist. Dann erhält man, indem man $u=\frac{y}{l^*(x)}$ und $u-\Omega(u)=\omega(u)$ setzt,

$$g(x,\ y)=l^{*\prime}(x)\omega\left(\frac{y}{l^*(x)}\right),$$

wo $0<\omega(u)<u$ für $0<u\leqq 1$ und $\omega(0)=0$.

Sind $f_i(x,\ y_1,\ldots\ldots,y_k)$ $(i=1,\ 2,\ldots\ldots,k)$ *beschränkt*, so erhält man einen Unitätssatz, indem man $l^*(x)=Mx$ setzt, wo M eine geeignete Konstante bedeutet, nämlich

$$g(x,\ y)=M\omega\left(\frac{y}{Mx}\right),$$

wo $0<\omega(u)<u$ für $0<u\leqq 1$ und $\omega(0)=0$.
Setzt man insbesondere $\omega(u)=ku$ $(k<1)$, so erhält man

$$g(x,\ y)=k\frac{y}{x}.$$

Dies ist ein Unitätssatz von Herrn *Rosenblatt* ([3])

(II) Man setze $\eta(x,\ u)=x^{\frac{1}{u}}$, $0<x<1$, und nehme nur das Gleichheitszeichen von (17), nämlich

$$\frac{g(x,\ x^{\frac{1}{u}})-\dfrac{x^{\frac{1}{u}-1}}{u}}{\dfrac{x^{\frac{1}{u}}\log\frac{1}{x}}{u^2}}=-\psi(x)\Omega(u).$$

Daraus erhält man, indem man $x^{\frac{1}{u}}=y$ setzt,

$$g(x,\ y)=\frac{y\log\frac{1}{y}}{x\log\frac{1}{x}}\left\{1-x\psi(x)\log\frac{1}{y}\Omega\left(\frac{\log\frac{1}{x}}{\log\frac{1}{y}}\right)\right\},$$

wo $\Omega(u)>0$ für $0<u\leqq c$ und $\Omega(0)=0$. Setzt man insbesondere $\Omega(u)=\varepsilon u$ und $\psi(x)=\dfrac{1}{x\log\frac{1}{x}\log\log\frac{e}{x}}$,

([3] Arkiv för Matematik, Astronomi och Fysik 5 (1909); Nr. 2.

$$g(x, y)=\frac{y\log\frac{1}{y}}{x\log\frac{1}{x}}\left(1-\frac{\varepsilon}{\log\log\frac{e}{x}}\right).$$

Dies liefert uns einen Unitätssatz für den Fall, wo $\left|f_i(x, y_1,\ldots\ldots,y_k)\right|<\frac{M}{x^{1-\varepsilon}}$ $(\varepsilon>0)$ ist.

Satz 5. (*Unitätssatz von Herrn Iyanaga* (4)).
f_i *seien im abgeschlossenen Bereiche* $0\leqq x\leqq a, |y-Y(x)|\leqq l(x)$ *stetig.*

$$\frac{dy}{dx}=g(x, y) \tag{14}$$

sei eine Oberdifferentialgleichung von (11) *in bezug auf ein Integralsystem* $Y_i(x)$ *von* (11) *mit den Anfangswerten* $Y_i(0)=0$. *Jede von* $y(x)\equiv 0$ *verschiedene* (nicht negative) *Lösung von* (14) *sei für* $0<x\leqq a$ *positiv und genüge der Ungleichung*

$$\lim_{x\to 0}\frac{y(x)}{x}>0. \tag{18}$$

Dann ist $Y_i(x)$ $(i=1, 2,\ldots\ldots,k)$ *das einzige Integralsystem von* (11) *mit den Anfangswerten* $Y_i(0)=0$.

Beweis: Wäre $y_i(x)$ $(i=1, 2,\ldots\ldots,k)$ ein von $Y_i(x)$ verschiedenes Integralsystem von (11), welches der Bedingung $y_i(0)=Y_i(0)=0$, $|y(x)-Y(x)|\leqq l(x)$ genügt. Man setze $|y(x)-Y(x)|=z(x)$. Wie in Satz 3 genügt $z(x)$ der Ungleichung

$$D_{\pm}z(x)<g(x, z(x)),$$

während $z(x)$ positiv ist, und es gibt einen positiven Wert von x, etwa $x=x_1$, sodass $z(x_1)>0$ ist. $\eta(x)$ sei eine Lösung von (14), welche die Bedingung $\eta(x_1)=z(x_1)$ befriedigt.

Nach Hilfssatz 5 besteht dann die Ungleichung

$$z(x)>\eta(x) \qquad \text{für} \qquad 0<x<x_1.$$

Dies mit (18) verglichen ergibt

$$\lim_{x\to 0}\frac{z(x)}{x}>0.$$

Andererseits bekommen wir leicht, wegen der Stetigkeit von f_i für

(4) Japanese Journal of Mathematics **5** (1928), 235-257.

$x=0$, $\lim\limits_{x\to 0} \frac{z(x)}{x}=0$, was aber nicht der Fall sein kann. $Y(x)$ ist also das einzige Integralsystem von (14) mit dem Anfangswerte $Y_i(0)=0$.

Nun wollen wir in Satz 5 geforderte Oberdifferentialgleichungen finden. $\gamma(x, u)$ sei eine im Bereiche $0 < x \leqq a$, $0 \leqq u \leqq \frac{l(x)}{x}$ stetige Funktion und $\gamma(x, 0)=0$. Jede von $u(x)\equiv 0$ verschiedene Lösung von

$$\frac{du}{dx}=\gamma(x, u)$$

sei für $0 < x \leqq a$ positiv und genüge der Bedingung

$$\lim_{x\to 0} u(x) > 0. \tag{19}$$

Dann genügt jede von $y(x)\equiv 0$ verschiedene Lösung von

$$\frac{dy}{dx}=\frac{y}{x}+x\gamma\left(x, \frac{y}{x}\right) \tag{20}$$

der Ungleichung $\lim\limits_{x\to 0} \frac{y(x)}{x} > 0$, und ist für $0 < x \leqq a$ positiv.

Denn, $\frac{y(x)}{x}=u(x)$ gesetzt, erhält man für $u(x)$ die Differentialgleichung

$$\frac{du}{dx}=\gamma(x, u).$$

Beispiele. $\gamma(x, u)=\varphi(x)\,\omega(u)$,

wo $\int_0^{x_1} \varphi(x)dx < \infty$ $(x_1 > 0)$, $\int_0^{y_1} \frac{du}{\omega(u)}=+\infty (y_1 > 0)$, $\omega(u) > 0$ für $u > 0$ und $\omega(0)=0$.

In diesem Falle genügt jede von $u(x)\equiv 0$ verschiedene Lösung von $\frac{du}{dx}=\gamma(x, u)$ der Bedingung (19), und ist für $0 < x \leqq a$ positv. (Unitätssatz von Herrn Tonelli und Montel) Dann erhält man für (20)

$$\frac{dy}{dx}=\frac{y}{x}+x\varphi(x)\omega\left(\frac{y}{x}\right).$$

Setzt man insbesondere $\omega(u)=u$, so erhält man, indem man $\varphi(x)=\frac{\varepsilon(x)}{x}$ setzt,

(⁵) Vgl. Shimizu: On Sufficient Conditions for the Uniqueness of the Solution of $\frac{dy}{dx}=f(x, y)$. Proceedings of the Imperial Academy (1928).

$$\frac{dy}{dx}=\frac{1+\varepsilon(x)}{x}y, \quad \text{wo} \quad \int^x \frac{\varepsilon(x)}{x}dx<\infty \ (^5).$$

Setzt man auch $\omega(u)=u\log\frac{1}{u}$, so erhält man,

$$\frac{dy}{dx}=\frac{1-\varepsilon(x)}{x}y+\frac{\varepsilon(x)}{x\log\frac{1}{x}}y\log\frac{1}{y},$$

wo
$$\int_0^x \frac{\varepsilon(x)}{x\log\frac{1}{x}}dx<\infty \ \left(\varepsilon(x)=x\log\frac{1}{x}\varphi(x)\right) \ (^5).$$

Bemerkungen. Wächst $g(x, y)$ mit y monoton und genügt den Bedingungen in Satz 4, so kann man $\frac{dy}{dx}=g(x, y)$ für (3) in Satz 2 nehmen, wenn $|y-Y(x)|\leqq l^*(x)$ ist. Wächst $\gamma(x, u)$ mit u monoton und genügt oben geforderten Bedingungen, so kann man (20) für $\frac{dy}{dx}=g(x, y)$ in Zusatz A nehmen.

Die Beispiele von Satz 4 und 5 sind also auch auf die Bedingung der Konvergenz der sukzessiven Approximationen in § 1 anwendbar.

Mathematisches Institut, K. Universität zu Tokio.

Über eine kombinatorische Eigenschaft der linearen Verbindung von Vektoren auf der Ebene

[Nachr. Ges. Wiss. Göttingen, I, 32 (1932) 560–568]

Vorgelegt von H. Weyl in der Sitzung am 25. November 1932.

§ 1. Einleitung.

Im folgenden möchte ich mich mit einer kombinatorischen Eigenschaft der linearen Verbindung von Vektoren in der Ebene beschäftigen. Wie man leicht sieht, hat die lineare Verbindung der Vektoren $[\mathfrak{x}_1, \mathfrak{x}_2, \ldots, \mathfrak{x}_n] = \sum_{\nu=1}^{n} \lambda_\nu \mathfrak{x}_\nu$ mit fest bestimmten reellen, von 0 verschiedenen Koeffizienten λ_ν folgende Eigenschaft:

$$(1) \quad \begin{aligned}&[[\mathfrak{x}_{1,1}, \mathfrak{x}_{1,2}, \ldots, \mathfrak{x}_{1,n}], [\mathfrak{x}_{2,1}, \mathfrak{x}_{2,2}, \ldots, \mathfrak{x}_{2,n}], \ldots, [\mathfrak{x}_{n,1}, \mathfrak{x}_{n,2}, \ldots, \mathfrak{x}_{n,n}]] \\ &= [[\mathfrak{x}_{1,1}, \mathfrak{x}_{2,1}, \ldots, \mathfrak{x}_{n,1}], [\mathfrak{x}_{1,2}, \mathfrak{x}_{2,2}, \ldots, \mathfrak{x}_{n,2}], \ldots, [\mathfrak{x}_{1,n}, \mathfrak{x}_{2,n}, \ldots, \mathfrak{x}_{n,n}]].\end{aligned}$$

Diese Eigenschaft wird nun, wie wir behaupten, durch irgendeine topologische Transformation der Ebene auf ein anderes Gebiet (oder auf dieselbe Ebene) nicht zerstört. Es sei nämlich $\mathfrak{A}$ eine topologische Abbildung von einem einfach zusammenhängenden Gebiet G auf die euklidische Ebene E. Dann befriedigt die der Kombination $[\mathfrak{x}_1, \ldots, \mathfrak{x}_n]$ entsprechende Kombination der n Punkte in G,

$$[p_1, \ldots, p_n]^* = \mathfrak{A}^{-1}[\mathfrak{A}p_1, \mathfrak{A}p_2, \ldots, \mathfrak{A}p_n] \quad (\mathfrak{A}p_\nu = \mathfrak{x}_\nu),$$

auch dieselbe Relation (1). $[p_1, p_2, \ldots, p_n]^*$ hat noch folgende Eigenschaften:

(a) $[p_1, \ldots, p_n]^*$ hängt von $(p_1, \ldots, p_n)$ stetig ab.

(b) Es gibt einen Punkt e in G, so daß

$$[e, e, \ldots, e]^* = e \quad (e \text{ entspricht dem Nullvektor}).$$

(c) Die Gleichung $[p_1, \ldots, p_n] = q$ ist mit auf G beliebig vorgegebenen $n-1$ Punkten p_ν $(\nu \neq m)$ und einem beliebigen Punkt q auf G immer nach p_m eindeutig und stetig auflösbar.

Es sei $[p_1, \ldots, p_n]^*$ irgendeine Kombination der n beliebigen Punkte p_ν in einem einfach zusammenhängenden (zweidimensionalen) Gebiet G ($[p, \ldots, p_n]^*$ ist der dem Punktsystem $(p_1, \ldots, p_n)$ entsprechende Punkt auf G), die alle Bedingungen (1), (a), (b) und (c) befriedigt. Dann kann man beweisen, daß es eine topologische Abbildung $\mathfrak{A}$ des Gebietes G auf die euklidische Ebene E gibt, die e in den Nullvektor überführt ($0 = \mathfrak{A}e$), so daß die der Kombination $[p_1, \ldots, p_n]^*$ entsprechende Kombination

$$[\mathfrak{x}_1, \ldots, \mathfrak{x}_n] = \mathfrak{A}[\mathfrak{A}^{-1}\mathfrak{x}_1, \ldots, \mathfrak{A}^{-1}\mathfrak{x}_n]^* \quad (\mathfrak{x}_\nu = \mathfrak{A}p_\nu),$$

folgendermaßen dargestellt wird:

$$(2) \qquad [\mathfrak{x}_1, \ldots, \mathfrak{x}_n] = \sum_{\nu=1}^{n} A_\nu \mathfrak{x}_\nu,$$

wobei die A_ν unter einander vertauschbare, den Nullvektor erhaltende umkehrbare lineare Transformationen von E auf sich selbst bedeuten.

Für den Beweis dieser Tatsache benutze ich den topologischen Satz der zweigliedrigen (ABELschen) kontinuierlichen Gruppen. Weiter untersuche ich die zusätzliche Bedingung, daß (2) die gewöhnliche lineare Kombination sei ($A_\nu = \lambda_\nu$ reelle Zahl), und auch deren Spezialfall, in welchem (2) der Schwerpunkt von $\mathfrak{x}_1, \ldots, \mathfrak{x}_n$ sein soll $\left([\mathfrak{x}_1, \ldots, \mathfrak{x}_n] = \frac{1}{n}\sum_\nu \mathfrak{x}_\nu\right)$.

§ 2. Der Fall $n = 2$.

Bevor wir das Problem für beliebige Anzahl n behandeln, beschäftigen wir uns mit dem Fall $n = 2$.

Satz 1. Es sei $q = [p_1, p_2]$ ein jedem Paar von auf einem einfach zusammenhängenden offenen zweidimensionalen Gebiet G liegenden Punkten (p_1, p_2) zugeordneter Punkt, der auch auf G liegt und folgenden Bedingungen genügt:

(I) $[p_1, p_2]$ hängt stetig von (p_1, p_2) ab.

(II) Es gibt einen Punkt e in G, sodaß

$$[e, e] = e.$$

(III) Es gilt immer

$$[[p_1, p_2], [p_1', p_2']] = [[p_1, p_1'], [p_2, p_2']].$$

(IV) Die Gleichung $[p_1, p_2] = q$ ist mit auf G beliebig vorgegebenen p_1 und q (oder p_2 und q) immer nach p_2 (oder nach p_1) in G eindeutig und stetig lösbar.

Es gibt dann eine topologische Abbildung $\mathfrak{A}$ von G auf die euklidische Ebene E, sodaß durch $\mathfrak{A}$ dem Punkte e der Anfangspunkt eines affinen Koordinatensystems von E entspricht und die durch $\mathfrak{A}$ den Punkten p_1, p_2 und q entsprechenden Punkte $\mathfrak{x}_1$, $\mathfrak{x}_2$ und $\mathfrak{y}$ ($\mathfrak{x}_\nu = \mathfrak{A} p_\nu$, $\mathfrak{y} = \mathfrak{A} q$) die Relation befriedigen:

$$\mathfrak{y} = A_1 \mathfrak{x}_1 + A_2 \mathfrak{x}_2,$$

wobei A_1 und A_2 mit einander vertauschbare, den Anfangspunkt ($\mathfrak{x} = 0$) erhaltende umkehrbare lineare Transformationen von E auf sich selbst bedeuten.

Beweis des Satzes. Wir wollen aus $[p_1, p_2]$ eine neue Kombination ableiten, die die Gruppeneigenschaft besitzt.

Wir setzen $[p, e] = \tau_1 p$ und $[e, p] = \tau_2 p$, wobei τ_1 und τ_2 die Transformationen von p auf $[p, e]$ bezw. auf $[e, p]$ bedeuten. Diese Transformationen sind auf G umkehrbar eindeutig und stetig und genügen folgenden Bedingungen:

$$(\alpha) \qquad \tau_\nu e = e.$$

$$(\beta) \qquad \tau_1 \tau_2 = \tau_2 \tau_1 \qquad (\tau_1^{-1} \tau_2^{-1} = \tau_2^{-1} \tau_1^{-1}).$$

$$(\gamma) \qquad \tau_\nu [p_1, p_2] = [\tau_\nu p_1, \tau_\nu p_2] \qquad (\tau_\nu^{-1} [p_1, p_2] = [\tau_\nu^{-1} p_1, \tau_\nu^{-1} p_2]).$$

Beweis von (β):

$$\tau_1 \tau_2 p = [[e, p], e] = [[e, p], [e, e]] = [[e, e], [p, e]] = [e, [p, e]] \\ = \tau_2 \tau_1 p.$$

Beweis von (γ):

$$\tau_1 [p_1, p_2] = [[p_1, p_2], e] = [[p_1, p_2], [e, e]] = [[p_1, e], [p_2, e]] \\ = [\tau_1 p_1, \tau_1 p_2].$$

In ähnlicher Weise erhält man:

$$\tau_2 [p_1, p_2] = [\tau_2 p_1, \tau_2 p_2].$$

Nun setzen wir $[\tau_1^{-1} p_1, \tau_2^{-1} p_2] = \{p_1, p_2\}$ und beweisen, daß die neue Kombination $\{p_1, p_2\}$ die Gruppeneigenschaft besitzt.

Nämlich:

$$\{e, p\} = \{p, e\} = p,$$

und

$$\{\{p, q\}, r\} = \{p, \{q, r\}\},$$

wo p, q, r beliebige Punkte in G sind. Denn:

$$\{e, p\} = [\tau_1^{-1} e, \tau_2^{-1} p] = [e, \tau_2^{-1} p] = \tau_2 \tau_2^{-1} p = p,$$

$$\{p, e\} = [\tau_1^{-1} p, \tau_2^{-1} e] = [\tau_1^{-1} p, e] = \tau_1 \tau_1^{-1} p = p,$$

und

$$\{\{p, q\}, r\} = \{\{p, q\}, \{e, r\}\} \\ = [\tau_1^{-1} [\tau_1^{-1} p, \tau_2^{-1} q], \tau_2^{-1} [\tau_1^{-1} e, \tau_2^{-1} r]]$$

$$\begin{aligned}
&= [[\tau_1^{-2} p, \tau_1^{-1} \tau_2^{-1} q], [\tau_2^{-1} \tau_1^{-1} e, \tau_2^{-2} r]] \quad (\text{nach } (\gamma)) \\
&= [[\tau_1^{-2} p, \tau_2^{-1} \tau_1^{-1} e], [\tau_1^{-1} \tau_2^{-1} q, \tau_2^{-2} r]] \\
&= [\tau_1^{-1} [\tau_1^{-1} p, \tau_2^{-1} e], \tau_2^{-1} [\tau_1^{-1} q, \tau_2^{-1} r]] \quad (\text{nach } (\beta) \text{ u. } (\gamma)) \\
&= \{\{p, e\}, \{q, r\}\} = \{p, \{q, r\}\}.
\end{aligned}$$

Man kann auch leicht die Existenz des inversen Elements für jeden Punkt p in G beweisen. Die Kombination $\{p_1, p_2\}$ stellt uns also eine auf dem einfach zusammenhängenden Gebiet G definierte einfach transitive zweigliedrige kontinuierliche Gruppe vor. Außerdem ist die Gruppe kommutativ. Denn:

$$\begin{aligned}
\{p_1, p_2\} &= [\tau_1^{-1} p_1, \tau_2^{-1} p_2] = [\tau_1^{-1} \tau_2^{-1} \tau_2 p_1, \tau_2^{-1} \tau_1^{-1} \tau_1 p_2] \\
&= \tau_1^{-1} \tau_2^{-1} [\tau_2 p_1, \tau_1 p_2] \quad (\text{nach } (\beta) \text{ und } (\gamma)) \\
&= \tau_1^{-1} \tau_2^{-1} [[e, p_1], [p_2, e]] \\
&= \tau_1^{-1} \tau_2^{-1} [[e, p_2], [p_1, e]] = \tau_1^{-1} \tau_2^{-1} [\tau_2 p_2, \tau_1 p_1] \\
&= [\tau_1^{-1} p_2, \tau_2^{-1} p_1] \quad (\text{nach } (\beta) \text{ und } (\gamma)) \\
&= \{p_2, p_1\}.
\end{aligned}$$

Nach dem topologischen Satz der zweigliedrigen einfach transitiven Abelschen kontinuierlichen Gruppen[1]) gibt es also eine topologische Abbildung $\mathfrak{A}$ von G auf die euklidische Ebene E, sodaß die durch $\mathfrak{A}$ den Punkten p_1, p_2 und $q = \{p_1, p_2\}$ entsprechenden Punkte $\mathfrak{x}_1, \mathfrak{x}_2$ und $\mathfrak{y}$ ($\mathfrak{x}_\nu = \mathfrak{A} p_\nu$, $\mathfrak{y} = \mathfrak{A} q$), indem das Einheitselement e durch $\mathfrak{A}$ in den Anfangspunkt $\mathfrak{x} = 0$ übergeht, der folgenden höchst einfachen Relation genügt:

$$\mathfrak{y} = \mathfrak{x}_1 + \mathfrak{x}_2.$$

Nun gehen wir zur ursprünglichen Kombination $[p_1, p_2]$ zurück:

$$(3) \qquad [p_1, p_2] = \{\tau_1 p_1, \tau_2 p_2\} = \mathfrak{A}^{-1}(\mathfrak{A} \tau_1 p_1 + \mathfrak{A} \tau_2 p_2).$$

Nach (γ) erhält man:

$$\tau_\nu \mathfrak{A}^{-1}(\mathfrak{A} \tau_1 p_1 + \mathfrak{A} \tau_2 p_2) = \mathfrak{A}^{-1}(\mathfrak{A} \tau_\nu \tau_1 p_1 + \mathfrak{A} \tau_\nu \tau_2 p_2),$$

oder, wenn man $p_1 = \tau_1^{-1} \mathfrak{A}^{-1} \mathfrak{x}_1$, $p_2 = \tau_2^{-1} \mathfrak{A}^{-1} \mathfrak{x}_2$ setzt,

$$\mathfrak{A} \tau_\nu \mathfrak{A}^{-1}(\mathfrak{x}_1 + \mathfrak{x}_2) = \mathfrak{A} \tau_\nu \mathfrak{A}^{-1} \mathfrak{x}_1 + \mathfrak{A} \tau_\nu \mathfrak{A}^{-1} \mathfrak{x}_2.$$

Bezeichnet man mit A_ν die durch $\mathfrak{A}$ der Transformation τ_ν entsprechende Transformation von E auf sich selbst ($A_\nu = \mathfrak{A} \tau_\nu \mathfrak{A}^{-1}$), so gilt daher

$$A_\nu(\mathfrak{x}_1 + \mathfrak{x}_2) = A_\nu \mathfrak{x}_1 + A_\nu \mathfrak{x}_2.$$

---

1) Vgl. v. Kerékjártó, Geometrische Theorie der zweigliedrigen kontinuierlichen Gruppen. Abh. a. d. Math. Seminar d. Hamb. Univ., Bd. 8, S. 107—114.

Da $\mathfrak{x}_1, \mathfrak{x}_2$ unabhängig von einander durch alle Punkte von E laufen können und A_ν stetige Transformation von E auf sich selbst sind, so können wir schließen, daß A_ν lineare homogene Transformation von E auf sich selbst sind. Setzt man $\tau_\nu = \mathfrak{A}^{-1} A_\nu \mathfrak{A}$ in (3), so kommt

$$[p_1, p_2] = \mathfrak{A}^{-1}(A_1 \mathfrak{A} p_1 + A_2 \mathfrak{A} p_2),$$

oder $\mathfrak{y} = A_1 \mathfrak{x}_1 + A_2 \mathfrak{x}_2$, $(\mathfrak{y} = \mathfrak{A}[p_1, p_2],\ \mathfrak{x}_\nu = \mathfrak{A} p_\nu)$.

Dafür, daß die Kombination $[p_1, p_2]$ alle vorgegebenen Bedingungen (insbesondere (III)) erfülle, ist es weiter nur notwendig und hinreichend, daß die Transformationen A_1 und A_2 mit einander vertauschbar seien. W. z. b. w.

§ 3. Der Fall $n > 2$.

Nun betrachten wir den Fall $n > 2$.

Satz 2. $q = [p_1, p_2, \ldots, p_n]$ $(n > 2)$ sei ein jedem System von n Punkten $(p_1, p_2, \ldots, p_n)$ auf dem einfach zusammenhängenden zweidimensionalen offenen Gebiet G entsprechender Punkt, der auch auf G liegt, und folgende Bedingungen erfüllt:

(I) $[p_1, p_2, \ldots, p_n]$ hängt von dem Punktsystem $(p_1, p_2, \ldots, p_n)$ auf G stetig ab.

(II) Es gibt einen Punkt e in G, sodaß

$$[e, e, \ldots, e] = e.$$

(III) Es gilt immer

$$[[p_{1,1}, p_{1,2}, \ldots, p_{1,n}], [p_{2,1}, p_{2,2}, \ldots, p_{2,n}], \ldots, [p_{n,1}, p_{n,2}, \ldots, p_{n,n}]]$$
$$= [[p_{1,1}, p_{2,1}, \ldots, p_{n,1}], [p_{1,2}, p_{2,2}, \ldots, p_{n,2}], \ldots, [p_{1,n}, p_{2,n}, \ldots, p_{n,n}]].$$

(IV) Die Gleichung $q = [p_1, p_2, \ldots, p_n]$ ist mit beliebig vorgegebenen $n-1$ Punkten p_ν $(\nu \neq m)$ und q auf G immer nach p_m auf G eindeutig und stetig lösbar.

Dann gibt es eine topologische Abbildung $\mathfrak{A}$ von G auf die euklidische Ebene E, sodaß die durch $\mathfrak{A}$ den Punkten p_ν und $q = [p_1, \ldots, p_n]$ entsprechenden Punkte $\mathfrak{x}_\nu$ und $\mathfrak{y}$ $(\mathfrak{x}_\nu = \mathfrak{A} p_\nu,\ \mathfrak{y} = \mathfrak{A} q)$, (wobei insbesondere $\mathfrak{A} e = 0$) folgender Relation genügen:

$$\mathfrak{y} = \sum_{\nu=1}^{n} A_\nu \mathfrak{x}_\nu,$$

wobei A_ν mit einander vertauschbare lineare homogene umkehrbare Transformationen von E auf sich selbst sind $(A_\nu A_\mu = A_\mu A_\nu)$.

Beweis des Satzes: Auf diesen Fall $(n > 2)$ wenden wir das Resultat des Falls $n = 2$ an. Wir setzen nämlich:

$$[p_1, p_2, e, e, \ldots, e] = [p_1, p_2]^*.$$

Wie man leicht sieht, genügt $[p_1, p_2]^*$ allen Bedingungen von Satz 1. (Für den Beweis von (III) des Satzes 1 setze man $p_{1,1} = p_1$, $p_{1,2} = p_2$, $p_{2,1} = p'_1$, $p_{2,2} = p'_2$ und sonst $p_{\mu,\nu} = e$.) Nach Satz 1 wird $[p_1, p_2]^*$ also folgendermaßen dargestellt:

$$[p_1, p_2]^* = \mathfrak{A}^{-1}(A\mathfrak{A}p_1 + A'\mathfrak{A}p_2), \tag{4}$$

wobei $\mathfrak{A}$ eine topologische Abbildung von G auf die euklidische Ebene E ist, durch die e in den Anfangspunkt von E übergeht, und A und A' (mit einander vertauschbare) lineare homogene umkehrbare Transformationen von E auf sich selbst bedeuten.

Setzt man nun in der Relation (III) $p_{\nu,1} = p_\nu$, $p_{\nu,2} = p'_\nu$ und $p_{\nu,\mu} = e$ für $\mu > 2$, so ergibt sich:

$$\begin{aligned}&[[p_1, p'_1]^*, [p_2, p'_2]^*, \ldots, [p_n, p'_n]^*]\\ &\qquad = [[p_1, p_2, \ldots, p_n], [p'_1, p'_2, \ldots, p'_n]]^*.\end{aligned}$$

Setzt man weiter $p_\nu = \mathfrak{A}^{-1}\mathfrak{x}_\nu$, $p'_\nu = \mathfrak{A}^{-1}\mathfrak{x}'_\nu$ und wendet man die Formel (4) darauf an, so kommt:

$$\begin{aligned}&\mathfrak{A}[\mathfrak{A}^{-1}(A\mathfrak{x}_1 + A'\mathfrak{x}'_1), \mathfrak{A}^{-1}(A\mathfrak{x}_2 + A'\mathfrak{x}'_2), \ldots, \mathfrak{A}^{-1}(A\mathfrak{x}_n + A'\mathfrak{x}'_n)]\\ &\quad = A\mathfrak{A}[\mathfrak{A}^{-1}\mathfrak{x}_1, \mathfrak{A}^{-1}\mathfrak{x}_2, \ldots, \mathfrak{A}^{-1}\mathfrak{x}_n] + A'\mathfrak{A}[\mathfrak{A}^{-1}\mathfrak{x}'_1, \mathfrak{A}^{-1}\mathfrak{x}'_2, \ldots, \mathfrak{A}^{-1}\mathfrak{x}'_n].\end{aligned}$$

Bezeichnet man mit $((\mathfrak{x}_1, \ldots, \mathfrak{x}_n))$ die durch $\mathfrak{A}$ der Kombination $[p_1, \ldots, p_n]$ entsprechende Kombination von $\mathfrak{x}_\nu$, also

$$p_\nu = \mathfrak{A}^{-1}\mathfrak{x}_\nu, \quad ((\mathfrak{x}_1, \ldots, \mathfrak{x}_n)) = \mathfrak{A}[\mathfrak{A}^{-1}\mathfrak{x}_1, \ldots, \mathfrak{A}^{-1}\mathfrak{x}_n],$$

so erhält man:

$$\begin{aligned}&((A\mathfrak{x}_1 + A'\mathfrak{x}'_1, A\mathfrak{x}_2 + A'\mathfrak{x}'_2, \ldots, A\mathfrak{x}_n + A'\mathfrak{x}'_n))\\ &\qquad = A((\mathfrak{x}_1, \mathfrak{x}_2, \ldots, \mathfrak{x}_n)) + A'((\mathfrak{x}'_1, \mathfrak{x}'_2, \ldots, \mathfrak{x}'_n)).\end{aligned}$$

Setzt man $\mathfrak{x}'_\nu = 0$, so wird, (da $((0, 0, \ldots, 0)) = 0$ ist),

$$A((\mathfrak{x}_1, \mathfrak{x}_2, \ldots, \mathfrak{x}_n)) = ((A\mathfrak{x}_1, A\mathfrak{x}_2, \ldots, A\mathfrak{x}_n)).$$

Ähnlich auch

$$A'((\mathfrak{x}'_1, \ldots, \mathfrak{x}'_n)) = ((A'\mathfrak{x}'_1, \ldots, A'\mathfrak{x}'_n)).$$

Es besteht also schließlich:

$$((\mathfrak{y}_1 + \mathfrak{y}'_1, \mathfrak{y}_2 + \mathfrak{y}'_2, \ldots, \mathfrak{y}_n + \mathfrak{y}'_n)) = ((\mathfrak{y}_1, \mathfrak{y}_2, \ldots, \mathfrak{y}_n)) + ((\mathfrak{y}'_1, \mathfrak{y}'_2, \ldots, \mathfrak{y}'_n)),$$

indem man $A\mathfrak{x}_\nu = \mathfrak{y}_\nu$ und $A'\mathfrak{x}'_\nu = \mathfrak{y}'_\nu$ gesetzt hat. Da $\mathfrak{y}_\nu$ und $\mathfrak{y}'_\nu$ alle von einander unabhängig durch alle Punkte in E laufen können, so kann die Kombination, wie man leicht sieht, folgendermaßen dargestellt werden:

$$((\mathfrak{x}_1, \mathfrak{x}_2, \ldots, \mathfrak{x}_n)) = \sum_{\nu=1}^{n} A_\nu \mathfrak{x}_\nu,$$

wobei die A_ν lineare homogene umkehrbare Transformationen von E auf sich selbst bedeuten.

Geht man nun zur ursprünglichen Kombination zurück, so ergibt sich

$$[p_1, p_2, \ldots, p_n] = \mathfrak{A}^{-1}((\mathfrak{A}p_1, \mathfrak{A}p_2, \ldots, \mathfrak{A}p_n)) \quad (\mathfrak{A}p_\nu = \mathfrak{x}_\nu)$$
$$= \mathfrak{A}^{-1}\left(\sum_{\nu=1}^{n} A_\nu \mathfrak{A}p_\nu\right).$$

Man kann leicht beweisen: Dafür, daß die Kombination $[p_1, \ldots, p_n]$ alle Bedingungen von Satz 2 erfülle, ist es weiter nur notwendig und hinreichend, daß alle A_ν mit einander vertauschbar seien. W. z. b. w.

§ 4. Weitere Untersuchungen.

Nun bestimmen wir alle stetigen umkehrbaren eindeutigen Transformationen τ von G auf sich selbst, die die Kombination $[p_1, \ldots, p_n]$ gestatten, d. h., τ soll folgender Relation genügen:

$$[\tau p_1, \tau p_2, \ldots, \tau p_n] = \tau[p_1, p_2, \ldots, p_n]. \tag{5}$$

Bezeichnet man mit T die vermöge $\mathfrak{A}$ der Transformation τ entsprechende Transformation von E auf sich selbst ($T = \mathfrak{A}\tau\mathfrak{A}^{-1}$), so entspricht der Gleichung (5) die folgende:

$$\sum_{\nu=1}^{n} A_\nu T\mathfrak{x}_\nu = T\left(\sum_{\nu=1}^{n} A_\nu \mathfrak{x}_\nu\right).$$

Setzt man $T0 = c$ und $T\mathfrak{x} - c = T^*\mathfrak{x}$, so erhält man:

$$\sum_{\nu=1}^{n} A_\nu T^*\mathfrak{x}_\nu = T^*\left(\sum_{\nu=1}^{n} A_\nu \mathfrak{x}_\nu\right) \text{ und } T^*0 = 0. \tag{6}$$

Denn $\sum_{\nu=1}^{n} A_\nu c = c$. Setzt man weiter in (6) $\mathfrak{x}_\nu = 0$ für $\nu \neq m$, so kommt

$$A_m T^* \mathfrak{x}_m = T^* A_m \mathfrak{x}_m.$$

T^* ist daher mit A_ν vertauschbar. Folglich ergibt sich aus (6), wenn man $\mathfrak{y}_\nu = A_\nu \mathfrak{x}_\nu$ schreibt,

$$\sum_{\nu=1}^{n} T^*\mathfrak{y}_\nu = T^*\left(\sum_{\nu=1}^{n} \mathfrak{y}_\nu\right).$$

Daraus können wir schließen, daß T^* eine lineare homogene Transformation von E auf sich selbst ist.

Es ergibt sich also:

Satz 3. $[p_1, p_2, \ldots, p_n]$ sei eine alle Bedingungen von Satz 2 (oder Satz 1) erfüllende Kombination von $(p_1, \ldots, p_n)$, und τ sei irgendeine stetige umkehrbar eindeutige Transformation von G auf sich selbst, die der Relation $[\tau p_1, \tau p_2, \ldots, \tau p_n] = \tau[p_1, p_2, \ldots, p_n]$ genügt. Dann wird τ folgendermaßen dargestellt:

$$\tau = \mathfrak{A}^{-1} T \mathfrak{A}, \qquad T\mathfrak{x} = T^* \mathfrak{x} + c,$$

wobei T^* eine mit allen A_ν vertauschbare lineare homogene umkehrbare Transformation von E auf sich selbst ist und c der Gleichung $\sum_{\nu=1}^{n} A_\nu c = c$ genügt, während

$$[p_1, \ldots, p_n] = \mathfrak{A}^{-1}\left(\sum_{\nu=1}^{n} A_\nu \mathfrak{A} p_\nu\right)$$

ist. Die Bedingung $c = 0$ besteht gleichzeitig mit der Bedingung $\tau e = e$.

A_ν ist dann und nur dann mit allen linearen homogenen umkehrbaren Transformationen von E auf sich selbst vertauschbar, wenn A_ν eine Multiplikation mit einer reellen Zahl ist ($A_\nu \mathfrak{x}_\nu = \lambda_\nu \mathfrak{x}_\nu$; λ_ν reelle Zahl). Die Gruppe der Transformationen von E, die den Anfangspunkt $\mathfrak{x} = 0$ erhält und die Kombination $\sum_{\nu=1}^{n} A_\nu \mathfrak{x}_\nu$ gestattet, kann also dann und nur dann den Freiheitsgrad $4 (= 2^2)$ haben, wenn $A_\nu \mathfrak{x} = \lambda_\nu \mathfrak{x}$ (λ_ν reelle Zahl) für alle ν gilt.

Daraus erhält man leicht:

Satz 4. Dafür, daß die alle Bedingungen von Satz 2 (oder von Satz 1) befriedigende Kombination $[p_1, p_2, \ldots, p_n]$ einer linearen Kombination von n Vektoren $\sum_{\nu=1}^{n} \lambda_\nu \mathfrak{x}_\nu$ (λ_ν reelle Zahl) topologisch isomorph[2]) sei, ist es notwendig und hinreichend, daß die Transformationsgruppe von G, die $[p_1, \ldots, p_n]$ gestattet und e unverändert läßt, den Freiheitsgrad $4 (= 2^2)$ (in bezug auf die Parameter) hat.

Wir bekommen weiter leicht:

Satz 5. Dafür, daß die allen Bedingungen von Satz 2 (oder von Satz 1) genügende Kombination $[p_1, \ldots, p_n]$ einer Schwerpunktsbildung von n Punkten $\sum_{\nu=1}^{n} \lambda_\nu \mathfrak{x}_\nu$ $\left(\sum_{\nu=1}^{n} \lambda_\nu = 1;\ \lambda_\nu \text{ reell und} \neq 0\right)$ (durch Belegung mit festen positiven oder negativen Massen λ_ν) topologisch isomorph sei, ist es notwendig und hinreichend, daß die Transformationsgruppe von G, die $[p_1, \ldots, p_n]$ gestattet, den

2) D. h., es gibt eine topologische Transformation $\mathfrak{A}$ von G auf E, sodaß die transformierte Kombination $\mathfrak{A}[\mathfrak{A}^{-1}\mathfrak{x}_1, \ldots, \mathfrak{A}^{-1}\mathfrak{x}_n] = \sum_{\nu=1}^{n} \lambda_\nu \mathfrak{x}_\nu$ ist.

Freiheitsgrad $6 (= 2^2+2)$ hat (e kann durch die Transformationsgruppe in einen beliebigen Punkt in G übergehen).

Die Charakterisierung (bis auf Isomorphismus) des gewöhnlichen Schwerpunktes (mit gleichen Massen) $\frac{1}{n}\sum_{\nu=1}^{n}\mathfrak{x}_\nu$ kann man folgendermaßen bekommen:

Satz 6. Die Kombination $[p_1, \ldots, p_n]$ der n beliebigen Punkte p_ν auf dem einfach zusammenhängenden zweidimensionalen Gebiet G ist dann und nur dann einem gewöhnlichen Schwerpunkt $\frac{1}{n}\sum_{\nu=1}^{n}\mathfrak{x}_\nu$ topologisch isomorph, wenn $[p_1, \ldots, p_n]$ die folgenden Bedingungen erfüllt:

(I) $[p_1, \ldots, p_n]$ hängt von dem Punktsystem $(p_1, \ldots, p_n)$ auf G stetig ab.

(II') $[p, p, \ldots, p] = p$ für jeden Punkt p auf G.

(III) $$[[p_{1,1}, p_{1,2}, \ldots, p_{1,n}], [p_{2,1}, p_{2,2}, \ldots, p_{2,n}], \ldots, [p_{n,1}, p_{n,2}, \ldots, p_{n,n}]]$$
$$= [[p_{1,1}, p_{2,1}, \ldots, p_{n,1}], [p_{1,2}, p_{2,2}, \ldots, p_{n,2}], \ldots, [p_{1,n}, p_{2,n}, \ldots, p_{n,n}]]$$
für beliebige n^2 Punkte auf G.

(IV) Die Gleichung $q = [p_1, p_2, \ldots, p_n]$ ist mit beliebigen $n-1$ Punkten p_ν ($\nu \neq m$) und q auf G immer nach p_m auf G eindeutig und stetig lösbar.

(V) $[p_1, p_2, \ldots, p_n]$ ist in $p_1, \ldots, p_n$ symmetrisch.

Beweis. Die Notwendigkeit der Bedingungen ist klar. Aus (I), (II'), (III), (IV) folgt, daß $[p_1, \ldots, p_n] = \mathfrak{A}^{-1}\left(\sum_{\nu=1}^{n} A_\nu \mathfrak{A} p_\nu\right)$ ist, wobei $\mathfrak{A}$ und A_ν allen in Satz 2 (oder in Satz 1) erwähnten Bedingungen genügen. Aus (V) erhält man leicht $A_1 = A_2 = \cdots = A_n$, und aus (II') ergibt sich $n A_1 = I$, wobei I die identische Transformation bedeutet. Wir haben also

$$[p_1, \ldots, p_n] = \mathfrak{A}^{-1}\left(\frac{1}{n}\sum_{\nu=1}^{n}\mathfrak{A} p_\nu\right),$$

w. z. b. w.

Über eine kennzeichnende Eigenschaft der Linearkombination von Vektoren und ihre Anwendung

[Nachr. Ges. Wiss. Göttingen, I, 35 (1933) 36–40]

Vorgelegt von R. Courant in der Sitzung am 27. Januar 1933.

§ 1.

Unter einer Vektorfunktion $\mathfrak{y} = [\mathfrak{x}_1, \mathfrak{x}_2, \ldots, \mathfrak{x}_m]$ verstehen wir einen jedem System von m Vektoren $(\mathfrak{x}_1, \mathfrak{x}_2, \ldots, \mathfrak{x}_m)$ des n-dimensionalen Raumes R_n eindeutig zugeordneten Vektor $\mathfrak{y}$ in R_n. Unter einem Vektor des n-dimensionalen Raumes verstehen wir ein System von n reellen oder komplexen Zahlen $(x_1, x_2, \ldots, x_n)$. Wir nennen einen Vektor reell oder komplex, je nachdem seine Komponenten $x_1, x_2, \ldots, x_n$ alle bzw. nicht allle reell sind. (Der erste Fall ist im zweiten Fall enthalten.) R_n heiße reell oder komplex, je nachdem R_n aus allen reellen bzw. komplexen Vektoren besteht.

Satz 1. Es sei $\mathfrak{y} = [\mathfrak{x}_1, \mathfrak{x}_2, \ldots, \mathfrak{x}_m]$ eine stetige Vektorfunktion, die für jede lineare Transformation A von R_n $(n \geqq 2,\ m \gtreqless n)$ auf R_n selbst folgender Relation genügt:

$$\text{(I)} \qquad [A\mathfrak{x}_1, A\mathfrak{x}_2, \ldots, A\mathfrak{x}_m] = A[\mathfrak{x}_1, \mathfrak{x}_2, \ldots, \mathfrak{x}_m].$$

Dann ist $[\mathfrak{x}_1, \mathfrak{x}_2, \ldots, \mathfrak{x}_m]$ eine Linearkombination von $\mathfrak{x}_1, \mathfrak{x}_2, \ldots, \mathfrak{x}_m$, d. h.

$$[\mathfrak{x}_1, \mathfrak{x}_2, \ldots, \mathfrak{x}_m] = \sum_{\nu=1}^{m} \lambda_\nu \mathfrak{x}_\nu,$$

wobei λ_ν reelle oder komplexe Konstanten sind, je nachdem R_n reell bezw. komplex ist.

Beweis. Zuerst behaupten wir,

$$\text{(1)} \quad [\mathfrak{x}_1, \ldots, \mathfrak{x}_{\nu-1}, \mathfrak{x}_\nu, \mathfrak{x}_{\nu+1}, \ldots, \mathfrak{x}_m] - [\mathfrak{x}_1, \ldots, \mathfrak{x}_{\nu-1}, 0, \mathfrak{x}_{\nu+1}, \ldots, \mathfrak{x}_m] = \lambda \mathfrak{x}_\nu, \quad (1 \leqq \nu \leqq m),$$

wo λ eine von $(\mathfrak{x}_1, \ldots, \mathfrak{x}_\nu, \ldots, \mathfrak{x}_m)$ abhängige Zahl[1]) ist.

---

1) Hier verstehen wir unter „Zahl" eine reelle oder komplexe Zahl, je nachdem R_n reell bezw. komplex ist.

Sei $\mathfrak{x}_\nu \neq 0$ (für den Fall $\mathfrak{x}_\nu = 0$ ist (I) trivial) so gibt es eine ausgeartete lineare Transformation A_1 von R_n vom Range $n-1$, sodaß $A_1\mathfrak{x}_\nu = 0$. Da $[\mathfrak{x}_1, \mathfrak{x}_2, \ldots, \mathfrak{x}_m]$ von $(\mathfrak{x}_1, \mathfrak{x}_2, \ldots, \mathfrak{x}_m)$ stetig abhängt, so gilt die Relation (I) auch für jede ausgeartete lineare Transformation A von R_n. Also:

$$A_1[\mathfrak{x}_1, \ldots, \mathfrak{x}_{\nu-1}, \mathfrak{x}_\nu, \mathfrak{x}_{\nu+1}, \ldots, \mathfrak{x}_m] = [A_1\mathfrak{x}_1, \ldots, A_1\mathfrak{x}_{\nu-1}, 0, A_1\mathfrak{x}_{\nu+1}, \ldots, A_1\mathfrak{x}_m]$$
$$= A_1[\mathfrak{x}_1, \ldots, \mathfrak{x}_{\nu-1}, 0, \mathfrak{x}_{\nu+1}, \ldots, \mathfrak{x}_m],$$

oder

$$A_1\{[\mathfrak{x}_1, \ldots, \mathfrak{x}_{\nu-1}, \mathfrak{x}_\nu, \mathfrak{x}_{\nu+1}, \ldots, \mathfrak{x}_m] - [\mathfrak{x}_1, \ldots, \mathfrak{x}_{\nu-1}, 0, \mathfrak{x}_{\nu+1}, \ldots, \mathfrak{x}_m]\} = 0.$$

Weil A_1 den Rang $n-1$ hat und $A_1\mathfrak{x}_\nu = 0$, $\mathfrak{x}_\nu \neq 0$ ist, gilt:

$$[\mathfrak{x}_1, \ldots, \mathfrak{x}_{\nu-1}, \mathfrak{x}_\nu, \mathfrak{x}_{\nu+1}, \ldots, \mathfrak{x}_m] - [\mathfrak{x}_1, \ldots, \mathfrak{x}_{\nu-1}, 0, \mathfrak{x}_{\nu+1}, \ldots, \mathfrak{x}_m] = \lambda\mathfrak{x}_\nu,$$

wobei λ eine von $(\mathfrak{x}_1, \ldots, \mathfrak{x}_\nu, \ldots, \mathfrak{x}_m)$ abhängige Zahl ist. Die obige Behauptung ist damit bewiesen.

Nun erhält man nach (I):

$$[\mathfrak{x}_1, \mathfrak{x}_2, \ldots, \mathfrak{x}_m] - [0, \mathfrak{x}_2, \mathfrak{x}_3, \ldots, \mathfrak{x}_m] = \lambda_1(\mathfrak{x}_1, \mathfrak{x}_2, \ldots, \mathfrak{x}_m)\mathfrak{x}_1,$$
$$[0, \mathfrak{x}_2, \mathfrak{x}_3, \ldots, \mathfrak{x}_m] - [0, 0, \mathfrak{x}_3, \ldots, \mathfrak{x}_m] = \lambda_2(\mathfrak{x}_2, \mathfrak{x}_3, \ldots, \mathfrak{x}_m)\mathfrak{x}_2,$$
$$\cdots\cdots\cdots\cdots\cdots\cdots$$
$$[0, \ldots\ldots, 0, \mathfrak{x}_m] - [0, 0, \ldots\ldots, 0, 0] = \lambda_m(\mathfrak{x}_m)\mathfrak{x}_m;$$

und folglich

$$\text{(II)}\quad [\mathfrak{x}_1, \mathfrak{x}_2, \ldots, \mathfrak{x}_m] = \lambda_1(\mathfrak{x}_1, \mathfrak{x}_2, \ldots, \mathfrak{x}_m)\mathfrak{x}_1 + \lambda_2(\mathfrak{x}_2, \mathfrak{x}_3, \ldots, \mathfrak{x}_m)\mathfrak{x}_2 + \cdots$$
$$\cdots + \lambda_{m-1}(\mathfrak{x}_{m-1}, \mathfrak{x}_m)\mathfrak{x}_{m-1} + \lambda_m(\mathfrak{x}_m)\mathfrak{x}_m,$$

wobei $\lambda_\nu(\mathfrak{x}_\nu, \mathfrak{x}_{\nu+1}, \ldots, \mathfrak{x}_m)$ eine nur von $(\mathfrak{x}_\nu, \mathfrak{x}_{\nu+1}, \ldots, \mathfrak{x}_m)$ abhängige Zahl ist.

Der Einfachheit halber setzen wir voraus, daß je zwei von Null verschiedene Vektoren, $\mathfrak{x}_\mu$ und $\mathfrak{x}_\nu$, von einander linear unabhängig sind. Durch die vollständige Induktion wollen wir beweisen, daß $\lambda_\nu(\mathfrak{x}_\nu, \mathfrak{x}_{\nu+1}, \ldots, \mathfrak{x}_m)$ nur von $\mathfrak{x}_\nu$ abhängt. Es sei nämlich für jedes $\nu \geqq k+1$ $(1 \leqq k \leqq m-1)$,

$$\text{(III)}\quad \lambda_\nu(\mathfrak{x}_\nu, \mathfrak{x}_{\nu+1}, \ldots, \mathfrak{x}_m) = \lambda_\nu(\mathfrak{x}_\nu, 0, \ldots, 0), \qquad (\nu \geqq k+1).$$

Nach (I), (II) und (III) gilt für jedes $l \geqq k+1$

$$[0, \ldots, 0, \mathfrak{x}_k, \ldots, \mathfrak{x}_{l-1}, \mathfrak{x}_l, \mathfrak{x}_{l+1}, \ldots, \mathfrak{x}_m] - [0, \ldots, 0, \mathfrak{x}_k, \ldots, \mathfrak{x}_{l-1}, 0, \mathfrak{x}_{l+1}, \ldots, \mathfrak{x}_m]$$
$$= \{\lambda_k(\mathfrak{x}_k, \ldots, \mathfrak{x}_{l-1}, \mathfrak{x}_l, \mathfrak{x}_{l+1}, \ldots, \mathfrak{x}_m) - \lambda_k(\mathfrak{x}_k, \ldots, \mathfrak{x}_{l-1}, 0, \mathfrak{x}_{l+1}, \ldots, \mathfrak{x}_m)\}\mathfrak{x}_k$$
$$+ \lambda_l(\mathfrak{x}_l, 0, \ldots, 0)\mathfrak{x}_l = \lambda\mathfrak{x}_l,$$

wobei λ eine Zahl ist. Da nach der Voraussetzung $\mathfrak{x}_k$ und $\mathfrak{x}_l$ von einander linear unabhängig sind (der Fall $\mathfrak{x}_k = 0$ oder $\mathfrak{x}_l = 0$

kommt nicht in Frage), folgt daraus

$$\lambda_k(\mathfrak{x}_k, \ldots, \mathfrak{x}_{l-1}, \mathfrak{x}_l, \mathfrak{x}_{l+1}, \ldots, \mathfrak{x}_m) = \lambda_k(\mathfrak{x}_k, \ldots, \mathfrak{x}_{l-1}, 0, \mathfrak{x}_{l+1}, \ldots, \mathfrak{x}_m).$$

Läuft l von $k+1$ bis m, so ergibt sich

$$\lambda_k(\mathfrak{x}_k, \mathfrak{x}_{k+1}, \ldots, \mathfrak{x}_m) = \lambda_k(\mathfrak{x}_k, 0, 0, \ldots, 0).$$

Für $\nu = m$ besteht (III); dann gilt (III) für alle ν $(1 \leqq \nu \leqq m)$. Wir bekommen also

$$\text{(IV)} \qquad [\mathfrak{x}_1, \mathfrak{x}_2, \ldots, \mathfrak{x}_m] = \sum_{\nu=1}^{m} \lambda_\nu(\mathfrak{x}_\nu)\mathfrak{x}_\nu,$$

wobei $\lambda_\nu(\mathfrak{x}_\nu)$ eine nur von $\mathfrak{x}_\nu$ abhängige Zahl ist.

Aus (I) und (IV) folgt für eine beliebige nicht ausgeartete lineare Transformation A, indem man $\mathfrak{x}_\nu = 0$ für $\nu \neq l$ setzt, $(\mathfrak{x} \neq 0)$,

$$\lambda_l(A\mathfrak{x}_l) = \lambda_l(\mathfrak{x}_l).$$

Da es für einen beliebigen Vektor $\mathfrak{x}' \neq 0$ eine nicht ausgeartete lineare Transformation A gibt, derart, daß $A\mathfrak{x}_l = \mathfrak{x}'$, so ergibt sich daraus, daß $\lambda_l(\mathfrak{x}_l)$ von $\mathfrak{x}_l$ unabhängig ist. Folglich

$$[\mathfrak{x}_1, \mathfrak{x}_2, \ldots, \mathfrak{x}_m] = \sum_{\nu=1}^{m} \lambda_\nu \mathfrak{x}_\nu,$$

wobei λ_ν Konstanten sind, wenn je zwei von Null verschiedene Vektoren, $\mathfrak{x}_\mu$ und $\mathfrak{x}_\nu$, von einander linear unabhängig sind. Wegen der Stetigkeit von $[\mathfrak{x}_1, \mathfrak{x}_2, \ldots, \mathfrak{x}_m]$ besteht dieselbe Relation auch für ein vollständig beliebiges Vektorensystem $(\mathfrak{x}_1, \mathfrak{x}_2, \ldots, \mathfrak{x}_m)$, w. z. b. w.

Bemerkung. Für den Fall $n = 1$ gilt der Satz 1 nicht mehr. Hier kann die Funktion $y = [x_1, x_2, \ldots, x_m]$ irgend eine stetige homogene Funktion ersten Grades sein.

§ 2.

Als Anwendung von Satz 1 bekommen wir folgenden Satz.

Satz 2. Unter $\mathfrak{G}$ verstehen wir die Gruppe aller linearen Transformationen von R_n $(n \geqq 2)$ auf R_n selbst. Es sei T eine umkehrbare eindeutige stetige Transformation von R_n auf sich selbst, die der Relation $T^{-1}\mathfrak{G}\,T = \mathfrak{G}$ genügt. Dann ist T entweder eine lineare Transformation von R_n auf sich selbst, oder $T\mathfrak{x} = T_1\bar{\mathfrak{x}}$, wobei T_1 eine lineare Transformation von R_n auf sich selbst ist, und $\bar{\mathfrak{x}}$ den Vektor bedeutet, dessen Komponenten $(\bar{x}_1, \bar{x}_2, \ldots, \bar{x}_n)$ die konjugiert komplexen Zahlen von den entsprechenden Komponenten $(x_1, x_2, \ldots, x_n)$ von $\mathfrak{x}$ sind.

Beweis. Zunächst betrachten wir uns die Vektorfunktion

$$\mathfrak{y} = [\mathfrak{x}_1, \mathfrak{x}_2] = T^{-1}(T\mathfrak{x}_1 + T\mathfrak{x}_2).$$

Die Funktion $[\mathfrak{x}_1, \mathfrak{x}_2]$ hängt von $(\mathfrak{x}_1, \mathfrak{x}_2)$ stetig ab und genügt für jede lineare Transformation A von R_n auf R_n selbst der Relation

$$[A\mathfrak{x}_1, A\mathfrak{x}_2] = A[\mathfrak{x}_1, \mathfrak{x}_2].$$

Denn es gibt für jede A eine andere lineare Transformation B, sodaß $T^{-1}BT = A$ (folglich $TA = BT$ und $T^{-1}B = AT^{-1}$). Also:

$$\begin{aligned}[A\mathfrak{x}_1, A\mathfrak{x}_2] &= T^{-1}(TA\mathfrak{x}_1 + TA\mathfrak{x}_2) = T^{-1}(BT\mathfrak{x}_1 + BT\mathfrak{x}_2)\\ &= AT^{-1}(T\mathfrak{x}_1 + T\mathfrak{x}_2) = A[\mathfrak{x}_1, \mathfrak{x}_2],\end{aligned}$$

womit die obige Behauptung bewiesen ist. Aus Satz 1 und der Symmetrie der Funktion $[\mathfrak{x}_1, \mathfrak{x}_2]$ ergibt sich also: $[\mathfrak{x}_1, \mathfrak{x}_2] = \lambda(\mathfrak{x}_1 + \mathfrak{x}_2)$, oder

(v) $$T\lambda(\mathfrak{x}_1 + \mathfrak{x}_2) = T\mathfrak{x}_1 + T\mathfrak{x}_2,$$

wobei λ eine Konstante ist. Da $T0 = TA0 = BT0$ und B eine beliebige lineare Transformation von R_n auf R_n selbst ist, gilt $T0 = 0$. Setzt man $\mathfrak{x}_2 = 0$ in (v), dann $T\lambda\mathfrak{x}_1 = T\mathfrak{x}_1$. Folglich $\lambda = 1$. Wir haben also anstatt (v)

(vi) $$T(\mathfrak{x}_1 + \mathfrak{x}_2) = T\mathfrak{x}_1 + T\mathfrak{x}_2.$$

Aus (vi) ergibt sich (wegen der Stetigkeit von T) für eine beliebige reelle Zahl r (als Grenze einer rationalen Zahlenfolge)

(vii) $$Tr\mathfrak{x} = rT\mathfrak{x}, \qquad (r = \text{reelle Zahl}).$$

Für den Fall, daß R_n reell ist, folgt aus (vi) und (vii), daß T eine lineare Transformation von R_n auf sich selbst ist.

Für den Fall, daß R_n komplex ist, bilden wir weiter die Funktion $\mathfrak{y} = [\mathfrak{x}] = T^{-1}\lambda T\mathfrak{x}$, wobei λ eine beliebige komplexe Zahl ist. $[\mathfrak{x}]$ hängt von $\mathfrak{x}$ stetig ab und genügt für jede lineare Transformation A der Relation

$$[A\mathfrak{x}] = A[\mathfrak{x}].$$

Denn $[A\mathfrak{x}] = T^{-1}\lambda TA\mathfrak{x} = T^{-1}\lambda BT\mathfrak{x} = T^{-1}B\lambda T\mathfrak{x} = AT^{-1}\lambda T\mathfrak{x} = A[\mathfrak{x}]$. Nach Satz 1 gilt also $(m = 1)$ $[\mathfrak{x}] = \varphi(\lambda)\mathfrak{x}$, oder

(viii) $$\lambda T\mathfrak{x} = T\varphi(\lambda)\mathfrak{x},$$

wobei $\varphi(\lambda)$ eine nur von λ abhängige komplexe Zahl ist. Aus der Stetigkeit und der umkehrbaren Eindeutigkeit von T folgt, daß $\varphi(\lambda)$ eine umkehrbar eindeutige stetige Funktion von λ ist. Es ist auch $\varphi(0) = 0$ und $\varphi(\lambda) \neq 0$ für $\lambda \neq 0$. Ersetzt man $\mathfrak{x}$ durch $\varphi(\lambda')\mathfrak{x}$ in (VIII),

$$T\varphi(\lambda)\varphi(\lambda')\mathfrak{x} = \lambda T\varphi(\lambda')\mathfrak{x} = \lambda\lambda' T\mathfrak{x} = T\varphi(\lambda\lambda')\mathfrak{x}.$$

Also

$$\varphi(\lambda\lambda') = \varphi(\lambda)\varphi(\lambda'),$$

wobei λ und λ' beliebige komplexe Zahlen sind. Aus (VII) und (VIII) gilt für eine beliebige reelle Zahl r, $\varphi(r) = r$. Setzt man $\lambda = re^{i\theta}$, wobei r eine nicht negative reelle Zahl und θ eine reelle Zahl ist, dann

$$\varphi(\lambda) = \varphi(re^{i\theta}) = \varphi(r)\varphi(e^{i\theta}) = r\varphi(e^{i\theta}).$$

Aus der Relation $\varphi(e^{i(\theta+\theta')}) = \varphi(e^{i\theta})\varphi(e^{i\theta'})$, $(\varphi(e^{i\theta}) \neq 0)$, folgt

$$\varphi(e^{i\theta}) = e^{\alpha\theta},$$

wobei α eine komplexe Konstante ist. Da $1 = \varphi(1) = \varphi(e^{2\pi i}) = e^{2\pi\alpha}$ ist, so ist $\alpha = \nu i$ (ν = ganze rationale Zahl). Weil $\varphi(\lambda)$ eine umkehrbar eindeutige Funktion von λ ist, ist $\nu = \pm 1$.

Es sind also zwei Fälle möglich: Erster Fall $\varphi(\lambda) = \lambda$. Zweiter Fall $\varphi(\lambda) = \bar{\lambda}$ (konjugierte komplexe Zahl von λ).

Für den ersten Fall gilt

$$\text{(IX)} \qquad T\lambda\mathfrak{x} = \lambda T\mathfrak{x}.$$

Aus (VI) und (IX) folgt, daß T eine lineare Transformation von R_n auf R_n selbst ist. Für den zweiten Fall gilt $T\bar{\lambda}\mathfrak{x} = \lambda T\mathfrak{x}$. Drückt man die Transformation $T\bar{\mathfrak{x}}$ von $\mathfrak{x}$ durch $T_1\mathfrak{x}$ $(= T\bar{\mathfrak{x}})$ aus, dann kann man leicht beweisen, daß T_1 eine umkehrbar eindeutige (stetige) Transformation von R_n auf R_n selbst ist und den folgenden Gleichungen genügt,

$$T_1(\mathfrak{x}_1 + \mathfrak{x}_2) = T_1\mathfrak{x}_1 + T_1\mathfrak{x}_2,$$

und

$$T_1\lambda\mathfrak{x} = \lambda T_1\mathfrak{x},$$

wobei λ eine beliebige komplexe Zahl ist. T_1 ist daher eine lineare Transformation von R_n auf R_n selbst. Weiter bekommen wir aus $T_1\mathfrak{x} = T\bar{\mathfrak{x}}$ die Gleichung $T\mathfrak{x} = T_1\bar{\mathfrak{x}}$. W. z. b. w.

Über den Mittelwert, der durch die kleinste Abweichung definiert wird

[Japan. J. Math., **10** (1933) 53–56]

(Eingegangen am 27. Dezember, 1932)

§ 1.

Das arithmetische Mittel von n reellen Zahlen $\xi_1, \xi_2, \ldots, \xi_n$ kann als der jenige Wert von x aufgefasst werden, für den die Funktion $\sum_{i=1}^{n}(x-\xi_i)^2$ das Minimum annimmt. Den Begriff des Mittelwertes können wir also folgendermassen erweitern: Hier verstehen wir unter dem Mittelwert $M_\varphi(\xi_1, \xi_2, \ldots, \xi_n)$ von n reellen Zahlen $\xi_1, \xi_2, \ldots, \xi_n$ denjenigen Wert von x, für den die Funktion $\sum_{i=1}^{n}\varphi(|x-\xi_i|)$ das Minimum annimmt, wobei $\varphi(x)$ eine geeignete *stetige stets wachsende Funktion von* $x\geqq 0$ ist, die wir nachher genauer bestimmen wollen.

Satz I. *Dafür, dass die Funktion* $\sum_{i=1}^{n}\varphi(|x-\xi_i|)$ *für einen und nur einen Wert von* x *das (absolute) Minimum annehme, ist es notwendig und hinreichend, dass* $\varphi(x)$ *eine echt konvexe Funktion von* $x\geqq 0$ *ist.*

Wenn $\varphi(x)$ *eine echt konvexe Funktion ist, so hängt der Mittelwert* $M_\varphi(\xi_1, \xi_2, \ldots, \xi_n)$ *von* $(\xi_1, \xi_2, \ldots, \xi_n)$ *stetig ab.*

Beweis: Es sei $\varphi(x)$ eine echt konvexe (stets wachsende stetige) Funktion. Dann ist $\sum_{i=1}^{n}\varphi(|x-\xi_i|)$ auch eine echt konvexe Funktion. Man setze $\alpha=\underset{1\leqq i\leqq n}{\mathrm{Min}}(\xi_i)$ und $\beta=\underset{1\leqq i\leqq n}{\mathrm{Max}}(\xi_i)$. $\sum_{i=1}^{n}\varphi(|x-\xi_i|)$ wächst dann immer grösser ausserhalb des Intervalles $\alpha\leqq x\leqq\beta$, wenn x sich von α oder β entfernt. Es gibt also einen und nur einen Wert von x, für den $\sum_{i=1}^{n}\varphi(|x-\xi_i|)$ das Minimum annimmt; und dieser Wert von x liegt sogar in $\alpha\leqq x\leqq\beta$.

Um die Notwendigkeit der Bedingung zu beweisen, betrachten wir den Fall $n=2$, $\xi_1=-a$, $\xi_2=a$, $a>0$. x_0 sei derjenige Wert von x, für den $\varphi(|x+a|)+\varphi(|x-a|)$ das Minimum annimmt. Aus der Relation

$$\sum_{i=1}^{2}\varphi(|x_0-\xi_i|)=\varphi(|x_0+a|)+\varphi(|x_0-a|)=\varphi(|a+x_0|)+\varphi(|a-x_0|)$$

folgt aber, dass $\varphi(|x+a|)+\varphi(|x-a|)$ denselben Wert für $x=x_0$ und $x=-x_0$ erhält. Wegen der Eindeutigkeit des Minimums gilt also $x_0=0$. Nach der Definition des Minimums besteht also für $a>x>0$

$$\varphi(|x+a|)+\varphi(x-a|)=\varphi(a+x)+\varphi(a-x)>2\varphi(a),$$

oder für zwei beliebige von einander verschiedene positive Zahlen x_1 und x_2

$$\frac{\varphi(x_1)+\varphi(x_2)}{2}>\varphi\left(\frac{x_1+x_2}{2}\right).$$

$\varphi(x)$ ist also eine echt konvexe Funktion von x.

Um den letzten Teil von Satz 1 zu beweisen, schicken wir den folgenden Hilfssatz voraus, der auch für eine spätere Erörterung nützlich ist.

Hilfssatz. Es sei $f(x, \alpha_1, \alpha_2, \ldots, \alpha_p)$ eine stetige Funktion von $(x, \alpha_1, \alpha_2, \ldots, \alpha_p)$ im Bereich $x_0 \leqq x \leqq x_1$, $a_\nu < \alpha_\nu < b_\nu$, die für jedes $(\alpha_1, \alpha_2, \ldots, \alpha_p)$ an einer und nur an einer Stelle im Intervalle $x_0 \leqq x \leqq x_1$, nämlich an $x=\xi$, das Minimum annimmt. Dann hängt ξ von $(\alpha_1, \alpha_2, \ldots, \alpha_p)$ stetig ab.

Beweis von dem Hilfssatz: Wir nehmen an, dass für $\alpha_\nu=\alpha_\nu^{(0)}$ $(a_\nu < \alpha_\nu^{(0)} < b_\nu)$ die Funktion $\xi(\alpha_1, \alpha_2, \ldots, \alpha_p)$ nicht stetig wäre. Dann gibt es eine gegen $\alpha_\nu=\alpha_\nu^{(0)}$ konvergierende Folge $\alpha_\nu^{(n)}$ derart, dass $\xi(\alpha_1^{(n)}, \ldots, \alpha_p^{(n)})=\xi_n$ gegen einen von $\xi(\alpha_1^{(0)}, \ldots, \alpha_p^{(0)})=\xi_0$ verschiedenen Wert von x, etwa $x=\xi'$, konvergiert. Da $f(x, \alpha_1, \ldots, \alpha_p)$ nur für einen Wert von x in $x_0 \leqq x \leqq x_1$ das Minimum annimmt, so gilt

$$f(\xi_0, \alpha_1^{(0)}, \ldots, \alpha_p^{(0)}) < f(\xi', \alpha_1^{(0)}, \ldots, \alpha_p^{(0)}),$$

und

$$f(\xi_0, \alpha_1^{(n)}, \ldots, \alpha_p^{(n)}) \geqq f(\xi_n, \alpha_1^{(n)}, \ldots, \alpha_p^{(n)}).$$

Aus der zweiten Ungleichung folgt für $n \to \infty$

$$f(\xi_0, \alpha_1^{(0)}, \ldots, \alpha_p^{(0)}) \geqq f(\xi', \alpha_1^{(0)}, \ldots, \alpha_p^{(0)})$$

im Widerspruch mit der ersten Ungleichung. Damit ist der Beweis von dem Hilfssatz erledigt.

Nun beweisen wir den letzten Teil von Satz 1. Nach dem ersten Teil des Beweises von Satz 1 nimmt die Funktion $\sum_{i=0}^{n} \varphi(|x-\xi_i|)$ das Minimum für einen und nur einen Wert von x im Intervalle $x_0 \leqq x \leqq x_1$ $(x_0 < \xi_\nu < x_1)$ an. $\sum_{i=1}^{n} \varphi(|x-\xi_i|)$ ist auch eine stetige Funktion von $(x, \xi_1, \ldots, \xi_n)$. Nach dem Hilfssatz ist also $M_\varphi(\xi_1, \ldots, \xi_n)$ eine stetige Funktion von $(\xi_1, \ldots, \xi_n)$. W. z. b. w.

§ 2.

Wir legen von jetzt an fest, dass $\varphi(x)$ *eine stetige stets wachsende echt konvexe Funktion von* $x \geqq 0$ ist und $\varphi(0)=0$. Die Funktion $M_\varphi(\xi_1, \ldots, \xi_n)$ hat auch dieselbe Bedeutung wie vorher.

Satz 2. *Dafür dass der Mittelwert* $M_\varphi(\xi_1, \ldots, \xi_n)$ *der Relation*

$$M_\varphi(k\xi_1, k\xi_2, \ldots, k\xi_n) = kM_\varphi(\xi_1, \xi_2, \ldots, \xi_n)$$

für eine beliebige reelle Konstante k *genüge, ist es notwendig und hinreichend, dass* $\varphi(x)$ *von der Form* $\varphi(x)=cx^\alpha (x \geqq 0)$ *ist, wobei* $\alpha>1$, $c>0$.

Beweis: Die Hinlänglichkeit der Bedingung kann man leicht beweisen. Denn die beiden Funktionen, $\sum_{i=1}^{n} c|x-\xi|^\alpha$ und $\sum_{i=1}^{n} c|kx-k\xi_i|^\alpha$, $(c>0, \alpha>1)$, nehmen die Minimumwerte gleichzeitig für denselben Wert von x an.

Um die Notwendigkeit der Bedingung zu beweisen, betrachten wir uns die Funktion $\mu\varphi(|x-a|)+(1-\mu)\varphi(|x-b|)$ $(0 \leqq \mu \leqq 1)$. Diese echt konvexe Funktion nimmt das Minimum genau für einen Wert von x an, den wir mit $M_\varphi(a, b\,;\mu)$ ausdrücken. Wie man es leicht sieht, gilt $a \leqq M_\varphi(a, b\,;\mu) \leqq b (0 \leqq \mu \leqq 1)$. Nach dem Hilfssatz ist $M_\varphi(a, b\,;\mu)$ eine stetige Funktion von (a, b, μ). Aus den Definitionen von $M_\varphi(\xi_1, \xi_2, \ldots, \xi_n)$ und $M_\varphi(a, b\,;\mu)$ kann man auch leicht schliessen, das

$$M_\varphi(\underbrace{a, a, \ldots, a}_{m\text{—mal}}, \underbrace{b, b, \ldots, b}_{(n-m)\text{—mal}}) = M_\varphi\left(a, b; \frac{m}{n}\right).$$

Es gilt

(i) $\qquad M_\varphi(ka, kb\,;\mu)=kM_\varphi(a, b\,;\mu)\ (0 \leqq \mu \leqq 1).$

Denn nach der Voraussetzung gilt

$$M_\varphi(\underbrace{ka, ka, \ldots, ka}_{m\text{—mal}}, \underbrace{kb, kb, \ldots, kb}_{(n-m)\text{—mal}}) = kM_\varphi(\underbrace{a, \ldots, a}_{m\text{—mal}}, \underbrace{b, \ldots, b}_{(n-m)\text{—mal}}).$$

Also $\qquad M_\varphi\left(ka, kb\,; \frac{m}{n}\right) = kM_\varphi\left(a, b\,; \frac{m}{n}\right).$

Lässt man $\frac{m}{n}$ gegen μ $(0 \leqq \mu \leqq 1)$ konvergieren, so erhält man die Relation (i). Die Relation (i) lautet für die Funktion $\mu\varphi(|x-a|)+(1-\mu)\varphi(|x-b|)$, wenn man $a=0$, $b=1$, $M_\varphi(0, 1\,;\mu)=X$ setzt,

(ii) $$\begin{cases} D_-\{\mu\varphi(|kX|)+(1-\mu)\varphi(|k(1-X)|)\} \leqq 0, \\ D_+\{\mu\varphi(|kX|)+(1-\mu)\varphi(|k(1-X)|)\} \geqq 0, \end{cases}$$

wobei D_- die linksseitige und D_+ die rechtsseitige Derivierte nach X

bedeutet. Da $M_\varphi(0, 1; \mu)$ eine stetige Funktion von μ $(0 \leqq \mu \leqq 1)$ ist, und $M_\varphi(0, 1; 0) = 1$, $M_\varphi(0, 1; 1) = 0$, so gibt es für jedes X, $0 < X < 1$, ein $\mu(X)(0 < \mu(X) < 1)$ derart, dass $X = M_\varphi(0, 1; \mu(X))$. Wir bekommen also (ii) für $K > 0$, $0 < X < 1$

$$\frac{\mu(X)}{1-\mu(X)} D_-\varphi(kX) \leqq D_+\varphi(k(1-X)),$$

und

$$\frac{\mu(X)}{1-\mu(X)} D_+\varphi(kX) \geqq D_-\varphi(k(1-X)).$$

Weil für die konvexe Funktion $\varphi(x)$ die Relation $\lim_{x \to x_0+0} D_\pm\varphi(x) = D_+\varphi(x_0)$ $(x_0 \geqq 0)$ besteht, so gilt für $k \to k_0 + 0$ $(k_0 > 0)$

$$\frac{\mu(X)}{1-\mu(X)} D_+\varphi(k_0 X) \leqq D_+\varphi(k_0(1-X)),$$

und

$$\frac{\mu(X)}{1-\mu(X)} D_+\varphi(k_0 X) \geqq D_+\varphi(k_0(1-X)),$$

folglich

$$D_+\varphi(k_0(1-X)) = D_+\varphi(k_0 X) \frac{\mu(X)}{1-\mu(X)}.$$

Für beliebige positive Zahlen u und v gibt es reelle Zahlen $X(0 < X < 1)$ und $k_0 > 0$, sodass $u = k_0 X$ und $v = \dfrac{1-X}{X}$. Also für beliebige positive Zahlen u und v

$$D_+\varphi(uv) = D_+\varphi(u)\psi(v) \quad \left(\psi(v) = \frac{\mu(X(v))}{1-\mu(X(v))}\right).$$

Da $D_+\varphi(x)$ monoton wächst, so ist $D_+\varphi(x)$ mindestens für einen positiven Wert von x stetig. Aus der Funktionalgleichung kann man daher leicht schliessen, dass $D_+\varphi(u)$ für $u > 0$ immer stetig ist. Folglich $D_+\varphi(x) = D_-\varphi(x) = \dfrac{d}{dx}\varphi(x) = \varphi'(x)$ für $x > 0$. Also

$$\varphi'(uv) = \varphi'(u)\psi(v).$$

Setzt man $u = 1$, dann $\varphi'(v) = \varphi'(1)\psi(v)$. Folglich

$$\psi(uv) = \psi(u)\psi(v).$$

Da $\psi(u)$ eine stetige positive Funktion ist, $\left(\text{denn } \varphi'(u) > 0 \text{ und } \psi(u) = \dfrac{\varphi'(u)}{\varphi'(1)} \text{ für } u > 0\right)$, gilt $\psi(u) = u^p (u > 0,\ p = \text{Konst.})$ Daher $\varphi'(u) = \varphi'(1)u^p$ $(u > 0)$, und folglich $\varphi(u) = Cu^\alpha \left(\alpha = p+1,\ C = \dfrac{\varphi'(1)}{p+1}\right)$.

Aus der Bedingung, dass $\varphi(x)$ eine stets wachsende echt konvexe Funktion von $x \geqq 0$ ist, folgt $C > 0$, $\alpha > 1$. W. z. b. w.

Göttingen, den 5. December 1932.

Über die Ordnung einer Permutation

(with M. Moriya)

[Proc. Phys-Math. Soc. Japan, **15** (1933) 1–3]

Es sei m (> 1) eine natürliche Zahl, n eine durch m teilbare natürliche Zahl und n Elemente $A_0, A_1, \cdots, A_{n-1}$ in dieser Reihenfolge gegeben. Man teile diese n Elemente folgenderweise:

$$A_0, A_1, \cdots, A_{\frac{n}{m}-1}; A_{\frac{n}{m}}, \cdots, A_{2\frac{n}{m}-1}; \cdots; A_{(m-1)\frac{n}{m}}, \cdots, A_{n-1},$$

und man schalte $A_{\frac{n}{m}+j}, A_{2\frac{n}{m}+j}, \cdots, A_{(m-1)\frac{n}{m}+j}$ ($j = 0, 1, \cdots, \frac{n}{m} - 1$) in dieser Reihenfolge zwischen A_j, A_{j+1} ein und bezeichne die erhaltene Permutation von $A_0, A_1, \cdots, A_{n-1}$ mit $B_0, B_1, \cdots, B_{\frac{n}{m}-1}, \cdots, B_{n-1}$. Nun schalte man wieder $B_{\frac{n}{m}+j}, B_{2\frac{n}{m}+j}, \cdots, B_{(m-1)\frac{n}{m}+j}$ ($j = 0, 1, \cdots, \frac{n}{m} - 1$) in dieser Reihenfolge zwischen B_j, B_{j+1} ein und bezeichne diese Permutation mit

$$C_0, C_1, \cdots, C_{\frac{n}{m}-1}, C_{\frac{n}{m}}, \cdots, C_{(m-1)\frac{n}{m}}, \cdots, C_{n-1}.$$

Man teile $C_0, C_1, \cdots, C_{n+1}$ wieder und schalte ein wie oben u.s.f.

Dann kommt man nach endlichen Wiederholungen dieser Verfahrens wieder zur Reihenfolge $A_0, A_1, \cdots, A_{n-1}$ zurück. Wenn speziell $n = m^\alpha$ ist, dann kommt man nach α Schritten zur Reihenfolge $A_0, A_1, \cdots, A_{n-1}$.[4]

Beweis. Die Operation, die zwischen dem j-ten und $(j+1)$-ten Element das $(\frac{n}{m} + j)$-te, $(2\frac{n}{m} + j)$-te, $\cdots$ und $((m-1)\frac{n}{m} + j)$-te Element einschaltet, bezeichnen wir mit Θ und ihre inverse Operation mit Θ^{-1}. Man bezeichne $(A_0, A_1, \cdots, A_{n-1})$, $(B_0, B_1, \cdots, B_{n-1})$, $\cdots$ mit $A, B, \cdots$. Dann ist nach Definition von Θ

$$\Theta(A) = B, \Theta(\Theta(A)) = C, \cdots.$$

Zur Vereinfachung schreiben wir $\Theta(\Theta(A)) = \Theta^2(A)$, $\Theta(\Theta(\Theta(A))) = \Theta^3(A)$, $\cdots$ und $\Theta^{-1}(B) = A$, $\Theta^{-2}(C) = A$, $\cdots$. Da es nur endlich viele Permutationen von n Elementen gibt, so exstieren zwei verschiedene Zahlen p, q ($p > q$), derart dass

$$\Theta^p(A) = \Theta^q(A)$$

[4] Dieser Satz ist für $m = 2$ von Moriya bewiesen und nachher von Nagumo verallgemeinert.

ist. Daraus folgt $\Theta^{p-q}(A) = A$. Damit ist der erste Teil bewiesen.

Nun sei $n = m^\alpha$. Eine beliebige natürliche Zahl zwischen 0 und $m^\alpha - 1$ (einschliesslich 0 und $m^\alpha - 1$) ist in der Form

$$a_0 + a_1 m + \cdots + a_{\alpha-1} m^{\alpha-1}$$

darstellbar, wo $a_0, a_1, \cdots, a_{\alpha-1}$ Zahlen zwischen 0 und $m-1$ (einschliesslich 0 und $m-1$) sind. A_λ in A sei nun in $\Theta(A)$ durch $A_{\lambda'}$ ersetzt.

Wenn $\lambda = a_0 + a_1 m + \cdots + a_{\alpha-1} m^{\alpha-1}$ ist, dann ist $\lambda' = a_1 + a_2 m + \cdots + a_0 m^{\alpha-1}$. Um diese Tatsache zu beweisen, wenden wir vollständige Induktion an. Für die Zahlen km ($k = 0, 1, \cdots, m^{\alpha-1} - 1$) gilt diese Behauptung wirklich, wie man leicht einsehen kann. Nun nehmen wir an, dass $\lambda \neq km$ ist und $\lambda = a_0 + a_1 m + \cdots + a_{\alpha-1} m^{\alpha-1}$ durch $\lambda' = a_1 + a_2 m + \cdots + a_{\alpha-1} m^{\alpha-2} + a_0 m^{\alpha-1}$ ersetzt sei. Ferner können wir auch annehmen, dass $\lambda + 1$ nicht durch m teilbar ist, weil sonst für $\lambda + 1$ unsere Behauptung schon richtig ist. Also ist $\lambda + 1 = (a_0 + 1) + a_1 m + \cdots + a_{\alpha-1} m^{\alpha-1}$ durch $\lambda' + m^{\alpha-1}$ ersetzt. Und

$$\begin{aligned} \lambda' + m^{\alpha-1} &= a_1 + a_2 m + \cdots + a_{\alpha-1} m^{\alpha-2} + a_0 m^{\alpha-1} + m^{\alpha-1} \\ &= a_1 + a_2 m + \cdots + (a_0 + 1) m^{\alpha-1}. \end{aligned}$$

Für $\lambda = 1$ ist unsere Behauptung richtig. Damit ist die Behauptung für alle λ richtig.

Wir betrachten jetzt die Koeffizienten $a_0, a_1, \cdots, a_{\alpha-1}$ von $m^0, m^1, \cdots, m^{\alpha-1}$ von der Zahl λ. Bei Anwendung von Θ auf A vertauschen sie sich zyklisch. Man drücke das mit $\Theta(a_0, a_1, \cdots, a_{\alpha-1}) = (a_1, a_2, \cdots, a)$ aus. Wie man leicht einsehen kann, ist in $\Theta^2(A)\lambda$ durch $a_2 + a_3 m + \cdots + a_0 m^{\alpha-2} + a_1 n^{\alpha-1}$ ersetzt, d. h. $\Theta^2(a_0, a_1, \cdots, a_{\alpha-1}) = \Theta(\Theta(a_0, \cdots, a_{\alpha-1})) = (a_2, a_3, \cdots, a_0, a_1)$. Im allgemeinen ist $\Theta^k(a_0, a_1, \cdots, a_{\alpha-1}) = (a_k, a_{k+1}, \cdots, a_{k-1})$. Wenn $k = \alpha$ ist, dann ist also

$$\Theta^\alpha(a_0, a_1, \cdots, a_{\alpha-1}) = (a_0, a_1, \cdots, a_{\alpha-1}).$$

Damit ist der Satz bewiesen.

Bemerkung: Dass die Anfangsreihenfolge genau nach α Schritten vorkommt, sieht man z. B. an der Stelle $\lambda = m$.

Bemerkung von Herrn H. Nakano: Wenn man die obige Operation Θ so ausgeführt denkt, dass man zuerst die Anfangsreihe A in der Matrix

$$\begin{matrix} A_0 & A_1 & \cdots\cdots\cdots & A_{\frac{n}{m}-1} \\ A_{\frac{n}{m}} & A_{\frac{n}{m}+1} & \cdots\cdots\cdots & A_{2\frac{n}{m}-1} \\ & \cdots\cdots\cdots & \cdots\cdots\cdots & \\ A_{(m-1)\frac{n}{m}} & A_{(m-1)\frac{n}{m}+1} & \cdots\cdots\cdots & A_{n-1} \end{matrix}$$

schreibt und al dann diese Elemente in folgender Reihenfolge

$$A_0\ A_{\frac{n}{m}} \cdots\cdots A_{(m-1)\frac{n}{m}}\ A_1\ A_{\frac{n}{m}+1} \cdots\cdots A_{n-1}$$

ordnet, so kann man λ' durch λ folgendermassen darstellen:

$$\lambda' = \frac{n}{m}\lambda - (n-1)\left[\frac{\lambda+1}{m}\right],$$

wobei A_λ von A in $\Theta(A)$ durch $A_{\lambda'}$ ersetzt werden soll. Dann besteht die Relation

$$\lambda' \equiv \frac{n}{m}\lambda \qquad (\text{mod } n-1),$$

und umgekehrt kann λ' durch diese Relation aus λ eindeutig gerechnet werden. Die Ordnung der Permutation Θ ist mitin gleich der kleinsten natürlichen Zahl x, derart, dass

$$\left(\frac{n}{m}\right)^x \equiv 1 \qquad (\text{mod } n-1)$$

ist. Da $n \equiv 1 \pmod{n-1}$ ist, so kann man auch schliessen, dass die Ordnung von Θ der kleinsten natürlichen Zahl x gleich ist, derart, dass

$$m^x \equiv 1 \qquad (\text{mod } n-1)$$

wird. Im Falle $n = m^\alpha$ ist also klar, dass

$$x = \alpha$$

sein muss.

(Eingegangen am 19. Jan., 1933)

(Gelesen am 21. Jun. 1933)

Charakterisierung der allgemeinen euklidischen Räume durch eine Postulate für Schwerpunkte

[Japan. J. Math., 12 (1936) 123–128]

(Eingegangen am 16. Dezember 1935)

§ 1. Inhalt der Untersuchung.

1. Ein metrischer Raum $\mathfrak{R}$ heisst *allgemein euklidisch*, wenn $\mathfrak{R}$ linear metrisch ist, und die Metrik aus dem innern Produkt definiert ist. (Genauere Definitionen werden im folgenden gegeben.) Der Hilbertsche Raum ist also auch ein allgemeiner euklidischer Raum.

Die vorliegende Untersuchung ist die Charakterisierung des allgemeinen euklidischen Raumes aus den linearen metrischen Räumen durch die folgende Postulate:

Der Schwerpunkt $\frac{1}{n}(\mathfrak{x}_1+\cdots\cdots+\mathfrak{x}_n)$ von beliebigem Punktsysteme $(\mathfrak{x}_1, \mathfrak{x}_2, \cdots\cdots, \mathfrak{x}_n)$ in $\mathfrak{R}$ fällt mit demjenigen Punkt $\mathfrak{y}$ zusammen, der die Funktion

$$\sum_{v=1}^{n} f(|\mathfrak{y}-\mathfrak{x}_v|)$$

minimum macht, wo $f(u)$ eine stetige Funktion des nicht negativen Argumentes $u \geqq 0$ mit den Nebenbedingungen $f(0)=0$, $f(1)=1$ bedeutet.

Der wesentliche Teil des Beweises ist die Funktionalgleichung

$$(*) \qquad f(|\mathfrak{x}+\mathfrak{y}|)+f(|\mathfrak{x}-\mathfrak{y}|) = 2\left\{f(|\mathfrak{x}|)+f(|\mathfrak{y}|)\right\}$$

herzuleiten, woraus folgt

$$(**) \qquad f(|\mathfrak{x}|) = (\mathfrak{x}, \mathfrak{x}),$$

wobei $(\mathfrak{x}, \mathfrak{y})$ eine bilineare symmetrische Funktion von $\mathfrak{x}$ und $\mathfrak{y}$ bedeutet und $f(|\mathfrak{x}|) = |\mathfrak{x}|^2$. Die Beweisführung von (*) bis (**) ist wesentlich dieselbe wie die von Herren P. Jordan und J. v. Neumann in ihrer Arbeit: On inner products in linear metric spaces.(1)

2. Ein Raum $\mathfrak{R}$ heisst reell (komplex) linear metrisch, wenn für beliebige $\mathfrak{x}\in\mathfrak{R}$, $\mathfrak{y}\in\mathfrak{R}$ und reelle (komplexe) Zahl a, $a\mathfrak{x}\in\mathfrak{R}$ und $\mathfrak{x}+\mathfrak{y}\in\mathfrak{R}$ definiert sind mit den Bedingungen:

---

(1) Annals of Math. Vol. **36** (1935), 719–723.

$$1\mathfrak{x} = \mathfrak{x}, \qquad 0\mathfrak{x} = 0,$$

$$(a+b)\mathfrak{x} = a\mathfrak{x}+b\mathfrak{x}, \qquad (ab)\mathfrak{x} = a(b\mathfrak{x}),$$

$$a(\mathfrak{x}+\mathfrak{y}) = a\mathfrak{x}+a\mathfrak{y},$$

$$\mathfrak{x}+\mathfrak{y} = \mathfrak{y}+\mathfrak{x}, \qquad (\mathfrak{x}+\mathfrak{y})+\mathfrak{z} = \mathfrak{x}+(\mathfrak{y}+\mathfrak{z}).$$

Und jedem $\mathfrak{x}\in\mathfrak{R}$ ist eine nicht negative Zahl $|\mathfrak{x}|$ (Betrag von $\mathfrak{x}$ genannt) zugeordnet mit den Bedingungen:

$$|\mathfrak{x}|>0, \quad \text{wenn} \quad \mathfrak{x}\neq 0,$$

$$|\mathfrak{x}+\mathfrak{y}|\leqq|\mathfrak{x}|+|\mathfrak{y}|,$$

$$|a\mathfrak{x}| = |a|\,|\mathfrak{x}|.$$

(In vorliegender Arbeit werden Punkte von $\mathfrak{R}$ mit kleinen deutschen Buchstaben und reelle (komplexe) Zahlen mit kleinen lateinischen bezeichnet.)

Ein metrischer Raum $\mathfrak{R}$ heisst *allgemein euklidisch,* wenn $\mathfrak{R}$ linear metrisch ist, und der Betrag von $\mathfrak{x}\in\mathfrak{R}$ durch $|\mathfrak{x}| = \sqrt{(\mathfrak{x}, \mathfrak{x})}$ gegeben ist, wo $(\mathfrak{x}, \mathfrak{y})$ (inneres Produkt von $\mathfrak{x}$ und $\mathfrak{y}$ genannt) reellwertige (komplexwertige) Funktion von $\mathfrak{x}$, $\mathfrak{y}$ bedeutet mit den Bedingungen:

$$(\mathfrak{x}, \mathfrak{y}) = (\mathfrak{y}, \mathfrak{x}), \qquad \text{falls } \mathfrak{R} \text{ reell ist,}$$

$$\overline{(\mathfrak{x}, \mathfrak{y})} = (\mathfrak{y}, \mathfrak{x}), \qquad \text{falls } \mathfrak{R} \text{ komplex ist,}$$

$$(\mathfrak{x}_1+\mathfrak{x}_2, \mathfrak{y}) = (\mathfrak{x}_1, \mathfrak{y})+(\mathfrak{x}_2, \mathfrak{y}),$$

$$(a\mathfrak{x}, \mathfrak{y}) = a(\mathfrak{x}, \mathfrak{y}).$$

3. In allgemeinen euklidischen Räumen ist die folgende Tatsache leicht zu bestätigen:

Der Schwerpunkt $\mathfrak{x}^* = \frac{1}{n}(\mathfrak{x}_1+\cdots\cdots+\mathfrak{x}_n)$ des Punktsystems $(\mathfrak{x}_1, \ldots\ldots, \mathfrak{x}_n)$ ist dadurch charakterisiert, dass

$$\sum_{v=1}^{n}|\mathfrak{x}_v-\mathfrak{y}|^2$$

gerade für $\mathfrak{y} = \mathfrak{x}^*$ minimum wird. Denn, wie man leicht beweisen kann, besteht die Identität

$$\sum_{v=1}^{n}|\mathfrak{x}_v-\mathfrak{y}|^2 = \sum_{v=1}^{n}|\mathfrak{x}_v-\mathfrak{x}^*|^2+n|\mathfrak{x}^*-\mathfrak{y}|^2.$$

Wir haben also nur beweisen

Satz. Der Schwerpunkt $\frac{1}{n}(\mathfrak{x}_1+\cdots\cdots+\mathfrak{x}_n)$ von beliebigem Punktsysteme $(\mathfrak{x}_1, \cdots\cdots, \mathfrak{x}_n)$ in $\mathfrak{R}$ sei dadurch charakterisiert, dass die Funktion von $\mathfrak{y}$

$$\sum_{v=1}^{n} f(|\mathfrak{x}_v-\mathfrak{y}|)$$

gerade für $\mathfrak{y}=\frac{1}{n}(\mathfrak{x}_1+\cdots\cdots+\mathfrak{x}_n)$ minimum wird, wobei $f(u)$ eine stetige reellwertige Funktion von nicht negativer Argumente $u \geqq 0$ mit den Nebenbedingungen $f(0)=0$, $f(1)=1$ bedeutet.

Dann ist $\mathfrak{R}$ ein allgemeiner euklidischer Raum, und $f(|\mathfrak{x}|)=|\mathfrak{x}|^2=(\mathfrak{x}, \mathfrak{x})$.

§ 2. Beweis des Satzes.

1. Zunächst beweisen wir, dass $f(|\mathfrak{x}-\mathfrak{a}|)$ eine konvexe Funktion von $\mathfrak{x}$ und längs einer beliebigen Gerade differentiierbar ist.

$\mathfrak{x}_0$ sei ein beliebiger Punkt in $\mathfrak{R}$. Dann gibt es einen Punkt $\mathfrak{a}'$, sodass $\mathfrak{x}_0=\frac{1}{2}(\mathfrak{a}+\mathfrak{a}')$ ist. Die Funktion $f(|\mathfrak{x}-\mathfrak{a}|)+f(|\mathfrak{x}-\mathfrak{a}'|)$ muss also gerade für $\mathfrak{x}=\mathfrak{x}_0$ minimum sein. Setzt man $\mathfrak{x}=\mathfrak{x}_0+\mathfrak{y}$, dann $|\mathfrak{x}-\mathfrak{a}|=|(\mathfrak{x}_0+\mathfrak{y})-\mathfrak{a}|$, $|\mathfrak{x}-\mathfrak{a}'|=|(\mathfrak{x}_0-\mathfrak{y})-\mathfrak{a}|$. Daher für $\mathfrak{y} \neq 0$,

$$f\big(|(\mathfrak{x}_0+\mathfrak{y})-\mathfrak{a}|\big)+f\big(|(\mathfrak{x}_0-\mathfrak{y})-\mathfrak{a}|\big)>2f(|\mathfrak{x}_0-\mathfrak{a}|).$$

Da $\mathfrak{x}_0$ und $\mathfrak{y}$ beliebig sind, ist $f(|\mathfrak{x}-\mathfrak{a}|)$ eine konvexe Funktion von $\mathfrak{x}$.

Nun sei $\mathfrak{x}(t)=\mathfrak{x}_0+t\mathfrak{c}$ $(\mathfrak{c} \neq 0)$ eine beliebige Gerade in $\mathfrak{R}$. (t: reelle Veränderliche.) Dann ist $\varphi(t)=f(|\mathfrak{x}(t)-\mathfrak{a}|)$ eine konvexe Funktion von t. $\varphi(t)$ ist also immer linksseitig und rechtsseitig differentiierbar. Wäre die beiden Derivierten $D_-\varphi(t)$ und $D_+\varphi(t)$ nicht immer gleich, so gibt es einen Punkt auf der Gerade $\mathfrak{x}=\mathfrak{x}_0+t\mathfrak{c}$, sodass $D_-\phi(t)<D_+\varphi(t)$ ist. Ohne die Allgemeinheit zu verlieren dürfen wir annehmen, dass dies für $t=0$ statt findet. $\mathfrak{a}'$ sei ein Punkt, sodass $\mathfrak{x}_0=\frac{1}{2}(\mathfrak{a}+\mathfrak{a}')$. Daraus erhält man leicht $f\big(|\mathfrak{x}(t)-\mathfrak{a}'|\big)=\varphi(-t)$, und $D_\pm f\big(|\mathfrak{x}(t)-\mathfrak{a}'|\big)_{t=0}=D_\pm\varphi(-t)_{t=0}=-D_\mp\varphi(t)_{t=0}$. Wir nehmen einen von $\mathfrak{x}_0$ verschiedenen Punkt $\mathfrak{a}^*$ auf der gerade $\mathfrak{x}=\mathfrak{x}_0+t\mathfrak{c}$. Dann ist $\frac{1}{2n+1}(2n\mathfrak{x}_0+\mathfrak{a}^*) \neq \mathfrak{x}_0$ der Schwerpunkt von $(\underbrace{\mathfrak{a}, \cdots\cdots, \mathfrak{a}}_{n-\text{mal}}, \underbrace{\mathfrak{a}', \cdots\cdots, \mathfrak{a}'}_{n-\text{mal}}, \mathfrak{a}^*)$, der auch auf der Gerade $\mathfrak{x}=\mathfrak{x}_0+t\mathfrak{c}$ liegt.

Nun wählen wir n so gross, dass

$$n\Big\{D_+\varphi(t)-D_-\varphi(t)\Big\}_{t=0}>\operatorname{Max}\Big\{-D_+\psi(t)_{t=0},\, D_-\psi(t)_{t=0}\Big\},$$

wobei $\psi(t) = f(|\mathfrak{x}(t)-\mathfrak{a}^*|)$. Dann gilt:

$$D_+\left\{nf(|\mathfrak{x}(t)-\mathfrak{a}|)+nf(|\mathfrak{x}(t)-\mathfrak{a}'|)+f(|\mathfrak{x}(t)-\mathfrak{a}^*|)\right\}_{t=0}>0,$$

und

$$D_-\left\{nf\left(|\mathfrak{x}(t)-\mathfrak{a}|\right)+nf\left(|\mathfrak{x}(t)-\mathfrak{a}'|\right)+f\left(|\mathfrak{x}(t)-\mathfrak{a}^*|\right)\right\}_{t=0}<0.$$

Die konvexe Funktion $nf(|\mathfrak{x}-\mathfrak{a}|)+nf(|\mathfrak{x}-\mathfrak{a}'|)+f(|\mathfrak{x}-\mathfrak{a}^*|)$ ist also auf der Gerade $\mathfrak{x} = \mathfrak{x}_0+t\mathfrak{c}$ für $\mathfrak{x} = \mathfrak{x}_0$ minimum. Dies widerspricht mit der Tatsache, dass der Schwerpunkt $\frac{1}{2n+1}(2n\mathfrak{x}_0+\mathfrak{a}^*)\neq\mathfrak{x}_0$ sein muss. Hiermit ist die Differentiierbarkeit von $f(|\mathfrak{x}-\mathfrak{a}|)$ längs einer beliebigen Gerade bewiesen.

2. Nun wollen wir beweisen, dass $f(|\mathfrak{x}|)$ die Gleichung

$$(0) \qquad f(|\mathfrak{x}+\mathfrak{y}|)+f(|\mathfrak{x}-\mathfrak{y}|) = 2\left\{f(|\mathfrak{x}|)+f(|\mathfrak{y}|)\right\}$$

befriedigt. Es sei $\mathfrak{z} = \mathfrak{a}+t\mathfrak{c}$ eine beliebige Gerade in $\mathfrak{R}$ (t: reelle Veränderliche) und sei $\mathfrak{y} = \mathfrak{a}+t_0\mathfrak{c}$ ein beliebiger Punkt darauf. $\mathfrak{y}$ ist der Schwerpunkt von $(-\mathfrak{x}, \mathfrak{x}, 3\mathfrak{y})$, wobei $\mathfrak{x}$ auch ein beliebiger Punkt in $\mathfrak{R}$ bedeutet. Die Funktion $f(|-\mathfrak{x}-\mathfrak{z}|)+f(|\mathfrak{x}-\mathfrak{z}|)+f(|3\mathfrak{y}-\mathfrak{z}|)$ muss also für $\mathfrak{z} = \mathfrak{y}$ minimum sein. Daher für $\mathfrak{z} = \mathfrak{a}+t\mathfrak{c}$

$$(1) \qquad \frac{d}{dt}\left\{f(|\mathfrak{x}+\mathfrak{z}|)+f(|\mathfrak{x}-\mathfrak{z}|)+f(|3\mathfrak{y}-\mathfrak{z}|)\right\}_{t=t_0} = 0.$$

Andererseits ist $\mathfrak{y}$ auch der Schwerpunkt von $(0, 0, 3\mathfrak{y})$. Folglich für $\mathfrak{z} = \mathfrak{a}+t\mathfrak{c}$

$$(2) \qquad \frac{d}{dt}\left\{2f(|\mathfrak{z}|)+f(|3\mathfrak{y}-\mathfrak{z}|)\right\}_{t=t_0} = 0.$$

Aus (1) und (2) folgt

$$\frac{d}{dt}\left\{f(|\mathfrak{x}+\mathfrak{z}|)+f(|\mathfrak{x}-\mathfrak{z}|)-2f(|\mathfrak{z}|)\right\}_{t=t_0} = 0.$$

Da $\mathfrak{z} = \mathfrak{a}+t\mathfrak{c}$ eine beliebige Gerade in $\mathfrak{R}$ und $\mathfrak{y} = \mathfrak{a}+t_0\mathfrak{c}$ ein beliebiger Punkt darauf ist, so muss die Funktion von $\mathfrak{y}$, $f(|\mathfrak{x}+\mathfrak{y}|)+f(|\mathfrak{x}-\mathfrak{y}|)-2f(|\mathfrak{y}|)$ in $\mathfrak{R}$ konstant sein. Folglich

$$f(|\mathfrak{x}+\mathfrak{y}|)+f(|\mathfrak{x}-\mathfrak{y}|)-2f(|\mathfrak{y}|) = 2f(|\mathfrak{x}|)-2f(0).$$

Aber nach Voraussetzung $f(0) = 0$. Damit ist das Bestehen der Gleichung (0) bewiesen.

3. Im folgenden wollen wir aus der Gleichung (0) beweisen, dass

$$f(|\mathfrak{x}|) = \phi(\mathfrak{x}, \mathfrak{x}) = |\mathfrak{x}|^2$$

ist, wobei $\phi(\mathfrak{x}, \mathfrak{y})$ eine reelle bilineare symmetrische Funktion von $\mathfrak{x}$ und $\mathfrak{y}$ bedeutet.

Man setze in (0) erstens $\mathfrak{x} = \mathfrak{x}_1 + \mathfrak{x}_2$ und zweitens $\mathfrak{x} = \mathfrak{x}_1 - \mathfrak{x}_2$. Dann erhält man durch Subtraktion.

$$\phi(\mathfrak{x}_1 + \mathfrak{x}_2, \mathfrak{y}) + \phi(\mathfrak{x}_1 - \mathfrak{x}_2, \mathfrak{y}) = 2\phi(\mathfrak{x}_1, \mathfrak{y}), \tag{3}$$

indem man setzt

$$f(|\,\mathfrak{x}+\mathfrak{y}\,|) - f(|\,\mathfrak{x}-\mathfrak{y}\,|) = 4\phi(\mathfrak{x}, \mathfrak{y}). \tag{4}$$

Die Symmetrie von $\phi(\mathfrak{x}, \mathfrak{y})$ in bezug auf $\mathfrak{x}$ und $\mathfrak{y}$ ist nach (4) klar. Aus (4) für $\mathfrak{y} = 0$ gilt $\phi(\mathfrak{x}, 0) = 0$, und nach (3) für $\mathfrak{x}_1 = \mathfrak{x}_2 = \mathfrak{x}$ gilt $2\phi(\mathfrak{x}, \mathfrak{y}) = \phi(2\mathfrak{x}, \mathfrak{y})$. Ersetzt man dann $\mathfrak{x}_1$ und $\mathfrak{x}_2$ durch $\frac{1}{2}(\mathfrak{x}_1 + \mathfrak{x}_2)$ bzw. $\frac{1}{2}(\mathfrak{x}_1 - \mathfrak{x}_2)$, so gilt

$$\phi(\mathfrak{x}_1, \mathfrak{y}) + \phi(\mathfrak{x}_2, \mathfrak{y}) = \phi(\mathfrak{x}_1 + \mathfrak{x}_2, \mathfrak{y}).$$

Da $\phi(\mathfrak{x}, \mathfrak{y})$ in bezug auf $\mathfrak{x}$ stetig ist, ergibt sich daraus für beliebige *reelle* Zahl a,

$$\phi(a\mathfrak{x}, \mathfrak{y}) = a\phi(\mathfrak{x}, \mathfrak{y}).$$

Man beweist dies erstens für ganze rationale a, zweitens für rationale a, drittens für beliebige reelle a durch Grenzübergang.

Weiter erhält man aus (4) und (0), wenn man $\mathfrak{y} = \mathfrak{x}$ setzt,

$$f(|\,\mathfrak{x}\,|) = \phi(\mathfrak{x}, \mathfrak{x}). \tag{5}$$

Nun wollen wir beweisen, dass $f(|\,\mathfrak{x}\,|) = |\,\mathfrak{x}\,|^2$ ist.

Setzt man $\mathfrak{x} = x\mathfrak{a}$ (x : reell) in (5),

$$f(|\,x\mathfrak{a}\,|) = \phi(x\mathfrak{a}, x\mathfrak{a}) = x^2\phi(\mathfrak{a}, \mathfrak{a}).$$

Folglich für $|\,\mathfrak{a}\,| = 1$, $f(|\,x\,|) = kx^2$. Nach der Voraussetzung, dass $f(1) = 1$, besteht dann

$$f(|\,\mathfrak{x}\,|) = |\,\mathfrak{x}\,|^2.$$

4. Für reelle lineare metrische Räume ist der Beweis des Satzes schon erledigt. In den bisherigen Erörterungen war gleichgültig, ob $\mathfrak{R}$ reell oder komplex ist. Nun setzen wir deutlich voraus, dass $\mathfrak{R}$ komplex linear ist. Dazu spielt die Gleichung $|\,i\mathfrak{x}\,| = |\,\mathfrak{x}\,|$ eine wesentliche Rolle.

Nach (4) gilt also $\phi(i\mathfrak{x}, i\mathfrak{y}) = \phi(\mathfrak{x}, \mathfrak{y})$.

Wir setzen

$$(\mathfrak{x}, \mathfrak{y}) = \phi(\mathfrak{x}, \mathfrak{y}) - i\phi(i\mathfrak{x}, \mathfrak{y}).$$

Dann erhält man leicht

$$(\mathfrak{x}_1 + \mathfrak{x}_2, \mathfrak{y}) = (\mathfrak{x}_1, \mathfrak{y}) + (\mathfrak{x}_2, \mathfrak{y}),$$

$$(i\mathfrak{x}, \mathfrak{y}) = \phi(i\mathfrak{x}, \mathfrak{y}) - i\phi(i^2\mathfrak{x}, \mathfrak{y}) = i\left\{\phi(\mathfrak{x}, \mathfrak{y}) - i\phi(i\mathfrak{x}, \mathfrak{y})\right\} = i(\mathfrak{x}, \mathfrak{y}).$$

Folglich für $\alpha = a+bi$ $(a, b$: reell)

$$(\alpha\mathfrak{x}, \mathfrak{y}) = (a\mathfrak{x}, \mathfrak{y})+(bi\mathfrak{x}, \mathfrak{y}) = a(\mathfrak{x}, \mathfrak{y})+bi(\mathfrak{x}, \mathfrak{y}) = \alpha(\mathfrak{x}, \mathfrak{y}).$$

Und

$$(\mathfrak{y}, \mathfrak{x}) = \phi(\mathfrak{y}, \mathfrak{x})-i\phi(i\mathfrak{y}, \mathfrak{x}) = \phi(\mathfrak{x}, \mathfrak{y})-i\phi(i^2\mathfrak{y}, i\mathfrak{x}) = \phi(\mathfrak{x}, \mathfrak{y})+i\phi(i\mathfrak{x}, \mathfrak{y}) = (\mathfrak{x}, \mathfrak{y}).$$

Weiter $\phi(i\mathfrak{x}, \mathfrak{x}) = \phi(i^2\mathfrak{x}, i\mathfrak{x}) = -\phi(i\mathfrak{x}, \mathfrak{x})$, folglich $\phi(i\mathfrak{x}, \mathfrak{x}) = 0$.

Dann schliesslich

$$(\mathfrak{x}, \mathfrak{x}) = \phi(\mathfrak{x}, \mathfrak{x})-i\phi(i\mathfrak{x}, \mathfrak{x}) = \phi(\mathfrak{x}, \mathfrak{x}) = f(|\mathfrak{x}|) = |\mathfrak{x}|^2.$$

W. z. b. w.

Mathematisches Institut,
Kaiserliche Universität zu Osaka.

Einige analytische Untersuchungen in linearen, metrischen Ringen

[Japan. J. Math., 13 (1936) 61–80]

(Eingegangen am 18. März, 1936)

Die Menge $\mathfrak{R}$ aller stetigen, linearen Transformationen in einem linearen, metrischen Raum bildet einen *linearen Ring.* D. h., in $\mathfrak{R}$ sind die Multiplikation mit reellen oder komplexen Zahlen, die Summe und das Produkt(1) zweier linearen Transformationen definiert, die auch $\mathfrak{R}$ gehören, wobei übliche Gesetze von Multiplikation, Summe und Produkt richtig bleiben. Das kommutative Gesetz des Produktes gilt aber nicht immer.

In $\mathfrak{R}$ führen wir die Metrik ein um analytische Behandlungen in $\mathfrak{R}$ zu ermöglichen. In $\mathfrak{R}$ kann man also z. B. Potenzreihe und Infinitesimalrechnung definieren.

Das Gewicht in dieser Untersuchung ist nur auf die analytische Seite gelegt. Algebraische Theorien des Ringes, z.B. Idealtheorie, tritt hier nicht auf.

In § 1. werden Definition und Beispiele der linearen, metrischen Ringe gegeben.

In § 2. werden einige vorbereitende Untersuchungen über Zusammenhängende Gruppen (in bazug auf dem Produkt) in linearen Unterringen gegeben.

In § 3. wird etwas über die Umkehrbarkeit der Exponentialfunktion (durch eine Potenzreihe definiert) erörtert. Dieses Problem kann man auch so formulieren: Kann eine lineare Transformation durch eine infinitesimale Transformation erzeugt werden?

In § 4. werden Definitionen und einige Sätze über Infinitesimalrechnung in $\mathfrak{R}$ von Funktionen von einem reellen Argumente gegeben. Die da Gegebenen sind meistens nur Analogien von der gewöhnlichen Infinitesimalrechnung. § 4. ist eine Vorbereitung für § 5.

In § 5. wird die Funktionalgleichung $A(s+t) = A(s)A(t)$ behandelt als eine Anwendung von § 4.

In § 6. werden Definitionen und Sätze über reguläre Funktionen eines komplexen unabhängigen Argumentes gegeben, die alle nur Analogien der gewöhnlichen regulären Funktionen sind. § 6. ist eine Vorbereitung für § 7.

---

(1) Das Produkt zweier Transformationen bedeutet die Zusammensetzung zweier nach einander ausgeführten Transformationen.

In § 7. wird etwas über die Konstruktion der Resolventen der Integralgleichungen vom Standpunkte vorliegender Untersuchungen aus erörtert.

§ 1 Definitionen und Beispiele.

Eine Menge $\mathfrak{R}$ der Elemente heisst ein *linearer, metrischer Ring*, wenn die folgenden Bedingungen erfüllt sind. (In dieser Arbeit werden Elemente von $\mathfrak{R}$ mit grossen lateinischen Buchstaben bezeichnet, während reelle oder komplexe Zahlen mit kleinen lateinischen Buchstaben bezeichnet werden).

(i) *In $\mathfrak{R}$ sind Summe und Produkt zweier Elemente und Multiplikation eines Elementes mit einer reellen (komplexen) Zahl eindeutig definiert. D. h.,*

Wenn $A_\nu \in \mathfrak{R}$, *dann* $A_1+A_2 \in \mathfrak{R}$ *und* $A_1A_2 \in \mathfrak{R}$.

Wenn $A \in \mathfrak{R}$ *und a eine reelle (komplexe) Zahl ist, so ist* $aA = Aa \in \mathfrak{R}$.

(ii) $\mathfrak{R}$ *ist eine kommutative Gruppe in bezug auf die Addition* $A+B$. (Das Einheitselement der Gruppe wird das Nullelement von $\mathfrak{R}$ genannt und durch 0 bezeichnet.)

(iii) $(AB)C = A(BC)$. $(A+B)C = AC+BC$, $A(B+C) = AB+AC$.

(iv) $(a+b)A = aA+bA$, $(ab)A = a(bA)$,

$$a(A+B) = aA+aB, \quad (aA)(bB) = (ab)(AB), \quad 1A = A.$$

(v) *Jedem* $A \in \mathfrak{R}$ *wird eine nicht negative reelle Zahl* $|A|$ *(Betrag von A genannt) zugeordnet, so dass*

$$|A| > 0 \quad \text{für} \quad A \neq 0, \qquad |0| = 0.$$

(vi) $|A+B| \leqq |A| + |B|$, $|AB| \leqq |A|\,|B|$, $|aA| = |a|\,|A|$.

Ein linearer, metrischer Ring heisst *reell*, wenn die Multiplikation nur mit reellen Zahlen gestattet ist, dagegen heisst der *komplex*, wenn die Multiplikation mit komplexen Zahlen gestattet ist.

Für ein Paar Punkte A und B heisst $|A-B|$ die *Entfernung* von A und B, die den Relationen

$$|A-B| > 0 \quad \text{für} \quad A \neq B, \qquad |A-A| = 0,$$

$$|A-B| = |B-A|, \qquad |A-B| + |B-C| \geqq |A-C|$$

genügt. Man sagt, dass eine Folge $\{A_n\}$ gegen A *konvergiert*, wenn $\lim_{n\to\infty} |A_n - A| = 0$. Man schreibt dann $\lim_{n\to\infty} A_n = A$. Ein linearer, metrischer Ring $\mathfrak{R}$ heisst *vollständig*, wenn aus $|A_n - A_{n'}| < \varepsilon$ für $n' > n > N(\varepsilon)$, wobei ε eine beliebige positive Zahl bedeutet, immer die Existenz eines $A \in \mathfrak{R}$ folgt, sodass $\lim_{n\to\infty} A_n = A$.

Bemerkung 1. Ein Element $E \in \mathfrak{R}$ heisst *Einselement* von $\mathfrak{R}$, wenn für alle $A \in \mathfrak{R}$ $AE = EA = A$ ist. Es gibt höchstens nur ein Einselement in $\mathfrak{R}$. Besitzt $\mathfrak{R}$ kein Einselement, so kann man durch Hinzufügung von E den $\mathfrak{R}$ erweitern, indem man den Betrag des Elementes in dem erweiterten linearen Ring etwa durch $|aE+A| = |a| + |A|$ $(A \in \mathfrak{R})$ definiert.

Beispiel 1. Es sei $\mathfrak{B}$ ein linearer, normierter, vollständiger Raum(2). Die Menge $\mathfrak{R}$ aller stetigen linearen Abbildungen von $\mathfrak{B}$ auf $\mathfrak{B}$ selbst oder einen Teil von $\mathfrak{B}$ ist ein linearer, metrischer Ring, wenn man jeder Transformation $T \in \mathfrak{R}$ ihren Betrag durch

$$|T| = \text{Obere Grenze von } |T\mathfrak{x}| \text{ für } |\mathfrak{x}| \leqq 1 \quad (\mathfrak{x} \in \mathfrak{B})$$

definiert. Dann bedeutet die Relation $\lim_{n \to \infty} T_n = T$ nichts anders als, dass $T_n\mathfrak{x}$ gegen $T\mathfrak{x}$ für alle $|\mathfrak{x}| \leqq 1$ *gleichmässig* konvergiert. Man kann also leicht beweisen, dass $\mathfrak{R}$ vollständig ist.

Beispiel 2. Die Menge $\mathfrak{R}$ aller quadratischen, k-dimensionalen Matrices ist ein linearer, metrischer Ring, wenn man den Betrag der Matrix $A = (a_{i,j})$ durch

$$|A| = \sqrt{\sum_{i,j=1}^{k} |a_{i,j}|^2}$$

definiert. Dieser Betrag von A ist von *J. v. Neumann* eingeführt(3).

Wenn man eine quadratische, k-dimensionale Matrix als eine lineare Transformation in einem k-dimensionalen Vektorraume auffasst, so kann man den Betrag der Matrix nach Beispiel 1 definierern. Dieser Betrag ist aber mit dem von J. v. Neumann topologisch äquivalent. Die vollständigkeit von $\mathfrak{R}$ ist klar.

Beispiel 3. $\mathfrak{R}$ sei die Menge aller in $b \leqq x \leqq b$, $a \leqq y \leqq b$ definierten stetigen Funktionen $K(x, y)$. Die Multiplikation mit gewöhnlichen Zahlen und die Summe zweier Funktionen aus $\mathfrak{R}$ werden wie üblich definiert. Das Produkt zweier Elemente $K_1(x, y)$ und $K_2(x, y)$ wird dagegen durch

$$\int_a^b K_1(x, t) K_2(t, y)\,dt$$

definiert. Den Betrag von $K(x, y)$ definieren wir durch

$$(b-a) \operatorname*{Max}_{a \leq {x \atop y} \leq b} \left(|K(x, y)| \right).$$

$\mathfrak{R}$ ist dann ein linearer, metrischer, vollständiger Ring. Es ist auch nicht schwer zu beweisen, dass $\mathfrak{R}$ kein Einselement besitzt.

---

(2) Dieser Raum $\mathfrak{B}$ wird von *S. Banach* „espace du type (B)“ genannt. Vgl. Banach: Théorie des opérations linéaires (Warszawa), S. 53.

(3) Vgl. Über die analytischen Eigenschaften von Gruppen linearer Transformationen und ihrer Darstellungen, Math. Zeit. **30**, S. 3.

Bemerkung. Setzt man anstatt der Stetigkeit von $K(x, y)$ nur die Existenz von $\iint |K(x,y)|^2 dx\,dy (<\infty)$ voraus, und den Betrag von $K(x, y)$ durch

$$\int_G \int_G |K(x, y)|^2 dx\, dy$$

definiert, so ist die Menge aller solchen Funktionen auch ein linearer, metrischer, vollständiger Ring. (Man benutze Schwarzsche Ungleichung und Satz von Riesz-Fischer.)

In dieser Arbeit verstehen wir unter $\mathfrak{R}$ immer einen linearen, metrischen vollständigen Ring.

§ 2. Zusammenhängende Gruppen in $\mathfrak{R}$.

Eine Teilmenge $\mathfrak{G}$ eines linearen, metrischen, vollständigen Ringes $\mathfrak{R}$ heisst eine *Gruppe in* $\mathfrak{R}$, wenn die folgenden Bedingungen erfüllt sind.

(i) *Wenn* $A_\nu \in \mathfrak{G}$, *dann* $A_1 A_2 \in \mathfrak{G}$.

(ii) *In* $\mathfrak{G}$ *gibt es ein Element* F *(die Einheit von* $\mathfrak{G}$*), sodass für alle* $A \in \mathfrak{G}$ $FA = AF = A$.

(iii) *Jedem* $A \in \mathfrak{G}$ *gibt es ein* A', *sodass* $AA' = A'A = F$.

(Das assoziative Gesetz ist von selbst erfüllt.)

Die Einheit von $\mathfrak{G}$ braucht nicht das Einselement von $\mathfrak{R}$ zu sein. F muss aber der Bedingung $F^2 = F$ genügen. $\mathfrak{R}_F$ sei die Gesamtheit der Elemente von der Form $FAF (A \in \mathfrak{R})$. $\mathfrak{R}_F$ ist dann wieder ein linearer, metrischer, vollständiger Ring. In $\mathfrak{R}_F$ ist F das Einselement. Nach (ii) folgt auch $\mathfrak{G} \subset \mathfrak{R}_F$. Ist F das Einselement von $\mathfrak{R}$, so heisst $\mathfrak{G}$ eine *normale Gruppe in* $\mathfrak{R}$.

Im folgenden setzen wir voraus, dass $\mathfrak{R}$ ein linearer, metrischer, vollständiger Ring mit Einselement E ist. Ein Element $A' (\in \mathfrak{R})$, das die Relation $AA' = A'A = E$ erfüllt, heisst *Inverselement* von A. Jedes A besitzt höchstens nur ein Inverselement. Das Inverselement von A bezeichnen wir mit A^{-1}.

Hilfssatz 1. Das Produkt AB hängt von (A, B) stetig ab. D. h., aus $\lim_{n\to\infty} A_n = A$ und $\lim_{n\to\infty} B_n = B$ folgt, dass $\lim_{n\to\infty} A_n B_n = AB$.

Beweis: Dem Leser überlassen.

Hilfssatz 2. Für jedes A in $|A-E|<1$, gibt es Inverselement

$$A^{-1} = E + \sum_{n=1}^{\infty} (E-A)^n .$$

Beweis: Dem Leser überlassen.

Hilfssatz 3. Hat A_0 Inverselement A_0^{-1}, dann haben alle A in $|A-A_0| < \frac{1}{|A_0^{-1}|}$ Inverselemente A^{-1}. A^{-1} hängt von A stetig ab.

Beweis: Ist $|A-A_0| < \frac{1}{|A_0^{-1}|}$, dann $|A_0^{-1}A-E|<1$ und $|AA_0^{-1}-E|<1$. $A_0^{-1}A$ und AA_0^{-1} besitzen also Inverselemente B bzw B'. Man setze $BA_0^{-1}=A'$ und $A_0^{-1}B'=A''$. Dann $A'A=AA''=E$. Folglich auch $A'AA''=A'=A''$. Also $A'=A^{-1}$. Aus $A^{-1}-A_0^{-1}=\left\{(A_0^{-1}A)^{-1}-E\right\}A_0^{-1}=\sum_{n=1}^{\infty}\left\{E-(A_0^{-1}A)\right\}^n A_0^{-1}$ folgt;

$$|A^{-1}-A_0^{-1}| \leqq |A_0^{-1}| \sum_{n=1}^{\infty} |A_0^{-1}(A_0-A)|^n \leqq \frac{|A_0^{-1}|^2\,|A-A_0|}{1-|A_0^{-1}|\,|A-A_0|}.$$

A^{-1} hängt also von A stetig ab. W. z. b. w.

Definition. Es sei $\mathfrak{R}_0$ ein linearer Unterring von $\mathfrak{R}$. $\mathfrak{R}_0^*$ sei die Gesamtheit der Elemente von $\mathfrak{R}_0$, die Inverselemente in $\mathfrak{R}$ besitzen. Die grösste zusammenhängende Untermenge von $\mathfrak{R}_0^*$, die das Einselement E enthält, heisse der *Kern von* $\mathfrak{R}_0$ (*in bezug auf* $\mathfrak{R}$). Der Kern von $\mathfrak{R}_0$ bezeichnen wir mit *Kern* $[\mathfrak{R}_0]$.

Satz 1. *Es sei $\mathfrak{R}_0$ ein linearer, abgeschlossener Unterring von $\mathfrak{R}$ mit dem Einselement. Dann ist Kern $[\mathfrak{R}_0]$ (in bezug auf $\mathfrak{R}$) die grösste zusammenhängende normale Gruppe in $\mathfrak{R}_0$.*

Beweis: Man bezeichne die Umgebung von E $|A-E|<1$ in $\mathfrak{R}_0$ mit $\mathfrak{U}_0$. $\mathfrak{U}_0$ ist zusammenhängend und offen in $\mathfrak{R}_0$. Ist $A\in\mathfrak{U}_0$, so ist $A^{-1}\in\mathfrak{R}_0$ (nach Hilfssatz 2). Es bezeichne $\mathfrak{U}_0^{-1}$ die Menge aller A^{-1}, sodass $A\in\mathfrak{U}_0$. Nach Hilfssatz 3 ist $\mathfrak{U}_0^{-1}$ auch zusammenhängend und offen in $\mathfrak{R}_0$. Die Vereingungsmenge $\mathfrak{U}_0+\mathfrak{U}_0^{-1}$, die wieder zusammenhängend und in $\mathfrak{R}_0$ offen ist, bezeichnen wir mit $\mathfrak{U}$. Ist $A\in\mathfrak{U}$, so ist auch $A^{-1}\in\mathfrak{U}$.

Es seien $A_1, A_2, \ldots\ldots, A_n$ beliebige endlich viele Elemente von $\mathfrak{U}$. Die Menge aller Produkte $A_1A_2,\ldots\ldots, A_n$ heisse $\mathfrak{H}$. $\mathfrak{H}$ ist auch zusammenhängend und offen in $\mathfrak{R}_0$. Man beweist leicht, dass $\mathfrak{H}$ eine normale Gruppe in $\mathfrak{R}_0$ ist. Wir wollen nun beweisen, dass $\mathfrak{H}=$ *Kern* $[\mathfrak{R}_0]$ ist. Es ist klar, dass $\mathfrak{H}\subset$ *Kern* $[\mathfrak{R}_0]$. Wäre $\mathfrak{H}\neq$ *Kern* $[\mathfrak{R}_0]$, so gibt es ein $A^*\in($*Kern* $[\mathfrak{R}_0]-\mathfrak{H})$, sodass eine Folge $\{A_n\}\subset\mathfrak{H}$ gegen A^* konvergiert, (weil *Kern* $[\mathfrak{R}_0]$ zusammenhängend, und $\mathfrak{H}$ in *Kern* $[\mathfrak{R}_0]$ offen ist). Da $\lim_{n\to\infty} A_n^{-1}=A^{*-1}$, so gibt es eine positive Zahl α, dass $|A_n^{-1}|<\alpha$. Für genügend grosse n gilt also

$$|A_n-A^*| < \frac{1}{\alpha} < \frac{1}{|A_n^{-1}|}.$$

Dann $|E-A_n^{-1}A^*|<1$, folglich $A_n^{-1}A^*\in\mathfrak{U}$. Nach der Definition von $\mathfrak{H}$ und wegen $A_n\in\mathfrak{H}$ muss auch

$$A^* = A_n(A_n^{-1}A^*)\in\mathfrak{H},$$

was widerspricht mit $A^*\in($*Kern* $[\mathfrak{R}_0]-\mathfrak{H})$. $\mathfrak{H}$ muss also mit *Kern* $[\mathfrak{R}_0]$ übereinstimmen.

Nach der Definition von *Kern* $[\mathfrak{R}_0]$ ist klar, dass jede zusammenhängende normale Gruppe in $\mathfrak{R}_0$ eine Teilmenge von *Kern* $[\mathfrak{R}_0]$ sein soll. *Kern* $[\mathfrak{R}_0]$ ist also die grösste zusammenhängende normale Gruppe in $\mathfrak{R}_0$. W. z. b. w.

Bemerkung 2. Zuerst ist *Kern* $[\mathfrak{R}_0]$ *in bezug auf* $\mathfrak{R}$ definiert. Nach Satz 1 ist aber klar geworden, dass *Kern* $[\mathfrak{R}_0]$ *von* $\mathfrak{R}$ $(\mathfrak{R} \supset \mathfrak{R}_0)$ *unabhängig* ist, wenn $\mathfrak{R}_0$ einen linearen vollständigen Unterring bedeutet.

Zusatz. Es sei $\mathfrak{R}_0$ ein linearer, abgeschlossener Unterring von $\mathfrak{R}$. Wenn $A \in$ *Kern* $[\mathfrak{R}_0]$ (in bezug auf $\mathfrak{R}$), dann ist $A^{-1} \in$ *Kern* $[\mathfrak{R}_0]$.

Beweis: Nach Satz 1 klar.

Satz 2. *Es sei* $\mathfrak{R}(A, E)$ *der durch* A *und* E *erzeugte, lineare, abgeschlossene Ring* $(A \in \mathfrak{R},\ E \in \mathfrak{R})$. *Kern* $[\mathfrak{R}(A, E)]$ *ist dann eine zusammenhängende, Abelsche, normale Gruppe in* $\mathfrak{R}$.

Beweis: Nach Satz 1 klar.

§ 3. Exponentialfunktion und ihre Umkehrung.

Durch die Potenzreihe

$$\exp(A) = E + \sum_{n=1}^{\infty} \frac{A^n}{n!}$$

definieren wir die *Exponentialfunktion von* $A \in \mathfrak{R}$, die immer konvergiert.

Hilfssatz 4. Die Exponentialfunktion $\exp(A)$ hängt von A stetig ab.

Beweis: Da die Potenzreihe $E + \sum_{n=1}^{\infty} \frac{A^n}{n!}$ für $|A| \leqq l$ (l: beliebige positive Zahl) gleichmässig konvergiert, so ist $\exp(A)$ eine stetige Funktion von A.

Hilfssatz 5. Wenn $AB = BA$, dann

$$\exp(A) \cdot \exp(B) = \exp(A+B).$$

Beweis: Dem Leser überlassen.

Bemerkung 3. Nach Hilfssatz 5 bildet $\exp(tA)$, wo A ein festes Element in $\mathfrak{R}$ und t eine reelle Veränderliche bedeutet, eine zusammenhängende, Abelsche, normale Gruppe in $\mathfrak{R}$. Die Gruppe $\{\exp(tA)\}$ oder ein Element davon heisst *durch die Infinitesimaltransformation* A *erzeugt.*

Hilfssatz 6. Ist $|A - E| < 1$, so gibt es ein B derart, dass

$$A = \exp(B)$$

ist. B wird dabei etwa durch $B = \sum_{n=1}^{\infty} \frac{-1}{n}(E - A)^n$ gegeben.

Beweis: Dem Leser überlassen.

Satz. 3. *Dafür, dass die Gleichung*

$$A = \exp(X)$$

eine Lösung $X \in \mathfrak{R}$ *besitzt, ist es notwendig und hinreichend, dass* $A \in \mathfrak{A}$, *wo* $\mathfrak{A}$ *eine zusammenhängende, Abelsche, normale Gruppe in* $\mathfrak{R}$ *bedeutet. Ist* $A \in \mathfrak{A}$, *so ist eine Lösung* $B \in \mathfrak{R}(\mathfrak{A})$, *wo* $\mathfrak{R}(\mathfrak{A})$ *den durch alle Elemente von* $\mathfrak{A}$ *erzeugten, abgeschlossenen, linearen Ring bedeutet.*

Beweis: Ist $A = \exp(B)$, so ist $A \in \{\exp(tB)\}$ $(-\infty < t < \infty)$, wo $\exp(tA)$ eine zusammenhängende, Abelsche, normale Gruppe in $\mathfrak{R}$ bildet. Die Bedingung des Satzes ist also notwendig.

Ist $A \in \mathfrak{A}$ und $|A-E|<1$, so gibt es ein $B \in \mathfrak{R}(\mathfrak{A})$, sodass $A = \exp(B)$. Wäre nicht jedes $A \in \mathfrak{A}$ in der Form $\exp(B)$, $B \in \mathfrak{R}(\mathfrak{A})$, darstellbar, so zerfällt $\mathfrak{A}$ in zwei Klassen: Die erste Klasse $\mathfrak{A}_1$ besteht aus allen in der Form $\exp(B)$, $B \in \mathfrak{R}(\mathfrak{A})$, darstellbaren Elementen von $\mathfrak{A}$. Die zweite Klasse $\mathfrak{A}_2$ wird durch $\mathfrak{A}_2 = \mathfrak{A} - \mathfrak{A}_1$ definiert.

$\mathfrak{A}_1$ ist in $\mathfrak{A}$ offen. Denn, es sei $A_1 \in \mathfrak{A}_1$ und $A_1 = \exp(B_1)$, $B_1 \in \mathfrak{R}(\mathfrak{A})$. Dann für alle $A \in \mathfrak{A}$ in $|A - A_1| < \dfrac{1}{|A_1^{-1}|}$ gilt $|AA_1^{-1} - E| < 1$, folglich $AA_1^{-1} = \exp(B)$, $B \in \mathfrak{R}(\mathfrak{A})$. Weil alle Elemente von $\mathfrak{R}(\mathfrak{A})$ mit einander kommutativ sind, so besteht $A = (AA_1^{-1})A_1 = \exp(B) \cdot \exp(B_1) = \exp(B+B_1)$, $B+B_1 \in \mathfrak{R}(\mathfrak{A})$.

Da $\mathfrak{A}$ zusammenhängend und $\mathfrak{A}_1$ in $\mathfrak{A}$ offen ist, so muss es ein A^* in $\mathfrak{A}_2$ gegeben, sodass eine Folge $\{A_n\} \subset \mathfrak{A}_1$ gegen A^* konvergiert, wo $A_n = \exp(B_n)\ \big(B_n \in \mathfrak{R}(\mathfrak{A})\big)$. Es gibt dann ein n, sodass $|A_n - A^*| < \dfrac{1}{|A^{*-1}|}$, oder $|A^{*-1} \cdot A_n - E| < 1$. Folglich $A^{*-1}A_n = \exp(B)$, $B \in \mathfrak{R}(\mathfrak{A})$. Also $A^* = A_n \cdot \big(\exp(B)\big)^{-1} = \exp(B_n)\exp(-B) = \exp(B_n - B)$, $B_n - B \in \mathfrak{R}(\mathfrak{A})$. Dies widerspricht mit $\mathfrak{A}^* \in \mathfrak{A}_2$. Es muss daher $\mathfrak{A} = \mathfrak{A}_1$, w. z. b. w.

Satz 4. *Dafür, dass die Gleichung*

$$\exp(X) = A$$

in $\mathfrak{R}(A, E)$ *lösbar sei, ist es notwendig und hinreichend, dass* $A \in$ *Kern* $[\mathfrak{R}(A, E)]$ *ist.* ($\mathfrak{R}(A, E)$ *bedeutet den durch A und E erzeugten, abgeschlossenen, linearen Ring.*)

Beweis: Es sei $A = \exp(B)$, $B \in \mathfrak{R}(A, E)$. Dann

$$A \in \{\exp(tB)\} \subset \mathit{Kern}\,[\mathfrak{R}(A, E)]\,.$$

Die Bedingung ist also notwendig. Dass die Bedingung hinreichend ist, folgt aus Satz 2 und Satz 3.

Satz 5. $\mathfrak{R}$ *sei die Menge aller n-dimensionalen quadratischen, komplexen Matrices. Jede Matrix, A für die* $\mathrm{Det}(A) \neq 0$ *ist, ist in der Form* $A = \exp(B)$ $(B \in \mathfrak{R})$ *darstellbar.*

Beweis: Nach Satz 4 genügt es zu beweisen, dass $A \in \mathit{Kern}\,[\mathfrak{R}(A, E)]$ ist. Man betrachte die Matrix $A_\lambda = (1-\lambda)E + \lambda A$, ($\lambda$: komplexe Zahl).

Det (A_λ) verschwindet höchstens für n verschiedene Werte von λ. $\{A_\lambda\}^*$ sei die Menge aller A_λ, sodass Det $(A_\lambda) \neq 0$. $\{A_\lambda\}^*$ ist zusammenhängend und jedes Element von $\{A_\lambda\}^*$ besitzt das Inverse A_λ^{-1} in $\mathfrak{R}$. Also $A \in \{A_\lambda\}^* \subset$ *Kern* $[\mathfrak{R}(A, E)]$. W. z. b. w.

Satz 6. *$\mathfrak{R}$ sei die Menge aller n-dimensionalen quadratischen reellen Matrices. Jede Matrix $A \in \mathfrak{R}$, die keine negative oder verschwindende reelle charakteristische Wurzel besitzt, ist in der Form $A = \exp(B)$, $B \in \mathfrak{R}(A, E)$, darstellbar* (4).

Beweis: Der Beweis läuft ähnlich wie der von Satz 5. $\{A_\lambda\}^*$ muss aber aus allen A_λ, $0 \leqq \lambda \leqq 1$, bestehen.

Satz 7. *Eine reelle Fredholmsche Operation*

$$(E+A)f(x) = f(x) + \int_a^b K(x, y)f(y)dy$$

lässt sich durch eine reelle Infinitesimaltransformation

$$Bf(x) = \int_a^b K'(x, y)f(x)dy$$

erzeugen, wenn es keinen reellen Eigenwert im Intervall $-1 \leqq \lambda < 0$ *gibt.* ($K(x, y)$ und $K'(x, y)$ *sind in* $a \leqq x \leqq b$, $a \leqq y \leqq b$ *stetige Funktionen.*)

Beweis: Die Menge $\mathfrak{R}$ aller reellen Fredholmschen Operationen $cE+A$ ist ein linearer, metrischer, vollständiger Ring, indem man den Betrag durch $|cE+A| = |c| + |A|$ und $|A| = (b-a)\cdot \mathrm{Max}\,|K(x, y)|$ definiert. (Vgl. Beispiel 3 und Bemerkung 1 in § 1.)

Da es keinen Eigenwert in $-1 \leqq \lambda \leqq 0$ gibt, so existiert nach dem Fredholmschen Satz $(E+\lambda A)^{-1}$ in $\mathfrak{R}$ für $-1 \leqq \lambda \leqq 0$. Folglich $(E+\lambda A) \in$ *Kern* $[\mathfrak{R}(A, E)]$ für $-1 \leqq \lambda \leqq 0$. Also nach Satz 4

$$E+A = \exp(B), \quad B \in \mathfrak{R}(A, E).$$

($\mathfrak{R}(A, E)$ ist von derselben Bedeutung wie in Satz 4.) Man setze $B = cE+B'$, $B' \in \mathfrak{R}(A)$, (c: reelle Zahl), wo $\mathfrak{R}(\mathfrak{A})$ der durch A erzeugte lineare abgeschlossene Ring ist. Dann ist $E+A$ von der Form

$$\exp(cE+B') = e^c \exp(B') = e^c E + e^c \sum_{n=1}^{\infty} \frac{B'^n}{n!}$$

$$= e^c E + A', \quad A' \in \mathfrak{R}(A).$$

Daher $c = 0$. B ist also von der Form

$$Bf(x) = \int_a^b K(x, y)f(y)dy, \quad \text{w. z. b. w.}$$

(4) Eine notwendige und hinreichende Bedingung dafür, dass eine reelle Matrix A in der Form $A = \exp(B)$ (B: reelle Matrix) darstellbar sei, ist von Herrn *K. Asano* gegeben, was in kurzer Zeit in diesem Journal erscheinen wird.

§ 4. Infinitesimalrechnung in $\mathfrak{R}$.

Für eine Funktion $A(t)$ ($A(t) \in \mathfrak{R}$. t : reelles Argument.) definieren wir den *Differentialquotient* $\frac{dA}{dt} = A'(t)$ durch

$$\lim_{h \to 0} \frac{A(t+h) - A(t)}{h} = A'(t).$$

Wenn $\frac{dA}{dt}$ existiert, so heisst $A(t)$ *differentiierbar.* Eine differentiierbare Funktion $A(t)$ ist stetig.

Hilfssatz 7. Sind $A_1(t)$ und $A_2(t)$ differentiierbar, dann

$$\frac{d}{dt}\left\{A_1(t) + A_2(t)\right\} = \frac{dA_1(t)}{dt} + \frac{dA_2(t)}{dt},$$

$$\frac{d}{dt}\left\{A_1(t) \cdot A_2(t)\right\} = \frac{dA_1}{dt} \cdot A_2(t) + A_1(t) \cdot \frac{dA_2}{dt}$$

$$A\big(u(t)\big) = \frac{dA}{du}\,\frac{du}{dt}.$$

Beweis: Dem Leser überlassen.

Hilfssatz 8. Es sei $A(t)$ in $a < t < b$ differentiierbar und

$$\frac{dA(t)}{dt} = 0 \qquad \text{in } a < t < b.$$

Dann ist $A(t) = C$ in $a < t < b$, wo C ein festes Element in $\mathfrak{R}$ bedeutet.

Beweis: Es sei $\mathfrak{J}(\alpha \leqq t \leqq \beta)$ ein beliebiges, abgeschlossenes Teilintervall von $a < t < b$. Wir setzen

$$| A(\beta) - A(\alpha) | = v(\mathfrak{J}).$$

Wir haben also zu beweisen, dass $v(\mathfrak{J}) = 0$ ist.

Schritt für Schritt definieren wir die Intervalle

$$\mathfrak{J} = \mathfrak{J}_0 \supset \mathfrak{J}_1 \supset \ldots\ldots \supset \mathfrak{J}_n \supset \mathfrak{J}_{n+1} \supset \ldots\ldots$$

folgendermassen. Wir teilen das Intervall $\mathfrak{J}_n(\alpha_n \leqq t \leqq \beta_n)$ in Zwei Intervalle $\mathfrak{J}_n^{(-)}\left(\alpha_n \leqq t \leqq \frac{\alpha_n + \beta_n}{2}\right)$ und $\mathfrak{J}_n^{(+)}\left(\frac{\alpha_n + \beta_n}{2} \leqq t \leqq \beta_n\right)$ ein. Dann ist entweder $v(\mathfrak{J}_n^{(-)}) \geqq \frac{1}{2} v(\mathfrak{J}_n)$ oder $v(\mathfrak{J}_n^{(+)}) \geqq \frac{1}{2} v(\mathfrak{J}_n)$.

$\mathfrak{J}_{n+1}$ sei dasjenige unter $\mathfrak{J}_n^{(-)}$ und $\mathfrak{J}_n^{(+)}$, sodass $v(\mathfrak{J}_{n+1}) \geqq \frac{1}{2} v(\mathfrak{J}_n)$. Es gilt also $v(\mathfrak{J}_n) \geqq \frac{1}{2^n} v(\mathfrak{J})$. Die Intervallfolge $\{\mathfrak{J}_n\}$ konvergiert gegen einen

Punkt $t_0 \in \mathfrak{J}$. Da $\dfrac{dA}{dt} = 0$ für $t = t_0$ und $t_0 \in \mathfrak{J}_n$ ist, so gilt für genügend grosse n

$$v(\mathfrak{J}_n) \leqq | A(\beta_n) - A(t_0) | + | A(t_0) - A(\alpha_n) | \leqq \varepsilon(\beta_n - \alpha_n) .$$

Folglich

$$v(\mathfrak{J}) \leqq 2^n v(\mathfrak{J}_n) \leqq \varepsilon(\beta - \alpha) .$$

Weil ε eine beliebige positive Zahl bedeutet, so muss $v(\mathfrak{J}) = 0$. W. z. b. w.

Definition. Es sei $A(t)$ eine in $a \leqq t \leqq b$ erklärte Funktion. Wir definieren das Integral $\int_a^b A(t)dt$ durch

$$\int_a^b A(t)dt = \lim_{\Delta \to 0} \sum_{\nu=1}^{n} A(\tau_\nu)\Delta t_\nu ,$$

wobei $\Delta t_\nu = t_\nu - t_{\nu-1}$, $t_0 = a$, $t_{\nu-1} < t_\nu$, $t_n = b$, $t_{\nu-1} \leqq \tau_\nu \leqq t_\nu$ und $\Delta = \underset{1 \leqq \nu \leqq n}{\mathrm{Max}} (\Delta t_\nu)$.

Hilfssatz 9. Es sei $A(t)$ eine in $a \leqq t \leqq b$ stetige Funktion. Dann existiert das Integral

$$\int_a^b A(t)dt \in \mathfrak{R} .$$

Beweis: Eine in $a \leqq t \leqq b$ stetige Funktion $A(t)$ ist in $a \leqq t \leqq b$ gleichmässig stetig. $\mathfrak{T}$ und $\mathfrak{T}'$ seien zwei Unterteilungen des Intervalles $a \leqq t \leqq b$ folgender Beschaffenheiten:

$\mathfrak{T}$: $t_0 = a$, $t_{\mu-1} < t_\mu$, $t_m = b$, $t_{\mu-1} \leqq \tau_\mu \leqq t_\mu$, $\Delta t_\mu = t_\mu - t_{\mu-1}$

und $\Delta = \underset{1 \leqq \mu \leqq m}{\mathrm{Max}} (\Delta t_\mu)$.

$\mathfrak{T}'$: $t'_0 = a$, $t'_{\nu-1} < t'_\nu$, $t'_n = b$, $t'_{\nu-1} \leqq \tau'_\nu \leqq t'_\nu$, $\Delta t'_\nu = t'_\nu - t'_{\nu-1}$

und $\Delta' = \underset{1 \leqq \nu \leqq n}{\mathrm{Max}} (\Delta t'_\nu)$.

Es gibt dann für eine beliebige positive ε eine andere $\delta(\varepsilon)$, sodass für alle $\Delta' < \delta(\varepsilon)$ und $\Delta' < \delta(\varepsilon)$,

$$\left| \sum_{\mu=1}^{m} A(\tau_\mu)\Delta t_\mu - \sum_{\nu=1}^{n} A(\tau'_\nu)\Delta t'_\nu \right| < \varepsilon .$$

Genauere Beweisführung wird dem Leser überlassen.

Bemerkung 4. Ist $a > b$, so definiert man

$$\int_a^b A(t)dt = - \int_b^a A(t)dt .$$

Und für $a = b$, $\int_a^b A(t)dt = 0$. Daraus folgt die Relation

$$\int_a^b A(t)dt + \int_b^c A(t)dt = \int_a^c A(t)dt$$

für beliebige reelle Zahlen a, b und c, wenn nur die entsprechenden Integrale existieren.

Hilfssatz 10. Es sei $A(t)$ in $a \leqq t \leqq b$ integrierbar und $|A(t)| \leqq f(t)$. Dann

$$\left| \int_a^b A(t)dt \right| \leqq \int_a^b f(t)dt .$$

Beweis: Dem Leser überlassen.

Hilfssatz 11. Es sei $A(t)$ in $t_0 \leqq t \leqq t_1$ stetig, dann

$$\frac{d}{dt}\int_{t_0}^t A(\tau)dt = A(t) \qquad \text{für} \quad t_0 \leqq t \leqq t_1$$

Es sei $\dfrac{dA}{dt}$ stetig in $t_0 \leqq t \leqq t_1$, dann

$$\int_{t_0}^{t_1} \frac{dA}{dt} dt = A(t_1) - A(t_0) .$$

Beweis: Dem Leser überlassen. (Um die zweite Behauptung zu beweisen berücksichtige Hilfssatz 6.)

Satz 8. *Es sei* $Y = F(t, X)$ $(X \in \mathfrak{R},\ Y \in \mathfrak{R})$ *eine stetige Funktion von* $(t. X)$ *in* $|t-t_0| \leqq a$, $|X-A| \leqq b$ *mit den Bedingungen*

$$|F(t, X)| \leqq m , \qquad b \leqq am ,$$

$$|F(t, X_1) - F(t, X_2)| \leqq l\,|X_1 - X_2| \qquad (l: \text{eine Konstante}).$$

Es gibt dann eine und nur eine Lösung der Differentialgleichung

$$\frac{dX}{dt} = F(t, X)$$

in $|t-t_0| \leqq d$ *mit der Anfangsbedingung* $X(t_0) = A$.

Die Lösung $X(t)$ *wird durch die Folge* $X_n(t)$ *des Picardschen sukzessiven Verfahrens gleichmässig approximiert. D.h., definiert man* $X_n(t)$ *durch*

$$X_0(t) = A ,$$

$$X_n(t) = A + \int_{t_0}^t F\big(\tau, X_{n-1}(\tau)\big)d\tau ,$$

dann konvergiert $X_n(t)$ *in* $|t-t_0| \leqq a$ *gleichmässig gegen die gesuchte Lösung* $X(t)$.

Beweis: Der Beweis läuft genz ähnlich wie bei den gewöhnlichen Differentialgleichungen, indem man Hilfssätze in diesem Paragraph berücksichtigt.

§ 5. Funktionalgleichung $A(s)A(t) = A(s+t)$.

Satz 9. *Es sei* $A(t)$ *eine stetige Funktion in* $-\infty < t < \infty$, *die der Gleichung*

$$(1) \qquad A(s)A(t) = A(s+t)$$

und $A(0) = E$ *genügt. Dann ist*

$$A(t) = \exp(tC) \qquad (C: \text{ein festes Element in } \mathfrak{R})\ (^5).$$

Beweis: Setzt man $\int_0^t A(\tau)d\tau = A^*(t)$, dann aus (1)

$$(2) \qquad A(s)A^*(t) = A^*(s+t) - A^*(s).$$

Weil $\lim_{t\to 0} \frac{A^*(t)}{t} = A(0) = E$ ist, so besitzt $A^*(t)$ das Inverselement $A^{*-1}(t)$ für ein genügend kleines t, etwa $t = t_1$. Folglich nach (2)

$$(3) \qquad A(s) = \left\{A^*(s+t_1) - A^*(s)\right\}A^{*-1}(t_1).$$

Die rechte Seite von (3) ist nach s stetig differentiierbar. $A(s)$ ist also nach s stetig differentiierbar.

Differentiiert man die beiden Seiten von (1) nach s, und $s = 0$ setzt, so ist

$$\frac{dA(t)}{dt} = CA(t), \qquad \left(C = A'(0)\right).$$

Nach dem Picardschen Verfahren der sukzessiven Approximationen erhält man die Lösung der obigen Differentialgleichung mit der Anfangsbedingung $A(0) = E$, weil alle Bedingungen von Satz 8 erfüllt sind. Folglich

$$A(t) = E + \sum_{n=1}^{\infty} \frac{t^n C^n}{n!} = \exp(tC).$$

W. z. b. w.

Bemerkung 6. In Satz 9 ist vorausgesetzt, dass $A(0) = E$. Lässt man diese Voraussetzung fort, so muss $A(0)^2 = A(0)$, $A(s)A(0) = A(0)A(s) = A(s)$. Man hat also den linearen Unterring $A_0\mathfrak{R}A_0\left(A_0 = A(0)\right)$ anstatt $\mathfrak{R}$ zu betrachten. In $A_0\mathfrak{R}A_0$ spielt A_0 die Rolle des Einselementes.

Zum Beilspiele sei $\mathfrak{R}$ ein linearer metrischer Ring von Beispiel 3 in § 1. A_0 muss dann eine Lösung der Gleichung

(5) Vgl: *K. Yosida:* On the groups embeded in the metrical complete rings, dies Journal in demselben Bande. Vgl. auch *D.S. Nathan:* One-parameter groups of transformations in abstract vector spaces, Duke Math. Journal I. S. 518.

$$A(x, y) = \int_a^b A(x, u)A(u, y)du\,.$$

sein. Die Lösung lautet[6].

$$A(x, y) = \sum_{i=1}^{k} f_i(x)g_i(y)\,,$$

wobei

$$\int_a^b f_i(x)g_j(x)dx = \begin{cases} 1 & \text{für } i = j\,, \\ 0 & \text{für } i \neq j\,. \end{cases}$$

Die Lösung von

$$A(x, y; s+t) = \int_a^b A(x, u; s)A(u, y; t)du$$

ist dann durch

$$A(x, y; t) = \sum_{i,j=1}^{k} a_{i,j}(t)f_i(x)g_j(y)$$

und

$$\left(a_{i,i}(t)\right) = E_{(k)} + \sum_{n=1}^{\infty} \frac{t^n C^n}{n!}$$

gegeben, wobei $E_{(k)}$ die k-dimensionale Einheitsmatrix und C eine von t freie k-dimensionale quadratische Matrix bedeuten.

§ 6. Reguläre Funktionen in $\mathfrak{R}$ von einem komplexen Argument.

Ein von einem komplexen Argument z im Gebiet $\mathfrak{Z}$ abhängiges Element $A(z) \in \mathfrak{R}$ heisst *regulär in* $\mathfrak{Z}$, wenn $A(z)$ in $\mathfrak{Z}$ nach z differentiierbar ist. D.h., in $\mathfrak{Z}$ existiert das Limes

$$\lim_{\Delta z \to 0} \frac{A(z+\Delta z) - A(z)}{\Delta z} = \frac{dA}{dz} \in \mathfrak{R}\,.$$

$A(z)$ heisst *regulär am* $z = z_0$, wenn es eine Umgebung von z_0 gibt, in der $A(z)$ sich regulär verhält.

Hilfssatz 12. Es seien $A(z)$ und $B(z)$ reguläre Funktionen am $z = z_0$, so sind die Funktionen

$$A(z)+B(z)\,, \qquad A(z)B(z)\,, \qquad f(z)A(z)\,,$$

wo $f(z)$ eine an $z = z_0$ reguläre komplexwertige Funktion bedeutet, auch an $z = z_0$ regulär.

Beweis: Dem Leser überlassen.

---

(6) Vgl. *Lalesco:* Introduction à la théorie des équations intégrales, S. 38.

Es sei $\mathfrak{C}\big(z = z(t),\ a \leqq t \leqq b\big)$ eine stetige Kurve im Gebiet $\mathfrak{Z}$ einer komplexen Veränderlichen z. Es sei $A(z)$ in $\mathfrak{Z}$ stetige Funktion. Wir definieren das Integral von $A(z)$ entlang $\mathfrak{C}$ durch

$$\int_{\mathfrak{C}} A(z)dz = \lim_{\Delta\to 0} \sum_{\nu=1}^{n} A(\zeta_\nu)\Delta z_\nu\,,$$

wobei

$$z_\nu = z(t_\nu)\,,\qquad \zeta_\nu = z(\tau_\nu)\,,\qquad \Delta z_\nu = z_\nu - z_{\nu-1}\,,\qquad t_0 = a\,,\qquad t_{\nu-1} < t_\nu\,,$$

$$t_n = b\,,\qquad t_{\nu-1} \leqq \tau_\nu \leqq t_\nu\,,\qquad \Delta = \operatorname*{Max}_{1\leq\nu\leq n}\,(\Delta t_\nu)\ (\Delta t_\nu = t_\nu - t_{\nu-1})\,.$$

Hilfssatz 13. Es sei $A(z)$ eine im Gebiet $\mathfrak{Z}$ einer komplexen Veränderlichen z stetige Funktion. $\mathfrak{C}\big(z = z(t), a \leqq t \leqq b\big)$ sei eine Kurve von endlicher Länge in $\mathfrak{Z}$. Dann existiert das Integral

$$\int_{\mathfrak{C}} A(z)dz \in \mathfrak{R}\,.$$

Beweis: Der Beweis läuft ähnlich wie der von Hilfssatz 9,

Für reguläre Funktionen $A(z)$ in $\mathfrak{Z}$ gelten fast alle *analogen Fundamentalsätze*, wie die für gewöhnliche reguläre Funktionen. Die Beweise dafür sind auch ähnlich wie die für gewöhnliche reguläre Funktionen. Wir stellen also die Sätze ohne Beweise nebeneinander.

Cauchyscher Integralsatz. Es sei $A(z)$ in einem einfach zusammenhängenden Gebiet $\mathfrak{Z}$ regulär. Dann

$$\int_{\mathfrak{C}} A(z)dz = 0\,,$$

wobei $\mathfrak{C}$ eine in $\mathfrak{Z}$ liegende, geschlossene Kurve von endlicher Länge bedeutet.

Cauchysche Integraldarstellungen. Es sei $A(z)$ in einem einfach zusammenhängenden Gebiet $\mathfrak{Z}$ regulär.

Dann ist

$$A(z) = \frac{1}{2\pi i}\int_{\mathfrak{C}} \frac{A(\zeta)}{\zeta - z}\,d\zeta\,,$$

wobei $\mathfrak{C}\big(\zeta = \zeta(t)\big)$ eine in $\mathfrak{Z}$ um z im positiven Sinne laufende Jordansche Kurve endlicher Länge bedeutet. $A(z)$ ist dann auch beliebig oft differentiierbar. Und

$$\frac{d^n A(z)}{dz^n} = \frac{n\,!}{2\pi i}\int_{\mathfrak{C}} \frac{A(\zeta)}{(\zeta - z)^{n+1}}\,d\zeta\,.$$

Taylorsche Entwicklung. Es sei $A(z)$ in $\mathfrak{Z}$ regulär. $|z-a| < r$ sei der grösste im $\mathfrak{Z}$ liegende Kreis mit dem Mittelpunkt $z = a$. $A(z)$ ist dann in $|z-a| < r$ in die absolut konvergente Potenzreihe

$$A(z) = \sum_{\nu=0}^{\infty} A_\nu \frac{(z-a)_\nu}{\nu!}, \qquad \left(A_\nu = \frac{d^n A(z)}{dz^n}\right)$$

entwickelbar. Die Potenzreihe konvergiert für $|z-a| \leqq r' < r$ gleichmässig.

Es seien $A(z)$ und $B(z)$ in $\mathfrak{Z}$ regulär. $\mathfrak{M} \subset \mathfrak{Z}$ sei eine unendliche Punktmenge, die in $\mathfrak{Z}$ einen Häufungspunkt besitzt. Es sei $A(z) = B(z)$ auf $\mathfrak{M}$, so ist $A(z) = B(z)$ durchaus in $\mathfrak{Z}$.

Satz von Weierstrass. Konvergiert gleichmässig eine Folge der in $\mathfrak{Z}$ regulären Funktionen $A_n(z)$ gegen $A(z)$, so ist $A(z)$ in $\mathfrak{Z}$ regulär, und

$$\lim_{n\to\infty} \frac{d^p A_n(z)}{dz^p} = \frac{d^p A(z)}{dz^p}.$$

Laurentsche Entwicklung. $A(z)$ sei in $0 < |z-a| < r$ eindeutig und regulär. $A(z)$ wird dann in die Laurentsche Reihe

$$A(z) = \sum_{\nu=-\infty}^{\infty} A_\nu (z-a)^\nu, \qquad \left(A_\nu = \frac{1}{2\pi i}\int_{\mathfrak{C}} A(z)(z-a)^{-\nu-1} dz\right),$$

entwickelt, die in $0 < |z-a| < r$ absolut und in $0 < \varepsilon \leqq |z-a| \leqq r' < r$ gleichmässig konvergiert.

Satz 10. *Es sei* $A(z)$ *an* $z = z_0$ *regulär und besitze für* $z = z_0$ *das Inverse* A_0^{-1}. *Dann existiert* $A^{-1}(z)$ *in der Nähe von* $z = z_0$, *die an* $z = z_0$ *regulär ist.*

Beweis: Die Existenz von $A^{-1}(z)$ in der Nähe von $z = z_0$ ist nach Hilfssatz 3 (§2) klar. Da wird $A^{-1}(z)$ durch

$$A^{-1}(z) = \left\{E + \sum_{n=1}^{\infty} \left(E - A_0^{-1}A(z)\right)n\right\} A_0^{-1}$$

gegeben. Nach dem Satz von Weierstrass ist $A^{-1}(z)$ also in der Nähe von $z = z_0$ regulär. W. z. b. w.

§ 7. Resolventen.

Es sei $\mathfrak{R}$ ein komplex linearer, metrischer, vollständiger Ring und $E \in \mathfrak{R}$, $A \in \mathfrak{R}$. Wenn $(E+\lambda A)$ (λ: eine komplexe Zahl) das Inverse $(E+\lambda A)^{-1}$ besitzt, setzen wir

$$(E+\lambda A)^{-1} = E + \lambda R_\lambda.$$

R_λ heisst die *Resolvente von A.*

Hilfssatz 14. Die Resolvente R_λ von $A \in \mathfrak{R}$ existiert für genügend kleine λ. R_λ ist eine reguläre Funktion von λ soweit, als R_λ existiert.

Beweis: Die Existenz von R_λ für genügend kleine $\lambda(\neq 0)$ folgt aus Hilfssatz 2. In der Tat wird R_λ für $|\lambda| < \frac{1}{|A|}$ durch

$$R_\lambda = \sum_{n=1}^{\infty} (-A)^n \lambda^{n-1}$$

gegeben. Nach Satz 10 ist R_λ regulär soweit, als R_λ existiert und $\lambda \neq 0$. Die obige Gleichung zeigt, dass R_λ auch für $\lambda = 0$ regulär ist. W. z. b. w.

Hilfssatz 15. Λ sei die grösste, zusammenhängende, $\lambda = 0$ enthaltende Menge von λ, worauf R_λ existiert. Dann ist $R_\lambda \in \mathfrak{R}(A)$ für $\lambda \in \Lambda$, wo $\mathfrak{R}(A)$ den durch A erzeugten linearen abgeschlossenen Ring bedeutet.

Beweis: Für $\lambda \in \Lambda$ gibt es $(E+\lambda A)^{-1} \in \mathfrak{R}$. Also $(E+\lambda A) \in Kern \left[\mathfrak{R}(A, E)\right]$ für $\lambda \in \Lambda$, wo $\mathfrak{R}(A, E)$ von derselben Bedeutung wie in Satz 4 (§ 3) ist. Folglich $(E+\lambda A)^{-1} \in Kern\left[\mathfrak{R}(A, E)\right]$ für $\lambda \in \Lambda$. Daher $R_\lambda \in \mathfrak{R}(A, E)$ für $\lambda \in \Lambda$. Ist $E \in R(A)$, so ist $R_\lambda \in \mathfrak{R}(A)$. Ist dagegen $E \bar{\in} \mathfrak{R}(A)$, so ist R_λ von der Form

$$R_\lambda = aE + B, \qquad B \in \mathfrak{R}(A).$$

Aus der Relation $(E+\lambda R_\lambda)(E+\lambda A) = E$ ergibt sich dann

$$aE + (1+a)A + B + BA = 0.$$

Da $E \bar{\in} \mathfrak{R}(A)$ und $(1+a)A + B + BA \in \mathfrak{R}(A)$, so muss $a = 0$. Also $R_\lambda \in \mathfrak{R}(A)$. W. z. b. w.

Hilfssatz 16. Es sei R_λ die Resolvente von $A \in \mathfrak{R}$. R_λ genügt dann, soweit R_λ und R_μ existieren, der Relation

$$R_\lambda - R_\mu - (\lambda - \mu) R_\lambda R_\mu = 0.$$

Umgekehrt, wenn eine Funktion R_λ von $\lambda \in \Lambda$ die obige Relation erfüllt, und $0 \in \Lambda$, so ist R_λ die Resolvente von $-R_0$.

Beweis: Es ist klar, dass $AR_\lambda = R_\lambda A$. Da $E+\lambda A$ und $E+\mu A$ mit einander vertauschbar sind, so sind es auch $(E+\lambda A)^{-1}$ und $(E+\mu A)^{-1}$. Folglich $R_\lambda R_\mu = R_\mu R_\lambda$. Aus $(E+\lambda A)(E+\lambda R_\lambda) = E$ folgt,

$$A + R_\lambda + \lambda A R_\lambda = 0. \tag{1}$$

Ersetzt man λ durch μ

$$A + R_\mu + \mu A R_\mu = 0. \tag{2}$$

Aus (1) und (2)

$$R_\lambda - R_\mu + A(\lambda R_\lambda - \mu R_\mu) = 0, \tag{3}$$

und wegen $R_\lambda R_\mu = R_\mu R_\lambda$

$$A(\mu R_\mu - \lambda R_\lambda) + (\mu - \lambda) R_\lambda R_\mu = 0. \tag{4}$$

Aus (3) und (4) ergibt sich die gesuchte Relation

$$R_\lambda - R_\mu - (\lambda-\mu)R_\lambda R_\mu = 0 .$$

Ist die obige Relation für $\lambda \in \Lambda$ und $\mu \in \Lambda$ erfüllt, so gilt

$$R_\lambda - R_0 - \lambda R_\lambda R_0 = 0 ,$$

und

$$R_0 - R_\lambda + \lambda R_0 R_\lambda = 0 .$$

Folglich

$$(E+\lambda R_\lambda)(E-\lambda R_0) = E ,$$

und

$$(E-\lambda R_0)(E+\lambda R_\lambda) = E .$$

R_λ ist also die Resolvente von $-R_0$. W. z. b. w.

Satz 11. *Es sei R_λ die Resolvente von A, und sei Λ von derselben Bedeudung wie in Hilfssatz 15.* $\lambda = \lambda_0$ *sei ein isolierter Randpunkt von* Λ. ($\lambda = \lambda_0$ ist also eine isolierte Singularität von R_λ.) *Dann zerfällt A in die Summe zweier Elemente von $\Re(A)$ derart, dass*

$$A = A^{(+)} + A^{(-)} , \qquad A^{(+)}A^{(-)} = A^{(-)}A^{(+)} = 0 .$$

Die Resolvente $R_\lambda^{(+)}$ von $A^{(+)}$ ist in Λ und an $\lambda = \lambda_0$ regulär. Die Resolvente $R_\lambda^{(-)}$ von $A^{(-)}$ ist nur an $\lambda = \lambda_0$ singulär.

Und

$$R_\lambda^{(+)} + R_\lambda^{(-)} = R_\lambda , \qquad R_\lambda^{(+)}R_\lambda^{(-)} = R_\lambda^{(-)}R_\lambda^{(+)} = 0 .$$

Beweis: Die Laurentsche Entwicklung von R_λ an $\lambda = \lambda_0$ sei

$$R_\lambda = \sum_{n=-\infty}^{\infty} (\lambda-\lambda_0)^n C_n , \qquad 0 < |\lambda-\lambda_0| < r ,$$

wo

$$C_n = \frac{1}{2\pi i}\int_{\mathfrak{C}} \frac{R_\lambda}{(\lambda-\lambda_0)^{n+1}} d\lambda \in \Re(A) .$$

Setzt man $\lambda-\lambda_0 = u$, $\mu-\lambda_0 = v$, so erhält man nach Hilfssatz 16,

$$R_\lambda - R_\mu - (\lambda-\mu)R_\lambda R_\mu =$$

$$(u-v)\Big\{\sum_{n=1}^{\infty} C_n \Big(\sum_{\nu=1}^{n} u^{n-\nu}v^{\nu-1}\Big) + \sum_{n=1}^{\infty} C_{-n}\Big(\sum_{\nu=0}^{n-1} u^{-\nu-1}v^{-n+\nu}\Big) - \sum_{m=-\infty}^{\infty}\sum_{n=-\infty}^{\infty} C_m C_n u^m v^n\Big\}$$

$$= (u-v)F(u,v) = 0 .$$

Die obige Doppelreihe konvergiert für $0 < |u| < r$, $0 < |v| < r$ absolut und für $0 < \varepsilon \leqq |u| \leqq r' < r$, $0 < \varepsilon \leqq |v \leqq r' < r$ gleichmässig. Also

Koeffizient von $u^m v^n$ in $F(u, v) =$

$$\frac{1}{(2\pi i)^2}\int_{\mathfrak{C}_u}\int_{\mathfrak{C}_v} F(u,v) u^{-m-1} v^{-n-1} du\, dv = 0 .$$

Wenn man alle negativen Potenzen von u und v in $F(u, v)$ zusammenfasst, so erhält man

$$R_\lambda^{(-)} - R_\mu^{(-)} - (\lambda-\mu) R_\lambda^{(-)} R_\mu^{(-)} = 0 \quad \text{für} \quad \lambda \neq \lambda_0, \quad \mu \neq \lambda_0,$$

indem man

$$R_\lambda^{(-)} = \sum_{n=1}^{\infty} \frac{1}{(\lambda-\lambda_0)^n} C_{-n}$$

setzt. $R_\lambda^{(-)}$ ist für alle $\lambda \neq \lambda_0$ regulär. $R_\lambda^{(-)}$ ist also die Resolvente von $-R_0^{(-)}$ (Nach Hilfssatz 16.)

Fasst man alle nicht negatizen Potenzen von u und v in $F(u, v)$ zusammen, so erhält man für $|\lambda-\lambda_0| < r, |\mu-\lambda_0| < r$ die Relation

$$R_\lambda^{(+)} - R_\mu^{(+)} - (\lambda-\mu) R_\lambda^{(+)} R_\mu^{(+)} = 0, \tag{1}$$

wo

$$R_\lambda^{(+)} = \sum_{n=0}^{\infty} (\lambda-\lambda_0)^n C_n.$$

Für $0 < |\lambda-\lambda_0| < r$ gilt dann $R_\lambda^{(+)} + R_\lambda^{(-)} = R_\lambda$. Da $R_\lambda - R_\lambda^{(-)}$ im ganzen Λ regulär ist, so ist $R_\lambda^{(+)}$ im ganzen Λ und an $\lambda = \lambda_0$ definiert und regulär. Die Gleichung (1) gilt dann auch im ganzen Λ und an $\lambda = \lambda_0$. $R_\lambda^{(+)}$ ist also die Resolvente von $-R_0^{(+)}$.

Wenn man alle Potenzen $u^m v^{-n} (m \geqq 0, \; n > 0)$ in $F(u, v)$ zusammenfasst, so ergibt sich

$$R_\lambda^{(+)} R_\mu^{(-)} = 0, \quad \text{und in ähnlicher Weise} \quad R_\lambda^{(-)} R_\mu^{(+)} = 0,$$

was für alle λ, μ in Λ gültig bleiben.

$R_\lambda = R_\lambda^{(+)} + R_\lambda^{(-)}$ ist die Resolvente von $-(R_0^{(+)} + R_0^{(-)})$. Denn

$$R_\lambda (R_0^{(+)} + R_0^{(-)}) = (R_\lambda^{(+)} + R_\lambda^{(-)})(R_0^{(+)} + R_0^{(-)}) = (R_0^{(+)} + R_0^{(-)}) R_\lambda,$$

und

$$\begin{aligned} &(-R_0^{(+)} - R_0^{(-)}) + (R_\lambda^{(+)} + R_\lambda^{(-)}) + \lambda(-R_0^{(+)} - R_0^{(-)})(R_\lambda^{(+)} + R_\lambda^{(-)}) \\ &= \left\{-R_0^{(+)} + R_\lambda^{(+)} + \lambda R_0^{(+)}(-R_\lambda^{(+)})\right\} + \left\{-R_0^{(-)} + R_\lambda^{(-)} + \lambda R_0^{(-)}(-R_\lambda^{(-)})\right\} \\ &\quad - \lambda(R_0^{(+)} R_\lambda^{(-)} + R_0^{(-)} R_\lambda^{(+)}) = 0. \end{aligned}$$

Da R_λ gleichzeitig die Resolvente von $(-R_0^{(+)} - R_0^{(-)})$ und die von A ist, so muss $A = -R_0^{(+)} - R_0^{(-)}$, wo $R_0^{(+)} R_0^{(-)} = R_0^{(-)} R_0^{(+)} = 0$. W. z. b. w.

Theorie von Riesz. F. Riesz hat die Theorie der Integralgleichung auf den abstrakten Raum erweitert (7). Seine Theorie ist von Fremdholmscher Determinante frei.

Eine lineare Transformation $\mathfrak{y} = A\mathfrak{x}$ in einer linearen, normierten, vollständigen Raum $\mathfrak{B}(\mathfrak{x} \in \mathfrak{B}, \; \mathfrak{y} \ni \mathfrak{B})$ heisst *vollstetig*, wenn A den Kugel $|\mathfrak{x}| \leqq 1$ in eine kompakte Menge in $\mathfrak{B}$ überführt. Zum Beispiele ist die lineare Funktionaltransformation

(7) *F. Riesz:* Über lineare Funktionalgleichungen, Acta Math. **41** (1918), 71–98.

$$Af(x) = \int_a^b K(x, y)f(y)dx$$

vollstetig, wobei $K(x, y)$ eine stetige Funktion von (x, y) in $a \leqq x \leqq b$, $a \leqq y \leqq b$ bedeutet, und $\{f(x)\}$ der aus allen in $a \leqq x \leqq b$ stetigen Funktionen bestehende Funktionalraum mit der Metrik $||f_1 - f_2|| = \underset{a \leq x \leq b}{\text{Max}} |f_1(x) - f_2(x)|$ bedeutet.

Riesz hat die lineare Gleichung

$$(E+A)\mathfrak{x} = \mathfrak{y}, \qquad (\mathfrak{x} \in \mathfrak{B}, \; \mathfrak{y} \in \mathfrak{B})$$

betrachtet, wo E die identische und A eine *vollstetige* Transformation in $\mathfrak{B}$ bedeuten. Einige der wichtigsten Resultaten von Rieszscher Theorie, von denen wir hier Gebrauch machen wollen, sind die Folgenden:

Satz von Riesz 1 ([8]). Entweder besitzt $E+A$ die inverse (beschränkte) Transformation $(E+A)^{-1}$, oder besizt die homogene Gleichung $(E+A)\mathfrak{x} = 0$ mindestens eine nicht triviale Lösung $\mathfrak{x} \neq 0$.

Bemerkung. Falls $(E+A)^{-1}$ existiert, so ist

$$(E+A)^{-1} = E + A^*,$$

wo A^* auch eine lineare, vollstetige Transformation ist.

Denn, man setze $(E+A)^{-1} = E+A^*$, dann folgt aus $(E+A)(E+A^*) = E$, dass $A^* = -A^*A - A$. Wie man leicht beweist, ist $-A^*A - A$ vollstetig.

Satz von Riesz 2 ([9]). Diejenigen Werte von λ, für die die Gleichung $(E+\lambda A)\mathfrak{x} = 0$ mindestens eine nicht triviale Lösung $\mathfrak{x} = 0$ besitzt, heissen *Eigenwerte*. Die Eigenwerte λ besitzen keine Häufungsstelle im Endlichen.

Satz 12. *Die Resolvente R_λ einer vollstetigen Transformation A (im linearen, normierten vollständigen Raum $\mathfrak{B}$) ist eine meromorphe Funktion von λ.*

Beweis: Es sei $\mathfrak{R}$ die Gesamthet der linearen Transformationen von der Form $aE+A$, wo A eine lineare vollstetige Transformation in $\mathfrak{B}$ ist. Man kann dann leicht beweisen, dass $\mathfrak{R}$ ein linearer, metrischer, vollständiger Ring ist. Nach den Rieszschen Sätzen und Hilfssatz 14 ist die Resolvente R_λ von A eine reguläre Funktion von λ bis auf die Eigenwerte, die alle isoliert sind. Für einen Eigenwert $\lambda = \lambda_0$ lässt sich R_λ also in die Laurentsche Reihe entwickeln

$$R_\lambda = \sum_{n=-\infty}^{\infty} (\lambda - \lambda_0)^n C_n .$$

Nach dem Beweis von Satz 11 gilt

$$R_\lambda^{(-)} - R_\mu^{(-)} - (\lambda - \mu) R_\lambda^{(-)} R_\mu^{(-)} = 0,$$

(8) F. Riesz: a. a. O., S. 86., Satz 7.

(9) F. Riesz: a. a. O., S. 90., Satz 12.

wo $R_\lambda^{(-)} = \sum_{n=1}^{\infty} (\lambda-\lambda_0)^{-n} C_{-n}$. Setzt man $\lambda-\lambda_0 = u$ und $\mu-\lambda_0 = v$, so erhält man, wie im Beweise von Satz 11,

$$\sum_{n=1}^{\infty} C_{-n}\left(\sum_{\nu=0}^{n-1} u^{-\nu-1} v^{-n+\nu}\right) - \sum_{m=1}^{\infty}\sum_{n=1}^{\infty} C_{-m}C_{-n}u^{-m}v^{-n} = 0 .$$

Also

$$C_{-(m+n+1)} = C_{-m}C_{-n} .$$

Daher $C_{-n} = C_{-n}C_{-1} = C_{-1}C_{-n}$, insbesondere $C_{-1}^2 = C_{-1}$. Und $C_{-(n+1)} = C_{-n}C_{-2}$, folglich $C_{-(n+1)} = C_{-2}^n$.

Da R_λ eine vollstetige Transformation ist und $C_{-1} = \frac{1}{2\pi i}\oint R_\lambda d\lambda$ ist, so ist auch C_{-1} eine vollstetige Transformation. Durch C_{-1} wird der ganze Raum $\mathfrak{B}$ in einen linearen Teilraum $\mathfrak{L}_0$ übergeführt. Da $C_{-1}^2 = C_{-1}$, so bleiben alle Punkte von $\mathfrak{L}_0$ durch C_{-1} nicht verändert. Wegen der Vollstetigkeit von C_{-1} ist also der Kugl $|\mathfrak{x}| \leqq 1$ in $\mathfrak{L}_0$ kompakt. Nach einem Satz von Riesz (10) ist $\mathfrak{L}_0$ dann von endlicher Dimension.

Aus der Gleichung $C_{-n} = C_{-n}C_{-1} = C_{-1}C_{-n}$ folgt, dass $\mathfrak{B}$ durch C_{-n} auf $\mathfrak{L}_0$ abgebildet wird. Da $C_{-(n+1)} = C_{-2}^n$ ist, so kann man $C_{-(n+1)}$ in der Form darstellen:

$$C_{-(n+1)} = D^n C_{-1} ,$$

wo D eine lineare Transformation von $\mathfrak{L}_0$ auf $\mathfrak{L}_0$ bedeutet. Also

$$R_\lambda^{(-)} = \left\{E_0 + \sum_{n=1}^{\infty} \frac{D^n}{(\lambda-\lambda_0)^n}\right\}\frac{C_{-1}}{\lambda-\lambda_0} ,$$

wo E_0 die identische Transformation von $\mathfrak{L}_0$ auf $\mathfrak{L}_0$ selbst ist.

Weil $\mathfrak{L}_0$ ein linearer Raum von endlicher Dimension ist, so lässt sich D durch eine quadratische Matrix endlicher Ordnung darstellen. Wählt man das Koordinatensystem in $\mathfrak{L}_0$ geeignet, so ist

$$D = \begin{pmatrix} a_1 & & & 0 \\ \cdot & a_2 & & \\ \cdot & \cdot & \cdot & \\ \cdot & \cdot & \cdot & \cdot \\ & \cdot & \cdot & a_k \end{pmatrix}.$$

Dafür, dass $\sum_{n=1}^{\infty} \frac{D^n}{(\lambda-\lambda_0)^n}$ für $|\lambda-\lambda_0| > 0$ konvergiert, ist es notwendig, dass $a_1 = a_2 = \cdots\cdots = a_k = 0$. Folglich für $n \geqq k$, $D^n = 0$. Also für $n > k$, $C_{-n} = 0$. R_λ ist also eine meromorphe Funktion von λ. W. z. b. w.

Mathematisches Institut,
Kaiserliche Universität zu Osaka.

---

(10) F. Riesz: a. a. O., s. 78, Hilfssatz 5.

Über die Differentialgleichung $y'' = f(x, y, y')$

[Proc. Phys-Math. Soc. Japan, **19** (1937) 861–866]

(Gelesen am 20. Juli, 1937.)

Das Hauptziel vorliegender Arbeit ist eine hinreichende Bedingung zu geben, dass es in einem beschränkten Bereich auf der (x, y) Ebene eine Integralkurve der Differentialgleichung

$$(0) \qquad \frac{d^2y}{dx^2}=f\left(x, y, \frac{dy}{dx}\right)$$

durch zwei gegebene Punkte existiert. Die Bedingung bezieht sich wesentlich auf die Begrenzungskurve des Bereiches.

Es scheint mir auch bedeutungsvoll etwas über die Fortsetzbarkeit der Integralkurve in einem beschränkten Bereich auf der (x, y) Ebene zu untersuchen. Denn, diese gilt nicht immer, obwohl wenn die Differentialgleichung eine sehr einfache Form hat.

§ 1. Fortsetzbarkeit der Integralkurven.

Die allgemeine Lösung von

$$\frac{d^2y}{dx^2}=2\left(\frac{dy}{dx}\right)^3$$

ist entweder $y=\pm\sqrt{c-x}+c'$ $(x<c)$ oder $y=c'$. Die Integralkurve ist im allgemeinen nur bis $x=c$ fortsetzbar, während y dem endlichen Grenzwert $y=c'$ nähert. Es gibt also für jeden Punkt auf der Ebene eine Integralkurve, die sich diesem Punkt nähert aber nicht weiter fortsetzbar ist. Es ist also unentbehrlich eine Bedingung für die Fortsetzbarkeit der Integralkurve zu geben.

Satz 1. *Es sei $\mathfrak{B}$ ein beschränkter abgeschlossener Bereich in der (x, y) Ebene. Ferner sei $\mathfrak{B}^*$ der dreidimensionale Bereich von (x, y, y'), sodass $(x, y) \in \mathfrak{B}$ und $-\infty<y'<+\infty$. Die Funktion $f(x, y, y')$ sei stetig in $\mathfrak{B}^*$ und genüge der folgenden Bedingung*

$$(1) \qquad |f(x, y, y')| \leqq \varphi(|y'|),$$

wo $\varphi(u)$ eine positive stetige Funktion von $u(\geqq 0)$ ist derart, dass

$$(2) \qquad \int_0^\infty \frac{u\,du}{\varphi(u)}=+\infty.$$

Dann kann jede Integralkurve von (0) *nach der beiden Seiten hin bis an den Rand von* $\mathfrak{B}$ *fortgesetzt werden.*

Bemerkung. Die Bedingungen (1) und (2) sind erfüllt, wenn etwa

$$|f(x, y, y')| \leqq M(1+y'^2) \quad (M=\text{konst.})$$

ist.

Bevor wir in den Beweis des Satzes eingehen, schicken wir den folgenden Hilfssatz voraus.

Hilfssatz 1. Unter denselben Voraussetzungen wie in Satz 1 gibt es für eine beliebige positive Zahl α eine andere $\beta(\alpha)$ folgender Beschaffenheit: Für ein beliebiges Integral $y=y(x)$ von (1) mit den Anfangsbedingungen $y(x_0)=y_0$ und $|y'(x_0)|\leqq\alpha$, wo (x_0, y_0) ein beliebiger Punkt von $\mathfrak{B}$ ist, gilt immer die Ungleichung

$$|y'(x)|<\beta(\alpha),$$

solange die Integralkurve in $\mathfrak{B}$ liegt.

Beweis. Da $\mathfrak{B}$ beschränkt ist, so gibt es eine positive Zahl L, sodass für beliebige zwei Punkte (x_1, y_1) und (x_2, y_2) in $\mathfrak{B}$

$$|y_1-y_2|\leqq L.$$

Nach (2) gibt es dann für eine beliebige positive Zahl α, eine andere $\beta(\alpha)$ $(>\alpha)$ derart, dass

$$\int_{\alpha}^{\beta(\alpha)}\frac{u\,du}{\varphi(u)}>L. \tag{3}$$

Nun sei $y=y(x)$ ein beliebiges Integral von (0) mit den Anfangsbedingungen $y(x_0)=y_0$ und $y'(x_0)\leqq\alpha$, wo (x_0, y_0) ein Punkt von $\mathfrak{B}$ ist. Es sei $x_1\leqq x\leqq x_2$ ein Intervall, sodass die Integralkurve $y=y(x)$ in $\mathfrak{B}$ liegt, und $x_1\leqq x_0\leqq x_2$. Es gilt dann $y'(x)<\beta(\alpha)$ für $x_1\leqq x\leqq x_2$.

Denn, wäre dies nicht der Fall, so gibt es zwei Punkte ξ_1 und ξ_2 im Intervall $x_1\leqq x\leqq x_2$, sodass $y'(\xi_1)=\alpha$, $y'(\xi_2)=\beta(\alpha)$ und $\alpha<y'(x)<\beta(\alpha)$ zwischen ξ_1 und ξ_2. Man darf voraussetzen $\xi_1<\xi_2$, sonst braucht man nur $-x$ anstatt x zu setzen. Da $y'(x)>0$ in $\xi_1\leqq x\leqq\xi_2$ ist, so folgt nach (0) und (1)

$$\frac{y'y''}{\varphi(y')}\leqq y' \qquad \text{für } \xi_1\leqq x\leqq\xi_2.$$

Also

$$\int_{\alpha}^{\beta(\alpha)}\frac{u\,du}{\varphi(u)}\leqq y(\xi_2)-y(\xi_1)\leqq L,$$

was widerspricht mit (3). Es muss daher $y'(x)<\beta(\alpha)$ für $x_1\leqq x\leqq x_2$.

Ganz analog können wir beweisen, dass $y'(x)>-\beta(\alpha)$ für $x_1\leqq x\leqq x_2$, wenn es nur $y'(x_0) \geqq -\alpha$ gilt. W.z.b.w.

Beweis von Satz 1. Es sei $y=y(x)$ eine Integralkurve von (0) durch einen Punkt von $\mathfrak{B}$. Es sei α eine positive Zahl, sodass $|y'(x_0)| \leqq \alpha$. Nach Hilfssatz 1 gibt es dann eine positive Zahl $\beta(\alpha)$ $(>\alpha)$ derart, dass $|y'(x)| < \beta(\alpha)$, solange die Integralkurve in $\mathfrak{B}$ liegt.

Nun sei $\mathfrak{B}_\beta^*$ der abgeschlossene beschränkte dreidimensionale Bereich von (x, y, y'), sodass $(x, y) \in \mathfrak{B}$ und $|y'| \leqq \beta(\alpha)$. Nach einem Satz von *Kamke*(1) ist jede Integralkurve des Systems

$$\begin{cases} \dfrac{dy'}{dx} = f(x, y, y') \\[2ex] \dfrac{dy}{dx} = y', \end{cases}$$

das mit (0) gleichwertig ist, fortsetzbar bis an den Rand von $\mathfrak{B}_\beta^*$. Da die Gleichung $|y'(x)| = \beta(\alpha)$ aber nicht erreicht wird, so ist die Integralkurve fortsetzbar bis an den Rand von $\mathfrak{B}$. W.z.b.w.

§ 2. Existenzsatz für die Randwertaufgabe.

Im folgenden verstehe man unter $\mathfrak{B}$ den durch die Kurven $x=a$, $x=b$, $(a<b)$, $y=\underline{\omega}(x)$ und $y=\overline{\omega}(x)$ begrenzten, abgeschlossenen, beschränkten Bereich aus der (x, y) Ebene, wo $\underline{\omega}(x)$ und $\overline{\omega}(x)$ für $a \leqq x \leqq b$ stetig sind und $\underline{\omega}(x) < \overline{\omega}(x)$ für $a<x<b$. $\mathfrak{B}^*$ bedeutet den dreidimensionalen Bereich von (x, y, y') derart, dass $(x, y) \in \mathfrak{B}$ und $|y'| < \infty$.

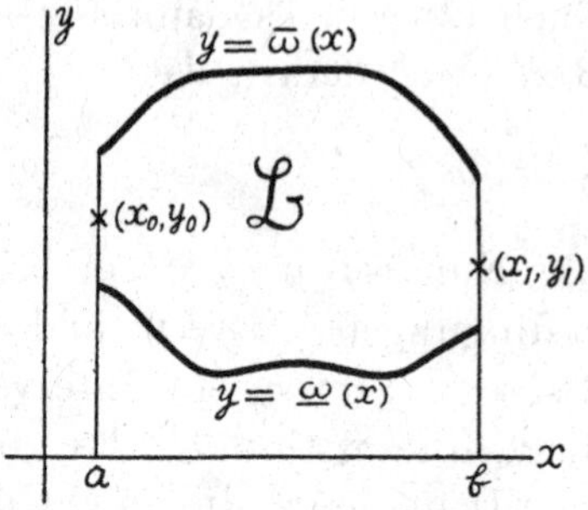

Hilfssatz 2. Es seien $\underline{\omega}(x)$ und $\overline{\omega}(x)$ am $x=a$ differenzierbar und $\underline{\omega}(a) < \overline{\omega}(a)$. Die Funktion $f(x, y, y')$ genüge denselben Bedingungen wie in Satz 1. Es gibt dann eine positive Zahl γ folgender Beschaffenheit.

Jede Integralkurve von (0) mit den Anfangsbedingungen $\underline{\omega}(a) \leqq y(a) < \overline{\omega}(a)$ und $y'(a) \geqq \gamma$ trifft die Kurve $y=\overline{\omega}(x)$ für ein x im $a<x<b$, und jede Integralkurve von (0) mit den Bedingungen $\underline{\omega}(a) < y(a) \leqq \overline{\omega}(a)$ und $y'(a) \leqq -\gamma$ trifft die Kurve $y=\underline{\omega}(a)$ für ein x im $a<x<b$.

Beweis. Man setze $\gamma = \mathrm{Max}\left[\beta\left(\dfrac{L}{b-a}\right),\ \underline{\omega}'(a)+\varepsilon,\ -\overline{\omega}'(a)-\varepsilon\right]$, wo

(1) Crelles Journal 161 (1929), S. 194. Auch von demselben Verfasser: Differentialgleichungen reeller Funktionen, S. 135.

$\beta(\alpha)$ und L von denselben Bedeutungen wie in Hilfssatz 1 sind und ε eine (beliebige) positive Zahl bedeutet. Wir brauchen nur den ersten Teil der Behauptung zu beweisen. Denn, der zweite Teil wird ganz ähnlich bewiesen wie der erste. Es sei $y=y(x)$ eine Integralkurve von (0) mit den Bedingungen $\underline{\omega}(a)\leqq y(a)<\overline{\omega}(a)$ und $y'(a)\geqq\gamma$. Es gilt dann $y'(x)>\frac{L}{b-a}$, solange die Integralkurve in $\mathfrak{B}$ bleibt. Denn, sonst gäbe es einen Punkt (x_0, y_0) in $\mathfrak{B}$ derart, dass $|y'(x_0)|\leqq\frac{L}{b-a}$. Nach Hilfssatz 1 muss es dann die Ungleichung $|y'(x)|<\beta\left(\frac{L}{b-a}\right)$ bestehen, solange die Kurve in $\mathfrak{B}$ bleibt, was mit $y'(a)\geqq\beta\left(\frac{L}{b-a}\right)$ widerspricht. Daraus kann man leicht die Behauptung beweisen. W.z.b.w.

Hilfssatz 3. Es seien $\overline{\omega}(x)$ und $\underline{\omega}(x)$ am $x=a$ zweimal differenzierbar, und entweder $\overline{\omega}(a)>\underline{\omega}(a)$ oder $\overline{\omega}'(a)>\underline{\omega}'(a)$. Die Funktion $f(x, y, y')$ genüge denselben Bedingungen wie in Satz 1. Es bestehe weiter die Ungleichung

$$\overline{\omega}''(a)<f(a, \overline{\omega}(a), \overline{\omega}'(a)). \tag{4}$$

Es gibt dann eine reelle Zahl γ, sodass jede Integralkurve mit den Anfangsbedingungen $y(a)=\overline{\omega}(a)$, $\gamma<y'(a)<\overline{\omega}'(a)$ trifft die Kurve $y=\underline{\omega}(a)$ im Intervall $a<x<b$,

Ersetzt man die Ungleichung (4) durch

$$\underline{\omega}''(a)>f(a, \underline{\omega}(a), \underline{\omega}'(a)),$$

so gibt es eine Zahl γ', sodass jede Integralkurve mit den Bedingungen $y(a)=\underline{\omega}(a)$, $\gamma'>y'(a)>\underline{\omega}'(a)$ trifft die Kurve $y=\underline{\omega}(x)$ im Intervall $a<x<b$.

Beweis. Dem Leser überlassen.

Nun gehen wir in den Hauptsatz ein.

Satz 2. *Es seien $\overline{\omega}(x)$ und $\underline{\omega}(x)$ im $a\leqq x\leqq b$ zweimal rechts und links differenzierbar*(2). *Die Funktion $f(x, y, y')$ sei samt $\frac{\partial f}{\partial y}$ und $\frac{\partial f}{\partial y'}$ im $\mathfrak{B}^*$ stetig und genüge der Bedingung*

$$|f(x, y, y')|\leqq\varphi(|y'|), \tag{1}$$

wo $\varphi(u)$ eine positive stetige Funktion von u ist und

$$\int_0^\infty \frac{u\,du}{\varphi(u)}=+\infty. \tag{2}$$

(2) D.h., die linksseitige und rechtsseitige Ableitungen von $\overline{\omega}'(x)$ und $\underline{\omega}'(x)$ existieren.

Weiter bestehen für $\bar{\omega}(x)$ *und* $\underline{\omega}(x)$ *die Ungleichungen*

$$(5) \qquad \underline{\omega}''(x)>f(x, \underline{\omega}(x), \underline{\omega}'(x)),$$
$$\bar{\omega}''(x)<f(x, \bar{\omega}(x), \bar{\omega}'(x))^{(3)}.$$

Dann gibt es durch zwei beliebige nicht auf einer Vertikale liegende Punkte (x_0, y_0) *und* (x_1, y_1) *in* $\mathfrak{B}$ *mindestens eine Integralkurve von* (0), *die für* $x_0<x<x_1$ *im innern von* $\mathfrak{B}$ *läuft.*

Beweis. Man kann annehmen, dass $x_0=a$, $x_1=b$. Denn, sonst braucht man anstatt $\mathfrak{B}$ den Teilbereich $x_0\leqq x\leqq x_1$, $\underline{\omega}(x)\leqq y\leqq\bar{\omega}(x)$ zu betrachten.

Die Integralkurve $y=y(x, \alpha)$ mit den Anfangsbedingungen $y(a)=y_0$ und $y'(a)=\alpha$ ist eindeutig bestimmt und variert mit α stetig. Nach Satz 1 lässt sich diese Integralkurve für $x>a$ bis an den Rand von $\mathfrak{B}$ fortsetzen. Es sei P_α der Punkt, wo $y=y(x, \alpha)$ den Rand von $\mathfrak{B}$ trifft. Liegt P_α auf $x=b$, so variert P_α mit α stetig. Liegt P_α auf $y=\underline{\omega}(x)$ oder $y=\bar{\omega}(x)$, so kann nach (5) die Integralkurve nicht diese tangieren. Der Schnittpunkt P_α variert also mit α stetig.

Aus (5) folgt, dass entweder $\underline{\omega}(a)<\bar{\omega}(a)$ oder $\underline{\omega}'(a)<\bar{\omega}'(a)$. Nach Hilfssatz 2 oder 3 gibt es dann zwei Werte α_1 and α_2, sodass P_{α_1} auf $y=\underline{\omega}(x)$ und P_{α_2} auf $y=\bar{\omega}(a)$ liegen. Da P_α mit α stetig variert, und die Kurven $y=\underline{\omega}(x)$ $(a<x\leqq b)$, $x=b(\underline{\omega}(b)\leqq y\leqq\bar{\omega}(b))$, und $y=\bar{\omega}(x)$ $(b\geqq x>a)$ zusammen einen einfachen Bogen bilden, so gibt einen Wert von $\alpha=\alpha^*$ so, dass P_{α^*} mit dem Punkt $(x=b, y=y_1)$ zussammenfällt. Die Integralkurve $y=y(x, \alpha^*)$ geht durch (x_0, y_0) und (x_1, y_1), und läuft im innern von $\mathfrak{B}$ für $x_0<x<x_1$, w.z.b.w.

Bemerkung. Satz 2 liefert nur eine hinreichende Bedingung für die Existenz der Integrale durch zwei Punkte. Über die Eindeutigkeit der Lösung aber lehrt es nichts, wie es das folgende Beispiel zeigt.

$$\frac{d^2y}{dx^2}=f(y),$$

wo

$$f(y)=\begin{cases} \frac{1}{2}\{(y-2)^2-3\} & \text{für } y\geqq 1, \\ -y & \text{für } |y|\leqq 1, \\ \frac{1}{2}\{3-(y+2)^2\} & \text{für } y\leqq -1. \end{cases}$$

(3) Genauer soll es $D_\pm\omega'(x)$ anstatt $\omega''(x)$ geschrieben sein.

$f(y)$ ist nach y stetig differenzierbar. Im Bereich $\mathfrak{B}$, $0 \leqq x \leqq \pi$, $\underline{\omega}(x) = -4 \leqq y \leqq 4 = \bar{\omega}(x)$, sind alle Bedingungen von Satz 2 erfüllt. Es muss also durch zwei beliebige nicht auf einer Vertikale liegende Punkte in $\mathfrak{B}$ mindestens eine Integralkurve geben, die in $\mathfrak{B}$ liegt. Es gibt aber unendlich viele Lösungen durch $(0, 0)$ und $(\pi, 0)$ nämlich $y = c \sin x$, wo $|c| \leqq 1$.

(Received August 20, 1937.)

Über die Ungleichung $\frac{\partial u}{\partial y} > f\left(x, y, u, \frac{\partial u}{\partial y}\right)$

[Japan. J. Math., **15** (1938) 51–56]

(Eingegangen am 24. April, 1938.)

A. Haar hat aus der Ungleichung

$$\left|\frac{\partial u}{\partial y}\right| \leqq A \left|\frac{\partial u}{\partial x}\right| + B|u| + C\,,$$

wobei A, B, C positive Konstanten sind, mit der Anfangsbedingung

$$|u(x, 0)| \leqq M$$

die Abschätzungsformel

$$|u(x, y)| \leqq M e^{By} + \frac{C}{B}(e^{By} - 1)$$

im Bereich $0 \leqq y$, $\alpha + Ay \leqq x \leqq \beta - Ay$ $(\alpha < \beta)$ abgeleitet.(1)

Es liegt nun die Frage nahe; unter welchen Bedingungen kann man behaupten, dass aus den Ungleichungen

$$\frac{\partial u}{\partial y} > f\left(x, y, u, \frac{\partial u}{\partial x}\right)$$

und

$$\frac{\partial v}{\partial y} \leqq f\left(x, y, v, \frac{\partial v}{\partial x}\right)$$

mit

$$u(x, 0) > v(x, 0)$$

die Ungleichung

$$u(x, y) > v(x, y)$$

im Bereiche $0 \leqq y < l$, $\alpha(y) \leqq x \leqq \beta(y)$ folgt? Im folgenden werden hinreichende Bedingungen dafür, sogar für den Fall von mehreren unabhängigen Veränderlichen $(x_1, \ldots, x_k, y)$ (in § 2) gegeben.

§ 1.

Ein Bereich $\mathfrak{B}$ im $(k+1)$-dimensionalen Raum von $(x_1, \ldots, x_k, y)$ heisse mit einem Bereich $\mathfrak{D}$ im $2(k+1)$-dimensionalen Raum von $(x_1, \ldots, x_k, y, u, p_1, \ldots, p_k)$ *bedeckt*, wenn es für jeden Punkt in $\mathfrak{B}$ mindestens einen Punkt

(1) Vgl. Atti del Congresso Internazionale dei Matematici 1928, (Bologna) III. 5-10.

von $\mathfrak{D}$ mit denselben Werten von $x_1, \ldots, x_k$ und y gibt. Eine in $\mathfrak{B}$ differenzierbare Funktion $u(x_1, \ldots, x_k, y)$ heisse in $\mathfrak{D}$ *liegend*, wenn $\left(x_1, \ldots, x_k, y, u, \frac{\partial u}{\partial x_1}, \ldots, \frac{\partial u}{\partial x_k}\right)$ für jeden $(x_1, \ldots, x_k, y) \in \mathfrak{B}$ ein Punkt von $\mathfrak{D}$ ist.

Satz 1. *Es sei $\mathfrak{B}$ ein durch $0 \leqq y < l$, $\alpha(y) \leqq x \leqq \beta(y)$ $(\alpha(y) < \beta(y))$ definierter Bereich, wo $\alpha(y)$ und $\beta(y)$ in $0 \leqq y < l$ stetig differenzierbare Funktionen sind. $f(x, y, u, p)$ sei eine in einem den $\mathfrak{B}$ bedeckenden 4-dimensionalen Bereich $\mathfrak{D}$ definierte Funktion.*

Nun seien $u(x, y)$ und $v(x, y)$ in $\mathfrak{B}$ stetig differenzierbare in $\mathfrak{D}$ liegende Funktionen und genügen in $\mathfrak{B}$ den Ungleichungen

$$\frac{\partial u}{\partial y} > f\left(x, y, u, \frac{\partial u}{\partial x}\right),$$

$$\frac{\partial v}{\partial y} \leqq f\left(x, y, v, \frac{\partial v}{\partial x}\right),$$

und für $y = 0$

$$u(x, 0) > v(x, 0) .$$

Es bestehe weiter auf $x = \alpha(y)$ für beliebige $p < \frac{\partial u}{\partial x}$, sodass $(x, y, u, p) \in \mathfrak{D}$,

$$\frac{f(x, y, u, p) - f\left(x, y, u, \frac{\partial u}{\partial x}\right)}{p - \frac{\partial u}{\partial x}} \geqq -\alpha'(y) ,$$

und auf $x = \beta(y)$ für beliebige $p > \frac{\partial u}{\partial x}$, sodass $(x, y, u, p) \in \mathfrak{D}$,

$$\frac{f(x, y, u, p) - f\left(x, y, u, \frac{\partial u}{\partial x}\right)}{p - \frac{\partial u}{\partial x}} \leqq -\beta'(y) .$$

Es gilt dann die Ungleichung

$$u(x, y) > v(x, y)$$

für alle Punkte in $\mathfrak{B}$.

Im folgenden wird dieser Satz auf den Fall von mehreren unabhängigen Veränderlichen $(x_1, \ldots, x_k, y)$ verallgemeinert und bewiesen.

§ 2.

Voraussetzungen für den Bereich $\mathfrak{B}$: Es sei $\mathfrak{B}$ ein durch die Ungleichungen $0 \leqq y < l$, $B_\mu(x_1, \ldots, x_k, y) \geqq 0$ $(1 \leqq \mu \leqq m)$ definierter beschränkter Bereich im $(k+1)$-dimensionalen Raum von $(x_1, \ldots, x_k, y)$, wo $B_\mu(x, y)$ stetig differenzierbare Funktionen von (x, y) sind. Jeder Randpunkt R von $\mathfrak{B}$ soll auf $y = 0$, $y = l$, oder auf höchstens k der Hyperflächen $B_\mu(x, y) = 0$ liegen. Liegt R auf $B_{\mu_i}(x, y) = 0$ $(1 \leqq i < r, r \leqq k)$, so müssen am R die Differentialformen $\sum_{\nu=1}^{k} \frac{\partial}{\partial x_\nu} B_{\mu_i} dx_\nu$ $(1 \leqq i \leqq r)$ linear unabhängig sein.

Satz 2. *Es sei* $f(x_1, \ldots, x_k, y, u, p_1, \ldots, p_k)$ *eine in einem* $2(k+1)$-*dimensionalen Bereich* $\mathfrak{D}$ *definierte Funktion von* $(x_1, \ldots, x_k, y, u, p_1, \ldots, p_k)$, *wobei* $\mathfrak{D}$ *den Bereich* $\mathfrak{B}$ *bedeckt.* $u(x, y)$ *und* $v(x, y)$ *seien in* $\mathfrak{B}$ *stetig differenzierbare in* $\mathfrak{D}$ *liegende Funktionen und genügen in* $\mathfrak{B}$ *den Ungleichungen*

$$(1) \quad \begin{cases} \frac{\partial u}{\partial y} > f\left(x, y, u, \frac{\partial u}{\partial x_\nu}\right), \text{ (}^2\text{)} \\ \frac{\partial v}{\partial y} \leqq f\left(x, y, v, \frac{\partial v}{\partial x_\nu}\right), \end{cases}$$

und für $y = 0$

$$(2) \quad u(x, 0) > v(x, 0).$$

Es bestehe weiter für jeden Randpunkt $(x, y) = R$ *von* $\mathfrak{B}$, *der auf* $B_{\mu_i}(x, y) = 0$ $(1 \leqq i \leqq r)$ *liegt, die Ungleichung*

$$(3) \quad \left[f\left(x, y, u, \frac{\partial u}{\partial x_\nu}\right) - f\left(x, y, u, \frac{\partial u}{\partial x_\nu} - \sum_{i=1}^{r} \lambda_i \frac{\partial}{\partial x_\nu} B_{\mu_i}\right)\right]_{(x, y) = R} \geqq \sum_{i=1}^{r} \lambda_i \left[\frac{\partial}{\partial y} B_{\mu_i}\right]_{(x, y) = R},$$

wo $\lambda_i \geqq 0$ *beliebige nicht negative Zahlen bedeuten, sodass*

$$\left(x, y, u, \frac{\partial u}{\partial x_\nu} - \sum_{i=1}^{r} \lambda_i \frac{\partial}{\partial x_\nu} B_{\mu_i}\right)_{(x, y) = R} \in \mathfrak{D}.$$

Es gilt dann die Ungleichung

$$u(x, y) > v(x, y)$$

für alle Punkte in $\mathfrak{B}$.

Beweis: Aus (2) folgt für genügend kleine positive y in $\mathfrak{B}$

$$u(x, y) > v(x, y).$$

(2) Wir schreiben bloss $f(x, y, u, p_\nu)$ für $f(x_1, \ldots, x_k, y, u, p_1, \ldots, p_k)$.

Wäre dies nicht für alle Punkte von $\mathfrak{B}$ der Fall, so gäbe es einen Punkt (x^0, y^0) in $\mathfrak{B}$, sodass $u(x, y) > v(x, y)$ für $0 \leqq y < y^0$ und $u(x^0, y^0) = v(x^0, y^0)$. Wäre (x^0, y^0) ein innerer Punkt von $\mathfrak{B}$, so gölte $\frac{\partial u}{\partial x_\nu} = \frac{\partial v}{\partial x_\nu}$ für $(x, y) = (x^0, y^0)$. Folglich nach (1) besteht $\frac{\partial u}{\partial y} > \frac{\partial v}{\partial y}$ für $(x, y) = (x^0, y^0)$. Andererseits ergibt sich aber $\frac{\partial u}{\partial y} \leqq \frac{\partial v}{\partial y}$ für $(x, y) = (x^0, y^0)$, was ein Widerspruch ist. Der Punkt (x^0, y^0) muss also auf einigen $B_\mu(x, y) = 0$ sein.

Es seien $B_{\mu_i}(x, y) = 0$ $(1 \leqq i \leqq r)$ die Hyperflächen, worauf $(x^0, y^0) = R_0$ liegt. Da in $\mathfrak{B}$ für $y = y^0$ $u(x, y^0) \geqq v(x^0, y^0)$ und $u(x^0, y^0) = v(x^0, y^0)$ ist, so gilt für einen beliebigen nach Innern von $\mathfrak{B}$ gerichteten Vektor $(dx_1, \ldots, dx_k)$ $(dy = 0)$ am R_0 $\sum_{\nu=1}^{k} \frac{\partial}{\partial x_\nu}(u-v)dx \geqq 0$. Nämlich für alle Vektoren $(dx_1, \ldots, dx_k)$ am R_0, sodass $\sum_{\nu=1}^{k} \frac{\partial}{\partial x_\nu} B_{\mu_i} dx_\nu > 0$ $(1 \leqq i \leqq r)$, besteht die Relation $\sum_{\nu=1}^{k} \frac{\partial}{\partial x_\nu}(u-v)dx_\nu \geqq 0$.

Es gibt daher nicht negative Zahlen λ_i; sodass für $(x, y) = R_0$

$$(4) \qquad \frac{\partial}{\partial x_\nu}(u-v) = \sum_{i=1}^{r} \lambda_i \frac{\partial}{\partial x_\nu} B_{\mu_i} \qquad (1 \leqq \nu \leqq k).$$

Es sei $x_\nu = x_\nu(y)$ eine auf $B_{\mu_i}(x, y) = 0$ $(1 \leqq i \leqq r)$ laufende stetig differenzierbare Kurve durch R_0. Es gilt also am R_0

$$(5) \qquad \sum_{\nu=1}^{k} \frac{\partial}{\partial x_\nu} B_{\mu_i} \frac{dx_\nu}{dy} + \frac{\partial}{\partial y} B_{\mu_i} = 0 \qquad (1 \leqq i \leqq r).$$

Weiter gilt es $u(x(y), y) > v(x(y), y)$ für $0 < y < y^0$ und $u(x(y^0), y^0) = v(x(y^0), y^0)$. Folglich für $(x, y) = R_0$

$$\frac{\partial u}{\partial y} - \frac{\partial v}{\partial y} + \sum_{\nu=1}^{k} \frac{\partial}{\partial x_\nu}(u-v)\frac{dx_\nu}{dy} \leqq 0.$$

Also nach (4) und (5) für $(x, y) = R_0$

$$\frac{\partial u}{\partial y} - \frac{\partial v}{\partial y} - \sum_{i=1}^{r} \lambda_i \frac{\partial}{\partial y} B_{\mu_i} \leqq 0.$$

Andererseits erhält man aus (1) und (3) mit (4) für $(x, y) = R_0$

$$\frac{\partial u}{\partial y} - \frac{\partial v}{\partial y} - \sum_{i=1}^{r} \lambda_i \frac{\partial}{\partial y} B_{\mu_i} > 0,$$

was ein Widerspruch ist. Damit ist der Satz bewiesen.

§ 3.

Wenn die Funktion $f(x_1, \ldots, x_k, y, u, p_1, \ldots, p_k)$ eine Lipschitzsche Bedingung *in bezug auf* p erfüllt, werden die Bedingungen mehr anschaulich.

Satz 3. *Es sei* $\mathfrak{B}$ *ein durch* $0 \leqq y < l$, $\alpha_i + Ay \leqq x_i \leqq \beta_i - Ay$ $(1 \leqq i \leqq k)$ $\left(A = \text{konst.}, \alpha_i < \beta_i, l \leqq \frac{\beta_i - \alpha_i}{2A}\right)$ *definierter Bereich, und* $f(x_1, \ldots, x_k, y, u, p_1, \ldots, p_k)$ *sei eine in einem den* $\mathfrak{B}$ *bedeckenden Bereich* $\mathfrak{D}$ *von* $(x_1, \ldots, x_k, y, u, p_1, \ldots, p_k)$ *definierte Funktion, die der Bedingung genügt*

$$|f(x, y, u, p'_\nu) - f(x, y, u, p_\nu)| \leqq A \sum_{\nu=1}^{k} |p'_\nu - p_\nu| .$$

Die Funktionen $u(x_1, \ldots, x_k, y)$ *und* $v(x_1, \ldots, x_k, y)$ *seien in* $\mathfrak{B}$ *stetig differenzierbar und liegen in* $\mathfrak{D}$.

Es bestehen weiter in $\mathfrak{B}$ *die Ungleichungen*

$$(1) \quad \begin{cases} \dfrac{\partial u}{\partial y} > f\left(x, y, u, \dfrac{\partial u}{\partial x_\nu}\right), \\ \dfrac{\partial v}{\partial y} \leqq f\left(x, y, v, \dfrac{\partial v}{\partial x_\nu}\right), \end{cases}$$

und für $y = 0$

$$u(x, 0) > v(x, 0) .$$

Dann besteht in $\mathfrak{B}$

$$u(x, y) > v(x, y) .$$

Beweis: Aus Satz 2 leicht abzuleiten.

Als ein spezialer Fall gilt:

Haarsches Lemma. *Es sei* $v(x_1, \ldots, x_k, y)$ *eine im Bereich* $\mathfrak{B}$: $0 \leqq y \leqq l$, $\alpha_i + Ay \leqq x_i \leqq \beta_i - Ay$ $(\alpha_i < \beta_i)$ *stetig differenzierbare Funktion, die der Ungleichung genügt*:

$$\left|\frac{\partial v}{\partial y}\right| \leqq A \sum_{i=1}^{k} \left|\frac{\partial v}{\partial x_i}\right| + B|v| + C ,$$

wo A, B, C *positive Konstanten sind, und* $|v(x, 0)| \leqq M$.

Dann gilt in $\mathfrak{B}$

$$|v(x, y)| \leqq M e^{By} + \frac{C}{B}(e^{By} - 1) .$$

Beweis: Man setze in Satz 3

$$f(x, y, u, p_\nu) = A \sum_{\nu=1}^{k} |p_\nu| + B|u| + C ,$$

und $u(x, y) = M' e^{By} + \frac{C'}{B}(e^{By} - 1)$, wo $M' > M$ und $C' > C$. Es bestehen dann die Ungleichungen (1) von Satz 3 und $u(x, 0) > v(x, 0)$.

Nach Satz 3 folgt also in $\mathfrak{B}$ ausser $y = l$

$$v(x, y) < u(x, y) .$$

Streben M' und C' gegen M bezw. C, so ergibt sich in $\mathfrak{B}$

$$v(x, y) \leqq M e^{By} + \frac{C}{B}(e^{By} - 1) .$$

Ersetzt man $v(x, y)$ durch $-v(x, y)$, so erfolgt auch in $\mathfrak{B}$

$$-v(x, y) \leqq M e^{By} + \frac{C}{B}(e^{By} - 1) .$$

W. z. b. w.

Mathematisches Institut,
der Kaiserlichen Universität zu Osaka.

Über das Verhalten der Integrale von $\lambda y'' + f(x, y, y', \lambda) = 0$ für $\lambda \to 0$

[Proc. Phys-Math. Soc. Japan, **21** (1939) 529–534]

(Gelesen am 26. Nov. 1938).(1)

Es ist wohlbekannt, dass die Lösung von

$$\frac{d^2y}{dx^2}+f\left(x, y, \frac{dy}{dx}, \lambda\right)=0$$

mit vorgegebenen Anfangsbedingungen $y(0)=A$, $y'(0)=A'$ sich für sehr kleine λ angenähert verhält, wie die Lösung derselben Gleichung für $\lambda=0$ mit denselben Anfangsbedingungen, wenn f gewissen Regularitätsbedingungen genügt. Man hat aber oft die Differentialgleichung

$$\lambda\frac{d^2y}{dx^2}+f\left(x, y, \frac{dy}{dx}, \lambda\right)=0$$

mit gegebenen Anfangsbedingungen $y(0)=A$, $y'(0)=A'$ für sehr kleine λ zu lösen. Der formale Ansatz $\lambda=0$ nämlich die Integration von

$$f\left(x, y, \frac{dy}{dx}, 0\right)=0$$

mit $y(0)=A$ gibt nicht immer eine angenäherte Lösung. In dieser Arbeit möchte ich aber zeigen, dass dieser Ansatz eine richtige Annäherung für $\lambda>0$ und $x\geqq 0$ gibt, wenn f neben gewissen Regularitätsbedingungen noch der Bedingung $f_{y'}>0$ genügt. Hier werden auch weitere Annäherungen gegeben.

Förderundes Interesse an dieser Arbeit verdanke ich *Herrn S. Oka*. Denn er hat mich um Rat darüber gefragt, wie man die Gleichung

$$\lambda\frac{d^2y}{dx^2}+\frac{dy}{dx}+c\sin ky=0$$

für sehr kleine $\lambda>0$ behandeln kann.(2)

§ 1. Ein Hilfssatz.

Bevor wir in den Hauptsatz eingehen, schicken wir einen Hilfssatz vor.

---

(1) Das Manuskript ist nachher ziemlich umgearbeitet.

(2) Vgl. S. Oka: "*Über den mizellaren Aufbau der Faserstoffe.*" Kolloid-Zeitschrift **86** (1938), 244.

Hilfssatz. Es seien $f_i(x, u_1, \ldots, u_k)$ $(1 \leqq i \leqq k)$ in einem Bereich $\mathfrak{B}$ $[0 \leqq x \leqq l,\ \underline{\alpha}_i(x) \leqq u_i \leqq \overline{\alpha}_i(x)]$ stetige Funktionen, wo $\underline{\alpha}_i(x)$ und $\overline{\alpha}_i(x)$ im $0 \leqq x \leqq l$ differenzierbar sind. Es bestehen im $0 \leqq x \leqq l$ die Ungleichungen

$$\overline{\alpha}_i'(x) > f_i(x, u_1, \ldots, u_{i-1}, \overline{\alpha}_i(x), u_{i+1}, \ldots, u_k) \tag{1}$$

und

$$\underline{\alpha}_i'(x) < f_i(x, u_1, \ldots, u_{i-1}, \underline{\alpha}_i(x), u_{i+1}, \ldots, u_k)$$

für alle $i (1 \leqq i \leqq k)$ und $u_j (j \neq i)$ im $\underline{\alpha}_j(x) \leqq u_j \leqq \overline{\alpha}_j(x)$.

Es gelten dann für die Integrale von

$$\frac{du_i}{dx} = f_i(x, u_1, \ldots, u_k) \quad (1 \leqq i \leqq k)$$

mit den Bedingungen

$$\underline{\alpha}_i(0) \leqq u_i(0) \leqq \overline{\alpha}_i(0) \quad (1 \leqq i \leqq k) \tag{2}$$

die Ungleichungen

$$\underline{\alpha}_i(x) < u_i(x) < \overline{\alpha}_i(x) \tag{3}$$

für $0 < x \leqq l$ [3]

Beweis: Nach (1) und (2) kann man leicht sehen, dass (3) für genügend kleine $x > 0$ bestehen. Wäre dies aber nicht für alle positive $x \leqq l$ der fall, so gäbe es einen Index $i = I$ und einen Wert $x = \xi (0 < \xi \leqq l)$, so dass $\underline{\alpha}_i(x) < u_i(x) < \overline{\alpha}_i(x)$ $(1 \leqq i \leqq k)$ für alle $0 < x < \xi$, und entweder $\underline{\alpha}_I(\xi) = u_I(\xi)$ oder $\overline{\alpha}_I(\xi) = u_I(\xi)$. Wir nehmen den ersten Fall an. So ergibt sich leicht $\underline{\alpha}_I'(\xi) \geqq u_I'(\xi)$.

Also
$$\begin{aligned}\underline{\alpha}_I'(\xi) &\geqq u_I'(\xi) = f_I(\xi, u_1(\xi), \ldots, u_k(\xi)) \\ &\geqq f_I(\xi, u_1(\xi), \ldots, u_{I-1}(\xi), \underline{\alpha}_I(\xi), u_{I+1}(\xi), \ldots, u_k(\xi)).\end{aligned}$$

Dies widerspricht (1). Der andere Fall führt uns auch zum Widerspruch. W. z. b. w.

§ 2. Der Hauptsatz.

Satz. *Es seien $f(x, y, z)$ und $F(x, y, z)$ in einem Bereich $\mathfrak{B}$ $[0 \leqq x \leqq l$, $|y - Y(x)| \leqq a(x)$, $|z - Y'(x)| \leqq pe^{-cx} + b(x)]$ stetige Funktionen, wo l, p und c positive Konstanten, $Y(x)$ in $0 \leqq x \leqq l$ zweimal stetig differenzierbare $a(x)$ und $b(x)$ in $0 \leqq x \leqq l$ stetige positive Funktionen sind. Im $\mathfrak{B}$ bestehen weiter*

$$|f(x, y, z) - F(x, y, z)| \leqq \varepsilon,$$

(3) Die Existenz von $u_i(x)$ für $0 \leqq x \leqq l$ ist nach dem Vortsetzbarkeitssatz klar. Vgl Kamke: "*Differentialgleichungen reeller Funktionen*," S. 135.

$$|F(x, y_2, z)-F(x, y_1, z)|\leqq K|y_2-y_1|$$

und
$$\frac{F(x, y, z_2)-F(x, y, z_1)}{z_2-z_1}\geqq L\ (>0),$$

wo ε, K *und* L *positive Konstanten sind. Es sei* $Y(x)$ *auch ein Integral der Differentialgleichung*

$$F\left(x, Y, \frac{dY}{dx}\right)=0,$$

und seine zweite Ableitung genüge der Ungleichung $|Y''(x)|\leqq M$.

Es gilt dann für die Lösung $y(x)$ *von*

$$\lambda\frac{d^2y}{dx^2}+f\left(x, y, \frac{dy}{dx}\right)=0,\ \lambda>0,$$

mit den Bedingungen $y(0)=Y(0)$ *uud* $|y'(0)-Y'(0)|\leqq p$ *die Ungleichung*

$$|y(x)-Y(x)|<\left\{\varepsilon\frac{1}{K}+\lambda\left(\frac{p}{L}+\frac{M}{K}\right)\right\}e^{\frac{K}{L}x}$$

für $0\leqq x\leqq l$, *falls* ε *und* λ *unter geeigneten Schranken bleiben. Streben* ε *und* λ *nach Null, so konvergiert* $y(x)$ *also gleichmässig gegen* $Y(x)$.

Beweis. Man setze $\quad y(x)=Y(x)+u(x)$,

$$f^*(x, u, v)=f(x, Y(x)+u, Y'(x)+v)+\lambda Y''(x)$$

und
$$F^*(x, u, v)=F(x, Y(x)+u, Y'(x)+v).$$

Dann ist $u(x)$ die Lösung von

$$(1)\qquad \begin{cases}\dfrac{du}{dx}=v\\[2mm] \dfrac{dv}{dx}=\dfrac{-1}{\lambda}f^*(x, u, v)\end{cases}$$

mit den Bedingungen $u(0)=0$, $v(0)=y'(0)-Y'(0)$, folglich $|v(0)|\leqq p$. Dabei sind f^* und F^* in $\mathfrak{B}^*[0\leqq x\leqq l,\ |u|\leqq a(x),\ |v|\leqq pe^{-cx}+b(x)]$ stetig, und genügen den Bedingungen

$$(2)\qquad |f^*(x, u, v)-F^*(x, u, v)|\leqq\varepsilon+\lambda M,$$

und

$$(3)\qquad \begin{cases}F^*(x, u, v)\geqq Lv-K|u| & \text{für}\quad v\geqq 0,\\ F^*(x, u, v)\leqq -Lv+K|u| & \text{für}\quad v\leqq 0.\end{cases}$$

Wir definieren positive Funktionen $\alpha(x)$ und $\beta(x)$ durch

$$\alpha(x)=\delta\left(e^{\frac{K}{L}x}-1\right)+p\frac{\lambda}{L}\left(1-e^{-\frac{L}{\lambda}x}\right)+\delta' x$$

bzw. $$\beta(x)=\frac{K}{L}\delta e^{\frac{K}{L}x}+pe^{-\frac{L}{\lambda}x},$$

wo δ und δ' positive Konstanten sind, die nachher geeignet gewählt werden. Lässt man δ, δ' und λ unter geeigneten Schranken bleiben, so gelten $0<\alpha(x)\leqq a(x)$, $0<\beta(x)\leqq pe^{-cx}+b(x)$ in $0\leqq x\leqq l$. $\alpha(x)$ und $\beta(x)$ genügen den Relationen

$$\alpha'(x)>\beta(x),$$

$$\beta'(x)=\frac{-L}{\lambda}\beta(x)+\frac{K}{\lambda}\delta e^{\frac{K}{L}x}.$$

Setzt man $\delta=\frac{\varepsilon+\lambda M}{K}+p\frac{\lambda}{L}+l\delta'$, so besteht

$$\beta'(x)>\frac{-1}{\lambda}[L\beta(x)-K\alpha(x)-(\varepsilon+\lambda M)].$$

Nach (2) und (3) folgen also im $0\leqq x\leqq l$ für alle $|v|\leqq\beta(x)$

$$\begin{cases}\alpha'(x)>v,\\ -\alpha'(x)<v,\end{cases}$$

und für alle $|u|\leqq\alpha(x)$

$$\begin{cases}\beta'(x)>\frac{-1}{\lambda}f^*(x,u,\beta(x)),\\ -\beta'(x)<\frac{-1}{\lambda}f^*(x,u,-\beta(x)).\end{cases}$$

Da $|u(0)|=\alpha(0)=0$ und $|v(0)|\leqq p<\beta(0)$ sind, so bestehen wegen Hilfssatzes die Ungleichungen $|u(x)|<\alpha(x)$ und $|v(x)|<\beta(x)$ für $0<x\leqq l$. Lässt man δ' nach Null streben, so ergibt sich daraus

$$|u(x)|\leqq\delta_0\Big(e^{\frac{K}{L}x}-1\Big)+p\frac{\lambda}{L}\Big(1-e^{-\frac{L}{\lambda}x}\Big),$$

wo $\delta_0=\frac{\varepsilon+\lambda M}{K}+p\frac{\lambda}{L}$, folglich

$$|u(x)|<\Big\{\varepsilon\frac{1}{K}+\lambda\Big(\frac{p}{L}+\frac{M}{K}\Big)\Big\}e^{\frac{K}{L}x}$$

für $0\leqq x\leqq l$. W. z. b. w.

§ 3. Weitere Annäherungen.

Es sei $f(x,y,z,\lambda)$ eine in einem Bereich $\mathfrak{B}$, der durch dieselbe Ungleichungen wie in § 2 und $|\lambda|\leqq h$ definiert wird, stetig differenzierbare

Funktion von (x, y, z, λ), wo h eine positive Konstante ist. Es sei $Y(x)$ auch ein Integral von

$$f\left(x, Y, \frac{dY}{dx}, 0\right)=0.$$

Im $\mathfrak{B}$ bestehen weiter

$$|f_y|\leqq K,\ f_z\geqq L>0,\ |f_\lambda|\leqq A \text{ und } |Y''(x)|\leqq M,$$

wo K, L, A und M positive Konstanten sind. Nach § 2 gilt dann für die Lösung $y(x)$ von

$$\lambda\frac{d^2y}{dx^2}+f\left(x, y, \frac{dy}{dx}, \lambda\right)=0,\ \lambda>0,$$

mit den Bedingungen $y(0)=Y(0)$ und $|y'(0)-Y'(0)|\leqq p$ die Ungleichung

$$|y(x)-Y(x)|<\lambda\left(\frac{A+M}{K}+\frac{p}{L}\right)e^{\frac{K}{L}x}$$

für $0\leqq x\leqq l$, falls $\lambda(>0)$ unter einer geeigneten Schranke bleiben. $Y(x)$ ist also eine angenäherte Lösung für genügend kleine λ.

Nun wollen wir weitere Annäherungen rechnen. *Wir setzen* $y_0(x)=Y(x)$ *und erhalten* $y_n(x)$ *aus* $y_{n-1}(x)$ *sukzessiv durch Integration von*

$$\lambda\frac{d^2y_n}{dx^2}+f\left(x, y_{n-1}(x), \frac{dy_n}{dx}, \lambda\right)=0,$$

—die eine Differentialgleichung erster Ordnung von y_n' ist—*mit den Bedingungen* $y_n(0)=y(0)$, $y_n'(0)=y'(0)$. *Als Abschätzungsformeln ergibt sich*

$$|y(x)-y_n(x)|\leqq\lambda\left(\frac{A+M}{K}+\frac{p}{L}\right)e^{\frac{K}{L}x}\frac{\left(\frac{K}{L}x\right)^n}{n!}$$

und

$$|y'(x)-y_n'(x)|\leqq\lambda\left(\frac{A+M}{K}+\frac{p}{L}\right)e^{\frac{K}{L}x}\frac{\left(\frac{K}{L}x\right)^{n-1}}{(n-1)!}\frac{K}{L}.$$

Beweis: Man setze $y_n(x)-y(x)=u_n(x)$. Dann ist $u_n(x)$ das Integral von

$$\lambda\frac{d^2u_n}{dx}+f_z^*\frac{du_n}{dx}+f_y^*u_{n-1}=0$$

mit $u_n(0)=u_n'(0)=0$, wo $f_y^*=f_y(x,\ y(x)+\theta_n u_n(x),\ y'(x)+\theta_n u_n'(x),\ \lambda)$ und $f_z^*=f_z(x, y(x)+\theta_n u_n(x),\ y'(x)+\theta_n u_n'(x),\ \lambda)$, $(0<\theta_n<1)$ sind. Also

$$|u_n'(x)|\leqq\frac{1}{\lambda}\int_0^x e^{-\frac{L}{\lambda}(x-t)}K|u_{n-1}(t)|\,dt\leqq\frac{K}{L}\operatorname*{Max}_{0\leqq t\leqq x}|u_{n-1}(t)|.$$

Da $|u_0(x)|=|y(x)-Y(x)|<\lambda\left(\frac{\Lambda+M}{K}+\frac{p}{L}\right)e^{\frac{K}{L}x}$ ist, so erhält man dann

$$|u_1'(x)|\leqq\frac{K}{L}\lambda\left(\frac{\Lambda+M}{K}+\frac{p}{L}\right)e^{\frac{K}{L}x}.$$

Also

$$|u_1(x)|\leqq\lambda\left(\frac{\Lambda+M}{K}+\frac{p}{L}\right)e^{\frac{K}{L}x}\frac{K}{L}x.$$

Schritt für Schritt erhält man für allgemeine n

$$|u_n'(x)|\leqq\lambda\left(\frac{\Lambda+M}{K}+\frac{p}{L}\right)e^{\frac{K}{L}x}\frac{\left(\frac{K}{L}x\right)^{n-1}}{(n-1)!}\frac{K}{L},$$

und

$$|u_n(x)|\leqq\lambda\left(\frac{\Lambda+M}{K}+\frac{p}{L}\right)e^{\frac{K}{L}x}\frac{\left(\frac{K}{L}x\right)^{n}}{n!}.$$

W. z. b. w.

Mathematisches Institut der Kaiserlichen Universität
zu Osaka.

(Eingegangen am 6. Sept. 1939).

Über das Anfangswertproblem partieller Differentialgleichungen

[Japan. J. Math., **18** (1942) 41–47]

(Eingegangen am 26. April, 1941.)

§ 1.

In vorliegender Note wollen wir den folgenden Satz beweisen:

Es sei t ein reelles und seien $x_1, \ldots, x_k, u_1, \ldots, u_m, p_{11}, \ldots, p_{mk}$ *komplexe Veränderlichen, die in einem* $2(k+m+mk)+1$ *dimensionalen Bereich* $\mathfrak{B}$ *variieren. Es seien* $F^\nu(t, x_1, \ldots, x_k, u_1, \ldots, u_m, p_{11}, \ldots, p_{mk})$ *in* $\mathfrak{B}$ *stetige und analytisch reguläre Funktionen von* (x, u, p).

Im $\mathfrak{B}$ *wird ein System der partiellen Differentialgleichungen*

$$(1)\qquad \frac{\partial u_\mu}{\partial t} = F^\mu\left(t, x_1, \ldots, x_k, u_1, \ldots, u_m, \frac{\partial u_1}{\partial x_1}, \ldots, \frac{\partial u_m}{\partial x_k}\right) \qquad (\mu = 1, \ldots, m)$$

mit den Anfangsbedingungen $u_\mu(0, x_1, \ldots, x_k) = \varphi_\mu(x_1, \ldots, x_k)$ *vorgestellt, wobei* $\varphi_\mu(x)$ *in einer Umgebung von* $x = 0$ *reguläre Funktionen sind und* $t = 0$, $x = 0$, $u = \varphi(0)$, $p_{\nu j} = \dfrac{\partial \varphi_\nu(0)}{\partial x_j}$ *ein innerer Punkt von* $\mathfrak{B}$ *ist.*

Es gibt dann ein und nur ein Lösungssystem $u_\mu = u_\mu(t, x_1, \ldots, x_k)$ *dieses Anfangswertproblems in einer Umgebung von* $t = 0$, $x = 0$. *Dabei ist die stetige Differenzierbarkeit von* $u_\mu(t, x)$ *vorausgesetzt.* Natürlicherweise sind dann u_μ und $\dfrac{\partial u_\mu}{\partial t}$ *analytisch reguläre* Funktionen von x.

Um den Satz zu beweisen, reduziern wir (1) auf ein quasilineares Gleichungssystem. Mit Hilfe einer leichter funktionentheoretischer Abschätzung wenden wir dann darauf einen Fixpunktsatz in einem Funktionalraum an.

§ 2.

Wie es leicht eingesehen wird, kann man voraussetzen, dass die Anfangsbedingungen $u_\mu(0, x_1, \ldots, x_k) = 0$ sind. Vorausgesetzt die Existenz der Lösungen erhält man aus (1), indem man sie nach x_i differenziert und $\dfrac{\partial u_\mu}{\partial x_i} = p_{\mu i}$ setzt,

$$(2)\quad\begin{cases}\dfrac{\partial u_\mu}{\partial t}=F^\mu(t, x_1, \ldots, x_k, u_1, \ldots, u_m, p_{11}, \ldots, p_{mk}),\\[2ex]\dfrac{\partial p_{\mu i}}{\partial t}=F^\mu_{x_i}(\ )+\sum_{\nu=1}^{m}F^\mu_{u_\nu}(\ )\dfrac{\partial u_\nu}{\partial x_i}+\sum_{\nu=1}^{m}\sum_{j=1}^{k}F^\mu_{p_{\nu j}}(\ )\dfrac{\partial p_{\nu j}}{\partial x_i},\\[1ex]\qquad\qquad(\mu=1, \ldots, m)\ (i=1, \ldots, k)\end{cases}$$

wobei das Klammerzeichen ( ) für $(t, x_1, \ldots, x_k, u_1, \ldots, u_m, p_{11}, \ldots, p_{mk})$ steht, mit den Anfangsbedingungen

$$u_\mu(0, x_1, \ldots, x_k)=0, \quad p_{\mu i}(0, x_1, \ldots, x_k)=0.$$

Dies ist ein quasilineares System für die Uubekannten u_μ und $p_{\mu j}$. Mit den zugehörigen Anfangsbedingungen ist das System (2) mit (1) äquivalent. Denn man kann leicht beweisen, dass $p_{\mu j}=\dfrac{\partial u_\mu}{\partial x_j}$ sind.

Nun schicken wir einen Hilfssatz voraus, der für den Beweis des Satzes wichtig ist.

Hilfssatz. Es sei $f(x_1, \ldots, x_k)$ eine reguläre Funktion von k komplexer Veränderlichen $x_1, \ldots, x_k$ in $|x_j|<r$ $(j=1, \ldots, k)$ derart, dass

$$|f(x_1, \ldots, x_k)|\leqq M\rho^{-\alpha},$$

wobei $\rho=r-\operatorname{Max}_j\{|x_j|\}$ und M, α positive Konstanten sind. Es gelten dann in $|x_j|<r$ die Ungleichungen

$$\left|\frac{\partial f}{\partial x_j}\right|\leqq\frac{(\alpha+1)^{\alpha+1}}{\alpha^\alpha}M\rho^{-\alpha-1}.$$

Beweis: $x_j=a_j$ sei ein beliebiger Punkt in $|x_j|<r$. Auf der x_i Ebene für eine feste i schläge man einen Kreis C mit dem Radius $\rho/1+\alpha$ um den Mittelpunkt $x_i=a_i$, wobei $\rho=r-\operatorname{Max}_j\{|a_j|\}$ ist. Auf C besteht

$$|f(x)|\leqq M(\rho-\rho/1+\alpha)^{-\alpha}=\frac{(1+\alpha)^\alpha}{\alpha^\alpha}M\rho^{-\alpha}.$$

Nach der wohlbekannten Abschätzungsformel ergibt sich dann

$$\left|\frac{\partial f}{\partial x_i}\right|_{x=a}\leqq(\rho/1+\alpha)^{-1}\frac{(1+\alpha)^\alpha}{\alpha^\alpha}M\rho^{-\alpha}=\frac{(1+\alpha)^{\alpha-1}}{\alpha^\alpha}M\rho^{\alpha-1}.$$

W. z. b. w.

§ 3.

Nun wollen wir die Existenz des Lösungsystems der quasilinearen Gleichungen

$$(3)\qquad \frac{\partial u_\mu}{\partial t}=\sum_{i=1}^{k}\sum_{\nu=1}^{m}a_{\mu\nu i}(t,\,x,\,u)\frac{\partial u_\nu}{\partial x_i}+b_\mu(t,\,x,\,u)\qquad(\mu=1,\,\ldots,\,m)$$

mit den Anfangsbedingungen $u_\mu(0,\,x)=0$ beweisen. *Dabei seien* $a_{\mu\nu i}$ *und* b_μ *im Bereiche* $0\leqq t<l$, $|x_i|<R$ $(i=1,\,\ldots,\,k)$, $|u_\mu|\leqq H$ $(\mu=1,\,\ldots,\,m)$ *stetig, beschränkt* $|a_{\mu\nu i}|\leqq A$, $|b_\mu|\leqq B$ *und in Bezug auf* $(x,\,u)$ *regulär. Es sei* $\mathfrak{D}$ *ein* $(2k+1)$*—dimensionaler Bereich, der durch* $0\leqq t<l$, $|x_i|<R_1-Lt$ $(i=1,\,\ldots,\,k)$ *definiert wird, wobei*

$$(4)\qquad L=3\sqrt{3}\,mkA\,,\quad R_1=\mathrm{Min}\left\{R,\,\frac{LH}{2B}\right\}.$$

Es gibt dann in $\mathfrak{D}$ *ein Lösungssystem* $u_\mu(t,\,x)$ *von* (3) *mit* $u_\mu(0,\,x)=0$.

Beweis: Das Gleichungssystem (3) mit $u_\mu(0,\,x)=0$ ist äquivalent mit dem System der Funktionalgleichungen

$$q_\mu(t,\,x)=\Phi_\mu\big[q_1(t,\,x),\,\ldots,\,q_m(t,\,x)\big]\quad(\mu=1,\,\ldots,\,m),$$

wobei $q_\mu=\dfrac{\partial u_\mu}{\partial t}$, und Φ_μ die Funktionaloperationen

$$(5)\qquad \Phi_\mu[q]=\sum_{\nu=1}^{m}\sum_{i=1}^{k}a_{\mu\nu i}\Big(t,\,x,\,\int_0^t q\,dt\Big)\int_0^t\frac{\partial q_\nu}{\partial x_i}dt+b_\mu\Big(t,\,x,\,\int_0^t q\,dt\Big)$$

bedeuten.

Nun sei $\mathfrak{F}$ die Gesamtheit der in $\mathfrak{D}$ stetigen und in x regulären Funktionensysteme $\{q_1(t,\,x),\,\ldots,\,q_m(t,\,x)\}$, für die die Grössen $\rho|q_\mu(t,\,x)|$ beschränkt sind, wobei $\rho=R_1-Lt-\mathrm{Max}_i\,\{|x_i|\}$ bedeutet. Für jedes Element q von $\mathfrak{F}$ wird der Norm $\|q\|$ durch

$$\|q\|=\mathrm{Max}_\mu\left\{\text{obere Grenze von }|\rho q_\mu(t,\,x)|\text{ in }\mathfrak{D}\right\}$$

definiert. $\mathfrak{F}$ bildet also einen Banachschen Raum. Es sei $\mathfrak{K}$ die Menge aller Elemente von $\mathfrak{F}$ derart, dass

$$(6)\qquad |q_\mu(t,\,x)|\leqq\frac{LH}{2\sqrt{R_1}}\rho^{-\frac{1}{2}}\qquad(\mu=1,\,\ldots,\,m).$$

$\mathfrak{K}$ ist dann beschränkt, abgeschlossen und konvex. Wie man leicht beweist, konvergiert eine Folge $\{q^n\}$ aus $\mathfrak{K}$ als Elemente von $\mathfrak{F}$ dann und nur dann, wenn die Funktionen $q^n_\mu(t, x)$ im innern von $\mathfrak{D}$ gleichmässig konvergieren.(1)

Die Operationen Φ_μ geben eine Abbildung von $\mathfrak{K}$ in sich. Denn aus (6) folgt für $q \in \mathfrak{K}$ in $\mathfrak{D}$

$$\left|\int_0^t q_\mu(t, x)dt\right| \leqq \frac{LH}{2\sqrt{R_1}} \frac{2}{L} \rho^{\frac{1}{2}} \leqq H .$$

Nach dem Hilfssatz folgt auch in $\mathfrak{D}$

$$(7) \qquad \left|\frac{\partial q_\nu}{\partial x_i}\right| \leqq \frac{3\sqrt{3}LH}{4\sqrt{R_1}} \rho^{-\frac{3}{2}} ,$$

also
$$\left|\int_0^t \frac{\partial q_\nu}{\partial x_i} dt\right| \leqq \frac{3\sqrt{3}H}{2\sqrt{R_1}} \left(\rho^{-\frac{1}{2}} - R_1^{-\frac{1}{2}}\right),$$

folglich nach (4) und (5)

$$|\Phi_\mu[q]| \leqq \frac{3\sqrt{3}mkAH}{2\sqrt{R_1}} \rho^{-\frac{1}{2}} - \frac{3\sqrt{3}mkAH}{2R_1} + B$$
$$\leqq \frac{LH}{2\sqrt{R_1}} \rho^{-\frac{1}{2}} ,$$

d. h., $\Phi[q] \in \mathfrak{K}$.

Die Abbildung $q \to \Phi[q]$ von $\mathfrak{K}$ auf $\Phi[\mathfrak{K}]$ ist auch stetig. Denn, strebt $\{q^n\}$ gegen q, so konvergieren $q^n_\nu(t, x)$ gegen $q_\mu(t, x)$ im innern von $\mathfrak{D}$ gleichmässig, ebenso $\int_0^t q^n_\mu(t, x)dt$ gegen $\int_0^t q_\mu(t, x)dt$. Da $\rho\,|q^n_\mu(t, x) - q_\mu(t, x)|$ in $\mathfrak{D}$ gleichmässig gegen Null konvergieren, so bestehen nach dem Hilfssatz

$$\left|\frac{\partial q^n_\nu}{\partial x_i} - \frac{\partial q_\mu}{\partial x_i}\right| \leqq 4\varepsilon_n \rho^{-2} ,$$

wobei ε_n nacn Null konvergierende Konstanten bedeuten. $\frac{\partial q^n_\mu}{\partial x_i}$ konvergieren also gegen $\frac{\partial q_\mu}{\partial x_i}$ im innern von $\mathfrak{D}$ gleichmässig. Folglich konvergieren $\int_0^t \frac{\partial q^n_\mu}{\partial x_i} dt$ gegen $\int_0^t \frac{\partial q_\mu}{\partial x_i} dt$ im innern von $\mathfrak{D}$ gleichmässig. Daraus folgt, dass $\Phi_\mu[q^n]$ gegen $\Phi_\mu[q]$ im innern von $\mathfrak{D}$ gleichmässig konvergieren. Weil $q^n \in \mathfrak{K}$ sind, so sind auch $\Phi[q^n] \in \mathfrak{K}$. $\Phi[q^n]$ konvergiert also, als eine Folge in $\mathfrak{F}$, gegen $\Phi[q]$.

(1) D. h., $q^n_\mu(t, x)$ konvergieren gleichmässig auf einem beliebigem abgeschlossenem Teilbereich von $\mathfrak{D}$.

Die Bildmenge $\Phi[\mathfrak{K}]$ von $\mathfrak{K}$ ist auch kompakt. In der Tat sind $q_\mu(t, x)$ und $\frac{\partial q_\mu}{\partial x_i}$ für alle q aus $\mathfrak{K}$ auf einem beliebigen abgeschlossen Teilbereich $\mathfrak{D}_1$ von $\mathfrak{D}$ gleichmässig beschränkt, ebenso auch $\frac{\partial^2 q_\nu}{\partial x_i \partial x_j}$, wie man nach dem Hilfssatz nicht schwehr erschliesst. Also sind $\int_0^t q_\mu(t, x)dt$ und $\int_0^t \frac{\partial q_\nu}{\partial x_i}dt$ für alle $q \in \mathfrak{K}$ auf $\mathfrak{D}_1$ gleichmässig beschränkt und gleichgradig stetig. Dann gelten ebensolche für $\Phi_\mu[q]$. Nach dem bekannten Verfahren kann man also aus einer beliebigen Teilmenge von $\Phi[\mathfrak{K}]$ eine Folge $\Phi[q^n]$ aussondern derart, dass $\Phi_\mu[q^n]$ im innern von $\mathfrak{D}$ gleichmässig konvergieren. Da $\Phi[q^n]$ dann als eine Folge in $\mathfrak{F}$ konvergieren, so ist die Kompaktheit von $\Phi[\mathfrak{K}]$ bewiesen.

Nach dem Fixpunktsatz von Schauder gibt es daher ein Element $q \in \mathfrak{K}$, sodass $q = \Phi[q]$(2). W. z. b. w.

§ 4.

Jetzt wollen wir den Eindeutigkeitssatz beweisen:

Es gibt durchaus auf seinem Existenzbereich nur ein Lösungssystem von (1) *mit den gegebenen Anfangsbedingungen* $u_\mu(0, x) = \varphi_\mu(x)$, *wobei* $\varphi_\mu(x)$ *in einer Umgebung von* $x_1 = 0, \ldots, x_k = 0$ *reguläre Funktionen sind.*

Beweis: Es sei $\mathfrak{D}$ der Existenzbereich eines gesuchten Lösungssystemes $u_\mu(t, x)$. $\mathfrak{D}$ ist ein offenes Gebiet des (t, x)-Raumes. $v_\mu(t, x)$ sei ein anderes Lösungssystem von (1) mit denselben Anfangsbedingungen.

Zunächst beweisen wir, dass $v_\mu(t, x) = u_\mu(t, x)$ in einer Umgebung von $t = 0, x = 0$. Ohne die Allgemeinheit zu verlieren können wir uns auf den Teil $t \geqq 0$ beschränken. Wir setzen $w_\mu = v_\mu(t, x) - u_\mu(t, x)$, so genügen w_μ den Gleichungen

$$(8) \qquad \frac{\partial w_\mu}{\partial t} = \sum_{\mu=1}^{m} g_{\mu\nu}(t, x) w_\nu + \sum_{\nu=1}^{m} \sum_{i=1}^{k} h_{\mu\nu i}(t, x) \frac{\partial w_\nu}{\partial x_i} \qquad (\mu = 1, \ldots, m)$$

mit den Anfangsbedingungen $w_\mu(0, x) = 0$, wobei

$$g_{\mu,\nu}(t, x) = \int_0^1 \frac{\partial F^\mu}{\partial u_\nu}(t, x, u, p)\begin{bmatrix} u = u(t, x) + \theta w(t, x) \\ p = u_x(t, x) + \theta w_x(t, x) \end{bmatrix} d\theta,$$

$$h_{\mu\nu i}(t, x) = \int_0^1 \frac{\partial F^\mu}{\partial p_{\nu i}}(t, x, u, p)\begin{bmatrix} u = u(t, x) + \theta w(t, x) \\ p = u_x(t, x) + \theta w_x(t, x) \end{bmatrix} d\theta$$

(2) Vgl. Studia Mathematica II, S. 171.

sind. Wir wählen positive Zahlen l und R so, dass im Bereich $0 \leqq t \leqq l$, $|x_i| \leqq R$ $(i=1, \ldots, k)$ $u_\mu(t, x)$ und $v_\mu(t, x)$ existieren und da

$$(9) \qquad |g_{\mu\nu}(t, x)| \leqq A, \qquad |h_{\mu\nu i}(t, x)| \leqq B$$

sind. Es sei $\mathfrak{D}_1$ ein durch $0 \leqq t \leqq l$, $|x_i| \leqq R-4mkBt$ $(i=1, \ldots, k)$ definierter Bereich, worauf sicherlich (9) bestehen. Wir setzen

$$\rho = R-4mkBt-\operatorname*{Max}_i \{|x_i|\}$$

und

$$(10) \qquad M = \operatorname*{Max}_{\mu} \operatorname*{Max}_{\mathfrak{D}_1} \left[\rho e^{-mAt} |w_\mu(t, x)|\right],$$

folglich in $\mathfrak{D}_1$

$$|w_\mu(t, x)| \leqq M e^{mAt} \rho^{-1}.$$

Nach dem Hilfssatz ergibt sich dann

$$\left|\frac{\partial w_\mu}{\partial x_i}\right| \leqq 4 M e^{mAt} \rho^{-2},$$

also nach (8) und (9)

$$\left|\frac{\partial w_\mu}{\partial t}\right| \leqq M(mA\rho^{-1}+4mkB\rho^{-2})e^{mAt}.$$

Dann in $\mathfrak{D}_1$

$$|w_\mu(t, x)| \leqq \int_0^t \left|\frac{\partial w_\mu}{\partial t}\right| dt \leqq M(e^{mAt}\rho^{-1}-\rho_0^{-1}),$$

wobei $\rho_0 = R - \operatorname*{Max}_i \{|x_i|\}$. Wäre $M > 0$, so besteht daraus, weil $\rho e^{-mAt}|w_\mu|$ ihren Maximumwert an einem inneren Punkt von $\mathfrak{D}_1$ annimmt,

$$\operatorname*{Max}_{\mathfrak{D}_1} [\rho e^{-mAt} |w_\mu|] < M,$$

die mit (10) widerspricht. Also muss $M = 0$. Folglich $v_\mu(t, x) = u_\mu(t, x)$ in einer Umgebung von $t = 0$, $x = 0$.

Nun beweisen wir, dass $v_\mu(t, x)$ auf $\mathfrak{D}$ durchaus mit $u_\mu(t, x)$ zusammenfallen. Es sei $\mathfrak{A}$ die Menge derjenigen Punkte P von $\mathfrak{D}$, sodass $v_\mu(t, x)$ in einer Umgebung von P mit $u_\mu(t, x)$ zusammenfallen. $\mathfrak{A}$ ist offen und nicht leer. Gäbe es einen Punkt in $\mathfrak{D}$, der $\mathfrak{A}$ nicht angehört, so verbinde man diesen und den Anfangspunkt A $(t = 0, x = 0)$ mit einem Kurvenbogen $\mathfrak{K}$, der lauter aus inneren Punkten von $\mathfrak{D}$ besteht. Δ sei die Entfernung zwischen $\mathfrak{K}$ und dem Rande von $\mathfrak{D}$. So ist $\Delta > 0$.

Es sei P_0 $(t = \alpha, x = \beta)$ der erste $\mathfrak{A}$ nicht angehörige Punkt auf $\mathfrak{K}$, wenn man längs $\mathfrak{K}$ von A ausgeht. $\mathfrak{K}_1$ sei derjenige Teil von $\mathfrak{K}$, der zwischen A und P_0 liegt. P $(t = \tau, x = \xi)$ sei ein beliebiger Punkt auf $\mathfrak{K}_1$, so fallen $v_\mu(\tau, x)$ mit $u_\mu(\tau, x)$ zusammen für $|x_i - \xi_i| \leqq \frac{\Delta}{k}$, weil sie analytische Funktionen von x sind und fallen in einer kleiner Umgebung von P mit einander zusammen. Lässt man nun P längs $\mathfrak{K}$ gegen P_0 streben, so erhält man daraus

$$v_\mu(\alpha, x) = u_\mu(\alpha, x)$$

für $|x_i - \beta_i| \leqq \frac{\Delta}{k}$. Durch Verschiebung der Koordinaten kann man annehmen, dass P_0 der Anfangspunkt $t = 0$, $x = 0$ ist. Die erste Hälfte dieses Beweises lehrt uns dann, dass in einer Umgebung von P_0 $v_\mu(t, x)$ mit $u_\mu(t, x)$ übereinstimmen, was widerspricht dass P_0 $\mathfrak{A}$ nicht angehört. $\mathfrak{A}$ schöpfen also den ganzen Bereich $\mathfrak{D}$. W. z. b. w.

Mathematisches Institut der
Kaiserlichen Universität
zu Osaka.

Über die Lage der Integralkurven gewöhnlicher Differentialgleichungen

[Proc. Phys-Math. Soc. Japan, **24** (1942) 551–559]

(Gelesen am 16. Mai 1942.)

§ 1. Einleitung.

In dieser Note werden k-dimensionale Vektoren mit dicken Buchstaben bezeichnet. Wir sollen also unter

(1) $$\frac{d\boldsymbol{y}}{dx}=\boldsymbol{f}(x, \boldsymbol{y})$$

ein System der Differentialgleichungen

$$\frac{dy_i}{dx}=f_i(x, y_1, \cdots, y_k)$$
$$(i=1, 2, \cdots, k)$$

verstehen.

O. Perron hat den Existenzbeweis der Lösungen einer gewöhnlicher Differentialgleichung $\frac{dy}{dx}=F(x,y)$ in der Form gegeben, dass sie in einen Bereich $a\leqq x<b$, $\omega_1(x)\leqq y\leqq \omega_2(x)$ eingeschlossen werden, wobei $\omega_i(x)$ den Bedingungen

$$D_{\pm}\omega_1(x)\leqq F(x, \omega_1(x)), \quad D_{\pm}\omega_2(x)\geqq F(x, \omega_2(x))$$

genügen(1). Diese Hinsicht ist von *Hukuhara* äusserst ausgeführt(2). Er nennt auch eine Teilmenge $\mathfrak{E}$ der Punktmenge $\mathfrak{D}$ des $(x, \boldsymbol{y})$-Raumes „*nach rechts majorant in* $\mathfrak{D}$," wenn jede in $\mathfrak{D}$ liegende Lösungskurve von (1) mit einem beliebigen Anfangspunkt $(x_0, \boldsymbol{y}_0)$ in $\mathfrak{E}$ immer in $\mathfrak{E}$ bleibt für $x\geqq x_0$.

Das Hauptziel der vorliegenden Note ist in einem Sinne notwendige und hinreichende Bedingungen zu geben, dass $\mathfrak{E}$ in $\mathfrak{D}$ nach rechts majorant ist. Die Bedingungen werden mittels Unterintegrals(3) gegeben, das sich auf der Idee von *Okamura* beruht, die er für die Unitätsbedingung der Lösung von (1) gebraucht hat(4).

§ 2. Zülassige Menge.

Definition 1. Eine Punktmenge $\mathfrak{M}$ des $(x, \boldsymbol{y})$-Raumes heisst *nach*

(1) Math. Ann. **76** (1915).
(2) Nippon Sugaku-Buturigakkwai Kwaisi **5** (1931) u. **6** (1932) (japanisch). Vgl. Memoirs of the Fac. of Sci. Kyūsyū Imp. Univ. Ser. A. **2**. (1941) 1.—25.
(3) Die Definition wird in § 4 dieser Note gegeben.
(4) Memoirs of the College of Sci. Kyoto Imp. Univ. Ser. A. **23** (1941) 225—231.

rechts zulässig für die Differentialgleichung (1), wenn es für jeden Punkt (x_0, y_0) von $\mathfrak{M}$ eine positive Zahl l gibt, sodass eine in $\mathfrak{M}$ liegende Integralkurve von (1) mit dem Anfangspunkt (x_0, y_0) existiert mindestens für $x_0 \leqq x < x_0 + l$.

Linksseitige Zulässigkeit kann man ganz analog definieren.

Satz 1. *Es sei $\mathfrak{D}$ eine offene Menge im Raum von (x, y) und sei $\mathfrak{E}$ eine in $\mathfrak{D}$ abgeschlossene Menge, worauf $f(x, y)$ stetig ist. $\mathfrak{E}$ ist dann und nur dann nach rechts zulässig für* (1), *wenn es für jeden Punkt (x_0, y_0) von $\mathfrak{E}$ und eine beliebige positive Zahl ε einen Punkt (x_1, y_1) von $\mathfrak{E}$ gibt mit der Beschaffenheit: $x_0 < x_1 < x_0 + \varepsilon$ und*

$$\left| \frac{y_1 - y_0}{x_1 - x_0} - f(x_0, y_0) \right| < \varepsilon.$$

Beweis: Es braucht nur die Hinlänglichkeit der Bedingungen zu beweisen, weil die Notwendigkeit klar ist. Für einen Punkt (x_0, y_0) von $\mathfrak{E}$ gibt es positive Zahlen l und M derart, dass der Bereich $\mathfrak{D}_1$: $x_0 \leqq x \leqq x_0 + l$, $|y - y_0| \leqq (M+1)l$ in $\mathfrak{D}$ liegt, und in $\mathfrak{D}_1$ $|f(x, y)| \leqq M$ ist. $P_0, P_1, P_2, \cdots, P_n = (x_n, y_n)$ sei eine Punktfolge mit den Bedingungen: $x_{\nu-1} < x_\nu < x_{\nu-1} + \varepsilon$, $P_\nu \in \mathfrak{E}$ und

$$(2) \qquad \left| \frac{y_\nu - y_{\nu-1}}{x_\nu - x_{\nu-1}} - f(x_{\nu-1}, y_{\nu-1}) \right| < \varepsilon \quad (\varepsilon < 1).$$

Es sei $\mathfrak{M}$ die Menge aller möglichen solchen Punkte P_n. Die obere Grenze ξ der Werte von x, für die $(x, y) \in \mathfrak{M}$ sind, genügt $\xi > x_0 + l$. Denn, wäre dies nicht der Fall, würde $\mathfrak{M}$ in $\mathfrak{D}_1$ enthalten. Es gibt einen Häufungspunkt (ξ, y^*) von $\mathfrak{M}$ auf $x = \xi$. Da $(\xi, y^*) \in \mathfrak{E}$ ist, so gibt es einen $(\xi_1, y_1^*) \in \mathfrak{E}$ derart, dass $\xi < \xi_1 < \xi + \varepsilon$ und

$$(3) \qquad \left| \frac{y_1^* - y^*}{\xi_1 - \xi} - f(\xi, y^*) \right| < \varepsilon.$$

Es gibt aber eine endliche Folge $P_0, P_1, \cdots, P_n$ mit den Bedingungen $x_{\nu-1} < x_\nu < x_{\nu-1} + \varepsilon$ und (2) aus $\mathfrak{M}$, sodass P_n in die beliebige Nähe von (ξ, y^*) kommt. Also $x_n < \xi_1 < x_n + \varepsilon$ und nach (3)

$$\left| \frac{y_1^* - y_n}{\xi_1 - x_n} - f(x_n, y_n) \right| < \varepsilon.$$

Folglich $P_{n+1} = (\xi_1, y_1^*) \in \mathfrak{M}$ mit $\xi_1 = x_{n+1} > \xi$, gegen der Definition von ξ.

Nun sei $y = Y_N(x)$ die Gleichung des Streckenzuges, der eine Punktfolge $P_0, P_1, \cdots, P_n$ mit den Bedingungen $P_\nu \in \mathfrak{E}$, $x_{\nu-1} < x_\nu < x_{\nu-1} + \varepsilon$ und (2) verbindet, wobei $\varepsilon = \dfrac{1}{N}$ ist. Die Kurven $y = Y_N(x)$ liegen für $x_0 \leqq x \leqq x_0 + l$ immer in $\mathfrak{D}_1$ und genügen der Ungleichung

$$|Y_N(x') - Y_N(x'')| \leqq (M+1)|x' - x''|.$$

Es gibt dann eine Teilfolge $\{N_i\}$ der natürlichen Zahlen, sodass $Y_{N_i}(x)$ für $N_i \to \infty$ in $\langle x_0, x_0 + l \rangle$ gleichmässig gegen eine stetige Kurve

$y=Y(x)$ konvergiert, die in $\mathfrak{E}$ liegt. Man kann nicht schwer beweisen, dass für genügend grosse N_i

$$\left|\frac{Y_{N_i}(x')-Y_{N_i}(x)}{x'-x}-f(x, Y(x))\right|<\varepsilon$$

ist, wenn $|x'-x|<\delta$, $x_0\leqq x\leqq x_0+l$, wobei $\delta>0$ genügend klein ist. Daraus fo'gt für $N_i\to\infty$ und dann für $\delta\to 0$, dass

$$\frac{d}{dx}Y(x)=f(x, Y(x))$$

für $x_0\leqq x<x_0+l$ und $Y(x_0)=y_0$. W.z.b.w.

Satz 2. *Es seien $\mathfrak{D}$ und $\mathfrak{E}$ von denselben Bedeutungen wie in Satz* 1, *Ist $\mathfrak{E}$ nach rechts zulässig für* (1), *so kann jede Integralkurve von* (1), *die in $\mathfrak{E}$ liegt, bis auf den Rand von $\mathfrak{D}$ fortsetzbar.*

Bewis: Dem Leser überlassen.

Als eine Anwendung von Satz 1 und Satz 2 bekommen wir nicht schwer:

Es sei $f(x, y)$ im Bereiche $a\leqq x<b$, $\omega_1(x)\leqq y\leqq\omega_2(x)$ stetig, wobei $\omega_i(x)$ in $a\leqq x<b$ stetig sind und genügen den Relationen

$$\underline{D}_+\omega_1(x)\leqq f(x, \omega_1(x)), \quad \overline{D}_+\omega_2(x)\geqq f(x, \omega_2(x)).$$

Es gibt dann mindestens eine in $a\leqq x<b$ stetige Lösung $y=y(x)$ von $\frac{dy}{dx}=f(x, y)$ mit den Bedingungen $y(a)=y_0$, $(\omega_1(a)\leqq y_0\leqq\omega_2(a))$, und

$$\omega_1(x)\leqq y(x)\leqq\omega_2(x)$$

für $a\leqq x<b$.

§ 3. Operation $\overline{D}^+_{[f]}\varphi$.

Definition 2. Eine auf einer Menge $\mathfrak{D}$ im (x, y)-Raum definierte Funktion $\varphi(x, y)$ heisst *von der Klasse* (L), genauer von der Klasse (L, α), in $\mathfrak{D}$, wenn sie in $\mathfrak{D}$ stetig ist und es eine Konstante α gibt, sodass für beliebige $(x, y_i)\in\mathfrak{D}$ $(i=1, 2)$ mit einem gemeinsamen Wert von x die Ungleichung besteht:

$$|\varphi(x, y_1)-\varphi(x, y_2)|\leqq\alpha|y_1-y_2|.$$

Ist $\varphi(x, y)$ eine reellwertige Funktion der Klasse (L) auf $\mathfrak{D}$, so hat der Grenzwert

$$\overline{\lim_{h\to+0}}\frac{\varphi(x_0+h, y(x_0+h))-\varphi(x_0, y_0)}{h}$$

immer denselben Wert, wenn nur $y(x)$ eine beliebige Funktion derart ist, dass $(x, y(x))\in\mathfrak{D}$ für $x_0<x<x_0+\delta$[5] und

$$\lim_{h\to+0}\frac{y(x_0+h)-y_0}{h}=f(x, y_0)$$

(5) δ bedeutet eine von $y(x)$ abhängige positive Zahl.

ist. *Diesen Grenzwert bezeichnen wir dann mit* $\overline{D}^+_{[f]}\varphi(x_0, y_0)$.
Also

$$\overline{D}^+_{[f]}\varphi(x_0, y_0)=\overline{\lim_{h\to+0}}\frac{\varphi(x_0+h,\ y_0+hf_0)-\varphi(x_0, y_0)}{h},$$

wenn nur $(x_0+h,\ y_0+hf_0)\in\mathfrak{D}$ für genügend kleine $h\geqq 0$, wobei $f_0=f(x_0, y_0)$.

Man kann leicht für die Funktionen der Klasse (L) folgende Relationen beweisen:

$$\overline{D}^+_{[f]}[\varphi_1(x, y)+\varphi_2(x, y)]\leqq\overline{D}^+_{[f]}\varphi_1(x, y)+\overline{D}^+_{[f]}\varphi_2(x, y).$$

$$\overline{D}^+_{[f]}[\varphi_1(x, y)\cdot\varphi_2(x, y)]\leqq\varphi_1(x, y)\cdot\overline{D}^+_{[f]}\varphi_2(x, y)$$
$$+\varphi_2(x, y)\cdot\overline{D}^+_{[f]}\varphi_1(x, y),$$

wenn $\varphi_i(x, y)\geqq 0$ $(i=1, 2)$ sind.

Nicht schwer kann man beweisen folgenden:

Satz 3. *Es sei* $\mathfrak{D}$ *eine Menge, worauf* $f(x, y)$ *stetig ist, und sei* $\varphi(x, y)$ *eine Funktion der Klasse* (L) *auf* $\mathfrak{D}$. $\mathfrak{E}$ *sei die durch* $\varphi(x, y)\leqq 0$ *definierte Teilmenge von* $\mathfrak{D}$. *Besteht für jeden Punkt von* $\mathfrak{E}$, *sodass* $\varphi(x, y)=0$, *die Ungleichung*

$$\overline{D}^+_{[f]}\varphi(x, y)<0,$$

so ist $\mathfrak{E}$ *in* $\mathfrak{D}$ *nach rechts majorant für* (1).

Als einen spezialen Fall erhält mann:

Satz 4. *Es sei* $f(x, y)$ *in* $a\leqq x<b$, $|y|<+\infty$ *stetig und genüge der Ungleichung*

$$S(f(x, y))<\underline{D}_+\omega(x)$$

für $a\leqq x<b$, $S(y)=\omega(x)$, *wobei* $\omega(x)$ *eine in* $\langle a, b)$ *stetige Funktion und* $S(y)$ *eine Funktion der Klasse* (L), *sodass für eine beliebige nach rechts differentiierbare* $y(x)$

$$D_+S(y(x))\leqq S(D_+y(x))$$

ist[6], *z.B.* $S(y)=|y|$, *oder* $S(y)=\mathrm{Max}\ [y_1, \cdots ; y_k]$, *udgl. Dann ist der durch* $S(y)\leqq\omega(x)$ *definierte Bereich* $\mathfrak{E}$ *nach rechts majorant für* (1).

Beweis: Man braucht nur zu setzen

$$\varphi(x, y)=S(y)-\omega(x).$$

§4. Bedingungen der Majoranten Menge mittels Unterintegrals.

Definition 3. Eine reellwertige Funktion $\varphi(x, y)$ auf $\mathfrak{D}$ heisst ein *Unterintegral* von (1), wenn φ zur Klasse (L) gehört und für jede

(6) Vgl. Hukuhara: Sur la Fonction $S(x)$ de M.E. Kamke, Jap. Jour. of Math. 17. (1941), 289.

Lösung $y(x)$ von (1) $\varphi(x, y(x))$ monoton abnimmt im erweiterten Sinne[7].

$\varphi(x, y)$ ist ein Unterintegral von (1) dann und nur dann, wenn φ zur Klasse (L) gehört und genügt der Ungleichung

$$\overline{D}^{+}{}_{[f]}\varphi(x, y) \leqq 0.$$

Hilfssatz 1. Es sei $\varphi(x, y, P)$ eine in einem Bereich $(x, y) \in \mathfrak{D}$, $P \in \mathfrak{M}$ stetige Funktion von (x, y, P), wobei $\mathfrak{M}$ eine in sich kompakte Menge ist[8]. Ist $\varphi(x, y, P)$ ein Unterintegral von (1) in $\mathfrak{D}$ und gehört da zur Klasse $(L, 1)$, so sind $\underset{P\in\mathfrak{M}}{\mathrm{Max}}\ \varphi(x, y, P)$ und $\underset{P\in\mathfrak{M}}{\mathrm{Min}}\ \varphi(x, y, P)$ in $\mathfrak{D}$ Unterintegrale von (1).

Beweis: Dem Leser überlassen.

Satz 5. *Es sei $\mathfrak{D}$ auf einer offenen Menge $\mathfrak{D}^*$ (im (x, y)-Raum) abgeschlossen und nach beiden Seiten zülassig für* (1), *wobei $f(x, y)$ auf $\mathfrak{D}$ stetig ist.*

Eine in $\mathfrak{D}$ abgeschlossene Menge $\mathfrak{E}$ ist in $\mathfrak{D}$ nach rechts majorant dann und nur dann, wenn es in einer Umgebung des jeden Punktes von $\mathfrak{E}$ ein Unterintegral $\varphi(x, y)$ von (1) *gibt, sodass $\varphi(x, y)=0$ für $(x, y)\in\mathfrak{E}$ und $\varphi(x, y)>0$ für $(x, y)\in\mathfrak{D}-\mathfrak{E}$.*

Beweis: Da die Hinlänglichkeit der Bedingungen leicht zu beweisen ist, so beweisen wir nur die Notwendigkeit dieser Bedingungen.

Es sei (a, b) ein Punkt von $\mathfrak{E}$. Es gibt dann positive Zahlen l und M, sodass der Bereich $|x-a|\leqq l$, $|y-b|\leqq Ml$ ganz in $\mathfrak{D}^*$ liegt und da $|f(x, y)|\leqq M$ ist. $\mathfrak{D}_1$ sei der Durchschnitt von $\mathfrak{D}$ mit diesem Bereich. Für beliebige zwei Punkte $P=(x_P, y_P)$ und $Q=(x_Q, y_Q)$, sodass $x_P\leqq x_Q$, definieren wir die *Okamurasche Funktion* $D(P, Q)$ folgendermassen: Wir teilen das Intervall $\langle x_P, x_Q\rangle$ durch $x_1, x_2, \cdots, x_{n-1}$, sodass $x_{i-1}\leqq x_i$, $x_0=x_P$ und $x_n=x_Q$. $P_i=(x_i, y_i)$ und $Q_i=(x_i, y_i')$ seien Punkte von $\mathfrak{D}_1$ auf derselben Hyperebene $x=x_i$ derart, dass Q_{i-1} und P_i auf einer in $\mathfrak{D}_1$ laufenden Integralkurve liegen, $P_0=P$ und $Q_n=Q$. (Vgl. Fig. 1.) $D(P, Q)$ sei die untere Genze der Werte $\sum_{i=0}^{n}|y_i-y_i'|$ für alle möglichen solchen Punkte P_i und Q_i, wobei n auch beliebig variert.

Wie man nicht schwer beweist, genügt $D(P, Q)$ folgenden Relationen.

i) $D(P, Q)\geqq 0$,

ii) $D(P, R)\leqq D(P, Q)+D(Q, R)$, wenn $x_P\leqq x_Q\leqq x_R$.

iii) $$|D(P, Q)-D(P', Q')|\leqq|y_P-y_{P'}|+|y_Q-y_{Q'}| + M(|x_P-x_{P'}|+|x_Q-x_{Q'}|).$$

iv) Ist $x_P=x_Q$, so ist $D(P, Q)=|y_P-y_Q|$.

(7) D.h., aus $x_1<x_2$ folgt, dass $\varphi(x_1, y(x_1))\geqq\varphi(x_2, y(x_2))$.

(8) D.h., jede unendliche Teilmenge von $\mathfrak{M}$ hat mindestens einen Häufungspunkt in $\mathfrak{M}$.

v) $D(P, Q)=0$ dann und nur dann, wenn P und Q auf einer in $\mathfrak{D}_1$ laufenden Integralkurve liegen.

vi) $D(P, X)$ ist als eine Funktion von $X=(x, y)$ ein Unterintegral von (1) für $x \geqq x_P$.

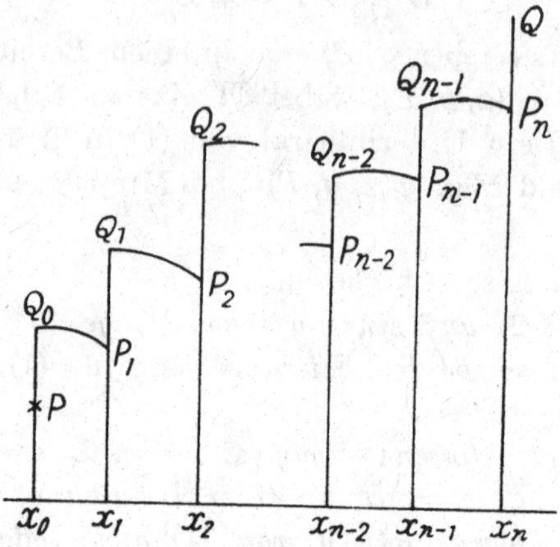

Fig. 1.

Für $x<x_P$ erweitern wir $D(P, X)$ durch

$$D^*(P, X)=\begin{cases} D(P, X) & \text{für } x \geqq x_P, \\ |y-y_P|+M(x_P-x) & \text{für } x<x_P. \end{cases}$$

$D^*(P, X)$ ist dann eine stetige Funktion von (P, X) für $P \in \mathfrak{D}_1$, $X \in \mathfrak{D}_1$, gehört zur Klasse $(L, 1)$ als eine Funkion von X und ist eine Unterintegral von (1).

Nun definieren wir $\varphi(X)$ durch

$$\varphi(X)=\underset{P \in \mathfrak{E}_1}{\text{Min}}\, D^*(P, X),$$

wobei $\mathfrak{E}_1$ der Durchschnitt von $\mathfrak{E}$ mit $\mathfrak{D}_1$ ist. Nach Hilfassatz 1 ist dann $\varphi(X)$ auch ein Unterintegral von (1). Da $\mathfrak{E}$ nach rechts majorant ist, $\varphi(X)=0$ dann und nur dann, wenn $X \in \mathfrak{E}_1$, und $\varphi(X)>0$ für $X \in \mathfrak{D}_1-\mathfrak{E}_1$. W.z.b.w.

Als eine Anwendung bekommen wir:

Satz 6. *Es sei $\mathfrak{E}$ in einem offenen Gebiet $\mathfrak{D}$ abgeschlossen und nach rechts zulässig für* (1). *Es bestehe die Ungleichung*

$$(4) \qquad |f(x, y)-f(x, y^*)| \leqq K|y-y^*|$$

für jeden Punkt (x, y) von $\mathfrak{D}-\mathfrak{E}$ und den Punkt (x, y^*) von $\mathfrak{E}$ mit demselben Wert von x, sodass $|y-y^*|$ minimum ist. Dann ist $\mathfrak{E}$ in $\mathfrak{D}$ nach rechts majorant für (1).

Beweis: Sei (a, b) ein beliebiger Punkt von $\mathfrak{E}$, so gibt es positive Zahlen l und M, sodass der Bereich $\mathfrak{D}_1$: $|x-a| \leqq l$, $|y-b| \leqq Ml$ in $\mathfrak{D}$ liegt und da $|f(x, y)|<M$ ist. Für einen festen $(x, y) \in \mathfrak{D}_1-\mathfrak{E}$ und

einen veränderlichen $(x^*, y^*) \in \mathfrak{E}\cdot\mathfrak{D}_1$ wird $|y-y^*|+M|x-x^*|$ minimum nur für $x \leqq x^*$. Wir definieren also

$$(5) \qquad \psi(x, y) = \operatorname*{Min}_{(x^*, y^*)\in\mathfrak{E}_1} [|y-y^*|+M|x-x^*|],$$

wobei $\mathfrak{E}_1=\mathfrak{E}\cdot\mathfrak{D}_1$. Es ist klar, dass $\psi(x, y)=0$ ist für $(x, y)\in\mathfrak{E}_1$ und $\psi(x, y)>0$ für $(x, y)\in D_1-\mathfrak{E}_1$.

Wird $|y-y^*|+M|x-x^*|$ minimum für $x^*>x$, $(x^*, y^*)\in\mathfrak{E}_1$ bei einem festen (x, y), so gilt für $0<h<x^*-x$,

$$|y+hf(x, y)-y^*|+M|x^*-(x+h)|<|y-y^*|+M|x-x^*|,$$

also $\psi(x+h, y+hf)<\psi(x, y)$, folglich

$$\overline{D}^+{}_{[f]}\psi(x, y)\leqq 0.$$

Wird dagegen $|y-y^*|+M|x^*-x|$ minimum für $x=x^*$, $(x^*, y^*)\in\mathfrak{E}_1$ beim festen (x, y), so gilt für genügend kleine $h>0$

$$|y+hf(x, y)-y^*(x+h)|\leqq|y-y^*|+h[|f(x, y)-f(x, y^*)|+\delta(h)],$$

wobei $y=y^*(x)$ eine durch (x^*, y^*) gehende Integralkurve ist, die für $x^*\leqq x<x^*+\varepsilon$ in $\mathfrak{E}$ liegt, und $\delta(h)$ mit h nach Null strebt. Also

$$\psi(x+h, y+hf)-\psi(x, y)\leqq h[|f(x, y)-f(x, y^*)|+\delta(h)],$$

folglich nach (4) und (5), wobei $x=x^*$ ist,

$$\overline{D}^+{}_{[f]}\psi(x, y)\leqq K\psi(x, y).$$

Nun setzen wir $\varphi(x, y)=\psi(x, y)\,e^{-Kx}$, so ist $\varphi(x, y)$ von der Klasse (L) und genügt in $\mathfrak{D}_1$ den Bedingungen: $\overline{D}^+{}_{[f]}\varphi(x, y)\leqq 0$, $\varphi(x, y)=0$ für $(x, y)\in\mathfrak{E}_1$ und $\varphi(x, y)>0$ für $(x, y)\in\mathfrak{D}_1-\mathfrak{E}_1$. W.z.b.w.

§ 5. Vergleich eines Gleichungssystems mit einer einzigen Gleichung.

Hilfssatz 2. Es sei $F(x, y)$ im Bereich $\mathfrak{D}$: $a\leqq x<b$, $y<\Lambda(x)$ stetig und sei der Bereich $\mathfrak{E}$: $a\leqq x<b$, $y\leqq\omega(x)$ in $\mathfrak{D}$ nach rechts majorant für

$$(6) \qquad \frac{dy}{dx}=F(x, y),$$

wobei $\Lambda(x)$ und $\omega(x)$ in $a\leqq x<b$ stetig sind und $\omega(x)<\Lambda(x)$. Es gibt dann ein Unterintegral $\varphi(x, y)$ von (6) in $\mathfrak{D}_1$: $a\leqq x\leqq b_1<b$, $y\leqq\Lambda_1(x)$, wobei $\Lambda_1(x)$ in $\langle a, b)$ stetig und $\omega(x)<\Lambda_1(x)<\Lambda(x)$, derart, dass $\varphi(x, y)>0$ ist für $y>\omega(x)$, $\varphi(x, y)=0$ für $y\leqq\omega(x)$ und *$\varphi(x, y)$ mit y monoton wächst im erweiterten Sinne.*

Beweis: Es gibt eine Konstante $M>0$, sodass in $\mathfrak{D}_1$ $|F(x, y)|<M$ ist.

Es sei $D(P, X)$ die Okamurasche Funktion von (6) in $\mathfrak{D}_1$, wobei

$P=(\xi, \eta)$, $X=(x, y)$ und $\xi \leqq x$. Sind $\eta \leqq \omega(\xi)$, und $y \geqq \omega(x)$, so wächst $D(P, X)$ mit y monoton im erweiterten Sinne.

Denn es seien $X=(x, y)$ und $\tilde{X}=(x, \tilde{y})$ Punkte mit demselben Wert von x, sodass $x>\xi$ und $\tilde{y}>y \geqq \omega(x)$. Für eine beliebige $\varepsilon>0$ gibt es Punktfolge $\{P_i\}$ und $\{Q_i\}$ wie im Beweis von Satz 5, sodass $P_0=P$, $Q_n=\tilde{X}$ und

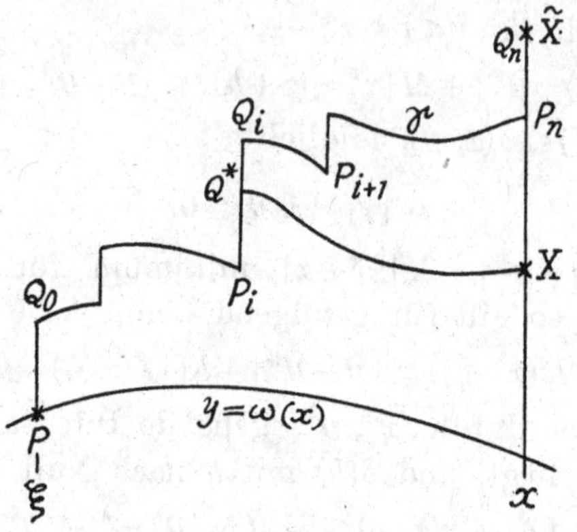

Fig. 2.

$$\sum_{i=0}^{n} \overline{P_i Q_i} < D(P, \tilde{X}) + \varepsilon.$$

Es sei $\mathfrak{S}$ die Kurve, die aus Stücken $Q_i P_{i+1}$ der Integralkurven und vertikalen Strecken $P_i Q_i$ bestehen. Eine Integralkurve durch X trifft $\mathfrak{S}$ an einem Punkt Q^*. Q^* ist entweder auf einem Strecke $P_i Q_i$ oder auf einem Stücke $Q_i P_{i+1}$ der Integralkurve. Dann ist

$$D(P, X) \leqq \overline{P_0 Q_0} + \cdots + \overline{P_i Q_i} < D(P, \tilde{X}) + \varepsilon.$$

Folglich $D(P, X) \leqq D(P, \tilde{X})$.

Für $P \in \mathfrak{E}_1$ und $X \in \mathfrak{D}_1 - \mathfrak{E}_1$ setzen wir

$$D^*(P, X) = \begin{cases} D(P, X), & \text{wenn } x \geqq \xi \\ y - \omega(x) + 2M(\xi - x), & \text{wenn } x < \xi. \end{cases}$$

Wir definieren dann $\varphi(X)$ durch

$$\varphi(X) = \begin{cases} \operatorname*{Min}_{P \in \mathfrak{E}_1} D^*(P, X), & \text{wenn } X \in \mathfrak{D}_1 - \mathfrak{E}_1, \\ 0, & \text{wenn } X \in \mathfrak{E}_1. \end{cases}$$

So besitzt $\varphi(X)$ alle im Satz erwähnten Eigenschaften. W.z.b.w.

Satz 7. *Es sei $F(x, y)$ im Bereich $a \leqq x < b$, $-\infty < y < \infty$ stetig und sei der Bereich $a \leqq x < b$, $y \leqq \omega(x)$ nach rechts majorant für die Gleichung*

$$\frac{dy}{dx} = F(x, y), \tag{6}$$

wobei $\omega(x)$ in $a \leqq x < b$ stetig ist.

Nun sei $f(x, y)$ im Bereich $a \leqq x < b$, $|y| < +\infty$ stetig und $S(x, y)$ sei da von der Klasse (L) mit der Eigenschaft:

(7) $$\overline{D}^{+}{}_{[f]}S(x, y) \leqq F(x, S(x, y)).$$

Dann ist der durch $a \leqq x < b$, $S(x, y) \leqq \omega(x)$ definierte Bereich $\mathfrak{E}$ nach rechts majorant für die Gleichung

(1) $$\frac{dy}{dx} = f(x, y).$$

Beweis: Nach Hilfssatz 2 gibt es eine Funktion $\varphi(x, y)$ von der Klasses (L) im $a \leqq x \leqq b_1 < b$, $|y| \leqq A$, sodass $\varphi(x, y) > 0$ für $y > \omega(x)$ und $\varphi(x, y) = 0$ für $y \leqq \omega(x)$,

(8) $$\overline{D}^{+}_{[F]}\varphi(x, y) \leqq 0,$$

und $\varphi(x, y)$ mit y monoton wächst im erweiterten Sinne. Wir setzen $\Phi(x, y) = \varphi(x, S(x, y))$. $\Phi(z, y)$ gehört dann zur (L). Nach (7) gilt für $h > 0$

$$S(x+h,\ y+hf) \leqq S(x, y) + h\,[F(x, S(x, y)) + \delta(h)],$$

wobei $\delta(h)$ mit h nach Null strebt. Also

$$\Phi(x+h,\ y+hf) - \Phi(x, y) \leqq \varphi(x+h,\ S+hF) - \varphi(x, S),\ + \alpha h\delta(h),$$

folglich nach (8)

$$\overline{D}^{+}{}_{[f]}\Phi(x, y) \leqq 0.$$

$\Phi(x, y)$ ist also ein Unterintegral von (1), $\Phi(x, y) = 0$ für $(x, y) \in \mathfrak{E}$ und $\Phi(x, y) > 0$ für $(x, y) \in \mathfrak{D} - \mathfrak{E}$. $\mathfrak{E}$ ist dann nach rechts majorant. W. z.b.w.

Als ein spezialer Fall von 7 gilt:

Satz 8. *Es seien $F(x, y)$ und $f(x, y)$ Funktionen von denselben Eigenschaften wie in Satz 7, während die Ungleichung (7) durch*

(9) $$S(f(x, y)) \leqq F(x, S(y))$$

ersetzt ist, wobei $S(y)$ zur Klasse (L) gehört und genügt

$$D_{+}S(y(x)) \leqq S(D_{+}y(x))$$

für eine beliebige nach rechts differentiierbare Funktion $y(x)$, z. B. $S(y) = |y|$.

Ist der Bereich $a \leqq x < b$, $y \leqq \omega(x)$ nach rechts majorant für (6), wobei $\omega(x)$ in $a \leqq x < b$ stetig ist, so ist der durch $a \leqq x < b$, $S(y) \leqq \omega(x)$ definierte Bereich nach rechts majorant für (1).

Mathematisches Institut der Kaiserlichen
Universität zu Osaka.

(Eingegangen am 18. Mai 1942.)

Über das Randwertproblem der nicht linearen gewöhnlichen Differentialgleichungen zweiter Ordnung

[Proc. Phys-Math. Soc. Japan, **24** (1942) 845–851]

(Gelesen am 16. Mai 1942.)

Seit 1930 sind verschiedene hinreichende Bedingungen für die Existenz der Lösungen des Randwertproblems von nicht linearer gewöhnlicher Differentialgleichungen zweiter Ordnung von mehren italienischen Mathematikern z.B. von *Scorza Dragoni*, *L. Tonelli* u.s.w. und vom Verfasser gegeben(1). In der vorliegenden Note werden auch hinreichende Bedingungen für dasselbe Problem gegeben, zwar in der Art, dass man die gegebene Differentialgleichung mit andren vernünftigen Gleichungen vergleicht.

§ 1. Definitionen und Hilfssätze.

Es sei $\mathfrak{B}$ ein Bereich in der (x, y)-Ebene und $\mathfrak{B}^*$ der dreidimensionale Bereich $(x, y) \in \mathfrak{B}$, $-\infty < y' < +\infty$. Eine Differentialgleichung 2-ter Ordnung

$$\frac{d^2y}{dx^2} = F\left(x, y, \frac{dy}{dx}\right) \tag{1}$$

heisst auf $\mathfrak{B}$ ***normal mit der Spitze*** $(a, b) \in \mathfrak{B}$, wenn $F(x, y, y')$ in $\mathfrak{B}^*$ stetig ist, es gerade eine Integralkurve durch (a, b) und einen beleibigen Punkt (ξ, η) von $\mathfrak{B}$ $(\xi \neq a)$ gibt, die in $\mathfrak{B}$ läuft und mit (ξ, η) stetig variiert, und es eine in $\mathfrak{B}$ für $x \neq a$ stetige Funktion $P(x, y)$ gibt, sodass jede durch (a, b) gehende Integralkurve $y = y(x)$ von (1) der Gleichung $\frac{dy}{dx} = P(x, y)$ genügt. Nähert der Punkt (ξ, η) $(\xi \neq a)$ in $\mathfrak{B}$ an (a, b), so soll der Bogen der Integralkurve von (1) mit den Endpunkten (a, b) und (ξ, η) zum einzigen Punkt (a, b) zusammenziehen. Die Funktion $P(x, y)$ heisst die *Gefällefunktion* von (1) mit der Spitze (a, b).

Hilfssatz 1. Es sei $\mathfrak{B}$ ein Bereich in der Halbebene $a \leqq x$, auf dem die Gleichung (1) normal mit der Spitze (a, b) ist, und sei $P(x, y)$ die zugehörige Gefällefunktion.

Ist $y = \varphi(x)$ eine in $\mathfrak{B}$ liegende Kurve so, dass $\varphi(x)$ für $a_1 \leqq x \leqq a_2$

(1) G.S. Dragoni, Il Problema dei valori ai limiti studiato in grande per le equazioni differenziali del secondo ordine. Math. Annalen **105** (1931), 133. Elementi uniti di transformazioni funzionali e problemi di valori, ai limiti. Seminario della R. Univ. degli Studi Roma, 1938. L. Tonelli, Sull equazione differenziale $y'' = f(x, y, y')$. Annali R. Scuola Norm. Sup. di Pisa **8** (1938), 75. Nagumo, Über die Differentialgleichung $y'' = f(x, y, y')$. Proc. of the Phys.-Math. Soc. of Japan **19** (1937), 861.

$(a<a_1<a_2)$. 2-mal differenzierbar ist und genügt den Ungleichungen

$$\varphi'(a_1)>P(a_1, \varphi(a_1)) \tag{2}$$

und

$$\varphi''(x)>F(x, \varphi(x), \varphi'(x)) \quad \text{für } a_1\leqq x\leqq a_2, \tag{3}$$

dann gilt für $a_1\leqq x\leqq a_2$ die Ungleichung

$$\varphi'(x)>P(x, \varphi(x)). \tag{4}$$

Beweis: Aus (2) erhält man die Ungleichung (4) für an $x=a$ genügend nahe liegende x. Wäre dies nicht für alle x in $a_1\leqq x\leqq a$ gültig, so gibt es eine Zahl ξ_0, $a_1<\xi_0\leqq a_2$, so dass $\varphi'(\xi_0)=P(\xi_0, \varphi(\xi_0))$ und für $a_1\leqq x<\xi_0$ die Ungleichung (4) besteht. Es sei $y=y(x, \xi)$ die durch (a, b) und $(\xi, \varphi(\xi))$ $(a_1<\xi<\xi_0)$ gehende Integralkurve von (1), so gilt $y(\xi, \xi)=\varphi(\xi)$ und

$$y_x(x, \xi)=P(x, y(x, \xi)). \tag{5}$$

Für $a_1\leqq x<\xi$ erhält man dann nach (4) und (5) $y(x, \xi)>\varphi(x)$. Strebt ξ gegen ξ_0, so ergibt sich, wenn man $y(x, \xi_0)=y_0(x)$ setzt, $y_0(x)\geqq\varphi(x)$ für $a_1\leqq x\leqq \xi_0$ und $y_0(\xi_0)=\varphi(\xi_0)$, $y_0'(\xi_0)=\varphi'(\xi_0)$. Folglich

$$y_0''(\xi_0)\geqq\varphi''(\xi_0). \tag{6}$$

Dagegen ergibt sich aber nach (1) und (3)

$$y_0''(\xi_0)<\varphi''(\xi_0),$$

was mit (6) widerspricht. W.z.b.w.

Hilfssatz 2. Es seien $\mathfrak{B}$ und $P(x, y)$ von denselben Bedeutungen wie in Hilfssatz 1. Es sei $y=\varphi(x)$ eine in $\mathfrak{B}$ liegende Kurve, sodass sie durch (a, b) geht und $\varphi(x)$ in $a\leqq x\leqq a_1$ 2-mal stetig differenzierbar ist und da der Ungleichung (3) genügt. Dann gilt für $a<x\leqq a_1$

$$\varphi'(x)>P(x, \varphi(x)). \tag{4}$$

Beweis: Es gibt für beleibige positive Zahl δ einen Wert $x=\xi$ so, dass $a<\xi<a+\delta$ und

$$\varphi'(\xi)>P(\xi, \varphi(\xi)). \tag{7}$$

Denn wäre dies nicht der Fall, so gäbe es einen Wert $x=a'$, $a<a'<a_1$, sodass $\varphi'(x)\leqq P(x, \varphi(x))$ für $a<x<a'$. $x=\xi$ sei ein Wert in $a<x<a'$ und sei $y=y(x)$ die Integralkurve von (1) durch (a, b) und $(\xi, \varphi(\xi))$. Dann bestehen $y(\xi)=\varphi(\xi)$, $y'(\xi)\geqq\varphi'(\xi)$, und $y''(\xi)<\varphi''(\xi)$ falls $y'(\xi)=\varphi'(\xi)$. Es gibt also ein Intervall $\xi_1<x<\xi$ $(a\leqq\xi_1<\xi)$, worauf $y(x)<\varphi(x)$ und $y(\xi_1)=\varphi(\xi_1)$, $y(\xi)=\varphi(\xi)$. Die Funktion $\varphi(x)-y(x)$ wird an $x=\xi'$, $(\xi_1<\xi'<\xi)$ maximum. Dann $y'(\xi')=\varphi'(\xi')$ und $y''(\xi')\geqq\varphi''(\xi')$. Also $\varphi''(\xi')\leqq F(\xi', y(\xi'), \varphi'(\xi'))$. Lässt man ξ nach a streben, so strebt $(\xi', y(\xi'))$ nach (a, b), $(b=\varphi(a))$, also $\varphi''(a)\leqq F(a, \varphi(a), \varphi'(a))$, was mit (3) widerspricht.

Nach Hilfssatz 1 folgt aus (3) und (7) die Ungleichung (4) für $\xi\leqq x<a_1$. Da ξ an $x=a$ beliebig nahe kommt, so ist der Beweis schon erledigt.

Hilfssatz 3. Ist die Funktion $f(x, y, y')$ im Bereich $a \leqq x \leqq b$, $-\infty < y < +\infty$, $-\infty < y' < +\infty$ stetig und beschränkt, $|f(x, y, y')| \leqq L$, so gibt es mindestens eine Lösung der Differentialgleichung

$$\frac{d^2y}{dx^2} = f\left(x, y, \frac{dy}{dx}\right) \tag{8}$$

mit den Randbedingungen $y(a) = A$, $y(b) = B$.

Bewis: Die Lösung von (8) mit den oben gegebenen Randbedingungen ist nicht anderes als die Lösung der Funktionalgleichungen

$$\tag{9} \begin{cases} y(x) = \int_a^b G(x, \xi) f(\xi, y(\xi), y'(\xi))\, d\xi + \dfrac{B(x-a)+A(b-x)}{b-a}, \\ y'(x) = \int_a^b G_x(x, \xi) f(\xi, y(\xi), y'(\xi))\, d\xi + \dfrac{B-A}{b-a}, \end{cases}$$

$$\text{wobei} \quad G(x, \xi) = \begin{cases} \dfrac{(x-b)(\xi-a)}{b-a} & \text{für } a \leqq \xi \leqq x \leqq b, \\ \dfrac{(x-a)(\xi-b)}{b-a} & \text{für } a \leqq x \leqq \xi \leqq b. \end{cases}$$

Nun sei $Y = (y(x), z(x))$ ein beliebiges Paar der in $a \leqq x \leqq b$ stetigen Funktionen. Wir definieren den Norm von Y dnrch $\|Y\| = \underset{a \leqq x \leqq b}{\mathrm{Max}} \{|y(x)| + |z(x)|\}$. Dann bildet die Gesamtheit dieser Funktionenpaare einen vollständigen normierten linearen Raum E. Die Transformation $\tilde{Y} = \Phi[Y]$, welche durch

$$\begin{cases} \tilde{y}(x) = \int_a^b G(x, \xi) f(\xi, y(\xi), z(\xi))\, d\xi + \dfrac{B(x-a)+A(b-x)}{b-a} \\ \tilde{z}(x) = \int_a^b G_x(x, \xi) f(\xi, y(\xi), z(\xi))\, d\xi + \dfrac{B-A}{b-a} \end{cases}$$

definiert wird, ist eine stetige Abbildung von E in sich. $\mathfrak{K}$ sei die Menge derjenigen Y von E, sodass.

$$|y(x)| \leqq \frac{(b-a)^2}{8} L + \mathrm{Max}\{|A|, |B|\}, \quad |z(x)| \leqq \frac{b-a}{2} L + \frac{|B-A|}{b-a}.$$

So ist $\mathfrak{K}$ beschränkt, konvex und abgeschlossen in E. Die Transformation Φ bildet $\mathfrak{K}$ in eine kompakte Teilmenge von $\mathfrak{K}$ ab. Nach dem bekannten Fixpunktsatz gibt es also ein Y in $\mathfrak{K}$, sodass

$$Y = \Phi[Y].$$

D.h., es gibt eine Lösung von (9), W.z.b.w.

§ 2. Hauptsätze.

Satz. 1. *Es sei $\mathfrak{B}$ ein einfach zusammenhängender Bereich in der Halbebene $x \geqq a$, wozu der Punkt (a, b) gehört. Die Differentialgleichungen*

(1) $$\frac{d^2y}{dx^2}=G\left(x, y, \frac{dy}{dx}\right)$$

und

(2) $$\frac{d^2y}{dx^2}=H\left(x, y, \frac{dy}{dx}\right)$$

seien auf $\mathfrak{B}$ *normal mit der Spitze* (a, b). *Es sei* $f(x, y, y')$ *in* $\mathfrak{B}^*$ (*d.h. im Bereich* $(x, y)\in\mathfrak{B}$ $|y'|<\infty$) *stetig und genüge den Ungleichungen*

(3) $$G(x, y, y')<f(x, y, y')<H(x, y, y')$$

Es gibt dann mindestens eine Integralkurve von

(4) $$\frac{d^2y}{dx^2}=f\left(x, y, \frac{dy}{dx}\right)$$

in $\mathfrak{B}$ *durch* (a, b) *und einen beliebigen Punkt* (a_1, b_1), $a<a_1$ von $\mathfrak{B}$.

Beweis: Es seien $y=\varphi(x)$ und $y=\psi(x)$ die Integralkurven von (1) bezw. (2) durch (a, b) und (a_1, b_1). Die Gefällefunktionen von (1) und (2) mit der Spitze (a, b) seien $P(x, y)$ bezw. $Q(x, y)$. Dann besteht $\varphi'(x)=P(x, \varphi(x))$ und nach Hilfssatz 2 $\psi'(x)>P(x, \psi(x))$. Folglich wegen $\varphi(a_1)=\psi(a_1)$ gilt die Ungleichung $\varphi(x)>\psi(x)$ für $a<x<a_1$. Mit $\mathfrak{B}_1$ bezeichnet man den Bereich $a\leqq x\leqq a_1$, $\varphi(x)\geqq y\geqq\psi(x)$. So sind (1) und (2) auch auf $\mathfrak{B}_1$ normal mit der Spitze (a, b), was man auch nicht schwer beweist. Wie man leicht sieht, sind $P(x, y)$ und $Q(x, y)$ auf $\mathfrak{B}_1$ beschränkt, d.h., auf $\mathfrak{B}_1$

(5) $$|P(x, y)|\leqq L, \quad |Q(x, y)|\leqq L \quad (L=\text{Konst.})$$

Nun definieren wir eine Funktion $f^*(x, y, y')$ folgendermassen: Wenn (x, y) in $\mathfrak{B}_1$ ist,

(6) $$f^*(x, y, y')=\begin{cases} f(x, y, L) & \text{für } y'>L, \\ f(x, y, y') & \text{für } |y'|\leqq L, \\ f(x, y, -L) & \text{für } y'<-L. \end{cases}$$

Und, wenn (x, y) nicht in $\mathfrak{B}_1$ ist,

(7) $$f^*(x, y, y')=\begin{cases} f^*(x, \varphi(x), y') & \text{für } y>\varphi(x), \\ f^*(x, \psi(x), y') & \text{für } y<\psi(x). \end{cases}$$

Die Funktion $f^*(x, y, y')$ ist dann in $a\leqq x\leqq a_1$, $|y|<\infty$, $|y'|<\infty$ stetig und beschränkt. Nach Hilfssatz 3 gibt es dann eine durch (a, b) und (a_1, b_1) gehende Integralkurve $y=Y(x)$ von

(8) $$\frac{d^2y}{dx^2}=f^*\left(x, y, \frac{dy}{dx}\right).$$

Die Kurve $y=Y(x)$ muss in $\mathfrak{B}_1$ liegen. Denn, nach (3), (5) und (6) gilt

(9) $$\varphi''(x)<f^*(x, \varphi(x), \varphi'(x))$$

und $\varphi(a)=Y(a)$, $\varphi(a_1)=Y(a_1)$. Wäre die Ungleichung $Y(x)\leqq\varphi(x)$ nicht für $a\leqq x\leqq a_1$ richtig, so erreicht $Y(x)-\varphi(x)$ den positiven Maximumwert für $x=\xi$, $a<\xi<a_1$. Dann

$$Y(\xi)>\varphi(\xi),\quad Y'(\xi)=\varphi'(\xi),\quad Y''(\xi)\leqq\varphi''(\xi).$$

Also nach (7)

$$\varphi''(\xi)\geqq f^*(\xi,\, Y(\xi),\, Y'(\xi))=f^*(\xi,\, \varphi(\xi),\, \varphi'(\xi)),$$

was mit (9) widerspricht. Daher haben wir $Y(x)\leqq\varphi(x)$. Analogerweise bekommen wir $Y(x)\geqq\psi(x)$.

Jetz definieren wir $G^*(x, y, y')$ in $\mathfrak{B}_1^*$ durch

$$G^*(x, y, y')=\begin{cases} G(x, y, L) & \text{für} \quad y'>L, \\ G(x, y, y') & \text{für} \quad |y'|\leqq L, \\ G(x, y, -L) & \text{für} \quad y'<-L. \end{cases}$$

Nach (5) gilt für jede in $\mathfrak{B}_1$ liegende Integralkurve von (1) durch (a, b) die Ungleichung $|y'(x)|\leqq L$. Die Gleichung

$$\frac{d^2y}{dx^2}=G^*\left(x,\, y,\, \frac{dy}{dx}\right)$$

ist also auch auf $\mathfrak{B}_1$ normal mit der Spitze (a, b) und mit der Gefällefunktion $P(x, y)$. Da in $\mathfrak{B}_1$ $f^*(x, y, y')>G^*(x, y, y')$ ist, so besteht

$$Y''(x)>G^*(x,\, Y(x),\, Y'(x)).$$

Folgleich gilt nach Hilfssatz 2 $Y'(x)>P(x,\, Y(x))$. Ähnlicherweise ergibt sich $Y'(x)<Q(x,\, Y(x))$. Also nach (5) $|Y'(x)|<L$. Hiermit gilt nach (6)

$$Y''(x)=f(x,\, Y(x),\, Y'(x)),$$

und $Y(a)=b$, $Y(a_1)=b_1$. W.z.b.w.

Satz. 2. *Es sei $\mathfrak{B}$ ein im Band $a\leqq x\leqq a_1$ liegender einfach zusammenhängender Bereich, wozu die Punkte (a, b) und (a_1, b_1) gehören. Die Differentialgleichung*

$$\text{(10)} \qquad \frac{d^2y}{dx^2}=G\left(x,\, y,\, \frac{dy}{dx}\right)$$

sei auf $\mathfrak{B}$ normal mit jedem der beiden Punkten (a, b) und (a_1, b_1) als Spitze. Es sei $f(x, y, y')$ in $\mathfrak{B}^*$ stetig und genüge den Ungleiehungen

$$\text{(11)} \qquad f(x, y, y')>G(x, y, y'),$$

und

$$\text{(12)} \qquad \psi''(x)\geqq f(x,\, \psi(x),\, \psi'(x)),$$

wobei $\psi(x)$ eine in $a\leqq x\leqq a_1$ 2-mal stetig differenzierbare Funktion ist, sodass $\psi(a)=b$, $\psi(a_1)=b_1$ und $y=\psi(x)$ in $\mathfrak{B}$ liegt.

Es gibt dann mindestens eine Integralkurve von

$$\frac{d^2y}{dx^2}=f\left(x,\, y,\, \frac{dy}{dx}\right)$$

in $\mathfrak{B}$ durch $(\alpha, \psi(\alpha))$ und $(\beta, \psi(\beta))$, wobei $a\leqq\alpha<\beta\leqq a_1$.

Bemerkung: Eine gesuchte Lösung existiert zwar in $\alpha \leqq x \leqq \beta$, $\psi(x) \leqq y \leqq \varphi(x)$, wo $y=\varphi(x)$ die Lösung von (10) durch (a, b) und (a_1, b_1) ist.

Beweis: Es sei $y=\varphi(x)$ die Integralkurve von (10) durch (a, b) und (a_1, b_1). Die Gefällefunktionen von (10) mit den Spitzen (a, b) bezw. (a_1, b_1) seien $P(x, y)$ bezw. $Q(x, y)$. Dann besteht wie im Beweis von Satz 1 $\varphi(x) > \psi(x)$ für $a < x < a_1$. $\mathfrak{B}_1$ bedeutet den Bereich $a \leqq x \leqq a_1$, $\psi(x) \leqq y \leqq \varphi(x)$. Und in $\mathfrak{B}_1$ bestehen

$$|P(x, y)| \leqq L, \quad |Q(x, y)| \leqq L.$$

In $\mathfrak{B}_1$ definieren wir $f^*(x, y, y')$ durch (6) wie bei Satz 1. Und, wenn (x, y) nicht in $\mathfrak{B}_1$ ist,

$$f^*(x, y, y') = \begin{cases} f^*(x, \varphi(x), y') & \text{für } y > \varphi(x), \\ f^*(x, \psi(x), y') - \dfrac{\psi(x) - y}{1 + (\psi(x) - y)} & \text{für } y < \psi(x). \end{cases}$$

Weiter läuft der Beweis fast in demselben Weise wie für Satz 1. Die Lösung $y = Y(x)$ von $y'' = f^*(x, y, y')$ durch $(\alpha, \psi(\alpha))$ und $(\beta, \psi(\beta))$ liegt nämlich in $\mathfrak{B}_1$ für $\alpha \leqq x \leqq \beta$. Ist $a = \alpha$, so gilt $Y'(x) > P(x, Y(x))$. Ist $\alpha > a$, so gilt $Y'(\alpha) \geqq \psi'(\alpha) > P(\alpha, \psi(\alpha)) = P(\alpha, Y(\alpha))$. Folglich gilt nach Hilfssatz 1 $Y'(x) > P(x, Y(x))$ für $\alpha \leqq x \leqq \beta$. Ähnlich gilt $Y'(x) < Q(x, Y(x))$ für $\alpha \leqq x \leqq \beta$. Daher $|Y'(x)| \leqq L$. $y = Y(x)$ ist dann eine Lösung von $y'' = f(x, y, y')$. W.z.b.w.

Ähnlicherweise kann man den folgenden Satz beweisen.

Satz 3. *Es sei $\mathfrak{B}$ ein im Band $a \leqq x \leqq a_1$ liegender einfach zusammenhängender Bereich, wozu die Punkte (a, b) und (x_1, b_1) gehören. Es sei $y = \chi(x)$ eine durch (a, b) und (a_1, b_1) gehende in $\mathfrak{B}$ liegende Kurve, sodass $\chi(x)$ 2-mal stetig differenzierbar ist. $\mathfrak{B}_+$ und $\mathfrak{B}_-$ seien diejenigen Teile von $\mathfrak{B}$, sodass $y \geqq \chi(x)$ bezw. $y \leqq \chi(x)$. Die Gleichungen*

$$\frac{d^2y}{dx^2} = G\left(x, y, \frac{dy}{dx}\right) \quad \textit{bzw.} \quad \frac{d^2y}{dx^2} = H\left(x, y, \frac{dy}{dx}\right)$$

seien auf $\mathfrak{B}_+$ bezw. auf $\mathfrak{B}_-$ normal mit jedem der beiden Punkte (a, b) und (a_1, b_1) als Spitze, und genügen den Ungleichungen

$$G(x, \chi(x), \chi'(x)) < \chi''(x) < H(x, \chi(x), \chi'(x)).$$

Es sei $f(x, y, y')$ im $\mathfrak{B}^*$ stetig und genüge den Relationen

$$f(x, y, y') > G(x, y, y') \ \textit{auf}\ \mathfrak{B}_+,$$

und

$$f(x, y, y') < H(x, y, y') \ \textit{auf}\ \mathfrak{B}_-.$$

Dann gibt es mindestens eine Integralkurve von

$$\frac{d^2y}{dx^2} = f\left(x, y, \frac{dy}{dx}\right)$$

durch $(\alpha, \chi(\alpha))$ und $(\beta, \chi(\beta))$, wobei $a \leqq \alpha < \beta \leqq a_1$.

Der Beweis wird dem Leser überlassen.

§ 3. Beispiele.

I. $$\frac{d^2y}{dx^2}=A^2+B^2\left(\frac{dy}{dx}\right)^2$$

Diese Gleichung ist auf $0 \leqq x < \frac{\pi}{AB}$ normal mit der Spitze $(0, \frac{3}{2}\alpha)$, wobei α beliebig ist. Auch ist die Gleichung

$$\frac{d^2y}{dx^2}=-A^2-B^2\left(\frac{dy}{dx}\right)^2$$

normal auf demselben Bereich mit derselben Spitze.

Es gibt also nach Satz 1 mindestens eine Integralkurve von

$$\frac{d^2y}{dx^2}=f\left(x,\, y,\, \frac{dy}{dx}\right)$$

durch $(0, \alpha)$ und (a_1, b_1), wobei $0 < a_1 < \frac{\pi}{AB}$, wenn $|f(x, y, y')| < A^2 + B^2 |y'|^2$ ist.

II. $$\frac{d^2y}{dx^2}=-x\left(\frac{dy}{dx}\right)^3$$

Die allgemeine Lösung lautet: $y = \pm \log(x \pm \sqrt{x^2+a}) + b$. Die Gleichung ist auf dem Bereich $|x| \leqq 1$, $|y| \leqq \log \frac{1}{|x|}$ normal mit jedem der beiden Punkte $(-1, 0)$ und $(1, 0)$ als Spitze.

Nun sei etwa $f(x, y, y') = -xy'^3 + \frac{1+y'^2}{2+x^2y^2}$, so besteht $f(x, y, y') > -xy'^3$, und

$$\psi''(x) \geqq f(x, \psi(x), \psi'(x)), \quad \psi(-1)=\psi(1)=0,$$

wobei $\psi(x) = \frac{x^2-1}{2}$. Nach Satz 2 gibt es also mindestens eine Lösung $y = y(x)$ von

$$y'' = -xy'^3 + \frac{1+y'^2}{2+x^2y^2}$$

durch $(-1, 0)$ und $(1, 0)$ derart, dass

$$0 \geqq y(x) \geqq \frac{x^2-1}{2} \quad \text{für} \quad -1 \leqq x \leqq 1.$$

Mathematisches Institut d.K. Universität Zu Osaka.

(Eingegangen am 14 September 1942.)

Eine Art der Randwertaufgabe von Systemen gewöhnlicher Differentialgleichungen

[Proc. Phys-Math. Soc. Japan, **25** (1943) 221–226]

(Gelesen am 18. Oktober 1942.)

§ 1. Einleitung.

M. Hukuhara hat die Lösungen des Differentialgleichungssystems

$$\text{(O)} \qquad \frac{dy_\mu}{dx}=F_\mu(x, y_1, \cdots, y_m) \quad (\mu=1, \cdots, m)$$

mit den Bedingungen $y_\mu(a_\mu)=b_\mu$ untersucht, wobei a_μ im allgemeinen einander nicht gleich sind[1]. Ein Problem dieser Art möchte ich also ein *Hukuhara's Problem* nennen. Er wendet dies auf die Untersuchungen des Verhaltens der Integrale in der Umgebung des singulären oder unendlich fernen Punktes an.

Es ist auch bemerkenswert, dass das Problem, eine Differentialgleichung n-ter Ordnung

$$\frac{d^n y}{dx^n}=F\left(x, y, \frac{dy}{dx}, \cdots, \frac{d^{n-1}y}{dx^{n-1}}\right)$$

mit den Bedingungen $y(a_\nu)=b_\nu$ $(\nu=1, \cdots, n)$ aufzulösen, auf ein Hukuhara's Problem transformiert wird. Setzt man nämlich

$$\text{(H)} \qquad y^{(\nu)}=\sum_{\mu=1}^{n} \varphi_\mu^{(\nu)}(x)z_\mu \qquad (\nu=0, 1, \cdots, n),$$

wobei $\varphi_\mu(x)$ Lösungen einer homogenen, linearen Differentialgleichung n-ter Ordnung $L[y]=0$, sodass $\varphi_\mu(a_\nu)=\delta_{\mu,\nu}$ sind, so erhält man

$$\frac{dz_\mu}{dx}=\chi(a_\mu, x)\left\{F(x, y, y' \cdots, y^{(n-1)})-\sum_{\nu=1}^{n}\varphi_\nu^{(n)}\cdot z_\nu\right\}$$

mit $z_\mu(a_\mu)=b_\mu$, wobei $y=\chi(x. \xi)$ die Lösung von $L[y]=0$ mit den Bedingungen $y(\xi)=\cdots=y^{(n-2)}(\xi)=0$, $y^{(n-1)}(\xi)=1$ ist, und $y^{(\nu)}$ durch die rechten Seiten von (H) ersetzt werden[2]. Ist insbesondere $L[y]=\dfrac{d^n}{dx^n}y$, so sind $\varphi_\nu(x)$ Polynome $(n-1)$-ten Grades und

$$\frac{dz_\mu}{dx}=\frac{(a_\mu-x)^{n-1}}{(n-1)!}F(x, y, y', \cdots, y^{(n-1)}).$$

Im folgenden geben wir Existenzsätze der Lösungen des Hukuhara's

---

(1) Jour. of the Fac. Sc. Hokkaido Imp. Univ. Ser. I. 2. (1934) S. 13.
(2) Zenkoku Sizyo Sugaku Danwakai 140 (1937) (japanisch).

Problems in der Form, wie einen Existenzsatz von O. Perron, dass die Lösungen durch die Ungleichungen $\underline{\omega}_\mu(x) \leqq y_\mu(x) \leqq \bar{\omega}_\mu(x)$ eingeschlossen werden, wobei $\underline{\omega}_\mu(x)$ und $\bar{\omega}_\mu(x)$ gewissen Differentialungleichungen genügen.

§ 2. Ein vorbereitender Satz.

Satz 1. *Es seien* $F_\mu(x, y_1, \cdots, y_m)$ $(\mu=1, \cdots, m)$ *im Bereiche* $\mathfrak{B}$: $[\alpha \leqq x \leqq \beta, -\infty < y_\nu < +\infty]$ *stetige und beschränkte Funktionen, und seien* $a_1, \cdots, a_m, b_1, \cdots, b_m$ *beliebig vorgegebene Werte, sodass* $\alpha \leqq a_\mu \leqq \beta$. *Es gibt dann mindestens ein in* $\alpha \leqq x \leqq \beta$ *stetiges Lösungssystem von* (O) *mit den Bedingungen* $y_\mu(a_\mu) = b_\mu$.

Beweis: Zunächst setzen wir voraus, dass F_μ in $\mathfrak{B}$ stetige Ableitungen nach $y_1, \cdots, y_m$ besitzen. Man setze

$$\phi_\mu(\eta) = \eta_\mu - y_\mu(a_\mu, \eta) + b_\mu, \tag{1}$$

wobei $y_\mu = y_\mu(x, \eta)$ die Lösungen von (O) mit den Bedingungen $y_\mu(\alpha, \eta) = \eta_\mu$ sind, so sind $\phi_\mu(\eta)$ stetig für $-\infty < \eta_\nu < +\infty$ und genügen

$$|\phi_\mu(\eta)| \leqq M(\beta - \alpha) + B,$$

wobei M eine gemeinsame Schranke von $|F_\mu(x, y)|$ in $\mathfrak{B}$ ist und $|b_\mu| \leqq B$. Es sei $\mathfrak{M}$ die menge der Punkte η, sodass $|\eta_\mu| \leqq M(\beta - \alpha) + B$. $\mathfrak{M}$ ist dann abgeschlossen, beschränkt und konvex. Die Transformation $\eta \to \phi(\eta)$ bildet $\mathfrak{M}$ auf eine Teilmenge von $\mathfrak{M}$ ab Es gibt also nach einem Fixpunktsatz von Brouwer einen Punkt η^* in $\mathfrak{M}$ sodass $\eta^* = \phi(\eta^*)$. Folglich nach (1) $y_\mu(a_\mu, \eta^*) = b_\mu$. $y_\mu(x, \eta^*)$ ist also ein gesuchtes Lösungssystem.

Nun lassen wir die Differenzierbarkeitsannahme von F_μ fort. Wir definieren $F_{\mu,(\delta)}(x, y)$ durch

$$F_{\mu,(\delta)} = \frac{1}{\delta^m} \int_{y_1 - \delta/2}^{y_1 + \delta/2} \cdots \int_{y_m - \delta/2}^{y_m + \delta/2} F_\mu(x, \eta)\, d\eta_1 \cdots d\eta_m.$$

So haben $F_\mu(\delta)$ in $\mathfrak{B}$ stetige Ableitungen nach y und $|F_{\mu(\delta)}| \leqq M$. Für $\delta \to 0$ konvergieren $F_{\mu(\delta)}(x, y)$ gegen $F_\mu(x, y)$ gleichmässig. Es gibt dann in $\alpha \leqq x \leqq \beta$ stetige Lösungen $y_\mu = y_\mu(x; \delta)$ von

$$\frac{dy_\mu}{dx} = F_{\mu,(\delta)}(x, y) \qquad (\mu = 1, \cdots, m)$$

mit den Bedingungen $y_\mu(a_\mu; \delta) = b_\mu$. Da $y_\mu(x; \delta)$ alle gleichmässig beschränkt und gleichartig stetig sind, so gibt es eine nach Null strebende Folge $\{\delta_n\}$, sodass $y_\mu(x; \delta_n)$ in $\langle \alpha, \beta \rangle$ gleichmässig konvergieren. Die Grenzfunktionen $\lim_{n \to \infty} y_\mu(x; \delta_n) = y_\mu(x)$ sind dann Lösungen von (O) mit $y_\mu(a_\mu) = b_\mu$. W.z.b.w.

§ 3. Existenzsatz für reelle abhängige Veränderlichen.

Das Intervall J der unabhängigen Veränderlichen x kann für den Grenzfall unendlich oder nach beliebigen Seiten hin offen sein. Einige von den auf J vorgegebenen Punkte $a_1, \cdots, a_m$ können auch in die Grenzpunkte von J gehen. Es seinen $a_k, a_{k+1}, \cdots, a_l$ $(1 \leqq k \leqq l \leqq m)$ dann die auf J bleibenden Punkte.

Satz 2. *Es seien $F_\mu(x, y_1, \cdots, y_m)$ in Bereich $\mathfrak{B}$: $[x \epsilon J, \underline{\omega}_\nu(x) \leqq y_\nu \leqq \overline{\omega}_\nu(x)]$ stetig, wobei $\underline{\omega}_\nu(x)$ und $\overline{\omega}_\nu(x)$ in J mit rechts-und linksangenommenen Derivierten $D_\pm$ versehen sind. In $\mathfrak{B}$ genügen F_μ den Ungleichungen:*

$$(1) \quad \begin{cases} e_\mu[D_\pm \underline{\omega}_\mu(x) - F_\mu(x, y_1, \cdots, {}_{\mu-1}, \underline{\omega}_\mu(x), y_{\mu+1}, \cdots, {}_m)] \leqq 0, \\ e_\mu[D_\pm \overline{\omega}_\mu(x) - F_\mu(x, y_1, \cdots, {}_{\mu-1}, \overline{\omega}_\mu(x), y_{\mu+1}, \cdots, {}_m)] \geqq 0, \end{cases}$$

wobei

$$e_\mu = \begin{cases} 1 & \text{für} \quad \mu < k, \\ \operatorname{Sgn}(x - a_\mu)^{(1)} & \text{für} \quad k \leqq \mu \leqq l, \\ -1 & \text{für} \quad \mu > l. \end{cases}$$

Es gibt dann mindestens ein auf J stetiges Lösungssystem von (O) mit den Bedingungen $\underline{\omega}_\mu(x) \leqq y_\mu(x) \leqq \overline{\omega}_\mu(x)$ und für $k \leqq \mu \leqq l$, $y_\mu(a_\mu) = b_\mu$ wobei b_μ in abgeschlossenen Intervallen $<\underline{\omega}_\mu(a_\mu), \overline{\omega}_\mu(a_\mu)>$ beliebig vorgegeben sind.

Beweis: Zunächst setzen wir voraus, dass J endlich und abgeschlossen ist und $k=1$, $l=m$. Wir definieren die Funktionen $F^*_\mu(x, y)$ durch $F^*_\mu(x, y) = F_\mu(x, y^*)$, wobei

$$y^*_\nu = \begin{cases} \overline{\omega}_\nu(x) & \text{wenn} \quad y_\nu > \overline{\omega}_\nu(x), \\ y_\nu & \text{wenn} \quad \underline{\omega}_\nu(x) \leqq y_\nu \leqq \overline{\omega}_\nu(x), \\ \underline{\omega}_\nu(x) & \text{wenn} \quad y_\nu < \underline{\omega}_\nu(x). \end{cases}$$

$F^*_\mu(x, y)$ sind dann im ganzen Bereich $x \epsilon J$, $-\infty < y_\nu < +\infty$ stetig und beschränkt und stimmen im $\mathfrak{B}$ mit $F_\mu(x, y)$ überein. Nach Satz 1 gibt es mindestens ein auf J stetiges Lösungssystem $y_\mu = Y_\mu(x)$ von

$$\frac{dy_\mu}{dx} = F^*_\mu(x, y) \quad (\mu = 1, \cdots, m)$$

mit den Bedingungen $y_\mu(a_\mu) = b_\mu$.

Es sei ε eine beliebige positive Zahl, so müssen für $x \epsilon J$ die Ungleichungen

$$(2) \qquad Y_\mu(x) \leqq \overline{\omega}_\mu(x) + \varepsilon |x - a_\mu|$$

bestehen. Denn, sonst gäbe es eine positive Konstante λ und einen Wert ξ im J, sodass

(1) $\operatorname{Sgn}(u) = 1$ wenn $u > 0$, $\operatorname{Sgn}(u) = -1$ wenn $u < 0$ und $\operatorname{Sgn}(0) = 0$.

$$Y_\mu(x) \leqq \bar{\omega}_\mu(x) + \varepsilon|x - a_\mu| + \lambda \quad \text{für} \quad x \varepsilon J,$$

und

$$Y_\mu(\xi) = \bar{\omega}_\mu(\xi) + \varepsilon|\xi - a_\mu| + \lambda.$$

Wie man leicht sieht, muss $\xi \neq a_\mu$. Wir können annehmen, dass $\xi > a_\mu$. So gilt

$$(3) \qquad Y'_\mu(\xi) \geqq D_- \bar{\omega}_\mu(\xi) + \varepsilon.$$

Dagegen erhält man nach (1), weil $Y_\mu(\xi) > \bar{\omega}_\mu(\xi)$ ist,

$$Y'_\mu(\xi) = F_\mu(\xi, Y_1^*(\xi), \cdots, {}_{\mu-1}, \bar{\omega}_\mu(\xi), Y_{\mu+1}^*(\xi), \cdots, {}_m)$$
$$\leqq D_\pm \bar{\omega}_\mu(\xi),$$

was mit (3) widerspricht. Dann müssen (2) bestehen. Also für $\varepsilon \to 0$ ergibt sich $Y_\mu(x) \leqq \bar{\omega}_\mu(x)$. Ähnlicherweise bestehen $Y_\mu(x) \geqq \underline{\omega}_\mu(x)$. $y_\mu = Y_\mu(x)$ ist daher ein gesuchtes Lösungssystem.

Nun gehen wir in den allgemeinen Fall ein. Es seien $<\alpha_n, \beta_n>$ die Punkte $a_k, \cdots, a_l$ enthaltende, endliche, abgeschlossene Teilintervalle von J, sodass $\lim_{n\to\infty} <\alpha_n, \beta_n> = J$. Wir setzen $a_\mu^{(n)} = \alpha_n$ und $b_\mu^{(n)} = \bar{\omega}_\mu(\alpha_n)$ für $\mu < k$, $a_\mu^{(n)} = a_\mu$ und $b_\mu^{(n)} = b_\mu$ für $k \leqq \mu \leqq l$, und $a_\mu^{(n)} = \beta_n$ und $b_\mu^{(n)} = \bar{\omega}_\mu(\beta_n)$ für $\mu > l$. Es gibt dann in $<\alpha_n, \beta_n>$ stetige Lösungen $y_\mu = Y_{\mu,n}(x)$, sodass $Y_{\mu,n}(a_\mu^{(n)}) = b_\mu^{(n)}$ und $\underline{\omega}_\mu(x) \leqq Y_\mu(x) \leqq \bar{\omega}_\mu(x)$. Da alle $Y_{\mu,n}(x)$ in einem beliebigen endlichen und abgeschlossen Teilintervall von J gleichmässig beschränkt und gleichartig stetig sind, so kann man eine Folge der natürlichen Zahlen $\{n_\nu\}$ answählen, sodass $Y_{\mu,n_\nu}(x)$ in J im erweiterten Sinne gleichmässig konvergieren. Die Grenzfunktionen $\lim_{\nu\to\infty} Y_{\mu,n_\nu}(x) = Y_\mu(x)$ sind dann die gesuchte Lösungen. W.z.b.w.

§ 4. Existenzsatz für komplexe abhängige Veränderlichen.

Satz 3. *Es sei J ein Intervall des reellen Veränderlichen x und seien $y_1, \cdots, y_m$ komplexe Veränderlichen. Die Funktionen $F_\mu(x, y)$ seien im Bereich $\mathfrak{B}$: $[x \varepsilon J, \ |y_\nu - \phi_\nu(x)| \leqq \omega_\nu(x)]$ stetig, wobei $\phi_\nu(x)$ in J differenzierbare und $\omega_\nu(x)$ da mit rechts-und linksangenommenen Derivierten $D_\pm \omega_\nu(x)$ versehene Funktionen sind. $F_\mu(x, y)$ genügen für $|y_\mu - \phi_\mu(x)| = \omega_\mu(x)$, $|y_\nu - \phi_\nu(x)| \leqq \omega_\nu(x)$ $(\nu \neq \mu)$ den Ungleichungen:*

$$e_\mu\{D_\pm \omega_\mu(x) - \Re[\mathrm{Sgn}(\bar{y}_\mu - \bar{\phi}_\mu)\{F_\mu(x, y) - \phi'_\mu\}]\} \geqq 0^{(1)},$$

wobei e_μ dieselbe Bedeutung wie in Satz 2 haben.

Es gibt dann mindestens ein auf J stetiges Lösungssystem von (0)

(1) $\Re[\ ]$ bedeutet den reellen Teil der geklammerten Zahl, und $\mathrm{Sgn}(u) = \dfrac{u}{|u|}$ wenn $u \neq 0$, $\mathrm{Sgn}(o) = 0$.

mit den Bedingungen $|y_\mu(x)-\phi_\mu(x)|\leqq\omega_\mu(x)$ *und für* $k\leqq\mu\leqq l$ $y_\mu(a_\mu)=b_\mu$, *wobei* b_μ *beliebige Zahlen, sodass* $|b_\mu-\phi_\mu(a_\mu)|\leqq\omega_\mu(a_\mu)$ *sind.*

Beweis: Zunächst setzen wir voraus, dass J endlich und abgeschlossen ist und $k=1$, $l=m$. Wir definieren $F^*_\mu(x, y)$ durch $F^*(x, y)=F_\mu(x, y^*)$, wobei

$$y^*_\nu=\begin{cases} y_\nu, \text{ wenn } |y_\nu-\phi_\nu(x)|\leqq\omega_\nu(x); \\ \phi_\nu(x)+\mathrm{Sgn}\,(y_\nu-\phi_\nu)\cdot\omega_\nu(x), \text{ wenn } |y_\nu-\phi_\nu|>\omega_\nu(x). \end{cases}$$

$F^*_\mu(x, y)$ sind dann auf $x\epsilon J$, $|y_\nu|<\infty$ stetig und beschränkt. Es gibt also mindestens ein Lösungssystem von $\frac{dy_\mu}{dx}=F^*(x, y)$ mit den Bedingungen $y_\mu(a_\mu)=b_\mu$. Wie man leicht berechnet,

$$\frac{d}{dx}|y_\mu-\phi_\mu|^2=2\Re[(\bar{y}_\mu-\bar{\phi}_\mu)\{F^*_\mu(x, y)-\phi'_\mu\}],$$

also, wenn $y_\mu\neq\phi_\mu$ ist,

$$D_\pm|y_\mu-\phi_\mu|=\Re[\mathrm{Sgn}\,(\bar{y}_\mu-\bar{\phi}_\mu)\{F^*_\mu(x, y)-\phi'_\mu\}].$$

Wie im Beweise von Satz 2 kann man daraus beweisen, dass $|y_\mu(x)-\phi_\mu(x)|\leqq\omega_\mu(x)$ sind. $y_\mu(x)$ sind also die gesuchten Lösungen von (O).

Weiter kann man dies auf den allgemeinen Fall übertragen wie in Satz 2. W.z.b.w.

Beispiel: Als eine Anwendung von Satz 3 betrachten wir die Differentialgleichungen:

$$\frac{dy_\mu}{dx}=\lambda_\mu y_\mu+\varphi_\mu(x, y_1, \cdots, y_m) \quad (\mu=1, \cdots, m),$$

wobei $\varphi_\mu(x, y)$ im $\alpha\leqq x<+\infty$, $|y_\nu|\leqq L$ stetige Funktionen sind derart, dass

$$|\varphi_\mu(x, y)|\leqq\varepsilon\sum_{\nu=1}^{m}|y_\nu|,$$

und λ, $\varepsilon(>0)$ Konstanten sind, sodass

$$\Re(\lambda_\mu)<-(m+1)\varepsilon \quad \text{für } 1\leqq\mu\leqq l,$$

$$\Re(\lambda_\mu)\geqq 0 \quad \text{für } l<\mu\leqq m.$$

Es gibt dann mindestens ein Lösungssystem, sodass $\lim_{x\to+\infty} y_\mu(x)=0$ und $y_1(\alpha)=b_1, \cdots, y_l(\alpha)=b_l$, wobei b im $|b_\mu|\leqq L$ beliebig vorgegebene Werte sind.

Denn, man setze $J=<\alpha+\infty)$, $\omega_\mu(x)=Le^{-(\Lambda-\varepsilon)x}$, $a_1=\cdots=a_l=\alpha$ und $F_\mu(x, y)=\lambda_\mu y_\mu+\varphi_\mu(x, y)$, wobei $\Lambda=\mathrm{Min}_{1\leqq\mu\leqq l}[-\Re(\lambda_\mu)]$. So bestehen für $|y_\mu|=\omega_\mu(x)$, $|y_\nu|\leqq\omega_\nu(x)$ $(\nu\neq\mu)$ die Ungleichungen:

$$D_\pm\omega_\mu(x)-\Re\,[\mathrm{Sgn}\,(\bar{y}_\mu)F_\mu(x,y)]\begin{cases}\geqq 0 & \text{wenn } 1\leqq\mu\leqq l,\\ \leqq 0 & \text{wenn } l<\mu\leqq m.\end{cases}$$

Nach Satz 3 gibt es also mindestens ein Lösungssystem mit den Bedingungen $y_\mu(\alpha)=b_\mu$ für $1\leqq\mu\leqq l$ und $|y_\mu(x)|\leqq Le^{-(A-\varepsilon)x}$ in $<\alpha, \infty)$.

Mathematisches Institut der Kaiserlichen
Universität zu Osaka.

(Eingegangen am November 27, 1942.)

Eine Art der Randwertaufgabe von Systemen gewöhnlicher Differentialgleichungen, II

[Proc. Phys-Math. Soc. Japan, **25** (1943) 384–390]

(Gelesen am 23. Januar 1943.)

In dieser Note werden Erweiterung der Resultaten von der ersten Mitteilung, d. h. Verallgemeinerung der Existenzsätze für *Hukuhara's Problem,* und Eindeutigkeitssätze dafür gegeben.

§ 1. Vorbereitung.

Mit dicken Buchstaben bezeichnen wir Vektoren eines Euklidischen Raumes. $\boldsymbol{y}$ bedeutet also ein System der reellen Zahlen $(y_1, \dots, y_m)$ mit dem Betrag $|\boldsymbol{y}| = \sqrt{\sum_{i=1}^{m} y_i^2}$. Eine reellwertige Funktion $\varphi(x, \boldsymbol{y})$ von $(x, \boldsymbol{y})$, wobei x eine reelle Veränderliche ist, heisst von der Klasse $(\mathfrak{L})$ in einem Bereich $\mathfrak{B}$, wenn $\varphi(x, \boldsymbol{y})$ im $\mathfrak{B}$ eindeutig, stetig und es in einer Umgebung jedes Punktes von $\mathfrak{B}$ eine Konstante L gibt, sodass $|\varphi(x, \breve{\boldsymbol{y}}) - \varphi(x, \boldsymbol{y})| \leqq L|\breve{\boldsymbol{y}} - \boldsymbol{y}|$, wenn $(x, \boldsymbol{y})$ und $(x, \breve{\boldsymbol{y}})$ in dieser Umgebung liegen.

Ist $\varphi(x, \boldsymbol{y})$ eine Funktion von $(\mathfrak{L})$ in $\mathfrak{B}$, so hat

$$(1) \qquad \left\{\overline{D}^{+}\varphi(x, \boldsymbol{y}(x))\right\}_{x=x_0} = \overline{\lim_{x \to x_0+0}} \frac{\varphi(x, \boldsymbol{y}(x)) - \varphi(x_0, \boldsymbol{y}_0)}{x - x_0}$$

immer denselben Wert, wenn $\boldsymbol{y}(x)$ eine beliebige Funktion derart ist, dass $(x, \boldsymbol{y}(x)) \in \mathfrak{B}$ für $x_0 \leqq x < x_0 + \delta$, $\boldsymbol{y}(x_0) = \boldsymbol{y}_0$ und

$$D^{+}\boldsymbol{y}(x_0) = \lim_{x \to x_0+0} \frac{\boldsymbol{y}(x) - \boldsymbol{y}_0}{x - x_0} = \boldsymbol{f}(x_0, \boldsymbol{y}_0).$$

Diesen Grenzwert (1) bezeichnen Wir mit $\overline{D}_f^{+}\varphi(x_0, \boldsymbol{y}_0)$. Ähnlicherweise werden die Grössen $\overline{D}_f^{-}\varphi(x_0, \boldsymbol{y}_0)$, $\underline{D}_f^{+}\varphi(x_0, \boldsymbol{y}_0)$ und $\underline{D}_f^{-}\varphi(x_0, \boldsymbol{y}_0)$ definieren.

Ist $\boldsymbol{y}(x)$ eine Lösung von

$$\frac{d\boldsymbol{y}}{dx} = \boldsymbol{f}(x, \boldsymbol{y}),$$

so gelten

$$\overline{\underline{D}}^{\pm}\varphi(x, \boldsymbol{y}(x)) = \overline{\underline{D}}_f^{\pm}\varphi(x, \boldsymbol{y}).$$

Ist insbesondere $\overline{D}_f^{\pm}\varphi(x, \boldsymbol{y}) = \underline{D}_f^{\pm}\varphi(x, \boldsymbol{y})$, so wird dieser Wert mit $D_f^{\pm}\varphi(x, \boldsymbol{y})$ bezeichnet. Wenn $\varphi(x, \boldsymbol{y})$ total differenzierbar ist, so gilt

$$D_f^{\pm}\varphi(x, \boldsymbol{y}) = \frac{\partial \varphi}{\partial x} + \sum_{\nu=1}^{m} \frac{\partial \varphi}{\partial y_\nu} f_\nu(x, \boldsymbol{y}).$$

Sind $\varphi_1(x, \boldsymbol{y}), \dots, \varphi_n(x, \boldsymbol{y})$ endlich viele Funktionen von $(\mathfrak{L})$ in $\mathfrak{B}$, der in bezug auf $\boldsymbol{y}$ konvex ist, so ist eine Funktion $\psi(x,\boldsymbol{y})$ derart, dass $\psi(x,\boldsymbol{y})$ in $\mathfrak{B}$ stetig ist und $\prod_{\nu=1}^{n}\{\psi(x,\boldsymbol{y})-\psi_\nu(x,\boldsymbol{y})\}=0$, z. B. $\psi(x,\boldsymbol{y})=\operatorname{Max}_\nu[\psi_\nu(x,\boldsymbol{y})]$, auch von $(\mathfrak{L})$ und genügt den Ungleichungen:

$$\operatorname*{Min}_\nu\left[\underline{D}_f^{\pm}\,\varphi_\nu(x,\boldsymbol{y})\right] \leqq \overline{\underline{D}}_f^{\pm}\,\psi(x,\boldsymbol{y}) \leqq \operatorname*{Max}_\nu\left[\overline{D}_f^{\pm}\,\varphi_\nu(x,\boldsymbol{y})\right].$$

Ist $\varphi(x,\boldsymbol{y})$ stetig in einem offenen Gebiet und konvexe Funktion von $\boldsymbol{y}$, so gehört sie zu $(\mathfrak{L})$. Ist insbesondere $S(\boldsymbol{y})$ eine positiv homogene und konvexe Funktion von $\boldsymbol{y}$, z. B.

$$S(\boldsymbol{y})=|\,\boldsymbol{y}\,|,\quad S(\boldsymbol{y})=\sum_{\nu=1}^{m}|\,y_\nu\,|,\quad S(\boldsymbol{y})=\operatorname*{Max}_\nu[\,|\,y_\nu\,|\,]$$

oder dergleichen, und $\omega(x)$ eine stetige Funktion von x, so gilt

$$\overline{\underline{D}}_f^{\pm}\{\omega(x)-S(\boldsymbol{y})\}\geqq\underline{D}^{\pm}\omega(x)-S(\boldsymbol{f}(x,\boldsymbol{y}))\text{ (1)}.$$

§ 2. Existenzsätze.

Es seien $E_i(i=1,2,\ldots,k)$ m_i-dimensionale euklidische Räume und $\boldsymbol{y}_i$ Punkte von E_i, J sei ein Intervall einer reellen Veränderlichen x. Mit JE_i bezeichnen wir den Produktraum $(x\epsilon J,\ \boldsymbol{y}_i\epsilon E_i)$, wobei x und $\boldsymbol{y}_i$ die ganze J bezw. E_i durchlaufen, und mit $JE_1\cdots E_k$ den Produktraum $(x\epsilon J,\ \boldsymbol{y}_1\epsilon E_1,\ldots,\boldsymbol{y}_k\epsilon E_k)$.

Satz 1. *Es seien $\varphi_i(x,\boldsymbol{y}_i)$ $(i=1,\ldots,k)$ auf JE_i stetige und konvexe Funktionen von $\boldsymbol{y}_i$ derart, dass $\varphi_i(x,\boldsymbol{y}_i)>0$ für genügend grosse $|\,\boldsymbol{y}_i\,|$ und es eine auf J setige Funktion $\boldsymbol{g}_i(x)$ gibt, sodass $\varphi_i(x,\boldsymbol{g}(x))<0$ für $x\neq a_i$.*

Es seien $\boldsymbol{f}_i(x,\boldsymbol{y}_1,\ldots,\boldsymbol{y}_k)$ $(i=1,\ldots,k)$ auf dem Teilbereiche $\mathfrak{B}[\varphi_1(x,\boldsymbol{y}_1)\leqq 0,\ldots,\varphi_k(x,\boldsymbol{y}_k)\leqq 0]$ von $JE_1\cdots E_k$ stetige Funktionen derart, dass $\boldsymbol{f}_i\epsilon E_i$ und für den Randpunkt von $\mathfrak{B}$, sodass $\varphi_i(x,\boldsymbol{y}_i)=0$, $\varphi_j(x,\boldsymbol{y}_j)\leqq 0$ $(j\neq i)$, die Ungleichungen bestehen:

$$\text{(1)}\qquad \overline{D}_f^{+}\varphi_i(x,\boldsymbol{y}_i)\leqq 0\quad\text{wenn}\quad x>a_i,$$
$$\underline{D}_f^{-}\varphi_i(x,\boldsymbol{y}_i)\geqq 0\quad\text{wenn}\quad x<a_i.$$

Es gibt dann mindestens ein auf J stetiges Lösungssystem $\boldsymbol{y}_i(x)$ $(i=1,\ldots,k)$ von

$$\text{(0)}\qquad \frac{d\boldsymbol{y}_i}{dx}=\boldsymbol{f}_i(x,\boldsymbol{y}_1,\ldots,\boldsymbol{y}_k)\quad(i=1,\ldots,k)$$

im $\mathfrak{B}$ mit den Bedingungen $\boldsymbol{y}_i(a_i)=\boldsymbol{a}_i$, wenn $a_i\epsilon J$ und $\varphi_i(a_i,\boldsymbol{a}_i)\leqq 0$.

Beweis: Zunächst setzen wir voraus, dass J endlich und abgeschlossen ist, und alle $a_i\epsilon J(i=1,\ldots,k)$. Mit $\mathfrak{B}_i^x$ bezeichnen wir den Teilbereich $\varphi_i(x,\boldsymbol{y}_i)\leqq 0$ von E_i für eine feste x. $\mathfrak{B}_i^x$ ist dann beschränkt, abgeschlossen, konvex und hängt von x stetig ab. Es sei $(x,\boldsymbol{y}_i^*)$ der dem $(x,\boldsymbol{y}_i)$ nächste

(1) Vgl. Hukuhara: Sur la fonction $S(x)$ de M. E. Kamke, Jap. Jour. of Math. **17**. (1941), 289.

Punkt von $\mathfrak{B}_i^x$. Wir definieren $f_i^*(x, y)$ durch

$$f_i^*(x, y_1, \ldots, y_k) = f_i(x, y_1^*, \ldots, y_k^*).$$

$f_i^*(x, y)$ sind dann auf $JE_1 \cdots E_k$ beschränkt und stetig. Es gibt also mindestens ein auf J stetiges Lösungssystem $y_i(x)$ von

$$\frac{d}{dx} y_i = f_i^*(x, y_1, \ldots, y_k) \quad (i = 1, \ldots, k)$$

mit den Bedingungen $y_i(a_i) = a_i \quad (i = 1, \ldots, k)$ (1).

Man setze

$$\psi_i(x, y_i) = \rho(y_i, \mathfrak{B}_i^x) = | y_i - y_i^* |,$$

wobei $\rho(y_i, \mathfrak{B}_i^x)$ die Entfernung von y_i und $\mathfrak{B}_i^x$ bedeutet, so gehören ψ_i zu $(\mathfrak{L})$ auf $JE_1 \cdots E_k$. Wegen der Ungleichung

$$\rho(y_i + hf_i^*, \mathfrak{B}_i^{x+h}) - \rho(y_i, \mathfrak{B}_i^x) \leqq \rho(y_i^* + hf_i^*, \mathfrak{B}_i^{x+h}) - \rho(y_i^*, \mathfrak{B}_i^x)$$

folgen dann

$$\text{(2)} \qquad \overline{D}_{f^*}^+ \psi_i(x, y_i) \leqq \overline{D}_{f^*}^+ \psi_i(x, y_i^*)$$

und

$$\underline{D}_{f^*}^- \psi_i(x, y_i) \geqq \underline{D}_{f^*}^- \psi_i(x, y_i^*).$$

Andererseits bekommen wir, wenn (x, y_i) ausserhalb $\mathfrak{B}_i^x$ liegt,

$$\varphi_i(x, y_i) \geqq \frac{| y_i - y_i^* |}{| y_i - g_i(x) |} \cdot \left| \varphi_i(x, g_i(x)) \right|,$$

also, wenn (x, y_i) in einer kleiner Umgebung eines Randpunktes von $\mathfrak{B}_i^x$ sodass $x \neq a_i$, ist,

$$\psi_i(x, y_i) = | y_i - y_i^* | \leqq \operatorname{Max}[M\varphi_i(x, y_i), 0],$$

wobei M eine positive Konstante ist. Dann nach (1)

$$\overline{D}_{f^*}^+ \psi_i(x, y_i^*) \leqq \operatorname{Max}[M\overline{D}_{f^*}^+ \varphi_i(x, y_i^*), 0] \leqq 0,$$

wenn $x > a_i$, und

$$\underline{D}_{f^*}^- \psi_i(x, y_i^*) \geqq \operatorname{Min}[M\underline{D}_{f^*}^- \varphi_i(x, y_i^*), 0] \geqq 0$$

wenn $x < a_i$. Folglich nach (2) erhält man

$$\text{(3)} \qquad \begin{aligned} &\overline{D}_{f^*}^+ \psi_i(x, y_i) \leqq 0 \quad \text{wenn} \quad x > a_i, \\ &\underline{D}_{f^*}^- \psi_i(x, y_i) \geqq 0 \quad \text{wenn} \quad x < a_i. \end{aligned}$$

Da $\psi_i(x, y_i(x))$ auf J stetig, $\psi_i(a_i, y_i(a_i)) = 0$ und $\overline{D}^\pm \psi(x, y(x)) = \overline{D}_{f^*}^\pm \psi(x, y)$ sind, so folgt aus (3) $\psi_i(x, y_i(x)) \leqq 0$. $y_i(x)$ sind also in $\mathfrak{B}$, d. h., $y_i(x)$ sind Lösungen von (0).

Ist J nicht endlich und abgeschlossen, so können wir den vorliegenden Satz durch Grenzübergang beweisen, indem wir die Normalfamilieneigenschaft der Lösungen benutzen. W. z. b. w.

---

(1) Vgl. 1-te Mitteilung vorliegender Arbeit, Satz 1. Dies Journal.

Satz 2. *Es seien $\omega_i(x)$ auf J stetige Funktionen, die für $x \neq a_i$ positiv sind, und seien $\boldsymbol{f}_i(x, \boldsymbol{y}_1, \ldots, \boldsymbol{y}_k)$ im Teilbereich $\mathfrak{B}[\,|\boldsymbol{y}_j| \leqq \omega_j(x)$ $(j=1, \ldots, k)]$ von $JE_1 \cdots E_k$ stetige Funktionen derart, dass $\boldsymbol{f}_i \varepsilon E_i$ und für den Randpunkt von $\mathfrak{B}$ sodass $|\boldsymbol{y}_i| = \omega_i(x)$, $|\boldsymbol{y}_j| \leqq \omega_j(x)$ $(j \neq i)$ die Ungleichungen gelten:*

$$(\boldsymbol{y}_i, \boldsymbol{f}_i(x, \boldsymbol{y})) \leqq \omega_i(x) \cdot \underline{\underline{D}}^+ \omega_i(x) \quad \text{wenn} \quad x > a_i,$$
$$(\boldsymbol{y}_i, \boldsymbol{f}_i(x, \boldsymbol{y})) \geqq \omega_i(x) \cdot \overline{\overline{D}}^- \omega_i(x) \quad \text{wenn} \quad x < a_i,$$

wobei $(\boldsymbol{y}_i, \boldsymbol{f}_i)$ Skalarprodukt von $\boldsymbol{y}_i$ und $\boldsymbol{f}_i$ im E_i bedeutet(1).

Es gibt dann mindestens ein auf J stetiges Lösungssystem von (0) im $\mathfrak{B}$ mit den Bedingungen $\boldsymbol{y}_i(a_i) = \boldsymbol{a}_i$, wenn $a_i \varepsilon J$ und $|\boldsymbol{a}_i| \leqq \omega_i(a_i)$.

Beweis: Dieser Satz folgt aus Satz 1, indem man setzt $\varphi_i(x, \boldsymbol{y}_i) = |\boldsymbol{y}_i|^2 - \{\omega_i(x)\}^2$ und $\boldsymbol{g}_i(x) = 0$.

Satz 3. *Es seien $S_i(\boldsymbol{y}_i)$ positiv homogene und konvexe Funktionen auf E_i, sodass $S_i(\boldsymbol{y}_i) > 0$ für $\boldsymbol{y}_i \neq 0$, und seien $\omega_i(x)$ auf J stetige Funktionen sodass $\omega_i(x) > 0$ für $x \neq a_i$. Es seien $\boldsymbol{f}_i(x, \boldsymbol{y}_1, \ldots, \boldsymbol{y}_k)$ im Teilbereich $\mathfrak{B}[S_j(\boldsymbol{y}_j) \leqq \omega_j(x)$ $(j=1, \ldots, k)]$ von $JE_1 \cdots E_k$ stetig und genügen für $S_i(\boldsymbol{y}_i) = \omega_i(x)$, $S_j(\boldsymbol{y}_j) \leqq \omega_j(x)$ $(j \neq i)$ den Ungleichungen*

$$S_i(\boldsymbol{f}_i(x, \boldsymbol{y})) \leqq \underline{\underline{D}}^+ \omega_i(x) \quad \text{wenn} \quad x > a_i,$$
$$S_i(\boldsymbol{f}_i(x, \boldsymbol{y})) \geqq \overline{\overline{D}}^- \omega_i(x) \quad \text{wenn} \quad x < a_i.$$

Es gibt dann mindestens ein auf J stetiges Lösungssystem $\boldsymbol{y}_i(x)$ $(i = 1, \ldots, k)$ von (0) im $\mathfrak{B}$ mit den Bedingungen $\boldsymbol{y}_i(a_i) = \boldsymbol{a}_i$, wenn $a_i \varepsilon J$ und $S_i(\boldsymbol{a}_i) \leqq \omega_i(a_i)$.

Beweis: Dies folgt aus Satz 1, indem man setzt

$$\varphi_i(x, \boldsymbol{y}_i) = S(\boldsymbol{y}_i) - \omega_i(x) \quad \text{und} \quad \boldsymbol{g}_i(x) = 0.$$

§ 3. Eindeutigkeitssätze.

Satz 4. *Es seien $\varphi_i(x, \boldsymbol{y}_i, \lambda)$ im JE_i, $0 < \lambda \leqq 1$ stetige Funktionen von der Klasse $(\mathfrak{L})$ derart, dass $\varphi_i(x, 0, \lambda) < 0$ und $\varliminf_{\lambda \to 0} \varphi_i(x, \boldsymbol{y}_i, \lambda) > 0$ für $\boldsymbol{y}_i \neq 0$. Und seien $\boldsymbol{f}_i(x, \boldsymbol{y}_1, \ldots, \boldsymbol{y}_k)$ im Teilbereich $\mathfrak{B}[\varphi_i(x, \boldsymbol{y}_j, 1) \leqq 0$ $(j=1, \ldots, k)]$ von $JE_1 \cdots E_k$, der den Bereich $\varphi_j(x, \boldsymbol{y}_j, \lambda) \leqq 0$ $(0 < \lambda \leqq 1)$ enthält, stetige Funktionen, sodass $\boldsymbol{f}_i \varepsilon E_i$, $\boldsymbol{f}_i(x, 0, \ldots, 0) = 0$ und genügen für $\varphi_i(x, \boldsymbol{y}_i, \lambda) = 0$, $\varphi_j(x, \boldsymbol{y}_j, \lambda) \leqq 0$ $(j \neq i)$ den Relationen:*

$$\text{(4)} \qquad \underline{\underline{D}}_f^- \varphi_i(x, \boldsymbol{y}_i, \lambda) < 0 \quad \text{wenn} \quad x > a_i,$$
$$\overline{\overline{D}}_f^+ \varphi_i(x, \boldsymbol{y}_i, \lambda) > 0 \quad \text{wenn} \quad x < a_i.$$

Dann ist $\boldsymbol{y}_i(x) = 0$ $(i = 1, \ldots, k)$ das einzige auf J stetige Lösungssystem von

---

(1) Sind $\boldsymbol{y}$ und $\boldsymbol{f}$ Vektoren mit komplexwertigen Komponenten $(y_1, \ldots, y_m)$ bezw. $(f_1, \ldots, f_m)$, so hat man zu setzen $(\boldsymbol{y}, \boldsymbol{f}) = R\left(\sum_{\mu=1}^{m} \bar{y}_\mu f_\mu\right)$.

$$(0) \qquad \frac{d\boldsymbol{y}_i}{dx} = \boldsymbol{f}_i(x, \boldsymbol{y}_1, \ldots, \boldsymbol{y}_k) \quad (i = 1, \ldots, k)$$

im $\mathfrak{B}$ mit den Bedingungen $\boldsymbol{y}_i(a_i) = 0$, wenn $a_i \epsilon J$, und $\varphi_i(x, \boldsymbol{y}_i(x), \lambda) < 0$ für an α genügend nah liegende x, wo α ein Endpunkt von J sodass $\alpha \notin J$ ist.

Beweis: Wäre $\boldsymbol{y}_i(x)$ ein nicht identisch verschwindendes Lösungssystem von (0) mit den oben gegebenen Bedingungen, so ist die untere Grenze von λ, sodass $\varphi_i(x, \boldsymbol{y}_i(x), \lambda) \leqq 0$ $(i = 1, \ldots, k)$ für alle $x \epsilon J$, positiv, die mit λ^* bezeichnet wird. Es gibt dann einen Index i und einen Wert $\xi \epsilon J$, sodass $\varphi_i(\xi, \boldsymbol{y}_i(\xi), \lambda^*) = 0$. Klar ist, dass $\xi \neq a_i$. Wir setzen voraus, ohne die Allgemeinheit zu verlieren, dass $\xi > a_i$. Dann bekommen wir

$$0 \leqq \{\underline{D}^- \varphi_i(x, \boldsymbol{y}_i(x), \lambda^*)\}_{x=\xi} = \underline{D}_f^- \varphi_i(\xi, \boldsymbol{y}_i(\xi), \lambda^*),$$

was mit (4) widerspricht. W. z. b. w.

Satz 5. *Es seien $\boldsymbol{f}_i(x, \boldsymbol{y}_1, \ldots, \boldsymbol{y}_k)$ im Teilbereich $\mathfrak{B}$ $[|\boldsymbol{y}_j - \boldsymbol{Y}_j(x)| \leqq \omega_j(x)$ $(j = 1, \ldots, k)]$ von $JE_1 \cdots E_k$ stetige Funktionen, sodass $\boldsymbol{f}_i \epsilon E_i$ und genügen für $0 < |\boldsymbol{y}_i - \boldsymbol{Y}_i(x)| \leqq \omega_i(x)$, $|\boldsymbol{y}_j - \boldsymbol{Y}_j(x)| \leqq \omega_j(x)$ $(j \neq i)$ den Ungleichungen*

$$(\boldsymbol{y}_i - \boldsymbol{Y}_i(x), \boldsymbol{f}_i(x, \boldsymbol{y}) - \boldsymbol{f}_i(x, \boldsymbol{Y}(x))) < |\boldsymbol{y}_i - \boldsymbol{Y}_i(x)| \sum_{j=1}^k \beta_{ij}(x) |\boldsymbol{y}_j - \boldsymbol{Y}_j(x)|$$

wenn $x > a_i$, und

$$(\boldsymbol{y}_i - \boldsymbol{Y}_i(x), \boldsymbol{f}_i(x, \boldsymbol{y}) - \boldsymbol{f}_i(x, \boldsymbol{Y}(x))) > -|\boldsymbol{y}_i - \boldsymbol{Y}_i(x)| \sum_{j=1}^k \beta_{ij}(x) |\boldsymbol{y}_j - \boldsymbol{Y}_j(x)|,$$

wenn $x < a_i$. Dabei sind $\omega_i(x)$ auf J stetige Funktionen, sodass $\omega_i(x) > 0$ und

$$\overline{D}^- \omega_i(x) \geqq \sum_{j=1}^k \beta_{ij}(x) \omega_j(x) \qquad \text{wenn} \quad x > a_i,$$

$$\underline{D}^+ \omega_i(x) \leqq -\sum_{j=1}^k \beta_{ij}(x) \omega_j(x) \qquad \text{wenn} \quad x < a_i,$$

wobei $\beta_{ij}(x) \geqq 0$ wenn $j \neq i$. Und $\boldsymbol{Y}_i(x)$ ist ein auf J stetiges Lösungssystem von (0) mit den Bedingungen $\boldsymbol{y}_i(a_i) = \boldsymbol{a}_i$ wenn $a_i \epsilon J$.

Dann ist $\boldsymbol{Y}_i(x)$ $(i = 1, \ldots, k)$ das einzige auf J stetige Lösungssystem von (0) mit den Bedingungen $\boldsymbol{y}_i(a_i) = \boldsymbol{a}_i$ wenn $a_i \epsilon J$, und $|\boldsymbol{y}_i(x) - \boldsymbol{Y}_i(x)| = o(\check{\omega}_i(x))$ für $x \to \alpha$, wo α ein Endpunkt von J sodass $\alpha \notin J$ ist.

Beweis: Dieser Satz folgt aus Satz 4, indem man setzt, $\check{\boldsymbol{y}}_i = \boldsymbol{y}_i - \boldsymbol{Y}_i(x)$, $\varphi_i(x, \check{\boldsymbol{y}}_i, \lambda) = |\check{\boldsymbol{y}}_i|^2 - \{\lambda \omega_i(x)\}^2$, und die Differentialgleichungen betrachtet:

$$\frac{d\check{\boldsymbol{y}}_i}{dx} = \check{\boldsymbol{f}}_i(x, \check{\boldsymbol{y}}_1, \ldots, \check{\boldsymbol{y}}_k) \quad (i = 1, \ldots, k)$$

wobei $\quad \check{\boldsymbol{f}}_i(x, \check{\boldsymbol{y}}) = \boldsymbol{f}_i(x, \check{\boldsymbol{y}} + \boldsymbol{Y}(x)) - \boldsymbol{Y}_i'(x).$

§ 4. Beispiel.

Es sei ein System der Differentialgleichungen

$$(5)\quad \begin{cases} \dfrac{dy_i}{dx} = \sum_{j=1}^{l} a_{ij}(x)y_j + \varphi_i(x, \boldsymbol{y}, \boldsymbol{z}) & (i = 1, \ldots, l) \\ \dfrac{dz_h}{dx} = \sum_{k=1}^{m} b_{hk}(x)z_k + \psi_h(x, \boldsymbol{y}, \boldsymbol{z}) & (h = 1, \ldots, m) \end{cases}$$

gegeben, wobei $a_{ij}(x)$, $b_{hk}(x)$, $\varphi_i(x, \boldsymbol{y}, \boldsymbol{z})$ und $\psi_h(x, \boldsymbol{y}, \boldsymbol{z})$ im $\alpha \leqq x < +\infty$, $\sum_{i=1}^{l} y_i^2 = |\boldsymbol{y}|^2 \leqq A^2$, $\sum_{h=1}^{m} z_h^2 = |\boldsymbol{z}|^2 \leqq A^2$ stetig sind und genügen den Bedingungen:

$$(6)\quad \begin{cases} \sum_{i,j=1}^{l} a_{ij}(x)y_iy_j \leqq -\dfrac{1+\delta}{x}\sum_{i=1}^{l} y_i^2, \\ \sum_{h,k=1}^{m} b_{hk}(x)z_hz_k \geqq 0, \end{cases}$$

$$(7)\quad \begin{cases} \sqrt{\sum_{i=1}^{l} \varphi_i^2} \leqq K(|\boldsymbol{y}|^2 + |\boldsymbol{z}|^2) + \varepsilon x^{-1}(|\boldsymbol{y}| + |\boldsymbol{z}|), \\ \sqrt{\sum_{h=1}^{m} \psi_h^2} \leqq K'(|\boldsymbol{y}|^2 + |\boldsymbol{z}|^2) + \varepsilon' x^{-1}(|\boldsymbol{y}| + |\boldsymbol{z}|), \end{cases}$$

wobei A, α, K, K', δ, ε, ε' positive Konstanten sind, sodass

$$(8)\qquad \alpha \geqq 1, \quad 2(KA + \varepsilon) \leqq \delta \quad \text{und} \quad 2(K'A + \varepsilon') \leqq 1.$$

Es gibt dann mindestens ein Lösungssystem von (5) mit den Bedingungen $y_i(\alpha) = c_i, \lim_{x\to\infty} y_i(x) = \lim_{x\to\infty} z_h(x) = 0$, wobei $\sum_{i=1}^{l} c_i^2 \leqq A^2$ ist.

Setzt man nämlich $\sum_{j=1}^{l} a_{ij}(x)y_j + \varphi_i(x, \boldsymbol{y}, \boldsymbol{z}) = f_i(x, \boldsymbol{y}, \boldsymbol{z})$, $\sum_{k=1}^{m} b_{hk}(x)z_k + \psi_h(x, \boldsymbol{y}, \boldsymbol{z}) = g_h(x, \boldsymbol{y}, \boldsymbol{z})$, $(f_1, \ldots, f_l) = \boldsymbol{f}$, $(g_1, \ldots, g_m) = \boldsymbol{g}$ und $\omega_1(x) = \omega_2(x) = Ax^{-1}$, so erhält man für $|\boldsymbol{y}| = \omega_1(x)$, $|\boldsymbol{z}| \leqq \omega_2(x)$, $\alpha \leqq x < +\infty$

$$(\boldsymbol{y}, \boldsymbol{f}(x, \boldsymbol{y}, \boldsymbol{z})) \leqq \omega_1(x) \cdot D^{\pm}\omega_1(x),$$

und für $|\boldsymbol{z}| = \omega_2(x)$, $|\boldsymbol{y}| \leqq \omega_1(x)$, $\alpha \leqq x < +\infty$

$$(\boldsymbol{z}, \boldsymbol{g}(x, \boldsymbol{y}, \boldsymbol{z})) \geqq \omega_2(x) \cdot D^{\pm}\omega_2(x).$$

Nach Satz 2 gibt es also ein Lösungssystem von (5), sodass

$$y_i(\alpha) = c_i, \quad |\boldsymbol{y}(x)| \leqq Ax^{-1}, \quad |\boldsymbol{z}(x)| \leqq Ax^{-1}.$$

Es bestehen weiter für $\alpha \leqq x < +\infty$ die Ungleichungen

$$|\boldsymbol{\varphi}(x, \breve{\boldsymbol{y}}, \breve{\boldsymbol{z}}) - \boldsymbol{\varphi}(x, \boldsymbol{y}, \boldsymbol{z})| < \varepsilon'' x^{-1}(|\breve{\boldsymbol{y}} - \boldsymbol{y}| + |\breve{\boldsymbol{z}} - \boldsymbol{z}|) \quad \text{wenn} \quad \breve{\boldsymbol{y}} \neq \boldsymbol{y},$$

und $\quad |\boldsymbol{\psi}(x, \breve{\boldsymbol{y}}, \breve{\boldsymbol{z}}) - \boldsymbol{\psi}(x, \boldsymbol{y}, \boldsymbol{z})| < \theta(x)(|\breve{\boldsymbol{y}} - \boldsymbol{y}| + |\breve{\boldsymbol{z}} - \boldsymbol{z}|) \quad$ wenn $\quad \breve{\boldsymbol{z}} \neq \boldsymbol{z}$,

wobei $2\varepsilon'' \leqq \delta$ und $\int_{\alpha}^{\infty} \theta(x)dx < \log 2$. Dann ist das Lösungssystem von (5) durch die Bedingungen

$$y_i(\alpha) = c_i, \quad \lim_{x\to\infty} y_i(x) = \lim_{x\to\infty} z_h(x) = 0$$

eindeutig bestimmt.

Denn es gelten für $\breve{\boldsymbol{y}} \neq \boldsymbol{y}$, $\alpha \leqq x < +\infty$

$$(\breve{\boldsymbol{y}} - \boldsymbol{y}, \boldsymbol{f}(x, \breve{\boldsymbol{y}}, \breve{\boldsymbol{z}}) - \boldsymbol{f}(x, \boldsymbol{y}, \boldsymbol{z})) < |\breve{\boldsymbol{y}} - \boldsymbol{y}|\{(\varepsilon'' - \delta)x^{-1}|\breve{\boldsymbol{y}} - \boldsymbol{y}| + \varepsilon'' x^{-1}|\breve{\boldsymbol{z}} - \boldsymbol{z}|\},$$

und für $\breve{\boldsymbol{z}} \neq \boldsymbol{z}$, $\alpha \leqq x < +\infty$

$$(\breve{\boldsymbol{z}}-\boldsymbol{z}, \boldsymbol{g}(x, \breve{\boldsymbol{y}}, \breve{\boldsymbol{z}})-\boldsymbol{g}(x, \boldsymbol{y}, \boldsymbol{z})) > -\theta(x)|\breve{\boldsymbol{z}}-\boldsymbol{z}|\{|\breve{\boldsymbol{y}}-\boldsymbol{y}| + |\breve{\boldsymbol{z}}-\boldsymbol{z}|\}.$$

und

$$D\omega_1(x) \geqq (\varepsilon'' - \alpha)x^{-1}\omega_1(x) + \varepsilon'' x^{-1}\omega_2(x),$$
$$D\omega_2(x) \leqq -\theta(x)\{\omega_1(x) + \omega_2(x)\},$$

wobei $\omega_1(x) = 1$, $\omega_2(x) = 2\exp\left\{-\int_\alpha^\infty \theta(x)dx\right\} - 1$. Nach Satz 5 gilt also die Eindeutigkeit des Lösungssystems mit den oben gegebenen Bedingungen.

Mathematisches Institut d. K. Universität.
zu Osaka.

(Eingegangen am 22. Februar 1943.)

Eine Art der Randwertaufgabe von Systemen gewöhnlicher Differentialgleichungen, III

[Proc. Phys-Math. Soc. Japan, **25** (1943) 615–616]

Hier werden Existenzsätze der Lösungen des *Hukuhara's Problems* für komplexe Veränderlichen gegeben.[1]

Es sei $\mathfrak{D}$ ein offenes Gebiet eines komplexen Veränderlichen z, und seien E_μ $(\mu = 1, \cdots, m)$ je $2k_\mu$-dimensionale Räume der komplexwertigen Vektoren

$$w_\mu = (w_{\mu,1}, \cdots, w_{\mu,k_\mu})$$

mit den Betrag

$$|w_\mu| = \left(\sum_{\nu=1}^{k_\mu} |w_{\mu,\nu}|^2\right)^{1/2}$$

Für ein beliebiges Paar von Vektoren $w^{(1)}$ und $w^{(2)}$ aus E_μ definieren wir den reellen Wert:

$$\{w^{(1)}, w^{(2)}\} = \Re\left(\sum_{\nu=1}^{k_\mu} w^{(1)}_{\mu,\nu}\bar{w}^{(2)}_{\mu,\nu}\right).$$

Ein von Hukuhara gegebener Existenzsatz wird dann folgendermassen verallgemeinert.[2]

„**Satz 1.** Das Gebiet $\mathfrak{D}$ ist durch eine stückweise glatte geschlossene Kurve Γ umschlossen. Es seien

$$f_\mu(u_\mu; z, w) = \sum_\nu A_{\mu,\nu}(z, w)u_{\mu,\nu} + B_\mu(z, w)$$

lineare Funktionen von $u_\mu \in E_\mu$ sodass $f_\mu \in E_\mu$ und $A_{\mu,\nu}$, B_μ im Bercich $z \in \mathfrak{D}$,

$$|w_\lambda| \leq |\chi_\lambda(z)| \qquad (\lambda = 1, \cdots, m)$$

[1] Vgl. Dies Journal **25.** (1943) S. 221.

[2] Sur les points singuliers des équations differentielles linéaires, II. Jour. Fac. Sc. Hokkaido Imp. Univ. **5.** S. 142–144.

analytisch regulär und auf seiner abgeschlossenen Hülle stetig sind, wobei $\chi_\lambda(z)$ auf $\mathfrak{D}$ reguläre, auf $\mathfrak{D}+\Gamma$ stetige und nicht verschwindende Funktionen sind. Auf Γ seien $2m$ Punkte $a_1, \cdots, a_m, a'_1, \cdots, a'_m$ vorgegeben. Liegt z auf Γ, so bezeichnen wir mit s die Bogenlänge von a_μ bis z längs Γ. Längs Γ bestehen die Ungleichungen:

$$\chi_\mu[s]\cdot \underline{D} + |\chi_\mu[s]| \geq \left\{u_\mu, f_\mu(u; z, w)\frac{dz}{ds}\right\}$$

für $|u_\mu| = |\chi_\mu[s]|$, $|w_\lambda| \leq |\chi_\lambda[s]|$ $(\lambda = 1, \cdots, m)$, wobei $\chi_\mu[s] = \chi_\mu(z(s))$ ist.

Es gibt dann mindestens ein auf $\mathfrak{D}+\Gamma$ stetiges Lösungssystem $w_1(z), \cdots, w_m(z)$ von

$$\frac{dw_\mu}{dz} = f_\mu(w_\mu; z, w) \qquad (\mu = 1, \cdots, m)$$

mit den Bedingungen

$$w_\mu(a_\mu) = b_\mu \qquad (|b_\mu| \leq |\chi_\mu(a_\mu)|),$$

sodass

$$|w_\mu(z)| \leq |\chi_\mu(z)| \qquad \text{auf } \mathfrak{D}+\Gamma \text{ “}.$$

Wir bekommen auch einen anderen Existenzsatz:

„**Satz 2.** Es seien $z = \phi_\mu(\sigma)$ stetige Funktionen von σ auf sternförmige Gebiete S_μ[3], sodass sie S_μ auf $\mathfrak{D}$ lückenlos abbilden und als Funktionen von (s,t) $[\sigma = s + it]$ stetig differenzierbar sind. Und seien $\phi_\mu(0) = a_\mu$, wenn $0 \in S_\mu$.

Es seien $\Omega_\mu(z)$ auf $\mathfrak{D}$ stetige Funktionen, sodass $\Omega_\mu(z) > 0$ für $z \neq a_\mu$, und seien $F_\mu(z, w_1, \cdots, w_m)$ im Bereich $z \in \mathfrak{D}$, $|w_\lambda| \leq \Omega_\lambda(z)$ analytisch regulär und $F_\mu \in E_\mu$. Es bestehen die Ungleichungen:

$$\Omega_\mu[\rho]\cdot \underline{D} + \Omega_\mu[\rho] \geq \left\{w_\mu, F_\mu(z, w)\frac{\partial \phi_\mu}{\partial \rho}\right\}$$

für $|w_\mu| = \Omega_\mu[\rho]$, $|w_\lambda| \leq \Omega_\lambda[\rho]$, wobei $\Omega_\lambda[\rho] = \Omega_\lambda(\phi_\mu(\rho e^{i\theta}))$ sind.

Und wenn $a_\mu \in \mathfrak{D}$, so gibt es eine Folge

$$\{a_n\}[a_n = \phi_\mu(\rho_n e^{i\theta} n)],$$

sodass $\rho_n > 0$, $\lim \rho_n = 0$, $a_n \in \mathfrak{D}$, und die Ungleichung:

$$\left|\int_{\theta_n}^{\theta} F_\mu(z, w)\frac{dz}{d\theta}\, d\theta\right| \leq \Omega(z)$$

[3] D. H., wenn $\sigma \in S_\mu$ und $0 < t \leq 1$, so besteht auch $t_\sigma \in S_\mu$.

längs der Kurve $z = \phi_\mu(\rho_n e^{i\theta})$ besteht, wobei $w_\lambda = w_\lambda(z)$ beliebige stetige Funktionen sind sodass $|w_\lambda(z)| \leq \Omega_\lambda(z)$.

Es gibt dann mindestens ein auf $\mathfrak{D}$ reguläres Lösungssystem $w_1(z), \cdots, w_m(z)$ von

$$\frac{dw_\mu}{dz} = F_\mu(z, w_1, \cdots, w_m) \qquad (\mu = 1, \cdots, m)$$

mit den Bedingungen

$$|w_\mu(z)| \leq \Omega_\mu(z),$$

und

$$w_\mu(a_\mu) = b_\mu \quad (|b_\mu| \leq \Omega_\mu(a_\mu)) \qquad \text{wenn } a_\mu \in \mathfrak{D}. \text{“}$$

Die Beweise werden in Nippon Sugaku-Buturigakkwai Kwaisi gegeben.

Mathematisches Institut d.
Kaiserlichen Universiteit zu Osaka

(Eingegangen am 30. August 1943.)
(Gelesen am 18. Juli, 1943)

On the periodic solution of an ordinary differential equation of second order

[Zenkoku Shijou Suugaku Danwakai (1944) 54–61]

§1. Introduction

We consider ordinary nonlinear differential equation

$$\frac{d^2x}{dt^2} + a(x)\frac{dx}{dx} + \phi(x) = f(t), \tag{0}$$

where $a(x) > 0, \phi(0) = 0$ and $\phi'(x) > 0$. Then, for any certain periodic function $f(t)$ with period ω, the differential equation (0) has an periodic solution under some conditions of $a(x)$ and $\phi(x)$ which will be stated later.

When we assume that $|f(t)|$ is smaller than some constant the differential equation (0) has only one periodic solution and all other solutions converge this periodic solution as $t \to +\infty$. Especially, when we assume $\phi(x) = px$ with some positive constant p or assume $a(x) = \lambda\phi'(x)$ and $\phi'(x) \geq \phi'(0)$ with $\lambda > 1$, the above result holds without any condition on $|f(t)|$.

We do not know, however, that we need the above conditions for the proof of the uniquness of the periodic solution and the convergence of other solutions. The purpose of this paper is to investigate these problems.

§2. Existence of the periodic solutions

Theorem 1. *On an open interval $\ell_1 < x < \ell_2$ (where $\ell_1 < 0 < \ell_2$) we assume that a function $a(x)$ is continuous, a function $\phi(x)$ is continuously differentiable and they satisfy*

$$a(x) \geq a_0 > 0, \quad \phi(0) = 0, \quad \phi'(x) > 0, \tag{1}$$

$$\lim_{x\to\ell_1} \phi(x) = -\infty, \quad \lim_{x\to\ell_2} \phi(x) = +\infty, \tag{2}$$

$$\lim_{x\to\ell_i} \Phi(x) = +\infty, \quad \text{where } \Phi(x) = \int_0^x \phi(x)dx, \tag{3}$$

(4) *$f(t)$ is a periodic function with period ω and satisfies $|f(t)| \leq F$.*

Then, under conditions (1), (2) (3) and (4) the equation (0) has at least one periodic solution with the period ω.
Moreover, if we assume that F is a sufficiently small constant, we can prove that the maximum of $|x(t)|$ of the solution $x(t)$ is estimated for any small constant together with F going to a small constant.

Proof. Set

$$A(x) = \int_0^x a(x)dx. \tag{5}$$

Then, putting $y = x' + A(x)$, the equation (0) is equivalent to the following simultaneous equation

$$\begin{cases} x' = y - A(x), \\ y' = -\phi(x) + f(t). \end{cases} \tag{0_1}$$

Since the right hand sides of this simultaneous equation satisfy the Lipschitz condition, the solutions $x(t, x_0, y_0)$ and $y(t, x_0, y_0)$ are continuous functions of t and their initial data x_0 and y_0 at $t = 0$ (as far as they are in the existence domain).

Now, we set

$$\{y^2 + (y - A(x))^2\}/2 + 2\Phi(x) = P(x, y). \tag{6}$$

Then the domain of $P(x, y) \leq C$ $(C > 0)$ coincides with the domain of

$$\begin{aligned} &A(x)/2 + \sqrt{C - [2\Phi(x) + A(x)^2/4]} \\ &\geq y \geq A(x)/2 - \sqrt{C - [2\Phi(x) + A(x)^2/4]} \end{aligned}$$

and it is a domain enclosed by the simple closed curve $P(x, y) = C$.

Substitute the solutions of (0_1) into $P(x, y)$. Then, for an appropriate constant C we have

$$\frac{d}{dt}P(x, y) < 0 \qquad \text{when } P(x, y) \geq C. \tag{7}$$

For the proof of (7), we derive

$$\begin{aligned} \frac{d}{dt}P(x, y) = &- a(x)\{y - A(x)\}^2 \\ &+ 2\{y - A(x)\}f(t) - A(x)\phi(x) + A(x)f(t). \end{aligned} \tag{8}$$

On the other hand, from $\lim_{x \to \ell_i} A(x)\phi(x) = +\infty$ $(i = 1, 2)$ and (2) we can take constants ℓ_1' and ℓ_2' such that

$$\begin{cases} A(x)\phi(x) > 2F^2/a_0, \quad |\phi(x)| > 2F \\ \quad \text{when } (x - \ell_1')(x - \ell_2') > 0. \end{cases} \tag{9}$$

From (4) and (6) we also have

$$(10)\qquad \begin{cases} |y-A| \geq 4F/a_0, & (y-A)^2 > 2|A|F/a_0 \\ \quad \text{when } \ell_1' \leq x \leq \ell_2' \text{ and } P(x,y) \geq C \end{cases}$$

if we take C sufficiently large. Hence, we get (7) from (10), (4), (8) and (9).

From (7), if we take (x_0, y_0) in $P(x,y) \leq C$, the solutions $x(t), y(t)$ with $x(0) = x_0$ and $y(0) = y_0$ exist in $P(x,y) \leq C$ for any $t \geq 0$. For such solutions $x(t), y(t)$ we set $x_1 = x(\omega)$ and $y_1 = y(\omega)$. Then, by considering the continuous mapping $(x_0, y_0) \to (x_1, y_1)$, the domain $P(x,y) \leq C$ is mapped into itself. Since the domain $P(x,y) \leq C$ is topologically isomorphic to a circular disk, there exists a point such that

$$(11)\qquad (x_1, y_1) = (x_0, y_0)$$

when we use the fixed point theorem. Since the equation (0_1) is invariant with t replaced by $t + \omega$, the solution with the initial condition (x_0, y_0) satisfies $x(t + \omega) = x(t)$ and $y(t + \omega) = y(t)$. Hence, $x(t)$ is a periodic solution of (0).

When we take C arbitrary, there exists δ such that $|y - A| \geq \delta > 0$ always holds in $\ell_1' \leq x \leq \ell_2'$ with $P(x,y) \geq C$ if we choose ℓ_1' and ℓ_2' sufficiently near 0. Since $A(x)\phi(x) > 0$ and $|\phi(x)| > 0$ in $x \neq 0$, (9) and (10) hold if we take F sufficintly small. Hence, when F is small, the constant C, hence the magnitude of $|x(t)|$ is also small. This concludes the proof.

§3. On the problem of asymptoticness

Let $x_0(t)$ be the periodic solution of (0). In this section we consider that other solutions $x(t)$ of (0) satisfy

$$\lim_{t \to +\infty} |x(t) - x_0(t)| = 0.$$

From (7) any solutions $x(t), y(t)$ are contained in $P(x,y) < C$ when t is sufficiently large. Hence, in the following, we may consider that $x(t)$ and $y(t)$ are contained in $P(x,y) < C$ for any t.

Let $\mathcal{L}$ be any smooth curve in the (x,y)-space, and set the length of $\mathcal{L}$ by

$$(12)\qquad \int \sqrt{\delta_x^2 - 2b\delta_x\delta_y + 2c\delta_y^2} = S[\mathcal{L}],$$

where δ_x and δ_y are differentials of the curve concerning an parameter and b and c are constants satisfying

$$(13)\qquad c - b^2 > 0,$$

which is equivalent to the fact that the term in the root of (12) is positive definite. Let $\mathcal{L}_0$ be any smooth curve at $t = t_0$ which is contained in $P(x, y) < C$ and let $\mathcal{L}$ be a curve such that any point of $\mathcal{L}_0$ moves to $\mathcal{L}$ at t along the solution of (0_1). Then the variation of δ_x and δ_y satisfies

$$(14)\qquad \begin{cases} \delta_x' = \delta_y - a(x)\delta_x, \\ \delta_y' = -\phi'(x)\delta_x \end{cases}$$

and hence, we have

$$(15)\qquad \frac{d}{dt}S[\mathcal{L}] = -\int \frac{G(x)\delta_x^2 + H(x)\delta_x\delta_y + b\delta_y^2}{\sqrt{\delta_x^2 - 2b\delta_x\delta_y + c\delta_y^2}}.$$

Here, $G(x)$ and $H(x)$ are defined by

$$(16)\qquad \begin{cases} G(x) = a(x) - b\phi'(x), \\ H(x) = 1 - ba(x) + c\phi'(x). \end{cases}$$

Consequently, when the quadratic form of δ_x and δ_y

$$G(x)\delta_x^2 + H(x)\delta_x\delta_y + b\delta_y^2$$

is positive definite in $P(x, y) \leq C$, that is, when there exist constants b and c such tnat

$$(17)\qquad 4b[a(x) - b\phi'(x)] > [1 + ba(x) - c\phi'(x)]^2$$

we have

$$(18)\qquad \frac{d}{dt}S[\mathcal{L}] \leq -\varepsilon S[\mathcal{L}]$$

for a sufficiently small constant ε. From this, we have

$$(19)\qquad S[\mathcal{L}] \leq S[\mathcal{L}_0]e^{-\varepsilon(t-t_0)}$$

and

$$\lim_{t\to+\infty} S[\mathcal{L}] = 0.$$

Summing up, we get

$$(20)\qquad \begin{cases} \lim_{t\to+\infty} \{x_1(t) - x_2(t)\} = 0, \\ \lim_{t\to+\infty} \{y_1(t) - y_2(t)\} = 0 \end{cases}$$

for any solutions $x_\nu(t), y_\nu(t)$ $(\nu = 1, 2)$ of (0_1) in $P(x, y) \leq C$.

For the general case, setting

$$(21)\qquad b = \frac{a(0)}{2\phi'(0)}, \qquad c = \frac{\phi'(0) + \{a(0)\}^2}{2\{\phi'(0)\}^2}$$

the relation (17) holds at $x = 0$. Hence, if we take $\delta > 0$ suitably small, the relations (17) and (13) hold in $|x| < \delta$. On the other hand, if we take F suitably small, hence, if we take C small, the domain $P(x, y) \leq C$ is contained in $|x| < \delta$. Hence, if F is sufficiently small, the relation (20) holds.

From the above consideration we get

Theorem 2. *Suppose that $a(x), \phi(x)$ and $f(t)$ satisfy the assumptions (1), (2), (3) and (4) in Theorem 1. Then, if F is a suitably small constant, the equation (0) has the only one periodic solution $x = x_0(t)$ with a period ω, and it holds that for any other solution $x(t)$*

$$\lim_{t\to+\infty} |x(t) - x_0(t)| = 0.$$

Especially, if we assume

$$\phi(x) = px \quad (p > 0 \text{ is a constant}) \tag{22}$$

or if we assume

$$a(x) = \lambda\phi'(x), \quad \lambda > 1, \qquad \phi'(x) \geq \phi'(0) \tag{23}$$

then the above conclusion holds without any conditions of the smallness of F.

For the proof of the conclusions under additional conditions, we first consider the case $\phi(x) = px$. Then, setting $C = 1/p$ and taking b sufficiently small, the relations (13) and (17) hold in $P(x, y) \leq C$.
For the case of (23), taking

$$b = \frac{\lambda}{2}, \qquad c = \frac{\lambda^2}{2},$$

the relations (13) and (17) always hold. Hence, when (22) holds, we have always (20). This concludes the proof.

(Translated from Japanese by K.Taniguchi)

Invariance of domain by completely continuous shift in function space

[La Funkcial. Ekvac. 3 (1949) 62–67]

§1

J.Schauder, in his treatise "Über den Zusammenhang zwischen der Eindeutigkeit und Lösbarkeit partieller Differentialgleichungen zweiter Ordnung vom elliptischen Typus"[1], proved the invariance of domain by completely shift in weakly compact Banach space. We can extend the theorem in more general case, namely in the case of linear convex metric space.

A linear metric[2] space is called *convex*,when it fulfils the following condition:If, for any positive number $\alpha, x_1, ..., x_n$ are any finite number of points such that $\|x_\nu\| < \alpha$[3],then,for every set of non-negative numbers λ_ν such that$\sum_{\nu=1}^{n} \lambda_\nu = 1$,the inequality $\|\sum_{\nu=1}^{n} \lambda_\nu x_\nu\| < \alpha$ is fulfiled.

Here we want to prove the theorem:*Let G be a domain (open connected set of points) in a convex linear metric space E and $x' = F(x) = x + f(x)$ a com pletely continuous shift from G into E,that is,$f(x)$ is continuous on G , and the image $f(G)$ of G by f is compact. And if the mapping $x' = F(x)$ corresponds the domain G in a one-to-one manner to the image $F(G)$, then $F(G)$ also is domain in E.*

In the theorem mentioned above we can suppose that F is continuous on $\bar{G}$, the closure of G[4], and the correspondence $\bar{G} \leftrightarrow F(\bar{G})$ is one-to-one, because we can take the place of the domain G by G_0, which is formed by removing from G a sufficiently small neighborhood of the boundary of G. To prove the theorem we make use of the knowledge of mappingdegree of Leray and Schauder[5].

---

[1] Math. Annalen 106(1932), 661-721.

[2] "Espace du type (F)" de Banach. See Banach: Théorie des opérations lineaires, Chap. 3.

[3] By $\|x\|$ we denote the distance between x and the origin 0.

[4] The closure of G means the sum of G and its boundary $\surd G$, that is, $\bar{G} = G + \surd G$.

[5] See "Topologie et équations fonctionelles", Ann. Ecol. Norm. Sup., 51(1934).

$\{p_n\}$ converges to the infinity, ∞ , when $\{p_n\}$ has none of accumulating points in E_m. By $\surd G^*$ we denote the boundary of G if G is bounded (compact) , and the boundary with ∞ if G is not bounded. And by $\bar{G}^*$ we denote the closure of G including the infinity if G is not bounded,that is,$\bar{G}^* = G + \surd G^*$. We say that the mapping F on $\bar{G}^*$ is continuous in ordinary sense if G is bounded. But if G is not bounded, we say that F is continuous on $\bar{G}^*$ and that, when $\{p_n\}$ converges to ∞, $\{F(p_n)\}$ converges to ∞.

Now,by $\mathbf{A}[a,G,F]$ we denote the *mappingdegree of domain G at point a by the mapping F* continuous on $\bar{G}^*$. $\mathbf{A}[a,G,F]$ is a definite integer, if a is not on $F(\surd G)$, the image of $\surd G$ by F, and has the following properties:

1) "If F is the identity mapping, $F(x) = x$, then $\mathbf{A}[a,G,F] = 1$ when $a \in G$, and $\mathbf{A}[a,G,F] = 0$ when $a \notin \bar{G}$."
2) "If $a \notin F(\surd G)$ and $\mathbf{A}[a,G,F] \neq 0$,then there is at least one point $p \in G$ such that $a = F(p)$."
3) "If $F_t(x)$ and a_t are continuous functions of (x,t) on $\bar{G}^* \times < 0,1 >$ and $a_t \notin F_t(\surd G)$ for $t \in < 0,1 >$, then $\mathbf{A}[a_t,G,F_t]$ is a constant for $0 \leq t \leq 1$."
4) "If G is divided into domains $G_1, ..., G_n$ in such a way , that $G \supset G_1 + ... + G_n$, $\bar{G} = \bar{G}_1 + ... + \bar{G}_n$ and $a \notin F(\surd G_\nu)(\nu = 1, ..., n)$,then

$$\mathbf{A}[a,G,F] = \mathbf{A}[a,G_1,F] + ... + \mathbf{A}[a,G_n,F]."$$

Now, let E be a convex linear metric space and G a domain in E. Let $x' = F(x) = x + f(x)$ be a completely continuous mapping of $\bar{G}$ into E such that $a \notin F(\surd G)$. Then there are a finite dimensional linear manifold E_m and a function $f_m(x)$, bounded and continuous on $\bar{G}$, such that $a \in E_m$, $f_m(\bar{G}) \subset E_m$. Then the mapping $x' = F_m(x) = x + f_m(x)$ is continuous on $\bar{G}^*_m$, where $G_m = G \cdot E_m$ in E_m in such a way that $a \notin F_m(\surd G_m)$. We prove by virtue of Leray and Schauder that the mappingdegree $\mathbf{A}[a,G_m,F_m]$ in the space E_m is so determined independently of the choices of E_m and f_m. For that reason we define the mappingdegree in E by means of the equality: $\mathbf{A}[a,G,F] = \mathbf{A}[a,G_m,F_m]$.

The mappingdegree $\mathbf{A}[a,G,F]$ in E defined as above satisfies also the properties 1),2),4) and , instead of 3), the more precise one:

3*) "When $F_t(x) = x + f_t(x)$ and a_t are continuous functions of (x,t) on $\bar{G} \times < 0,1 >$, and, for any points x of $\bar{G}$ and $t \in < 0,1 >$, $f_t(x)$ belongs to a definite compact set of points in E, and, furthermore, $a_t \notin F_t(\surd G)$, then $\mathbf{A}[a_t,G,F_t]$ is a constant for $0 \leq t \leq 1$."

To prove such properties and the theorem in §1, we make use of the following auxiliary theorems[6)].

[6)] See "Mappingdegree and existence theorem" (in Japanese) of the author.

AUXILIARY THEOREM 1. *"$F(\sqrt{G})$, the image of G by completely continuous shift F, is a closed set of points in E."*

AUXILIARY THEOREM 2. *"If A is a compact set of points in E, then the convex hull of A (the smallest closed convex set of points which contains A) also is compact."*

AUXILIARY THEOREM 3. *"If A is compact and convex, then for any positive number ϵ there are a linear manifold E_m of finite dimension and a continuous transformation $x' = T(x)$ from A into $A \cdot E_m$ such that $\|T(x) - x\| < \epsilon$ holds for $x \in A$."*

AUXILIARY THEOREM 4. *"Let G be a domain in an m-dimensional linear metric space E_m and $x' = F(x)$ a continuous mapping of $\bar{G}^*$ into a domain $H^* \subset E_m^*$ [7]. And let H be divided by $F(\sqrt{G})$ into the domains H_ν, that is, $H - F(\sqrt{G}) = \sum_\nu H_\nu$, where H_ν are mutually disjoint domains which are components of $H - F(\sqrt{G})$. If Φ is a continuous mapping of $\bar{H}^*$ into E^* such that $a \notin \Phi(\sqrt{H})$ and $a \notin \Phi(F(\sqrt{G})$, then it follows*

$$\mathbf{A}[a, G, \Phi F] = \sum_\nu \mathbf{A}[a, H_\nu, \Phi] \cdot \mathbf{A}[b_\nu, G, F],$$

where b_ν is any point of H_ν."

§3

Now let us prove the theorem stated in §1[8]. By means of Auxiliary Theorem 2, the convex hull of $f(\bar{G})$ is compact, which we denote by A. And by use of Auxiliary Theorem 3 we may find a linear manifold $E_{(n)}$ of finite dimension and a continuous transformation $T_{(n)}$ such that

$$\|T_{(n)}(x) - x\| < 2^{-n} for\ x \in A\ and\ T_{(n)}(A) \subset A \cdot E_{(n)}. \tag{1}$$

Putting $f_t(x) = 2^n\{(t - 2^{-n})T_{(n-1)}(f(x)) + (2^{1-n} - t)T_{(n)}(f(x))\}$ for $2^{-n} < t \leq 2^{1-n}$, $f_0(x) = f(x)$ and $F_t(x) = x + f_t(x)$, we obtain, from that A is the definite compact set of points($f_t(\bar{G}) \subset A$), the completely continuous shift $x' = F_t(x)$, which is continuous in $(x, t) \in \bar{G} \times < 0, 1 >$. Clearly we have $F_0(x) = F(x)$.

Let a be an arbitrary point of G and let us put $F(a) = b$. Then $b \notin F(\sqrt{G})$, because $a \notin \sqrt{G}$ and $\bar{G}$ corresponds by F in a one-to-one manner to $F(\bar{G})$. We can suppose $b \in E_{(n)}$ also. Putting

$$\text{dist}[b, F(\sqrt{G})] = \Delta(> 0), \tag{2}$$

[7] The sign $*$ denotes "including ∞ " if it (H) is not compact in E_m.

[8] See the end of §1.

we can find a positive number $\delta < \mathrm{dist}[a, \surd G]$ such that

$$(3) \qquad \textit{if} \ \ \|x - a\| < \delta \ \ \textit{then} \ \ \|F(x) - b\| < \frac{\Delta}{3}.$$

Since the completely continuous shift F corresponds the closed domain $\bar{G}$ in a one-to-one manner to $F(\bar{G})$, then it is easily proved that the inverse mapping F^{-1} also is the completely continuous shift of $F(\bar{G})$ to $\bar{G}$. If we put $F^{-1}(x) = x - \Psi(x)$ and $F(\bar{G}) = G'$, then $\Psi(G') = f(\bar{G}) \subset A$. Hence, putting $x - T_{(m)}(\Psi(x)) = x - \varphi(x) = \Phi(x)$ for an m such that $2^{-m} < \delta$, we have by (1)

$$(4) \qquad \|F^{-1}(x) - \Phi(x)\| = \|\Psi(x) - T_{(m)}(\Psi(x))\| < \delta.$$

Since $\varphi(G') \subset E_{(m)}$ and $\varphi(G')$ are bounded in $E_{(m)}$, we can extend the function $\varphi(x)$ (continuous on G' closed) to a continuous function on the whole E in such a way, that $\varphi(E) \subset E_{(m)}$ and $\varphi(E)$ is compact in $E_{(m)}$. And we extend the function $\Phi(x)$ by $\Phi(x) = x - \varphi(x)$ on the whole E.

Furthermore, let us prove that there is a positive number τ such that, for $0 \le t \le \tau$ and $x \in \bar{G}$ satisfying $\|x - a\| \ge \delta$, it follows

$$(5) \qquad a \ne \Phi(F_t(x)).$$

If it were not valid, then there would be $t_n > 0$ and $x_n \in \bar{G}$ such that $\lim t_n = 0$, $\|x_n - a\| \ge \delta$ and $a = \Phi(F_{<n>}(x_n)) \quad (<n> = t_n)$.
Since $x_n = a + \varphi(F_{<n>}(x_n)) - f_{<n>}(x_n)$, $\varphi(F_{<n>}(x_n)) \in \varphi(E)$ and $f_{<n>}(x_n) \in A$, then by the compactness of A and $\varphi(E)$ we can suppose that $\varphi(F_{<n>}(x_n))$ and $-f_{<n>}(x_n)$ converges and hence x_n does. Hence, putting $\lim x_n = p$, we obtain $p \in \bar{G}$, $\|p - a\| \ge \delta$, $p = a + \varphi(F(p)) - f(p)$ or $a = \Phi(F(p))$.
Consequently by (4) $\|p - a\| = \|F^{-1}(F(p)) - \Phi(F(p))\| < \delta$, which is contrary to the assumption.

Since A and $-\varphi(E)$ (bounded in $E_{(m)}$) are compact, then the convex hull K of $A + (-\varphi(E))$ also is compact. Therefore $\Phi(F_t(x)) = x + f_t(x) - \varphi(F_t(x))$ is the completely continuous shift for $0 \le t \le 1$ by virtue of compactness of K, and if $p \in \surd G$, then $\|p - a\| > \delta$ and hence, for $0 \le t \le \tau$, from (5) we have $a \notin \Phi(F_t(\surd G))$. And from 3*) in §2 it follows that $\mathbf{A}[a, G, \Phi F_t]$ is a constant for $0 \le t \le \tau$. But for $t = 0$, because of the relation $\|\Phi(F(x)) - x\| = \|\Phi(F(x)) - F^{-1}(F(x))\| < \delta < \mathrm{dist}[a, \surd G]$ (by (4)), we have from 3*) and 1) in §2, if we put $F_t^*(x) = (1 - t)x + t\Phi(F(\lambda))$, $\mathbf{A}[a, G, \Phi F_t^*] = 1$. Therefore for $0 \le t \le \tau$ we have $\mathbf{A}[a, G, \Phi F_t] = 1$.

Let us make choice of an n such that $2^{-n} < \tau$ and $2^{-n} < \frac{\Delta}{3}$, then we have

$$(6) \qquad \mathbf{A}[a, G, \Phi F_{(n)}] = 1 \quad ((n) = 2^{-n}),$$

and by (1),for $x \in \bar{G}$,

$$(7) \qquad \|F_{(n)}(x) - F(x)\| = \|T_{(n)}(f(x)) - f(x)\| < \frac{\Delta}{3}.$$

Let E_ℓ be a finite dimensional linear manifold, which includes both $E_{(m)}$ and $E_{(n)}$, then for $x \in \bar{G}$ we have $f_{(n)}(x) + \varphi(F_{(n)}(x)) \in E_\ell$, because $f_{(n)}(\bar{G}) \subset E_{(n)}$ and $\varphi(E) \subset E_{(m)}$. Then $\Phi(F_{(n)}(x)) = x + f_{(n)}(x) - \varphi(F_{(n)}(x))$ is the shift of E_ℓ. Hence. putting $G \cdot E_\ell = G_\ell$ and denoting by H_ν the components of $E_\ell - F_{(n)}(\surd G_\ell)$, we have by means of Auxiliary Theorem 4 and (6)

$$(8) \qquad 1 = \sum_{\nu} \mathbf{A}[a, H_\nu, \Phi] \cdot \mathbf{A}[b_\nu, G_\ell, F_{(n)}],$$

as the mappingdegree in E_ℓ , where b_ν is arbitrary point of H_ν. Since dist$[a, \surd G_\ell]$ $> \delta$ and by (5), we have $a \notin \Phi(F_{(n)}(\surd G_\ell))$ and $a \notin \Phi(\surd E_\ell)$.
Therefore there exists a ν, for which we have

$$\mathbf{A}[a, H_\nu, \Phi] \cdot \mathbf{A}[b_\nu, G_\ell, F_{(n)}] \neq 0,$$

Hence by 2) in §2 we find b' and a' such that $a = \Phi(b')$, $b' \in H_\nu$, $b' = F_{(n)}(a')$, $a' \in G_\ell$. Therefore owing to $0 < (n) < \tau$, $a' \in G$ and $a = \Phi(F_{(n)}(a'))$, from which by (5) it follows $\|a' - a\| < \delta$. Hence by (3) and (7)

$$\|b' - b\| = \|F_{(n)}(a') - b\| \leq \|F_{(n)}(a') - F(a')\| + \|F(a') - b\| < \frac{2\Delta}{3}.$$

Then, since $\text{dist}[b, F_{(n)}(\surd G_\ell)] \leq \text{dist}[b, F(\surd G)] - \frac{\Delta}{3} = \frac{2\Delta}{3}$, we have

$$\|b' - b\| < \text{dist}[b, F_{(n)}(\surd G_\ell)].$$

Therefore b' belongs to the same H_ν as b. Let H_1 be the component which includes b, then ν must equal 1. Hence by (8)

$$1 = \mathbf{A}[a, H_1, \Phi] \cdot \mathbf{A}[b, G_\ell, F_{(n)}],$$

from which it follows $\mathbf{A}[b, G, F_{(n)}] = \mathbf{A}[b, G_\ell, F_{(n)}] = \pm 1$.
By using both (7) and (2) it is verified, by the definition of mappingdegree in E,

$$\mathbf{A}[b, G, F] = \pm 1.$$

Therefore, for every point b' such that $\|b' - b\| < \text{dist}[b, F(\surd G)]$, by 3*) in §2, we obtain $\mathbf{A}[b', G, F] = \pm 1$. So, by 2) in §2, we get $b' \in F(G)$, which proves that b is an *interior* point of $F(G)$.
Since $b = F(a)$ is arbitrary point of $F(G)$ and $F(G)$ is connected, so $F(G)$ is the domain in E.

(Translated from Esperanto by A. Koohara.)

Degree of mapping of manifolds based on that of Euclidean open sets

[Osaka Math. J., **2** (1950) 105–118]

In this paper we shall establish a theory of the degree of mapping of manifolds (locally Euclidean spaces) based on the notion of the degree of mapping of Euclidean open sets. In fact, since it is yet an unsolved problem whether a topological manifold is a polyhedron, we can not directly apply the theory of simplicial mappings.

In § 1 we shall state the fundamental properties of the degree of mapping of Euclidean open sets, the definition of manifolds and allied matters. In § 2 α-mappings (mappings with a certain restriction) of open sets of a manifold into another manifold will be treated as a preparation of the following paragraph. In § 3 the definition of the degree of mapping of a general kind will be given. In § 4 will be proved fundamental properties of the degree of mapping defined in § 3.

In this paper we shall use the notation E^m for m-dimensional Euclidean space, K^m (or K) for m-dimensional open disc:

$$K=\{x \mid \sum_{\nu=1}^{m} x_\nu^2<1\}.$$

The closure of a set M will be denoted by $\overline{M}$. $\{\}$ means the empty set. Mapping means always continuous mapping.

§ 1. Preliminary Notions

1. 1. First we shall recall fundamental properties of the degree of mapping of the closure of Euclidean open sets. Let D be a bounded open set in E^m and f be a mapping of $\overline{D}$ into E^m. Let a be a point not on $f(\overline{D}-D)$, then there will be defined an *integer* $\mathrm{A}[a, D, f]$, called *degree of mapping* of D at a by f, with the following properties[1]:

(i) *If f is the identical mapping of $\overline{D}$ and $a \in D$, then*

1) Cf. Nagumo: A theory of degree of mapping based on infinitesimal analysis, which will appear in Amer. Journ. of Math. and will be denoted by [N].

$$\mathrm{A}[a, D, f]=1.$$

(ii) *If* $a \notin f(\overline{D})$, *then* $\mathrm{A}[a, D, f]=0$.

(iii) *If* $\overline{D}=\bigvee_{i=1}^{k} \overline{D}_i$, $D \supset \bigvee_{i=1}^{k} D_i$ *where* D_i *are open sets and* $a \notin f(\overline{D}_i - D_i)$, *then*

$$\mathrm{A}[a, D, f]=\sum_{i=1}^{k} \mathrm{A}[a, D_i, f].$$

(iv) *If* $f_t(x)$ *and* $a(t)\,(\in E^m)$ *are continuous for* $0 \leq t \leq 1, x \in \overline{D}$ *and* $a(t) \notin f_t(\overline{D}-D)$ *for* $0 \leq t \leq 1$, *then* $\mathrm{A}[a(t), D, f_t]$ *is constant for* $0 \leq t \leq 1$.

(v) *If* $f(D) \subset D'$ [2] *where* D' *is also a bounded open set in* E^m *and* f' *is a mapping of* $\overline{D'}$ *into* E^m *such that* $a \notin f'(\overline{D'}-D') \bigvee f'f(\overline{D}-D)$, *then*

$$\mathrm{A}[a, D, f'f]=\sum_i \mathrm{A}[a, H_i, f']\cdot[b_i, D, f],$$

where H_i *are components of* $D'-f(\overline{D}-D)$ *and* ˎ*ach* b_i *is any point in* H_i [3].

Theorem 1. 1. *If* D_1 *is an open set such that* $f^{-1}(a) \subset D_1 \subset D$, *then*

$$\mathrm{A}[a, D_1, f]=\mathrm{A}[a, D, f].$$

Proof. Put $D-\overline{D}_1=D_2$ and apply (ii) and (iii).

A mapping f of $\overline{D}(\subset E^m)$ into E^m is said to be *positive* (*negative*) when $\mathrm{A}[p, D, f]>0$ (<0) hold for any point $p \in f(D)$. From (v) we can obtain: *Let* D *and* D' *be open sets in* E^m. *If* f *is a posotive* 1-1 *mapping of* $\overline{D}$ *onto* $\overline{D'}$ *such that* $D'=f(D)$, *then the inverse mapping* f^{-1} *is also positive* [4].

1. 2. Now let us go to the definition of manifold. An *m-dimensional manifold* is a topological space $\mathfrak{M}$ with a *covering system* $\{U_i\}$ as follows:

(i) $\mathfrak{M}$ *is covered by at most a countable number of open sets* U_i.

(ii) *Each* $\overline{U}_i$ *is homeomorphically mapped onto an m-dimensional closed disc* $\overline{K}$ *so that* U_i *corresponds to* K. The homeomorphic mapping φ_i of $\overline{U}_i$ onto $\overline{K}$ such that $K=\varphi_i U_i$ will be called the *local coordinate* of U_i.

(iii) *The covering is locally finite, i. e. any compact set in* $\mathfrak{M}$ *meets only a finite number of* U_i.

---

2) In [N] it was $f(\overline{D}) \subset D'$, but an easy artifice will aford us this form.

3) Since $f^{-1}(a)$ is compact and $a \in f(H_i)$ only for a finite number of H_i, then there are at most a finite number of i such that $\mathrm{A}[a, H_i, f'] \neq 0$.

4) Cf. Theorem 1. 2.

(iv) *$\mathfrak{M}$ is connected.*

As manifolds are metrisable we assume that $\mathfrak{M}$ is metric. In this paper we shall use the notation $\mathfrak{M}$ for an m-dimensional manifold.

Let $\{\varphi_i\}$ and $\{\varphi_j'\}$ be two systems of local coordinates of the same $\mathfrak{M}$. φ_i and φ_j' are said to have the *same orientation* (*opposite orientations*) if $\varphi_j'\varphi_i^{-1}$ is positive (negative) on $\varphi_i(U_i \frown U_j')$. $\mathfrak{M}$ is called *orientable* if there exists a covering system $\{U_i\}$ with local coordinates $\{\varphi_i\}$ such that φ_i and φ_j have the same orientation if $U_i \frown U_j \quad \{\}$. If $\mathfrak{M}$ is orientable we take $\{\varphi_i\}$ so that all φ_i have the same orientation. We can prefer a covering system $\{U_i\}$ of $\mathfrak{M}$ and local coordinates $\{\varphi_i\}$ such that any pair of local coordinates φ_i, φ_j have the same or opposite orientations if $U_i \frown U_j \neq \{\}$.

1. 3. Concerning the 1-1 mapping of Euclidean open sets we have:

Theorem 1. 2. *Let D be a bounded open set in E^m and f a 1-1 mapping of $\bar{D}$ into E^m, then $f(D)$ is also an open set in E^m, and for any point $b=f(a)$, $a \in D$ we have*

$$\mathrm{A}[b, D, f] = \mathrm{A}[a, f(D), f^{-1}] = \pm 1.$$

Proof. As f is an 1-1 mapping it holds $b \notin f(\bar{D}-D)$. Let G be a bounded open set containing $f(\bar{D}) \smile \bar{D}$. f^{-1} is continuous on $f(\bar{D})$. Let us extend the mapping f^{-1} to the mapping g of $\bar{G}$ into E^m such that

$$g(x)=f^{-1}(x) \text{ for } x \in f(\bar{D}), \qquad g(x)=x \text{ for } x \in \bar{G}-G.$$

Then $$a \notin (\bar{G}-G) \smile (\bar{D}-D) = g(\bar{G}-G) \smile gf(\bar{D}-D).$$

Thus by (v) in 1. 1.

$$\mathrm{A}[a, D, gf] = \textstyle\sum_i \mathrm{A}[a, H_i, g] \cdot \mathrm{A}[b_i, D, f],$$

where H_i are components of $G-f(\bar{D}-D)$ and each b_i is any point of H_i. But since $gf(x)=x$ for $x \in \bar{D}$ and $a \in D$ we get by (i) $\mathrm{A}[a, D, gf] =1$. Therefore there exists an i such that

$$\mathrm{A}[a, H_i, g] \cdot \mathrm{A}[b_i, D, f] \quad 0.$$

Then $H_i \subset f(D)$ by (ii) in 1. 1 as b_i is any point of H_i and $a \in g(H_i)$. Hence $g(x)=f^{-1}(x)$ for $x \in H_i$ and $a \in f^{-1}(H_i)$.

Thus $$b=f(a) \in H_i \text{ (open set) } \subset f(D).$$

As b is any point of $f(D)$, $f(D)$ is an open set.

Since there is only one H_i which contains b,

$$A[a, H_j, g]\cdot A[b_j, D, f]=0 \quad \text{for } j\neq i,$$

Hence $$1=A[a, H_i, f^{-1}]\cdot A[b, D, f].$$

Thus, since degree of mapping must be integer,

$$A[b, D, f]=A[a, H_i, f^{-1}]=\pm 1.$$

As $f(a)\in H_i \subset f(D)$ we get by Theorem 1. 1

$$A[a, H_i, f^{-1}]=A[a, f(D), f^{-1}].$$

Consequently $$A[b, D, f]=A[a, f(D), f^{-1}]=\pm 1.$$

§ 2. α-mappings of Manifords.

2. 1. Throughout this paper we denote by $\mathfrak{M}$ and $\mathfrak{M}'$ m-dimensional manifolds and by $\{U_i\}$ and $\{V_i\}$ covering systems of $\mathfrak{M}$ and $\mathfrak{M}'$ with local coordinates $\{\varphi_i\}$ and $\{\psi_i\}$ respectively. An open set D in $\mathfrak{M}$ is said to be *bounded* if $\overline{D}$ is compact.

f is called an *α-mapping* of D if f is a mapping of $\overline{D}$ such that $f^{-1}(p)\frown D$ is at most a countable set for any $p\in f(D)$.

Theorem 2. 1. *Let f be a mapping of $\overline{D}$ into $\mathfrak{M}'$ where D is a bounded open set in $\mathfrak{M}$. Then for any given $\varepsilon>0$ there exists an α-mapping f^* of D such that*

$$\operatorname{dist}(f^*(x), f(x))<\varepsilon \text{ for } x\in D, \qquad f^*(x)=f(x) \text{ for } x\in \overline{D}-D. \qquad (0)$$

Proof. At first we assume that D is so small that

$$\overline{D}\subset U_k\in\{U_i\}, \qquad f(\overline{D})\subset V_l\in\{V_j\}. \qquad (1)$$

Let φ and ψ be the local coordinates of U_k and V_l respect. Put $\psi f\varphi^{-1}=\hat{f}$, then $\hat{f}$ mapps $\varphi(\overline{D})\,(\subset K\subset E^m)$ into K. The open set $\varphi(D)$ in E^m can be regarded as formed from an Euclidean complex C consisting of a countable m-simplexes σ_n and thier sides such that

$$\lim_{n\to\infty}\operatorname{diam}(\sigma_n)=0, \qquad \operatorname{diam}(\hat{f}(\sigma_n))<\delta/2,$$

where δ is a number such that $\operatorname{diam}(A)<\varepsilon$ holds for any set $A\,(\subset V_l)$ with $\operatorname{diam}(\psi(A))<\delta$. Let a_i be the vertices of the complex C, and a point $a_i'(\in K)$ corresponds to a_i so that

$$\operatorname{dist}(a_i', \hat{f}(a_i))<\delta/2, \qquad \lim_{i\to\infty}\operatorname{dist}(a_i', \hat{f}(a_i))=0,$$

and the points $a'_{i(1)}, \dots, a'_{i(m)}$ which correspond to the vertices of any σ_n span a non-degenerated simplex σ_n' in E^m. Let $\hat{f}^*$ be the mapping of

$\varphi(\overline{D})$ $(\subset K)$ into K such that $\hat{f}^*(a_i)=a_i'$, $\hat{f}^*(\sigma_n)=\sigma_n'$ (affine in each σ_n). Put $f^*=\psi^{-1}\hat{f}^*\varphi$ then f^* is an α-mapping of D into $\mathfrak{M}'$ such that the relations (0) hold.

Now we remove the assumption (1). Let λ be the Lebesgue's number of the covering of $\overline{D}$ by $\{U_i\}$ and λ' be that of $f(\overline{D})$ by $\{V_i\}$. Then there exists a $\gamma>0$ such that $0<\gamma\leq\lambda$ and

$$\operatorname{diam}(f(A))<\lambda', \text{ if } A\subset\overline{D} \text{ and } \operatorname{diam}(A)<\gamma.$$

Let $\{W_i\}$ be a countable system of open sets such that $\bigvee_{i=1}^{\infty} W_i=D$, $\operatorname{diam}(W_i)<\gamma$ and $\{W_i\}$ is a locally finite covering of D. Step by step we can find by the first part of the proof, a sequence of mappings $f_i^*(i=1.2,\ldots)$ of $\overline{D}$ into $\mathfrak{M}'$ such that $f_0^*=f$, $f_i^*(x)=f_{i-1}^*(x)$ for $x\in\overline{D}-W_i$, $\operatorname{dist}(f_i^*(x), f_{i-1}^*(x))<2^{-i}\varepsilon$ for $x\in W_i$ and f_i^* affords an α-mapping of $\bigvee_{\nu=1}^{i} W_\nu$ into $\mathfrak{M}'$. Thus in the limit $i\to\infty$ we get a desired α-mapping $f^*(x)=\lim_{i\to\infty} f_i^*(x)$.

2. 2. Now let f be an α-mapping of a bounded open set D in $\mathfrak{M}$ into $\mathfrak{M}'$ such that $a\notin f(\overline{D}-D)$ where $a\in\mathfrak{M}'$.

Definition A. *Let $G_\nu(\nu=1,\ldots,n)$ be a finite number of disjoint open sets such that*

$$\overline{G}_\nu\subset U_{i(\nu)}\cap D,\quad f(\overline{G}_\nu)\subset V_{j(\nu)},\quad \bigvee_{\nu=1}^{n} G_\nu\supset f^{-1}(a) \tag{1}$$

where $U_{i(\nu)}\in\{U_i\}$ and $V_{j(\nu)}\in\{V_j\}$. Then we define $A[a, G_\nu, f]$ by

$$A[a, G_\nu, f]=\begin{cases} A[\psi(a), \varphi(G_\nu), \psi f\varphi^{-1}] & \text{if } a\in V_{j(\nu)} \\ 0 & \text{if } a\notin V_{j(\nu)} \end{cases}$$

where $\psi=\psi_{j(\nu)}$, $\varphi=\varphi_{i(\nu)}$, and $A[a, D, f]$, "the degree of mapping of D at a by f" (α-mapping), by

$$A[a, D, f]=\sum_{\nu=1}^{n} A[a, G_\nu, f],$$

if $\mathfrak{M}$ is orientable. If $\mathfrak{M}$ is non-orientable we take this by mod 2.

Lemma 2. 1. *Let X be a compact countable set in $\mathfrak{M}$. Then for any given $\varepsilon>0$ there exist a finite number of disjoint open sets G_ν such that* $\operatorname{diam}(G_\nu)<\varepsilon$, $\bigvee_{\nu=1}^{n} G_\nu\supset X$.

Proof. There exists a ρ such that $0<\rho<\varepsilon$, $\rho\neq\operatorname{dist}(x_\mu, x_\nu)$ for any pair $x_\mu, x_\nu\in X$. Let $W_\rho(x_\nu)$ be the ρ-neighborhood of x_ν and put $'G_\mu=W_\rho(x_\mu)-\bigvee_{\nu=1}^{\mu-1}\overline{W}_\rho(x_\nu)$. Then a finite number of $'G_\nu$ will form the desired system $\{G_\nu\}$.

To legitimate Definition A we have the following:

Theorem 2. 2. $A[a, D, f]$ *is independent of the choice of* G_ν, *covering systems of* $\mathfrak{M}$ *and* $\mathfrak{M}'$ *and their local coordinates, provided that they have the same orientation.*

To prove this we use the following:

Lemma 2. 2. *Let G and H be bounded open sets in* E^m *and f be a mapping of* $\bar{G}$ *into* E^m *such that* $f(G) \subset H$. *Let* φ *be a positive* 1-1 *mapping of* $\bar{G}$ *onto* $\bar{G}'(G'=\varphi(G))$ *and* ψ *be a positive* 1-1 *mapping of* $\bar{H}$ *onto* $\bar{H}'(H'=\psi(H))$. *Then, if* $a \notin f(\bar{G}-G)$,

$$A[\psi(a), G', \psi f \varphi^{-1}] = A[a, G, f]. \qquad (0)^{5)}$$

Proof. Put $\psi(a)=a'$ and $\psi f=f'$, then $a' \notin f'(\bar{G}-G)$.
At first let us prove that

$$A[a', G', f'\varphi^{-1}] = A[a', G, f']. \qquad (1)$$

Let G_i be the components of G, then $\varphi(G_i)=G_i'$ are the components of of $G'-\varphi(\bar{G}-G)=G'$. Hence by (v) in §1

$$A[a', G, f'] = \sum_i A[a', G_i', f'\varphi^{-1}] \cdot A[a_i, G, \varphi],$$

where a_i is any point of G_i'. As φ is 1-1 and positive and $a_i \in \varphi(G)$, then $A[a_i, G, \varphi]=1$ by Theorem 1. 2.
Hence

$$A[a', G, f'] = \sum_i A[a', G_i', f'\varphi^{-1}]. \qquad (2)$$

There are at most a finite number of G_i', $1 \leq i \leq l$, such that $a' \in f'\varphi^{-1}(G_i')$. Then by (ii), (iii) in §1 and Theorem 1. 1 we get

$$\sum_i A[a', G_i', f'\varphi^{-1}] = \sum_{i=1}^{l} A[a', G_i', f'\varphi^{-1}] = A[a', G', f'\varphi^{-1}].$$

Hence by (2) we obtain (1).

Now let us prove

$$A[a', G, \psi f] = A[a, G, f]. \qquad (3)$$

Let H_i be the components of $H-f(\bar{G}-G)$ and a_i any point of H_i, then by (v) in §1

$$A[a', G, \psi f] = \sum_i A[a', H_i, \psi] \cdot A[a_i, G, f].$$

Let it be $a \in H_1$. Since ψ is a 1-1 mapping of H and $a' \in \psi(H_1)$, then $A[a', H_i, \psi]=0$ for $i \neq 1$. As ψ is 1-1 and positive we have

---

5) By Theorem 1. 2. G' and H' are open sets.

A $[a', H_1, \psi]=1$. Hence we get (3). From (1) and (3) follows (0).

Proof of Theorem 2.2. We assume that $\mathfrak{M}$ is orientable, if otherwise the proof goes also similarly. Let $\{U_\iota'\}$ and $\{V_j'\}$ be other covering systems of $\mathfrak{M}$ and $\mathfrak{M}'$ with local coordinates $\{\varphi_\iota'\}$ and $\{\psi_j'\}$ respectively. If $\bar{G}_\nu \subset U_i \cap U'_{i'}$ and $f(\bar{G}_\nu) \subset V_j \cap V'_{i'}$, then by Lemma 2.2

$$\mathrm{A}[\psi_j(a), \varphi_i(G_\nu), \psi_j f \varphi_i^{-1}]=\mathrm{A}[\psi'_{i'}(a), \varphi'_{i'}(G), \psi'_{j'} f \varphi'^{-1}_{i'}],$$

if we take $\psi'_{j'}\psi_j^{-1}$ for ψ, $\varphi'_{i'}\varphi_i^{-1}$ for φ and $\psi_j f \varphi_i^{-1}$ for f, namely A $[a, G, f]$ is independent of the covering systems of $\mathfrak{M}$ and $\mathfrak{M}'$ or of their local coordinates.

Now let $\{G_\mu\}$ and $\{G_\nu'\}$ be two systems of disjoint open sets satisfying (1) in Definition A and put $G_\mu \cap G_\nu' = G_{\mu\nu}$, then from the definition of A $[a, G, f]$ we get easily

$$\sum_\mu \mathrm{A}[a, G_\mu, f]=\sum_\mu\sum_\nu \mathrm{A}[a, G_{\mu\nu}, f]=\sum_\nu \mathrm{A}[a, G_\nu', f],$$

by applying Therem 1.1. Thus the proof is done.

We can easily prove the following:

Theorem 2.3. (i) *If f is the identical mapping of $D(\subset \mathfrak{M})$ and $a \in D$, then* $\mathrm{A}[a, D, f]=1$.

(ii) *If $a \notin f(\bar{D})$, then* $\mathrm{A}[a, D, f]=0$.

(iii) *Let $D, D_{i\,(i=1,\dots,k)}$ be bounded open sets in $\mathfrak{M}$ such that*

$$\bar{D}=\bigvee_{i=1}^k \bar{D}_i, \quad D \supset \bigvee_{i=1}^k D_i, \quad D_i \cap D_j=\{\}\ (j \neq i)$$

and f be an α-mapping of D into $\mathfrak{M}'$ such that $a \notin f(\bar{D}_i - D_i)$ $(a \in \mathfrak{M}')$ then

$$\mathrm{A}[a, D, f]=\sum_{i=1}^k \mathrm{A}[a, D_i, f].$$

Theorem 2.4. *Let D be a bounded open set in $\mathfrak{M}$, f be an α-mapping of D into $\mathfrak{M}'$, and a and a' be two points in a same component of $\mathfrak{M}'-f(\bar{D}-D)$, then*

$$\mathrm{A}[a, D, f]=\mathrm{A}[a', D, f].$$

Proof. We can prove this easily if a' is sufficiently near to a. Now a and a' can be joined by a curve C on $\mathfrak{M}'$ without touching $f(\bar{D}-D)$. For each point p of C there is a neighborhood $U(p)$ of p where $\mathrm{A}[x, D, f]$ $(x \in U(p))$ remains constant. Then by the compactness of C we obtain the desired relation.

§ 3. Degree of General Mappings.

3.1. Symbols $\mathfrak{M}, \mathfrak{M}', \{U_i\}, \{V_j\}, \varphi_i$ and ψ_j have the same meanings as in §2. Let D be a bounded open set in $\mathfrak{M}$.

It will be not difficult to prove the following:

Lemma 3. 1. *For any* $\varepsilon > 0$ *there exists a covering system* $\{U_\iota\}$ *of* $\mathfrak{M}$ *such that* $\operatorname{diam}(U_\iota) < \varepsilon$.

Lemma 3. 2. *Let* f_0 *and* f_1 *be two* α*-mappings of* D *into* $\mathfrak{M}'$, *and* Δ *be an open set in* $\mathfrak{M}$ *such that*

$$\bar{\Delta} \subset D \frown U_k, \quad U_k \in \{U_\iota\}, \quad a \notin f_0(\bar{D}-D), \quad a \in \mathfrak{M}',$$

$$f_0(x) = f_1(x) \quad \textit{for } x \in \bar{D}-\Delta \tag{1}$$

and
$$f_\nu(\bar{\Delta}) \subset V_l \in \{V_j\} \quad (\nu=0,1).$$

Then
$$\mathrm{A}[a, D, f_0] = \mathrm{A}[a, D, f_1] \tag{*}$$

Proof. At first we assume that $a \notin f_\nu(\bar{\Delta}-\Delta)$ $(\nu=0,1)$.

Then
$$\mathrm{A}[a, D, f_\nu] = \mathrm{A}[a, D-\bar{\Delta}, f_\nu] + \mathrm{A}[a, \Delta, f_\nu]. \tag{2}$$

But by (1)
$$\mathrm{A}[a, D-\bar{\Delta}, f_0] = \mathrm{A}[a, D-\bar{\Delta}, f_1]. \tag{3}$$

And by Definition A

$$\mathrm{A}[a, \Delta, f_\nu] = \mathrm{A}[\psi(a), \varphi(\Delta), \psi f_\nu \varphi^{-1}], \tag{4}$$

where $\varphi(U_k) = K$ and $\psi(V_\iota) = K$. Put $\psi f_\nu \varphi^{-1} = \hat{f}_\nu$, then $\hat{f}_\nu$ mapps $\varphi(\bar{\Delta})$ $(\subset K)$ into $K \subset E^m$, and $\hat{f}_0(x) = \hat{f}_1(x)$ for $x \in \varphi(\bar{\Delta}-\Delta)$.
If we put $\hat{f}_t(x) = (1-t)\hat{f}_0(x) + t\hat{f}_1(x)$, then

$$\psi(a) \notin \hat{f}_t(\varphi(\bar{\Delta}-\Delta)) = \hat{f}_0(\bar{\Delta}-\Delta) \quad \text{for } 0 \leq t \leq 1.$$

Thus by (iv) in §1 $\mathrm{A}[\psi(a), \varphi(\Delta), \hat{f}_t]$ is constant for $0 \leq t \leq 1$.

Hence
$$\mathrm{A}[\psi(a), \varphi(\Delta), \psi f_0 \varphi^{-1}] = \mathrm{A}[\psi(a), \varphi(\Delta), \psi f_1 \varphi^{-1}].$$

Thus by (2), (3) and (4) we obtain (*).

Now we shall remove the condition $a \notin f_\nu(\bar{\Delta}-\Delta)$ $(\nu=0,1)$. For this it suffices to prove the existence of an open set Δ' such that

$$\Delta \subset \Delta', \quad \bar{\Delta}' \subset U_k \frown D, \quad a \notin f_\nu(\bar{\Delta}'-\Delta'), \quad f_\nu(\bar{\Delta}') \subset V_l \quad (\nu=0,1).$$

Put $f_\nu^{-1}(a) = X_\nu$ then X_ν are compact countable sets. For any point $p \in X_\nu \frown (\bar{\Delta}-\Delta)$ there exists a neighborhood $W(p)$ of p such that $W(p) \subset U_k \frown D$, $f_\nu(W(p)) \subset V_l$ and the boundary of $W(p)$ does not meet X_ν. The set $(X_0 \smile X_1) \frown (\Delta-\Delta)$ can be covered by a finite number of such $W(p)$, i.e. by $W(p_r)$ $(r=1,\dots,s)$. Then $\Delta \smile \bigvee_{r=1}^{s} W(p_r) = \Delta'$ has the above mentioned property.

3. 2. Now we proceed to the definition of the degree of mapping of the general kind. Let D be a bounded open set in $\mathfrak{M}$ and f be a mapping of $\bar{D}$ into $\mathfrak{M}'$ such that $a \notin f(\bar{D}-D)$, $(a \in \mathfrak{M}')$.

Definition B. *Let λ be the Lebesgue's number of the finite covering of $f(\bar{D})$ by $\{V_j\}$, where $\{V_j\}$ is a covering system of $\mathfrak{M}'$ such that*

$$\operatorname{diam}(V_j) < \operatorname{dist}(a, f(\bar{D}-D))^{6)}.$$

Then we define $A[a, D, f]$, *"the degree of mapping of D at a by f," by*

$$A[a, D, f] = A[a, D, f^*],$$

where f^* is an α-mapping of D into $\mathfrak{M}'$ such that

$$\operatorname{dist}(f^*(x), f(x)) < \lambda \quad \textit{for } x \in \bar{D}.$$

This definition will be legitimated by the following:

Theorem 3.1. *Let f, D and λ have the same meanings as in Definition B. Let f_1 and f_2 be two α-mappings of D into $\mathfrak{M}'$ such that*

$$\operatorname{dist}(f_i(x), f(x)) < \lambda \quad (i=1,2).$$

Then

$$A[a, D, f_1] = A[a, D, f_2] \tag{0}$$

Proof. Let p be any point of $\bar{D}$, then there exists a neighborhood $\Delta(p)$ of p such that

$$\operatorname{dist}(f_i(x), f(x')) < \lambda \quad \text{for } x, x' \in \Delta(p) \quad (i=1,2). \tag{1}$$

Let $\Delta'(p)$ be another neighborhood of p such that $\bar{\Delta}'(p) \subset \Delta(p)$. Then there exists a finite number of points $p_\nu \in \bar{D}$ $(\nu=1, \dots, n)$ such that $\bar{D} \subset \bigvee_{\nu=1}^{n} \Delta'(p_\nu)$. We shall construct α-mappings f_ν^* of D into $\mathfrak{M}'$ such that

$$f_0^* = f_1, \quad f_n^* = f_2, \quad f_\nu^*(x) = f_{\nu-1}^*(x) \text{ for } x \in \bar{D} - \Delta(p_\nu)$$

and $\quad f(\Delta(p_\mu)) \bigvee f_\nu^*(\Delta(p_\mu)) \subset V_{j(\mu)} \in \{V_j\}$ for all ν $(\mu, \nu=1, \dots, n)$.

For this we define f_ν^* step by step as follows:

We put $\quad f^{\cdot}_\nu(x) = f_{\nu-1}^*(x) \quad$ for $x \in \bar{D} - \Delta(p_\nu)$,

and $f^{\cdot}_\nu(x) = \psi^{-1}([\rho(x)+\rho'(x)]^{-1}[\rho'(x)\psi f_{\nu-1}^*(x) + \rho(x)\psi f_2(x)])$ for $x \in \Delta(p_\nu)$,

where $\rho(x) = \operatorname{dist}(x, \bar{D} - \Delta(p_\nu))$, $\rho'(x) = \operatorname{dist}(x, \bar{\Delta}'(p_\nu))$ and ψ is the local coordinate of $V_{j(\mu)}$ $(\psi(V_{j(\mu)}) = K)$.

Then $\quad f^{\cdot}_\nu(\bar{\Delta}(p_\mu)) \bigvee f(\Delta(p_\mu)) \subset V_{j(\mu)}$

and $\quad f^{\cdot}_\nu(x) = f_2(x) \quad$ for $x \in \bar{\Delta}'(p_\nu) \bigvee \{x \mid f_{\nu-1}^*(x) = f_2(x)\}$.

---

6) Cf. Lemma 3.1.

Because, from (1) $f_i(\Delta(p_\mu))$ $(i=1,2)$ and $f(\Delta(p_\mu))$ belong to a common V_j, and then by induction we get that $f_\nu^*(\Delta(p_\mu))$ and $f(\Delta(p_\mu))$ belong to the same V_j. We put $\Delta_\nu^*=\{x\,|\,f_{\nu-1}^*(x)\neq f'_\nu(x)\neq f_2(x)\}$. Then Δ_ν^* is an open subset of Δ_ν. By Theorem 2.1 there exists an α-mapping $f_{(\nu)}^*$ of Δ_ν^* into $\mathfrak{M}'$ such that

$$f_{(\nu)}^*(x)=f'_\nu(x) \text{ for } x\in\overline{\Delta}_\nu^*-\Delta_\nu^* \quad\text{and}\quad f_{(\nu)}^*(\overline{\Delta}_\nu^*)\subset V_{j(\nu)}.$$

Now we put

$$f_\nu^*(x)=f_{(\nu)}^*(x) \text{ for } x\in\Delta_\nu^*, \qquad f_\nu^*(x)=f'_\nu(x) \text{ for } \overline{D}-\Delta_\nu^*,$$

Then $f_\nu^*(x)=f_{\nu-1}^*(x)$ for $x\in D-\overline{\Delta}(p_\nu)$, $f_\nu^*(x)=f_2(x)$ for $x\in\bigvee_{\mu=1}^{\nu}\Delta'(p_\mu)$,

hence f_ν^* are desired mappings.

For any $p\in\overline{D}$ there exists a $\Delta(p_\mu)$ such that $p\in\Delta(p_\mu)$, hence $f_\nu^*(p)$ and $f(p)$ belong to the same $V_{j(\mu)}$. Thus we get $a\notin f_\nu^*(\overline{D}-D)$, since $\operatorname{diam}(V_j)<\operatorname{dist}(a, f(\overline{D}-D))$. Therefore

$$\mathrm{A}[a, D, f_\nu^*]=\mathrm{A}[a, D, f_{\nu-1}^*], \tag{2}$$

if $\overline{\Delta}(p_\nu)\subset D$ by Lemma 3.2. But if not $\overline{\Delta}(p_\nu)\subset D$, then

$$V_{j(\nu)}\cap f(\overline{D}-D)\neq\{\},\quad \text{hence } a\notin V_{j(\nu)},$$

therefore $\mathrm{A}[a, \Delta(p_\nu), f_\mu^*]=0$, consequently (2) holds also. Since $f_0^*=f_1$ and $f_n^*=f_2$ we obtain (0) from (2).

§ 4. Fundamental Properties of the Degree of Mapping.

4.1. Let f, D and λ have the same meanings as in Definition B.

Theorem 4.1. *Theorem* 2.3 (i), (ii), (iii) *and Theorem* 2.4 (which will be denoted by (iv)) *remain valid also when f is a general mapping of $\overline{D}$ into $\mathfrak{M}'$.*

Proof. (i) is evident.

To prove (ii) we have to take an α-mapping f^* of D such that

$$\operatorname{dist}(f^*(x), f(x))<\operatorname{Min}\{\lambda, \operatorname{dist}(a, f(\overline{D}))\} \text{ for } x\in\overline{D}$$

and apply Theorem 2.3 (ii).

To prove (iii) take an α-mapping f^* of D such that

$$\operatorname{dist}(f^*(x), f(x))<\operatorname{Min}\{\operatorname{dist}(a, f(\overline{D}_i-D_i))\,|\,1\leq i\leq k\}$$

and apply Theorem 2.3 (iii).

To prove (iv) we have to choice an α-mapping f^* of D such that

$$\text{dist}\,(f^*(x), f(x)) < \text{dist}\,(C, f(\bar{D}-D)) \ \text{ for } x \in \bar{D},$$

where C is a curve joining a and a' on $\mathfrak{M}'$ not touching $f(\bar{D}-D)$ and apply Theorem 2.4.

Corollary 4.1. *If $\mathfrak{M}$ is closed (compact) and f is a mapping of $\mathfrak{M}$ into $\mathfrak{M}'$, then* $A[p, \mathfrak{M}, f]$ *does not depend on* $p(\in \mathfrak{M}')$. (Then we write $A[p, \mathfrak{M}, f] = A[\mathfrak{M}', \mathfrak{M}, f]$).

Corollary 4.2. *Let $\mathfrak{M}$ be a closed orientable manifold, $\mathfrak{M}'$ a non-orientable manifold and f be a mapping of $\mathfrak{M}$ into $\mathfrak{M}'$,*

Then
$$A[\mathfrak{M}', \mathfrak{M}, f] = 0. \tag{0}$$

Proof. On $\mathfrak{M}'$ there exists a simple closed curve C such that; starting from a definite point a of C one can take the local coordinates along C so that every two consecutive local coordinates have the same orientation except that the last has the opposite orientation as the first. Therefore $A[a, \mathfrak{M}, f] = -A[a, \mathfrak{M}, f]$, hence we get (0).

Theorem 4.2. *Let f be a mapping of $\bar{D}$ into $\mathfrak{M}'$ and $a \in \mathfrak{M}'$ be a point such that $a \notin f(\bar{D}-D)$. Let λ be the Lebesgue's number of the covering of $f(\bar{D})$ by $\{V_j\}$ where $\{V_j\}$ is a covering system of $\mathfrak{M}'$ such that*

$$\text{diam}\,(V_j) < \text{dist}\,(a, f(\bar{D}-D)). \tag{1}$$

If f_1 is a mapping of $\bar{D}$ into $\mathfrak{M}'$ such that

$$\text{dist}\,(f_1(x), f(x)) < \lambda, \tag{2}$$

then
$$A[a, D, f_1] = A[a, D, f].$$

Proof. From (1) and (2) we get $a \notin f_1(\bar{D}-D)$. Then by Lemma 3.1 there exists another covering system $\{V_j'\}$ of $\mathfrak{M}'$ such that

$$\text{diam}\,(V_j') < \text{dist}\,(a, f_1(\bar{D}-D)).$$

Let λ' be the Lebesgue's number of the covering of $f_1(\bar{D})$ by $\{V_j'\}$. By Theorem 2.1 there exists an α-mapping f^* of D into $\mathfrak{M}'$ such that

$$\text{dist}\,(f^*(x), f_1(x)) < \text{Min}\,[\lambda', \lambda - \text{Max}\,\{\text{dist}\,(f_1(x), f(x)) \mid x \in \bar{D}\}].$$

Then $\quad \text{dist}\,(f^*(x), f(x)) < \lambda, \quad \text{dist}\,(f^*(x), f_1(x)) < \lambda' \quad$ for $x \in \bar{D}$.

Hence by Definition B

$$A[a, D, f] = A[a, D, f^*] = A[a, D, f_1].$$

Theorem 4.3. *Let f_t be a mapping of $\bar{D}$ into $\mathfrak{M}'$ such that $f_t(x)$ and $a(t)\,(\in \mathfrak{M}')$ are continuous for $0 \leq t \leq 1$, $x \in \bar{D}$ and $a(t) \notin f_t(\bar{D}-D)$ for*

$0 \leq t \leq 1$. *Then* $A[a(t), D, f_t]$ *is constant for* $0 \leq t \leq 1$.

Proof. Apply Theorem 4.1 (iv) and Theorem 4.2.

4.2. Now let us go to extend (v) in § 1 to the case of manifolds.

Lemma 4.1. *Any open set in* $\mathfrak{M}$ *consists of at most countable open components.*

Proof. For $\mathfrak{M}$ is separable and locally connected.

Lemma 4.2. *Let* D' *be an open set in* $\mathfrak{M}'$ *and* $f(D) \subset D'$, *then* $A[p, D, f]$ $(p \in D' - f(\overline{D} - D))$ *is constant in a component of* $\overline{D}' - f(D - D)$.

Let H be a component of $D' - f(\overline{D} - D)$, then we can write

$$A[p, D, f] = A[H, D, f] \quad \text{if } p \in H.$$

Proof. Cf. Theorem 4.1 (iv).

Theorem 4.4. *Let* $\mathfrak{M}, \mathfrak{M}'$ *and* $\mathfrak{M}''$ *be m-dimensional manifolds,* D *and* D' *be bounded open sets in* $\mathfrak{M}$ *and* $\mathfrak{M}'$ *resp.,* f *be a mapping of* $\overline{D}$ *into* $\mathfrak{M}'$ *such that* $f(D) \subset D'$ *and* f' *that of* $\overline{D}$ *into* $\mathfrak{M}''$ *such that* $a \notin f'f(\overline{D} - D) \cup f'(\overline{D}' - D')$ *where* $a \in \mathfrak{M}''$. *Then*

$$A[a, D, f'f] = \sum_i A[a, H_i, f'] \cdot A[H_i, D, f], \tag{0}$$

where H_i *are the components of* $D' - f(\overline{D} - D)$.

For the proof of this theorem we use the following two lemmas.

Lemma 4.3. *Theorem* 4.4 *holds if* f *and* f' *are* α*-mappings and* D *and* D' *are so small that*

$$\overline{D} \subset U_k \in \{U_i\}, \quad \overline{D}' \subset V_l \in \{V_i\}, \quad f(\overline{D}') \subset W_h \in \{W_n\},$$

where $\{W_n\}$ *is a covering system of* $\mathfrak{M}''$.

Proof. Let φ, ψ and χ be the local coordinates of U_k, V_l and W_h resp. Then by Definition A, putting $\hat{f} = \psi f \varphi^{-1}$, $\hat{f}' = \chi f' \psi^{-1}$,

$$A[a, D, f'f] = A[\chi(a), \varphi(D), \hat{f}'\hat{f}],$$
$$A[a, H_i, f'] = A[\chi(a), \psi(H_i), \hat{f}'],$$
$$A[H_i, D, f] = A[\psi(H_i), \varphi(D), \hat{f}].$$

But by (v) in § 1 (for mappings in E^m) we get

$$A[\chi(a), \varphi(D), \hat{f}'\hat{f}] = \sum_i A[\chi(a), \psi(H_i), \hat{f}'] \cdot A[\psi(H_i), \varphi(D), \hat{f}].$$

Hence the theorem holds for this case.

Lemma 4.4. *Let* f *be an* α*-mapping of* D *into* $\mathfrak{M}'$ *such that* $a \notin f(\overline{D} - D)$ $(a \in \mathfrak{M}')$, *and* ε *be any positive number. Then there exists a neighborhood* $W(a)$ *of* a *such that* $f^{-1}(W(a))$ *consists of at most countable open components* G_ν *such that* $\operatorname{diam}(G_\nu) < \varepsilon$.

Proof. By Lemma 2.1 there are a finite number of disjoint open sets $'G_\iota \subset D$ such that $\mathrm{diam}('G_\iota) < \varepsilon$ and $\bigvee_\iota 'G_\iota \supset f^{-1}(a)\,(=X)$. Then

$$\mathrm{dist}\,(a, f(\bar{D}-\bigvee_\iota 'G_\iota))=\delta>0, \quad \text{since } a \notin f(\bar{D}-\bigvee_\iota 'G_\iota).$$

Hence the neighborhood of a with radius δ has the above mentioned property.

Poof of Theorem 4.4. At first we assume that f and f' are α-mappings. $(f'f)^{-1}(a)$ and $f'^{-1}(a)$ are compact countable sets and $f'^{-1}(a) \wedge (f(\bar{D}-D) \vee (\bar{D}'-D'))=\{\}$. We take covering systems $\{V_j\}$ of $\mathfrak{M}'$ and $\{W_n\}$ of $\mathfrak{M}''$ in such a way that

$$\left.\begin{array}{l}\mathrm{diam}\,(V_j)<\mathrm{dist}\,[f'^{-1}(a), f(\bar{D}-D) \vee (\bar{D}'-D')],\\ \mathrm{diam}\,(W_n)<\mathrm{dist}\,[a, f'f(\bar{D}-D) \vee f'(\bar{D}'-D')].\end{array}\right\} \quad (1)$$

Let λ be the Lebesgue's number of the covering of $\bar{D}$ by $\{U_i\}$, λ' be that of $\bar{D}'$ by $\{V_j\}$ and λ'' that of $f'(\bar{D}')$ by $\{W_n\}$. Then by Lemma 4.4 there exists a neighborhood $W(a)$ of a such that $\mathrm{diam}\,(W(a))<\lambda''$, $\mathrm{diam}\,(G_\mu')<\lambda'$ for any component G_μ' of $f'^{-1}(W(a))$ and $\mathrm{diam}\,(G_\nu)<\lambda$ for any component G_ν of $(f'f)^{-1}W(a)$. Then

$$G_\nu \subset U_{i(\nu)} \in \{U_i\}, \quad G_\mu' \subset V_{j(\mu)} \in \{V_j\}, \quad W(a) \subset W_0 \in \{W_n\}. \quad (2)$$

$f(G_\nu)$ (connected) is contained in a G_μ', namely $f(G_\nu) \subset G'_{\mu(\nu)}$. Then $f(\bar{G}_\nu - G_\nu) \subset \bar{G}'_{\mu(\nu)} - G'_{\mu(\nu)}$. (If it was not so, then there would be a $p \in \bar{G}_\nu - G_\nu$ such that $f(p) \in G'_{\mu(\nu)}$, hence $f'f(p) \in W(a)$ and $p \in G_\nu$, which is absurd). Thus $G'_{\mu(\nu)} - f(\bar{G}_\nu - G_\nu)$ has the only one component $G'_{\mu(\nu)}$. Hence by (2) and Lemma 4.3

$$\mathrm{A}\,[a, G_\nu, f'f]=\mathrm{A}\,[a, G'_{\mu(\nu)}, f']\cdot \mathrm{A}\,[G'_{\mu(\nu)}, G_\nu, f].$$

Then by Definition A

$$\begin{aligned}\mathrm{A}\,[a, D, f'f] &= \textstyle\sum_\nu \mathrm{A}\,[a, G_\nu, f'f]\\ &= \textstyle\sum_\mu \sum_{(\nu)\mu} \mathrm{A}\,[a, G_\mu', f']\cdot \mathrm{A}\,[G_\mu', G_\nu, f],\end{aligned} \quad (3)^{7)}$$

where $(\nu)\mu=\{\nu \mid \mu(\nu)=\mu\}$. Let $[\mu]$ be the set of μ such that $\mathrm{A}\,[a, G_\mu', f'] \neq 0$, then there is a point $b_\mu \in f'^{-1}(a) \wedge G_\mu'$ for $\mu \in [\mu]$.

Hence $$\mathrm{A}\,[G_\mu', G_\nu, f]=\mathrm{A}\,[b_\mu, G_\nu, f] \quad \text{for } \mu \in [\mu]. \quad (4)$$

Since $f^{-1}(b_\mu) \subset \bigvee_{(\nu)\mu} G_\nu \subset D$, we get by Theorem 1.1

$$\textstyle\sum_{(\nu)\mu} \mathrm{A}\,[b_\mu, G_\nu, f]=\mathrm{A}\,[b_\mu, D, f]. \quad (5)$$

By (2) we have $b_\mu \in f'^{-1}(a) \wedge V_{j(\mu)}$. Thus by (1) $b_\mu \in V_{j(\mu)} \subset H_{i(\mu)}$, where

7) There are only a finite number of μ such that $\mathrm{A}\,[a, G_\mu, f] \neq 0$ and a finite number of $\nu \in (\nu)\mu$ such that $\mathrm{A}\,[G_\mu', G_\nu, f] \neq 0$. Cf. also the footnote 3).

$H_{i(\mu)}$ is a component of $D'-f(\bar{D}-D)$. Hence

$$A[b_\mu, D, f]=A[H_{i(\mu)}, D, f] \tag{6}$$

Since $f'^{-1}(a)\cap H_i\subset\bigvee_{(\mu)i}G_\mu'\subset H_i$ where $(\mu)i=\{\mu\,|\,i(\mu)=i\}$, then by Theorem 1.1

$$\sum_{(\mu)i} A[a, G_\mu', f']=A[a, H_i, f'] \tag{7}$$

Consequently by (3), (4), (5), (6) and (7)

$$\begin{aligned} A[a, D, f'f] &= \sum_\mu A[a, G_\mu', f']\cdot A[H_{i(\mu)}, D, f] \\ &= \sum_i A[a, H_i, f']\cdot A[H_i, D, f]. \end{aligned}$$

Now we have to consider the general mappings f and f'. By Theorme 2.1 there exists an α-mapping f'^* of D' into $\mathfrak{M}''$ such that

$$\operatorname{dist}(f'^*(x), f'(x))<\lambda' \quad \text{for } x\in\bar{D}',$$

where λ' is the Lebesgue's number of the covering of $f'(\bar{D}')$ by $\{W_n\}$ such that

$$\operatorname{diam}(W_n)<\operatorname{dist}(a, f'f(\bar{D}-D)\bigcup f'(\bar{D}'-D')).$$

There exists an α-mapping f^* of D into $\mathfrak{M}'$ such that

$$\operatorname{dist}(f'^*f^*(x), f'f(x))<\lambda' \quad \text{for } x\in\bar{D},$$

$$f^*(x)=f(x) \text{ for } x\in\bar{D}-D, \quad \operatorname{dist}(f^*(x), f(x))<\lambda \text{ for } x\in\bar{D},$$

where λ is the Lebesgue's number of the covering of $f(\bar{D})$ by $\{V_j\}$ such that

$$\operatorname{diam}(V_j)<\operatorname{dist}(f'^{-1}(a), f(\bar{D}-D)).$$

Hence we have by Definition B

$$A[a, D, f'f]=A[a, D, f'^*f^*], \tag{8}$$

and
$$A[a, H_i, f']=A[a, H_i, f'^*], \tag{9}$$

since $\bar{H}_i-H_i\subset f(\bar{D}-D)\bigcup(\bar{D}'-D')$. If $A[a, H_i, f']\neq 0$, then there is a point $b_i\in H_i\cap f'^{-1}(a)$. Thus by Definition B

$$A[H_i, D, f]=A[b_i, D, f]=A[b_i, D, f^*]=A[H_i, D, f^*], \tag{10}$$

since $f^*(\bar{D}-D)=f(\bar{D}-D)$.

Therefore $\quad A[a, D, f'f]=\sum_i A[a, H_i, f']\cdot A[H_i, D, f]$

by (8), (9) and (10), because this hols already for f^* and f'^* instead of f and f' respectively.

(Received Feburary 2, 1950)

Sur la solution bornée de l'équation aux dérivées partielles du type elliptique *(with S. Simoda)*

[Proc. Japan Acad., 27 (1951) 334–339]

(Comm. by K. KUNUGI, M.J.A., July 12, 1951.)

1. Introduction :—Envisageons l'équation différentielle

$$(1)\qquad E[u] = \sum_{ij=1}^{m} a_{ij}\partial_{ij}^2 u + \sum_{k=1}^{m} b_k \partial_k u - cu = 0^{1)},$$

où $a_{ij} = a_{ij}(x)$, $b_k = b_k(x)$ et $c = c(x)$ sont des fonctions continues de point x (de coordonnées $x_1, \ldots, x_m$) dans l'éspace euclidien à m-dimension E^m ($m \geqq 1$). En outre, supposons qu'on ait $a_{ij} = a_{ji}$, et que la forme $\sum_{ij=1}^{m} a_{ij}\lambda_i\lambda_j$ soit définie positive pour tout $x \in E^m$.

Concernant cette équation, nous traitions tout récemment le problème si elle posséderait aucune solution *régulière et bornée dans* E^m en dehors de la fonction 0 à condition que $c(x) > 0$, le problème ayant été communiqué à nous par des théoristes des probabilités[2]. Ce petit mémoire s'offre pour en énoncer les résultats que nous avons obtenu.

Tout naturellement, même à condition que $c(x) > 0$, l'équation (1) peut posséder des solutions régulières et bornées dans E^m en dehors de la fonction 0, s'il n'y a nullement de connexion entre ses coefficients, spécialement dans le cas $m \geqq 3$; voici un exemple

$$(2)\qquad \Delta u - c(x)u = 0^{3)},$$

où

$$c(x) = \frac{2\varepsilon}{\{2(1+\sum_{i=1}^{m} x_i^2)^{\varepsilon} - 1\}\{1+\sum_{i=1}^{m} x_i^2\}} \times$$

$$\times \left\{ m - \frac{2(1+\varepsilon)\sum_{i=1}^{m} x_i^2}{1+\sum_{i=1}^{m} x_i^2} \right\},$$

ε remplissant l'inégalité $0 < \varepsilon < (m-2)/2$ (m étant supposé $\geqq 3$), donc $c(x) > 0$ pour tout x. L'équation (2) possède en effet une solution *positive*

---

1) Pour brévité, nous écrivons ∂_k pour $\frac{\partial}{\partial x_k}$, ∂^2_{ij} pour $\frac{\partial^2}{\partial x_i \partial x_j}$, même dans la suite.

2) Pour référence, voir K. Yosida ; *A theorem of Liouville's type for meson equation.* Proc. Japan Acad., 27 (1951), p. 214.

3) Dans le cas $m = 2$, moyennant que $c(x) > 0$, l'équation (2) ne peut posséder rien du tout de solution régulière et bornée dans E^2 en dehors de la fonction 0. Voir en le paragraphe 4. de ce mémoire.

$$u(x)=2-\frac{1}{(1+\sum_{i=1}^{m}x_i^2)^{\varepsilon}},$$

ce qui est *régulière et bornée dans* E^m.

Cependant, si les coefficients de l'équation (1) s'assujettissent à certaine condition convenable, on peut démontrer la non-existence de la solution régulière et bornée dans E^m en dehors de la fonction 0. Brièvement dit, concernant l'équation quelconque à la forme (1), si l'on trouve une fonction $H(x)$ dans E^m, telle que

i) $H(x)$ *est continûment dérivable de deux fois,*

ii) $H(x)>0$,

iii) $E[H]<0$,

iv) $\lim_{r\to+\infty}\{\inf_{|x|=r} H(x)\}=+\infty$[4],

on peut constater, par la comparaison avec ledite $H(x)$, qu'aucune solution régulière et bornée dans E^m de (1) doit y être identiquement nulle.

Dans cette comparaison, le raisonnement de Paraf[5] (le principe de Paraf) est sans doute très efficace. Mais, avec cela, nous voulons expliquer un autre raisonnement, applicable non seulement à l'équation linéaire mais encore à l'équation non-linéaire en jouant le pareil rôle à celui de Paraf.[6]

2. Le théorème fondamental: — Nous allons formuler le raisonnement dit ci-dessus par forme de théorème.

Soient $\mathfrak{D}$ un ensemble ouvert dans E^m et Ω un espace topologique connexe remplissant le premier axiome de dénombrabilité: soit $\Phi(x, u, p, r, \alpha)$ une fonction définie pour tout (x, u, p, r, α) tel que

$$x=(x_1, \ldots, x_m)\in\mathfrak{D},\quad u\in E^1,$$

$$p=(p_1, \ldots, p_m)\in E^m,$$

$$r=(r_{ij}:\ i, j=1, 2, \ldots, m)\in E^{m^2},$$

---

4) $|x|=\sqrt{\sum_{i=1}^{m}x_i^2}$.

5) Voir les oeuvres célèbres suivantes:

(a) A. Paraf; *Sur le problème de Dirichlet et son extension au cas de l'équation linéaire générale du second ordre.* Ann. Fac. Sc. Toulouse, série 1, VI (1892), pp. 1–75.

(b) E. Picard; *Leçons sur quelques problèmes aux limites de la théorie des équations différentielles* (Paris, 1930), p. 116.

(c) G. Ascoli, P. Burgatti, G. Giraud; *Equazioni alle derivate parziali dei tipi ellittico e parabolico* (Firenze, 1936), pp. 60–63.

6) Voir le mémoire de Nagumo, à ≪Kansū Hōteisiki≫, vol. 15 (1939), p. 19, en japonais.

et $\alpha \in \Omega$, et assujettie aux conditions suivantes:

1° *Φ est continue en (x, u, p, r, α),*

2° *Φ est continûment dérivable par rapport à r,*

3° *désignant par Φ_{ij} la dérivée $\dfrac{\partial \Phi}{\partial r_{ij}}$, la matrice ($\Phi_{ij}$: $i, j = 1, 2, \ldots, m$) est symétrique et définie positive pour tout (x, u, p, r, α).*

Ensuite, soient $w(x, \alpha)$ et $v(x, \alpha)$ des fonctions *continues en* (x, α) définies dans $\mathfrak{D} \times \Omega$ et remplissant les conditions suivantes:

4° *w, v tous les deux sont continûment dérivables de deux fois par raport à x dans $\mathfrak{D}$,*

5° *il subsiste que pour tout $(x, \alpha) \in \mathfrak{D} \times \Omega$*

$$\Phi(x, w(x, \alpha), \partial_x w(x, \alpha), \partial_x^2 w(x, \alpha), \alpha) < \\ < \Phi(x, v(x, \alpha), \partial_x v(x, \alpha), \partial_x^2 v(x, \alpha), \alpha),$$

6° *pour n'importe quelle suite $\{(x^{(n)}, \alpha^{(n)}): n = 1, 2, \ldots\}$ dans $\mathfrak{D} \times \Omega$ telle que la suite $\{x^{(n)}\}$ n'a nullement de point d'accumulation dans $\mathfrak{D}$, on a toujours*

$$\varliminf_{n \to \infty} \{w(x^{(n)}, \alpha^{(n)}) - v(x^{(n)}, \alpha^{(n)})\} > 0,$$

7° *il existe au moins un $\alpha \in \Omega$ tel que.*

$$w(x, \alpha) > v(x, \alpha) \quad \textit{pour tout} \quad x \in \mathfrak{D}.$$

Alors, *cette inégalité reste conservée pour tout $(x, \alpha) \in \mathfrak{D} \times \Omega$.*

Preuve: nous commençons par supposer que

$$(*) \quad w(x, \alpha) \leqq v(x, \alpha) \quad \text{pour quelque} \quad (x, \alpha) \in \mathfrak{D} \times \Omega.$$

Posons

$$A = \{\alpha \in \Omega: \ w(x, \alpha) > v(x, \alpha) \ \text{ pour tout } x \in \mathfrak{D}\}$$

$$B = \{\alpha \in \Omega: \ w(x, \alpha) < v(x, \alpha) \ \text{ pour quelque } x \in \mathfrak{D}\};$$

A n'est ni vide ni identique à Ω par les hypothèses 7° et (*).

Or, B est clairement ouvert; de plus, A est aussi ouvert; c'est-à-dire, si $\alpha_0 \in A$, il existe un voisinage V de α_0 tel que

$$w(x, \alpha) > v(x, \alpha) \quad \text{pour tout} \quad (x, \alpha) \in \mathfrak{D} \times V.$$

Nous allons le montrer comme il suit. Supposé qu'il ne jamais exister de voisinage tel qu'en nous venons de dire, il doit exister une suite $\{(x^{(n)}, \alpha^{(n)})\}$ telle que $x^{(n)} \in \mathfrak{D}$, $\alpha^{(n)} \to \alpha_0$ et $w(x^{(n)}, \alpha^{(n)}) \leqq v(x^{(n)}, \alpha^{(n)})$; la suite $\{x^{(n)}\}$ n'a pas de point d'accumulation dans $\mathfrak{D}$ d'après la continuité des fonctions w et v dans $\mathfrak{D} \times \Omega$ et $\alpha_0 \in A$. On a donc d'une part

$$\overline{\lim_{n\to\infty}}\{w(x^{(n)}, \alpha^{(n)})-v(x^{(n)}, \alpha^{(n)})\}\leqq 0$$

et en même temps

$$\underline{\lim_{n\to\infty}}\{w(x^{(n)}, \alpha^{(n)})-v(x^{(n)}, \alpha^{(n)})\}>0$$

vu la condition 6°, ce qui se contredisent, et en conséquence B est ouvert.

Maintenant, si $B\neq 0$, la connexité de Ω entraîne que $\Omega-A\cup B\neq 0$; c'est véritable même si $B=0$ vu (*); cela signifie que, sous l'hypothèse (*), il doit exister au moins un $\tilde{\alpha}\in\Omega$ tel que

$$w(x, \tilde{\alpha})\geqq v(x, \tilde{\alpha}) \quad \text{pour tout} \quad x\in\mathfrak{D}$$

et en même temps

$$w(x, \tilde{\alpha})=v(x, \tilde{\alpha}) \quad \text{pour quelque} \quad x\in\mathfrak{D}.$$

Prenons maintenant que $w(\xi, \tilde{\alpha})=v(\xi, \tilde{\alpha})$, $\xi\in\mathfrak{D}$; alors il en vient que la fonction $w(x, \tilde{\alpha})-v(x, \alpha)$ atteint le minimum pour $x=\xi$ ($\tilde{\alpha}$ étant fixe); donc on a

$$\partial_i w(\xi, \tilde{\alpha})=\partial_i v(\xi, \tilde{\alpha}) \qquad i=1, 2, \ldots, m$$

et la matrice

$$(\partial^2_{ij}w(\xi, \tilde{\alpha})-\partial^2_{ij}v(\xi, \tilde{\alpha}):\ i, j=1, 2, \ldots, m)$$

est semi-définie positive.

Néanmoins, la formule des accroissements finis donne

$$\begin{aligned}\Delta &= \Phi(\xi, w(\xi, \tilde{\alpha}), \partial_x w(\xi, \tilde{\alpha}), \partial^2_x w(\xi, \tilde{\alpha}), \tilde{\alpha})-\\ &\qquad -\Phi(\xi, v(\xi, \tilde{\alpha}), \partial_x v(\xi, \tilde{\alpha}), \partial^2_x v(\xi, \tilde{\alpha}), \tilde{\alpha})\\ &= \textstyle\sum_{i,j=1}^m \Phi_{ij}(\xi, w(\xi, \tilde{\alpha}), \partial_x w(\xi, \tilde{\alpha}), \tilde{r}, \tilde{\alpha})\times\\ &\qquad \times\{\partial^2_{ij}w(\xi, \tilde{\alpha})-\partial^2_{ij}v(\xi, \tilde{\alpha})\},\end{aligned}$$

$\tilde{r}$ étant un point intermédiaire aux deux points $\partial^2_x w(\xi, \tilde{\alpha})$ et $\partial^2_x v(\xi, \tilde{\alpha})$ dans E^{m^2}; le second membre précédent est bien la trace du produit de deux matrices symétriques, dont l'une est définie positive et l'autre semi-définie positive, donc $\Delta\geqq 0$[7], malgré que $\Delta<0$ d'après l'hypothèse 5°. C.q.f.d.

3. La solution bornée de l'équation (1): — Nous allons commencer par un théorème un peu général, dont divers résultats particuliers seront obtenus.

7) Cela souvent s'appelait le lemme de Montard.

Théorème : *Admettons qu'il existe une fonction* $H(x)$ *jouissant des propriétés* i) ii) iii) *et* iv) *données dans* § 1. *Alors il n'y a rien de borné parmi les solutions regulières dans* E^m *de l'équation* (1) *en dehors de la fonction* 0.

Preuve : Soit $u(x)$ une solution régulière et bornée dans E^m de (1), et soit M la borne supérieure de $|u(x)|$, x parcourant E^m.

Posons

$$\Phi(x, u, p, r, \alpha) = \sum_{ij=1}^{m} a_{ij}(x) r_{ij} + \sum_{k=1}^{m} b_k(x) p_k - c(x) u$$
$$w(x, \alpha) = \alpha H(x) \qquad (0 < \alpha < +\infty),$$

Φ étant donc affranchie de α. La fonction Φ tellement définie évidemment remplit les conditions 1°, 2°, 3° du théorème fondamental.

Prenant pour $v(x, \alpha)$ la solution $u(x)$ de (1) même (et $-u(x)$), on a aisément

$$\Phi(x, w, \partial_x w, \partial_x^2 w, \alpha) = \alpha E[H] < 0$$
$$\Phi(x, v, \partial_x v, \partial_x^2 v, \alpha) = 0 ;$$

donc les conditions 4°, 5° et 6° du théorème précédent sont remplies.

Finalement, si $\alpha > M / \inf_{x \in E^m} H(x)$, on a

$$v(x, \alpha) < w(x, \alpha) \quad \text{pour tout} \quad x \in E^m ;$$

donc la condition 7° est aussi sûrement remplie.

Par conséquent, en vertu du théorème fondamental, il vient tout de suite que

$$|u(x)| < w(x, \alpha) = \alpha H(x) \quad \text{pour tout} \quad \alpha > 0 ;$$

donc $u(x)$ doit être identiquement nulle dans E^m, c.q.f.d.

Comme un corollaire de ce théorème, nous traitons ici seulement un des divers cas particuliers.

Corollaire : Admettons que les coefficients de l'équation (1) remplissent les conditions suivantes :

(i) $c(x) > 0$ *pour tout* $x \in E^m$,

(ii) $$\lim_{r \to +\infty} \left\{ r^{-2} \sup_{|x|=r} \frac{\sum_{i=1}^{m} a_{ii}(x) + r\sqrt{\sum_{k=1}^{m} b_k(x)^2}}{c(x)} \right\} < \frac{1}{2} .$$

Alors *il n'y a rien de borné parmi les sulutions régulières dans* E^m *de l'équation* (1) *en dehors de la fonction* 0.

Preuve : Posons pour abréger

$$\sigma(x) = \sum_{i=1}^{m} a_{ii}(x) , \quad \phi(x) = \sqrt{\sum_{k=1}^{m} b_k(x)^2} .$$

D'après l'hypothèse (ii), il doit exister un $R>0$ tel que $r\geqq R$ entraîne

$$r^{-2}\sup_{|x|=r}\frac{\sigma(x)+r\phi(x)}{c(x)}<\frac{1}{2};$$

prenons un $A>0$ tel que

$$A>\sup_{|x|\leqq R}\frac{\sigma(x)+|x|\phi(x)}{c(x)};$$

ensuite posons

$$H(x)=A+\frac{1}{2}\sum_{i=1}^{m}x_i^2,$$

dont les conditions i), ii), iii) et iv) du théorème (de ce paragraphe) sont remplies. Donc la conclusion voulue est claire.

4. La solution bornée de l'équation (2) dans le cas $m=2$:—Nous voulons traiter en dernier lieu le problème proposé à l'introduction pour l'équation (2), à condition que $c(x)$ est continue et *non-négative pour tout* x, et en outre qu'elle est *positive sur au moins un point* $x_0\in E^m$; m étant supposé $=2$.

Conclusion: Sous les hypothèses données plus haut, *l'équation* (2) *ne possède nullement de solution régulière et bornée dans* E^2 *en dehors de la fonction* 0.

Preuve: On peut, par l'hypothèse, prendre un nombre $\delta>0$ tel que $|x-x_0|\leqq\delta$[8] entraîne $c(x)>0$ moyennant la continuité de $c(x)$; et posons

$$c_0=\inf_{|x-x_0|\leqq\delta}c(x).$$

Or, il s'agit de chercher une fonction $H(x)$, jouissant des propriétés i), ii) et iv) du théorème au paragraphe précédent, et en outre de façon qu'on ait

$$\begin{cases}\Delta H<0 & \text{pour } |x-x_0|\geqq\delta\\ \Delta H-c_0H(x)<0 & \text{pour } |x-x_0|\leqq\delta.\end{cases}$$

À cause de cela, nous allons définir $H(x)$ comme suit:

$$H(x)=K+\begin{cases}\log|x-x_0|-(4\delta^{-2}|x-x_0|^2+1)^{-1} & \text{pour } |x-x_0|\geqq\delta\\ -\frac{189}{500}\delta^{-4}|x-x_0|^4+\frac{177}{125}\delta^{-2}|x-x_0|^2+\log\delta-\frac{53}{100} & \\ & \text{pour } |x-x_0|\leqq\delta,\end{cases}$$

K étant déterminé de façon que $H(x)$ soit positive pour tout x, et que $\Delta H-c_0H$ soit négative pour $|x-x_0|\leqq\delta$.

---

8) $|x-x_0|$ est la distance euclidienne entre deux points x, x_0.

Note sur l'inégalité différentielle concernant les équations du type parabolique *(with S. Simoda)*

[Proc. Japan Acad., 27 (1951) 536–539]

(Comm. by K. KUNUGI, M.J.A., Nov. 12, 1951.)

Un travail de valeur de H. WESTPHAL concernant les équations non-linéaires du type parabolique, nous avons vu dans un périodique allemand[1], que nous est arrivé tout récemment, en nous rappelant notre mémoire ancien[2], dans lequel nous mentionnâmes les pareilles matières aux siennes, et même fîmes l'amplification au cas plus général. Westphal a traité le théorème de comparaison, l'évaluation de solutions approximatives au moyen de la fonction majorante, l'unicité de solution sous la condition de Lipschitz et sous celle qui est plus générale, et a essayé d'une explication d'un phénomène très intéressant. On verra plus loin que l'inégalité différentielle (le théorème de comparaison) en question est dilatable à la forme quelque peu plus générale, de sorte qu'elle soit applicable aux équations non-linéaires du type parabolique et elliptique même.

1. Avant d'entrer en matière, nous allons énoncer quelques notions nécessaires dans la suite.

Étant donnée une fonction $\Phi(x, t, u, p, q, r)$ où $x = (x_1, \ldots, x_m)$, $p = (p_1, \ldots, p_m)$ et $r = (r_{ij}: i, j = 1, \ldots, m)$, définie dans une région R dans l'espace E^{2m+3+m^2} [3] jouissant de la symétrie telle que Φ reste invariante sous la substitution de r_{ij} par r_{ji} $(i, j = 1, \ldots, m)$, nous entendons par fonction *semi-elliptique en x relative à Φ* telle fonction $u(x, t)$, définie et dérivable en t et de deux fois en x dans une région située dans E^{m+1}, que tous les points $(x, t, u(x, t), \partial_x u(x, t), \partial_t u(x, t), \partial_x^2 u(x, t))$ [4] appartiennent à R, et qu'il existe, pour tout (x, t, r) tel que $(x, t, u(x, t), \partial_x u(x, t), \partial_t u(x, t), r) \in R$, les nombres $\Phi_{ij} = \Phi_{ji}$ $(i, j=1, \ldots, m)$ dépendants de (x, t, r), de sorte qu'on ait

---

1) H, Westphal: *Zur Abschätzung der Lösungen nicht linearer parabolischer Differentialgleichungen.* Math. Zeits. **51** (1949), pp. 690–695.

2) La note de Nagumo dans "Kansū-Hōteisiki" No. **15** (1939), en japonais.

3) E^n désigne l'éspace euclidien à n-dimension.

4) Pour simplicité nous osons écrire $\partial_i u(x, t)$ pour $\frac{\partial}{\partial x_i} u(x, t)$, $\partial_t u(x, t)$ pour $\frac{\partial}{\partial t} u(x, t)$, $\partial_{ij}^2 u(x, t)$ pour $\frac{\partial^2}{\partial x_i \partial x_j} u(x, t)$, et nous servons des abréviations $\partial_x u, = \partial_1 u, \ldots, \partial_m u)$, $\partial_x^2 u = (\partial_{ij}^2 u : i, j = 1, \ldots, m)$.

$$(0)\begin{cases}\sum_{i,j=1}^{m}\Phi_{ij}\lambda_i\lambda_j \geqq 0 \quad \text{pour tous réels } \lambda_k\ (k=1,\ldots,m), \\ \qquad\qquad \text{(semi-définie positive)} \\ \Phi(x,t,u,\partial_x u,\partial_t u,r)-\Phi(x,t,u,\partial_x u,\partial_t u,\partial_x^2 u) \\ \quad =\sum_{i,j=1}^{m}\Phi_{ij}\{r_{ij}-\partial_{ij}^2 u(x,t)\}^{5)}.\end{cases}$$

Ensuite, dans la considération d'un ensemble ouvert D de point $(x,t)=(x_1,\ldots,x_m,t)$ dans E^{m+1}, nous désignons par S une partie de la frontière de D, la partie qui ne consiste qu'en point (x,t) tel que, avec quelque $\varepsilon>0$, les inégalités $|x-\xi|<\varepsilon$ [6] et $0\leqq t-\tau<\varepsilon$ entraînent $(\xi,\tau)\in D\cup S$ [7]. (Cf. Fig. 1.)

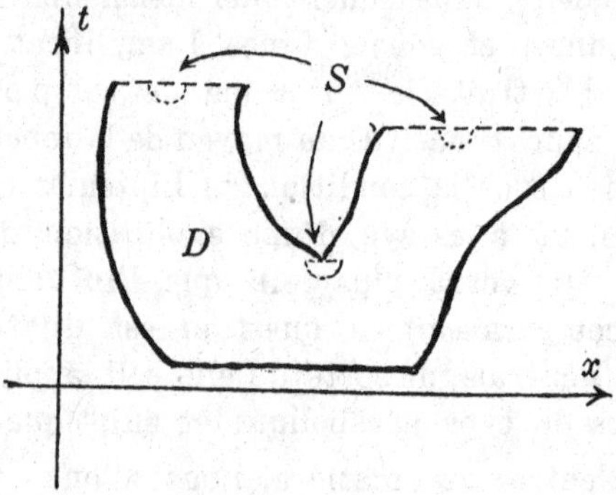

Fig. 1.

THÉORÈME DE COMPARAISON : Soient $v(x,t)$ et $w(x,t)$ des fonctions définies dans $D\cup S$, jouissant des propriétés suivantes :

1° Elles sont, dans $D\cup S$, continues en (x,t), continûment dérivables en x de deux fois, et dérivables en t.

2° Pour toute suite $\{(x^{(n)},t^{(n)}) : n=1,2,3,\ldots\ldots\}$ dans $D\cup S$ n'ayant pas de point d'accumulation dans là, on a toujours

$$\varliminf_{n\to\infty}\Big\{w(x^{(n)},t^{(n)})-v(x^{(n)},t^{(n)})\Big\}>0.$$

De plus nous supposons les suivants :

3° $\Phi(x,t,u,p,q,r)$ est la fonction écrite plus haut et *non-croissant en q* ; à dire avec détail, dès qu'on aura (x,t,u,p,q,r)

---

5) Des cas où se prêtre Φ à cette condition, sont les suivants :

(i) $\Phi=\Phi(x,t,u,p,q,r_{11},r_{22},\ldots,r_{mm})$, c'est-à-dire, Φ est affranchie de toutes $r_{ij}(i\neq j)$, en outre Φ est *non-décroissante en chaque* r_{ii} $(i=1,\ldots,m)$.

(ii) Φ est continûment dérivable par papport à r et la forme quadratique $\sum_{i,j}^{m}\partial_{r_{ij}}\Phi\,\lambda_i\lambda_j$ est *semi-définie positive*, toute section de R par l'hyperplan parallèle à l'espace de r étant supposée ouverte et convexe.

6) $|x-\xi|$ désigne la distance de deux points x,ξ.

7) Référez au suivant : Mauro Picone : *Maggiorazione degli integrali delle equazioni totalemente paraboliche alle derivate parziali del secondo ordine.* Ann. di Math. p. ed a., IV, 7 (1929), pp. 145–192, spécialement p. 147 et p. 180.

$\in R$, tous (x, t, u, p, q', r) avec $q' \geqq q$ aussi appartiendront à R et on aura

$$\Phi(x, t, u, p, q, r) \geqq \Phi(x, t, u, p, q', r).$$

4° Tous les points $(x, t, w(x, t), \partial_x w(x, t), \partial_t w(x, t), \partial_x^2 w(x, t))$ avec $(x, t) \in D \smile S$ appartiennent à R tandis que $v(x, t)$ est *semi-elliptique en x relative à Φ*, et on a toujours

$$\Phi(x, t, v, \partial_x v, \partial_t v, \partial_x^2 v) > \Phi(x, t, w, \partial_x w, \partial_t w, \partial_x^2 w). \tag{1}$$

Alors *l'inégalité*

$$v(t, x) < w(t, x)$$

subsiste pour tous $(x, t) \in D \smile S$.

REMARQUE 1: En réalité, il suffit, pour notre conclusion, qu'on a l'inégalité (1) seulement pour tout $(x, t) \in D \smile S$ tel que les relations

$$v(x, t) = w(x, t), \ \partial_x v(x, t) = \partial_x w(x, t)$$

et
$$\partial_t v(x, t) \geqq \partial_t w(x, t)$$

ont lieu simultanément.

2. *Preuve du théorème:* Posons

$$F = \{(x, t): \quad w(x, t) \leqq v(x, t)\},$$
$$F_t = \{t: \quad (x, t) \in F \text{ avec quelque } x\}.$$

F est un sous-ensemble fermé de $D \smile S$ et F_t la projection orthogonale de F sur l'axe de t. Nous supposons qu'ils ne soient pas vides.

F_t est alors inférieurement borné, et $\bar{F}$ contenue dans $D \smile S$ (partant $\bar{F} = F$), car sinon il existe une suite $\{(x^{(n)}, t^{(n)}): n = 1, 2, 3, \ldots\ldots\}$ dans F n'ayant pas de point d'accumulation dans $D \smile S$ et elle donne

$$\overline{\lim_{n\to\infty}} \left\{ w(x^{(n)}, t^{(n)}) - v(x^{(n)}, t^{(n)}) \right\} \leqq 0,$$

au contraire de l'hypothèse 2°. On peut donc prendre un point $(x_0, t_0) \in F$ tel que $t_0 \leqq t$ pour tout $(x, t) \in F$.

Or on pourrait aisément voir que la fonction (en x) $w(x, t_0) - v(x, t_0)$ est $\geqq 0$ pour tout $(x, t_0) \in D \smile S$ vu la continuité en t des v et w, atteignant la valeur 0 à (x_0, t_0); cela étant son minimum, il en résulte que

$$\begin{cases} w(x_0, t_0) = v(x_0, t_0), \\ \partial_i w(x_0, t_0) = \partial_i v(x_0, t_0) \ (i = 1, \ldots, m), \end{cases} \tag{2}$$

et que la matrice $(\partial_{ij}^2 w(x_0, t_0) - \partial_{ij}^2 v(x_0, t_0) : i, j = 1, \ldots, m)$ est semi-définie positive, en outre que

$$\partial_t w(x_0, t_0) \leqq \partial_t v(x_0, t_0) \tag{3}$$

d'après la définition de (x_0, t_0). Donc on a

$$\begin{aligned} \Delta &= \Phi(x_0, t_0, w_0, \partial_x w_0, \partial_t w_0, \partial_x^2 w_0)\ ^{8)} \\ &\quad - \Phi(x_0, t_0, v_0, \partial_x v_0, \partial_t v_0, \partial_x^2 v_0) \\ &= \Phi(x_0, t_0, w_0, \partial_x w_0, \partial_t w_0, \partial_x^2 w_0) \\ &\quad - \Phi(x_0, t_0, w_0, \partial_x w_0, \partial_t v_0, \partial_x^2 w_0) \\ &\quad + \Phi(x_0, t_0, v_0, \partial_x v_0, \partial_t v_0, \partial_x^2 w_0) \\ &\quad - \Phi(x_0, t_0, v_0, \partial_x v_0, \partial_t v_0, \partial_x^2 v_0) \\ &\geqq \textstyle\sum_{i,j=1}^m \Phi_{ij} \{\partial_{ij}^2 w(x_0, t_0) - \partial_{ij}^2 v(x_0, t_0)\}, \end{aligned}$$

vu les hypothèses 3°, 4° et les relations (2), (3); le dernier terme précédent étant la trace du produit multiplicatif des deux matrices symétriques, toutes lesquelles sont semi-définies positives, on a $\Delta \geqq 0$ [9] contrairement à l'hypothése 4° (l'inégalité (1)). Cela donne $F =$ vide, aussi la conclusion voulue est claire.

REMARQUE 2: Le théorème reste vrai même au cas où $w(x, t)$ est semi-elliptique en x relative à Φ, c'est-à-dire, où les v et w échangent des caractères, pourvu qu'on change de direction du signe de l'inégalité dans l'hypothèse 3°.

REMARQUE 3: Si Φ est affranchie de q, le théorème illumine, concernant *l'équation du type elliptique*, la *immuabilité de l'inégalité contre la variation du paramètre t*. Pour cela, voir notre mémoire précédent.[10]

APPLICATION: Envisageons les inégalités

$$\begin{aligned} \partial_t v &\leqq f(x, t, v, \partial_x v, \partial_x^2 u), \\ \partial_t w &> f(x, t, w, \partial_x w, \partial_x^2 w), \end{aligned}$$

où $\Phi(x, t, u, p, q, r) = f(x, t, u, p, r) - q$ satisfait à une des conditions écrites dans la note 5) au bas de la page 537. Si v et w remplissent les conditions du théorème, l'inégalité $v(x, t) < w(x, t)$ subsiste pour tout $(x, t) \in D \smile S$; c'est bien le cas qu'a traité *Westphal* pour $m = 1$.

---

8) Le symbole $_0$ signifie qu'on pose (x_0, t_0) pour (x, t).

9) Voir: M. Picone, ibid. p. 178, le lemme de Moutard.

10) S. Simoda et M. Nagumo: *Sur la solution bornée de l'équation aux dérivées partielles du type elliptique*. Proc. Japan Acad., **27** (1951), No. 7, pp. 334–339.

A theory of degree of mapping based on infinitesimal analysis*

[Amer. J. Math., 73 (1951) 485–496]

1. Introduction. This paper establishes a theory of degree of mapping for open sets in a Euclidean space of finite dimension, based on the theory of infinitesimal analysis, which is free from the notion of simplicial mapping. Although the results are not new, I hope in this way to make it possible to incorporate the theory of degree of mapping into a course in infinitesimal analysis.

A mapping $x' = f(x) = \{f_i(x) \mid i = 1, \cdots, m\}$ $(x = (x_1, \cdots, x_m))$ of a bounded open set G of an m-dimensional Euclidean space E^m into E^m is called *regular* on G, if each $f_i(x)$ is continuously differentiable on the closure $\bar{G}$ of G. We write $\partial x_i f$ or $\partial_i f$ for $\partial f/\partial x_i$, and by $D(f_1, \cdots, f_m/x_1, \cdots, x_m)$, or more concisely by $D(f/x)$, we denote the functional determinant $\det(\partial_i f_j)_{i,j=1,\ldots,m}$. We call the point x, for which $D(f/x)$ vanishes, a *critical point* of f; and the image of the set of all critical points (of f) by f will be called the *crease* of f on G. The expression $a \bar{\varepsilon} A$ means "a does not belong to A."

Now let a be a point of E^m which lies neither on $f(\bar{G} - G)$ (the image of the boundary of G) nor on the crease of f. Then, by a theorem on implicit functions, there exist at most a finite number of points x in G such that $f(x) = a$. Let the number of those points for which $D(f/x) > 0$ be p, and the number of those for which $D(f/x) < 0$ be q. Then we call the integer $p - q$ the *degrees of mapping* of G at a by f, and denote it by

$$A[a, G, f] \,(= p - q).$$

We have the following properties of the degree of mapping:

i) *If f is the identical mapping $f(x) = x$, then*

$$A[a, G, f] = 1 \text{ when } a \in G, \quad A[a, G, f] = 0 \text{ when } a \bar{\varepsilon} \bar{G}.$$

ii) *If $A[a, G, f] \neq 0$ and has a meaning, then there exists a point $x \in G$, such that $f(x) = a$.*

---

* Received March 6, 1950; revised September 4, 1950.

Essentially the same treatise by the author was published in a brochure in the Japanese language with examples and applications, in which (following Leray and Schauder) the theory is extended to a class of mappings in Banach space.

iii) *If G is divided into open sets G_i $(i=1,\cdots,k)$ without common points, i.e., $G\supset G_1\cup G_2\cup\cdots\cup G_k$, $\bar{G}=\bar{G}_1\cup\bar{G}_2\cup\cdots\cup\bar{G}_k$ and $G_i\cap G_j=0$ (empty set) $(i\neq j)$, then*

$$A[a,G,f]=\sum_{i=1}^{k}A[a,G_i,f],$$

if every term has a meaning.

iv) *If $f_t(x)$ is a continuous function of (t,x) for $0\leqq t\leqq 1$, $x\,\varepsilon\,\bar{G}$, and $a(t)\,(\varepsilon\,E^m)$ is continuous and $a(t)\,\bar{\varepsilon}\,f_t(\bar{G}-G)$ for all t in $0\leqq t\leqq 1$, then $A[a(t),G,f_t]$ is constant for $0\leqq t\leqq 1$.*

The propositions i), ii), and iii) are obvious; but for the proof of iv) we need considerable preparation. In § 2 we shall give auxiliary theorems for the proof of iv) which will be carried out in § 3. In § 4 the definition of degree of mapping will be extended to any continuous mapping of an open set G in E^m. In § 5 a product theorem of degree of mapping, concerning the composition of two mappings, will be proved.

2. Auxiliary theorems.

THEOREM 1.[1] *Let $x'=f(x)$ be a regular mapping of an open set G in E^m. Then the crease of f is a set of (m-dimensional Lebesgue) measure zero in E^m.*

Proof. We divide G into an enumerable set of closed cubes Q: $|x_i-a_i|\leqq l$ $(i=1,2,\cdots,m)$. Then it is sufficient to prove that the measure of the crease of f on Q is zero. For any $\epsilon>0$, there exists a natural number n such that Q can be divided into n^m equal small closed cubes Q_ν $(\nu=1,\cdots,n^m)$ in each of which we have

$$f_i(x)=f_i(\alpha)+\sum_{j=1}^{m}\partial_jf_i(\alpha)(x_j-\alpha_j)+\eta_i(x),$$

where $\sum_{i=1}^{m}\eta^2<(\epsilon/n)^2$ and α is an arbitrary point in Q_ν. Let $\hat{Q}_\nu$ be the image of Q_ν under the linear transformation $x'_i=f_i(\alpha)+\sum_{j=1}^{m}\partial_jf_i(\alpha)(x_j-\alpha_j)$. The diameter of $\hat{Q}_\nu$ is not greater than $2Ll/n$, where $L=\operatorname{Max}_Q(\sum_{i,j=1}^{m}\{\partial_jf_i(x)\}^2)^{1/2}$. If Q_ν contains a critical point, we take it as α. Then Q_ν is contained in an

[1] This is the simplest special case of a theorem of A. Sard, *Bulletin of the American Mathematical Society*, vol. 48 (1942), pp. 883-890.

$(m-1)$-dimensional linear manifold, and $f(Q_\nu)$ lies in the ϵ/n-neighborhood of $\hat{Q}_\nu$. Therefore the measure of $f(Q_\nu)$ is smaller than $\{2n^{-1}(Ll+\epsilon)\}^{m-1}2\epsilon n^{-1}$. Consequently the measure of the crease in $f(Q)$ is smaller than $2^m(Ll+\epsilon)^{m-1}\epsilon$, and since ϵ is arbitrary small, it must be zero.

As an application of Theorem 1 we obtain immediately:

THEOREM 2. *Let M be any set of points in E^m which can be represented by the equations*

$$x_\mu = \phi_\mu(s_1,\cdots,s_l) \qquad (\mu=1,\cdots,m), \quad 0<l<m,$$

where $\phi_\mu(s_1,\cdots,s_l)$ are continuously differentiable in an open domain of an $l(<m)$-dimensional Euclidean space. Then M is a set of (m-dimensional Lebesgue) measure zero in E^m.

THEOREM 3. *Let G be a bounded open set in E^m and $x'=F(x)$ be a regular mapping of G into E^m. Then for any point $a \in E^m$, neither on $F(\bar{G}-G)$ nor on the crease of F, there exists a positive number ϵ with the following property:*

For any regular mapping $x'=f(x)$ of G into E^m such that $|f(x)-F(x)|<\epsilon$[2] *for $x\in\bar{G}$ and $|\partial_j f(x)-\partial_j F(x)|<\epsilon$ $(j=1,\cdots,m)$ for $x\in G_\epsilon$, where $G_\epsilon = G\cap\{x \mid \mathrm{dist}(x,\bar{G}-G)>\epsilon\}$, the equality $A[a,G,f] = A[a,G,F]$ holds.*

Proof. There are only a finite number of points x of G such that $F(x)=a$. Let $p^1,\cdots,p^N$ be all such points. Let K be the set of critical points of F, and put

$$\Delta = \mathrm{Min}\{|p^\mu - p^\nu| \ (\mu\neq\nu), \ \ \mathrm{dist}(p^\mu, K\cup(\bar{G}-G))\};$$

then $\Delta>0$. Let α be a positive number such that $\alpha<\Delta/2$, and $U_\alpha(p^\nu)$ be the α-neighborhood of p^ν, and put

$$M_\alpha = \mathrm{Min}\{|F(x)-a| \mid x\in\bar{G}-\bigcup_{\nu=1}^{N} U_\alpha(p^\nu)\};$$

then $U_\alpha(p^\nu)\subset G_\alpha$, where $G_\alpha = G\cap\{x\mid \mathrm{dist}(x,\bar{G}-G)>\alpha\}$, and $M_\alpha>0$.

Since $\det(\partial_x F(x))\neq 0$ for $x\in\bar{U}_\alpha(p^\nu)$, there exists an $\epsilon'>0$ such that $\det(\partial_x f(x))\neq 0$ holds for any regular mapping f of $U_\alpha(p^\nu)$ into E^m provided that $|\partial_j f(x)-\partial_j F(x)|<\epsilon'$ $(j=1,\cdots,m)$.

Now let f be any regular mapping of G into E^m such that $|f(x)-F(x)|$

---

[2] By $|p-q|$ we denote the distance $(\sum_{i=1}^{m}(p_i-q_i)^2)^{1/2}$ of two points p and q in E^m.

$< M_a$ for $x \in \bar{G}$ and $|\partial_j f(x) - \partial_j F(x)| < \epsilon'$ $(j = 1, \cdots, m)$ for $x \in G_a$. We put $f_t(x) = (1-t)F(x) + tf(x)$. Then we have

$$\det(\partial_x f_t(x)) \neq 0 \text{ for } 0 \leqq t \leqq 1, x \in U_a(p^\nu),$$

and all roots of $f_t(x) = a$ lie in $\bigcup_{\nu=1}^{N} U_a(p^\nu)$.

Let τ be any value of t from $0 \leqq t \leqq 1$ and p_0 be a point of G such that $f_\tau(p_0) = a$. Then p_0 belongs to a $U_a(p^\nu)$ and by the theory of implicit functions there exists a neighborhood of $t = \tau$ such that the equation $f_t(x) = a$ has exactly one solution $x = p(t)$ in a sufficiently small neighborhood of p_0. This solution $p(t)$ depends on t continuously and can be prolongated for the whole interval $0 \leqq t \leqq 1$. In fact, let $p(t)$ be continuous and $p(t) \in U_a(p^\nu)$ for $\tau \leqq t < T$, and p^* be any accumulation point of $p(t)$ for $t \to T$. Then $p^* \in U_a(p^\nu)$ and $f_T(p^*) = a$. Since $\det(\partial_x f_T(p^*)) \neq 0$, then by the theory of implicit functions there exists a unique solution $x = p^*(t)$ of $f_t(x) = a$ in a sufficiently small neighborhood of p^* for t sufficiently near to T. As $p^*(t)$ is continuous and the solution of $f_t(x) = a$ is unique in a small neighborhood of p^*, it must coincide with $p(t)$ for $t < T$ sufficiently near to T. Thus $p(t)$ is continuous for $\tau \leqq t \leqq T$ and can be prolongated beyond T if $T < 1$. This and a similar consideration for $t \leqq \tau$ show that $p(t)$ can be prolongated for $0 \leqq t \leqq 1$, where it is continuous. Since the solutions of $f_t(x) = a$ are isolated and continuous for $0 \leqq t \leqq 1$, the number of the solutions of $f_t(x) = a$ is constant in each $U_a(p^\nu)$ for $0 \leqq t \leqq 1$. Hence $f_t(x) = a$ has exactly one solution in each $U_a(p^\nu)$ and $\det(\partial_x f_t)$ keeps the same sign in each $U_a(p^\nu)$ for $0 \leqq t \leqq 1$. Then $A[a, G, f_t]$ is constant for $0 \leqq t \leqq 1$. The proof is thus established, if we take $\epsilon = \mathrm{Min}\{\alpha, M_a, \epsilon'\}$.

THEOREM 4. *Let G be a bounded open set in E^m, $x' = F(x)$ a regular mapping of G into E^m, $a(t) \in E^m$ continuously differentiable in $0 \leqq t \leqq 1$, and $a(t) \bar{\in} F(\bar{G} - G)$. Then there exists for any $\epsilon > 0$ such that $\epsilon < \mathrm{dist}(a(t), F(\bar{G} - G))$ a regular mapping $x' = f(x)$ of G into E^m with the following properties:*

i) $|f(x) - F(x)| < \epsilon$ *for* $x \in \bar{G}$ *and* $|\partial_j f(x) - \partial_j F(x)| < \epsilon$ $(j = 1, \cdots, m)$ *for* $x \in G_\epsilon$.[3]

ii) *For every x such that $f(x) = a(t)$ $(0 \leqq t \leqq 1)$, there holds the inequality*

$$\text{Rank of } (\partial_x f(x)) \geqq m - 1, \text{ where } (\partial_x f) = (\partial_j f_i)_{i,j=1,\ldots,m}.$$

[3] $G_\epsilon = G \cap \{x \mid \mathrm{dist}(x, \bar{G} - G) > \epsilon\}$.

iii) *For any fixed t the set of points x such that $f(x) = a(t)$ has no accumulation point in G.*

Proof. We can find a regular mapping $x' = \phi(x)$ of G into E^m, such that $\phi(x)$ is 3 times continuously differentiable in G, $|\phi(x) - F(x)| < \epsilon/2$ for $x \varepsilon \bar{G}$ and $|\partial_j\phi(x) - \partial_j F(x)| < \epsilon/2$ for $x \varepsilon G_\epsilon$. We put

$$(1) \qquad f_i(x) = \phi_i(x) + \alpha_i + \sum_{\nu=1}^{m} (\beta_{i,\nu}x_\nu + 2^{-1}\gamma_{i,\nu}x^2{}_\nu).$$

Then we can find $\delta > 0$, such that $f(x)$ defined by (1) satisfies the statement i) if the conditions $|\alpha_i| < \delta$, $|\beta_{i,\nu}| < \delta$, $|\gamma_{i,\nu}| < \delta$ are satisfied.

Let us prove that the set of (α, β, γ) such that $f(x)$ defined by (1) does not satisfy ii) has the measure zero in $E^q{}_{(\alpha,\beta,\gamma)}$ $(q = m + 2m^2)$. If ii) does not hold, then there exists a point x and a value of t for which $f(x) = a(t)$ and certain $l \geqq 2$ columns of the matrix $(\partial_x f)$ are linear combinations of the other $m - l$ columns. Let us suppose that these are the last l columns. Then there exist $l(m - l)$ numbers $\lambda_{\mu,\nu}$ $(\mu = 1, \cdots, l,$ $\nu = 1, \cdots, m - l)$ such that

$$\partial_{m-l+\mu} f_i = \sum_{\nu=1}^{m-l} \lambda_{\mu,\nu}\partial_\nu f_i \qquad (i = 1, \cdots, m).$$

Then by (1):

$$\beta_{i,m-l+\mu} = \sum_{\nu=1}^{m-l} \lambda_{\mu,\nu}(\beta_{i,\nu} + \partial_\nu\phi_i(x) + \gamma_{i,\nu}x_\nu)$$
$$- \partial_{m-l+\mu}\phi_i(x) - \gamma_{i,m-l+\mu}x_{m-l+\mu},$$

and

$$\alpha_i = a_i(t) - \phi_i(x) - \sum_{\nu=1}^{m} (\beta_{i,\nu}x_\nu + 2^{-1}\gamma_{i,\nu}x_\nu{}^2).$$

This shows that (α, β, γ) can be represented by continuously differentiable functions of $m + 2m^2 - l^2 + 1 < q$ arguments $t, x_j, \lambda_{\mu,\nu}, \beta_{i,\nu}, \gamma_{i,\nu}$ $(i, j = 1, \cdots, m, \mu = 1, \cdots, l, \nu = 1, \cdots, m - l)$. Thus by Theorem 2 the set of points (α, β, γ) such that $f(x)$ does not satisfy ii) has the measure zero in $E^q{}_{(\alpha,\beta,\gamma)}$, since there are only a finite number of ways to choose $l \geqq 2$ columns from $(\partial_x f)$.

Next we shall prove that the set of (α, β, γ) for which the statement ii) holds, but not iii), has also the measure zero in $E^q{}_{(\alpha,\beta,\gamma)}$. Suppose that this occurs for $t = t^*$ and put $a(t^*) = a$. Then the equation $f(x) = a$ has an infinite number of roots $x = p^n = (p_1{}^n, \cdots, p_m{}^n)$, which converges to a point $p = (p_1, \cdots, p_m) \varepsilon G$. By ii) there exist $m - 1$ components of $f(x)$, say $f_1, \cdots, f_{k-1}, f_{k+1}, \cdots, f_m$, such that $D(f_1, \cdots, f_{k-1}, f_{k+1}, \cdots, f_m/x_1,$

$\cdots, x_{m-1}) \neq 0$ for $x = p$. If we put $y_i = f_i(x)$ for $i \neq k$ and $y_k = x_m$, then $D(y/x)_{x=p} = \pm D(f_1, \cdots, f_{k-1}, f_{k+1}, \cdots, f_m/x_1, \cdots, x_{m-1}) \neq 0$, and by a theorem of implicit functions, a neighborhood of p in $E_{(x)}{}^m$ corresponds homeomorphically to a neighborhood of $(a_1, \cdots, a_{k-1}, p_m, a_{k+1}, \cdots, a_m)$ in $E_{(y)}{}^m$. Let $x = \psi(y)$ be the inverse mapping (3 times continuously differentiable) and put $p_m{}^n = s_n$, $p_m = \sigma$, $\psi_\mu(a_1, \cdots, a_{k-1}, s, a_{k+1}, \cdots, a_m) = h_\mu(s)$ $(\mu = 1, \cdots, m)$. Then we have $\lim s_n = \sigma$, $p_\mu{}^n = h_\mu(s_n)$, $p_\mu = h_\mu(\sigma)$ and $f_i(h(s_n)) = f_i(h(\sigma)) = a_i$. Thus, if we put $h'_\mu(\sigma) = \lambda_\mu$ and $h''_\mu(\sigma) = \lambda'_\mu$, we have

$$(2) \qquad \frac{d}{ds} f_i(h(s))_{s=\sigma} = \sum_{\nu=1}^{m} \lambda_\nu (\partial_\nu f_i)_{x=p} = 0,$$

and

$$(3) \qquad \frac{d^2}{ds^2} f_i(h(s))_{s=\sigma} = \sum_{\mu,\nu=1}^{m} \lambda_\mu \lambda_\nu (\partial^2{}_{\mu,\nu} f_i)_{x=p} + \sum_{\mu=1}^{m} \lambda'_\mu (\partial_\mu f_i)_{x=p} = 0.$$

But by definition we have $h_m(s) = s$. Thus we get $\lambda_m = h'_m(\sigma) = 1$ and $\lambda'_m = h''_m(\sigma) = 0$. Hence from (1) and (3) we obtain

$$\gamma_{i,m} = -\sum_{\mu=1}^{m-1} \{ \sum_{\nu=1}^{m-1} \lambda_\mu \lambda_\nu \partial^2{}_{\mu,\nu} \phi_i(p) + 2\lambda_\mu \partial^2{}_{\mu,m} \phi_i(p) + \lambda_\mu \gamma_{i,\mu} + \lambda'_\mu (\partial_\mu \phi_i(p) + \beta_{i,\mu} + \gamma_{i,\mu} p_\mu) \} - \partial^2{}_{m,m} \phi_i(p).$$

And by (1) and (2) we get

$$\beta_{i,m} = -\sum_{\mu=1}^{m-1} \lambda_\mu (\partial_\mu \phi_i(p) + \beta_{i,\mu} + \gamma_{i,\mu} p_\mu) - \gamma_{i,m} p_m - \partial_m \phi_i(p).$$

Thus (α, β, γ) can be represented by continuously differentiable functions of $m + 2m^2 - 1 = q - 1$ arguments t, p_j, λ_μ, λ'_μ, $\beta_{i,\mu}$, $\gamma_{i,\mu}$ $(i, j = 1, \cdots, m$, $\mu = 1, \cdots, m-1)$. Therefore by Theorem 2 the set of points (α, β, γ) such that ii) holds but not iii) has measure zero in $E^q{}_{(\alpha,\beta,\gamma)}$.

In conclusion we have that, under the conditions $|\alpha_i| < \delta$, $|\beta_{i,\mu}| < \delta$, $|\gamma_{i,\mu}| < \delta$, except for a set of points (α, β, γ) of measure zero the statements ii) and iii) are satisfied by $f(x)$ defined by (1).

3. Proof of the continuity of the degree of mapping.

THEOREM 5. *Let $x' = F_t(x)$ be a regular mapping of a bounded open set G in E^m into E^m and $F_t(x)$ be a continuous function of (t, x) for $0 \leqq t \leqq 1$, $x \in \bar{G}$. If $a(t)$ $(\in E^m)$ is continuous and $a(t) \bar{\in} F_t(\bar{G} - G)$ for $0 \leqq t \leqq 1$, then $A[a(t), G, F_t]$ is constant for $0 \leqq t \leqq 1$ (except for those values of t such that $a(t)$ is on the crease of F_t).*

Proof. For the case $m = 1$ the proof is not difficult, because one can approximate the mapping function including its derivative by a function which has only a finite number of critical points. Therefore we assume that the theorem holds for $m = 1$, and we suppose that $m > 1$.

At first let us consider the case that $F_t(x)$ does not depend on t, and $a(t)$ is continuously differentiable. It is sufficient to prove $A[a(0), G, F] = A[a(1), G, F]$. Let ϵ_0 be the distance between the curve $x = a(t)$ and $F(\bar{G} - G)$. Then by Theorem 3 and Theorem 4 there exists a regular mapping $x' = f(x)$ of G into E^m with the following properties:

i) $|f(x) - F(x)| < \epsilon_0$ for $x \varepsilon \bar{G}$.

ii) $A[a(i), G, f] = A[a(i), G, F]$ $(i = 0, 1)$.

iii) Rank of $(\partial_x f) \geqq m - 1$ for any x such that $f(x) = a(t)$ $(0 \leqq t \leqq 1)$.

iv) For any fixed t in $0 \leqq t \leqq 1$ the set of the roots of $f(x) = a(t)$ has no accumulation point in G.

Now we take any fixed value of t in $0 \leqq t \leqq 1$ and put $a(t) = a$. Then from i) and the definition of ϵ_0 we have $a \,\bar{\varepsilon}\, f(\bar{G} - G)$. And from iv) the equation $f(x) = a$ has only a finite number of roots $c^1, \cdots, c^k$. We can find a positive number Δ such that, if U_ν is any neighborhood of c^ν with diameter smaller than Δ, the U_ν all lie in G and have no common points with one another. Since $a \,\bar{\varepsilon}\, f(\bar{G} - U_1 - \cdots - U_k)$, all roots of $f(x) = a'$ lie in $U_1 \cup \cdots \cup U_k$ for any point a' with

$$(1) \qquad |a - a'| < \operatorname{dist}[a, f(\bar{G} - U_1 - \cdots - U_k)] = \Delta',$$

and

$$(2) \qquad A[a', G, f] = \sum_{\nu=1}^{k} A[a', U_\nu, f],$$

if a' is not on the crease of f.

Let us consider each $A[a', U_\nu, f]$ separately. From iii) there exist $m - 1$ components of f, say $f_1, \cdots, f_{l-1}, f_{l+1}, \cdots, f_m$, such that

$$D(f_1, \cdots, f_{l-1}, f_{l+1}, \cdots, f_m / x_1, \cdots, x_{m-1}) \neq 0 \text{ at } x = c^\nu.$$

If we put

$$(3) \qquad y_i = f_i(x) \text{ for } i \neq l \text{ and } y_l = x_m,$$

then $D(y/x) \neq 0$ at $x = c^\nu$. By a theorem of implicit functions we can find a positive number δ, such that the neighborhood V_ν of the point $(a_1, \cdots, a_{l-1}, c_m^\nu, a_{l+1}, \cdots, a_m)$ in $E_{(y)}{}^m$ defined by

$$V_\nu\colon \alpha_i < y_i < \beta_i \qquad (i = 1, \cdots, m),$$

where $\alpha_i = a_i - \delta$, $\beta_i = a_i + \delta$ for $i \neq l$ and $\alpha_l = c_m{}^\nu - \delta$, $\beta_l = c_m{}^\nu + \delta$, corresponds homeomorphically to a neighborhood U_ν of c^ν in $E_{(x)}{}^m$ whose diameter is smaller than Δ. Let us denote its inverse mapping by $x = \phi(y)$, and put $f(\phi(y)) = g(y)$. We can suppose that the correspondence is continuous on the boundary $\bar{U}_\nu - U_\nu = \phi(\bar{V}_\nu - V_\nu)$ and that $D(\phi/y) \neq 0$ in V_ν. If we put $\operatorname{sign}\{D(\phi/y)\} = e_\nu$, which is constant in V_ν, we have by the definition of the degree of mapping

$$A[a', U_\nu, f] = e_\nu A[a', V_\nu, g]. \tag{4}$$

From $x' = f(x) = g(y)$ and (3) we have $g_i(y) = y_i$ for $i \neq l$. Therefore $D(g/y) = \partial_l g_l(y)$. Consequently we get

$$A[a', V_\nu, g] = A[a'_l, (\alpha_l, \beta_l), g_{l,(a')}], \tag{5}$$

where the right-hand side means the degree of mapping by the one-dimensional transformation $x'_l = g_l(a'_1, \cdots, a'_{l-1}, y_l, a'_{l+1}, \cdots, a'_m) = g_{l,(a')}(y_l)$. Let a'' be any point in $|a'' - a| < \Delta'$ not on the crease of f; then the segment $a(s) = (1-s)a' + sa''$ $(0 \leqq s \leqq 1)$ lies in U_ν and $a(s) \bar{\varepsilon}\, g(\bar{V}_\nu - V_\nu)$. Therefore by the hypothesis $A[a_l(s), (\alpha_l, \beta_l), g_{l,[s]}]$ is constant for $0 \leqq s \leqq 1$, where $g_{l,[s]}$ means the one-dimensional transformation $x'_l = g_{l(a(s))}(y_l)$. Thus by (5) we have

$$A[a', V_\nu, g] = A[a'', V_\nu, g]. \tag{6}$$

From (2), (4), and (6) we get

$$A[a', G, f] = A[a'', G, f].$$

This shows that $A[a', G, f]$ does not depend on a', when a' is sufficiently near a point of the curve $x = a(t)$ $(0 \leqq t \leqq 1)$. By using Borel's covering theorem for the curve $x = a(t)$ we obtain $A[a(0), G, f] = A[a(1), G, f]$. And by ii) we get $A[a(0), G, F] = A[a(1), G, F]$. This completes the first part of the proof.

Now we shall consider the case that $F_t(x)$ depends on t. Let τ be any value of t in $0 \leqq t \leqq 1$ and put $\operatorname{dist}[a(\tau), F_\tau(\bar{G} - G)] = \Delta$. Then there exists a $\delta > 0$, such that for $|t - \tau| < \delta$, $x \varepsilon \bar{G}$, the inequalities

$$|F_t(x) - F_\tau(x)| < \Delta/2 \quad \text{and} \quad |a(t) - a(\tau)| < \Delta/2$$

hold. Let t_0, t_1 be any two values of t in $|t - \tau| < \delta$ and put

$$a[s] = (1-s)a(t_0) + sa(t_1), \qquad F_{(s)}(x) = (1-s)F_{t_0}(x) + sF_{t_1}(x).$$

Then we have $a[s] \bar{\varepsilon}\, F_{(s)}(\bar{G} - G)$ for $0 \leqq s \leqq 1$. Let H be the open set in $E_{(s,x)}{}^{m+1}$ defined by $-\epsilon < s < 1 + \epsilon$ $(\epsilon > 0)$, $x \varepsilon G$, and $(s', x') = \Phi(s, x)$

be the transformation in $E_{(s,x)}{}^{m+1}$ defined by $s' = s$, $x' = F_{(s)}(x)$. Then Φ is a regular mapping of H into $E_{(s,x)}{}^{m+1}$, and $a^*(t) = (t, a[t])$ does not touch $\Phi(\bar{H} - H)$ for $0 \leqq t \leqq 1$. Therefore $A^{m+1}[a^*(t), H, \Phi]$ is constant for $0 \leqq t \leqq 1$ by the first part of the proof. The superscript of A denotes the dimension of the space in which the mapping is considered. But one can easily prove also that

$$A^{m+1}[a^*(t), H, \Phi] = A^m[a[t], G, F_{(t)}].$$

Thus we get $A[a(t_0), G, F_{t_0}] = A[a(t_1), G, F_{t_1}]$. As t_0 and t_1 are arbitrary values in $|t - \tau| < \delta(\tau)$ and τ in $0 \leqq t \leqq 1$, then by the covering theorem of Borel we obtain the constancy of $A[a(t), G, F_t]$ for $0 \leqq t \leqq 1$. Thus the proof is complete.

Remark. Let $x' = F(x)$ be a regular mapping of a bounded open set G in E^m and a_1 and a_2 be any two points such that $|a_i - a| < \text{dist}[a, F(\bar{G} - G)]$. Then $A[a_1, G, F] = A[a_2, G, F]$, if a_1 and a_2 are not on the crease of F. From this we can define $A[a, G, F]$, *even when a is on the crease of F, only provided a is not in $F(\bar{G} - G)$.* For, in any small neighborhood V of a there is a point a' not on the crease of F; and $A[a', G, F]$ is independent of a', when a' is in a sufficiently small neighborhood V of a. Therefore *Theorem 5 holds even when $a(t)$ is on the crease of F_t.*

4. The degree of mapping of continuous transformations. Now we shall extend the definition of degree of mapping to any continuous mapping of an open set in E^m. First let us consider a bounded open set and a mapping which is continuous on its closure. *Let G be a bounded open set in E^m, $x' = f(x)$ a continuous mapping of $\bar{G}$ into E^m and a a point not on $f(\bar{G} - G)$. Then $A[a, G, F]$ has the same value for any regular mapping $x' = F(x)$ of G into E^m, if F satisfies the condition*

$$(1) \qquad |F(x) - f(x)| < \text{dist}[a, f(\bar{G} - G)] \qquad \textit{for } x \in \bar{G}.$$

Thus we define the degree of mapping of G at a (by f) by

$$A[a, G, f] = A[a, G, F].$$

In order to prove that $A[a, G, F]$ has the same value for any regular mapping F of G under the conidtion (1), let us take two regular mappings F_0 and F_1 which satisfy the condition (1), and put $F_t(x) = (1 - t)F_0(x) + tF_1(x)$. Then $F_t(x)$ satisfies the condition (1) for $0 \leqq t \leqq 1$, and hence $a \,\bar{\varepsilon}\, F_t(\bar{G} - G)$. Thus, by Theorem 5, $A[a, G, F_t]$ is constant for $0 \leqq t \leqq 1$, and we obtain $A[a, G, F_0] = A[a, G, F_1]$.

The degree of mapping thus defined also satisfies the properties i), ii), iii), and iv) in § 1, as one can prove easily, when $f(x)$ is continuous in $\bar{G}$.

Next let us consider a more general case: Let G be an open set in E^m and $x' = f(x)$ be a continuous mapping of G into E^m. *Let* $(f; G)$ *be the set of all accumulation points of* $\{f(p_n)\}$ *where* $\{p_n\}$ *is any sequence of points of* G *having no accumulation point in* G. If G is bounded and f is continuous on $\bar{G}$ (the closure of G), then $(f; G) = f(\bar{G} - G)$. If $a \bar{\varepsilon} (f; G)$, then the set R of all roots of the equation $f(x) = a$ in G is a bounded closed set in E^m. Let G_i $(i = 1, 2)$ be any two bounded open sets with the properties $R \subset G_i$ and $\bar{G}_i \subset G$. Then f is continuous on $\bar{G}_i$ and it is easy to see that

$$A[a, G_1, f] = A[a, G_2, f].$$

Thus *we define* $A[a, G, f]$ *by* $A[a, G, f] = A[a, G_1, f]$ *where* G_1 *is any bounded open set with the properties* $R \subset G_1$ *and* $\bar{G}_1 \subset G$, *where* R *is the set of all roots of* $f(x) = a$ *in* G.

The properties i), ii), and iii) in § 1 hold also for the degree of mapping of this kind, if one replaces $f(\bar{G} - G)$ by $(f; G)$. To extend the statement iv) to this case, we define $(f_t; G, \tau)$ as follows:

Let f_t *be a continuous mapping of* G *into* E^m *depending on the parameter* t, $0 \leqq t \leqq 1$. *Then* $(f_t; G, \tau)$ *means the set of all accumulation points of* $\{f_{t_n}(p_n)\}$ *where* $\lim t_n = \tau$ *and* $\{p_n\}$ *is any sequence of points of* G *having no accumulation point in* G. If G is bounded and f_t is a continuous function of (t, x) for $0 \leqq t \leqq 1$, $x \varepsilon \bar{G}$, then we have $(f_t; G, \tau) = f_\tau(\bar{G} - G)$ for any $0 \leqq \tau \leqq 1$.

To prove the statement iv) where $f_t(\bar{G} - G)$ is replaced by $(f_t; G, \tau)$, we use the following lemma which one can prove easily:

If $a \bar{\varepsilon} (f_t; G, \tau)$, *then there exists a neighborhood* V *of* a, *a positive number* δ *and a bounded open set* G_1, *such that* $\bar{G}_1 \subset G$ *and* $V \cap f_t(G - G_1)$ *is empty for* $|t - \tau| < \delta$.

We can take δ so small that $a(t) \varepsilon V$ also holds for $|t - \tau| < \delta$. Thus we have for $|t - \tau| < \delta$,

$$A[a(t), G, f_t] = A[a(t), G_1, f_t].$$

As $\bar{G}_1 - G_1 \subset G - G_1$, we have also $a(t) \bar{\varepsilon} f_t(\bar{G}_1 - G_1)$ for $|t - \tau| < \delta$. Then $A[a(t), G_1, f_t]$ is constant for $|t - \tau| < \delta$. Consequently $A[a(t), G, f_t]$ is constant for $|t - \tau| < \delta$. By Borel's covering theorem applied to the closed interval $0 \leqq t \leqq 1$ *we obtain statement* iv), *replacing* $a(t) \bar{\varepsilon} f_t(\bar{G} - G)$ *by* $a(\tau) \bar{\varepsilon} (f_t; G, \tau)$.

5. The product theorem.

THEOREM 6. *Let G be an open set in E^m and $x' = f(x)$ a continuous mapping of G into E^m. Let H be an open set containing $f(G)$ and H_i $(i = 1, 2, \cdots)$ the components of the open set $H - (f; G)$. Let $x' = \phi(x)$ be a continuous mapping of H into E^m and a a point of E^m outside of $(\phi f; G) \cup (\phi; H)$. Then we have*

$$A[a, G, \phi f] = \sum_i A[a, H_i, \phi] A[b_i, G, f], \tag{1}$$

where b_i is an arbitrary point of H_i.

Proof. $A[p, G, f]$ is constant when p varies on a domain H_i. Let D_k be the sum of those domains H_i such that $A[p, G, f] = k$ for $p \varepsilon H_i$. Then D_k is the set of all points $p \varepsilon H$ such that $A[p, G, f] = k$.

Now let R be the set of all roots of $\phi(x) = a$. Then since R is compact and $R \cap (f; G)$ is empty (because $a \bar{\varepsilon} \phi(H \cap (f; G)) \subset (\phi f; G))$, R can be covered by a finite number of $\dot{H}_i$. Thus we get by property iii),

$$\sum_i A[a, H_i, \phi] A[b_i, G, f] = \sum_k A[a, D_k, \phi] k. \tag{2}$$

Therefore it suffices to prove the relation

$$A[a, G, \phi f] = \sum_k A[a, D_k, \phi] k. \tag{3}$$

The relation (3) is true, if G and H are bounded, f and ϕ are regular mappings, and a is not on the crease of ϕf, as one can prove easily from the definition of the degree of mapping.

In order to discuss the general case we first assume that G and H are bounded, that f and ϕ are continuous on $\bar{G}$ and $\bar{H}$ respectively and that $f(\bar{G}) \subset H$. Let us take regular transformations f^* and ϕ^* sufficiently near to f and ϕ respectively such that a is not on the crease of $\phi^* f^*$:

$$|f^*(x) - f(x)| < \text{dist}[R, f(\bar{G} - G)] \text{ for } x \varepsilon \bar{G},$$

$$|\phi^*(x) - \phi(x)| < \text{dist}[a, \phi f^*(\bar{G} - G) \cup \phi(\bar{H} - H)] \text{ for } x \varepsilon \bar{H},$$

and

$$|\phi^* f^*(x) - \phi f(x)| < \text{dist}[a, \phi f(\bar{G} - G)] \text{ for } x \varepsilon \bar{G}.$$

Thus, if we denote by D^*_k the set of all points $p \varepsilon H$ such that $A[p, G, f^*] = k$, we have

$$\text{dist}[a, \phi f^*(\bar{G} - G) \cup \phi(\bar{H} - H)] \leqq \text{dist}[a, \phi(\bar{D}^*_k - D^*_k)];$$

$$A[a, D^*_k, \phi^*] = A[a, D^*_k, \phi] = A[a, D_k, \phi], \tag{4}$$

since $D^*_k \cap R = D_k \cap R$ (because $A[p, G, f^*] = A[p, G, f]$ for $p \varepsilon R$); and

$$(5) \qquad A[a, G, \phi^* f^*] = A[a, G, \phi f].$$

But, as we have already said, we have

$$(6) \qquad A[a, G, \phi^* f^*] = \sum_k [a, D^*_k, \phi^*] k.$$

Thus from (4), (5), and (6) we get

$$(7) \qquad A[a, G, \phi f] = \sum_k A[a, D_k, \phi] k.$$

Next we discuss the general case, when G and H are not necessarily bounded and f and ϕ are continuous respectively on G and H. Let $\{G_n\}$ and $\{H_n\}$ be sequences of bounded open sets such that $\bar{G}_n \subset G_{n+1}$, $\lim G_n = G$, $f(\bar{G}_n) \subset H_n$, $\bar{H}_n \subset H_{n+1}$, $\lim H_n = H$, and $D_k{}^n$ the set of all points $p \varepsilon H_n$ such that $A[p, G_n, f] = k$. Then $f(\bar{G}_n - G_n)$ approaches $(f; G)$ as $n \to \infty$, and $\underline{\lim}\, D_k{}^n \supseteq D_k$ (as point sets). Since R can be covered by a finite number of D_k, for example by $D_{-l}, \cdots, D_l$, and each $D_k \cap R$ is compact, it follows that R can be covered by $D_{-l}{}^n, \cdots, D_l{}^n$ for a sufficiently large n. Thus we have

$$A[a, G_n, \phi f] = A[a, G, \phi f] \text{ and } A[a, D_k{}^n, \phi] = A[a, D_k, \phi]$$

for a certain fixed n and all k. Therefore (7) holds for the general case. Thus from (2) and (7) we obtain (1).

OSAKA UNIVERSITY,
OSAKA, JAPAN.

Degree of mapping in convex linear topological spaces

[Amer. J. Math., 73 (1951) 497–511]

J. Leray and J. Schauder have developed a theory of the degree of mapping for a completely continuous movement[1] in a Banach space (1934) [1]. Before this, Schauder gave a theorem on the invariance of domain under a one-one completely continuous movement in a weakly compact Banach space (1929) [6], (1932) [7]. These works contain important applications to the theory of partial differential equations of elliptic type. Leray also gave a product theorem concerning the degree of mapping for the composition of completely continuous movements in general Banach spaces and extended the theorem of Schauder on the invariance of domain to the case of general Banach spaces (1935) [2]. However, the treatments [1] and [2] seem not to be complete in detail. In this paper, following Leray and Schauder, I wish to establish a theory of the degree of mapping in the case of convex linear topological spaces and prove a theorem on the invariance of domain in the case of convex linear metric complete spaces.[2]

I am much obliged to the referee of this Journal for several corrections of my manuscript and for references to the literature.

1. Preliminary notions.

1.1. First we shall explain the notion of the degree of mapping in a finite dimensional Euclidean space. Let G be an open set in an m-dimensional Euclidean space E^m and $x' = f(x) = \{f_i(x) \mid i = 1, \cdots, m\}$ $(x = (x_1, \cdots, x_m))$ be a continuous mapping of $\bar{G}$ (the closure of G) into E^m such that $f(x) - x$ is bounded on $\bar{G}$. Let a be a point of E^m *not in* $f(\bar{G} - G)$ (the image of $\bar{G} - G$ by f). Then there will be determined an integer $A[a, G, f]$, called the *degree of mapping* of G at a by f, with the following properties:

i) *If f is the identical mapping $f(x) = x$, then*

$$A[a, G, f] = 1 \textit{ when } a \in G, \quad A[a, G, f] = 0 \textit{ when } a \bar{\in} \bar{G}.^3$$

* Received March 6, 1950; revised September 4, 1950.

[1] I. e., a transformation of the form $x' = x + f(x)$, where f is completely continuous.

[2] I am also informed about the work of E. Rothe on the same subject [5], but I must sorrily confess that I have had no chance to see it.

[3] $\bar{\varepsilon}$ means the negation of ε.

497

ii) *If* $A[a, G, f] \neq 0$, *then there exists a point* $x \varepsilon G$ *such that* $f(x) = a$.

iii) *If* G *is divided into open sets* $G_1, \cdots, G_k$, *i. e.* $G \supset \bigcup_{i=1}^{k} G_i$, $\bar{G} = \bigcup_{i=1}^{k} \bar{G}_i$, *and* $G_i \cap G_j = 0$ *(empty set)* $(i \neq j)$, *and if* $a \bar{\varepsilon} f(\bar{G}_i - G_i)$ *for any* i, *then*

$$A[a, G, f] = \sum_{i=1}^{k} A[a, G_i, f].$$

iv) *If* $f_t(x) - x$ *is a bounded continuous function of* (t, x) *for* $0 \leqq t \leqq 1$, $x \varepsilon \bar{G}$, *if* $a(t) (\varepsilon E^m)$ *is continuous, and if* $a(t) \bar{\varepsilon} f_t(\bar{G} - G)$ *for all* t *in* $0 \leqq t \leqq 1$, *then* $A[a(t), G, f_t]$ *is constant for* $0 \leqq t \leqq 1$.

v) *Let* a *be a point not on* $f(\bar{G} - G)$, X *the set of all roots of the equation* $f(x) = a$ *in* G, *and* G_0 *any open set such that* $X \subset G_0 \subset G$, *then*

$$A[a, G_0, f] = A[a, G, f].$$

Remark. v) follows from ii) and iii).

The existence and uniqueness of $A[a, G, f]$ satisfying the above conditions can be verified, if we use simplicial mappings for approximations of f (at first for bounded G and then for general G). But I may refer to [3] in which the existence of $A[a, G, f]$ is given, based on infinitesimal analysis but free from the notion of simplicial mapping. (It will be easily seen that $f(\bar{G} - G) = (f; G)$ and $f_\tau(\bar{G} - G) = (f_t; G, \tau)$ in the notation of [3].)

From iv) we have

COROLLARY. *If* f_0 *and* f_1 *are continuous transformations of* $\bar{G}$ *into* E^m *such that* $|f_1(x) - f_0(x)| < \text{dist}(a, f_0(\bar{G} - G))$,[4] *then*

[4] $|x| = (\sum_{i=1}^{m} x_i^2)^{1/2}$ for $x \varepsilon E^m$.

$$A[a, G, f_1] = A[a, G, f_0].$$

Proof. Put $f_t(x) = (1 - t) f_0(x) + t f_1(x)$ and apply iv).

1. 2. A linear topological space is a linear set on which is imposed a topology in such a fashion that the postulated operations of addition of elements and multiplication of elements by real numbers are continuous in the topology. Cf. [4] and [9]. It suffices to give the system $\mathfrak{U}$ of neighborhoods of the origin. The system of neighborhoods of an arbitrary point a consists of the neighborhoods of the form $U(a) = a + U$ $(U \varepsilon \mathfrak{U})$. A linear topological space E is called *convex*, if the topology of E is defined by means

of a system of neighborhoods which are convex open sets, i.e., if $U \varepsilon \mathfrak{U}$, $\alpha, \beta > 0$, $\alpha + \beta = 1$, then $\alpha U + \beta U = U$.[5] We assume also, without loss of generality, the symmetry of U, $-U = U$, for $U \varepsilon \mathfrak{U}$. Hence $b \varepsilon U(a)$ is equivalent with $a \varepsilon U(b)$.

In a convex linear topological space E the *pseudonorm* $\| x \|_U (U \varepsilon \mathfrak{U})$ is defined for every $x \varepsilon E$ as follows (cf. [4]):

$$\| x \|_U = \text{g. l. b. } of\ \alpha > 0\ such\ that\ x \varepsilon \alpha U.$$

Then $\| x \|_U$ has the following properties:

(a) $\| x \|_U \geqq 0$,

(b) $\| x + y \|_U \leqq \| x \|_U + \| y \|_U$,

(c) $\| \alpha x \|_U = | \alpha | \, \| x \|_U$ *for any real* α,

(d) $\| x \|_U$ *is a continuous function of* x,

(e) $\| x \|_U < 1$ *is equivalent with* $x \varepsilon U$.

In this paper *we denote by E always a convex linear topological space*, and assume $U(a)$, $\mathfrak{U}$ have the meanings mentioned above.

2. Auxiliary theorems. Before we proceed to the definition of the degree of mapping in E we give some auxiliary theorems. A transformation f of M into E is called *completely continuous* on M if f is continuous on M and the image $f(M)$ of M is a subset of a compact set in E.[6] In this paper we denote by $\mathsf{T}f$ the transformation

$$\mathsf{T}f(x) = x + f(x)$$

for any transformation f in E.

THEOREM 1. *Let M be a closed set in E, and f be completely continuous on M. Then $\mathsf{T}f(M)$ is also closed in E.*

Proof. We have to prove that for any point $a \bar{\varepsilon} \mathsf{T}f(M)$ there exists a $U \varepsilon \mathfrak{U}$ such that $U(a) \cap \mathsf{T}f(M) = 0$.

For any $p \varepsilon E$ there exists a $U_p \varepsilon \mathfrak{U}$ such that:

$$(1) \qquad U_p(p) \cap M = 0 \text{ if } p \bar{\varepsilon} M,$$

$$(2) \qquad U_p(p) \cap (a - f(U_p(p))) = 0 \text{ if } p \varepsilon M,$$

[5] By aS (a a real number) we denote the set of all points ax, where $x \varepsilon S$, and by $S_1 + S_2$ the set of all points $x_1 + x_2$, where $x_i \varepsilon S_i$.

[6] This definition is more restricted than the ordinary one, when M is not bounded. We use the term "compact" in the sense of "bicompact."

since $p \neq a - f(p)$ and f is continuous on M. The set $a - f(M)$ is contained in a compact set K, and there exist a finite number of points $p_i \varepsilon K$ $(i = 1, \cdots, k)$ such that

$$\bigcup_{i=1}^{k} 2^{-1} U_{p_i}(p_i) \supset K. \tag{3}$$

Then we shall have $U_0(a) \cap \mathsf{T}f(M) = 0$, if we put

$$U_0 = \bigcap_{i=1}^{k} 2^{-1} U_{p_i}. \tag{4}$$

For if $U_0(a) \cap \mathsf{T}f(M) \neq 0$, then there should exist a $p \varepsilon M$ such that $p + f(p) \varepsilon U_0(a)$, hence $p \varepsilon U_0(a - f(p)) \subset U_0(K)$. Then by (3) and (4) there exists an i such that $a - f(p) \varepsilon U_{p_i}(p_i)$ and $p \varepsilon U_{p_i}(p_i)$. If $p_i \bar{\varepsilon} M$, then by (1) $U_{p_i}(p_i) \cap M = 0$, which contradicts $p \varepsilon M$ and $p \varepsilon U_{p_i}(p_i)$. If $p_i \varepsilon M$, then by (2) $U_{p_i}(p_i) \cap (a - f(U_{p_i}(p_i))) = 0$, which contradicts $a - f(p) \varepsilon U_{p_i}(p_i)$ and $a - f(p) \varepsilon (a - f(U_{p_i}(p_i)))$. Thus the proof is complete.

THEOREM 2. *Let K be a compact set in E. Then for any $U \varepsilon \mathfrak{U}$ there exists a finite-dimensional linear manifold E^m in E and a continuous transformation S of K into E^m such that $S(x) - x \varepsilon U$ for $x \varepsilon K$.*

Proof. By the hypothesis there exist a finite number of points $p_i \varepsilon K$ $(i = 1, \cdots, k)$ such that $K \subset \bigcup_{i=1}^{k} U(p_i)$. Let E^m be the linear manifold spanned by $p_1, \cdots, p_k$. We put $\rho_i(x) = \mathrm{Max}\{(1 - \| x - p_i \|_U), 0\}$ and define S by

$$S(x) = (\sum_{i=1}^{k} \rho_i(x))^{-1} \sum_{i=1}^{k} \rho_i(x) p_i.$$

That S satisfies the above statement follows from the convexity of U, the continuity of $\rho_i(x)$, and the equivalence of $\rho_i(x) > 0$ with $x \varepsilon U(p_i)$.

THEOREM 3. *Let G be an open set in an l-dimensional Euclidean space E^l (l finite); f a continuous transformation of $\bar{G}$ into E^l such that $f(x) - x = \phi(x)$ is bounded on G and $\phi(\bar{G}) \subset E^m$, where E^m is an m-dimensional linear manifold in $E^l (m < l)$; and $a \bar{\varepsilon} f(\bar{G} - G)$; then*

$$A^m[a, G^m, f] = A^l[a, G, f],$$

where $G^m = G \cap E^m$ and the superscript of A means that the degree of mapping is considered in the space of the assigned dimension.

Proof. Because the degree of mapping is invariant under a linear transformation of the coordinates, let us take the x_1-axis, $\cdots$, x_m-axis in E^m so that the transformation $x' = f(x)$ shall be of the form

$$x'_i = f_i(x_1, \cdots, x_m, \cdots, x_l) \text{ for } 1 \leqq i \leqq m,$$
$$x'_j = x_j = f_j(x) \text{ for } m+1 \leqq j \leqq l.$$

Let R be an open sphere with center at the origin and a sufficiently large radius; then, putting $G_0{}^i = R \cap G^i$, we have by v) in § 1,

$$(1) \qquad A^i[a, G^i, f] = A^i[a, G_0{}^i, f] \qquad (i = l, m).$$

Let the distance between a and $f(\bar{G}_0 - G_0)$ be Δ, so that $\Delta > 0$; and let $f_i{}^*(x)$ be functions with continuous partial derivatives on $\bar{G}_0$ such that $\sum_{i=1}^{m} \{f_i{}^*(x) - f_i(x)\}^2 < \Delta^2$ and $f_j{}^*(x) = f_j(x) = x_j$ for $m+1 \leqq j \leqq l$. Then by the Corollary in § 1,

$$(2) \qquad A^i[a, G_0{}^i, f] = A^i[a, G_0{}^i, f^*] \qquad (i = l, m).$$

Using the notation of [3] we have

$$D(f_1{}^*, \cdots, f_l{}^*/x_1, \cdots, x_l) = D(f_1{}^*, \cdots, f_m{}^*/x_1, \cdots, x_m).[7]$$

Thus by the definition of $A[a, G, f^*]$ in [3] we obtain

$$A^l[a, G_0{}^l, f^*] = A^m[a, G_0{}^m, f^*],$$

since all roots of $f^*(x) = a$ are in $E^m (a_j = 0$ for $j > m)$. From this with (1) and (2) the theorem follows.

3. Definition of the degree of mapping in *E*. Let G be an open set in E and f a completely continuous transformation of G into E. Let a be a point not on $\mathsf{T}f(\bar{G} - G)$; then by Theorem 1 there exists a $U \varepsilon \mathfrak{U}$ such that $U(a) \cap \mathsf{T}f(\bar{G} - G) = 0$. By hypothesis there exists a compact set K such that $f(\bar{G}) \subset K$ and by Theorem 2 there exist an m-dimensional linear manifold E^m (m finite) and a continuous transformation S of K into E^m such that $a \varepsilon E^m$, $S(x) - x \varepsilon U$ for $x \varepsilon K$. Then $\mathsf{T}Sf(x) - \mathsf{T}f(x) \varepsilon U$ for $x \varepsilon \bar{G}$; hence $a \bar{\varepsilon} \mathsf{T}Sf(\bar{G} - G)$. Since a linear topological space of finite dimension is linearly homeomorphic to the Euclidean space of the same dimension (cf. [8]), $\mathsf{T}Sf$ transforms $\bar{G}^m = \bar{G} \cap E^m$ into E^m, $\mathsf{T}Sf(x) - x = Sf(x)$ is bounded ($S(K)$ is compact) on $\bar{G}^m$, and $a \bar{\varepsilon} \mathsf{T}Sf(\bar{G}^m - G^m)$ (for $\bar{G}^m - G^m \subset \bar{G} - G$), it follows that $A^m[a, G^m, \mathsf{T}Sf]$, as the degree of mapping

[7] $D(f_1, \cdots, f_k/x_1, \cdots, x_k) = \det(\partial f_i/\partial x_j)_{i,j=1,\ldots,k}$.

2

in E^m, has a definite meaning. Then *we define the degree of mapping* $A[a, G, \mathsf{T}f]$ *in* E *by*

$$A[a, G, \mathsf{T}f] = A^m[a, G^m, \mathsf{T}Sf]. \tag{0}$$

This definition will be legitimized by the following:

THEOREM 4. $A[a, G, \mathsf{T}f]$ *defined by* (0) *is independent of the choice of* E^m *and* S.

Proof. Let $U_i \varepsilon \mathfrak{U}$ $(i = 1, 2)$ be such that

$$U_i(a) \cap \mathsf{T}f(\bar{G} - G) = 0. \tag{1}$$

Let E^m and E^n be linear manifolds of m respectively n dimensions in E, and S_i $(i = 1, 2)$ be continuous transformations of K into E such that

$$S_i(x) - x \,\varepsilon\, U_i \text{ for } x \,\varepsilon\, K,\ a \,\varepsilon\, E^m \cap E^n,\ S_1(K) \subset E^m,\ S_2(K) \subset E^n. \tag{2}$$

By Theorems 1 and 2 we can select a linear manifold E^l of finite dimension l in E and a continuous transformation S_3 of K into E^l such that

$$S_3(x) - x \,\varepsilon\, U_1 \cap U_2 \text{ for } x \,\varepsilon\, K \text{ and } E^m \cup E^n \subset E^l. \tag{3}$$

Then, putting $G^i = G \cap E^i$ $(i = l, m, n)$, we get by Theorem 3

$$A^m[a, G^m, \mathsf{T}S_1f] = A^l[a, G^l, \mathsf{T}S_1f]. \tag{4}$$

If we put $(1 - t)\mathsf{T}S_1f + t\mathsf{T}S_3f = F_t$, then by (2) and (3)

$$F_t(x) - \mathsf{T}f(x) = (1 - t)\{S_1f(x) - f(x)\} + t\{S_3f(x) - f(x)\}.$$

$$\varepsilon\, U_1 \text{ for } x \,\varepsilon\, \bar{G},\quad 0 \leqq t \leqq 1.$$

Thus from (1) and $\bar{G}^l - G^l \subset \bar{G} - G$ it follows that

$$a \,\bar{\varepsilon}\, F_t(\bar{G}^l - G^l) \text{ for } 0 \leqq t \leqq 1. \tag{5}$$

Since $F_t(x) - x = (1 - t)S_1f(x) + S_3f(x)$ is bounded ($S_i(K)$ are compact) for $x \,\varepsilon\, \bar{G}^l$, then by (5) and iv) in § 1, $A^l[a, G^l, F_t]$ is constant for $0 \leqq t \leqq 1$. Thus $A^l[a, G^l, \mathsf{T}S_1f] = A^l[a, G^l, \mathsf{T}S_3f]$. Hence by (4)

$$A^m[a, G^m, \mathsf{T}S_1f] = A^l[a, G^l, \mathsf{T}S_3f].$$

Similarly we get

$$A^n[a, G^n, \mathsf{T}S_2f] = A^l[a, G^l, \mathsf{T}S_3f].$$

Consequently

$$A^m[a, G^m, \mathsf{T}S_1f] = A^n[a, G^n, \mathsf{T}S_2f].$$

This completes the proof.

4. Fundamental properties of the degree of mapping in *E*. The fundamental properties of the degree of mapping stated in § 1 remain valid also for transformations $\mathsf{T}f$ in E. The symbols f, T, K, etc. have the same meaning as in § 3. The validity of i) is evident.

THEOREM 5. *Property* ii) *in* § 1 *is valid for the mapping* $\mathsf{T}f$ (*instead of* f) *in* E, *if* $a \bar{\varepsilon} \mathsf{T}f(\bar{G} - G)$.

Proof. If $a \bar{\varepsilon} \mathsf{T}f(G)$, then $a \bar{\varepsilon} \mathsf{T}f(\bar{G})$. Thus by Theorem 1 there exists a $U \varepsilon \mathfrak{U}$ such that

$$(1) \qquad U(a) \cap \mathsf{T}f(\bar{G}) = 0.$$

Then by Theorem 2 there exists a linear manifold of finite dimension E^m and a continuous transformation S of K into E^m such that

$$(2) \qquad S(x) - x \varepsilon U \text{ for } x \varepsilon K.$$

By the hypothesis and the definition of the degree of mapping in E,

$$0 \neq A[a, G, \mathsf{T}f] = A^m[a, G^m, \mathsf{T}Sf] \quad (G^m = G \cap E^m).$$

Thus by ii) in § 1, for the mapping $\mathsf{T}Sf$ in E^m, there exists a point $x_0 \varepsilon G^m$ such that $a = \mathsf{T}Sf(x_0)$. But by (2), since $f(x_0) \varepsilon K$, $\mathsf{T}Sf(x_0) - \mathsf{T}f(x_0) = Sf(x_0) - f(x_0) \varepsilon U$. Then $\mathsf{T}f(x_0) \varepsilon U(a)$ which contradicts (1).

THEOREM 6. *Property* iii) *in* § 1 *is valid for the mapping* $\mathsf{T}f$ (*instead of* f) *in* E.

Proof. Since $a \varepsilon \mathsf{T}f(\bar{G}_i - G_i)$ $(i = 1, \cdots, k)$, by Theorem 1 there exists a $V \varepsilon \mathfrak{U}$ such that

$$(1) \qquad V(a) \cap \mathsf{T}f(\bar{G}_i - G_i) = 0, \qquad V(a) \cap \mathsf{T}f(\bar{G} - G) = 0,$$

since $\bar{G} - G \subset \bigcup_{i=1}^{k} (\bar{G}_i - G_i)$. By Theorem 2 there exists a finite dimensional linear manifold E^m and a continuous transformation S of K into E^m such that $a \varepsilon E^m$ and

$$(2) \qquad S(x) - x \varepsilon V \text{ for } x \varepsilon K.$$

Then by the definition of the degree of mapping for $\mathsf{T}f$ in E,

$$(3) \qquad \begin{cases} A[a, G_i, \mathsf{T}f] = A^m[a, G_i^m, \mathsf{T}Sf] \quad (i = 1, \cdots, m), \\ A[a, G, \mathsf{T}f] = A^m[a, G^m, \mathsf{T}Sf]. \end{cases}$$

From (1) and (2) also follows

$$a \bar{\varepsilon} \mathsf{T}Sf(\bar{G}_i - G_i) \cup \mathsf{T}Sf(\bar{G} - G) \qquad (i = 1, \cdots, m). \tag{4}$$

Let X be the set of all roots of $\mathsf{T}Sf(x) = a$ in $\bar{G}$. Then $X \subset \bar{G}^m$, because from $\mathsf{T}Sf(x) = a$ follows $x = a - Sf(x) \varepsilon E^m$. From (4) and $\bar{G} = \bigcup_{i=1}^{k} \bar{G}_i$ we obtain $X \subset \bigcup_{i=1}^{k} G_i^m \subset G^m$. Thus by v) for $\mathsf{T}Sf$ (instead of f) in E^m,

$$A^m[a, G^m, \mathsf{T}Sf] = A^m[a, \bigcup_{i=1}^{k} G_i^m, \mathsf{T}Sf]. \tag{5}$$

Since $G_i^m \cap G_j^m = 0$ $(i \neq j)$, we get by ii) in § 1 for $\mathsf{T}Sf$ (instead of f) in E^m

$$A^m[a, \bigcup_{i=1}^{k} G_i^m, \mathsf{T}Sf] = \sum_{i=1}^{k} A^m[a, G_i^m, \mathsf{T}Sf]. \tag{6}$$

From (3), (5) and (6) we obtain

$$A[a, G, \mathsf{T}f] = \sum_{i=1}^{k} A[a, G_i, \mathsf{T}f].$$

COROLLARY 1. *Property* v) *in* § 1 *is valid for* $\mathsf{T}f$ (*instead of* f) *in* E.

Proof. Put $G - \bar{G}_0 = G$. Then $G \supset G_0 \cup G_1$, $\bar{G} = \bar{G}_0 \cup \bar{G}_1$, $G_0 \cap G_1 = 0$. Apply Theorem 6 and the relation $A[a, G_1, \mathsf{T}f] = 0$ (by Thoerm 5).

Property iv) in § 1 becomes as follows:

THEOREM 7. *Let f_t be a transformation of $\bar{G}$ into E such that $f_t(x)$ is a continuous function of (t, x) for $0 \leqq t \leqq 1$, $x \varepsilon \bar{G}$ and is always contained in a compact set K.*[8] *If $a(t)$ (εE) is continuous for $0 \leqq t \leqq 1$ and $a(t) \bar{\varepsilon} \mathsf{T}f_t(\bar{G} - G)$ for $0 \leqq t \leqq 1$, then $A[a(t), G, \mathsf{T}f_t]$ is constant for $0 \leqq t \leqq 1$.*

To prove this we use the following

LEMMA 1. *Let K_i $(i = 1, 2)$ be compact sets in E; then $K_1 + K_2$*[5] *is also compact. Let K be a compact set in E; then the set $\hat{K}$ of all points tx such that $0 \leqq t \leqq 1$, $x \varepsilon K$, is also compact.*

Proof. $K_1 \times K_2$ is a compact set in $E \times E$; then by the continuous mapping $x' = x_1 + x_2 (x_i \varepsilon K_i)$, $K_1 \times K_2$ goes onto the compact set $K_1 + K_2$

---

[8] This condition is weaker than that $f_t(x)$ is completely continuous for $x \varepsilon G$ and uniformly continuous in t for $x \varepsilon \bar{G}$, $0 \leqq t \leqq 1$.

in E. Similarly $K \times \langle 0, 1\rangle$ is a compact set in $E \times E^1$, which is mapped by $x' = tx$ onto the compact set $\hat{K}$ in E.

Proof of Theorem 7. First we assume that $a(t)$ is constant and put $a(t) = a$. Let τ be any fixed value of t from $0 \leqq t \leqq 1$. Consider the product space $E^* = E \times E^1$ (E^1 is the 1-dimensional space $-\infty < t < +\infty$), which is also a convex linear topological space with a system of neighborhoods of the origin, $\mathfrak{U}^* = \{U \times (-\delta, \delta) \mid U \varepsilon \mathfrak{U}, \delta > 0\}$. Let G^* be the open set in E^* defined by $G^* = G \times (-\infty, +\infty)$. Let us define the transformation f^* in E^* by $f^*(x, t) = (f_{\langle t\rangle}(x), 0)$, where $\langle t\rangle = 0$ for $t < 0$, $\langle t\rangle = t$ for $0 \leqq t \leqq 1$, $\langle t\rangle = 1$ for $t > 1$. Then $f^*(\bar{G}^*) \subset (K, 0) = K^*$ (a compact set in E^*). Since $\bar{G}^* - G^* = (\bar{G} - G)\times(-\infty, +\infty)$, then $(a, \tau) \bar{\varepsilon} \mathsf{T}f^*(\bar{G}^* - G^*)$. Thus by Theorem 1 there exists a $U^* \subset \mathfrak{U}^*$ such that

$$U^*(a, \tau) \cap \mathsf{T}f^*(\bar{G}^* - G^*) = 0.$$

This means that there exists a $\delta > 0$ and a $U \varepsilon \mathfrak{U}$ such that

$$U(a) \cap \mathsf{T}f_t(\bar{G} - G) = 0 \text{ for } |t - \tau| < \delta. \tag{1}$$

By Theorem 2 there exists a finite-dimensional linear manifold E^m and a continuous transformation S of K into E^m such that $a \varepsilon E^m$ and $S(x) - x \varepsilon U$ for $x \varepsilon K$. Then by (1) and the definition of the degree of mapping for $\mathsf{T}f_t$ in E,

$$A[a, G, \mathsf{T}f_t] = A^m[a, G^m, \mathsf{T}Sf_t] \text{ for } |t - \tau| < \delta. \tag{2}$$

From (1) and $\mathsf{T}f_t(x) - \mathsf{T}Sf_t(x) \varepsilon U$ follows $a \bar{\varepsilon} \mathsf{T}Sf_t(\bar{G}^m - G^m)$ for $|t - \tau| < \delta$. Thus by iv) in § 1, $A^m[a, G^m, \mathsf{T}Sf_t]$, and hence by (2) $A[a, G, \mathsf{T}f_t]$, is constant for $|t - \tau| < \delta$. Then by using the covering theorem for the closed interval $0 \leqq t \leqq 1$ we obtain the theorem for constant $a(t)$.

The constancy of $a(t)$ can be dropped, if we consider $f_t(x) - a(t)$ instead of $f_t(x)$, since the set $K + \{-a(t) \mid 0 \leqq t \leqq 1\}$ is also compact by Lemma 1. For, $A[a, G, \mathsf{T}f] = A[0, G, \mathsf{T}f - a]$ if $a \bar{\varepsilon} \mathsf{T}f(\bar{G} - G)$.[9]

COROLLARY 2. *Let f be a completely continuous transformation of $\bar{G}$ into E, where G is an open set in E. If a is a point of E and there exists*

[9] This relation is valid if E is finite-dimensional (put $F_t = Tf - ta$, $a(t) = (1 - t)a$ and apply iv) in §1). For the general case we have by definition $A[a, G, Tf] = A^m[a, G^m, TSf]$, $A[0, G, Tf - a] = A^m[0, G^m, TSf - a]$, where A^m, G^m and S have the same meaning as in §2. Hence the relation holds for general E.

a $U \varepsilon \mathfrak{U}$ *such that* $U(a) \cap \mathsf{T}f(\bar{G}-G)=0$, *then for every point* $a' \varepsilon U(a)$, $A[a', G, \mathsf{T}f]=A[a, G, \mathsf{T}f]$.

Proof. Put $a(t)=(1-t)a+ta'$ and apply Theorem 7.

COROLLARY 3. *Let* f, G, a *and* U *satisfy the same condition as in Corolary 2. Then for every completely continuous transformation* f' *of* $\bar{G}$ *into* E *such that*

$$f'(x)-f(x) \varepsilon U \text{ for } x \varepsilon \bar{G},$$

$$A[a, G, \mathsf{T}f']=A[a, G, \mathsf{T}f].$$

Proof. Put $f_t=(1-t)f+tf'$ and apply Theorem 7. $f_t(\bar{G})$ is contained in a definite compact set for $0 \leqq t \leqq 1$ by Lemma 1.

5. Product theorem. For the composition of two transformations in a finite dimensional E^m the following holds:

THEOREM 8. *Let* G *be an open set in* E^m *and* f *a continuous mapping of* $\bar{G}$ *into* E^m *such that* $f(x)-x$ *is bounded on* G. *Let* H *be an open set containing* $f(\bar{G})$ *and* H_i $(i=1,2,\cdots)$ *the components of the open set* $H-f(\bar{G}-G)$. *Let* ϕ *be a continuous mapping of* $\bar{H}$ *into* E^m *such that* $\phi(x)-x$ *is bounded, and* a *a point of* E^m *such that* $a \bar{\varepsilon} \phi f(\bar{G}-G) \cup \phi(\bar{H}-H)$. *Then we have*

$$A[a, G, \phi f]=\sum_i A[a, H_i, \phi] \cdot A[b_i, G, f],$$

where b_i *is an arbitrary point of* H_i.

Proof. Cf. [3].

This theorem can also be extended to the general case of E as follows:

THEOREM 9. *Let* G *be an open set in* E *and* f *a completely continuous mapping of* $\bar{G}$ *into* E. *Let* H *be an open set containing* $\mathsf{T}f(\bar{G})$ *and* H_i *the components of the open set* $H-\mathsf{T}f(\bar{G}-G)$. *Let* ϕ *be completely continuous mapping of* $\bar{H}$ *into* E *and* a *a point of* E *such that*

$$a \bar{\varepsilon} \mathsf{T}\phi{*}f(\bar{G}-G) \cup \mathsf{T}\phi(\bar{H}-H),$$

where

$$\mathsf{T}\phi{*}f=\mathsf{T}\phi\mathsf{T}f \cdot \ (\phi{*}f=f+\phi+\phi\mathsf{T}f).$$

Then we have

$$A[a, G, \mathsf{T}\phi{*}f]=\sum_i A[a, H_i, \mathsf{T}\phi] \cdot A[b_i, G, \mathsf{T}f],$$

where b_i *is an arbitrary point of* H_i.

Remarks. (i) By the hypothesis there exist compact sets K_1 and K_2 such that $f(\bar{G})\subset K_1$ and $\phi(\bar{H})\subset K_2$. Since $\phi*f(\bar{G})\subset f(\bar{G})+\phi(\bar{H})\subset K_1+K_2$, then $\phi*f$ is also completely continuous on G.

(ii) The set of all roots of $\mathsf{T}\phi(x)=a$ is compact (a closed subset of $a-K_2$). Hence there are only a finite number of H_i such that $A[a, H_i, \mathsf{T}\phi]\neq 0$; thus the summation $\sum_i$ is to be taken only over those i such that $A[a, H_i, \mathsf{T}\phi]\neq 0$.

(iii) Since any two points b' and b'' in the same H_i can be joined by a polygonal line without touching $\mathsf{T}f(\bar{G}-G)$, it follows that $A[x, G, \mathsf{T}f]$ is constant in each H_i.

Proof of Theorem 9. Let D_k be the set of points $p\in H$ such that $A[p, G, \mathsf{T}f]=k$. Then we have

$$\bar{D}_k-D_k\subset(\bar{H}-H)\cup\mathsf{T}f(\bar{G}-G), \tag{1}$$

and

$$\sum_i A[a, H_i, \mathsf{T}\phi]\cdot A[b_i, G, \mathsf{T}f]=\sum_k A[a, D_k, \mathsf{T}\phi]\cdot k.$$

Thus we have to prove

$$A[a, G, \mathsf{T}\phi*f]=\sum_k A[a, D_k, \mathsf{T}\phi]\cdot k. \tag{*}$$

By the hypothesis and Theorem 1 there exists a $V\in\mathfrak{U}$ such that

$$V(a)\cap(\mathsf{T}\phi(\bar{H}-H)\cup\mathsf{T}\phi*f(\bar{G}-G))=0. \tag{2}$$

From (1) and (2),

$$V(a)\cap\mathsf{T}\phi(\bar{D}_k-D_k)=0. \tag{3}$$

By Theorem 2 there exists a finite-dimensional linear manifold E^n and a continuous transformation S_2 of K_2 (Remark (i)) into E^n such that $S_2(x)-x\in V$ for $x\in K_2$. Thus

$$\mathsf{T}S_2\phi(x)-\mathsf{T}\phi(x)\in V \text{ for } x\in\bar{H}. \tag{4}$$

Then by Corollary 3 we obtain from (3) and (4)

$$A[a, D_k, \mathsf{T}\phi]=A[a, D_k, \mathsf{T}S_2\phi]. \tag{5}$$

Now let X be the set of all roots of $\mathsf{T}S_2\phi(x)=a$. Then X is compact since $X\subset a-S_2(K_2)$. From (2) and (4) it follows that $a\,\bar{\in}\,\mathsf{T}S_2\phi\mathsf{T}f(\bar{G}-G)$.

Thus $X \cap \mathsf{T}f(\bar{G}-G)=0$. Then because X is compact and $\mathsf{T}f(\bar{G}-G)$ is closed, there exists a $U \varepsilon \mathfrak{U}$ such that

$$U(X) \cap \mathsf{T}f(\bar{G}-G)=0. \tag{6}$$

By Theorem 2 there exists finite-dimensional linear manifold E^m and a continuous transformation S_1 of K_1 into E^m such that $a \varepsilon E^m$ and $S_1(x)-x \varepsilon U$ for $x \varepsilon K_1$. Hence

$$\mathsf{T}S_1f(x)-\mathsf{T}f(x) \varepsilon U \text{ for } x \varepsilon \bar{G}. \tag{7}$$

Then by (6) and Corollary 3,

$$A[p, G, \mathsf{T}f]=A[p, G, \mathsf{T}S_1f] \text{ for } p \varepsilon X. \tag{8}$$

Now let D'_k be the set of points $p \varepsilon H$ such that $A[p, G, \mathsf{T}S_1f]=k$. Then by (8) the set $X \cap D_k$ of all roots of $\mathsf{T}S_2\phi(x)=a$ in D_k coincides with $X \cap D'_k$, that of all roots in D'_k. Thus by Corollary 1,

$$A[a, D_k, \mathsf{T}S_2\phi]=A[a, D'_k, \mathsf{T}S_2\phi] \quad (=A[a, D_k \cap D'_k, \mathsf{T}S_2\phi]).$$

Then by (5)

$$A[a, D_k, \mathsf{T}\phi]=A[a, D'_k, \mathsf{T}S_2\phi]. \tag{9}$$

On the other hand, from (2), (4), and $\mathsf{T}f(\bar{G}) \subset H$, we get by Corollary 3,

$$A[a, G, \mathsf{T}\phi * f]=A[a, G, \mathsf{T}(S_2\phi) * f]. \tag{10}$$

Now putting $(1-t)f+tS_1f=f_t$, we have $\mathsf{T}S_2\phi\mathsf{T}f_t=\mathsf{T}(S_2\phi)*f_t$, where $(S_2\phi)*f_t=(1-t)f+tS_1f+S_2\phi(\mathsf{T}f_t)$. Thus

$$(S_2\phi)*f_t(\bar{G}) \subset \hat{K}_1+\widehat{S_1(K_1)}+S_2(K_2)=K_3, \tag{11}$$

where K_3 is a compact set by Lemma 1. From (7) we get $\mathsf{T}f_t(x)-\mathsf{T}f(x)$ $=t(S_1f(x)-f(x)) \varepsilon U$ for $0 \leqq t \leqq 1$. Thus by (6), $p \bar{\varepsilon} \mathsf{T}f_t(\bar{G}-G)$ for $p \varepsilon X$, $0 \leqq t \leqq 1$. Hence $a \bar{\varepsilon} \mathsf{T}(S_2\phi)*f_t(\bar{G}-G)$ for $0 \leqq t \leqq 1$. Thus by (11) and Theorem 7, $A[a, G, \mathsf{T}(S_2\phi)*f_t]$ is constant for $0 \leqq t \leqq 1$; hence $A[a, G, \mathsf{T}(S_2\phi)*f]=A[a, G, \mathsf{T}(S_2\phi)*(S_1f)]$, and by (10),

$$A[a, G, \mathsf{T}\phi * f]=A[a, G, \mathsf{T}(S_2\phi)*(S_1f)]. \tag{12}$$

Now let E^l be a finite-dimensional linear manifold containing both E^m and E^n. Then $S_2\phi(\bar{G}) \subset E^l$, $(S_2\phi)*(S_1f)(\bar{G}) \subset E^l$, and by the definition of the degree of mapping in E

$$\begin{cases} A[a, D'_k, \mathsf{T}S_2\phi]=A^l[a, D'_k{}^l, \mathsf{T}S_2\phi], \\ A[a, G, \mathsf{T}(S_2\phi)*(S_1f)]=A^l[a, G^l, \mathsf{T}(S_2\phi)*(S_1f)]. \end{cases} \tag{13}$$

But, since $D'_k{}^l$ is just the set of points $p \varepsilon H$ such that $A^l[p, G^l, \mathsf{T}S_1 f] = k$, we obtain by Theorem 8

$$(14) \qquad A^l[a, G^l, \mathsf{T}(S_2\phi) * (S_1 f)] = \sum_k A^l[a, D'_k{}^l, \mathsf{T}S_2\phi] \cdot k,$$

using considerations similar to those in the first part of this proof Then from (9), (12), (13) and (14) follows (*).

6. Invariance of domain in complete metric *E*.

THEOREM 10. *Let E be complete metric, G an open set in E, and f a completely continuous transformation of $\bar{G}$ into E. If $\mathsf{T}f$ affords a one-one correspondence between $\bar{G}$ and $\mathsf{T}f(\bar{G})$, then $\mathsf{T}f(G)$ is an open set in E, and $A[b, G, \mathsf{T}f] = \pm 1$ for any $b \varepsilon \mathsf{T}f(G)$.*

To prove this theorem we shall first give two lemmas.

LEMMA 2. *If K is a compact set in a complete metric E, then the smallest closed convex set $\hat{K}$ containing K is also compact.*

Proof. Using the convexity of $\mathfrak{U}$ one can easily prove that $\hat{K}$ is totally bounded[10]; hence the closed set $\hat{K}$ is compact (in complete metric E).

LEMMA 3.[11] *If $f(x)$ is continuous on a closed set M in a separable complete metric E, and $f(M)$ is contained in a compact convex set K in E, then $f(x)$ can be extended to a continuous function on the whole of E in such a way that $f(E) \subset K$.*

Proof. Let $\{a_n\}$ be a denumerable set dense on M. We put

$$\rho(p, x) = \mathrm{Max}\{(2 - \mathrm{dist}(p, x)/\mathrm{dist}(p, M)), 0\} \text{ for } p \bar{\varepsilon} M;$$

then $\sum_{n=1}^{\infty} 2^{-n}\rho(p, a_n) f(a_n)$ converges uniformly on $E - M$,[12] and we define $f^*(p)$ by

$$f^*(p) = \Big(\sum_{n=1}^{\infty} 2^{-n}\rho(p, a_n)\Big)^{-1} \sum_{n=1}^{\infty} 2^{-n}\rho(p, a_n) f(a_n) \text{ for } p \bar{\varepsilon} M,$$
$$= f(p) \text{ for } p \varepsilon M.$$

Then $f^*(p)$ is an extension of $f(p)$ as desired.

---

[10] For any $U \varepsilon \mathfrak{U}$ there exists a finite number of $p_i \varepsilon \hat{K}$ $(i = 1, \cdots, k)$ such that $\hat{K} \subset \bigcup_{i=1}^{k} U(p_i)$.

[11] This lemma I owe to Professor S. Kakutani.

[12] Because $\sum_{n=i}^{j} 2^{-n}\rho(p, a_n) f(a_n) \varepsilon 2^{-i+1}K$ (we assume $0 \varepsilon K$); hence for sufficiently large N, $\sum_{n=i}^{j} 2^{-n}\rho(p, a_n) f(a_n) \varepsilon U$ ($U \varepsilon \mathfrak{U}$ is arbitrarily given) if $i > N$, since K is compact.

Proof of Theorem 10. Let $b = \mathsf{T}f(a)$ be any point of $\mathsf{T}f(G)$, and let $f(\bar{G})$ be contained in a compact set K. By Lemma 2 we can assume that K is convex. Let E_0 be the smallest closed linear manifold containing K and a. Then E_0 is a separable complete metric subspace of E. Put $G_0 = G \cap E_0$, then $\bar{G}_0$ is transformed by $\mathsf{T}f$ into E_0. Then we have, since $b \bar{\varepsilon} \mathsf{T}f(\bar{G} - G)$, by the manner of definition of the degree of mapping,

$$A[b, G, \mathsf{T}f] = A[b, G_0, \mathsf{T}f] \text{ in } E_0. \tag{1}$$

Now let us confine ourselves to E_0. Put $\mathsf{T}f(\bar{G}_0) = M$; then M is closed by Theorem 1. The inverse mapping $(\mathsf{T}f)^{-1}$ of M onto $\bar{G}_0$ is also continuous, because every closed subset of $\bar{G}_0$ corresponds to a closed subset of M by $(\mathsf{T}f)^{-1}$ (Theorem 1). Now put $x' = \mathsf{T}f(x)$, $(\mathsf{T}f)^{-1}(x') - x' = \phi_0(x')$; then $\phi_0(x') = -f(x)$, and hence $\phi_0(M) = -f(\bar{G}_0) \subset -K$. Therefore $\phi_0(x)$ is completely continuous on M, and $\mathsf{T}\phi_0 = (\mathsf{T}f)^{-1}$. Since M is closed in a separable complete metric E_0, and $\phi_0(M) \subset -K$ (a compact convex set in E_0), then by Lemma 3, $\phi_0(x)$ can be extended to a continuous $\phi(x)$ on the whole of E_0 in such a way that $\phi(E_0) \subset -K$.

Let H_i be the components of the open set $E_0 - \mathsf{T}f(\bar{G}_0 - G_0)$. Since $\mathsf{T}\phi{*}f(x) = \mathsf{T}\phi_0\mathsf{T}f(x) = x$ for $x \varepsilon \bar{G}_0$, then $a \bar{\varepsilon} \mathsf{T}\phi{*}f(\bar{G}_0 - G_0)$. Thus by Theorem 9 we obtain, since $\bar{E}_0 - E_0 = 0$ and $A[a, G_0, \mathsf{T}\phi{*}f] = 1$,

$$1 = \sum_i A[a, H_i, \mathsf{T}\phi] \cdot A[b_i, G_0, \mathsf{T}f], \tag{2}$$

where b_i is an arbitrary point of H_i. Consequently there exists an $i = k$ such that

$$A[a, H_k, \mathsf{T}\phi] \cdot A[b_k, G_0, \mathsf{T}f] \neq 0. \tag{3}$$

Then by Theorem 5 there exists a $b_k \varepsilon H_k$ such that $a = \mathsf{T}\phi(b_k)$ and $b_k \varepsilon \mathsf{T}f(G_0) \subset M$. Thus $a = \mathsf{T}\phi_0(b_k) = (\mathsf{T}f)^{-1}(b_k)$; hence $b_k = \mathsf{T}f(a) = b$. Since there is only one H_k such that $b \varepsilon H_k$, we can assume $k = 1$ and $A[a, H_i, \mathsf{T}\phi] \cdot A[b_i, G_0, \mathsf{T}f] = 0$ for all $i > 1$. Thus from (2) follows

$$A[a, H_1, \mathsf{T}\phi] \cdot A[b, G_0, \mathsf{T}f] = 1.$$

Since the factors of the left side of this equation must be integers we get $A[b, G_0, \mathsf{T}f] = \pm 1$. Therefore from (1), returning to E,

$$A[b, G, \mathsf{T}f] = \pm 1.$$

Since $b \bar{\varepsilon} \mathsf{T}f(\bar{G} - G)$, there exists a $U \varepsilon \mathfrak{U}$ such that $U(b) \cap \mathsf{T}f(\bar{G} - G) = 0$.

Then by Corollary 2, $A[b', G, \mathsf{T}f] = \pm 1$ for any $b' \varepsilon U(b)$. Hence by Theorem 5, $U(b) \subset \mathsf{T}f(G)$. Thus the proof is complete.

OSAKA UNIVERSITY,
OSAKA, JAPAN.

REFERENCES.

[1] J. Leray and J. Schauder, "Topologie et équations fonctionelles," *Annales Scientifiques de l'École Normale Supérieure*, vol. 51 (1934), pp. 45-78.

[2] ———, "Topologie des espaces abstraits de M. Banach," *Comptes Rendus de l'Académie des Sciences* (Paris), vol. 200 (1935), pp. 1082-1084.

[3] M. Nagumo, " A theory of the degree of mapping based on infinitesimal analysis," *American Journal of Mathematics*, vol. 73 (1951), pp. 485–496.

[4] J. von Neumann, "On complete topological spaces," *Transactions of the American Mathematical Society*, vol. 37 (1935), pp. 1-20.

[5] E. Rothe, "The theory of topological order in some linear topological spaces," *Iowa State College Journal of Science*, vol. 13 (1939), pp. 373-390.

[6] J. Schauder, "Invarianz des Gebietes in Funktionalräumen," *Studia Mathematica*, vol. 1 (1929), 123-139.

[7] ———, "Über den Zusammenhang zwischen der Eindeutigkeit und Lösbarkeit partieller Differentialgleichungen zweiter Ordnung vom elliptischen Typus," *Mathematische Annalen*, vol. 106 (1932), pp. 661-721.

[8] A. Tychonoff, ' Ein Fixpunktsatz," *Mathematische Annalen*, vol. 111 (1935), pp. 767-776.

[9] J. Wehausen, "Transformations in linear topological spaces," *Duke Mathematical Journal*, vol. 4 (1938), pp. 157-169.

A note on the theory of degree of mapping in Euclidean spaces

[Osaka Math. J., 4 (1952) 1–9]

1. Introduction

In a Japanese brochure we have established a theory of degree of mapping, at first for mappings in finite dimensional Euclidean spaces, which is based on the theory of infinitesimal analysis, and then extended it for a kind of mappings in Banach spaces[1].

But an essential difficulty lies in the proof of the continuity of the degree of mapping for differentiable mapping in Euclidean spaces. Recently M. Kneser has given an interesting theorem on the dependence of functions [2], to which the theorem of Sard on the critical values lies very close [5]. A special case of the theorem of Sard and Kneser concerning mapping of $(m+1)$-dimensional Euclidean open set into m-dimensional Euclidean space, combined with an idea of Birkhoff and Kellogg used for the theory of invariant points [1], affords us another way of the proof of the continuity of the degree of mapping, which we want to give in this note.

In § 2 we shall give a proof of the above mentioned special case of the theorem of Sard and Kneser. In § 3 we give the definition of the degree of mapping for differentiable mappings of class C^2 and prove its continuity. In § 4 will be given its extension to continuous mapping of bounded open sets in Euclidean spaces.

Let $x=(x_1, \cdots, x_m)$ be a point of an m-dimensional Euclidean space E^m. A function $f(x)$ defined on an open set in E^m is called *of class* C^p, if every p-th partial derivatives of f exists and is continuous. We use the notation $\partial_{x_i} f$ or $\partial_i f$ for the partial derivatives $\partial f/\partial x_i$ and $\partial^2_{ij} f$ for $\partial^2 f/\partial x_i \partial x_j$. Mapping means always a *continuous* mapping and a mapping f is called of class C^p, if every component of $f(x)$ is a function of class C^p.

2. Auxiliary theorem

Theorem 1. *Let D^{m+1} be an open set in E^{m+1}, and f be a mapping of D^{m+1} into E^m of class C^2. Let B^m_r be the point set in E^m defined by*

1) Essentially the same treatise is also published in Am. Jour. Math. 73 (1951), [3,] [4].

$$(1) \qquad B^m_r = \left\{ y : y = f(x),\ x \in D^{m+1},\ \text{Rank}\,(\partial_x f) \leq r \right\}.$$

Then; $\quad$ *measure of* $B^m_{r\,(\text{in } E^m)} = 0$, *if* $r < m$.

To prove this we use the following

Lemma. *Let f be a mapping of D^{m+1} into E^m of class C^2. Then,*

$$(2) \qquad \textit{measure of} \quad B^m_{0\,(\text{in } E^m)} = 0.$$

Proof: First we assume that $m \geq 2$. Let A be the subset of D^{m+1} defined by $A = \{x : \partial_x f = 0\}$, and $Q = \{x : \alpha_i \leq x_i \leq \beta_i\ (i=1, \dots, m+1)\}$ $(\beta_i - \alpha_i = l)$ be any $(m+1)$-dimensional cube in D^{m+1}. Then $\| f(x') - f(x) \|_m \leq M \| x' - x \|^2_{m+1}$ [2] for any $x \in A \cap Q$ and $x' \in Q$, where M is a definite constant. Divide Q into n^{m+1} equal small cubes $Q^{(n)}_\nu = \{x : \alpha^{(\nu)}_i \leq x_i \leq \beta^{(\nu)}_i\ (i=1, \dots, m+1)\}$ $(\beta^{(\nu)}_i - \alpha^{(\nu)}_i = l/n)$. Then,

$$\text{measure of} \quad f(Q^{(n)}_\nu) \leq M^m (l/n)^{2m}, \quad \text{if} \quad Q^{(n)}_\nu \cap A \neq \{\ \}\text{ [3]}.$$

Therefore

$$\text{measure of} \quad f(A \cap Q) \leq n^{m+1} M^m (l/n)^{2m} \leq (Ml^2)^m / n.$$

Thus for $n \to \infty$ we get: measure of $f(A \cap Q) = 0$. As $f(A) = B^m_0$ can be covered by an enumerable number of such $f(A \cap Q)$, we obtain: measure of $B^m_0 = 0$.

Now let it be $m = 1$ and let A_1 be the subset of D^2 defined by

$$(3) \qquad A_1 = \left\{ x : \partial_i f = 0 \ \text{ for all } i,\ \partial^2_{ij} f \neq 0 \ \text{ for some } \ i, j \right\}.$$

Then

$$(4) \qquad \text{measure of} \quad f(A_1)_{(\text{in } E^1)} = 0.$$

Because: Let x^0 be any point of A_1 and i, j be such indices that $\partial^2_{ij} f(x^0) \neq 0$. Putting $\partial_j f(x) = \varphi(x)$ we have $\partial_i \varphi(x^0) \neq 0$. Let us suppose $i = 2$. Then there exists a neighborhood U of x^0 such that for any point $x = (x_1, x_2) \in U$, which satisfies $\varphi(x) = 0$, holds the relation $x_2 = \psi(x_1)$, where $\psi(x_1)$ is a function of class C^1. Then for $x \in A_1 \cap U$ we have

$$f(x) = f(x_1, \psi(x_1)) = f^*(x_1),$$

where $f^*(x_1)$ is a function of class C^1. Hence

$$f(A_1 \cap U) \subset \left\{ y : \ y = f^*(x_1),\ (x_1, \psi(x_1)) \in U,\ \partial_1 f^* = 0 \right\}.$$

---

2) $\| f \|_m = \max_{1 \leq i \leq m} |f_i|$, $\quad \| x \|_{m+1} = \max_{1 \leq i \leq m+1} |x_i|$.

3) $\{\ \}$ means the empty set.

But we can easily prove

$$\text{measure of } \left\{ y:\ y = f^*(x_1),\ \partial_1 f^* = 0 \right\}_{(\text{in } E^1)} = 0 .$$

Thus

$$(5) \qquad \text{measure of } f(A_1 \cap U) = 0 .$$

As $f(A_1)$ can be covered by an enumerable number of such $f(A_1 \cap U)$, we obtain (4).

Now let A_0 be the subset of D^2 defined by

$$(6) \qquad A_0 = \left\{ x:\ \partial_i f = 0,\ \partial^2_{ij} f = 0 \quad \text{for all } i, j \right\} .$$

Then

$$(7) \qquad \text{measure of } f(A_0)_{(\text{in } E^1)} = 0 .$$

Because: Let $Q = \{x:\ \alpha_i \leq x_i \leq \beta_{i\,(i=1,2)}\}\,(\beta_i - \alpha_i = l)$ be an arbitrary quadrate in D^2 and divide Q into n^2 small quadrates $Q_\nu^{(n)}$ as in the first part of the proof. Then for any given $\varepsilon > 0$ there exists a natural number n such that the inequality

$$|f(x') - f(x)| < \varepsilon \, \| x' - x \|_2^2$$

holds for any $x \in Q_\nu^{(n)} \cap A_0$, $x' \in Q_\nu^{(n)}$. Therefore

$$\text{measure of } f(Q_\nu^{(n)}) < \varepsilon (l/n)^2 , \quad \text{if} \quad Q_\nu^{(n)} \cap A_0 \neq \{\ \} .$$

Hence; measure of $f(Q \cap A_0) < n^2 \varepsilon (l/n)^2 = \varepsilon l^2$. But, as ε is arbitrarily small and $f(A_0)$ can be covered by an enumerable number of such $f(Q \cap A_0)$, we obtain (7). From (3), (4), (6) and (7) we get (2), since $B_0^1 = f(A_0) \cup f(A_1)$.

Proof of Theorem 1. Let A_r be the subset of D^{m+1} defined by

$$A_r = \left\{ x:\ \text{Rank } (\partial_x f) = r \right\} .$$

Then by Lemma we have; measure of $f(A_0) = 0$. We shall prove by mathematical induction that

$$\text{measure of } f(A_r) = 0 \quad \text{for} \quad r < m .$$

We assume that Theorem 1 holds for $0 \leq r \leq k-1$. Let x^0 be any point of A_k, then $\partial_i f_j(x^0) \neq 0$ for some i, j, and without loss of generality we can assume that $i = m+1$, $j = m$. Then by the theory of implicit functions, there exists a neighborhood U of x^0 such that through the relation

$$y = f_m(x_1, \ldots, x_{m+1}), \quad x \in U ,$$

x_{m+1} can be expressed in the form

$$x_{m+1}=\psi_r(x_1,\dots,x_m,y),$$

where $\psi_r(x,y)$ is a function of class C^2. Thus for $x\in U$

$$f_i(x)=f_i(x_1,\dots,x_m,\psi_r(x_1,\dots,x_m,y))=f_i^*(x_1,\dots,x_m,y),$$

where $f_i^*(x,y)$ is a function of class C^2. But

(8) $$\text{Rank}\left(\partial_{x_j}f_i\ {}_{j=1,\dots,m+1}^{i=1,\dots,m}\right)=\text{Rank}\left(\partial_{x_j}f_i^*,\ \partial_y f_i^*\ {}_{j=1,\dots,m}^{i=1,\dots,m}\right)$$

$$=\text{Rank}\left(\partial_{x_j}f_i^*,\ \partial_y f_i^*\ {}_{j=1,\dots,m}^{i=1,\dots,m-1}\right)+1,$$

since $$\left(\partial_{x_j}f_i^*,\ \partial_y f_i^*\ {}_{j=1,\dots,m}^{i=1,\dots,m}\right)=\begin{pmatrix}\partial_{x_j}f_i^*,\ \partial_y f_i^*\ {}_{j=1,\dots,m}^{i=1,\dots,m-1}\\ 0 \quad 1\end{pmatrix}.$$

Now let $B_r^{*m-1}(y)\subset E^{m-1}_{(x')}$ be defined (for each fixed y) by

$$B_r^{*m-1}(y)=\left\{x':\ x'=f^*(x,y),\ (x,\psi_r)\in U,\ \ \text{Rank}\,(\partial_x f^*)=r\right\}.$$

Then by our hypothesis

(9) $$\text{measure of}\ \ B_r^{*m-1}(y)=0\qquad\text{for}\ \ 0\leqq r\leqq k-1.$$

But by (8)

$$\text{measure of}\ f(A_k\cap U)=\int\text{measure of}\ B_{k-1}^{*m-1}(y)dy.$$

Hence by (9); measure of $f(A_k\cap U)=0$. As $f(A_k)$ can be covered by an enumerable number of such $f(A_k\cap U)$, we get

$$\text{measure of}\quad f(A_k)=0.$$

This completes our proof.

Corollary 1. *If f is a mapping of an m-dimensional open set D^m into E^m of class C^2, then*

$$\textit{measure of}\ \left\{y:\ y=f(x),\ \ \det(\partial_x f)=0\right\}=0\ ^{4)}.$$

Proof: Let us define a mapping f^* of $D^{m+1}=D^m\times E^1$ into E^m by $f^*(x_1,\dots,x_m,x_{m+1})=f(x_1,\dots,x_m)$. Then

$$\text{Rank}\left(\partial_{x_j}f_i\ {}_{j=1,\dots,m}^{i=1,\dots,m}\right)=\text{Rank}\left(\partial_{x_j}f_i^*\ {}_{j=1,\dots,m+1}^{i=1,\dots,m}\right).$$

Thus Corollary 1 holds by Theorem 1.

---

4) Corollary 1 remains valid even when f is of class C^1. Cf. Nagumo [3].

3. Degree of mapping for mapping of class C^2

Let D be a *bounded open set* in E^m and f be a mapping of $\bar{D}$ (the closure of D) into E^m of class C^2. The set of all *critical values* of f on D, i.e., the set

$$\left\{y:\ y=f(x),\ x\in D,\ \det(\partial_x f)=0\right\}$$

is called the *crease* of f. Let a be a point of E^m, which lies neither on $f(\bar{D}-D)$ nor on the crease of f. Then, by a theorem on implicit functions, the equation $f(x)=a$ has only isolated solutions. As $a\notin f(\bar{D}-D)$, the set $\{x: f(x)=a\}$ has no accumulation point on $\bar{D}-D$. Therefore there are only a *finite* number of points $x\in D$ such that $f(x)=a$. Let p be the number of points x for which $f(x)=a$ and $\det(\partial_x f)>0$ hold, and q be the number of those x for which $f(x)=a$ and $\det(\partial_x f)<0$ hold. Then we call the integer $p-q$ the *degree of mapping* of D at a by f, and denote it by

$$A[a, D, f] \quad (=p-q)\,.$$

As is easily seen, we have

$$A[a, D, f]=A[0, D, f-a]$$

Theorem 2. *For each $t(0\leq t\leq 1)$ let f_t be a mapping of $\bar{D}$ into E^m such that $f_t(x)$ is a function of class C^2 in (t, x) for $0\leq t\leq 1$, $x\in D$. Let a be a point of E^m such that*

$$(1)\qquad a\notin f_t(\bar{D}-D)\quad \textit{for}\quad 0\leq t\leq 1\,,$$

and a is neither on the crease of f_0 nor on that of f_1, then we have

$$(*)\qquad A[a, D, f_0]=A[a, D, f_1]\,.$$

Proof: Let K be the set in E^m defined by

$$(2)\quad K=\left\{y:\ y=f_t(x),\ 0\leq t\leq 1,\ x\in D,\ \text{Rank}\,(\partial_x f_t, \partial_t f_t)<m\right\}.$$

Then by Theorem 1,

$$(3)\qquad \text{measure of}\quad K=0\,.$$

At first let us suppose that $a\notin K$. Then by (1) and (2) there are at most a finite number of curves $\mathfrak{C}_\nu$: $x=\chi(s)$, $t=\tau(s)$ (for the parameter s is taken the arc length of $\mathfrak{C}_\nu$) in $E^{m+1}_{(x,t)}$ defined by the equation

$$(4)\qquad f_t(x)=a\,,$$

which are smooth and without multiple point because of

$$\text{Rank}\,(\partial_x f_t,\ \partial_t f_t) = m \quad \text{along } \mathfrak{C}_\nu\,. \tag{5}$$

We determine the orientation of $\mathfrak{C}_\nu$ in such a way that

$$\det\begin{pmatrix} \partial_{x_j} f_t^i & \partial_t f_t^i & {\scriptstyle i=1,\dots,m \atop j=1,\dots,m} \\ \chi_j' & \tau' & \end{pmatrix} > 0 \text{ [5]}. \tag{6}$$

The values of $\chi'(s)$ and $\tau'(s)$ at each point of $\mathfrak{C}_\nu$ will be determined by (6) and

$$\begin{cases} \sum_{j=1}^m \partial_{x_j} f_t^i \cdot \chi_j' + \partial_t f_t^i \cdot \tau' = 0\,, & (i=1,\dots,m), \\ \sum_{j=1}^m \chi_j'^2 \quad + \quad \tau'^2 \quad = 1 \text{ [6]}. \end{cases} \tag{7}$$

Then

$$\text{sign of } \tau'(s) = \text{sign of } \det(\partial_x f_t) \quad \text{along } \mathfrak{C}_\nu\,. \tag{8}$$

Because:

$$\det\begin{pmatrix} \partial_{x_j} f_t^i & \partial_t f_t^i \\ \chi_j' & \tau' \end{pmatrix} \cdot \tau' = \det\begin{pmatrix} \partial_{x_j} f_t^i & \sum_{j=1}^m \partial_{x_j} f_t^i \cdot \chi_j' + \partial_t f_t^i \cdot \tau' \\ \chi_j' & \sum_{j=1}^m \chi_j'^2 + \tau'^2 \end{pmatrix}$$

$$= \det\begin{pmatrix} \partial_x f_t^i & 0 \\ \chi_j' & 1 \end{pmatrix} = \det\left(\partial_x f_t\right), \quad \text{(by (7))}.$$

Hence by (6) we get (8). Thus, for $t=0$ or $t=1$, $A[a, D, f_t]$ equals just the algebraic sum of the numbers of intersections of the hyperplane $t=0$ or $t=1$ by the curves $\mathfrak{C}_\nu$, taken positive or negative after the sense of intersection (the sign of τ'). Each $\mathfrak{C}$ is simply closed or runs from one of the two hyperplanes $t=0$ and $t=1$ to the same or another one of them without touching $\bar{D}-D$ (by (1)). Namely we have 4 possible cases for each $\mathfrak{C}_\nu$:

i) $\mathfrak{C}_\nu$ is a simply closed curve.

ii) $\mathfrak{C}_\nu$ runs from one of the two hyperplanes $t=0$ and $t=1$ to the same one.

iii) $\mathfrak{C}_\nu$ runs from the hyperplane $t=0$ to the hyperplane $t=1$.

iv) $\mathfrak{C}_\nu$ runs from the hyperplane $t=1$ to the hyperplane $t=0$.

In the first two cases, i) and ii), $\mathfrak{C}_\nu$ has no effect on $A[a, D, f_t]$ for $t=0$ and $t=1$. Let p be the number of $\mathfrak{C}_\nu$ of the case iii), and q be the number of $\mathfrak{C}_\nu$ of the case iv). Then we have

$$A[a, D, f_0] = A[a, D, f_1] = p - q\,.$$

---

5) $f_t = (f_t^1, \dots f_t^m,)$

6) The values of x' and τ' are as follows: $x_k' = \Lambda_k / |\Delta|$, $\tau' = \Delta_t / |\Delta|$, where $\Lambda_k = (-1)^{m-k+1} \det\left(\partial_{x_j}\ \partial_t f_t^i \ {\scriptstyle i=1,\dots,m \atop j \neq k}\right)$, $\Delta_t = \det\left(\partial_{x_j} f_t^i \ {\scriptstyle i=1,\dots,m \atop j=1,\dots,m}\right)$ and $|\Delta| = \left(\sum_{k=1}^m \Delta_k^2 + \Delta_t^2\right)^{\frac{1}{2}}$. The determinant on the left side of (6) is equal to $|\Delta|\,(>0)$.

Thus the theorem is proved for the case $a \notin K$.

Now we consider the case $a \in K$. Since $a \notin f_t(\bar{D}-D)$, a is not a critical value of f_t for $t=0, 1$ and the critical sets of f_0 and f_1 are closed in D, there exists a neighborhood U of a such that U is free from the critical values of f_0 and f_1, and

$$(9) \qquad U \frown f_\nu(\bar{D}-D) = \{\ \} \quad (\nu=0,1).$$

As the measure of K is 0, there exists a point a' in $U-K$. Put

$$(10) \qquad a(s) = (1-s)a + sa' \quad \text{for} \quad 0 \leqq s \leqq 1.$$

Then

$$(11) \qquad A[a(s), D, f_\nu] = A[0, D, f_\nu - a(s)] \quad (\nu=0,1).$$

For such x that $f_\nu(x) = a(s)$ $(0 \leqq s \leqq 1)$ $(\nu=0,1)$, we have

$$\text{Rank}\left(\partial_x(f_\nu - a(s)),\ \partial_s(f_\nu - a(s))\right) = \text{Rank}\left(\partial_x f_\nu,\ a'(s)\right) = m \quad (\nu=0,1).$$

Therefore, by the first part of the proof, taking $f_\nu - a(s)$ instead of f_t, we have by (10)

$$A[0, D, f_\nu - a] = A[0, D, f_\nu - a'] \quad (\nu=0,1),$$

hence by (11)

$$(12) \qquad A[a, D, f\,] = A[a', D, f_\nu] \quad (\nu=0,1).$$

But as $a' \notin K$, by the first part of the proof, we have

$$A[a', D, f_0] = A[a', D, f_1].$$

Then by (12) we obtain (*). The proof is thus complete.

Corollary 2. *Let f be a mapping of $\bar{D}$ into E^m of class C^2 and a be a point of E^m such that $a \notin f(\bar{D}-D)$. Let a_1, a_2 be any two points of E^m, which are not critical values of f and such that*

$$|a_\nu - a| < \text{dist}\,(a, f(\bar{D}-D)) \quad (\nu=1,2)\ ^{7)}.$$

Then

$$A[a_1, D, f] = A[a_2, D, f].$$

Proof: Put $a(t) = (1-t)a_1 + ta_2 (0 \leqq t \leqq 1)$, then

$$A[a(t), D, f] = A[0, D, f - a(t)],$$

and $0 \notin f(\bar{D}-D) - a(t)$ for $0 \leqq t \leqq 1$. Thus Corollary 2 follows from Theorem 1.

---

7) $|a' - a|$ is the distance between a and a'.

Remark: By virtue of Corollary 2 we can define $A[a, D, f]$ *even when a is a critical valve of f, provided that $a \notin f(\bar{D}-D)$.* Indeed we have only to define

$$A[a, D, f]=A[a', D, f],$$

where a' is any point of E^m not on the crease of f and such that

$$|a'-a|<\operatorname{dist}(a, f(\bar{D}-D)).$$

The existence of such a' is assured by the fact that the measure of the crease of f is 0 (by Corollary 1).
$A[a, D, f]$ being thus defined we have:

Theorem 3. *Theorem 2 holds even if a is a critical value of f $(\nu=0,1)$.*

4. Degree of mapping for general case

Now let F be a continuous mapping of $\bar{D}$ (D is a bounded open set in E^m) into E^m and a be a point of E^m such that $a \notin F(\bar{D}-D)$.

Definition. *Let f be any mapping of $\bar{D}$ into E^m of class C^2 such that*

$$|f(x)-F(x)|<\operatorname{dist}(a, F(\bar{D}-D)) \quad for \quad x \in \bar{D}.$$

Then we define the degree of mapping of D at a by F by

$$A[a, D, F]=A[a, D, f].$$

To legitimize this definition we use the following:

Theorem 4. *Let f_ν $(\nu=0,1)$ be mappings of $\bar{D}$ into E^m of class C^2 such that*

$$|f(x)-F(x)|<\operatorname{dist}(a, F(\bar{D}-D)) \quad (\nu=0,1).$$

Then

$$(*) \qquad A[a, D, f_0]=A[a, D, f_1].$$

Proof: Put $f_t(x)=(1-t)f_0(x)+tf_1(x)$ $(0 \leq t \leq 1)$. Then for each $t \in \langle 0,1 \rangle$, f_t is a mapping of $\bar{D}$ into E^m such that $f_t(x)$ is a function of class C^2 in (x, t) for $0 \leq t \leq 1$, $x \in D$ and

$$|f_t(x)-F(x)|<\operatorname{dist}(a, F(\bar{D}-D)) \quad \text{for} \quad 0 \leq t \leq 1.$$

Hence $a \notin f_t(\bar{D}-D)$ for $0 \leq t \leq 1$. Thus by Theorem 2 we get (*).

Theorem 5. *For each $t(0 \leq t \leq 1)$ let f_t be a mapping of $\bar{D}$ into E^m such that $f_t(x)$ is continuous for $0 \leq t \leq 1$, $x \in \bar{D}$. Let $a(t)$ be a point of E^m such that $a(t)$ is a continuous function of t for $0 \leq t \leq 1$ and $a \notin f_t(\bar{D}-D)$. Then $A[a(t), D, f_t]$ is constant for $0 \leq t \leq 1$.*

Proof: Let τ be any fixed value of t from $0 \leqq t \leqq 1$. Then there exists a $\delta = \delta(\tau) > 0$ and a mapping F of $\bar{D}$ into E^m of class C^2 such that

$$(1) \qquad |F(x) - f_t(x)| < \mathrm{dist}\,(a(t), f_t(\bar{D} - D)) \quad \text{for} \quad |t - \tau| < \delta\,,$$

and

$$(2) \qquad |a(t) - a(\tau)| < \mathrm{dist}\,(a(\tau), F(\bar{D} - D)) \quad \text{for} \quad |t - \tau| < \delta\,.$$

Then by the definition of $A[a, D, f_t]$ and (1)

$$(3) \qquad A[a(t), D, f] = A[a(t), D, F] = A[0, D, F - a(t)]\,.$$

But by (2) $0 \notin F(\bar{D} - D) - a(t)$ for $|t - \tau| < \delta$. Then by Theorem 3 and (3) $A[0, D, F - a(t)] = A[a(t), D, f_t]$ is constant for $|t - \tau| < \delta$. Applying the Borel's covering theorem to the closed interval $0 \leqq t \leqq 1$ we obtain the constancy of $A[a(t), D, f_t]$ for $0 \leqq t \leqq 1$.

(Received October 25, 1951)

References

[1] G. D. Birkhoff and O. Kellogg: *Invariant points in functional spaces.* Trans. Am. Math. Soc. 23 (1933).

[2] M. Kneser: *Abhängigkeit von Funktionen.* Math. Zeit. 54 (1951),

[3] M. Nagumo: *A theory of degree of mapping based on infinitesimal analysis,* Am. Jour. Math. 75 (1951).

[4] M. Nagumo: *Degree of mapping in convex linear topological spaces.* Am. Jour. Math. 73 (1951).

[5] A. Sard: *The measure of the critcal vulues of differentiable maps.* Bull. Am. Math. Soc. 48 (1942).

On principally linear elliptic differential equations of the second order

[Osaka Math. J., **6** (1954) 207–229]

§ 0 Introduction

We use the notations $\underset{x_i}{\partial} u$ or $\underset{i}{\partial} u$ for $\dfrac{\partial u}{\partial x_i}$ and $\underset{x_i x_j}{\partial^2} u$ or $\underset{ij}{\partial^2} u$ for $\dfrac{\partial^2 u}{\partial x_i \partial x_j}$. We write x for $x_1, \cdots, x_m$, $\underset{x}{\partial} u$ for $\underset{x_1}{\partial} u, \cdots \underset{x_m}{\partial} u$, and $\underset{x}{\partial^2} u$ for $\underset{ij}{\partial^2} u$ $(i, j = 1, \cdots, m)$.

In this note we shall consider principally linear partial differential equation[1)] of elliptic type

$$(0) \qquad \sum_{i,j=1}^{m} a_{ij}(x) \underset{ij}{\partial^2} u = f(x, u, \underset{x}{\partial} u).$$

We assume once for all that the quadratic form $\sum_{i,j=1}^{m} a_{ij}(x) \xi_i \xi_j$ *is positive definite.* We denote by $C[A]$ the set of all continuous functions on A, and by $C^p[A]$ the set of all functions whose partial derivatives up to the p-th order are all continuous on A. Under a solution of (0) in the domain D we understand a function of $C^2[D]$ which satisfies (0) for $x \in D$.[2)] We say that a solution $u(x)$ of (0) in D takes the boundary value $\beta(x)$, when $u(x) \in C[\bar{D}]$ and $u(x) = \beta(x)$ for $x \in \dot{D}$.[3)]

We say a function $\omega(x)$ is a *quasi-supersolution* (*-subsolution*) of (0) in a domain D, if for every point $x_0 \in D$, there exist a neighborhood U of x_0 and a finite number of functions $\omega_\nu(x) \in C^2[U]$ $(\nu = 1, \cdots, n)$ such that

$$(0.1) \qquad \omega(x) = \underset{1 \leqq \nu \leqq n}{\mathrm{Min}}\, \omega_\nu(x) \ (\underset{1 \leqq \nu \leqq n}{\mathrm{Max}}\, \omega_\nu(x)) \qquad \text{for} \quad x \in U$$

and

$$(0.2) \qquad \sum_{i,j=1}^{m} a_{ij}(x) \underset{ij}{\partial^2} \omega_\nu \leqq f(x, \omega_\nu, \underset{x}{\partial} \omega_\nu) \ (\geqq f(x, \omega_\nu, \underset{x}{\partial} \omega_\nu)).$$

---

1) We say that a partial differential equation is principally linear, if it is linear in the terms of the highest derivatives with coeficients containing only independent variables.

2) D is a connected open set in the m-dimensional Euclidean space.

3) $\bar{D}$ means the closure of D, and $\dot{D}$ the boundary of D.

The purpose of this note is to give an existence theorem for the solution of the boundary value problem of the first kind regarding the equation (0), under adequate supplementary conditions, in such a way that the solution $u(x)$ is limited by the inequalities

$$\underline{\omega}(x) \leq u(x) \leq \bar{\omega}(x),$$

where $\bar{\omega}(x)$ and $\underline{\omega}(x)$ are quasi-supersolution and quasi-subsolution of (0) respectively. The main result of this note is given in §6.

The argument of this note is based on the work of J. SCHAUDER: *Über lineare elliptische Differentialgleichungen zweiter Ordung.*[4] We define the distance of two points x and x' by $|x-x'| = (\sum_{i=1}^m (x_i - x_i')^2)^{1/2}$. We also define $|\underset{x}{\partial} f|$ and $|\underset{x}{\partial}^2 f|$ by

$$|\underset{x}{\partial} f| = (\textstyle\sum_{i=1}^m (\underset{i}{\partial} f)^2)^{1/2}, \quad |\underset{x}{\partial}^2 f| = (\textstyle\sum_{i,j=1}^m (\underset{ij}{\partial}^2 f)^2)^{1/2}.$$

A function $f(x)$ is said to be H_α*-continuous* $(0 < \alpha \leq 1)$ on A, if there exists a constant C such that

$$|f(x) - f(x')| \leq C|x-x'|^\alpha \quad \text{for all} \quad x, x' \in A.$$

Then we define $H_A^\alpha(f)$ (the Hölder constant of f on A) as the least value of such C. We also use the notation

$$(0.3) \qquad \|f\|_A^\alpha = \underset{x\in A}{\mathrm{Max}}|f(x)| + H_A^\alpha(f)$$

and, if $f \in C^2(A)$,

$$(0.4) \qquad \|f\|_A^{\alpha,2} = \|f\|_A^\alpha + \|\underset{x}{\partial} f\|_A^\alpha + \|\underset{x}{\partial}^2 f\|_A^\alpha.$$

Schauder proved the following theorems:

Theorem A. *Let D be a bounded domain, and let $a_{ij}(x)$ be $H_{\alpha+\varepsilon}$-continuous in D and subjected to the condition*

$$(0.5) \quad \det(a_{ij}) = 1 \quad \textit{and} \quad \|a_{ij}(x)\|_D^{\alpha+\varepsilon} \leq \Lambda \qquad (0 < \alpha < 1,\ \varepsilon > 0).$$

Then there exists a constant C_Λ depending only on α, ε and Λ such that, for any compact set K in D and any solution $u(x)$ of

$$(0.6) \qquad \textstyle\sum_{i,j=1}^m a_{ij}(x) \underset{ij}{\partial}^2 u = f(x)$$

such that $\|u\|_D^{\alpha,2} < +\infty$, holds the inequality

$$\|u(x)\|_K^{\alpha,2} \leq C_\Lambda \delta^{-4}(\|f\|_D^\alpha + \underset{D}{\mathrm{Max}}|u(x)|),$$

where $\delta = \mathrm{dist}(K, \dot{D})$.

4) Math. Zeit. 38 (1938), 257–282.

Theorem B. *Let D be a bounded domain whose boundary $\dot{D}$ is of type Bh.*[5] *Let $a_{ij}(x)$ satisfy* (0.5) *and let $\beta(x)$ be a function of* $C^2[\bar{D}]$ *such that $\|\beta\|_D^{\alpha,2} < +\infty$. Then there exists a solution $u(x)$ of* (0.6) *in D with the boundary value $\beta(x)$ such that*

$$\|u\|_D^{\alpha,2} \leq C(\|f\|_D^{\alpha} + \|\beta\|_D^{\alpha,2}),$$

where C is a constant depending only on D, α, ε and Λ.

REMARK. We can easily prove that there exists a constant Λ depending only on A and L such that (0.5) holds, if $a_{ij}(x)$ satisfies

$$A^{-1} \leq \sum_{i,j=1}^m a_{ij}(x)\xi_i\xi_j \leq A \qquad \text{for } \sum_{i=1}^m \xi_i^2 = 1 \ (A \leq 1)$$

and

$$\{\sum_{i,j=1}^m (a_{ij}(x') - a_{ij}(x))^2\}^{1/2} \leq L|x'-x|^{\alpha+\varepsilon},$$

where A and L are positive constants.

§ 1 Limitation of $u(x)$

1. **Theorem 1.** *Let $\omega(x)$ be a quasi-supersolution (-subsolution) of the equation*

$$\Phi[u] \equiv \sum_{i,j=1}^m a_{ij}(x) \underset{x}{\partial}^2 u - F(x, \underset{x}{\partial} u) = 0 \tag{1.1}$$

in the domain D, and let $v(x)$ be a function of $C^2[D]$ *with the following properties*:

$$\Phi[v] > 0 \ (<0) \quad \textit{for } x \textit{ such that } v(x) > \omega(x) \ (<\omega(x)) \tag{1.2}$$

and

$$\lim_{x \to \dot{x}} \{v(x) - \omega(x)\} \leq 0 \ (\geq 0) \qquad \textit{for } \dot{x} \in \dot{D}. \tag{1.3}$$

Then

$$v(x) \leq \omega(x) \ (\geq \omega(x)) \qquad \textit{for } x \in D.$$

Proof. If the conclusion was not true, there exist by (1.3) a positive constant α and a point $x_0 \in D$ such that

$$v(x_0) = \omega(x_0) + \alpha \quad \text{and} \quad v(x) \leq \omega(x) + \alpha \quad \text{in } D.^{6)} \tag{1.4}$$

Then there exist a neighborhood U and a function $\omega_\nu(x) \in C^2[D]$ such that

---

5) A l-dimentional manifold is said of type Bh, if it is locally representable in the form $x_i = \varphi_i(s_1, \ldots, s_l)$ in such way that Rank $\underset{s}{\partial}(\varphi) = l$ and $\underset{s}{\partial}^2\varphi$ is H_α-continuous ($0 < \alpha < 1$).

6) $\alpha = \inf\{\lambda : \omega(x) + \lambda > v(x) \text{ for all } x \in D\}$.

(1. 5) $$\omega_\nu(x_0)=\omega(x_0)\,,\quad \omega_\nu(x)\geqq\omega(x)\quad \text{in } U$$

and

(1. 6) $$\Phi[\omega_\nu]\leqq 0\qquad \text{in } U\,.$$

Thus,

(1. 7) $$\omega_\nu(x_0)<v(x_0)$$

and, as $\omega_\nu(x)-v(x)$ is minimum for $x=x_0$ by (1. 4) and (1. 5), we have

(1. 8) $$\underset{x}{\partial}\omega_\nu(x_0)=\underset{x}{\partial}v(x_0)$$

and

(1. 9) $$\sum_{i,j=1}^m a_{ij}(x_0)\,\underset{ij}{\partial^2}\omega_\nu(x_0)\geqq\sum_{i,j=1}^m a_{ij}(x_0)\,\underset{ij}{\partial^2}v(x_0)\,.$$ [7]

Hence, from (1. 8) and (1. 9)

(1. 10) $$\Phi[v]_{x=x_0}\leqq\Phi[\omega_\nu]_{x=x_0}\,.$$

On the other hand, from (1. 7), (1. 2) and (1. 6) we get

$$\Phi[v]_{x=x_0}>0\geqq\Phi[\omega_\nu]_{x=x_0}\,,$$

which contradicts (1. 10), q. e. d.

2. We say that a domain D has the *property* $((\sigma))$, when there exists a constant $\sigma>0$ with the following property: To any point p of $\dot{D}$ there corresponds a closed sphere S_p with radius σ such that $\bar{D}\frown S_p=(p)$.

Lemma 1. *Let D be a bounded domain with the property $((\sigma))$, and let d be the diameter of D. Let $a_{ij}(x)$ be subjected to the condition*

(2. 1) $$A^{-1}\leqq\sum_{i,j=1}^m a_{ij}(x)\,\xi_i\xi_j\leqq A\qquad \text{for } \sum_{i=1}^m\xi_i^2=1\,,$$

where A is a constant $\geqq 1$. Then there exists a constant $C_{A,\sigma,d}$ depending only on m, A, σ and d such that for the solution $u(x)$ of

(2. 2) $$\sum_{i,j=1}^m a_{ij}(x)\,\underset{ij}{\partial^2}u=f(x)$$

with the boundary value $u=0$ $(x\in\dot{D})$, where $f(x)$ is bounded on D, holds the inequality

(2. 3) $$|u(x)|\leqq C_{A,\sigma,d}\ \mathrm{dist}\,(x,\dot{D})\sup_D|f(x)|\,.$$

7) By a linear transformation of coordinates we can bring the matrix $(a_{ij}(x_0))$ into the diagonal form $(\lambda_i\delta_{ij})$, where $\lambda_i>0$. Then $\sum\lambda_i\,\underset{ii}{\partial^2}\omega(x_0)\geqq\sum\lambda_i\,\underset{ii}{\partial^2}u(x_0)$, which is epuivalent to (1.9).

Proof. Let x_0 be any point of D and let p be a point of $\dot{D}$ such that $\operatorname{dist}(x_0, \dot{D}) = |x_0 - p|$. Let S_p be the closed sphere with radius σ such that $\bar{D} \cap S_p = (p)$, and let c be the center of S_p. If we put $\omega(x) = \varphi(r)$, where $r = |x - c|$, then

$$\sum_{i,j=1}^m a_{ij}(x) \underset{ij}{\partial^2} \omega = \alpha(x)\varphi'' + r^{-1}\{\sum_{i=1}^m a_{ii} - \alpha(x)\}\varphi', \tag{2.4}$$

where
$$\alpha(x) = r^{-2} \sum_{i,j=1}^m a_{ij}(x)(x_i - c_i)(x_j - c_j).$$

Thus, if we define $\varphi(r)$ by

$$\varphi(r) = (mA)^{-1} F \int_\sigma^r \{(d+\sigma)^{mA^2} r^{-mA^2+1} - r\}\, dr, \tag{2.5}$$

where F is a constant $> \sup|f(x)|$, and as $\varphi'(r) > 0$, $\varphi''(r) < 0$ for $\sigma \leq r < \delta + d$ and

$$\sum_{i=1}^m a_{ii}(x) \leq mA, \qquad \alpha(x) \geq A^{-1} \qquad \text{(by (2.1))},$$

we have

$$\sum_{i,j=1}^m a_{ij}(x) \underset{ij}{\partial^2} \omega + F \leq 0 \qquad \text{in } D \tag{2.6}$$

and $\omega(x) \geq 0$ for $x \in \dot{D}$.

On the other hand, as $F > |f(x)|$ in D, we get from (2.2)

$$\sum_{i,j=1}^m a_{ij}(x) \underset{ij}{\partial^2} u + F > 0 \qquad \text{in } D \tag{2.7}$$

and $u(x) = 0 \leq \omega(x)$ for $x \in \dot{D}$. Thus, by Theorem 1,

$$u(x) \leq \omega(x) = \varphi(r) \qquad \text{in } D.$$

Then, as $\omega(p) = \varphi(\sigma) = 0$ and $\varphi'' < 0$,

$$u(x_0) \leq \varphi'(\sigma)|x_0 - p|,$$

or from (2.5)

$$u(x_0) \leq C_{A,\sigma,d} \operatorname{dist}(x_0, \dot{D}) F,$$

where
$$C_{A,\sigma,d} = (mA)^{-1}\{(d+\sigma)^{mA^2} \sigma^{-mA^2+1} - \sigma\}.$$

Similarly we obtain

$$u(x_0) \geq -C_{A,\sigma,d} \operatorname{dist}(x_0, \dot{D}) F.$$

Letting F tend to $\sup|f(x)|$ we get (2.3).

§ 2 Estimation of $\underset{x}{\partial} u$

3. Theorem 2. *Let D be a bounded domain, whose diameter is d. Let $a_{ij}(x)$ be subjected to the conditions* (2.1) *and*

(3.1) $(\sum_{i,j=1}^{m}\{a_{ij}(x')-a_{ij}(x)\}^2)^{1/2}\leqq L|x'-x|$ *for any* $x, x'\in D$,

Γ *and* $f(x, u, p)$ $(p=(p_1, \cdots, p_m))$ *satisfy the inequality*

(3.2) $$|f(x, u, p)|\leqq B|p|^2+\Gamma$$

for $x\in D$, $\underline{\omega}(x)\leqq u\leqq \bar{\omega}(x)$ *and* $|p|<+\infty$. *Let* $u(x)$ *be any solution of* (0) *such that*

(3.3) $$|u(x)|\leqq M \quad \text{in } D, \text{ where } 16ABM<1.$$

Then there exist constants $C^{(1)}$ *and* $C^{(2)}$, *depending only on* m, A, L, B, M Γ *and* d, *such that*

$$|\underset{x}{\partial}u(x)|\leqq C^{(1)}/\rho(x)^{-1}\max_{|x'-x|\leqq\rho(x)}\{|u(x')|\}+C^{(2)},$$

where $\rho(x)=\text{dist}\,(x, \dot{D})$.

Proof. Let a be any point of D, and let $\sum_\kappa$ be a closed sphere defined by

$$\textstyle\sum_\kappa=\{x;\ |x-a|\leqq\kappa\,\text{dist}\,(a, \dot{D})\} \qquad (0<\kappa<1).$$

We put also

(3.4) $$\mu_\kappa=\max_{x\in\sum_\kappa}\{|\underset{x}{\partial}u|\rho_\kappa(x)\},$$

where $\rho_\kappa(x)=\text{dist}\,(x, \dot{\sum}_\kappa)$. Then there exists a point $x_0\in\sum_\kappa$ such that

(3.5) $$|\underset{x}{\partial}u(x_0)|\rho_\kappa(x_0)=\mu_\kappa \qquad (x_0\in\textstyle\sum_\kappa).$$

Now let $Tx=x'$ be a linear transformation of coordinates such that

$$\textstyle\sum_{i,j=1}^{m}a_{ij}(x_0)\underset{ij}{\partial^2}u=\sum_{i=1}^{m}\underset{ii}{\partial^2}u',$$ [8)]

where $u'(x')\doteqdot u(x)$ and $f(x, u, \underset{x}{\partial}u)=f'(x', u', \underset{x'}{\partial}u')$.

Then we have for (0)

(3.6) $$\Delta u'=\textstyle\sum_{i,j=1}^{m}(\delta_{ij}-a'_{ij}(x'))\underset{ij}{\partial^2}u'+f'(x', u', \underset{x'}{\partial}u').$$

Let S_λ be a closed sphere in $T(D)=D'$ with the center $x_0'=T(x_0)$ and the radius $\lambda\rho_\kappa(x_0)$, where λ is a constant such that $0<\lambda<A^{-1/2}/2$ and $S_\lambda\subset T(\sum_\kappa)$. Let $G(x', \xi)$ be the Green's function of the equation $\Delta u'=0$ with respect to the domain S_λ so that from (3.6)

8) $\underset{i}{\partial}u'$ means $\partial_{x_i'}u'$.

$$u' = -\omega_m^{-1}\int_{S_\lambda} G(x',\xi)\{\textstyle\sum_{i,j=1}^m (\delta_{ij}-a'_{ij}(\xi))\,\underset{ij}{\partial^2} u'(\xi)\}\, d^m\xi^{9)}$$

$$-\omega_m^{-1}\int_{S_\lambda} G(x',\xi) f'(\xi, u'(\xi), \underset{\xi}{\partial} u'(\xi))\, d^m\xi + h(x'),$$

where $h(x')$ is the harmonic function which takes the same value as $u'(x')$ for $x' \in \dot{S}_\lambda$. Then

(3.7) $$|\underset{x'}{\partial} u'(x_0')| \leq (\mathrm{I}) + (\mathrm{II}) + (\mathrm{III}),$$

where $$(\mathrm{I}) = |\omega_m^{-1}\int_{S_\lambda} \underset{x'}{\partial} G(x_0',\xi) f' d^m\xi|,$$

$$(\mathrm{II}) = |\omega_m^{-1}\int_{S_\lambda} \underset{x'}{\partial} G(x_0',\xi) \textstyle\sum_{ij} (\delta_{ij}-a'_{ij}(\xi))\,\underset{ij}{\partial^2} u'(\xi)\, d^m\xi|,$$

$$(\mathrm{III}) = |\underset{x'}{\partial} h(x_0')|.$$

Since by T the distance will be changed by the ratio between $A^{-1/2}$ and $A^{1/2}$, we have

(3.8) $$(\textstyle\sum_{i,j=1}^m \{a'_{ij}(\xi)-\delta_{ij}\}^2)^{1/2} \leq A^{3/2}L|\xi-x_0'|, \quad (\sum_{ij}(\underset{\xi}{\partial} a'_{ij})^2)^{1/2} \leq A^{3/2}L.$$

As $|\underset{x}{\partial} u(x)| \leq (1-\lambda A^{1/2})^{-1}\rho_\kappa(x_0)^{-1}\mu_\kappa$ in $T^{-1}S_\lambda(\subset \Sigma_\kappa)$, we have, taking λ so small that $(1-\lambda A^{1/2})^{-2} < 2$,

(3.9) $$|\underset{\xi}{\partial} u'(\xi)| \leq \sqrt{2}\, A^{1/2}\rho_\kappa(x_0)^{-1}\mu_\kappa \qquad \text{for } \xi \in S_\lambda$$

and from (3.2)

(3.10) $$|f'(\xi, u'(\xi), \underset{\xi}{\partial} u'(\xi))| = |f(x, u, \underset{x}{\partial} u)| \leq 2B\rho_\kappa(x_0)^{-2}\mu_\kappa^2 + \Gamma.$$

Then regarding (3.8), (3.9), (3.10), $|\underset{x'}{\partial} G(x_0',\xi)| \leq 2|\xi-x_0'|^{-m+1}$ and $|\underset{x'\xi}{\partial^2} G(x_0',\xi)| \leq (m+2)|\xi-x_0'|^{-m}$, we get

(3.11) $$(\mathrm{I}) \leq 4\lambda\rho_\kappa(x_0)^{-1}B\mu_\kappa^2 + 2\lambda\rho_\kappa(x_0)\Gamma,$$

$$(\mathrm{II}) \leq |\omega_m^{-1}\int_{\dot{S}_\lambda} \underset{x'}{\partial} G(x_0',\xi) \textstyle\sum_{i,j}(\delta_{ij}-a'_{ij}(\xi))\,\underset{i}{\partial} u'(\xi)\cos(\xi_i, n)\, d\sigma|^{10)}$$

$$+|\omega_m^{-1}\int_{S_\lambda} \underset{x'}{\partial} G(x_0',\xi) \textstyle\sum_{i,j}\underset{\xi_j}{\partial} a'_{ij}(\xi)\,\underset{i}{\partial} u'(\xi) d^m\xi|$$

$$+|\omega_m^{-1}\int_{S_\lambda} \textstyle\sum_{i,j}\underset{x'\xi_j}{\partial^2} G(x_0',\xi)(\delta_{ij}-a'_{ij}(\xi))\,\underset{i}{\partial} u'(\xi)\, d^m\xi|,$$

or

(3.12) $$(\mathrm{II}) \leq (m+6)\sqrt{2}\, AL\lambda\mu_\kappa$$

---

9) ω_m means the surface measure of the m-dimensional unit sphere, and $d^m\xi = d\xi_1\cdots d\xi_m$.
10) $d\sigma$ means the infinitesimal surface element of S_λ and n is the normal of S_λ.

and $\quad$ (III) $\leqq \lambda^{-1}\rho_\kappa(x_0)^{-1}\operatorname{Max}\{|u'(x')|;\ |x'-x_0'|\leqq \lambda\rho_\kappa(x_0)\}$,

hence

$$\text{(III)} \leqq \lambda^{-1}\rho_\kappa(x_0)^{-1}\sup_{|x-a|\leqq\rho(a)}|u(x)|. \tag{3.13}$$

As $$|\underset{x'}{\partial}u'(x)|\geqq A^{-1/2}|\underset{x}{\partial}u(x_0)|=A^{-1/2}\rho_\kappa(x_0)^{-1}\mu_\kappa$$

and $\rho_\kappa(x_0)<2\rho(a)\leqq d$, we get from (3.7), (3.11), (3.12) and (3.13),

$$\lambda C_0\mu_\kappa^2-(1-\lambda C_1)\mu_\kappa+\lambda^{-1}C_2\geqq 0, \tag{3.14}$$

where $$C_0=4A^{1/2}B,\quad C_1=\sqrt{2}(m+6)A^{5/2}Ld$$

and $$C_2=A^{1/2}\sup_{|x-a|\leqq\rho(a)}|u(x)|+8\lambda\rho(a)^2A^{1/2}\Gamma.$$

Since $C_0C_2\leqq 4ABM+8\lambda d^2AB\Gamma$, by (3.3) we can take $\lambda>0$, depending only on m, A, L, B, Γ and d, so small that

$$\lambda C_1<1/2 \quad\text{and}\quad (1-\lambda C_1)^2>4(\lambda C_0)(\lambda^{-1}C_2). \tag{3.15}$$

Let R_1 and $R_2 (R_1<R_2)$ be the distinct real roots of the equation in X

$$\lambda C_0X^2-(1-\lambda C_1)X+\lambda^{-1}C_2=0. \tag{3.16}$$

Then we have from (3.14)

$$\mu_\kappa\leqq R_1 \quad\text{or}\quad \mu_\kappa\geqq R_2\ (R_1<R_2).$$

But we can easily see from (3.4) that μ_κ depends on κ continuously for $0<\kappa<1$ and $\lim_{\kappa\to 0}\mu_\kappa=0$. Then we have only $\mu_\kappa\leqq R_1$. And, letting κ tend to 1, by the definition of μ_κ

$$|\underset{x}{\partial}u(a)|\leqq R_1\rho(a)^{-1}. \tag{3.17}$$

As R_1 is the smaller root of (3.16) and $\lambda C_1<1/2$,

$$R_1<\frac{4C_2}{2\lambda(1-\lambda C_1)}<4\lambda^{-1}C_2.$$

Thus from (3.17)

$$|\underset{x}{\partial}u(a)|\leqq C^{(1)}\rho(a)^{-1}\sup_{|x-a|\leqq\rho(a)}|u(x)|+C^{(2)},$$

where $C^{(1)}=4\lambda^{-1}A^{1/2}$ and $C^{(2)}=16dA^{1/2}\Gamma$ depend only on m, A, L, B, M, Γ and d, q. e. d,

Corollary. *If we replace the condition* (3.2) *in Theorem* 2 *by*

$$|f(x,u,p)|\leqq\Gamma, \tag{3.19}$$

and omit (3.3), *then there exists a constant* $C_{A,L,d}$ *depending only on* m, A, L *and* d, *such that*

$$|\underset{x}{\partial}u(x)| \leq C_{A,L,d}\,\rho(x)^{-1} \sup_{|x'-x|\leq\rho(x)} |u(x')| + 8A^{1/2}\rho(x)\,\Gamma\,.$$

where $\rho(x) = \mathrm{dist}\,(x, \dot{D})$.

Proof. We have instead of (3.14)

$$(1-\lambda C_1)\,\mu_\kappa \leq \lambda^{-1}C_2\,.$$

Then, putting $\lambda = C_1/2$, we get

$$\mu_\kappa \leq 2C_1^{-1}A^{1/2} \sup_{|x-a|\leq\rho(a)} |u(x)| + 8A^{1/2}\rho(a)^2\,\Gamma\,.$$

Thus we have from (3.4), letting κ tend to 1,

$$|\underset{x}{\partial}u(a)| \leq C_{A,L,d}\,\rho(a)^{-1} \sup_{|x-a|\leq\rho(a)} |u(x)| + 8A^{1/2}\rho(a)\,\Gamma\,,$$

where $C_{A,L,d} = \sqrt{2}\,(m+6)\,A^3Ld$, q. e. d.

§ 3 Existence theorem for bounded $f(x, u, p)$

4. We say that $f(x, u, p)$ is *H_α-continuous in the finite part* of a $2m+1$-dimensional domain D^*, when there exists a constant $H_{M,N}$ depending on arbitrary positive numbers M and N such that

(4.1) $$|f(x', u', p') - f(x, u, p)| \leq H_{M,N}\{|x'-x|^\alpha + |u'-u|^\alpha + |p'-p|^\alpha\}$$

for any (x, u, p), (x', u', p') with the restriction $|u|$, $|u'| \leq M$ and $|p|$, $|p'| \leq N$.

Theorem 3. *Let* D *be a bounded domain with the diameter* d, *the boundary* $\dot{D}$ *being a hypersurface of type Bh, and let* $a_{ij}(x)$ *be* H_1-*continuous in* $\bar{D}$. *Let* $f(x, u, p)$ *be* H_α-*continuous* $(0 < \alpha < 1)$ *in the finite part of*

$$D^* = \{(x, u, p)\,;\ x \in \bar{D},\ |u| < +\infty,\ |p| < +\infty\}$$

and bounded:

(4.2) $$|f(x, u, p)| \leq \Gamma \quad \textit{in } D^*.$$

Then there exists a solution $u(x)$ *of* (0) *with the boundary value* $u = 0$ $(x \in \dot{D})$ *such that* $\|u(x)\|_D^{\alpha,2} < +\infty$.

Proof. For fixed positive constants N and Λ, let $\mathfrak{F}_{N,\Lambda}$ be the set of functions $v(x) \in C^1[\bar{D}]$ with the following properties:

(4.3) $$v(x)=0 \qquad \text{for } x\in\dot{D},$$

(4.4) $$|\underset{x}{\partial}v(x)|\leq N \qquad \text{in } D,$$

and

(4.5) $$|\underset{x}{\partial}v(x')-\underset{x}{\partial}v(x)|\leq\Lambda|x'-x| \qquad \text{for } x,\ x'\in D.$$

Then

(4.6) $$|v(x)|\leq Nd \qquad \text{for all } v(x)\in\mathfrak{F}_{N,\Lambda}.$$

$\mathfrak{F}_{N,\Lambda}$ is a compact convex set in $C^1[\bar{D}]$, where $C^1[\bar{D}]$ is a Banach space with the norm

$$\|v\|=\underset{\bar{D}}{\text{Max}}|v(x)|+\underset{\bar{D}}{\text{Max}}|\underset{x}{\partial}v(x)|.$$

For convenience we write $f_{[v]}(x)=f(x,\ v(x),\ \underset{x}{\partial}v(x))$, then $f_{[v]}$ is H_α-continuous in D for $v\in\mathfrak{F}_{N\Lambda}$. Because, there exists a constant $\kappa\geq 1$ such that any pair of points x and x' in D can be joined by a curve in D with length $\leq\kappa|x-x'|$, hence from (4.4)

$$|v(x')-v(x)|\leq\kappa N|x'-x| \qquad \text{for all } v\in\mathfrak{F}_{N,\Lambda}.$$

Thus by (4.1), (4.5) and (4.6)

(4.7) $$H_D^\alpha(f_{[v]})\leq H_{Nd,N}(1+(\kappa N)^\alpha+\Lambda^\alpha).$$

Now by Schauder's Theorem B, for any $v\in\mathfrak{F}_{N\Lambda}$, there exists the solution $u(x)$ of

(4.8) $$\textstyle\sum_{i,j=1}^m a_{ij}(x)\underset{ij}{\partial^2}u=f_{[v]}(x)$$

with the boundary value $u=0$ $(x\in\dot{D})$, which satisfies

(4.9) $$|\underset{x}{\partial^2}u|+H_D^\alpha(\underset{x}{\partial^2}u)\leq C^{(1)}\{\underset{\bar{D}}{\text{Max}}|f_{[v]}|+H_D^\alpha(f_{[v]})\},$$

where $C^{(1)}$ depend only on D, A and L, as there exist constants A and L such that (2.1) and (3.1) hold.

Since D has the property $((\sigma))$ for certain $\sigma>0$, we have by (4.2) and Lemma 1,

(4.10) $$|u(x)|\leq C_{A,\sigma,d}\,\rho(x)\Gamma, \quad \text{where} \quad \rho(x)=\text{dist}(x,\dot{D}).$$

Then from Corollary in §3, by (4.10),

(4.11) $$|\underset{x}{\partial}u(x)|\leq C^*\Gamma,$$

where C^* is a constant depending only on m, A, L, σ and d. Now we put

(4. 12) $$N = C^*\Gamma = N_0.$$

Then from (4. 7) and (4. 9), for any $v \in \mathfrak{F}_{N_0, \Lambda}$,

$$|\underset{x}{\partial^2} u| \leq C^{(1)}\{\Gamma + H_0(1+(\kappa N_0)^\alpha + \Lambda^\alpha)\} \qquad (H_0 = H_{N_0 d, N_0}),$$

hence

(4. 13) $$|\underset{x}{\partial} u(x') - \underset{x}{\partial} u(x)| \leq \kappa C^{(1)}\{\Gamma + H_0(1+(\kappa N_0)^\alpha + \Lambda^\alpha)\} |x'-x|.$$

Since $0 < \alpha < 1$, we can choose Λ_0 so large that

$$\kappa C^{(1)}\{\Gamma + H_0(1+(\kappa N_0)^\alpha + \Lambda_0^\alpha)\} \leq \Lambda_0 .$$

Then by (4. 13)

(4. 14) $$|\underset{x}{\partial} u(x') - \underset{x}{\partial} u(x)| \leq \Lambda_0 |x'-x|.$$

If we denote by Φ the transformation of $v \in \mathfrak{F}_{N_0, \Lambda_0}$ into the solution u of (4. 8) with the boundary value $u = 0$ $(x \in \dot{D})$:

$$u = \Phi[v],$$

such that $\| u \|_D^{\alpha, 2} < +\infty$, then (4. 11), (4. 12) and (4. 14) show that

(4. 15) $$\Phi(\mathfrak{F}_{N_0, \Lambda_0}) \subset \mathfrak{F}_{N_0, \Lambda_0} .$$

The mapping Φ of $\mathfrak{F}_{N_0, \Lambda_0}$ into itself is continuous in $C^1[\bar{D}]$. Because, if $v, v' \in \mathfrak{F}_{N_0, \Lambda_0}$

(4. 16) $$|f_{[v]} - f_{[v']}| \leq H_0(|v'-v|^\alpha + |\underset{x}{\partial} v' - \underset{x}{\partial} v|^\alpha) \leq 2H_0(\| v'-v \|)^\alpha.$$

And for $u = \Phi[v]$ and $u' = \Phi[v']$

$$\textstyle\sum_{i, j=1}^m a_{ij}(x) \underset{ij}{\partial^2}(u-u') = f_{[v]}(x) - f_{[v']}(x) \qquad \text{in } D$$

and $u(x) - u'(x) = 0$ for $x \in \dot{D}$. Thus by Lemma 1 and Corollary in § 2, replacing Γ by $2H_0(\| v'-v \|)^\alpha$ in (4. 10) and (4. 11), we get

$$|u(x) - u'(x)| \leq 2C_{\Lambda, \sigma, d}\, dH_0(\| v-v' \|)^\alpha$$

and

$$|\underset{x}{\partial} u - \underset{x}{\partial} u'| \leq 2C^* H_0(\| v-v' \|)^\alpha.$$

These show the continuity of Φ. Then from (4. 15), by the fixed point theorem in functional space,[11] there exists a $u_0 \in \mathfrak{F}_{N_0, \Lambda_0}$ such that

$$\Phi[u_0] = u_0 .$$

11) Tychonoff: *Ueber einen Fixpuktsatz*, Math. Ann. 111.

Then $u_0(x)$ is a solution of (0) with the boundary value $u=0$, q. e. d.

§4 Existence theorem for regular boundary condition

5. **Lemma 2.** *Let D be a bounded domain with the property* $((\sigma))$ *and the diameter d. Let $a_{ij}(x)$ be subjected to the conditions* (2. 1) *and* (3. 1), *and $f(x, u, p)$ to the condition* (3. 2) *Let $u(x)$ be a solution of* (0) *with the boundary value $u=0$ $(x\in \dot{D})$ and satisfy* (3. 3). *Then there exists a constant $C^\#$ depending only on m, A, L, B, Γ, M, σ and d, such that*

$$|\underset{x}{\partial} u(x)|\leq C^\#.$$

Proof. First we shall prove the existence of a constant C^* depending only on m, A, L, B, Γ, M and σ such that for the solution of (0), which vanishes on D and satisfy (3. 3), holds the inequality

$$|u(x)|\leq C^* \operatorname{dist}(x, \dot{D}). \tag{5. 1}$$

Let x_0 be any point of D and let p be a point of $\dot{D}$ such that $|x_0-p|=\operatorname{dist}(x_0, \dot{D})$. Let S_p be a closed sphere with the radius σ such that $S_p\frown \bar{D}=(p)$, and c be the center of S_p. Then the function

$$\omega(x)=M\log[(r-\sigma')/(\sigma-\sigma')], \tag{5. 2}$$

where
$$r=|x-c|,\quad \sigma'=(1-\varepsilon^2)\sigma,$$

satisfies the inequality

$$\Phi[\omega]\equiv \textstyle\sum_{i,j=1}^m a_{ij}(x)\underset{ij}{\partial^2}\omega+B|\underset{x}{\partial}\omega|^2+\Gamma'\leq 0 \tag{5. 3}$$

for $\sigma\leq|x-c|\leq\sigma(1+\varepsilon)$, where $\Gamma'>\Gamma>0$ (for example $\Gamma'=\Gamma+1$) and

$$\varepsilon=\operatorname{Min}\{(2mA^2)^{-1},\ \sigma^{-1}(M/8A\Gamma')^{1/2}\}. \tag{5. 4}$$

In fact, as $(r-\sigma')r^{-1}\leq\varepsilon<1/4$ for $\sigma\leq r\leq\sigma(1+\varepsilon)$, $2ABM<1/2$, $\sum_{i=1}^m a_{ii}\leq mA$ and

$$r^{-2}\textstyle\sum_{i,j=1}^m a_{ij}(x)(x_i-c_i)(x_j-c_j)\equiv\alpha(x)\leq A^{-1},$$

$$\begin{aligned}\Phi[\omega]&=M(r-\sigma')^{-2}\{(r-\sigma')r^{-1}\textstyle\sum_i a_{ii}-(1+(r-\sigma')r^{-1})\alpha(x)\}\\&\quad+BM^2(r-\sigma')^{-2}+\Gamma'\\&\leq M(r-\sigma')^{-2}(\varepsilon mA-A^{-1}+BM)+\Gamma'\\&\leq\Gamma'-M(1-2ABM)/2A(r-\sigma')^2\\&<\Gamma'-M/8A\varepsilon^2\sigma^2\leq 0\qquad(\text{by }(5.4)).\end{aligned}$$

We have also, as $\log(1+\varepsilon^{-1})>\log 5>1$,

(5.5) $\omega(x) > M$ for $|x-c| = (1+\mathcal{E})\sigma$.

Let $D_\mathcal{E}$ be the part of D defined by

$$D_\mathcal{E} = \{x;\ x \in D,\ |x-c| < (1+\mathcal{E})\sigma\},$$

then $\omega(x)$ is a quasi-supersolution of $\Phi = 0$ in $D_\mathcal{E}$. But $u(x)$ satisfies the inequalities

$$\Phi[u] < 0 \text{ in } D_\mathcal{E}, \quad u(x) \leq \omega(x) \text{ for } x \in \dot{D}_\mathcal{E}.$$

Thus, by Theorem 1,

$$u(x) \leq \omega(x) = M \log[(|x-c|-\sigma')/(\sigma-\sigma')] \quad \text{for } x \in D_\mathcal{E}.$$

We get a similar inequality, if we replace $u(x)$ by $-u(x)$. Then

(5.6) $|u(x)| \leq M \log[(|x-c|-\sigma')/(\sigma-\sigma')]$ for $x \in D_\mathcal{E}$.

As $\log[(r-\sigma')/(\sigma-\sigma')] \leq (\sigma-\sigma')^{-1}(r-\sigma) = (\sigma\mathcal{E}^2)^{-1}(r-\sigma)$ for $r \geq \sigma$ and $r-\sigma = \text{dist}(x_0, \dot{D})$ for $x = x_0$, we get from (5.6)

$$|u(x_0)| \leq (\sigma\mathcal{E}^2)^{-1} M \,\text{dist}(x_0, D) \quad \text{for } x_0 \in D_\mathcal{E}.$$

But this inequality holds also for $x_0 \in D - D_\mathcal{E}$. (5.1) is thus proved.

Now by Theorem 2 we have

(5.7) $|\underset{x}{\partial} u(x)| \leq C^{(1)} \rho(x)^{-1} \underset{|x'-x| \leq \rho(x)}{\text{Max}} |u(x')| + C^{(2)}$,

where $\rho(x) = \text{dist}(x, \dot{D})$, and $C^{(1)}$ and $C^{(2)}$ depend only on m, A, L, B, Γ, M and d. And, as by (5.1)

$$|u(x')| \leq 2C^* \rho(x) \quad \text{for } |x'-x| \leq \rho(x),$$

we get from (5.7)

$$|\underset{x}{\partial} u(x)| \leq 2C^* C^{(1)} + C^{(2)} = C^\#, \quad \text{q. e. d.}$$

6. Theorem 4. *Let D be a bounded domain with the boundary of type Bh. Let $a_{ij}(x)$ be H_1-continuous in $\bar{D}$, and let $f(x, u, p)$ be H_α-continuous $(0 < \alpha < 1)$ in the finite part of*

$$D^* = \{(x, u, p);\ x \in \bar{D},\ \underline{\omega}(x) \leq u \leq \bar{\omega}(x),\ |p| < +\infty\},$$

where $\bar{\omega}(x)$ and $\underline{\omega}(x)$ are quasi-supersolution and quasi-subsolution of (0) *respectively such that*

$$|\underline{\omega}(x)| \leq M, \quad |\bar{\omega}(x)| \leq M, \quad \underline{\omega}(x) < \bar{\omega}(x).$$

And there is a finite set $\{U_j\}_{j=1}^n$ *such that* (0.1) *and* (0.2) *hold in each* $U=U_j$ *and* $\bigcup_{j=1}^n U_j \supset \bar{D}$. *Let* $a_{ij}(x)$ *be also subjected to the condition* (2.1) *and* $f(x,u,p)$ *to the condition* (3.2), *where* (3.3) *holds. Then there exists a solution of* (0) *with the boundary value* $\beta(x)$ $(x \in \dot{D})$ *such that*

$$\underline{\omega}(x) \leqq u(x) \leqq \bar{\omega}(x) \quad \textit{and} \quad \| u(x) \|_D^{\alpha,2} < +\infty ,$$

where $\beta(x)$ *is a given function of* $C^3[\bar{D}]$ *such that*

$$\underline{\omega}(x) < \beta(x) < \bar{\omega}(x) \qquad \textit{in } D .$$

Proof. Without loss of generality we can assume that $\beta(x)=0$. Then we put

$$(6.1) \qquad N_0 = \operatorname{Max}\{\operatorname{Max}_{U_j} |\partial_x \bar{\omega}_\nu|, \ \operatorname{Max}_{U_j} |\partial_x \underline{\omega}_\nu|, \ C\#_{(\Gamma+1)}\},$$ [12]

where $C\#_{(\Gamma+1)}$ is the constant given in Lemma 2 but Γ is replaced by $\Gamma+1$. We define $f^*(x,u,p)$ by

$$(6.2) \quad f^*(x,u,p) = \begin{cases} f(x,u,p) & \text{if } |p| \leqq N_0 , \\ f(x,u,N_0|p|^{-1}p) & \text{if } |p| > N_0 , \end{cases}$$

and then $f\#(x,u,p)$ by

$$(6.3) \quad f\#(x,u,p) = \begin{cases} f^*(x,\bar{\omega}(x),p) + \dfrac{u-\bar{\omega}(x)}{1+u-\bar{\omega}(x)} & \text{for } u > \bar{\omega}(x) , \\ f^*(x,u,p) \quad \text{for } \underline{\omega}(x) \leqq u \leqq \bar{\omega}(x) , \\ f^*(x,\underline{\omega}(x),p) + \dfrac{u-\underline{\omega}(x)}{1+\underline{\omega}(x)-u} & \text{for } u < \underline{\omega}(x) . \end{cases}$$

We can easily prove that $f\#(x,u,p)$ is bounded and H_α-continuous in

$$D\# = \{(x,u,p)\,;\ x \in \bar{D}, \ \ |u| < +\infty, \ |p| < +\infty\} .$$

Then by Theorem 3 there exists a solution $u(x)$ of

$$(6.4) \qquad \textstyle\sum_{i,j=1}^m a_{ij}(x)\, \partial_{ij}^2 u = f\#(x,u,\partial_x u)$$

vanishing on $\dot{D}$ such that $\| u(x) \|_D^{\alpha,2} < +\infty$. $u(x)$ must satisfy the inequality

$$(6.5) \qquad \underline{\omega}(x) \leqq u(x) \leqq \bar{\omega}(x) .$$

In fact, as $f\#(x,\bar{\omega}_\nu(x),\partial_x\bar{\omega}_\nu(x)) = f(x,\bar{\omega}_\nu(x),\partial_x\bar{\omega}_\nu(x))$ for x and ν such that $\bar{\omega}(x)=\bar{\omega}_\nu(x)$, $\bar{\omega}(x)$ is a quasi-supersolution of the equation

12) We can assume that U_j are bounded and closed.

$$\Phi[u] \equiv \sum_{i,j=1}^{m} a_{ij}(x) \underset{ij}{\partial^2} u - f^{\#}(x, \bar{\omega}(x), \underset{x}{\partial} u) = 0\,.$$

But, as $f^{\#}(x, \bar{\omega}(x), p) = f^{*}(x, \bar{\omega}(x), p)$, $u(x)$ satisfies

$$\Phi[u] = \frac{u - \bar{\omega}(x)}{1 + u - \bar{\omega}(x)} > 0$$

for x such that $u(x) > \bar{\omega}(x)$, and $u(x) = 0 \leq \bar{\omega}(x)$ for $x \in \dot{D}$. Then by Theorem 1 we get

$$u(x) \leq \bar{\omega}(x) \qquad \text{in } D\,.$$

Similarly we obtain $u(x) \geq \underline{\omega}(x)$ in D.

Now $f^{\#}$ satisfies the condition

$$|f^{\#}(x, u, p)| \leq B|p|^2 + \Gamma + 1\,,$$

and for $u(x)$ holds $|u(x)| \leq M$, and $16ABM < 1$. Then by Lemma 2 we have

$$|\underset{x}{\partial} u(x)| \leq C^{\#}_{(\Gamma+1)} \leq N_0\,. \tag{6.6}$$

(6.5) and (6.6) show that $u(x)$ is a solution of (0), q. e. d.

§5 Preparation for the general boundary condition.

7. Lemma 3. *Let D be a bounded domain. Let $a_{ij}(x)$ be subjected to the conditions* (2.1) *and* (3.1), *and $f(x, u, p)$ to the conditions* (3.2) *and* (4.1) *in*

$$D^{*} = \{(x, u, p)\,;\; x \in \bar{D},\ \underline{\omega}(x) \leq u \leq \bar{\omega}(x),\ |p| < +\infty\}\,,$$

where $\underline{\omega}(x)$ and $\bar{\omega}(x)$ are continuous functions on D such that

$$|\underline{\omega}(x)| \leq M,\ |\bar{\omega}(x)| \leq M \ \ \text{and}\ 16\,ABM < 1\,.$$

Let $\mathfrak{F}$ be the set of all solutions $u(x)$ of (0) *such that*

$$\underline{\omega}(x) \leq u(x) \leq \bar{\omega}(x) \ \ \text{and}\ \ \|u\|_{D}^{\alpha;2} < +\infty\,.$$

Then, for any closed sphere S in D, there exist constants C_S^{i}, C_S^{ii} and C_S^{iii} such that for all $u \in \mathfrak{F}$

$$|\underset{x}{\partial} u(x)| \leq C_S^{\mathrm{i}},\ |\underset{x}{\partial^2} u(x)| \leq C_S^{\mathrm{ii}} \ \ \text{for } x \in S$$

and

$$H_S^{\alpha}(u) \leq C_S^{\mathrm{iii}}\,.$$

Proof. Let δ be the distance between S and $\dot{D}$. Then by Theorem 3

$$|\underset{x}{\partial} u(x)| \leq C^{(1)} M \delta^{-1} + C^{(2)} \equiv C_S^{\mathrm{i}} \quad \text{for} \quad x \in S\,. \tag{7.1}$$

Now let S' be the sphere concentric with S such that $\mathrm{rad}(S')=\mathrm{rad}(S)+\delta/2$. We put

(7.2) $$\mu=\operatorname*{Max}_{x\in S'}\{|\underset{x}{\partial}^2 u(x)|\cdot\rho(x)^k\},$$

where $\rho(x)=\mathrm{dist}(x,\dot{S}')$ and k is a positive constant to be defined afterwards. Then there exists a point $x_0\in S'$ such that

(7.3) $$|\underset{x}{\partial}^2 u(x_0)|\cdot\rho(x_0)^k=\mu$$

Let Σ be the closed sphere with the center x_0 and the radius $\rho(x_0)/2$. Then, as $\rho(x)\geqq\rho(x_0)/2$ for $x\in\Sigma$, we have from (7.2)

$$|\underset{x}{\partial}^2 u(x)|\leqq 2^k\rho(x_0)^{-k}\mu\quad\text{for}\quad x\in\Sigma.$$

Hence

(7.4) $$|\underset{x}{\partial}u(x')-\underset{x}{\partial}u(x)|\leqq 2^k\rho(x_0)^{-k}\mu|x'-x|\quad\text{for}\quad x,x'\in\Sigma.$$

From (7.1) we get also

(7.5) $$|u(x')-u(x)|\leqq C^{\mathrm{i}}_{S'}|x'-x|\quad\text{for}\quad x,x'\in\Sigma\,(\subset S').$$

Then by (4.1) we obtain for $x,x'\in\Sigma$

$$|f_{[u]}(x')-f_{[u]}(x)|\leqq H_1(1+(C^{\mathrm{i}}_{S'})^{\alpha}+2^{\alpha k}\rho_0{}^{-\alpha k}\mu^{\alpha})|x'-x|^{\alpha},$$

where $f_{[u]}(x)=f(x,u(x),\underset{x}{\partial}u(x))$, $H_1=H_{M,C^{\mathrm{i}}_{S'}}$ and $\rho_0=\rho(x_0)$, or

(7.6) $$H^{\alpha}_{\Sigma}(f_{[u]})\leqq C^{(1)}_S+C^{(2)}_S\rho_0{}^{-\alpha k}\mu^{\alpha},$$

where $$C^{(1)}_S=H_1(1+(C^{\mathrm{i}}_{S'})^{\alpha}),\ C^{(2)}_S=2^{\alpha k}H_1.$$

By Schauder's Theorem A we have

$$\begin{aligned}|\underset{x}{\partial}^2 u(x_0)|&\leqq C_{(A,L)}(\rho_0/2)^{-4}\{H^{\alpha}_{\Sigma}(f_{[u]})+\operatorname*{Max}_{\Sigma}|f_{[u]}|+\operatorname*{Max}_{\Sigma}|u|\}\\&\leqq 16C_{(A,L)}\rho_0^{-4}\{H^{\alpha}_{\Sigma}(f_{[u]})+B(C^{\mathrm{i}}_{S'})^2+\Gamma+M\}.\end{aligned}$$

Then by (7.6), putting $k=4(1-\alpha)^{-1}$, we get

$$\rho_0^k|\underset{x}{\partial}^2 u(x_0)|\leqq C^{(3)}_S\rho_0^{k-4}+C^{(4)}_S\mu^{\alpha},$$

where $C^{(3)}_S$ and $C^{(4)}_S$ are positive constants depending on S. Thus from (7.3), as $k<4$ and $\rho_0\leqq\mathrm{rad}(S')$,

(7.7) $$\mu\leqq C^{(3)}_S\,\mathrm{rad}(S')^{k-4}+C^{(4)}_S\mu^{\alpha}.$$

But, since $0<\alpha<1$, we obtain from (7.7)

(7.8) $$\mu\leqq C^{(5)}_S,$$

where $C_S^{(5)}$ is a positive constant depending on S. Then, as $\rho(x) \geq \delta/2$ for $x \in S$, from (7.2) and (7.8)

$$(7.9) \qquad |\underset{x}{\partial^2} u(x)| \leq 2^k C_S^{(5)} \delta^{-k} \equiv C_S^{\text{ii}} \quad \text{in } S \text{ for all } u \in \mathfrak{F}.$$

Now we get easily from (4.1), (7.5) and (7.9), replacing S by S',

$$(7.10) \qquad H_{S'}^{\alpha}(f_{[u]}) \leq H_1 \{1 + (C_{S'}^{\text{i}})^{\alpha} + (C_{S'}^{\text{ii}})^{\alpha}\} .$$

But by Schauder's Theorem A

$$\begin{aligned} H_S^{\alpha}(\underset{x}{\partial^2} u) &\leq C_{(A,L)}(\delta/2)^{-4}\{H_{S'}^{\alpha}(f_{[u]}) + \operatorname*{Max}_{S'}|f_{[u]}| + \operatorname*{Max}_{S'}|u|\} \\ &\leq 16 C_{(A,L)}\delta^{-4}\{H_{S'}^{\alpha}(f_{[u]}) + B(C_{S'}^{\text{i}})^2 + \Gamma + M\} . \end{aligned}$$

Thus by (7.10) there exists a constant C_S^{iii} such that

$$H_S^{\alpha}(\underset{x}{\partial^2} u) \leq C_S^{\text{iii}} \quad \text{for all} \quad u \in \mathfrak{F}, \quad \text{q.e.d.}$$

8. Now we assume the existence of a sequence of domains $\{D_n\}$ such that $\bar{D}_{n-1} \subset D_n$, $\bigcup_{n=1}^{\infty} D_n = D$ and $\dot{D}_n$ is of type Bh. We can prove the existence of such sequence $\{D_n\}$ for any open domain D, but we will not enter into it here.

Theorem 5. *Let $a_{ij}(x)$ be H_1-continuous in each $\bar{D}_n$ and satisfy* (2.1) *in D. Let $f(x, u, p)$ be H_α-continuous* $(0 < \alpha < 1)$ *in the finite part of each*

$$D_n^* = \{(x, u, p) ;\ x \in \bar{D}_n,\ \underline{\omega}(x) \leq u \leq \bar{\omega}(x),\ |p| < +\infty\} ,$$

where $\underline{\omega}(x)$ and $\bar{\omega}(x)$ are bounded continuous functions such that

$$|\underline{\omega}(x)| \leq M, \quad |\bar{\omega}(x)| \leq M,$$

and

$$|f(x, u, p)| \leq B|p|^2 + \Gamma_n \quad in\ D_n^* ,$$

where B and Γ_n are positive constants such that $16ABM < 1$. *Let $\{\bar{\omega}_\gamma(x)\}$ and $\{\underline{\omega}_\gamma(x)\}$ $(\gamma \in \Omega)$ be systems of quasi-supersolutions and quasi-subsolutions of* (0) *respectively such that*

$$\underline{\omega}(x) \leq \underline{\omega}_\gamma(x) < \bar{\omega}_{\gamma'}(x) \leq \bar{\omega}(x) \quad in\ D \quad (\gamma, \gamma' \in \Omega) .$$

Then there exists a solution $u(x)$ of (0) *such that*

$$\sup_{\gamma \in \Omega} \underline{\omega}_\gamma(x) \leq u(x) \leq \inf_{\gamma \in \Omega} \bar{\omega}_\gamma(x) \quad in\ D.$$

Proof. First we consider a fixed $\gamma \in \Omega$. Let $\beta_n(x)$ be a function of $C^3[\bar{D}]$ such that $\underline{\omega}_\gamma(x) < \beta_n(x) < \bar{\omega}_\gamma(x)$ in D_n. Then by Theorem 3 there exists a solution $u_n(x)$ of (0) such that $u_n(x)=\beta_n(x)$ for $x\in D_n$,

$$\underline{\omega}_\gamma(x)\leqq u_n(x)\leqq\bar{\omega}_\gamma(x)\quad\text{in } D_n,\quad\text{and } \|u_n\|_{D_n}^{\alpha,2}<+\infty\,.$$

Let S be any closed sphere in D, then $S\subset D_i$ for sufficiently large i. By Lemma 3 the sequences $\{u_n(x)\}$, $\{\underset{x}{\partial}u_n(x)\}$ and $\{\underset{x}{\partial}^2u_n(x)\}$ are all uniformly bounded and equi-continuous in S. Then, as S is an arbitrary closed sphere in D, we can choose a sequence of natural numbers $\{n(\nu)\}(n(\nu+1)>n(\nu))$ in such a way that the sequences

$$\{u_{n(\nu)}(x)\},\ \{\underset{x}{\partial}u_{n(\nu)}(x)\}\ \text{and}\ \{\underset{x}{\partial}^2u_{n(\nu)}(x)\}$$

converge uniformly in D in the generalised sense. Then we can easily see that

$$\lim_{\nu\to\infty}u_{n(\nu)}(x)=u(x)$$

is also a solution of (0) such that

$$\underline{\omega}_\gamma(x)\leqq u(x)\leqq\bar{\omega}_\gamma(x)\quad\text{in}\quad D.$$

Now let $\mathfrak{F}_\gamma$ be the set of all solutions of (0) such that

$$\underline{\omega}_\gamma(x)\leqq u(x)\leqq\bar{\omega}_\gamma(x)\quad\text{in } D\quad\text{and } \|u\|_{D_n}^{\alpha,2}<+\infty.$$

By Lemma 3 $\mathfrak{F}_\gamma$ is compact in $C^2[D]$, where $C^2[D]$ is a linear topological space with the pseudo-norm

$$\|u\|_n=\underset{D_n}{\mathrm{Max}}|u(x)|+\underset{D_n}{\mathrm{Max}}|\underset{x}{\partial}u|+\underset{D_n}{\mathrm{Max}}|\underset{x}{\partial}^2u|\,.$$

If $\gamma_1,\dots,\gamma_n$ are any finite number of $\gamma\in\Omega$, we see easily that

$$\underset{1\leqq i\leqq n}{\mathrm{Min}}\ \{\bar{\omega}_{\gamma_i}(x)\}=\bar{\omega}_*(x)\ \text{is a quasi-supersolution of (0)}$$

$$\underset{1\leqq i\leqq n}{\mathrm{Max}}\ \{\underline{\omega}_{\gamma_i}(x)\}=\underline{\omega}_*(x)\ \text{is a quasi-subsolution of (0),}$$

such that $\underline{\omega}(x)\leqq\underline{\omega}_*(x)<\bar{\omega}_*(x)\leqq\bar{\omega}(x)$ in D, and $\bigcap_{i=1}^n\mathfrak{F}_{\gamma_i}$ is the set of all solutions of (0) such that

$$\underline{\omega}_*(x)\leqq u(x)\leqq\bar{\omega}_*(x)\ \text{in}\ D,\quad\|u\|_{D_n}^{\alpha,2}<+\infty\,.$$

Then by the first part of the proof $\bigcap_{i=1}^n\mathfrak{F}_{\gamma_i}$ is not empty. Thus

$$\bigcap_{\gamma\in\Omega}\mathfrak{F}_\gamma\neq 0\,,$$

by the intersection property of compact sets, q. e. d.

§ 6 Main existence theorem.

9. We say that a domain D satisfies the *condition of Poincaré*, if for each point c of $\dot{D}$ there exists a cone of one nappe K with the vertex c such that, in a sufficiently small neighbourhood of c, K lies outside of D. Now we shall prove the main existence theorem:

Theorem 6. *Let D be a bounded domain satisfying the condition of Poincaré. Let $a_{ij}(x)$ be H_1-continuous in $\bar{D}$ and satisfy*

$$A^{-1} \leq \sum_{i,j=1}^m a_{ij}(x)\xi_i\xi_j \leq A \quad \text{for } \sum_{i=1}^m \xi_i^2 = 1 \ (A \geq 1). \tag{9.1}$$

Let $f(x, u, p)$ be H_α-continuous $(0 < \alpha < 1)$ in the finite part of

$$D^* = \{(x, u, p)\,;\ x \in \bar{D},\ \underline{\omega}(x) \leq u \leq \bar{\omega}(x),\ |p| < +\infty\},$$

where $\bar{\omega}(x)$ and $\underline{\omega}(x)$ are quasi-supersolution and quasi-subsolution of (0) *respectively such that*

$$|\bar{\omega}(x)| \leq M, \ |\underline{\omega}(x)| \leq M \quad \text{in } D. \tag{9.2}$$

$f(x, u, p)$ satisfies also

$$|f(x, u, p)| \leq B|p|^2 + \Gamma. \tag{9.3}$$

where B and Γ are positive constants such that

$$16\,ABM < 1. \tag{9.4}$$

Then there exists a solution $u(x)$ of (0) *such that*

$$\underline{\omega}(x) \leq u(x) \leq \bar{\omega}(x) \quad \text{in } D$$

with the boundary value $\beta(x)$ $(x \in \dot{D})$, where $\beta(x)$ is a given continuous function on $\bar{D}$ such that $\underline{\omega}(x) < \beta(x) < \bar{\omega}(x)$ in D.

Proof. Let c be any point of $\dot{D}$, and K be a cone of one nappe with the vertex c, which lies outside of D for $|x-c| \leq \delta_0$ $(\delta_0 > 0)$. By a suitable linear transformation of coordinates, we can assume

$$\sum_{i,j=1}^m a_{ij}(c)\partial_{ij}^2 u(c) = \sum_{i=1}^m \partial_{ii}^2 u(c).$$

But (9.3) must be replaced by

$$|f(x, u, p)| \leq AB|p|^2 + \Gamma. \tag{9.3'}$$

We assume also that the axis of the cone K is the x_1-axis with the positive sence directed into D. Let us introduce the new coordinates $r, \theta, \xi_2, \dots, \xi_m$ by

$$|x-c| = r, \quad x_1 - c_1 = r\cos\theta, \quad x_i - c_i = r\sin\theta\cdot\xi_i \quad (i \geq 2).$$

And we assume that K is represented by

$$(K) \qquad \pi-\varepsilon_0 \leqq \theta \leqq \pi \quad (0<\varepsilon_0<\pi/2).$$

Now we shall construct a quasi-supersolution $\omega_c(x)$ of (0) of the form

$$\omega_c(x) = r^\gamma \varphi(\theta) + \beta(c) + \varepsilon \quad (\varepsilon > 0)$$

in a neighbourhood of c. Then we have

$$\underset{i}{\partial}\omega_c = \gamma r^{\gamma-2}(x_i-c_i)\varphi(\theta) + r^\gamma \underset{i}{\partial}\theta\varphi'(\theta),$$

$$\underset{ij}{\partial^2}\omega_c = r^{\gamma-2}\{(\gamma(\gamma-2)r^{-2}(x_i-c_i)(x_j-c_j)+\delta_{ij})\varphi + (\gamma(x_i-c_i)\underset{j}{\partial}\theta + \gamma(x_j-c_j)\underset{i}{\partial}\theta + r^2\underset{ij}{\partial^2}\theta)\varphi' + r^2\underset{i}{\partial}\theta\underset{j}{\partial}\theta\varphi''\},$$

where

$$\underset{i}{\partial}\theta = \begin{cases} -r^{-1}\sin\theta & \text{if } i=1, \\ r^{-1}\cos\theta\cdot\xi_i & \text{if } i \geqq 2, \end{cases}$$

$$\underset{ij}{\partial^2}\theta = \begin{cases} r^{-2}\sin 2\theta & \text{if } i=j=1, \\ -r^{-2}\cos 2\theta\cdot\xi_i & \text{if } i=1,\ j\geqq 2, \\ r^{-2}[\cot\theta\cdot(\delta_{ij}-\xi_i\xi_j)-\sin 2\theta] & \text{if } i,j\geqq 2. \end{cases}$$

Thus, assuming $0<\gamma<1$ and $0<\delta<1$, we get for $r=|x-c|<\delta$

$$(9.5) \quad \begin{cases} \Delta\omega_c \leqq r^{\gamma-2}\{\varphi''+(m-2)\cot\theta\cdot\varphi'+\gamma(m-1)|+|\varphi|\}, \\ |\underset{x}{\partial}\omega_c|^2 \leqq r^{\gamma-2}(|\varphi'|+\gamma|\varphi|)^2, \\ \sum_{i,j=1}^m(a_{ij}-\delta_{ij})\underset{ij}{\partial^2}\omega_c \leqq kr^{\gamma-2}\delta\{\gamma|\varphi|+(1+|\cot\theta|)|\varphi'|+|\varphi''|\}, \end{cases}$$

where k is a fixed constant. Then, assuming $0<\delta<\text{Min}\{1, k^{-1}\}$, we get from (9.5) for $r<\delta$

$$(9.6) \quad \begin{aligned} \Phi[\omega_c] \equiv \sum_{i,j=1}^m a_{ij}(x)\underset{ij}{\partial^2}\omega_c + AB|\underset{x}{\partial}\omega_c|^2 + \Gamma \\ \leqq r^{\gamma-2}\{(\varphi''+k\delta|\varphi''|)+(m-2)\cot\theta\cdot\varphi' \\ +(2AB|\varphi|+1+|\cot\theta|)|\varphi'|+m\gamma|\varphi|+\delta\Gamma\}. \end{aligned}$$

Now we put

$$(9.7) \quad \varphi(\theta) = \lambda^{-1}\mu|\theta| + (2AB)^{-1}\log\{(1+\lambda^2/2AB\mu)-e^{\lambda|\theta|}\} + C,$$

where
$$C = 6M-(2AB)^{-1}\log(\lambda^2/2AB\mu),$$

$$(9.8) \quad \lambda = 2((m-1)\cot\varepsilon_0 + 12ABM+1),$$

and
$$\mu = \lambda^2(2AB)^{-1}(1-e^{-4ABM})(e^{\lambda\pi}-1)^{-1}.$$

Then $\varphi(\theta)\ (\in C^2[|\theta|\leqq\pi])$ satisfies, for $|\theta|\leqq\pi$, the inequalities

$$(9.9) \quad \varphi'(\theta)\cdot\theta \leqq 0, \quad \varphi''(\theta)<0, \quad 4M \leqq \varphi(\theta) \leqq 6M,$$

and

$$\varphi''+\lambda|\varphi'|+2AB\varphi'^2+\mu<0. \tag{9.10}$$

Thus, assuming

$$\begin{cases} 0<\delta<\mathrm{Min}\,\{\delta_0, 1, (2k)^{-1}, \mu/4\Gamma\}, \\ 0<\gamma<\mathrm{Min}\,\{1, \mu/24mM, \log 2/\log(1/\delta)\}, \end{cases} \tag{9.11}$$

from (9.6), (9.8), (9.9) and (9.10) we obtain

$$\Phi[\omega_c]<0 \quad \text{for} \quad 0<|x-c|=r\leq\delta, \quad |\theta|\leq\pi-\varepsilon_0 \tag{9.12}$$

and, as $\delta^\gamma>1/2$, $\varphi(\theta)\geq 4M$ and $\beta(c)\geq -M$,

$$\omega_c(x)>M \quad \text{for } |x-c|=\delta, \ |\theta|\leq\pi-\varepsilon_0. \tag{9.13}$$

Hence $\omega_c=r^\gamma\varphi(\theta)+\beta(c)+\varepsilon$ is a quasi-supersolution of (0) in $D\cap\{x; |x-c|\leq\delta\}$. Then

$$\bar{\omega}_{(c,\varepsilon)}(x)=\begin{cases} \bar{\omega}(x) & \text{for } |x-c|>\delta, \\ \mathrm{Min}\{\bar{\omega}(x), \omega_c(x)\} & \text{for } |x-c|\leq\delta, \end{cases}$$

is a quasi-supersolution of (0) such that

$$\bar{\omega}_{(c,\varepsilon)}(x)>\beta(x) \quad \text{in } D,$$

if we take $\delta=\delta(\varepsilon)>0$ so small that (9.11) and $|\beta(x)-\beta(c)|<\varepsilon$ for $|x-c|\leq\delta$. Similarly

$$\underline{\omega}_{(c,\varepsilon)}(x)=\begin{cases} \underline{\omega}(x) & |x-c|>\delta, \\ \mathrm{Max}\{\underline{\omega}(x)\ \omega_c'(x)\} & \text{for } |x-c|\leq\delta, \end{cases}$$

where $\omega_c'=-r^\gamma\varphi(\theta)+\beta(c)-\varepsilon$, is a quasi-subsolution of (0) such that

$$\bar{\omega}_{(c,\varepsilon)}(x)<\beta(x) \quad \text{in } D.$$

Then by Theorem 5 there exists a solution $u(x)$ of (0) such that, for all $c\in\dot{D}$ and $\varepsilon>0$,

$$\underline{\omega}_{(c,\varepsilon)}(x)\leq u(x)\leq\bar{\omega}_{(c,\varepsilon)}(x) \quad \text{in } D. \tag{9.14}$$

Letting ε tend to 0, we obtain from (9.14)

$$\lim_{x\to c} u(x)=\beta(c) \qquad \text{for any} \quad c\in\dot{D}$$

and

$$\underline{\omega}(x)\leq u(x)\leq\bar{\omega}(x) \quad \text{in } D, \text{ q. e. d.}$$

REMARK. The condition imposed on the boundary of D can be

weakened for the case $m=2$, while the calculations in the proof will be much simplified.

10. Really we have the conjecture: *the restriction* (9.4) *in Theorem* 6 *may be removed.* But now we shall only show that the condition (9.3) can not be replaced by

$$|f(x, u, p)| \leq B|p|^{\kappa}+\Gamma$$

where κ is any constant >2. For this, we consider the following example:

(10.1) $\Delta u = -(m-1)\sum_{i=1}^{m} x_i \underset{i}{\partial} u/(\sum_{i=1}^{m} x_i^2) + u\{1+\sum_{i=1}^{m}(\underset{i}{\partial} u)^2\}^{1+\varepsilon} \quad (\varepsilon>0)$,

and D is the domain

(D) $$a^2 < \sum_{i=1}^{m} x < b^2 \quad (0<a<b).$$

(10.1) has the form $\Delta u = f(x, u, \underset{x}{\partial} u)$, where f is strictly increasing with u. Then, as we can easily prove, (10.1) has at most one solution under the boundary condition

(10.2) $u=0$ for $\sum x_i^2 = a^2$, $\quad u=h \ (h>0)$ for $\sum x_i^2 = b^2$.

Since (10.1) is invariant under any orthogonal transformation of independent variables (rotation about the origin), the unique solution of (10.1) under (10.2) is a function of $r=(\sum_{i=1}^{m} x_i^2)^{1/2}$ only: $u=u(r)$. Hence $u(r)$ satisfies the ordinary differential equation

(10.3) $$u'' = u(+u'^2)^{1+\varepsilon}.$$

The solution u of (10.3) satisfies

$$(1+u'^2)^{-\varepsilon} = \varepsilon(C-u^2) \quad (C=\text{const.}).$$

Then $0 \leq u^2 < C = c^2$ for $a<x<b$, and

$$- < \varepsilon^{1/2\varepsilon}(c^2-u^2)^{1/2\varepsilon}u' < 1.$$

Thus, as $u(a)=0$ and $u(b)=h \leq c$,

$$\varepsilon^{1/2\varepsilon}\int_0^c (c^2-u^2)^{1/2\varepsilon} du < b-a,$$

or $$\gamma(\varepsilon)c^{1+1/\varepsilon} < b-a,$$

where $$\gamma(\varepsilon) = 2^{1/\varepsilon}\Gamma(1/2\varepsilon+1)^2/\Gamma(1/\varepsilon+2).$$

Hence $$0<h\leq c<\gamma_1(\varepsilon)(b-a)^{\varepsilon/(1+\varepsilon)},$$

where $\gamma_1(\varepsilon)$ is a constant depending only on ε.

Therefore, if

$$h \geqq \gamma_1(\varepsilon)(b-a)^{\varepsilon/(1+\varepsilon)}, \tag{10.4}$$

there exists no solution of (10.1) under (10.2), although

$$\bar{\omega}(x) = M \leqq h\,(>0) \quad \text{and} \quad \underline{\omega}(x) = 0$$

are quasi-supersolution and quasi-subsolution of (10.1) respectively in D. And for $x \in D$ and $0 \leqq u \leqq M$ holds the inequality

$$|f(x, u, p)| \leqq B|p|^{2(1+\varepsilon)} + \Gamma,$$

only if $B = (1+\varepsilon)h$, and Γ is sufficiently large. $ABM = (1+\varepsilon)h^2$ may also be arbitrarily small, if $b-a$ is so small that (10.4) holds.

(Received September 20, 1954)

On Perron's method for the semi-linear hyperbolic system of partial differential equations in two independent variables *(with Y. Anasako)*

[Osaka Math. J., 7 (1955) 179–184]

We use the notation $\partial_x u$ for $\dfrac{\partial u}{\partial x}$, $\partial^2_{xy} u$ for $\dfrac{\partial^2 u}{\partial x \partial y}$, and write u for u_1, u_2 $\cdots$, u_k, $f(x, y, u)$ for $f(x, y, u_1, u_2, \cdots, u_k)$. $f(x, y)$ is said to be of C^1 class in a region D if $f(x, y)$ and all its first partial derivatives are continuous in D. In this note we shall consider the system of partial differential equations

$$(1) \qquad \partial_x u_i = \lambda_i(x, y)\partial_y u_i + f_i(x, y, u) \quad (i = 1, 2, \cdots, k)$$

where variables and functions are all real valued.

O. Perron[1] had discussed the Cauchy problem for the system of equations (1) under the condition that λ_i, f_i, $\partial_y \lambda_i$, $\partial_y f_i$, $\partial_{u_\mu} f_i$, $\partial^2_{y u_\mu} f_i$, $\partial^2_{u_\mu u_\nu} f_i (i, \mu, \nu = 1, \cdots, k)$ exist and are continuous in some region respectively.

The purpose of this note is to give such an elementary proof for the existence of solution of (1) as by Perron but under weaker assumption. We assume only the continuity of the first derivatives of λ_i, f_i except for $\partial_x \lambda_i$, $\partial_x f_i$ while the proof goes merely by a modification of Perron's method.

Recently A. Douglis[2] proved the existence of the solution of equations ot much more general type where is assumed only the continuity of the first derivatives of the functions in the form of equations. Our result is only a special case of Douglis' theorem, but it may be not insignificant to give an essentially simpler proof for this case.

1. As in Perron's theorem the proof of our theorem is also based on the following

---

1) "Über Existenz und Nichtexistenz von Integralen partieller Differentialgleichungssysteme in reellen Gebieten". Math. Zeit. **27** 549–564 (1928).

2) "Some existence theorems for hyperbolic systems of partial differential equations in two independent variables". Commun. on Pure & Appl. Math. **5** (1952), 119–154. See also: K. O. Friedrichs: "Nonlinear hyperbolic differential equations for functions of two independent variables". Amer. Jour. of Math. **70** (1948), 558–589.

Lemma: *Let* $\lambda(x, y)$, $f(x, y)$, $\partial_y\lambda(x, y)$, $\partial_y f(x, y)$ *be continuous in*

$$B_0:\ 0\leqq x\leqq a,\ |y|+Kx\leqq b$$

and suppose

$$|\lambda(x, y)|\leqq K,\ |\partial_y\lambda(x, y)|\leqq L,\ |f(x, y)|\leqq g(x),\ |\partial_y f(x, y)|\leqq h(x),$$

where a, b, K, L *are positive constants and* $g(x)$, $h(x)$ *are integrable in* $0\leqq x\leqq a$. *Let* $\varphi(y)$ *be of class* C^1 *in* $|y|\leqq b$.

Then there exists one and only one function $u(x, y)$ *such that*

(i) $u(x, y)$ *is of class* C^1 *in* B_0 *and* $u=u(x, y)$ *is a solution of the equation*

$$\partial_x u=\lambda(x, y)\partial_y u+f(x, y) \quad \text{in } B_0$$

(ii) $u(0, y)=\varphi(y)$ *for* $|y|\leqq b$.

(iii) $|u(x, y)-\Phi(x, y)|\leqq\int_0^x g(\xi)d\xi$,

$$|\partial_y u(x, y)-\partial_y\Phi(x, y)|\leqq e^{Lx}\int_0^x h(\xi)d\xi$$

where $\Phi(x, y)$ *is the solution of* $\partial_x\Phi=\lambda(x, y)\partial_y\Phi$ *with the initial condition* $\Phi(0, y)=\varphi(y)$.[3)]

The proof remains essentially the same as in Perron's work[4)].

2. Our object is to prove

Theorem 1. *Let* $\varphi_i(y)$ *be of class* C^1 *in* $|y|\leqq b$, *and* $\Phi_i(x, y)$ *be the solution of* $\partial_x\Phi=\lambda_i(x, y)\partial_y\Phi$ *such that* $\Phi_i(0, y)=\varphi_i(y)$. *Let* $\lambda_i(x, y)$ *and* $f_i(x, y, u)$ $(i=1, \cdots, k)$ *be continuous in*

$$B_0:\ 0\leqq x\leqq a,\ |y|+Kx\leqq b \quad \text{and}$$
$$B_1:\ 0\leqq x\leqq a,\ |y|+Kx\leqq b,\ |u_i-\Phi_i|\leqq C,\ (i=1, \cdots, k)$$

respectively, and

$$|\lambda_i(x, y)|\leqq K,\ |f_i(x, y, u)|\leqq M,$$

where a, b, c, K *and* M *are positive constants.*
Let $\partial_y\lambda_i(x, y)$, $\partial_y f_i(x, y, u)$, $\partial_{u_j} f_i(x, y, u)$ $(i, j=1, \cdots, k)$ *exist and be continuous in* B_0, B_1, B_1 *respectively.*

Then there exists exactly one set of functions $u_i(x, y)$ $(i=1, \cdots, k)$ *such that*

(i) $u_i(x, y)$ *is of class* C^1 *in*

$$B_0':\ 0\leqq x\leqq l,\ |y|+K\leqq b \text{ where } l=\text{Min}\left(a, \frac{c}{M}\right).$$

---

3) $\Phi(x, y)$ is of class C^1 in B_0, the existence of $\Phi(x, y)$ is also clear.

4) ibid. (1)

And $|u_i(x, y)-\Phi_i(x, y)| \leqq c$.

(ii) $u_i = u_i(x, y)$ *is a solution of the system of differential equations*

$$\partial_x u_i = \lambda_i(x, y)\partial_y u_i + f_i(x, y, u) \quad (i=1, \cdots, k). \tag{1}$$

(iii) $u_i(0, y) = \varphi_i(y)$ *for* $|y| \leqq b$.

3. We prove the theorem by method of successive approximations. Set $u_{i,0} = \Phi_i(x, y)$ $(i=, \cdots, k)$ and define $u_{i,n+1}(x, y)$ by the recursion's formula

$$\partial_x u_{i,n+1} = \lambda_i(x, y)\partial_y u_{i,n+1} + f_i(x, y, u_n) \tag{2}$$

$$\text{with } u_{i,n+1}(0, y) = \varphi_i(y) \quad (i=1, \cdots, k).$$

$u_{i,n+1}(x, y)$ exist for all n and are of class $C^1[B_0']$. This is proved by Lemma using the inequality

$$|u_{i,n+1}(x, y) - \Phi_i(x, y)| \leqq Mx \leqq c \quad (i=, 1, \cdots, k). \tag{3}$$

There exist constants L and M' such that $|\partial_y \lambda_i| \leqq L$, $|\partial_y \Phi_i| \leqq M'$ in B_0, $|\partial_y f_i| \leqq M'$, $|\partial_{u_j} f_i| \leqq M'$ in B_1 for all i, j. We shall prove

$$|\partial_y u_{i,n}(x, y) - \partial_y \Phi_i(x, y)| \leqq (M' + kM'^2)e^{\mu_0 x} \quad \text{in } B_1 \text{ for all } n, i \tag{4}$$

where

$$\mu_0 = (1 + kM')e^{La} \ (>0). \tag{5}$$

Evidently (4) holds for $n=0$. If (4) is true for some n then

$$\begin{aligned} |\partial_y f_i(x, y, u_n(x, y))| &= |\partial_y f_i + \sum_{j=1}^{k} \partial_{u_j} f_i \cdot \partial_y \Phi_j + \sum_{j=1}^{k} \partial_{u_j} f_i (\partial_y u_{j,n} - \partial_y \Phi_j)| \\ &\leqq M' + kM'^2 + kM'(M' + kM'^2)e^{\mu_0 x} \\ &\leqq (M' + kM'^2)(1 + kM')e^{\mu_0 x} . \end{aligned}$$

Hence by Lemma and (5)

$$\begin{aligned} |\partial_y u_{i,n+1} - \partial_y \Phi_i| &\leqq e^{La}(M' + kM'^2)\frac{1 + kM'}{\mu_0} e^{\mu_0 x} \\ &= (M' + kM'^2)e^{\mu_0 x} \end{aligned}$$

then (4) holds for all n.

Thus there exists a constant G such that

$$|\partial_y u_{i,n}| \leqq G \quad \text{in } B_0 \text{ for all } n \text{ and } i. \tag{6}$$

4. Next we shall prove that the sequence $\{u_{i,n}\}$ converges uniformly for any i. There hold next equations

$$\partial_x(u_{i,m+1} - u_{i,n+1}) = \lambda_i(x, y)\partial_y(u_{i,m+1} - u_{i,n+1}) + f_i(x, y, u_m) - f_i(x, y, u_n).$$

Then from $|\partial_{u_j} f_i| \leqq M'$

$$|f_i(x, y, u_m) - f_i(x, y, u_n)| \leqq kM' e^{\mu_0 x} \| u_m - u_n \|,$$

where $\| u_m - u_n \| = \underset{\substack{1 \leqq i \leqq k \\ (x,y) \in B_0'}}{\text{Max}} |e^{-\mu_0 x}\{u_{i,m}(x, y) - u_{i,n}(x, y)\}|$

and μ_0 is defined by (5). Then we get from Lemma

$$|u_{i,m+1} - u_{i,n+1}| \leqq \frac{kM'}{\mu_0} e^{\mu_0 x} \| u_m - u_n \|.$$

Thus

$$\| u_{m+1} - u_{n+1} \| \leqq \frac{kM'}{\mu_0} \| u_m - u_n \|. \tag{7}$$

Set

$$\alpha = \limsup_{N \to \infty} \underset{m,n \geqq N}{\text{l. u. b.}} \| u_m - m_n \|.$$

Then $0 \leqq \alpha \leqq 2c < +\infty$, and from (7)

$$\alpha \leqq \frac{kM'}{\mu_0} \alpha, \text{ where } 0 \leqq \frac{kM'}{\mu_0} = \frac{kM'}{(1+kM')e^{La}} < 1.$$

Hence $\alpha = 0$, namely

$$\| u_m - u_n \| \to 0 \quad \text{as} \quad m,n \to \infty.$$

Consequently $\| u_m - u_n \| (\leqq e^{\mu_0 a} \| u_m - u_n \|) \to 0$ as $m, n \to \infty$

where $\| u_m - u_n \| = \underset{\substack{1 \leqq i \leqq k \\ (x,y) \in B_0'}}{\text{Max}} |u_{i,m}(x, y) - u_{i,n}(x, y)|,$

i. e. $\{u_{i,n}\}$ converges uniformly in B_0'. We set then

$$\lim_{n \to \infty} u_{i,n} = u_i \qquad \text{(uniformly)} \quad (i = 1, \cdots, k). \tag{8}$$

5. Now we shall prove the uniform convergence of $\{\partial_y u_{i,n}(x, y)\}$. Since $\partial_y f_i$, $\partial_{u_j} f_i$ are continuous in B_1 and $\{u_n\}$ converges uniformly in B_0', for arbitrary $\varepsilon > 0$ there exists $N(\varepsilon)$ such that for $m, n \geqq N(\varepsilon)$

$$\begin{array}{l} |\partial_y f_i(x, y, u_m) - \partial_y f_i(x, y, u_n)| < \varepsilon \\ |\partial_{u_j} f_i(x, y, u_m) - \partial_{u_j} f_i(x, y, u_n)| < \varepsilon \end{array} \quad (i, j = 1, \cdots, k) \text{ in } B_0'. \tag{9}$$

Now set $H_{i,m,n}(x, y) = f_i(x, y, u_m(x,y)) - f_i(x, y, u_n(x, y))$,

then from (9) and (6)

$$\begin{aligned} |\partial_y H_{i,m,n}| \leqq & |\partial_y f_i(x, y, u_m) - \partial_y f_i(x, y, u_n)| \\ & + \sum_{j=1}^{k} \{ |\partial_{u_j} f(x, y, u_m) - \partial_{u_j} f_i(x, y, u_n)| |\partial_y u_{j,m}| \\ & + |\partial_y u_{j,m} - \partial_y u_{j,n}| |\partial_{u_j} f_i(x, y, u_n)| \} \end{aligned}$$

$$|\partial_y H_{i,m,n}| < \varepsilon + \varepsilon k G + M' e^{\mu_0 x} \sum_{j=1}^{k} |e^{-\mu_0 x}(\partial_y u_{j,m} - \partial_y u_{j,n})|$$
$$\leq \varepsilon(1+kG)e^{\mu_0 x} + kM' \,|||\, \partial_y u_m - \partial_y u_n \,|||\, e^{\mu_0 x}.$$

Hence we get from Lemma for $m, n \geq N(\varepsilon)$ as $\partial_y(u_{i,m+1} - u_{i,n+1}) = \lambda_i(x, y) \times \partial_y(u_{i,m+1} - u_{i,n+1}) + H_{i,m,n}$

$$|\partial_y u_{,m+1} - \partial_y u_{,n+1}| < e^{La}\left\{\frac{\varepsilon(1+kG)}{\mu_0} + \frac{kM'}{\mu_0} \,|||\, \partial_y u_m - \partial_y u_n \,|||\, \right\} e^{\mu_0 x},$$

then

$$(10) \qquad |||\, \partial_y u_{i,m+1} - \partial_y u_{i,n+1} \,||| < e^{La}\left\{\frac{\varepsilon(1+kG)}{\mu_0} + \frac{kM'}{\mu_0} \,|||\, \partial_y u_m - \partial_y u_n \,|||\, \right\}.$$

Now we set

$$\beta = \lim_{v\to\infty} \sup \underset{m,n\geq v}{\text{l. u. b.}} \,|||\, \partial_y u_m - \partial_y u_n \,|||\, .$$

Then $0 \leq \beta \leq 2G < \infty$, and from (10) $\beta \leq \varepsilon(1+kG)e^{La}\mu_0^{-1} + kM'e^{La}\beta\mu_0^{-1}$ or

$$\left(1 - \frac{kM'e^{La}}{\mu_0}\right)\beta \leq \frac{\varepsilon(1+kG)e^{La}}{\mu_0}.$$

As $0 \leq kM'e^{La}\mu_0^{-1} < 1$ from (5) and $\varepsilon > 0$ is arbitrarily small we have

$$\beta = 0. \quad \text{i. d.} \quad |||\, \partial_y u_m - \partial_y u_n \,||| \to 0 \quad \text{as} \quad m, n \to \infty.$$

The uniform convergence of $\{\partial_y u_{i,n}\}$ in B_0' is thus proved. Hence we have from (8)

$$(11) \qquad \partial_y u_{i,n} \to \partial_y u_i \quad \text{(uniformly)} \quad (i = 1, \cdots, k).$$

From (2), (8) and (11) we obtain

$$(12) \qquad \partial_x u_{i,n} \to \partial_x u_i \quad \text{(uniformly)} \quad (i = 1, \cdots, k),$$

and from (2), (8), (11) and (12)

$$\partial_x u_i = \lambda_i(x, y)\partial_y u_i + f_i(x, y, u) \quad (i = 1, \cdots, k).$$

The existence of a desired system of solutions for (1) is thus proved. As the proof of the uniquness of the system of solutions is easy, we shall omit it.

6. From Theorem 1 immediately follows next

Theorem 2: *Let* $\lambda_{ij}(x, y)$ *be of class* $\mathbf{C}^2$ *(except that* $\partial_{xx}^2\lambda_{ij}(x, y)$ *need not exist) in*

$$B_0: \ 0 \leq x \leq a, \ |y| \leq b,$$

where a, b are positive constants.

Let the characteristic equation:

$$\begin{vmatrix} \lambda_{11}-F & \lambda_{12} & \lambda_{13} \cdots\cdots & \lambda_{1k} \\ \lambda_{21} & \lambda_{22}-F & \lambda_{23} \cdots\cdots & \lambda_{2k} \\ \cdot & \cdot & \cdot \cdots\cdots & \cdot \\ \lambda_{k1} & \cdot & \cdot \cdots\cdots & \lambda_{kk}-F \end{vmatrix} = 0$$

have real distinct roots and let these roots $F_i(x, y)$ $(i=1, \cdots, k)$ *satisfy*

$$|F_i(x, y)| \leqq K.$$

Let $\varphi_i(y)$ *be of class* $\mathbf{C}^1$ *in* $|y| \leqq b$. *Let* $f_i(x, y, u)$ *be of class* $\mathbf{C}^1$ *(except that* $\partial_x f_i$ *need not exist) in*

$$B_1: \quad 0 \leqq x \leqq a, \quad |y| \leqq b, \quad |u_i - \varphi_i| \leqq c, \quad (i=1, \cdots, k)$$

where c is a positive constant.

Then there exists exactly one system of functions $u(x, y)$ *such that*

(i) $u_i(x, y)$ *is of class* $\mathbf{C}^1$ *in*

$$B_2: \qquad 0 \leqq x \leqq a' \leqq a, \quad |y| + Kx \leqq b$$

where a′ is a positive constant which is determined by $\lambda_{i,j}$, φ_i *and f.*

And $$|u_i(x, y) - \varphi_i(x, y)| \leqq c.$$

(ii) $u_i = u_i(x, y)$ *satisfies the system*

$$\partial_x u_i = \sum_{j=1}^{k} \lambda_{ij}(x, y) \partial_y u_j + f_i(x, y, u) \quad (i=1, \cdots, k).$$

(iii) $u_i(0, y) = \varphi_i(y)$ in $|y| \leqq b$.

Proof: See Perron's work[5].

(Received September, 29, 1955)

5) ibid. (1)

On linear hyperbolic system of partial differential equations in the whole space

[Proc. Japan Acad., 32 (1956) 703–706]

(Comm. by K. KUNUGI, M.J.A., Dec. 13, 1956)

J. Leray gave the existence theorem for Cauchy problem of very general hyperbolic differential equations, but his work is not so simple to be followed easily in detail [1]. K. Friedrichs reduced the hyperbolic differential equations of second order to a symmetric system of differential equations of first order and solved the Cauchy problem in a lens-shaped domain [2]. He proved the existence of extended solutions by Hilbert space method, but showed the differentiability of solutions by somewhat complicated calculations of difference equations. P. Lax represented an elegant method which offers both the existence and the differentiability of solutions at once for the symmetric hyperbolic system of equations [3]. He reduced the problem to the case that all functions are periodic in every independent variables, but it seems me not so adequate to obtain solutions in the whole space.

The object of this paper is to give an existence theorem for Cauchy problem in the whole space and in such an abstract form that it may cover a general class of hyperbolic systems, even parabolic equations. In this note we state only the main results and related lemmas without proof. All details will be published later. Our main idea owes to Lax. Our investigation is also much stimulated by the conversations with Dr. T. Shirota and Prof. K. Yosida [4]. Especially I owe to Shirota the generalization of the operator Λ such as (3), to make it suitable to a wide class of equations [5].

1. Solutions without Initial Condition

Let $x=(x_1,\cdots,x_m)$ be a variable point of m-dimensional Euclidean space E^m, and $u=(u_1,\cdots,u_l)$ be l-dimensional vector, whose components are real valued functions of $x\in E^m: u=u(x)$. By (u, v) we denote the inner product

$$(u, v)=\int_{E^m}\sum_{i=1}^{l} u_i v_i\, dx$$

and $\|u\|$ denotes the norm of $u: \|u\|=\sqrt{(u, u)}$. With this norm we get a real Hilbert space H_0:

$$H_0=\{u;\ \|u\|<\infty\}.$$

Let Λ be a self-adjoint linear differential operator such that

(Λu is also a real l-dimensional vector function of $x \in E$),

(1) $(\Lambda u, v) = (u, \Lambda v)$ *for any* $u, v \in C_0^\infty$,[1]

(2) $(\Lambda u, u) \geqq (u, u)$ *for any* $u \in C_0^\infty$.

We define the *Λ-norm* of $u \in C_0^\infty$ by

$$\| u \|_\Lambda = \sqrt{(\Lambda u, u)} \qquad (\geqq \| u \|).$$

By H_Λ we denote the completion of C_0^∞ with respect to the Λ-norm. Then $H_\Lambda \subset H_0$, and H_Λ is a real Hilbert space with inner product $(u,_\Lambda v)$, such that $(u,_\Lambda v) = (\Lambda u, v) = (u, \Lambda v)$ for $u, v \in C_0^\infty$.

By the closure $\bar{\Phi}$ of a differential operator Φ we understand that

$$\bar{\Phi} u = v$$

means, that there exists a sequence $u_n \in C_0^\infty$ such that

$$\| u_n - u \| \to 0, \quad \| \Phi u_n - v \| \to 0.$$

From now on, we understand that differential operator is always the closure of itself in ordinary sense.

We call Λ *regular with respect to* Φ, if for any $w \in C_0^\infty$ there exists $v \in H_\Lambda \frown \mathfrak{D}[\Phi]$[2] such that

$$\Lambda v = w.$$

If the coefficients of the differential operator Λ are constants with the properties (1) and (2), then Λ is regular with respect to similar differential operator with bounded coefficients. Elliptic differential operator whose coefficients satisfy adequate conditions is also regular to differential operator of the same order with bounded coefficients.

Theorem 1. *Let Λ satisfy the conditions (1) and (2), and be regular with respect to the linear differential operator Φ. If*

(3) $(\Phi u, \Lambda u) \geqq (\Lambda u, u)$ *for all* $u \in C_0^\infty$,

then, for any $\varphi \in H_\Lambda$ there exists a unique $u \in H_\Lambda$ such that

$$\Phi u = \varphi.$$

To prove this we use the following idea and lemmas essentially owing to Lax. We define *$\bar{\Lambda}$-norm* of $v \in H_0$ by

$$\| v \|_{\bar{\Lambda}} = \sup \{ |(u, v)| / \| u \|_\Lambda ; \; 0 \neq u \in H_\Lambda \}.$$

Then $\| v \|_{\bar{\Lambda}} \leqq \| v \|$. *Let $H_{\bar{\Lambda}}$ be the set of all $v \in H_0$ assigned with $\bar{\Lambda}$-norm.*

Lemma 1. $|(u, v)| \leqq \| u \|_\Lambda \cdot \| v \|_{\bar{\Lambda}}$ *for* $u \in H_\Lambda$, $v \in H_{\bar{\Lambda}}$.

Lemma 2. *Let $l(v)$ be a bounded linear functional on $H_{\bar{\Lambda}}$, then there exists a $u_0 \in H_\Lambda$ such that*

$$l(v) = (u_0, v) \quad \textit{for all} \quad v \in H_{\bar{\Lambda}}.$$

Lemma 3. *If $v \in H_\Lambda$, $w \in H_0$ and $\Lambda v = w$, then*

$$\| w \|_{\bar{\Lambda}} = \| v \|_\Lambda.$$

Lemma 4. *Let Φ^* be the adjoint differential operator of Φ, then*

$$\| \Phi^* w \|_{\bar{\Lambda}} \geqq \| w \|_{\bar{\Lambda}}.$$

---

1) C_0^∞ means the set of C^∞ functions with compact carriers.

2) $\mathfrak{D}[\Phi]$ means the domain of Φ.

2. Cauchy Problem

Now we consider real l-dimensional vector functions of $m+1$ variables $u=u(t,x)$, $(-\infty<t<\infty,\ x\in E^m)$. If we take for t a fixed value and consider u as function of $x\in E^m$ alone, we write it as $u=u_{(t)}$. We introduce the notation $[u,v]_\alpha^\beta$, $(\alpha<\beta)$, by

$$[u,v]_\alpha^\beta=\int_\alpha^\beta (u_{(t)},v_{(t)})dt=\int_\alpha^\beta dt\int_{E^m}(\textstyle\sum_i u_i v_i)\,dx,$$

and $|||u|||_\alpha^\beta$ by $|||u|||_\alpha^\beta=\sqrt{[u,u]_\alpha^\beta}$.

Let Λ be a self-adjoint linear differential operator as in §1 acting on $u_{(t)}$, i.e. Λ contains differentiation only in x, but the coefficients may depend on (t,x). Let us define $[u,_\Lambda v]_\alpha^\beta$ and $|||u|||_{\Lambda,\alpha}^{\ \beta}$ by

$$[u,_\Lambda v]_\alpha^\beta=\int_\alpha^\beta (u_{(t)},_\Lambda v_{(t)})\,dt=[\Lambda u,v]_\alpha^\beta=[u,\Lambda v]_\alpha^\beta,$$

and by $|||u|||_{\Lambda,\alpha}^{\ \beta}=\sqrt{[u,_\Lambda u]_\alpha^\beta}$ $(\geqq |||u|||_\alpha^\beta)$ resp.

If $\alpha=-\infty$, $\beta=\infty$, we write simply

$$[u,_\Lambda v]_{-\infty}^{\infty}=[u,_\Lambda v],\quad |||u|||_{\Lambda,\alpha}^{\ \beta}=|||u|||_\Lambda.$$

We assume, Λ has such property that

$$\frac{d}{dt}(\Lambda u)=\Lambda\frac{d}{dt}u+\Lambda' u, \tag{2.1}$$
$$|(u,\Lambda' u)|\leqq c'(u,\Lambda u)\quad\text{for all}\quad u\in\tilde{C}_0^\infty.\text{[3)]}$$

Lemma 2.1. *Let Λ satisfy the conditions (1), (2) and (2.1), and A be a differential operator acting on $u_{(t)}$ such that*

$$(Au,\Lambda u)\leqq c(u,\Lambda u)\quad \textit{for all}\quad n\in C_0^\infty. \tag{2.2}$$

Then for the operator $\Phi u=\partial_t u-Au$, we have, if $\tau<t$,

$$\|e^{-kt}u_{(t)}\|_\Lambda^2\leqq\|e^{-k\tau}u_{(\tau)}\|_\Lambda^2+(|||e^{-kt}\Phi u|||_{\Lambda,\tau}^{\ t})^2\quad \textit{for all}\quad u\in\tilde{C}_0^\infty, \tag{2.3}$$

where $k=c+\dfrac{c'}{2}$.

Lemma 2.2. *Let Λ and A satisfy the same conditions as in Lemma 2.1. Then for all $u\in\tilde{C}_0^\infty$*

$$[(\partial_t-A)u,\Lambda u]\geqq-(c+c'/2)[u,\Lambda u].$$

By $\tilde{H}_\Lambda$ we denote the completion of C_0^∞ with respect to the norm $|||u|||_\Lambda$. From Lemma 2.1, we can conclude that, if $u\in\tilde{H}_\Lambda$ then $u_{(t)}\in H_\Lambda$ for every t, and $u_{(t)}$ is continuous from $(-\infty<t<\infty)$ to H_Λ.

Theorem 2. *Let Λ satisfy the conditions (1), (2) and (2.1) and be regular with respect to $\Phi=\partial_t-A$. If*

$$(Au,\Lambda u)\leqq-(1+c'/2)(u,\Lambda u)\quad\textit{for all}\quad u\in C_0^\infty, \tag{2.4}$$

then, for any $v\in\tilde{H}_\Lambda$, there exists a $u\in\tilde{H}_\Lambda$ such that

$$\Phi u\equiv\partial_t u-Au=v.$$

To prove this we use Lemma 2.2 and Theorem 1.

---

3) $\tilde{C}_0^\infty$ means the set of all C^∞ functions of (t,x) on E^{m+1} with compact carrier.

Lemma 2.3. *Let Λ and A satisfy the same conditions as in Theorem 2. Let φ be such that $\varphi \in \ddot{H}_\Lambda$, and $\varphi(t, x)=0$ for $t<0$, and u be the solution of*

$$\Phi u \equiv \partial_t u - Au = \varphi.$$

Then $u(t, x)=0$ for $t \leqq 0$.

Now let $\mathfrak{F}_\Lambda$ be the set of functions $u(t, x)$ such that $|||u(t, x)|||_{\Lambda, 0}^{\tau} < \infty$ for any $\tau \geqq 0$ and $u_{(t)} \in H_\Lambda$ is continuous from $(0 \leqq t < \infty)$ to H_Λ. Then we have an existence theorem for the Cauchy problem:

Theorem 3. *Let Λ satisfy the conditions (1), (2) and (2.1) and be regular with respect to $\Phi = \partial_t - A$. If*

(2.5) $$(Au, \Lambda u) \leqq c(u, \Lambda u) \quad \text{for all} \quad u \in C_0^\infty,$$

then, for any $v \in \mathfrak{F}_\Lambda$ and $\varphi \in H_\Lambda$, there exists a unique $u \in \mathfrak{F}_\Lambda$, such that

$$\Phi u \equiv \partial_t u - Au = v, \quad u_{(0)} = \varphi.$$

References

[1] J. Leray: Hyperbolic differential equations, Lecture in Princeton (1952).

[2] K. Friedrichs: Symmetric hyperbolic linear differential equations, Comm. Pure and Appl. Math., **6**, 299–326 (1953).

[3] P. Lax: On Cauchy's problem for hyperbolic equations and the differentiability of solutions of elliptic equations, Comm. Pure and Appl. Math., **8**, 615–633 (1955).

[4] K. Yosida: An operator-theoretical integration of the temporally inhomogeneous wave equation (to appear).

[5] T. Shirota: The initial value problem for linear partial differential equations with variable coefficients (to appear).

On the normal forms of differential equations in the neighborhood of an equilibrium point

(with K. Isé)

[Osaka Math. J., **9** (1957) 221–234]

§ 1. Introduction.

1. In this note we use the notations $\partial_i u$ and $\partial^2_{ij} u$ for $\frac{\partial}{\partial x_i} u$ and $\frac{\partial^2}{\partial x_i \partial x_j} u$ respectively. The vectors $(x_1, \cdots, x_m)$ and $(y_1, \cdots, y_m)$ in R^m will be denoted briefly by x and y respectively.

Let $A=(a_{ij})$ be a constant real (m, m)-matrix, all of whose characteristic roots λ_i $(i=1, \cdots, m)$ have non-zero real parts, and $f(x)=(f_1(x), \cdots, f_m(x))$ a real vector function of class C^1 on some neighborhood of $x=0$, such that $f(0)=0$ and $|\partial_x f(x)| \leq K \cdot |x|$ with a constant $K>0$ where

$$|x| = (\sum_i x_i^2)^{\frac{1}{2}}, \quad |\partial_x f(x)| = \{\sum_{i,j} (\partial_i f_j(x))^2\}^{\frac{1}{2}}.$$

We consider the autonomous systems

$$\frac{dx}{dt} = A \cdot x + f(x) \tag{1.1}$$

and

$$\frac{dy}{dt} = A \cdot y, \tag{1.2}$$

regarding x, y and $f(x)$ as the column-vectors. The purpose of this note is to show that, under some conditions on λ_i $(i=1, \cdots, m)$ and $f(x)$, the system (1. 1) can be transformed into (1. 2) by a change of variables

$$y = x + u(x) \tag{1.3}$$

where $u(x)=(u_1(x), \cdots, u_m(x))$ is a real vector function of class C^1, such that

$$\begin{cases} u(0) = 0 \\ |\partial_x u(x)| \leq L \cdot |x| \end{cases} \tag{1.4}$$

with some constant $L>0$.

When $f(x)$ is analytic regular in x, in order to show the existence of the transformation given by (1. 3) with analytic regular $u(x)$, we must necessarily assume that there exist no relations of the form

$$\lambda_i = \sum_{j=1}^{m} n_j \cdot \lambda_j \tag{1.5}$$

where n_j $(j=1, \cdots, m)$ are non-negative integers such that $\sum_{j=1}^{m} n_j > 1$. As to this case, some results were obtained by H. Poincaré, C. L. Siegel, and others, while we obtain the present result for the real systems with a transformation of class C^1 under some weaker conditions.

§ 2. Main Theorem.

2. Theorem. *Assumptions*:

(i) *A is a constant real (m, m)-matrix, all of whose characteristic roots λ_i $(i=1, \cdots, m)$ have non-zero real parts*: $\Re(\lambda_i) \neq 0$ $(i=1, \cdots, m)$.

(ii) *Let*

$$f_i(x) = p_i(x) + q_i(x) \qquad (i=1, \cdots, m) \tag{2.1}$$

where $p_i(x)$ are polynomials in x with real coefficients such that $p_i(0) = \partial_j p_i(0) = 0$ $(i=1, \cdots, m;\ j=1, \cdots, m)$, and $q_i(x)$ $(i=1, \cdots, m)$ are real-valued functions of class C^1 satisfying

$$\begin{cases} q(0) = 0 \\ |\partial_x q(x)| \leq Q \cdot |x|^h \end{cases} \tag{2.2}$$

with some integer $h>0$ and some constant $Q>0$.

(iii) *There exist no relations of the form*

$$\lambda_i = \sum_{j=1}^{m} n_j \cdot \lambda_j$$

where n_j $(j=1, \cdots, m)$ are non-negative integers such that

$$h > \sum_{j=1}^{m} n_j > 1 .$$

Conclusion: *There exists a positive constant h_0, depending only on λ_i $(i=1, \cdots, m)$, with the following property*: *if $h>h_0$, there exist functions $u_i(x)$ $(i=1, \cdots, m)$ of class C^1 satisfying* (1. 4), *such that the system* (1. 1) *is reduced to the form* (1. 2) *by the substitution* (1. 3).

3. If (1. 1) is transformed into (1. 2) by (1. 3), $u(x)$ must satisfy the system of partial differential equations

$$(3.1)\qquad \sum_{i=1}^{m}\Big(\sum_{j=1}^{m} a_{ij}x_j+f_i(x)\Big)\cdot\partial_i u_\nu=\sum_{\mu=1}^{m} a_{\nu\mu}u_\mu-f_\nu(x)\qquad (\nu=1,\cdots,m)\,.$$

For we have, by operating $\dfrac{d}{dt}$ on both sides of (1.3),

$$\frac{dy_i}{dt}=\frac{dx_i}{dt}+\sum_{\nu=1}^{m}\partial_\nu u_i\cdot\frac{dx_\nu}{dt}\qquad (i=1,\cdots,m)$$

from which (3.1) follows immediately by (1.1), (1.2) and (1.3). Conversely, if $u(x)$ is any function satisfying (3.1), then the substitution (1.3) will transform (1.1) into (1.2). Thus we have only to show the existence of $u(x)$ satisfying (1.4) and (3.1), if h is sufficiently large.

§ 3. Auxiliary Theorem.

4. In this section we consider the system of semi-linear partial differential equations

$$(4.1)\qquad \sum_{i=1}^{m} P_i(x)\cdot\partial_i u_\nu=Q_\nu(x,u)\qquad (\nu=1,\cdots,l)$$

where $x=(x_1,\cdots,x_m)$ and $u=(u_1,\cdots,u_l)$ denote real vectors in R^m and R^l respectively. Let $P_i(x)$ be real-valued functions of class C^1 in an open domain $D\subset R^m$, such that

$$(4.2)\qquad (P_1(x),\cdots,P_m(x))\neq(0,\cdots,0)\qquad (x\in D)\,.$$

And $Q_\nu(x,u)$ be real-valued functions of class C^1 in

$$\Omega=\{(x,u)\in R^{m+l}:\ x\in D,\ |u|\leqq\omega(x)\}$$

where $\omega(x)$ is some positive-valued function of class C^1 in D. A curve $x=x(t)$ in R^m is said to be a *base characteristic* of (4.1) if $x(t)$ satisfies the following system of ordinary differential equations:

$$(4.3)\qquad \frac{dx_i}{dt}=P_i(x)\qquad (i=1,\cdots,m)\,.$$

Let an $(m-1)$-dimensional manifold M in R^m be given by

$$(4.4)\qquad M:\ x_i=A_i(s_1,\cdots,s_{m-1})\qquad (i=1,\cdots,m)$$

where $A_i(s)$ are functions of class C^1 in some domain $S\subset R^{m-1}$ such that $A(s)=(A_1(s),\cdots,A_m(s))\in D$ for $s=(s_1,\cdots,s_{m-1})\in S$. We assume that

(4.5) $$\left| P_i(A(s)),\ \partial_j A_i(s) \quad \begin{matrix} i \downarrow 1, \cdots, m \\ j \rightarrow 1, \cdots, m-1 \end{matrix} \right|^{1)} \neq 0 \quad \text{for} \quad s \in S$$

and that any base characteristic

(4.6) $$x = x(t, s),$$

issuing from a point of M so that $x(0, s) = A(s)$, exists on the interval: $0 \leqq t < \tau(s)$ where $\tau(s)$ is a continuous function on S, and that the set $X = \{x = x(t, s) : 0 \leqq t < \tau(s),\ s \in S\}$ is filled up only onefold with all those curves $x = x(t, s)\ (s \in S)$, i.e. to any point $x \in X$ there corresponds just one (t, s) such that $x = x(t, s)$, $0 \leqq t < \tau(s)$, $s \in S$. Then we have easily

$$\frac{\partial(x_1, \cdots, x_m)}{\partial(t, s_1, \cdots, s_{m-1})} = \left| P_i(A(s)),\ \partial_j A_i(s) \quad \begin{matrix} i \downarrow 1, \cdots, m \\ j \rightarrow 1, \cdots, m-1 \end{matrix} \right| \cdot \exp\left(\int_0^t \sum_{i=1}^m \partial_i P_i(x)_{x=x(t, s)}\, dt \right) \neq 0,$$

which shows that the $1-1$ mapping (4.6) from $\{(t, s) : s \in S,\ 0 \leqq t < \tau(s)\}$ onto X and its inverse are both of class C^1.

By (4.6) the system (4.1) is reduced to the following system of ordinary differential equations, s being a parameter:

(4.7) $$\frac{du_\nu}{dt} = Q_\nu(x(t, s), u) \qquad (\nu = 1, \cdots, l).$$

We have then

$$\partial_t \omega(x(t, s)) = \Big[\sum_{i=1}^m P_i(x) \cdot \partial_i \omega(x) \Big]_{x=x(t, s)}$$

and

$$\partial_t |u(t, s)| \cdot |u(t, s)| = \sum_{\nu=1}^l u_\nu(t, s) \cdot Q_\nu(x(t, s), u(t, s))$$

for any solution $u(t, s)$ of (4.7). Hence, we obtain easily the following auxiliary theorem which is our principal tool.

Auxiliary theorem. *Under the conditions mentioned above, let the inequality*

(4.8) $$\sum_{i=1}^m P_i(x)\, \partial_i \omega(x) \geqq \frac{1}{\omega(x)} \sum_{\nu=1}^m Q_\nu(x, u) \cdot u_\nu$$

hold for any $x \in X$ *such that* $|u| = \omega(x)$. *Then, for any function* $B(s) = (B_1(s), \cdots, B_l(s))$ *of class* C^1 *on* S *such that*

1) an (m, m)-determinant.

(4. 9) $$|B(s)| \leqq \omega(A(s)),$$

there exists a unique solution $u(x)$ *of* (4. 1) *on* X, *such that*

$$u(A(s)) = B(s)$$

and

(4. 10) $$|u(x)| \leqq \omega(x)$$

for $x \in X$.

§ 4. Estimation of $u(x)$.

5. Consider the system of partial differential equations

(5. 1) $$\sum_{i=1}^{m} \Big(\sum_{j=1}^{m} a_{ij}x_j + f_i(x)\Big) \partial_i u_\nu = \sum_{\mu=1}^{m} a_{\nu\mu} \cdot u_\mu + g_\nu(x) \qquad (\nu = 1, \cdots, m)$$

for which we have the following lemma.

Lemma. *Let* $A = (a_{ij})$ *and* $f(x)$ *satisfy the assumptions* (i), (ii) *and* (iii) *in the theorem. Let* $g_\nu(x)$ $(\nu = 1, \cdots, m)$ *be real-valued functions of class* C^1 *on some neighborhood of* 0, *such that*

(5. 2) $$\begin{cases} g(0) = 0 \\ |\partial_x g(x)| \leqq G|x|^p \end{cases}$$

where G *and* p *are positive constants.*

Then there exists a constant $h_0 > 0$, *which depends only on* λ_i $(i = 1, \cdots, m)$, *with the following property*: *if* $p > h_0$, *the system* (5. 1) *has a unique solution* $u(x)$ *in a neighborhood of* 0, *such that*

(5. 3) $$u(x) = 0 \quad \text{on the cone} \quad \sum_{i=1}^{k} x_i^2 = \sum_{i=k+1}^{m} x_i^2 \;{}^{2)}$$

and

(5. 4) $$|\partial_x u(x)| \leqq C \cdot G|x|^p$$

where C *is a positive constant depending only on* λ_i $(i = 1, \cdots, m)$ *and* p.

6. *Proof.* By setting $P_i(x) = \sum_{j=1}^{m} a_{ij}x_j + f_i(x)$ and $Q_\nu(x, u) = \sum_{\mu=1}^{m} a_{\nu\mu}u_\mu + g_\nu(x)$, the system (5. 1) has the form (4. 1). Without loss of generality we assume that $A = (a_{ij})$ has the following form:

$$\text{(i)} \qquad \begin{aligned} &a_{ii} = \Re(\lambda_i) && (i = 1, \cdots, m), \\ &\Re(\lambda_i) > 0 && \text{for } i \leqq k, \\ &\Re(\lambda_i) < 0 && \text{for } i > k. \end{aligned}$$

---

2) Cf. (i) $k=0$ means $\Re(\lambda_i) < 0$ for all i, and $k=m$ means $\Re(\lambda_i) > 0$ for all i.

(ii) $a_{ij}=0$ for $i\leqq k$ and $j>k$,

$a_{ij}=0$ for $i>k$ and $j\leqq k$.

(iii)

$$|\sum_{i\neq j} a_{ij}x_i x_j|\leqq\delta|x|^2 \tag{6.1}$$

where δ is any prescribed positive number.

In what follows, we write $\sum_\alpha=\sum_{\alpha=1}^{k}$ and $\sum_\beta=\sum_{\beta=k+1}^{m}$. We suppose that f and g are functions of class C^1 on $U=\{x:\sum_\alpha x_\alpha^2\leqq r^2, \sum_\beta x_\beta^2\leqq r^2\}$ where r is a positive constant. We consider the case $0<k<m$. Because, if $k=0$ or $k=m$, the proof of the lemma will be simpler.

With sufficiently small $\varepsilon>0$ we set[3]

$$S_\varepsilon(x)=\begin{cases}\sum_\alpha x_\alpha^2-\sum_\beta x_\beta^2 & \text{when } \sum_\alpha x_\alpha^2\geqq\varepsilon^2\\ \sum_\alpha x_\alpha^2-\sum_\beta x_\beta^2-\frac{1}{2\varepsilon^2}(\varepsilon^2-\sum_\alpha x_\alpha^2)^2 & \text{when } \sum_\alpha x_\alpha^2<\varepsilon^2,\end{cases} \tag{6.2}$$

and define a bounded region U_ε by $U_\varepsilon=\{x\in U: S_\varepsilon(x)\geqq 0\}$.

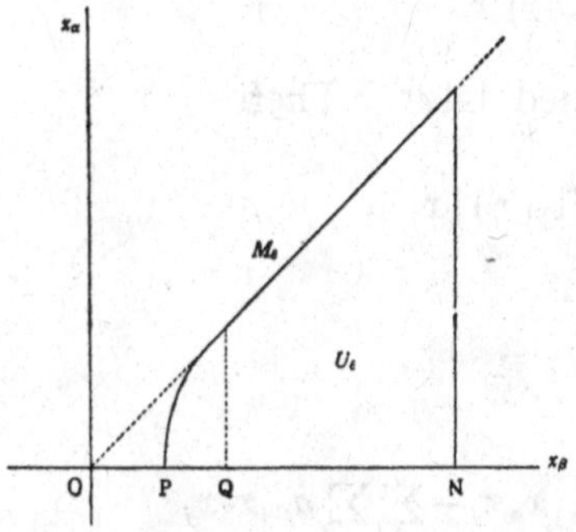

N = $(r, 0)$

P = $\left(\frac{\sqrt{6}-\sqrt{2}}{2}\varepsilon, 0\right)$

Q = $(\varepsilon, 0)$

First we consider the solution of (5.1) in U_ε vanishing on the $(m-1)$–dimensional manifold $M_\varepsilon=\{x\in U: S_\varepsilon(x)=0\}$. For the base characteristic $x=x(t)$ of (5.1), we have

$$\begin{aligned}\frac{1}{2}\cdot\frac{d}{dt}S_\varepsilon(x(t))&=\sum_\alpha x_\alpha\cdot\dot{x}_\alpha-\sum_\beta x_\beta\cdot\dot{x}_\beta\\ &=\sum_\alpha\Big(\sum_{i=1}^{m}a_{\alpha i}x_i+f_\alpha(x)\Big)x_\alpha-\sum_\beta\Big(\sum_{i=1}^{m}a_{\beta i}x_i+f_\beta(x)\Big)x_\beta\\ &=\Big(\sum_\alpha\sum_{i=1}^{m}a_{\alpha i}x_\alpha x_i-\sum_\beta\sum_{i=1}^{m}a_{\beta i}x_\beta x_i\Big)+\Big(\sum_\alpha f_\alpha(x)x_\alpha-\sum_\beta f_\beta(x)x_\beta\Big)>0\end{aligned}$$

3) For the case $k=0$ or $k=m$, we have to set $S_\varepsilon(x)=\sum_{i=1}^{m}x_i^2$.

when $\varepsilon^2 < \sum_\alpha x_\alpha^2 \leq r^2$, by taking r small enough, and also when $\sum_\alpha x_\alpha^2 \leq \varepsilon^2$

$$\frac{1}{2}\cdot\frac{d}{dt}S_\varepsilon(x(t)) = \left\{1+\frac{1}{\varepsilon^2}(\varepsilon^2-\sum_\alpha x_\alpha^2)\right\}\sum_\alpha x_\alpha\cdot\dot{x}_\alpha-\sum_\beta x_\beta\cdot\dot{x}_\beta > 0 .$$

From these inequalities we see that, if $r>0$ is taken small enough, every base characteristic of (5.1) meeting M_ε is transverse to M_ε, and that (4.5) will hold for this case with $M=M_\varepsilon$. In addition, since we have

$$\frac{1}{2}\frac{d}{dt}\sum_\alpha(x_\alpha(t))^2 = \sum_\alpha(\sum_i a_{\alpha i}x_i+f_\alpha(x))x_\alpha > 0$$

for any base characteristic $x(t)$, when r is small enough, we see that U_ε is filled up only onefold with the base characteristics issuing from M_ε. Therefore, we apply the auxiliary theorem to this case, setting $U_\varepsilon = X$.

We set

(6.3) $$\varphi(x) = (1+\gamma)\sum_\alpha x_\alpha^2-\sum_\beta x_\beta^2$$

and

(6.4) $$\omega(x) = W\cdot G\cdot\varphi(x)^{\frac{p+1}{2}}$$

where $\gamma>0$ and $W>0$ will be determined later. Then

(6.5) $$\frac{\gamma}{2}|x|^2 \leq \varphi(x) \leq (1+\gamma)|x|^2$$

for every $x\in U_\varepsilon$. Thus we obtain

$$\begin{aligned}&\sum_{i=1}^m P_i(x)\partial_i\omega(x)\\ &= (p+1)\cdot W\cdot G\cdot\varphi(x)^{\frac{p-1}{2}}\{(1+\gamma)\sum_\alpha\sum_j a_{\alpha j}x_\alpha x_j-\sum_\beta\sum_j a_{\beta j}x_\beta x_j\\ &\qquad +(1+\gamma)\sum_\alpha x_\alpha f_\alpha(x)-\sum_\beta x_\beta f_\beta(x)\}\end{aligned}$$

and

$$\sum_{\nu=1}^m Q_\nu(x, u)\cdot u_\nu = \sum_{\nu=1}^m\sum_{\mu=1}^m a_{\nu\mu}u_\nu u_\mu-\sum_{\nu=1}^m g_\nu(x)u_\nu .$$

Now we set

(6.6) $$\Lambda_0 = \min_{1\leq i\leq m}|\Re(\lambda_i)| , \quad \Lambda_1 = \max_{1\leq i\leq m}|\Re(\lambda_i)| .$$

Then we have

(6.7) $$\sum_{i=1}^m P_i(x)\cdot\partial_i\omega(x) > (p+1)(\Lambda_0-2\delta)W\cdot G|x|^2\varphi(x)^{\frac{p-1}{2}}$$

and

$$\sum_{\nu=1}^{m} Q_\nu(x, u)\cdot u_\nu < (\Lambda_1+\delta)|u|^2+|g(x)|\cdot|u| \tag{6.8}$$

on U_ε where δ is given by (6.1), taking r small enough. From (6.8) it follows that, if $|u|=\omega(x)$ for some $x\in U_\varepsilon$, then

$$\frac{1}{\omega(x)}\sum_{\nu=1}^{m} Q_\nu(x, u)u_\nu < (\Lambda_1+\delta)\omega(x)+G|x|^{p+1}$$

and so

$$\frac{1}{\omega(x)}\sum_{\nu=1}^{m} Q_\nu(x, u)u_\nu < W\cdot G(\Lambda_1+\delta)\left\{1+\gamma+\frac{\left(\frac{2}{\gamma}\right)^{\frac{p-1}{2}}}{\Lambda_1\cdot W}\right\}|x|^2\varphi(x)^{\frac{p-1}{2}} \tag{6.9}$$

by virtue of (6.4) and (6.5). Thus, if we assume

$$(p+1)\Lambda_0>\Lambda_1, \tag{6.10}$$

we have

$$\sum_{i=1}^{m} P_i(x)\,\partial_i\omega(x) > \frac{1}{\omega(x)}\sum_{\nu=1}^{m} Q_\nu(x, u)\cdot u_\nu \tag{6.11}$$

for any $x\in U_\varepsilon$ such that $|u|=\omega(x)$, from (6.7) and (6.9), by taking $\delta>0$ and $\gamma>0$ small enough and then W large enough.

Let us assume hereafter that (6.10) holds. Then it follows from the auxiliary theorem that, when r is small enough, there exists a unique solution $u(x;\varepsilon)$ of (5.1) on U_ε which vanishes on M_ε, and that it satisfies

$$|u(x;\varepsilon)|\leq\omega(x)=W\cdot G\cdot\varphi(x)^{\frac{p+1}{2}}\leq G\cdot K\cdot|x|^{p+1} \quad \text{for} \quad x\in U_\varepsilon \tag{6.12}$$

where $K=W(1+\gamma)^{\frac{p+1}{2}}$. Notice that W and r are taken independent of $\varepsilon>0$ in the above arguement.

§ 5. Continuation of the Proof of the Lemma. Estimation of $|\partial_x u(x)|$.

7. Next, let us prove that the inequality (5.4) holds for $u=u(x;\varepsilon)$ on U_ε with some constant $C>0$ independent of ε. In this paragraph we fix $\varepsilon>0$ and write $u_\nu(x)$ in place of $u_\nu(x;\varepsilon)$ for simplicity.

In order to estimate $|\partial_x u(x)|$ on the manifold M_ε, we reduce the system (5.1) into

$$\frac{du_\nu}{dt}=\sum_{\mu=1}^{m} a_{\nu\mu}u_\mu+g_\nu(x(t, s)) \qquad (\nu=1,\cdots,m) \tag{7.1}$$

by the change of variables given by (4.6). Thus, if we set $u_\nu(t, s) = u_\nu(x(t, s))$, $u = u(t, s)$ is the solution of (7.1) with the initial condition

$$u(0, s) \equiv 0 . \tag{7.2}$$

Therefore,

$$\begin{cases} \partial_t u(0, s) \equiv g(x(0, s)) \\ \partial_s u(0, s) \equiv 0 \end{cases} \tag{7.3}$$

on M_ε. Let $\partial_n u(s)$ denote the normal derivative of $u(t, s)$ at $x = x(0, s)$ on M_ε, then we have

$$\left[\frac{\partial_t u(t, s)}{\{\sum_{i=1}^{m} (\partial_t x_i(t, s))^2\}^{\frac{1}{2}}}\right]_{t=0} = \partial_n u(s) \cdot \cos\theta(s) \tag{7.4}$$

where $\theta(s)$ represents the angle between the base characteristic $x = x(t, s)$ and the normal of M_ε at $x(0, s)$, i.e.

$$\cos\theta(s) = \frac{(1+\sigma(x)) \cdot \sum_\alpha x_\alpha \cdot \partial_t x_\alpha - \sum_\beta x_\beta \cdot \partial_t x_\beta}{\{\sum_{i=1}^{m} (\partial_t x_i)^2\}^{\frac{1}{2}} \{(1+\sigma(x))^2 \sum_\alpha x_\alpha^2 + \sum_\beta x_\beta^2\}^{\frac{1}{2}}} \tag{7.5}$$

where

$$\sigma(x) = \begin{cases} 0 & \text{when } \sum_\alpha x_\alpha^2 \geq \varepsilon^2 \\ \frac{1}{\varepsilon^2}(\varepsilon^2 - \sum_\alpha x_\alpha^2) & \text{when } \sum_\alpha x_\alpha^2 < \varepsilon^2 . \end{cases}$$

Since

$$(1+\sigma(x)) \cdot \sum_\alpha x_\alpha \cdot \partial_t x_\alpha - \sum_\beta x_\beta \cdot \partial_t x_\beta > \frac{1}{2} \Lambda_0 |x|^2 \qquad (x \in U_\varepsilon) \tag{7.6}$$

and

$$(1+\sigma(x))^2 \cdot \sum_\alpha x_\alpha^2 + \sum_\beta x_\beta^2 < 2|x|^2 , \tag{7.7}$$

when r is sufficiently small, we obtain, from (7.3), (7.4), (7.5), (7.6) and (7.7),

$$|\partial_n u| < \frac{2\sqrt{2}}{\Lambda_0} \cdot \frac{|g(x)|}{|x|} .$$

Hence

$$|\partial_n u| < K' \cdot G |x|^p \tag{7.8}$$

on M_ε with some constant $K' > 0$ independent of ε. Thus, from (7.3) and (7.8), we see

$$|\partial_x u(x ; \varepsilon)| \leq K' \cdot G |x|^p \qquad (x \in M_\varepsilon) . \tag{7.9}$$

Now, operating ∂_μ on both sides of (5.1) and setting $\partial_\mu u_\nu = u^{\nu\mu}$, we have

$$\begin{aligned}(7.10)\qquad &\sum_{i=1}^{m}\Big(\sum_{j=1}^{m} a_{ij}x_j + f_i(x)\Big)\,\partial_i u^{\nu\mu} \\ &= \sum_{j=1}^{m} a_{\nu j}u^{j\mu} - \sum_{i=1}^{m}(a_{i\mu}+\partial_\mu f_i(x))\,u^{\nu i} + \partial_\mu g_\nu(x) \qquad (\nu,\mu=1,\cdots,m)\end{aligned}$$

which has also the form (4.1) with unknown functions $u^{\nu\mu}$. Let us assume first that f and g are functions of class C^2 in U and apply the auxiliary theorem to (7.10). We set

$$u' = (u^{1,1}, u^{1,2}, \cdots, u^{m,m}) \qquad (\in R^{m^2})$$

$$P_i(x) = \sum_{j=1}^{m} a_{ij}x_j + f_i(x)$$

$$Q^{\nu\mu}(x, u') = \sum_{j=1}^{m} a_{\nu j}u^{j\mu} - \sum_{i=1}^{m}(a_{i\mu}+\partial_\mu f_i(x))\cdot u^{\nu i} + \partial_\mu g_\nu(x) \qquad (\nu,\mu=1,\cdots,m)$$

and $\quad \omega'(x) = W'\cdot G\cdot\varphi'(x)^{\frac{p}{2}}$ where $\varphi'(x) = (1+\gamma')\sum_\alpha x_\alpha^2 - \sum_\beta x_\beta^2$.

Then, if we assume

$$(7.11)\qquad p\Lambda_0 > \tilde{\Lambda} \equiv \max_{i,j}|\Re(\lambda_i) - \Re(\lambda_j)|,$$

and if we take r small enough, we have

$$\sum_{i=1}^{m} P_i(x)\,\partial_i\omega'(x) > \frac{1}{\omega'(x)}\sum_{=1}^{m}\sum_{\mu=1}^{m} Q^{\nu\mu}(x, u')\cdot u^{\nu\mu}$$

for x such that $\omega'(x) = |u'|$ in U_ε, taking W' and $\gamma'>0$ appropriately. By the auxiliary theorem and (7.9) we thus get

$$(7.12)\qquad |\partial_x u(x;\varepsilon)| \leq C\cdot G|x|^p$$

in U_ε where $C>0$ is a constant independent of ε. In the above consideration we can also choose r independent of ε. Let us write

$$h_0 = \max\left(\frac{\Lambda_1}{\Lambda_0} - 1, \frac{\tilde{\Lambda}}{\Lambda_0}\right)$$

and assume $p > h_0$ hereafter, from which (6.10) and (7.11) follow.

We will study in 9. as to the case that f and g are functions of class C^1.

8. Notice that C of (7.12) and r can be chosen independent of $\varepsilon>0$ which is sufficiently small. Now we consider ε as a variable tending to zero. We see easily $U_\varepsilon \subset U_\varepsilon'$ as $\varepsilon > \varepsilon' > 0$, and $v = u(x;\varepsilon') - u(x;\varepsilon)$ must satisfy on U_ε

$$(8.1)\qquad \sum_{i=1}^{m}\Big(\sum_{j=1}^{m} a_{ij}x_j + f_i(x)\Big)\,\partial_i v_\nu = \sum_{\mu=1}^{m} a_{\nu\mu}v_\mu \qquad (\nu=1,\cdots,m).$$

From (6. 12) and (7. 12) we see easily that

$$|v| \leq 2^{\frac{p+3}{2}} K \cdot G \cdot \varepsilon^{p+1}$$

and

$$|\partial_x v| \leq 2^{\frac{p+2}{2}} C \cdot G \cdot \varepsilon^{p}$$

hold for $v = u(x;\varepsilon') - u(x;\varepsilon)$ on M_ε. Notice that $\min_{x \in U_\varepsilon} |x| = \dfrac{\sqrt{6}-\sqrt{2}}{2}\varepsilon$, and we have for any $q > 0$

$$\text{(8. 2)} \quad \begin{cases} |v| \leq K_0 \cdot \varepsilon^{p-q} |x|^{q+1} \\ |\partial_x v| \leq K_1 \cdot \varepsilon^{p-q} |x|^{q} \end{cases}$$

on M_ε where K_0 and K_1 are constants not depending on ε and ε'.

We now choose q so that $p > q > h_0$. The system (8. 1) is a special case of (5. 1) with $g(x) \equiv 0$, and we get similarly as (6. 12) and (7. 12)

$$\begin{cases} |u(x;\varepsilon') - u(x;\varepsilon)| \leq K' \cdot \varepsilon^{p-q} |x|^{q+1} \\ |\partial_x u(x;\varepsilon') - \partial_x u(x;\varepsilon)| \leq K' \cdot \varepsilon^{p-q} |x|^{q} \end{cases}$$

in U_ε where K' is some positive constant independent of ε and ε'. Thus we see that, as $\varepsilon \to 0$, $u_\nu(x;\varepsilon)$ and $\partial_\mu u_\nu(x;\varepsilon)$ tend to certain functions $u_\nu(x)$ and their derivatives $\partial_\mu u_\nu(x)$ respectively. Clearly this $u(x)$ is a solution of (5. 1), vanishing on the manifold: $\sum_\alpha x_\alpha^2 = \sum_\beta x_\beta^2$ and satisfying (5. 4) in $U_1 = \{x : \sum_\alpha x_\alpha^2 \leq r^2,\ \sum_\beta x_\beta^2 \leq \sum_\alpha x_\alpha^2\}$.

Quite similarly as above, we can prove the existence of a solution $u(x)$ of (5. 1) vanishing on $\sum_\alpha x_\alpha^2 = \sum_\beta x_\beta^2$ and satisfying (5. 4) in $U_2 = \{x : \sum_\beta x_\beta^2 \leq r^2,\ \sum_\alpha x_\alpha^2 \leq \sum_\beta x_\beta^2\}$.

9. Now it remains to prove our lemma when f and g are functions of class C^1. We construct approximation sequences $\{f^n(x)\}_{n=1}^\infty$ and $\{g^n(x)\}_{n=1}^\infty$ of vector functions of class C^2 such that[4)]

$$\text{(9. 1)} \quad \begin{cases} f^n(0) = g^n(0) = 0 \\ f^n(x) = p(x) + q^n(x)^{5)} \\ |\partial_x f^n(x) - \partial_x f(x)| \leq \dfrac{1}{n}|x|^h \\ |\partial_x g^n(x) - \partial_x g(x)| \leq \dfrac{1}{n}|x|^h . \end{cases}$$

4) $f^n(x)$ and $g^n(x)$ have only to be of class C^2 in U excepting $x=0$.

5) c. f. (2.1).

Then there exists a system $u^n(x)=(u_1^n(x), \cdots, u_m^n(x))$ of functions of class C^2 satisfying

$$(9.2)\qquad \sum_{i=1}^m \Big(\sum_{j=1}^m a_{ij}x_j+f_i^n(x)\Big)\partial_i u_\nu=\sum_{\mu=1}^m a_{\nu\mu}u_\mu+g_\nu^n(x) \qquad (\nu=1, \cdots, m),$$

such that

$$\begin{cases} |u^n(x)|\leqq C\cdot K_2|x|^{p+1} \\ |\partial_x u^n(x)|\leqq C\cdot K_3|x|^p \end{cases}$$

in U where K_2 and K_3 are constants not depending on n. For $u^n(x)-u^{n'}(x)$ $(n\leqq n')$ we have

$$\sum_{i=1}^m \Big(\sum_{j=1}^m a_{ij}x_j+f_i^n(x)\Big)\partial_i(u_\nu^n-u_\nu^{n'})=\sum_{\mu=1}^m a_{\nu\mu}(u_\mu^n-u_\mu^{n'})+h_\nu^{n,n'}(x),$$

where $\qquad h_\nu^{n,n'}(x)=\{g_\nu^n(x)-g_\nu^{n'}(x)\}+\partial_i u_\nu^{n'}\{f_\nu^{n'}(x)-f_\nu^n(x)\}$

and so $\qquad h^{n,n'}(0)=0 \quad \text{and} \quad |\partial_x h^{n,n'}(x)|\leqq \dfrac{H}{n}|x|^p$

with a constant $H>0$ not depending on n and n'. Therefore we see that, as $n\to\infty$, $u^n(x)$ tend to the desired solution of (5.1). The proof of the lemma is thus completed.

§ 6. Proof of the Main Theorem.

10. Let us now turn to the system (3.1),

$$\sum_{i=1}^m \Big(\sum_{j=1}^m a_{ij}x_j+f_i(x)\Big)\partial_i u_\nu=\sum_{\mu=1}^m a_{\nu\mu}u_\mu-f_\nu(x) \qquad (\nu=1, \cdots, m)$$

where $f_\nu(x)=p_\nu(x)+q_\nu(x)$. First, let us consider

$$(10.1)\qquad \sum_{i=1}^m \Big(\sum_{j=1}^m a_{ij}x_j+p_i(x)\Big)\partial_i u_\nu=\sum_{\mu=1}^m a_{\nu\mu}u_\mu-p_\nu(x) \qquad (\nu=1, \cdots, m).$$

If there exist no relations of the form $\lambda_i=\sum n_j\lambda_j$ where n_j are non-negative integers such that $\sum_j n_j>1$, we can construct infinite series of the form

$$\sum_{\substack{p_i\geqq 0\\ p_1+\cdots+p_m\geqq 2}} c^\nu_{p_1,\cdots,p_m}\cdot x_1^{p_1}\cdot \cdots \cdot x_m^{p_m}$$

with real coefficients $c^\nu_{p_1,\cdots,p_m}$, such that $u_\nu=\sum c^\nu_{p_1,\cdots,p_m}\cdot x_1^{p_1}\cdots x_m^{p_m}$ $(\nu=1, \cdots, m)$ satisfy (10.1) formally. To see this, make a change of variables, $x=T\cdot y$ and $u=T\cdot w$, by a (complex) matrix T transforming $A=(a_{ij})$ into Jordan's canonical form $T^{-1}\cdot A\cdot T$, and consider about the (complex) system thus obtained.

Setting

$$(10.2)\qquad \acute{u}_\nu(x) = \sum_{2\leq p_1+\cdots+p_m\leq h} c^\nu_{p_1\cdots p_m}\cdot x_1^{p_1}\cdots x_m^{p_m} \qquad (\nu=1,\cdots,m)$$

and

$$(10.3)\qquad \grave{u}_\nu = u_\nu - \acute{u}_\nu(x) \qquad (\nu=1,\cdots,m),$$

we reduce (3.1) to the system

$$(10.4)\qquad \sum_{i=1}^m \Big(\sum_{j=1}^m a_{ij}x_j + f_i(x)\Big)\partial_i \grave{u}_\nu = \sum_{\mu=1}^m a_{\nu\mu}\grave{u}_\mu + \tilde{f}_\nu(x) \qquad (\nu=1,\cdots,m)$$

where

$$\tilde{f}_\nu(x) = \sum_{\mu=1}^m a_{\nu\mu}\acute{u}_\mu(x) - \sum_{i=1}^m \Big(\sum_{j=1}^m a_{ij}x_j + f_i(x)\Big)\partial_i \acute{u}_\nu(x) - f_\nu(x).$$

In order to define $\acute{u}(x)$ as above, we have only to assume that condition (iii) in the theorem (§ 2) is satisfied.

By (2.1) we have

$$(10.5)\qquad \tilde{f}_\nu(x) = \tilde{p}_\nu(x) - \tilde{q}_\nu(x)$$

where $\tilde{p}_\nu(x) = \sum_{\mu=1}^m a_{\nu\mu}\acute{u}_\mu(x) - p_\nu(x) - \sum_{i=1}^m \Big(\sum_{j=1}^m a_{ij}x_j + p_i(x)\Big)\partial_i \acute{u}_\nu(x)$

and $\tilde{q}_\nu(x) = q_\nu(x) + \sum_{i=1}^m q_i(x)\,\partial_i \acute{u}_\nu(x)$,

and it follows from the definition of $\acute{u}(x)$ that $\tilde{p}_\nu(x)$, polynomials in x_i $(i=1,\cdots,m)$, contain no terms of degree $\leq h$. Therefore, by (2.2)

$$\begin{cases} \tilde{f}_\nu(0) = 0 \qquad (\nu=1,\cdots,m), \\ |\partial_x \tilde{f}(x)| \leq \tilde{K}\cdot|x|^h \end{cases}$$

where $\tilde{K}$ is a positive constant. Using the lemma, we thus see that there exists a solution $\grave{u}(x) = (\grave{u}_1(x),\cdots,\grave{u}_m(x))$ of (10.4) in some neighborhood of $x=0$, such that

$$\grave{u}_i(0) = 0 \qquad (i=1,\cdots,m)$$

and

$$|\partial_x \grave{u}(x)| \leq C\cdot\tilde{K}|x|^h$$

with some constant $C>0$. We set

$$u_\nu(x) = \acute{u}_\nu(x) + \grave{u}_\nu(x) \qquad (\nu=1,\cdots,m)$$

and obtain those functions $u_\nu(x)$ $(\nu=1,\cdots,m)$ whose existence was claimed in the theorem. The proof of the theorem is thus completed.

(Received November 12, 1957)

Literature

[1] E. Picard: Traité d'analyse. III. Chap. 1.

[2] M. Urabe: On solutions of the linear homogeneous partial differential equation in the vicinity of the singularity. I, II. J. Sci. Hiroshima Univ. Ser. A. 14 (1950), 115–126, 195–207.

[3] C. L. Siegel: Ueber die Normalform analytischer Differentialgleichungen in der Nähe einer Gleichgewichtslösung. Nachr. Akad. Wiss. Göttingen. Math.-Phys. Kl. (1952), 21–30.

On singular perturbation of linear partial differential equations with constant coefficients, I

[Proc. Japan Acad., **35** (1959) 449–454]

(Comm. by K. KUNUGI, M.J.A., Oct. 12, 1959)

1. Introduction. Let $(t, x)=(t, x_1,\cdots, x_m)$ be $m+1$ real variables in $t\geqq 0$, $x\in E^m$, where E^m denotes the m-dimensional Euclidean space. Let L_ε be an $r\times r$ matrix of differential operators with constant coefficients depending on a parameter ε

$$L_\varepsilon=\sum_{j=1}^{l} P_j(\partial_x, \varepsilon)\,\partial_t^{j\,1)}$$

where $P_j(\xi, \varepsilon)$ are $r\times r$ matrices of polynomials in $\xi=(\xi_1,\cdots,\xi_m)$, whose coefficients depends on $\varepsilon\geqq 0$ *continuously*, and let us consider a system of partial differential equations

(1) $$L_\varepsilon[u]=f(t, x, \varepsilon),$$

where $u=(u_\rho\ \rho\downarrow 1,\cdots, r)$ $f=(f_\rho\ \rho\downarrow 1,\cdots, r)$.[2] We assume that $P_l(\xi, \varepsilon)=P_l(\varepsilon)$ does not contain ξ and

(2) $$\det\,(P_l(\varepsilon))\neq 0 \text{ for } \varepsilon>0.$$

In this note we are concerned with showing the relationship of (1), as $\varepsilon\downarrow 0$, to a particular solution of a related system (for $\varepsilon=0$)

(1°) $$L_0[u]=f(t, x, 0),$$

especially when L_0 is *degenerated*, i.e.

(2°) $$\det\,(P_l(0))=0.^{3)}$$

Let C_0^∞ be the set of all on E^m infinite times continuously differentiable complex valued functions with compact carrier. For any $u\in C_0^\infty$ we define the norm $\|u\|_p$ by

(3) $$\|u\|_p^2=\int_{E^m}\sum_{|\nu|\leq p}|\partial_1^{\nu_1}\cdots\partial_m^{\nu_m}u(x)|^2\,dx,^{4)}\quad (|\nu|=\nu_1+\cdots+\nu_m).$$

The completion of C_0^∞ with respect to the norm (3) will be denoted by H_p. H_p is a kind of Hilbert space. One sees easily

$$H_p\supset H_{p'} \text{ and } \|u\|_p\leqq\|u\|_{p'} \text{ if } p<p'.$$

We set $H_\infty=\bigcap_{p<\infty}H_p$, then H_∞ is a linear topological space with a sequence of semi-norms $\|u\|_p$ $(p=0, 1, 2,\cdots)$ for $u\in H_\infty$. H_∞ is dense in H_p for any p, and C_0^∞ is dense in H_∞ (hence in H_p).

Let $\hat{\varphi}$ be the Fourier transform of $\varphi\in H_p$,

(4) $$\hat{\varphi}(\xi)=\frac{1}{\sqrt{2\pi}^{\,m}}\int_{E^m}e^{-i\xi\cdot x}\varphi(x)dx=\mathfrak{F}[\varphi],$$

---

1) We use ∂_t for ∂/∂_t, and ∂_x for $\partial/\partial x_1,\cdots,\partial/\partial x_m$.

2) $(u_\rho\ \rho\downarrow 1,\cdots, r)$ means the r-dimensional vector (column) with the components $(u_1,\cdots, u_r)$.

3) The condition (2) is not essential in the general consideration.

4) ∂_μ is the abbreviation of $\partial/\partial x_\mu$.

then $\varphi\in H_p$ is equivalent to $(1+|\xi|^2)^{p/2}\hat{\varphi}(\xi)\in L^2$ and

(5) $$||\varphi||_p^2=\int_{E^m}(1+|\xi|^2)^p|\hat{\varphi}(\xi)|^2d\xi=||\hat{\varphi}||_p'^2.$$

The complete space of all measurable complex valued functions $\hat{\varphi}$ such that $||\hat{\varphi}||_p'<\infty$ will be denoted by $\hat{H}_p$.[5] The Fourier transform $\mathfrak{F}$ is a unitary transformation of H_p onto $\hat{H}_p$.

For any real number $p\gtrless 0$, we can define the norm $||\varphi||_p$ for $\varphi\in C_0^\infty$ by (5). If $p\geqq 0$, then the completion of C_0^∞ which we denote by H_p, with respect to the norm (5) is the set of all complex valued measurable functions such that $||\varphi||_p<\infty$.[5] But if $p<0$, the completion of C_0^∞ with respect to (5) consists from a class of distributions by *L. Schwarz*. The Fourier transform of H_p, denoted by $\hat{H}_p$, even if $p<0$, is the set of all measurable functions $\hat{\varphi}$[5] such that $||\hat{\varphi}||_p'<\infty$ by (5).

Let $D^{(k)}$ be any differential operator with constant coefficients of order k, then $D^{(k)}$ is a bounded linear mapping of H_p into H_{p-k}.

Let F_x be any linear functional space, whose elements are functions of $x\in E^m$, and $\varphi(t)$ be a variable element of F_x depending on a real parameter t in an interval J. We say "$\varphi(t)$ is F_x-continuous in $t\in J$" if the mapping $t\in J\longrightarrow\varphi(t)\in F_x$ is continuous, and "$\varphi(t)$ is F_x-differentiable at $t=t_0$" if

(6) $$(t-t_0)^{-1}\{\varphi(t)-\varphi(t_0)\}\to\varphi'(t_0) \text{ in } F_x \text{ as } t\to t_0.$$

We use the notation $\varphi'(t)=\frac{d}{dt}\varphi(t)$, if $\varphi'(t)$ defined by (6) has meaning for t in an interval. If $D^{(k)}$ is a differential operator in $x\in E^m$ with constant coefficients of order k and $\varphi(t)$ is $H_{p,x}$-continuous in t, then $D^{(k)}\varphi(t)$ is $H_{p-k,x}$-continuous, and if $\varphi(t)$ is $H_{p,x}$-differentiable in t then $D^{(k)}\varphi(t)$ is $H_{p-k,x}$-differentiable in t and

$$\frac{d}{dt}\left\{D^{(k)}\varphi(t)\right\}=D^{(k)}\left\{\frac{d}{dt}\varphi(t)\right\}.$$

Let $u=u(t)=u(t,x)$ be l times continuously $H_{p,x}$-differentiable in $t\in J$, and L be a differential operator in (t,x) with constant coefficients defined by

(7 $$L[u]=\sum_{j=0}^{l}P_j(\partial_x)\,\partial_t^j u(t,x),$$

where $P_j(\xi)$ are polynomials in $\xi=(\xi_1,\cdots,\xi_m)$ of degree at most k with constant coefficients. Then $L[u](t)$ is $H_{p-k,x}$-continuous in $t\in J$. Putting

(8) $$L[u](t)=f(t)$$

we say $u(t)$ is an H_p-*solution* of the equation (8).

Now we extend the operator L as follows:

5) Strictly speaking, each element of the space is a such class of functions, that any pair of which differ at most on a set of measure zero.

Definition 1. Let $\{u_\nu(t)\}_{\nu=1}^{\infty}(u_\nu(t)=u_\nu(t,x))$ *be a sequence of* l *times continuously* $H_{p,x}$*-differentiable functions in* $t\in J$, *such that as* $\nu\to\infty$, $u_\nu(t)\to u(t)$ *in* $H_{p,x}$ *quasi-uniformly for* $t\in J$,[6] *and* $L[u_\nu(t)]\to f(t)$ *in* $H_{p-k,x}$ *quasi-uniformly for* $t\in J$. *Then we define* $L[u(t)]=f(t)$ *for* $t\in J$, *and we say* $u(t)$ *is a* **generalized H_p-solution** *of* (8).

A generalized H_p-solution is naturally $H_{p,x}$-continuous in t, but it is not necessarily $H_{p,x}$-differentiable in t. This extension of the operator L is free from absurdity. Because, L is a pre-closed linear operator as follows:

If $u_\nu(t)\to 0$ in $H_{p,x}$ quasi-uniformly for $t\in J$, and $L[u_\nu(t)]\to f(t)$ in $H_{p-k,x}$ quasi-uniformly for $t\in J$, then $f(t)=0$ for $t\in J$.

We say "a system $u_1(t),\cdots,u_r(t)$ has property (P)" if each $u_\rho(t)$ $(\rho=1,\cdots,r)$ has the property (P). The above definitions and related statements can be all extended to a system of functions and system of operators in a quite similar way, so that we need not explain them in detail.

2. Preliminary theorems. In the following let us give some preliminary theorems without proof.

Let L be a matrix of differential operators

$$L=\sum_{j=1}^{l}P_j(\partial_x)\partial_t^j$$

where $P_j(\xi)$ are $r\times r$ matrices of polynomials in $\xi=(\xi_1,\cdots,\xi_m)$ at most of order k with constant coefficients, and $P_l(\xi)=P_l$ be a constant matrix such that $\det(P_l)\neq 0$.

Theorem 1. *If* $u=u(t)=u(t,x)$ *is a generalized* H_p*-solution of* $L[u]=f(t)$ *for* $t\in J$, *then there exists a sequence of* l *times continuously* $C_{0,x}^{\infty}$*-differentiable* $u_\nu(t)=u_\nu(t,x)$ *for* $t\in J$, *such that as* $\nu\to\infty$, $u_\nu(t)\to u(t)$ *in* $H_{p,x}$ *quasi-uniformly for* $t\in J$, *and* $L[u_\nu(t)]\to f(t)$ *in* $H_{p-k,x}$ *quasi-uniformly for* $t\in J$.

We associate the partial differential equation $L[u]=f(t)$ with the following ordinary differential equation

$$\sum_{\mu=0}^{l}P_\mu(i\xi)\left(\frac{d}{dt}\right)^{\mu}Y=0. \tag{2.1}$$

Let $Y_j(t,\xi)$ be matricial solutions of (2.1) with the initial conditions

$$(\partial_t^{k-1}Y)_{t=0}=\delta_{jk}\,1.$$

Theorem 2. *If there exist constants* C *and* q *such that*

$$|Y_j(t,\xi)|^{7)}\leqq C\sqrt{1+|\xi|^2}^{\,q}\quad(j=1,\cdots,l)\ \ \textit{for}\ \ 0\leqq t\leqq T \tag{2.2}$$

and $f(t,x)$ *is* $H_{p,x}$*-continuous in* $0\leqq t\leqq T$, *then the partial differential equation*

$$L[u]=\sum_{\mu=0}^{l}P_\mu(\partial_x)\partial_t^{\mu}u=f(t,x) \tag{2.3}$$

---

6) "Quasi-uniform for $t\in J$" means "uniform for any compact part of J".
7) $|Y|$ is the norm of the matrix Y, defined by $|Y|=\operatorname{Sup}_{u\neq 0}\{|Yu|/|u|\}$.

has generalized H_{p-q}-solution $u=u(t, x)$ with the initial conditions

$$\partial_t^{j-1}u(0, x)=\varphi_j(x) \qquad (j=1,\cdots, l),$$

where φ_j are arbitrary functions of $H_{p,x}$. Further if $p\geqq q$, then this solution $u=u(t, x)$ is represented by

$$(2.4)\qquad \begin{aligned} u(t, x)=&\sum_{j=1}^{l}\frac{1}{\sqrt{2\pi}^m}\int_{E^m}e^{ix\cdot\xi}Y_j(t, \xi)\hat{\varphi}_j(\xi)d\xi \\ &+\frac{1}{\sqrt{2\pi}^m}\int_{E^m}e^{ix\cdot\xi}d\xi\int_0^t P_l^{-1}Y_l(t-\tau, \xi)\ \hat{f}(\tau, \xi)dt, \end{aligned}$$

where $\hat{\varphi}_j$ and $\hat{f}$ are Fourier transforms of φ_j and f respectively as functions of x.

Further if

$$|\partial_t^{k-1}Y_j(t, \xi)| < C\sqrt{1+|\xi|^2}^q \quad for\ 0\leqq t\leqq T,$$

$k=1,\cdots, l$, $j=1,\cdots, l$, then the solution $u=u(t, x)$ is an H_{p-q}-solution in proper sense.

3. Stability. Consider a system of equations containing a parameter ε

$$(3.1)\qquad L_\varepsilon[u]=\sum_{\mu=0}^{l}P_\mu(\partial_x, \varepsilon)\partial_t^\mu u=f_\varepsilon(t, x),$$

where $P_\mu(\xi, \varepsilon)$ are $r\times r$ matrices of polynomials in $\xi=(\xi_1,\cdots, \xi_m)$ with constant coefficients depending on ε continuously for $\varepsilon\geqq 0$, and $P_l(\varepsilon)=P_l(\xi, \varepsilon)$ depends on ε only and

$$\det (P_l(\varepsilon))\neq 0 \text{ for } \varepsilon>0.$$

Definition 2. *We say that the equation* (3.1) *is* **H_p-stable** *for $\varepsilon\downarrow 0$ in $0\leqq t\leqq T$ with respect to a particular solution $u=u_0(t)$ of* (3.1) *for $\varepsilon=0$, if and only if,*

$$u_\varepsilon(t)\rightarrow u_0(t) \text{ in } H_{p,x} \text{ uniformly for } 0\leqq t\leqq T,$$

whenever

$$(3.2)\qquad f_\varepsilon(t)=f_\varepsilon(t, x)\rightarrow f_0(t) \text{ in } H_{p,x} \text{ uniformly for } 0\leqq t\leqq T,$$

and $u_\varepsilon(t)=u(t, x, \varepsilon)$ is a generalized H_p-solution of (3.1) *such that*

$$(3.3)\qquad \partial_t^{j-1}u_\varepsilon(0)\rightarrow \partial_t^{j-1}u_0(0) \text{ in } H_{p,x}\ (j=1,\cdots, l).$$

Theorem 3. *Let degree of $\{P_\mu(\xi, \varepsilon)-P_\mu(\xi, 0)\}=k$ $(\mu=0,\cdots, l)$, and let $u=u_0(t)$ be an l times continuously $H_{p+k,x}$-differentiable solution of* (3.1) *for $\varepsilon=0$ in $0\leqq t\leqq T$. In order that* (3.1) *be H_p-stable for $\varepsilon\downarrow 0$ with respect to $u=u_0(t)$ in $0\leqq t\leqq T$, it is necessary and sufficient that, there exist constants $\varepsilon_0>0$ and C such that*

$$(3.4)\qquad \sup_{\xi\in E^m}|Y_j(t, \xi, \varepsilon)|\leqq C \text{ for } 0\leqq t\leqq T,\ 0<\varepsilon\leqq\varepsilon_0,$$

and

$$(3.5)\qquad \sup_{\xi\in E^m}\int_0^T|P_l(\varepsilon)^{-1}Y_l(t, \xi, \varepsilon)|dt\leqq C \text{ for } 0<\varepsilon\leqq\varepsilon_0,$$

where $y=Y_j(t, \xi, \varepsilon)$ are matricial solutions of

$$(3.6)\qquad \sum_{\mu=0}^{l}P_\mu(i\xi, \varepsilon)\left(\frac{d}{dt}\right)^\mu y=0$$

with the initial conditions $\partial_t^{k-1} Y_j(0, \xi, \varepsilon) = \delta_{kj} 1$ $(k=1, \cdots, l)$.

Proof. Necessity of (3.4): Let $v = v_\varepsilon(t)$ be the solution of

(3.7) $$L_\varepsilon[v] = 0$$

with the initial conditions $\partial_t^{j-1} v_\varepsilon(0) = \partial_t^{j-1} u_\varepsilon(0) - \partial_t^{j-1} u_0(0)$ $(j=1, \cdots, l)$. One sees easily, it is necessary that

(3.8) $$v_\varepsilon(t) \to 0 \text{ in } H_{p,x} \text{ uniformly for } 0 \leqq t \leqq T.$$

Now assume that for any $\varepsilon_0 > 0$, there did not exist such C that (3.4) holds. Then, for a certain j, there are sequences $\{\varepsilon_\nu\}$ and $\{t_\nu\}$ such that, $\varepsilon_\nu \downarrow 0$ as $\nu \to \infty$, $0 \leqq t_\nu \leqq T$, and a sequence of spheres $\{S_\nu\}$, $S_\nu = \{\xi;\ |\xi - \xi^{(\nu)}| < \delta_\nu\}$, such that

(3.9) $$\begin{aligned} &|Y_j(t_\nu, \xi, \varepsilon_\nu)| > \nu \qquad \text{for } \xi \in S_\nu, \\ &2^{-1} < \sqrt{1+|\xi|^2}^{\,p} \Big/ \sqrt{1+|\xi^{(\nu)}|^2}^{\,p} < 2 \text{ for } \xi \in S_\nu. \end{aligned}$$

We set

$$v_\nu(t, x) = \frac{\alpha_\nu}{\sqrt{2\pi}^{\,m}} \int_{S_\nu} e^{ix\cdot\xi} Y_j(t, \xi, \varepsilon_\nu) d\xi,$$

with $\alpha_\nu = (\text{measure of } S_\nu)^{-1} \sqrt{1+|\xi^{(\nu)}|^2}^{\,-p}$. Then $v = v_\nu(t, x)$ is an H_∞-solution of (3.7) such that, by (3.9),

$$\|\partial_t^{j-1} v_\nu(0)\|_p \leqq 2\nu^{-1} \to 0, \quad \partial_t^{k-1} v_\nu(0) = 0 \text{ for } k \neq j,$$

and $\|v_\nu(t_\nu)\|_p \geqq 1/2$. This contradicts with (3.8). The condition (3.4) is thus necessary.

Necessity of (3.5): If (3.5) did not hold for any $\varepsilon_0 > 0$ and C, then there would exist a sequence $\{\varepsilon_\nu\}$, $\varepsilon_\nu \downarrow 0$ and a sequence of spheres $\{S_\nu\} \subset E^m$ such that

(3.10) $$\int_0^T |P_l(\varepsilon_\nu)^{-1} Y_l(T-\tau, \xi, \varepsilon_\nu)| \, d\tau > \nu \quad \text{for } \xi \in S_\nu.$$

Let $u = u_\nu(t) = u_\nu(t, x)$ be generalized H_p-solution of (3.1) with the initial conditions $\partial_t^{j-1} u_\nu(0) = \partial_t^{j-1} u_0(0)$ $(j=1, \cdots, l)$. Then $v = v_\nu(t) = u_\nu(t) - u_0(t)$ is a generalized H_p-solution of

(3.11) $$L_{\varepsilon_\nu}[u] = g_\nu(t)$$

with $g_\nu(t) = g_\nu(t, x) = \{L_{\varepsilon_\nu} - L_0\}[u_0] + f_{\varepsilon_\nu}(t) - f_0(t)$, with the initial conditions $\partial_t^{j-1} v_\nu(0) = 0$ $(j=1, \cdots, l)$. By Theorem 2, since $g_\nu(t)$ is $H_{p,x}$-continuous and (3.4) holds,

(3.12) $$v_\nu(t, x) = \frac{1}{\sqrt{2\pi}^{\,m}} \int_{E^m} e^{ix\cdot\xi} \left\{ \int_0^t P_l(\varepsilon)^{-1} Y_l(t-\tau, \xi, \varepsilon_\nu) \hat{g}_\nu(\tau, \xi) d\tau \right\} d\xi,$$

where $\hat{g}_\nu(t, \xi)$ denotes the Fourier transform of $g_\nu(t, x)$ as the function of x. Since $\{L_{\varepsilon_\nu} - L_0\}[u_0]$ is $H_{p,x}$-continuous and

$$\{L_{\varepsilon_\nu} - L_0\}[u_0] \to 0 \text{ in } H_{p,x} \text{ uniformly for } 0 \leqq t \leqq T,$$

$g_\nu(t)$ may be any $H_{p,x}$-continuous function such that $g_\nu(t) \to 0$ in $H_{p,x}$ uniformly for $0 \leqq t \leqq T$.

Now by (3.10) we can find a continuous function $\psi_\nu(t, \xi)$ in $0 \leqq t \leqq T$, $\xi \in S_\nu$, such that

$$(3.13)\quad \begin{cases} |\psi_\nu(t,\xi)|\leqq 1, \\ \left|\int_0^T P_l(\varepsilon_\nu)^{-1}Y_l(T-\tau,\xi,\varepsilon_\nu)\psi_\nu(\tau,\xi)\,d\tau\right| > \nu \text{ for } \xi\in S_\nu. \end{cases}$$

We set

$$(3.14)\qquad g_\nu(t,x)=\frac{\nu^{-1}|S_\nu|^{-1/2}}{\sqrt{2\pi}^m}\int_{S_\nu} e^{ix\cdot\xi}\psi_\nu(t,\xi)\sqrt{1+|\xi|^2}^{-p}\,d\xi,\text{[8]}$$

hence

$$\hat{g}_\nu(t,\xi)=\begin{cases}\nu^{-1}|S_\nu|^{-1/2}\sqrt{1+|\xi|^2}^{-p}\psi_\nu(t,\xi) & \text{for } \xi\in S_\nu,\\ 0 & \text{for } \xi\bar{\in} S_\nu.\end{cases}$$

Then $\|g_\nu(t,x)\|_p\leqq\nu^{-1}\to 0$. But by (3.12), (3.13) and (3.14)

$$\|v_\nu(T)\|_p\geqq 1.$$

This contradicts with $v_\nu(t)=u_{\varepsilon_\nu}(t)-u_0(t)\to 0$ in $H_{p,x}$ uniformly for $0\leqq t\leqq T$. The condition (3.5) is thus necessary.

Sufficiency of the conditions. Put $v_\varepsilon(t)=u_\varepsilon(t)-u_0(t)$, then $v_\varepsilon(t)$ is given by

$$(3.15)\quad \begin{aligned} v_\varepsilon(t,x)=&\sum_{j=1}^{l}\frac{1}{\sqrt{2\pi}^m}\int_{E^m} e^{ix\cdot\xi}Y_j(t,\xi,\varepsilon)\partial_t^{j-1}\{\hat{u}_\varepsilon(0,\xi)-\hat{u}_0(0,\xi)\}d\xi \\ &+\frac{1}{\sqrt{2\pi}^m}\int_{E^m} e^{ix\cdot\xi}\left\{\int_0^t P_l(\varepsilon)^{-1}Y_l(t-\tau,\xi,\varepsilon)\hat{g}_\varepsilon(\tau,\xi)d\tau\right\}d\xi,\end{aligned}$$

where $g_\varepsilon(t,x)=L_\varepsilon[u_0]-L_0[u_0]+f_\varepsilon(t)-f_0(t)$ and $\hat{g}_\varepsilon(t,\xi)=\mathfrak{F}_x[g_\varepsilon(t,x)](\xi)$. From (3.4), (3.5) and (3.15) we can easily derive

$$\|v_\varepsilon(t,x)\|_p\to 0 \text{ uniformly for } 0\leqq t\leqq T,$$

if $\|\partial_t^{j-1}\{u_\varepsilon(0)-u_0(0)\}\|_p\to 0$ and $\|f_\varepsilon(t)-f_0(t)\|_p\to 0$ uniformly for $0\leqq t\leqq T$. Q.E.D.

8) $|S_\nu|$ denotes the measure of S_ν.

A note on closed linear operators

(with E. B. Cossi)

[Anais da Acad. Brasil. de Ciências, 33 (1961) 277–279]

(Received July 17, 1961; presented by L. NACHBIN)

Our purpose is to define a new norm in a Banach space in such a way that unbounded closed linear operators become continuous.

Our method is a generalization of the norm of negative order in a functional space given by P. D. LAX (see Bibliography).

LEMMA 1. *If* T *is a linear operator whose domain is dense in a Banach space* E_1 *and whose range is another Banach space* E_2, *then its conjugate* T^* *is closed.*

Proof. It follows immediately from the definitions.

LEMMA 2. *Let* E_1 *and* E_2 *be Banach spaces and* E_1^* *and* E_2^* *their conjugate spaces. Let* T *be a closed linear operator whose domain* $D(T)$ *is dense in* E_1, *whose range is in* E_2 *and whose conjugate operator is* T^*. *If* $y \in E_2$ *and* $y \neq 0$, *then there exists* $f \in D(T^*)$ *such that* $f(y) \neq 0$.

Proof. We shall use the congruence $(E_1 \times E_2)^* = E_1^* \times E_2^*$ and shall denote the graph of $-T$ by $G(-T)$. First, let us show that, if $f_1 \in E_1^*$ and $f_2 \in E_2^*$, then $f_1 = T^* f_2$, if and only if, $(f_1, f_2)\big(G(-T)\big) = 0$. We have, of course, that $f_1 = T^* f_2$ is equivalent to $f_1(x_1) = f_2(Tx_1)$, for every $x_1 \in E_1$, or $f_1(x_1) + f_2(x_2) = 0$, where $x_2 = -Tx_1$, and by the congruence above mentioned, it is equivalent to $(f_1, f_2)(x_1, x_2) = 0$, or $(f_1, f_2)\big(G(-T)\big) = 0$. Now let us give any $y \in E_2$ but $y \neq 0$, then $(0, y) \in E_1 \times E_2$, but $(0, y) \notin G(-T)$. Since $-T$ is closed, $G(-T)$ is closed. Hence there exists $(g, f) \in (E_1 \times E_2)^*$, such that $(g, f)(0, y) \neq 0$ and $(g, f)\big(G(-T)\big) = 0$; then $g(0) + f(y) \neq 0$ and $g = T^* f$, or $f(y) \neq 0$ and $f \in D(T^*)$.

THEOREM 1. Let E be a Banach space and T a closed linear transformation whose domain $D(T)$ is dense in E. If, for every $y \in D(T^*)$, $|||y||| = ||y|| + ||T^* y||$ be defined, then $D(T^*)$ becomes a Banach space, with the new norm $|||y|||$. Defining, for every $x \in E$,

$$|||x||| = \sup \left\{ \frac{|y(x)|}{|||y|||} ;\ y \neq 0 \text{ and } y \in D(T^*) \right\},$$

then, with the norm $|||x|||$, E becomes a normed linear space with a topology weaker than that of the primitive norm. Let E' be the completion of E with respect to the new norm, then T can be uniquely extended to a bounded linear operator on E into E′.

Proof. D(T*) with the norm $|||y|||$ for $y \in D(T^*)$ is a Banach space, because it is easy to show that it is a normed linear space which is complete. Let $\{y_n\}$ be a Cauchy sequence, then we have $|||y_n - y_m||| < \varepsilon$, for sufficiently large values of n and m; so $||y_n - y_m|| < \varepsilon$ and $||T^*y_n - T^*y_m|| < \varepsilon$ and hence $\{y_n\}$ and $\{T^*y_n\}$ converge. Putting $\lim y_n = y$, we have $\lim T^*y_n = T^*y$, because, by Lemma 1, T* is a closed linear operator. Therefore we get

$$|||y_n - y||| = ||y_n - y|| + ||T^*y_n - T^*y|| \to 0$$

Now, defining $|||x|||$ as in the statement of the theorem and using the above Lemma 2, it is immediate that E, with this new norm, becomes a normed linear space, and from

$$\frac{|y(x)|}{|||y|||} \leq \frac{|y(x)|}{||y||} \leq ||x|| \qquad \text{for } y \neq 0,$$

we have that $|||x||| \leq ||x||$, and so the new topology is weaker than the primitive. Finally, let us prove that T is bounded when defined on D(T), with respect to the first norm and when its values are considered in E with respect to the second norm. We have indeed

$$|||T x|| = \sup \left\{ \frac{|y(T x)|}{|||y|||} ; \; y \neq 0 \text{ and } y \in D(T^*) \right\}$$

and since

$$T^* y \in E^*, \; |y(T x)| = |T^* y(x)| \leq ||T^* y|| \cdot ||x||,$$

we get

$$|||T x||| \leq \sup \left\{ \frac{||T^* y||}{|||y|||} ; y \neq 0 \text{ and } y \in D(T^*) \right\} \cdot ||x|| .$$

Hence $|||Tx||| \leq ||x||$. By a classical theorem, it is then possible to extend T on E to E′, boundedly and uniquely.

Lemma 3. If E_1 and E_2 are reflexive, then $E_1 \times E_2$ is also reflexive.

Lemma 4. If F is a closed sub-space of a reflexive space, then F is also reflexive.

Theorem 2. The space E′ defined in Theorem 1 is reflexive, provided E is reflexive.

Proof. The Banach space $F = D(T^*)$ with the second norm defined in Theorem 1 is reflexive. Indeed, since E is reflexive so are E* and $E^* \times E^*$, by Lemma 3. Since T* is closed, by Lemma 1, the graph G(T*) is closed in $E^* \times E^*$ and also reflexive, by Lemma 4. But the correspondence $y \longleftrightarrow (y, T^* y)$, for every $y \in F$ is a congruence between F and G(T*), because

$$|||y||| = ||y|| + ||T^* y|| = ||(y, T^* y)||$$

Hence F is reflexive and F* is also reflexive. Let us associate now, to every $x \in E$, the element $\varphi(x) = z \in F^*$ given by $z(y) = y(x)$ for $y \in E^*$. Of course the correspondence $x \longleftrightarrow z$ is a congruence between E and $\varphi(E)$, because

$$|||x||| = \sup \left\{ \frac{|y(x)|}{|||y|||} ; y \neq 0, y \in F \right\} = \sup \left\{ \frac{|z(y)|}{|||y|||} ; y \neq 0, y \in F \right\} = ||z||$$

and so $E = \varphi(E)$ by identification. Finally, it is sufficient to show that $\varphi(E)$ is dense in F^*, because then the completion of $\varphi(E)$ is F^*, and also the completion E' of E, with respect to the new norm, is F^*, which is reflexive. Let us suppose that $\varphi(E)$ is not dense in F^*, then there are an element $z_0 \in F^* - \varphi(E)$ and a continuous linear functional $f_1 \in F^{**}$ such that $f_1(z_0) = 1$ and $f_1(z) = 0$, for any $z \in \varphi(E)$. But F is reflexive, then there exists $y_1 \in F$ such that $f_1(z) = z(y_1)$ for any $z \in F^*$; so we have $z_0(y_1) = 1$ and $x(y_1) = 0$, for any $z \in \varphi(E)$, hence $y_1(x) = 0$ for all $x \in E$. This implies $y_1 = 0$ and $z_0(y_1) = 0$, which is a contradiction.

BIBLIOGRAPHY

LAX, P. D., (1955), On Cauchy's problem for hyperbolic equations and differentiability of solutions of elliptic equations, *Comm. Pure and Appl. Math.* 8, pp. 615–633.

v. 33 n.os 3/4, 31 de dezembro de 1961.

A note on the solubility of an abstract functional equation *(with E. B. Cossi)*

[Anais da Acad. Brasil. de Ciências, **34** (1962) 11–12]

(Received September 27, 1961; presented by L. NACHBIN)

The theorem which we are going to prove, seems to us to be already known to some mathematicians. Yet we have not found it explicitly stated, except with respect to operators in Hilbert spaces, by HORMANDER (see Bibliography).

We assume the following lemmas to be known and so their proofs can be ommited, since they are essentially the same ones to be found in standard textbooks on Functional Analysis (see TAYLOR'S book quoted in the Bibliography).

LEMMA 1. Let E_1 and E_2 be Banach spaces and S the unit closed sphere with center at the origin. If T is a closed linear operator whose domain is $\mathfrak{D}(T) \subset E_1$ and whose range is in E_2, then either $T(\mathfrak{D}(T) \cap S)$ is nowhere dense, or it is a neighborhhod of the origin.

LEMMA 2. Let E be a Banach space, E^* its conjugate space. If $A \subset E$ is a closed, convex and equilibrated set and p does not belong to A, then there exists $f \in E^*$, such that $f(p) = 1$ and $|f(q)| \leq 1$ for any $q \in A$.

THEOREM. Let E_1 and E_2 be Banach spaces and T a closed linear operator whose domain $\mathfrak{D}(T)$ is dense in E_1 and whose range is in E_2. If T^* is the conjugate of T, then $T(\mathfrak{D}(T)) = E_2$ if, and only if, there exists $\alpha > 0$, such that $\|T^*f\| \geq \alpha \cdot \|f\|$, for any $f \in \mathfrak{D}(T^*)$.

Proof. The condition is necessary. Suppose $T(\mathfrak{D}(T)) = E_2$, then, by Lemma 1, $T(\mathfrak{D}(T) \cap S)$ is a neighborhood of the origin, because if that is not true, the above set would be nowhere dense and, being

$$\mathfrak{D}(T) = \bigcup_n (\mathfrak{D}(T) \cap n\,S),$$

we would get

$$E_2 = \bigcup_n (n\,T(\mathfrak{D}(T) \cap S))$$

as a first cathegory set. Then, there exists $\alpha > 0$, such that

$$T(\mathfrak{D}(T) \cap S) \supset \{y;\ \|y\| \leq \alpha\}.$$

Let $f \in \mathfrak{D}(T^*)$; this means that $f \in E_2^*$ and is such that the equation $T^* f(x) = f(Tx)$ defines a continuous linear functional $T^* f$ on $\mathfrak{D}(T)$, that can be uniquely extended on E_1, with the same norm. For such f, we have

$$\|T^* f\| = \sup\{|f(Tx)|;\ x \in \mathfrak{D}(T) \cap S\} =$$
$$= \sup\{|f(y)|;\ y \in T(\mathfrak{D}(T) \cap S)\} \geq$$
$$\geq \sup\{|f(y)|;\ \|y\| \leq \alpha\} = \alpha \cdot \|f\|.$$

The condition is sufficient. Suppose $T(\mathfrak{D}(T)) \neq E_2$. Then $T(\mathfrak{D}(T) \cap S)$ is nowhere dense, because if that does not happen, by Lemma 1, it would be a neighborhood of the origin and there should exist a $r > 0$, such that

$$T\{\mathfrak{D}(T) \cap S\} \subset \{y;\ \|y\| \leq r\}$$

and so, being

$$\mathfrak{D}(T) = \bigcup_n (\mathfrak{D}(T) \cap nS)$$

we should have

$$T(\mathfrak{D}(T)) = \bigcup_n (nT(\mathfrak{D}(T) \cap S)) = E_2$$

Then, for any $\alpha > 0$, there exists p not in the closure of $T(\mathfrak{D}(T) \cap S)$, such that $\|p\| < \alpha$. The closure of $T(\mathfrak{D}(T) \cap S)$ is closed, convex and equilibrated in E_2, and, by Lemma 2, there exists $f \in E_2^*$, such that $f(p) = 1$ and $|f(q)| \leq 1$, for any q in $T(\mathfrak{D}(T) \cap S)$. But being

$$\|f\| = \sup\{|f(y)| / \|y\|;\ y \neq 0\} \geq$$
$$\geq f(p) / \|p\| > 1/\alpha$$

and

$$\|T^* f\| = \sup\{|f(y)|;\ y \in T(\mathfrak{D}(T) \cap S)\} \leq 1,$$

then $\|T^* f\| < \alpha\ \|f\|$ and this contradicts our assumption.

The above theorem states that a necessary and sufficient condition for the existence of a solution of the equation $Tx = y$, for any $y \in E_2$, is that $(T^*)^{-1}$ exists and is bounded.

BIBLIOGRAPHY

HORMANDER, L., (1955), *Acta Mathematica*, **94**, p. 161–268.

TAYLOR, A. E., (1960), *Introduction to Functional Analysis, USA.*

Re-topologization of functional space in order that a set of operators will be continuous

[Proc. Japan Acad., 37 (1961) 550–552]

(Comm. by K. KUNUGI, M.J.A., Nov. 13, 1961)

The purpose of this note is to give a new topology to an abstract functional space in order that a set of linear operators, which need not be continuous primarily, will be continuous and that they will be extended to operators with the whole space as their domains. This may be regarded, in a sense, as an abstract generalization of the concept "distributions" by L. Schwartz [2].

This investigation has gotten the hint from the idea "negative norms" by P.D. Lax [1]. Here we shall give only general and abstract considerations. More concrete cases and applications will be given later on. A special case was considered by E.B. Cossi and the auther [3].

1. Let E be a *locally convex linear topological space.* We assume also that E is *bornologic.*

Let $\{T_\alpha\}$ $(\alpha \in \Omega)$ be a set of pre-closed linear operators from E into E, such that $D(T_\alpha)$, the domain of T_α, is dense in E. We assume also that the identical operator $1 \in \{T_\alpha\}$.

Theorem 1. *Let T'_α be the adjoint operator of T_α and put $F = \bigcap_\alpha D(T'_\alpha)$. Assume that F is total on E, i.e., if $x \in E$ and $f(x)=0$ for all $f \in F$ then $x=0$. Then we can give a new topology to E, in such a way that all T_α will be continuous from E with the primary topology into E with the new topology.*

Proof: First let us give a new topology to F, in such a way that all T'_α will be continuous on $\tilde{F}$ into E', the dual of E, where $\tilde{F}$ means the same set as F but with the new topology.

For this purpose define the semi-norm $p'_{A,\alpha}$ on E' by

$$p'_{A,\alpha}(f) = \sup \{| T'_\alpha f(x) |; x \in A\} \qquad \text{for } f \in F,$$

where A is any bounded set in E. Then by the set of semi-norms $\{p'_{A,\alpha}\}$ $(A \in B(E),\ \alpha \in \Omega)$[1] F becomes a locally convex linear topological space $\tilde{F}$. As $1 \in \{T'_\alpha\}$, the new topology of $\tilde{F}$ is stronger than the old topology of $F \subset E'$.

The operators T'_α are continuous on $\tilde{F}$ into E'. Because the topology of E' is given by the system of semi-norms $\{p'_A\}$ $(A \in B(E))$ defined by

$$p'_A(f) = \sup \{| f(x) |; x \in A\}$$

1) $B(E)$ denotes the system of all bounded sets in E.

and

$$p'_A(T'_\alpha f)=p'_{A,\alpha}(f).$$

Now we define the new semi-norm $\tilde{p}_B(x)$ on E by

$$\tilde{p}_B(x)=\sup\{|f(x)|;\ f\in B\} \qquad \text{for } x\in E,$$

where B is any bounded set in $\tilde{F}$, $B\in B(\tilde{F})$. By the system of all semi-norms $\{\tilde{p}_B\}$ $(B\in B(\tilde{F}))$, E becomes a locally convex linear topological space $\hat{E}$.[2)]

All T_α are continuous from E (on $D(T_\alpha)$) into $\hat{E}$. Because, $T'_\alpha B$ is bounded in E' for any $B\in B(\tilde{F})$ and

$$\tilde{p}_B(T_\alpha x)=\sup\{|f(x)|;\ f\in T'_\alpha B\},$$

so that $\tilde{p}_B(T_\alpha x)$, as a function of x, is bounded on any bounded subset of $D(T_\alpha)$ in E. Therefore T_α is continuous from E into $\hat{E}$, since E is bornologic. Q.E.D.

Now let $\tilde{E}$ be the completion of the linear topological space $\hat{E}$. Then the operator T_α can be extended uniquely to a continuous linear operator on E into $\tilde{E}$, since $D(T_\alpha)$ is dense in E. The topology of $\tilde{E}$ is weaker than that of E, since the canonical mapping of E into $\tilde{E}$ is continuous.

If E is a Banach space and $\{T_\alpha\}$ is a finite set of operators, then $\tilde{E}$ is also a Banach space.

2. **Theorem 2.** *Besides the previous assumptions we assume also that $\{T_\alpha\}$ $(\alpha\in\Omega)$ forms an operator algebra*[3)] *on D into D, where D is a linear set dense in E. Let $\hat{D}$ be the same set as D provided with the topology induced by that of $\tilde{E}$. Then T_α are continuous on $\hat{D}$ into $\hat{D}$, and can be extended uniquely to continuous linear operators on $\tilde{E}$ into $\tilde{E}$.*

Proof: T'_α are continuous on $\tilde{F}$ into $\tilde{F}$. Because, $T'_{\alpha'}T'_\alpha=T'_{\alpha''}$ $(\alpha''\in\Omega)$ for any α, $\alpha'\in\Omega$ and

$$p'_{A,\alpha'}(T'_\alpha f)=p'_{A,\alpha''}(f).$$

Thus, $T'_\alpha B$ is bounded in $\tilde{F}$ for any $B\in B(\tilde{F})$ and

$$\tilde{p}_B(T_\alpha x)=\tilde{p}_{T'_\alpha B}(x).$$

Hence T_α is continuous on $\hat{D}$ into $\tilde{E}$.

As D is dense in E and E is dense in $\tilde{E}$, D is dense in $\tilde{E}$. Therefore T_α can be extended uniquely to a continuous linear operator on $\tilde{E}$ into $\tilde{E}$.

3. With the same notations and assumptions as in 1, now we

---

2) $\tilde{p}_B(x)=0$ for all $B\in B(\tilde{F})$ implies $x=0$, since F is total on E.

3) For any α, $\alpha'\in\Omega$ there exists $\alpha''\in\Omega$ such that $T_\alpha T_{\alpha'}=T_{\alpha'}'$.

shall give simple theorems on the duality of $\tilde{E}$ and $\tilde{F}$.

Theorem 3. *If $\tilde{F}$ is reflexive,*[4] *then $\tilde{E}=(\tilde{F})'$ and $(\tilde{E})'=\tilde{F}$.*

Proof: We can easily see that $\tilde{E}\subset(\tilde{F})'$ by the definition of $\tilde{E}$, since $\tilde{F}$ is bornologic and $(\tilde{F})'$ is complete. If it was the case $\tilde{E}\neq(\tilde{F})'$, then, as $\tilde{E}$ is closed in $(\tilde{F})'$, there would exist $\phi\in(\tilde{F})''$ such that

i) $\phi(x)=0$ for all $x\in\tilde{E}(\subset E)$,

and ii) $\phi(\psi)\neq 0$ for some $\psi\in(\tilde{F})'$.

As $\tilde{F}$ is reflexive, we can assume $\phi\in\tilde{F}\subset E'$, hence $\phi=0$ by i), and $\phi(\psi)=\psi(\phi)=0$ which contradicts with ii).

Further we get easily $(\tilde{E})'=\tilde{F}$.

Theorem 4. *If E is reflexive,*[5] *then $\tilde{E}=(\tilde{F})'$ and $(\tilde{E})'=\tilde{F}$.*

Proof: By Theorem 3 we have to show that $\tilde{F}$ is reflexive. Since E', the dual of E, is reflexive, the product linear topological space $E'\times\prod_{\alpha\in\Omega}E'_\alpha$ with the weakest topology, where $E_\alpha=E$, is reflexive. The graph $\{(f,T'_\alpha f)(\alpha\in\Omega); f\in F\}$ is a closed linear subspace of $E'\times\prod_\alpha E'_\alpha$ and is homeomorphically isomoph to $\tilde{F}$. Hence $\tilde{F}$ is reflexive.

References

[1] Lax, P. D.,: On Cauchy's problem for hyperbolic equations and the differentiability of solutions of elliptic equations, Comm. Pure and Appl. Math. vol. **8**, 615-633 (1955).

[2] Schwartz L.,: Theorie des Distributions, Paris, Hermann, 1950-1951.

[3] Nagumo M., and Cossi E. B.,: A note on closed linear operator, to appear in Summa Brasiliensis Mathematicae.

[4] We assume also that $\tilde{F}$ is bornologic. (Added in proof.)

[5] We assume also that E' is bornologic. (Added in proof.)

Perturbation and degeneration of evolutional equations in Banach spaces

[Osaka Math., J., 15 (1963) 1-10]

By

Mitio NAGUMO

§1. Completely well posed evolutional equations

Let E be a Banach space and E_1 be another Banach space such that $E \subset E_1$ and the embeding of E into E_1 is continuous. Let $A(t)$ be a continuous linear mapping of E into E_1 for every fixed t in the real interval $[a, b]$ such that $A(t)u$ is a continuous function on $[a, b]$ into E_1 for every fixed $u \in E$. Then we can easily see, $A(t)u(t)$ is continuous on $[a, b]$ into E_1, if $u(t)$ is continuous on $[a, b]$ into E.

As an E-solution in $[a, b]$ of the evolutional equation

$$(0) \qquad \partial_t u = A(t)u + f(t) \qquad \left(\partial_t = \frac{d}{dt}\right),$$

where $f(t)$ is an E-continuous function on $[a, b]$[1], we understand an E-continuous function $u = u(t)$ on $[a, b]$ such that the strong derivative $\partial_t u = \lim_{h \to 0} h^{-1}\{u(t+h) - u(t)\}$ exists in E_1 for $t \in [a, b]$ and the equation (0) is fulfilled in E_1 for $t \in [a, b]$.

The equation (0) is said to be *E-well posed* (or simply well posed) in $[a, b]$ when for any $\varphi \in E$ there exists one and only one E-solution $u = u(t)$ of (0) with the initial value $u(a) = \varphi$. We say that the equation (0) is *completely E-well posed* in $[a, b]$ when (0) is E-well posed for any closed subinterval of $[a, b]$ and the solution $u = u(t, s, \varphi)$ of (0) with the initial value $u(s) = \varphi$ $(a \leq s \leq b)$ is a continuous function of (t, s, φ) for $a \leq s \leq t \leq b$, $\varphi \in E$. If (0) is (completely) E-well posed in $[a, b]$ then the associated homogeneous equation

$$(1) \qquad \partial_t u = A(t)u$$

1) $f(t)$ is said to be E-continuous on $[a, b]$ when $f(t)$ is continuous on $[a, b]$ into E.

is also (completely) E-well posed in $[a, b]$. When (1) is completely well posed in $[a, b]$ then the solution of (1) with the initial condition $u(s)=\varphi$ $(s\in[a, b])$ can be written in the form

$$u = U(t, s)\varphi\,, \tag{2}$$

where $U(t, s)$ is a continuous linear operator on E into E for $a\leq s\leq t\leq b$ with the following properties:

1) $U(t, s)\varphi$ is continuous on $a\leq s\leq t\leq b$, $\varphi\in E$ into E,
2) $U(s, s)=1$ (identity) for $s\in[a, b]$
3) $U(t, \sigma)U(\sigma, s)=U(t, s)$ for $a\leq s\leq\sigma\leq t\leq b$,
4) $\partial_t U(t, s)\varphi=A(t)U(t, s)\varphi$ in E_1 for $a\leq s\leq t\leq b$, $\varphi\in E$.

Such an operator $U(t, s)$ is called the *fundamental solution* of (1).

Especially when $A(t)$ does not depend on t: $A(t)=A$, (1) is completely E-well posed in any finite interval $[a, b]$, if and only if (1) is simply E-well posed in some finite interval. For, the fundamental solution of (1) has the form $U=U(t-s)$. In this case, restricting the domain of A to such a set of u that $Au\in E$, A is the infinitesimal generator of the one-parameter semi-group $\{U(t)\}_{t\geq 0}$, since $U(t+s)=U(s)U(t)$ for $s, t\geq 0$. Conversely, if A is the infinitesimal generator of a one-parameter semi-group $\{U(t)\}_{t\geq 0}$, then extending the domain of A on E in such a way that the range of A will be contained in E_1 as given in Remark 1, we obtain a completely E-well posed equation (1) with $A(t)=A$, for any finite interval, with the fundamental solution $U(t-s)=\exp((t-s)A)$.

We can easily obtain the following:

Theorem 1. *If the homogeneous equation* (1) *is completely E-well posed in* $[a, b]$, *and* $f(t)$ *is E-continuous on* $[a, b]$, *then the inhomogenous equation* (0) *is also completely E-well posed in* $[a, b]$ *and any solution of* (0) *satisfies*

$$u(t) = U(t, s)u(s)+\int_s^t U(t, \sigma)f(\sigma)d\sigma \quad \textit{for} \quad a\leq s\leq t\leq b$$

with the fundamental solution $U(t, s)$ *of* (1).

REMARK 1. Let $A(t)$ be a pre-closed linear operator in E for every t, and let there exists a closed operator A_0 with a domain in E such that for the adjoint operators $A^*(t)$ and A_0^* of $A(t)$ and A_0 resp. we have

$$\|A^*(t)u'\|\leq\|A_0^*u'\|+\|u'\| \quad \text{for} \quad u'\in\mathcal{D}^* = \mathcal{D}(A_0^*)\,.$$

Then, defining a new norm of $u\in E$ by

$$|||u||| = \sup_{u' \in \mathscr{D}^*} |\langle u, u' \rangle| (\|A_0^* u'\| + \|u'\|)^{-1},$$

we get $|||u||| \leq \|u\|$. Hence, denoting by E_1 the completion of E with respect to the new norm, we obtain that the injection of E into E_1 is continuous and the extension of $A(t)$ on E is continuous on E into E_1. Cf [1].

On the other hand, if there exists a closed operator A_0 with a domain $\mathscr{D}$ dense in E such that

$$\|A(t)u\| \leq \|A_0 u\| + \|u\| \quad \text{for} \quad u \in \mathscr{D},$$

then difining a new norm of $u \in \mathscr{D}$ by

$$|||u||| = \|A_0 u\| + \|u\|$$

the vector space $\mathscr{D}$ becomes a Banach space E_0 with the new norm, such that the injection of E_0 into E is continuous and $A(t)$ is continuous on E_0 into E for every $t \in [a, b]$.

§ 2. Stability of solutions of evolutional equations containing a parameter

Now we consider an evolutional equation containing a parameter $\varepsilon \geq 0$:

$$(1)_\varepsilon \qquad \partial_t u = A_\varepsilon(t) u + f_\varepsilon(t).$$

Let $u = u_0(t)$ be an E-solution of $(1)_0$ in $[a, b]$ for $\varepsilon = 0$. $u = u_0(t)$ is said to be *completely E-stable* in $[a, b]$ with respect to the equation $(1)_\varepsilon$ for $\varepsilon \to 0$, when the following condition is fulfilled: For any $\delta > 0$ there evists $\eta(\delta) > 0$ such that, if $0 < \varepsilon < \eta(\delta)$, any E-solution $u = u_\varepsilon(t)$ of $(1)_\varepsilon$ on $[s, b]$ for any $s \in [a, b]$ with $\|u_\varepsilon(s) - u_0(s)\| < \eta(\delta)$ satisfies the inequality

$$\|u_\varepsilon(t) - u_0(t)\| < \delta \quad \text{for} \quad s \leq t \leq b.$$

Lemma 1. *Let the equation $(1)_\varepsilon$ be completely E-well posed in $[a, b]$ for $\varepsilon > 0$. If an E-solution $u = u_0(t)$ of $(1)_0$ is completely E-stable in $[a, b]$ for $\varepsilon \to 0$ with respect to $(1)_\varepsilon$, then the fundamental solution $U_\varepsilon(t, s)$ of the associated homogeneous equation of $(1)_\varepsilon$, for sufficiently small $\varepsilon > 0$, with some constant C satisfies the inequality*

$$(2) \qquad \|U_\varepsilon(t, s)\| \leq C \quad \text{for} \quad a \leq s \leq t \leq b.$$

Proof. Let $u = u_0(t)$ be completely stable in $[a, b]$ for $\varepsilon \to 0$ with respect to $(1)_\varepsilon$, and $u = u_\varepsilon(t)$ and $u = v_\varepsilon(t)$ be solutions of $(1)_\varepsilon$ such that

$u_\varepsilon(s)=v_0(s)$ and $\|v_\varepsilon(s)-u_\varepsilon(s)\|<\eta(\delta)$ resp. Then, if $0<\varepsilon<\eta(\delta)$ we must have

$$\|u_\varepsilon(t)-v_\varepsilon(t)\| \leqq \|u_\varepsilon(t)-u_0(t)\|+\|v_\varepsilon(t)-u_0(t)\|<2\delta \quad \text{for} \quad s\leq t\leq b.$$

Hence for any $w\in E$ with $\|w\|<\eta(\delta)$ holds the inequality $\|U_\varepsilon(t, s)w\|<2\delta$ for $a\leq s\leq t\leq b$. This asserts Lemma 1.

In order to give our sufficient conditions for the complete stability of a solution, we shall prepare a definition of quasi-regularity of solutions. An E-solution $u=u_0(t)$ of

$$(0) \qquad \partial_t u = A_0(t)u+f(t)$$

is said to be *quasi-regular* in $[a, b]$ with respect to an operator $A_1(t)$, when for any $\delta>0$ there exists an E-continuous $v_\delta(t)$ on $[a, b]$ such that $\partial_t v_\delta(t)-A_0(t)v_\delta(t)-f(t)$ and $A_1(t)v_\delta(t)$ are bounded and E-continuous on $[a, b]$ and the inequalities

$$\|v_\delta(t)-u_0(t)\|<\delta \quad \text{and} \quad \|\partial_t v_\delta(t)-A_0 v_\delta(t)-f(t)\|<\delta$$

hold for $a\leq t\leq b$.

Especially if $A_0(t)=A_1(t)=A$ and A is the infinitesimal generator of a 1-parameter semi-group and $f(t)$ is E-continuous on $[a, b]$, then an E-solution of (0) is quasi-regular in $[a, b]$ with respect to A. Indeed in this case we have to set $v_\delta(t)=(1-\lambda_\delta^{-1}A)^{-1}u_0(t)$ with sufficiently large $\lambda_\delta>0$.

Now we assume that $(1)_\varepsilon$ is completely E-well posed in $[a, b]$ for $\varepsilon\geq 0$ and the operator $A_\varepsilon(t)$ have the form:

$$(3) \qquad A_\varepsilon(t) = A_0(t)+\varepsilon A_1(t) \qquad (\varepsilon\geq 0).$$

Further let $f_\varepsilon(t)$ be E-continuous on $[a, b]$ and converge to $f_0(t)$ uniformly on $[a, b]$ as $\varepsilon\to 0$. Then we have:

Theorem 2. *Let $u=u_0(t)$ be an E-solution of $(1)_0$ for $\varepsilon=0$ in a finite closed interval $[a, b]$ and be quasi-regular with respect to $A_1(t)$ in $[a, b]$. In order that $u=u_0(t)$ be completely E-stable in $[a, b]$ with respect to $(1)_\varepsilon$, it is necessary and sufficient that for sufficiently small $\varepsilon>0$, the fundamental solution $U_\varepsilon(t, s)$ of the associated homogeneous equation of $(1)_\varepsilon$ is uniformly bounded for $a\leq s\leq t\leq b$.*

Proof. As the nessecity of the condition is already given by Lemma 1, we have only to prove the sufficiency.

For any $\delta>0$ there exists an E-continuous $v_\delta(t)$ on $[a, b]$ such that

$h_\delta(t)=\partial_t v_\delta(t)-A_0(t)v_\delta(t)-f_0(t)$ and $A_1(t)v_\delta(t)$ are E-continuous on $[a, b]$ with the conditions

$$(4)\qquad \|v_\delta(t)-u_0(t)\|<\delta \quad\text{and}\quad \|h_\delta(t)\|<\delta \quad\text{for}\quad a\le t\le b.$$

Then we get

$$\partial_t(u_\varepsilon-v_\delta) = A_\varepsilon(t)(u_\varepsilon-v_\delta)+\varepsilon A_1(t)v_\delta+g_{\varepsilon,\delta}(t),$$

where $g_{\varepsilon,\delta}(t)=f_\varepsilon(t)-f_0(t)+h_\delta(t)$. Hence, by Theorem 1,

$$u_\varepsilon(t)-v_\delta(t) = U_\varepsilon(t, s)\{u_\varepsilon(s)-v_\delta(s)\} + \int_s^t U_\varepsilon(t, \sigma)\{\varepsilon A_1(\sigma)v_\delta(\sigma)+g_{\varepsilon,\delta}(\sigma)\}\, d\sigma \quad\text{for}\quad a\le s\le t\le b.$$

Thus by (2) we have

$$\|u_\varepsilon(t)-v_\delta(t)\|\le C\{\|u_\varepsilon(s)-v_\delta(s)\|+\int_s^t(\varepsilon\|A_1(\sigma)v_\delta(\sigma)\|+\|g_{\varepsilon,\delta}(\sigma)\|)\,d\sigma\}.$$

There exist positive constants $\zeta(\varepsilon)$ and B_δ such that $\zeta(\varepsilon)\to 0$ as $\varepsilon\to 0$, $\|f_\varepsilon(t)-f_0(t)\|<\zeta(\varepsilon)$ for $a\le t\le b$ and $\|A_1(t)v_\delta(t)\|\le B_\delta$ for $a\le t\le b$. Thus, by (4), we get

$$\|u_\varepsilon(t)-u_0(t)\|\le C\{\|u_\varepsilon(s)-u_0(s)\|+\delta+(b-a)(\varepsilon B_\delta+\zeta(\varepsilon)+\delta)\}, \quad\text{for}\quad a\le s\le t\le b.$$

First taking $\delta>0$ sufficiently small and then letting $\varepsilon\to 0$, we complete the proof.

REMARK 2. The sufficiency of the condition in Theorem 2 remains valid even for the case of infinite interval (a, ∞) $(b=\infty)$, if we add to it the condition

$$\int_a^t \|U_\varepsilon(t, s)\|\,ds\le C \text{ for } a\le t<\infty \text{ with some constant } C.$$

§3. Degeneration of evolutional equations

Let us consider the evolutional equation of the singular form in the parameter ε:

$$(1)_\varepsilon\qquad \varepsilon\partial_t u = A_\varepsilon(t)u+f_\varepsilon(t) \quad\text{with}\quad \varepsilon>0$$

and the degenerated equation

$$(1)_0\qquad A_0(t)u+f_0(t) = 0$$

We assume that $A_\varepsilon(t)$ and $f_\varepsilon(t)$ have the forms

$$
(2) \qquad \begin{aligned} A_\varepsilon(t) &= A_0(t)+\varepsilon A_1(t)\,, \\ f_\varepsilon(t) &= f_0(t)+\varepsilon f_1(t)+\varepsilon h_\varepsilon(t)\,, \end{aligned}
$$

where $f_0(t)$, $f_1(t)$ and $h_\varepsilon(t)$ are E-continuous on $[a, b]$ and $h_\varepsilon(t)\to 0$ uniformly on $[a, b]$ as $\varepsilon\to 0$.

A solution $u=u_0(t)$ of the degenerated equation $(1)_0$ is said to be *completely E-stable* in $[a, b]$ with respect to $(1)_\varepsilon$ for $\varepsilon\to 0$, when the following condition is fulfilled: For any $\varepsilon>0$ there exists some $\eta(\delta)>0$ such that, if $0<\varepsilon<\eta(\delta)$, any E-solution $u_\varepsilon(t)$ of $(1)_\varepsilon$ in $[s, b]$ for any $s\in[a, b]$ with

$$
\| u_\varepsilon(s)-u_0(s)\| < \eta(\delta)
$$

satisfies the inequality

$$
\| u_\varepsilon(t)-u_0(t)\| < \delta \quad \text{for} \quad s\leq t\leq b\,.
$$

Theorem 3. *Assume that $(1)_\varepsilon$ is completely E-well posed in a finite closed interval $[a, b]$ for $\varepsilon>0$ and $A_\varepsilon(t)$ and $f_\varepsilon(t)$ have the forms (2). Let $u=u_0(t)$ be a E-solution of $(1)_0$ on $[a, b]$ such that $u_0(t)$, $\partial_t u_0(t)$ and $A_1(t)u_0(t)$ are E-continuous on $[a, b]$. In order that $u=u_0(t)$ is completely stable in $[a, b]$ for $\varepsilon\to 0$ with respect to $(1)_\varepsilon$ with any E-continuous $f_1(t)$ on $[a, b]$, it is necessary and sufficient that the fundamental solution $U_\varepsilon(t, s)$ of $\partial_t u=\varepsilon^{-1}A_\varepsilon(t)u$ satisfies the following conditions:*

1) *There exists a constant C such that*

$$
\| U_\varepsilon(t, s)\| \leq C \text{ for } a\leq s\leq t\leq b \text{ and sufficiently small } \varepsilon>0.
$$

2) *For any α, β, t, and $v\in E$ such that $a\leq\alpha<\beta\leq t\leq b$,*

$$
\int_\alpha^\beta U_\varepsilon(t, s)v\,ds \to 0 \text{ uniformly on } t\in[\beta, b] \text{ as } \varepsilon\to 0\,.
$$

Proof. The necessity of 1) is obtained in the same way as in the proof of Lemma 1.

To prove the necessity of 2), setting $f_1(t)=\varphi(t)-A_1(t)u_0(t)$ with an arbitrary E-continuous $\varphi(t)$ on $[a, b]$, we get from $(1)_\varepsilon$, $(1)_0$ and (2)

$$
\partial_t(u_\varepsilon-u_0) = \varepsilon^{-1}A_\varepsilon(t)(u_\varepsilon-u_0)+\varphi(t)+h_\varepsilon(t)\,.
$$

Hence for $a\leq s\leq t\leq b$

$$
\begin{aligned} u_\varepsilon(t)-u_0(t) &= U_\varepsilon(t,s)\{u_\varepsilon(s)-u_0(s)\} \\ &\quad +\int_s^t U_\varepsilon(t, \sigma)\{\varphi(\sigma)+h_\varepsilon(\sigma)\}\,d\sigma\,. \end{aligned}
$$

By 1) we have if $0<\varepsilon<\eta(\delta)$, as $\eta(\delta)\leq\delta$,

$$\| U_\varepsilon(t, s)\{u_\varepsilon(s)-u_0(s)\} \| \leq C\delta$$

and

$$\left\| \int_s^t U_\varepsilon(t, \sigma) h_\varepsilon(\sigma) d\sigma \right\| \leq (b-a)C\zeta(\varepsilon)$$

for $a \leq s \leq t \leq b$, where $\zeta(\delta) \to 0$ as $\varepsilon \to 0$. Hence we have only to show that

$$\text{“} \int_s^t U_\varepsilon(t, \sigma)\varphi(\sigma)d\sigma \to 0 \text{ uniformly on } a \leq s \leq t \leq b$$

as $\varepsilon \to 0$ for any E-continuous $\varphi(t)$ on $[a, b]$” implies 2). Put $\varphi(\sigma)=\psi(\sigma)v$ with any $v \in E$ and a continuous real valued function $\psi(\sigma)$ on $[a, b]$ such that $0 \leq \psi(\sigma) \leq 1$, $\psi(\sigma)=1$ for $\alpha+\delta \leq \sigma \leq \beta$, $\psi(\sigma)=0$ for $a \leq \sigma \leq \alpha$ and for $\beta+\delta \leqq \sigma \leq b$. Then by 1)

$$\left\| \int_s^t U_\varepsilon(t, \sigma)\varphi(\sigma) d\sigma - \int_\alpha^\beta U_\varepsilon(t, \sigma) v d\sigma \right\| \leq 2\delta C \| v \| .$$

Therefore we obtain 2), as δ can be taken arbitrarily small.

To prove the sufficiency of 2) with 1), we have only to show that by these conditions

$$\int_s^t U_\varepsilon(t, \sigma)\varphi(\sigma) d\sigma \to 0 \text{ uniformly for } a \leq s \leq t \leq b \text{ as } \varepsilon \to 0 .$$

Divide the interval $[a, b]$ into a finite number of consecutive intervals $[\tau_{\nu-1}, \tau_\nu]$ ($\nu=1, \cdots, N$) in such a way that $\tau_\nu - \tau_{\nu-1} < \delta$ and $\| \varphi(\sigma)-\varphi(\tau_\nu) \| < \delta$ for $\sigma \in [\tau_{\nu-1}, \tau_\nu]$. Then

$$\left\| \int_s^t U_\varepsilon(t, \sigma)\varphi(\sigma) d\sigma - \sum_{s<\tau_\nu \leq t} \int_{\tau_{\nu-1}}^{\tau_\nu} U_\varepsilon(t, \sigma)\varphi(\tau_\nu) d\sigma \right\|$$
$$< C(b-a)\delta + 2C\delta \operatorname{Max} \| \varphi(\sigma) \| .$$

Thus by 2), taking δ sufficiently small and letting $\varepsilon \to 0$, we attain to the desired conclusion. Q. E. D.

When $f_\varepsilon(t)$ has the form, instead of (2),

$$(3) \qquad f_\varepsilon(t) = f_0(t) + h_\varepsilon(t) ,$$

where $f_0(t)$ and $h_\varepsilon(t)$ have the same meanings as before, we cannot easily have necessary and sufficient conditions for the complete stability of $u_0(t)$, but only sufficient conditions, while we can relax the conditions on $u_0(t)$ somewhat.

Theorem 4. *Let $u=u_0(t)$ be an E-continuous solution of* $(1)_0$ *on* $[a, b]$ *such that for any $\delta>0$ there exists an E-continuous $v_\delta(t)$ on $[a, b]$ with* *bounded and E-continuous* $\partial_t v_\delta(t)$, $A_0(t)v_\delta(t)$ *and* $A_1(t)v_\delta(t)$ *on* $[a, b]$ *satisfying the conditions*

$$\|v_\delta(t)-u_0(t)\|<\delta \quad \text{and} \quad \|A_0 v_\delta(t)+f_0(t)\|<\delta \quad \text{for} \quad t\in[a, b].$$

Assume that the fundamental solution $U_\varepsilon(t, s)$ *of* $\partial_t u=\varepsilon^{-1}A_\varepsilon(t)u$, *satisfies for sufficiently small* $\varepsilon>0$, *the conditions with some constant* C:

1) $\|U_\varepsilon(t, s)\|\leq C$ *for* $a\leq s\leq t\leq b$,

2)′ $\int_a^t \|U_\varepsilon(t, s)\|ds\leq \varepsilon C$ *for* $a\leq t\leq b$.

Then $u=u_0(t)$ *is completely E-stable in* $[a, b]$ *with respect to* $(1)_\varepsilon$ *for* $\varepsilon\to 0$.

Proof will be left to the reader.

REMARK 3. The sufficiency of the conditions 1) and 2)′ in Theorem 4 remains valid even for the case of infinite interval (a, ∞) $(b=\infty)$.

§ 4. Degeneration of evolutional equation when $A_\varepsilon(t)=A$

Consider the evolutional equation of singular form in ε:

$$(1)_\varepsilon \qquad \varepsilon\partial_t u = Au+f_\varepsilon(t) \qquad (\varepsilon>0),$$

where A is the infinitesimal generator of a one parameter semi-group in a *reflexive* Banach space E. As it has been stated in § 1, the operator A can be extended to a continuous linear operator on E into E_1, and the equation $(1)_\varepsilon$ becomes completely E-well posed in any finite interval. The fundamental solution of the associated homogeneous equation has the form

$$U_\varepsilon(t, s) = \exp(\varepsilon^{-1}(t-s)A),$$

as $\exp(tA)$ $(t\geq 0)$ is the transformation generated by A.

Theorem 5. *Let* $u=u_0(t)$ *be an E-solution in a finite closed interval* $[a, b]$ *of the degenerated equation*

$$Au+f_0(t) = 0$$

with E-continuous $\partial_t u_0(t)$ *on* $[a, b]$.

In order that $u_0(t)$ *be completely E-stable in* $[a, b]$ *with respect to* $(1)_\varepsilon$ *for* $\varepsilon\to 0$, *where* f_ε *has the form* (2) *with any E-continuous* f_1, *it is necessary and sufficient that the following conditions are fulfilled*:

1) *With some constant* C, $\|\exp(tA)\|\leq C$ *for* $0\leq t<\infty$.

2) $Av=0$ *with* $v\in\mathcal{D}(A)$ *implies* $v=0$,

where $\mathcal{D}(A)$ denotes the proper domain of A before the extension of A on E.

Proof. From Theorem 3 we get easily the necessity of 1), as $U_\varepsilon(t, s) = \exp(\varepsilon^{-1}(t-s)A)$.

By the mean ergodic theorem in a reflexive Banach space, we obtain from 1) a projective operator P on E into E such that:

$$\lim_{\tau\to\infty} \tau^{-1}\int_0^\tau \exp(tA)v\,dt = Pv \quad \text{for any} \quad v \in E, \tag{3}$$ [2]

$$P\exp(tA) = \exp(tA)P = P^2 = P, \tag{4}$$

and

$$P(E) = \{u \in \mathcal{D}(A)\,;\ Au = 0\} \tag{5}$$

Thus, for $a \leq \alpha < \beta \leq t \leq b$ and any $v \in E$, setting

$\tau(\varepsilon) = \varepsilon^{-1}(\beta-\alpha)$ we have by (4)

$$\begin{aligned}
&\int_\alpha^\beta U_\varepsilon(t, s)v\,ds - (\beta-\alpha)Pv \\
&= \int_\alpha^\beta \exp(\varepsilon^{-1}(t-s)A)v\,ds - (\beta-\alpha)Pv \\
&= (\beta-\alpha)\exp(\varepsilon^{-1}(t-\beta)A)\{\tau(\varepsilon)^{-1}\int_0^\tau \exp(\sigma A)v\,d\sigma - Pv\},
\end{aligned}$$

hence by (3) and 1), we have

$$\left\| \int_\alpha^\beta U_\varepsilon(t, s)v\,ds - (\beta-\alpha)Pv \right\| \to 0 \text{ uniformly for } \beta \leq t \leq b,$$

as $\tau(\varepsilon) \to \infty$ for $\varepsilon \to 0$.

Hence the condition 2) in Theorem 3 with 1) is equivalent to:

$$Pv = 0 \quad \text{for every } v \in E.$$

Therefore, by (5) the condition 2) with 1) is equivalent to the condition 2) with 1) in Theorem 3. Q. E. D.

REMARK 4. The sufficiency of the conditions in Theorem 5 remains valid even for the case $b = \infty$, if we replace 2) by

$$\int_0^\infty \|\exp(tA)\|\,dt < \infty.$$

---

2) Here the lim means the strong limit in E.

OSAKA UNIVERSITY

(Received March 5, 1963)

References

[1] M. Nagumo: *Re-topologization of functional space in order that a set of operators will be continuous,* Proc. Japan Acad. **37** (1961), 550–552.

[2] M. Nagumo: *Singular perturbation of Cauchy problem of partial differential equations with constant coefficients,* Proc. Japan Acad. **35** (1959), 449–454.

[3] H. Kumano-go: *Singular perturbation of Cauchy problem of partial differential equations with contant coefficients II,* Proc. Japan Acad. **35** (1959), 541–546.

[4] K. Yosida: *Mean ergodic theorem in Banach spaces,* Proc. Imp. Acad. Japan (1938), 292–294.

[5] E. Hille and R. S. Phillips: Functional analysis and semi-groups, Amer. Math. Soc. Colloq. Publ. **31**, Providence, 1957.

A note on elliptic differental operators of the second order

[Proc. Japan Acad., 41 (1965) 521–525]

(Comm. by Kinjirô KUNUGI, M.J.A., Sept. 13, 1965)

§0. **Introduction.** Let $x=(x_1, \cdots, x_m)$ donote a variable point in the euclidean m-space E_m and ∂_i, ∂_{ij} denote partial differentiations $\partial/\partial x_i$ and $\partial^2/\partial x_i\partial x_j$ respectively. Let L be an elliptic differential operator of the second order with real coefficients:

$$Lu=\sum_{ij=1,1}^{m,m} a_{ij}(x)\partial_{ij}u+\sum_{i=1}^{m} b_i(x)\partial_i u$$

defined for $u\in C^2(G)$, where G is an open domain in E_m, $a_{ij}, b_i\in C(G)$ and the condition of ellipticity

$$A^{-1}|\xi|^2\leqq\sum_{ij=1,1}^{m,m} a_{ij}(x)\xi_i\xi_j\leqq A|\xi|^2$$

for all $\xi\in R^m$ and $x\in G$ holds with a fixed constant $A\geqq 1$.

K. Akô [1] gave an extension of the domain of the operator L as follows:

A function $u\in C(G)$ is said to be in the domain of $\mathcal{L}$ and satisfy the equation $\mathcal{L}u=f$ in G if the following conditions are satisfied

i) $f\in C(G)$.

ii) *For each* $x^0\in G$ *there exist a neighborhood* U *of* x^0 *and sequences*

$$\{u_n\}_{n=1}^{\infty}\subset C^2(U),\ \{a_{ij}^{(n)}\}_{n=1}^{\infty}\subset C(U),\ \{b_i^{(n)}\}_{n=1}^{\infty}\subset C(U),\ \textit{and}\ \{f_n\}_{n=1}^{\infty}\subset C(U)$$

such that

$$u_n\rightrightarrows u,\ a_{i,j}^{(n)}\rightrightarrows a_{ij},\ b_i^{(n)}\rightrightarrows b_i$$

and

$$L^{(n)}u_n=f_n\rightrightarrows f^{1)}\ \textit{in}\ U\ \textit{as}\ n\to\infty,$$

where

$$L^{(n)}=\sum_{i,j=1,1}^{m,m} a_{ij}^{(n)}(x)\partial_{ij}+\sum_{i=1}^{m} b_i^{(n)}\partial_i.$$

But as Akô has not proved the uniqueness of the extension, we shall here give the proof for the uniqueness.

In §1 we shall consider the case where the sequence of the approximating operators $\{L^{(n)}\}$ is given previously independent of $\{u_n\}$, and give an elementary proof by Paraf's principle.

In §2 we shall consider the general case from the viewpoint of the functional space (L^2). Then the proof will be at hand by virture of the recent theory of partial differential operators even for elliptic operators of arbitrarily high orders. We shall here, however, prefer more elementary way using a device of H. O. Cordes.

§1. **An elementary method.** In this section, for the sequence

1) The symbol $\rightrightarrows$ denotes the uniform convergence.

$\{L^{(n)}\}$ previously given independent of $\{u_n\}$, we shall prove the uniqueness of the extension of the operator L as elementary as possible. We use the same notations as before.

Theorem 1. *Let the sequences* $\{u_n^{(k)}\}_{n=1}^{\infty}$ $(k=1,2)$ *from* $C^2(U)$ *be such that* $u_n^{(k)} \rightrightarrows u$ *and* $L^{(n)}u_n^{(k)} = f_n^{(k)} \rightrightarrows f^{(k)}$ $(k=1,2)$ *in* U *as* $n \to \infty$, *where* U *is an open subdomain of* G. *Then we have* $f^{(1)}(x) = f^{(2)}(x)$ *in* U.

Proof: Setting $w_n = u_n^{(1)} - u_n^{(2)}$, $h_n = f_n^{(1)} - f_n^{(2)}$, and $h = f^{(1)} - f^{(2)}$, we have to show $h(x)=0$ for $x \in U$. If we had $h(x^0) \neq 0$ for some $x^0 \in U$ we should derive a contradiction.

We can assume there exist constants $\alpha>0, \delta>0, \sigma>0$, and B such that

$$h_n(x) \geqq \alpha, \ \sum_{i=1}^m a_{ii}^{(n)}(x) \leqq \sigma$$

and

$$|b^{(n)}(x)| = (\textstyle\sum_{i=1}^m b_i^{(n)}(x)^2)^{1/2} \leqq B$$

for $x \in U_\delta(x^0) = \{x; |x-x^0| \leqq \delta\}$ and all n.

Setting $\varphi_n(x) = \varepsilon_n - (4\sigma)^{-1}\alpha(\delta^2 - |x-x^0|^2)$ with $\varepsilon_n = \underset{|x-x^0|=\delta}{\mathrm{Max}}\, W_n(x)$, we have, assuming $\delta < \sigma B^{-1}$,

$$L^{(n)}\varphi_n < \alpha \leqq h_n(x) = L^{(n)}w_n \quad \text{for} \quad x \in U_\delta(x^0)$$

and $\varphi_n(x) - w_n(x) \geqq 0$ if $|x-x^0| = \delta$. Thus, as $\varphi_n - w_n$ cannot be minimum in $|x-x^0|<\delta$, we have

$$\varphi_n(x) > w_n(x) \quad \text{for} \quad |x-x^0| < \delta.$$

Then, letting $n \to \infty$, as $w_n \rightrightarrows 0$ in U, we get the contradiction

$$-(4\sigma)^{-1}\alpha(\delta^2 - |x-x^0|^2) \geqq 0 \quad \text{for} \quad |x-x^0|<\delta. \qquad \text{Q.E.D.}$$

Now for the special case $L^{(n)} = L$ for all n, let $\bar{L}$ be the extension of the operator L. Then we have:

Theorem 2. *The extension* $\mathcal{L}$ *of* L *is uniquely determined if it is restricted to the domain of* $\bar{L}$.

Proof: Let u belong to the domain of $\bar{L}$ and $\bar{L}u = f$. Then for every $x^0 \in G$ there exist a neighborhood U of x^0 and sequences $\{u_n\}_{n=1}^{\infty} \subset C^2(U)$ and $\{f_n\}_{n=1}^{\infty} \subset C(U)$ such that $u_n \rightrightarrows u$ on U and $Lu_n = f_n \rightrightarrows f$ on U. Further let $\{u_n'\}_{n=1}^{\infty} \subset C^2(U)$ and $\{f_n'\}_{n=1}^{\infty} \subset C(U)$ be such sequences that, with $L^{(n)}$ given in § 0,

$$u_n' \rightrightarrows u \ \text{and} \ L^{(n)}u_n' = f_n' \rightrightarrows f' \ \text{on} \ U.$$

We have then to show $f'(x) = f(x)$ for $x \in U$. As we can assume that the closure $\bar{U}$ of U is in G and compact, and

$$|Lu_n(x) - L^{(\nu)}u_n(x)| \leqq \varepsilon_\nu \underset{i,j}{\mathrm{Max}}\, \underset{x\in\bar{U}}{\mathrm{Max}}\, |\partial_{ij}u_n(x)| + \varepsilon_\nu' \underset{i}{\mathrm{Max}}\, \underset{x\in\bar{U}}{\mathrm{Max}}\, |\partial_i u_n(x)|,$$

where

$$\varepsilon_\nu = \sum_{ij=1,1}^{m,m} \underset{x\in\bar{U}}{\mathrm{Max}}\, |a_{ij}^{(\nu)}(x) - a_{ij}(x)|, \ \varepsilon_\nu' = \sum_{i=1}^m \underset{x\in\bar{U}}{\mathrm{Max}}\, |b_i^{(\nu)}(x) - b_i(x)|$$

with $\varepsilon_\nu \to 0$, $\varepsilon_\nu' \to 0$ for $\nu \to \infty$, we can get a sequence $\{\nu(n)\}$ of natural numbers such that $\nu(n) \geqq n$ and

$$|Lu_n(x)-L^{(\nu(n))}u_n(x)|\rightrightarrows 0 \text{ on } U.$$

Then, setting $L^{(\nu(n))}u_n=f_n''$ we have $u_n\rightrightarrows u$, $u'_{\nu(n)}\rightrightarrows u$, and $f_n''\rightrightarrows f$ on U, but $L^{(\nu(n))}u'_{\nu(n)}=f'_{\nu(n)}\rightrightarrows f'$ on U. Thus by Theorem 1, we obtain $f'(x)=f(x)$ on U. Q.E.D.

§ 2. Consideration in (L^2). To consider our problem in the functional space (L^2) in an elementary way, we use the following:

Lemma. *Let $U_\delta(x^0)=\{x;\,|x-x^0|\leqq\delta\}\subset G$ and define the function $S_\delta(x)$ by $S_\delta(x)=(\delta^2-|x-x^0|^2)$ if $|x-x^0|\leqq\delta$, $S_\delta(x)=0$ if $|x-x^0|>\delta$. Then, for any constant $\kappa>0$, we have for every $u\in C^2(G)$*

$$(1)\qquad \int_{U_\delta}\sum_{i=1}^m(\partial_i u)^2S_\delta^2dx\leqq\kappa\delta^{-2}\int_{U_\delta}(\Delta u)^2S_\delta^4dx+C_\kappa\delta^2\int_{U_\delta}u^2dx$$ [2]

with a constant C_κ depending only on κ, and

$$(2)\qquad \int_{U_\delta}\sum_{i,j=1,1}^{m,m}(\partial_{ij}u)^2S_\delta^4dx\leqq(1+\kappa)\int_{U_\delta}(\Delta u)^2S_\delta^4dx+C_{m,\kappa}\delta^4\int_{U_\delta}u^2dx$$

with a constant $C_{m,\kappa}$ depending only on m and κ.

Proof: Omitted. Cf. Cordes [2].

Now let $\{L^{(n)}\}_{n=1}$ be a sequence of operators defined for $C^2(U)$ $(U\subset G)$ with the same conditions as in § 0.

Theorem 3. *Let $\{u_n\}_{n=1}^\infty$ be a sequence from $C^2(U)$ such that both sequences $\{u_n\}_{n=1}^\infty$ and $\{L^{(n)}u_n\}_{n=1}^\infty$ are convergent in $L^2(U)$ (mean convergent). Then the sequences $\{\partial_{ij}u_n\}_{n=1}^\infty$ and $\{\partial_i u_n\}_{n=1}^\infty$ $(i,j=1,\cdots,m)$, restricted on any compact part K of U, are convergent in $L^2(K)$.*

Proof: First let $x^0\in K$. Since the properties of the functional spaces $C^k(k=0,1,2)$ and L^2 are not injured by any non-singular linear transformation of the independent variables in E_m, we can assume, for the coefficients of the principal part of L at $x=x^0$, that

$$(4)\qquad a_{ij}(x^0)=\delta_{ij}\quad\text{(Kronecker's delta)}.$$

Then, there exist constants $\delta>0$ and $\beta>0$ and a natural number N such that

$$(5)\qquad \begin{cases}\sum_{i,j=1,1}^{m,m}(a_{ij}^{(n)}(x)-\delta_{ij})^2<1/2,\\ \sum_{i=1}^m b_i^{(n)}(x)^2\leqq\beta\end{cases}$$

for $x\in U_\delta(x^0)$ and $n\geqq N$. Thus, as for any constant $\kappa>0$ by (5)

$$\begin{aligned}(\Delta u)^2&\leqq(1+\kappa^{-1})(L^{(n)}u)^2+(1+\kappa)((L^{(n)}-\Delta)u)^2\\&\leqq(1+\kappa^{-1})(L^{(n)}u)^2+2^{-1}(1+\kappa)^2\sum_{i,j=1,1}^{m,m}(\partial_{ij}u)^2\\&\quad+\beta(1+\kappa^{-1})(1+\kappa)\sum_{i=1}^m(\partial_i u)^2,\end{aligned}$$

we have from (1), replacing κ by $(2\beta)^{-1}\kappa^2(1+\kappa)^2$, and (2) of Lemma, with a constant $C'_{m,\kappa,\beta}$ depending only on m, κ, and β

$$\begin{aligned}\int_{U_\delta}(\Delta u)^2\cdot S_\delta^4dx&\leqq(1+\kappa^{-1})\int_{U_\delta}(L^{(n)}u)^2\cdot S_\delta^4dx\\&\quad+2^{-1}(1+\kappa)^4\int_{U_\delta}(\Delta u)^2\cdot S_\delta^4dx+C'_{m,\kappa,\beta}\delta^4\int_{U_\delta}u^2dx.\end{aligned}$$

2) Δ means the laplacian operator $\Delta=\sum_{i=1}^m\partial_{ii}$.

Hence, choosing κ in such a way that $2^{-1}(1+\kappa)^4 \leqq 3/4$, for example $\kappa=(10)^{-1}$, we get

$$\int_{U_\delta} (\Delta u)^2 \cdot S_\delta^4 dx \leqq 44 \int_{U_\delta} (L^{(n)} u)^2 \cdot S_\delta^4 dx + C'_{m,\beta} \cdot \delta^4 \int_{U_\delta} u^2 dx$$

with a constant $C'_{m,\beta}$ depending only on m and β. Thus, by (2) of Lemma

$$(6) \quad \int_{U_\delta} \sum_{i,j=1,1}^{m,m} (\partial_{ij} u)^2 \cdot S_\delta^4 dx \leqq 50 \int_{U_\delta} (L^{(n)} u)^2 \cdot S_\delta^4 dx + C_{m,\beta} \delta^4 \int_{U_\delta} u^2 dx$$

with a constant $C_{m,\beta}$ depending only on m and β.

Now from (6) we can easily see that, without the condition (4), for each $x^0 \in K$ there exist neighborhoods V and W of x^0 such that $\bar{V} \subset W \subset \bar{W} \subset U$ and for every $u \in C^2(U)$ holds

$$\int_V \sum_{i,j=1,1}^{m,m} (\partial_{ij} u)^2 \cdot dx \leqq C_{V,W} \int_W (L^{(n)} u)^2 dx + C'_{V,W} \int_W u^2 dx$$

with constants $C_{V,W}$ and $C'_{V,W}$ depending only on L, V, and W, if $n \geqq N(x^0)$. Thus, applying Borel's convering theorem on the compact set $K \subset U$ we obtain, if $n \geqq N(K, U, L)$,

$$(7) \quad \int_K \sum_{i,j=1,1}^{m,m} (\partial_{ij} u)^2 dx \leqq C_{K,U,L} \int_U (L^{(n)} u)^2 dx + C'_{K,U,L} \int_U u^2 dx$$

for every $u \in C^2(U)$ with constants $C_{K,U,L}$ and $C'_{K,U,L}$ depending only on K, U, and L.

Again with the condition (4), from (1) and (6) we get, as $(\Delta u)^2 \leqq m \sum_{i,j=1,1}^{m,m} (\partial_{ij} u)^2$, setting $\kappa=(50\,\mathrm{m})^{-1}$,

$$\int_{U_\delta} \sum_{i=1}^{m} (\partial_i u)^2 S_\delta^2 dx \leqq \delta^{-2} \int_{U_\delta} (L^{(n)} u)^2 \cdot S_\delta^4 dx + C'_{m,\beta} \delta^2 \int_{U_\delta} u^2 dx.$$

Hence by the similar argument as above we obtain, if $n \geqq N'(K, U, L)$,

$$(8) \quad \int_K \sum_{i=1}^{m} (\partial_i u)^2 dx \leqq C^1_{K,U,L} \int_U (L^{(n)} u)^2 dx + C^2_{K,U,L} \int_U u^2 dx$$

for every $u \in C^2(U)$ with constants $C^1_{K,U,L}$ and $C^2_{K,U,L}$ depending only on K, U, and L.

Now let V be a compact neighborhood of K such that $K \subset V^0$ [3] $\subset V \subset U$. Then, replacing K by V in (7) and (8), we see that the sequences $\{\partial_{ij} u_n\}_{n=1}^\infty$ and $\{\partial_i u_n\}_{n=1}^\infty$, restricted on V, are bounded in $L^2(V)$. Then with $f_n = L^{(n)} u_n$, as

$$L(u_n - u_\nu) = (L^{(\nu)} - L) u_\nu - (L^{(n)} - L) u_n + f_n - f_\nu$$

and $(L^{(\nu)} - L) u_\nu \to 0$ in $L^2(V)$, $(L^{(n)} - L) u_n \to 0$ in $L^2(V)$ and $f_n - f_\nu \to 0$ in $L^2(V)$ as $n, \nu \to \infty$, we have

$$L(u_n - u_\nu) \to 0 \text{ in } L^2(V) \text{ as } n, \nu \to \infty.$$

Therefore, by (7) and (8), where $L^{(n)} = L$ for all n, we obtain that $\{\partial_{ij} u_n\}_{n=1}^\infty$ and $\{\partial_i u_n\}_{n=1}^\infty$ are convergent in $L^2(K)$. Q.E.D.

Last we have the desired:

Theorem 4. *The extension $\mathcal{L}$ of the operator L, given in*

3) V^0 denotes the open kernel of V.

§ 0, *is uniquely determined. Namely, let* $\{u_n^{(\alpha)}\}_{n=1}^{\infty}\subset C^2(U)$ *and* $\{f_n^{(\alpha)}\}_{n=1}^{\infty}\subset C(U)$ $(\alpha=1, 2)$ *be sequences such that*

$$L^{(n)}u_n^{(1)}=f_n^{(1)},\ \acute{L}^{(n)}u_n^{(2)}=f_n^{(2)},\ u_n^{(\alpha)}\rightrightarrows u \quad \text{and} \quad f_n^{(\alpha)}\rightrightarrows f^{(\alpha)}$$

on U, *where* $L^{(n)}=\sum_{i,j=1,1}^{m,m} a_{ij}^{(n)}(x)\partial_{ij}+\sum_{i=1}^{m} b_i^{(n)}(x)\partial_i$ *and*

$$\acute{L}^{(n)}=\sum_{i,j=1,1}^{m,m} \acute{a}_{ij}^{(n)}(x)\partial_{ij}+\sum_{i=1}^{m} \acute{b}_i^{(n)}(x)\partial_i$$

with $a_{ij}^{(n)}\rightrightarrows a_{ij}$, $\acute{a}_{ij}^{(n)}\rightrightarrows a_{ij}$, $b_i^{(n)}\rightrightarrows b_i$, *and* $\acute{b}_i^{(n)}\rightrightarrows b_i$ *on* U. *Then we have* $f^{(1)}(x)=f^{(2)}(x)$ *on* U.

Proof: By Theorem 3, assuming U to be bounded, on any compact part K of U, the sequences $\{\partial_{ij}u_n^{(\alpha)}\}_{n=1}^{\infty}$ and $\{\partial_i u_n^{(\alpha)}\}_{n=1}^{\infty}$ $(i, j=1, \cdots, m)$ $(\alpha=1, 2)$ are convergent in $L^2(K)$. Hence $\{\partial_{ij}(u_n^{(1)}-u_n^{(2)})\}_{n=1}^{\infty}$ and $\{\partial_i(u_n^{(1)}-u_n^{(2)})\}_{n=1}^{\infty}$ are convergent in $L^2(K)$. But, as $(u_n^{(1)}-u_n^{(2)})\to 0$ in $L^2(U)$, we have, for any $\varphi\in C^2(U)$ with compact support in U,

$$\int_U \partial_{ij}(u_n^{(1)}-u_n^{(2)})\cdot\varphi dx=\int_U (u_n^{(1)}-u_n^{(2)})\cdot\partial_{ij}\varphi dx\to 0$$

and

$$\int_U \partial_i(u_n^{(1)}-u_n^{(2)})\cdot\varphi dx=-\int_U (u_n^{(1)}-u_n^{(2)})\cdot\partial_i\varphi dx\to 0.$$

Then $\partial_{ij}(u_n^{(1)}-u_n^{(2)})\to 0$ and $\partial_i(u_n^{(1)}-u_n^{(2)})\to 0$ in $L^2(K)$. Therefore $\{L^{(n)}u_n^{(1)}\}_{n=1}^{\infty}$ and $\{\acute{L}^{(n)}u_n^{(2)}\}_{n=1}^{\infty}$ must converge to the same function in $L^2(K)$. But, as $f^{(\alpha)}(x)$ $(\alpha=1, 2)$ are continuous on U, we have $f^{(1)}(x)=f^{(2)}(x)$ on U. Q.E.D.

References

[1] K. Akô: Subfunctions for quasilinear elliptic differential equations. J. Fac. Sci. Univ. Tokyo, Sect. I, **9**, 403-416 (1963).

[2] H.O. Cordes: Vereinfachter Beweis der Existenz einer Apriori-Hölderkonstante. Math. Ann., **138**, 155-178 (1959).

Quantities and real numbers

[Osaka J. of Math. **14** (1977) 1–10]

(Received July 13, 1976)

Introduction

The theory of real numbers, as a basis of mathematical analysis, had been already completed in the nineteenth century in several ways (cf. [1], [2], [3]), and now we seem to have nothing to do newly with it. These mathematical theories have been established as the completion of the system of rational numbers, while the intimate relation between the quantity and the number has been rather neglected.

Here we shall start from the characterization of the system of positive quantities and derive the system of positive real numbers as the set of automorphisms of the system of positive quantities. Then, the extension of the system of positive real numbers to the whole system of real numbers can be easily carried out.

The contents of this note had been already published by the author in Japanese in a mimeographed copy "Zenkoku Shijo Sugaku Danwakai" (1944). The author is much obliged to the editors of Osaka Journal of Mathematics who have allowed this note to be published newly in English.

1. System of positive quantities

A. Axioms of the system of positive quantities. Let Q be a system of quantities of the same kind with the following properties with respect to the addition:

(I_1) If a and $b\in Q$, then $a+b\in Q$ ($a+b$ is uniquely determined).
(I_2) $a+b=b+a$ if a and $b\in Q$.
(I_3) $(a+b)+c=a+(b+c)$ $(a, b, c\in Q)$.
(I_4) If $a+c=b+c$ $(a, b, c\in Q)$, then $a=b$.

The system of quantities Q is said to be *positive,* if the following conditions are fulfilled:

(II_1) If a and $b\in Q$, then $a+b\neq a$.

* Emeritus Professor of Osaka University.

(II_2) If a and $b \in Q$ and $a \neq b$, then there exists $c \in Q$ such that either $a+c=b$ or $a=b+c$.

DEFINITION. Let Q be a positive system of quantities and let $a, b \in Q$. b is said to be *larger* than a: denoted by $b>a$ (a is said to be *smaller* than b: $a<b$), if and only if there exists $a' \in Q$ such that $b=a+a'$.

Proposition 1.0. *If $a<b$ ($a, b \in Q$), then there exists $a' \in Q$ uniquely such that $a'+a=b$. In this case we write $a'=b-a$.*

Proposition 1.1. *For any given pair of elements $a, b \in Q$, just one of the following three cases happens*

1) $a=b$, 2) $a<b$, 3) $b<a$.

Proposition 1.2. i) *Let $a<b$ and $b<c$ ($a, b, c \in Q$), then $a<c$.* ii) *$a+c<b+c$ holds, if and only if $a<b$.*

B. Axiom of the continuity of Q. Let Q be a positive system of quantities. Q is said to be *continuous* if Q satisfies the following axioms:

(III_1) For any $a \in Q$, there exists $a' \in Q$ such that $a'<a$.

(III_2) (A pair of non-empty subsets Q^-, Q^+, of Q is called *Dedekind's pair*, if and only if $Q^- \cup Q^+ = Q$, $Q^- \cap Q^+ = \emptyset$ (empty set) and $a_1 \in Q^-$, $a_2 \in Q^+$ always implies $a_1 < a_2$.) For any Dedekind's pair Q^-, Q^+ of Q, there exists an element $c \in Q$ such that $a_1 \in Q^-$ and $a_2 \in Q^+$ implies $a_1 \leqq c \leqq a_2$.

From (III_1) we get

Proposition 1.3. *Let $a, b \in Q$ and $a<b$. Then there eixsts an element $c \in Q$ such that $a<c<b$.*

From (III_1) and (III_2) we get

Proposition 1.4. *Let Q^-, Q^+ be Dedekind's pair of Q. Then the element $c \in Q$ in* (III_2) *is uniquely determined. And c is either the largest element of Q^- or the smallest element of Q^+.*

We call c the *cut element* of the Dedekind's pair Q^-, Q^+ and we write $c=(Q^- | Q^+)$.

For any $a \in Q$ and any natural number n ($n \in \mathbf{N}$), we define $na \in Q$ by induction: $1a=a$ and $(n+1)a=na+a$.

Proposition 1.5 (Archimedes). *Let a and $b \in Q$. Then there exists $n \in \mathbf{N}$ such that $na>b$.*

Proof. Define Q^- and Q^+ by $Q^- = \{q \in Q;\ {}^{\exists}n \in \boldsymbol{N},\ na > q\}$, $Q^+ = \{q' \in Q;\ {}^{\forall}n \in \boldsymbol{N}, na \leqq q'\}$, respectively. If Proposition 1.5 was false, then Q^-, Q^+ would be Dedekind's pair ($Q^{\pm} \neq \emptyset$), and $c = (Q^- | Q^+) \in Q$ would lead us to a contradiction.

2. Linear mapping and automorphism

A. Let Q and Q' be positive systems of quantities satisfying the axiom of continuity. Let Φ be a mapping of Q into Q', i.e., by Φ to every $q \in Q$ there corresponds uniquely an element $q' \in Q'$: $q' = \Phi(q)$ (a function of the variable element $q \in Q$).

A mapping Φ of Q into Q' is said to be *linear* (homomorphism), if and only if

$$\Phi(a_1 + a_2) = \Phi(a_1) + \Phi(a_2) \text{ for any pair } a_1,\ a_2 \in Q\,.$$

A mapping Φ of Q into Q' is said to be 1–1 (one to one) onto Q', if and only if to *every* $a' \in Q'$, there exists *uniquely* an $a \in Q$ such that $\Phi(a) = a'$. In this case the inverse mapping Φ^{-1} of Q' into Q is 1–1 onto Q.

Proposition 2.1 (Theorem of inversion). *Let Φ be a linear mapping of Q into Q'. Then Φ is* 1–1 *onto Q', and the inverse mapping Φ^{-1} of Q' onto Q is also linear.*

To prove Proposition 2.1 we use the following lemmas.

Lemma 2.1.1. *Let Φ be a mapping in Proposition* 2.1. *Then $\Phi(a_1) < \Phi(a_2)$ (a_1, $a_2 \in Q$), if and only if $a_1 < a_2$.*

Lemma 2.1.2. *For any $a \in Q$ and any $n \in \boldsymbol{N}$, there exists $a_n \in Q$ such that $na_n < a$.*

(Use mathematical induction with respect to n).

Lemma 2.1.3. *For any $b \in Q'$, there exist a_1 and $a_2 \in Q$ such that $\Phi(a_1) < b < \Phi(a_2)$.*

Proof of Proposition 2.1. For any fixed $a' (\in Q')$ we define, subsets of Q, Q^- and Q^+ by

$$Q^- = \{q \in Q;\ \Phi(q) < a'\} \text{ and } Q^+ = \{q \in Q;\ \Phi(q) \geqq a'\}\,.$$

Then, Q^- and Q^+ form *Dedekind's* pair of Q.

We put $a = (Q^- | Q^+)$ ($a \in Q$), and we shall show $\Phi(a) = a'$. If it was $\Phi(a) < a'$, then a should be the largest element of Q^-. But there would exist $a_1 \in Q$ such that $a < a_1$ and $\Phi(a_1) < a'$, contradicting to that a is the largest element of Q^-. Because, by Lemma 2.1.3 there would exist $c \in Q$ such that $\Phi(c) < a' - \Phi(a)$ $(\in Q')$, hence $\Phi(a+c) < a'$ $(a_1 = a+c)$.

If it was $\Phi(a) > a'$, then a should be the smallest element of Q^+. But, by Lemma 2.1.3 there exists $c \in Q$ such that $\Phi(c) < \Phi(a) - a'$, hence $c < a$ and $a' < \Phi(a-c)$ $(a_1 = a-c)$, contradiction. Thus, we have shown that Φ maps Q *onto* Q'. By Lemma 2.1.1 we see that Φ is a 1–1 mapping of Q onto Q'. We can easily see that Φ^{-1} is linear. Q.E.D.

B. Rational automorphism. Let Q be a positive system of quantities satisfying the axiom of continuity. A *linear mapping* of Q onto Q itself is called an *automorphism* of Q.

Let a mapping Φ of Q onto Q be defined by

$$\Phi(q) = mq \quad (q \in Q)$$

with a given $m \in \boldsymbol{N}$. Then Φ^{-1} is an automorphism of Q, and by Proposition 2.1 Φ^{-1} is also an automorphism of Q. Thus we write

$$\Phi^{-1}(q) = m^{-1}q .$$

For any automorphism Φ of Q (or any linear mapping of Q into Q) we have

$$\Phi(nq) = n\Phi(q) \quad (n \in \boldsymbol{N}) .$$

Hence

$$n^{-1}\Phi(q) = \Phi(n^{-1}q) \quad ({}^{\forall}q \in Q) .$$

Thus, for any m and $n \in \boldsymbol{N}$,

$$n^{-1}(mq) = m(n^{-1}q) \quad ({}^{\forall}q \in Q) .$$

The mapping Φ of Q onto Q defined by

$$\Phi(q) = n^{-1}(mq) = m(n^{-1}q) \quad ({}^{\forall}q \in Q) \quad (m,\, n \in \boldsymbol{N})$$

is also an automorphism of Q. For this automorphism of Q we write

$$\frac{m}{n}q = m(n^{-1}q) = n^{-1}(mq) \quad ({}^{\forall}q \in Q) .$$

An automorphism Φ of Q given by $\Phi(q) = \frac{m}{n}q$ $({}^{\forall}q \in Q)$ $(m,\, n \in \boldsymbol{N})$ is called a rational automorphism of Q.

Proposition 2.2. *Let Φ be a linear mapping of Q into Q'.*

Then, for any rational automorphism $\frac{m}{n}$ (of Q and Q'),

$$\Phi\left(\frac{m}{n}q\right) = \frac{m}{n}\Phi(q) \quad ({}^{\forall}q \in Q).$$

Proposition 2.3. *Let a, $b \in Q$ such that $a<b$. Then for any $c \in Q$ there exists a rational automorphism of Q, $\frac{m}{n}$, such that $a<\frac{m}{n}c<b$.*

Proof. Let $d=b-a$ $(a<b)$. Then there exists $n \in \boldsymbol{N}$ such that $nd>c$ (by Proposition 1.5). Hence $d>n^{-1}c$. Putting $c_i=\frac{i}{n}c$ $(i \in \boldsymbol{N})$ we have $c_i=ic_1$ and $c_i<c_{i+1}$.

There exists $j \in \boldsymbol{N}$ (by Proposition 1.5) such that $c_j=jc_1>a$. Let $j=m$ be the smallest natural number with this property.
Then, we get easily

$$a<c_m<b \text{ with } c_m = \frac{m}{n}c.$$

Proposition 2.4. *Let Φ_1 and Φ_2 be automorphisms of Q such that $\Phi_1(a)=\Phi_2(a)$ for some $a \in Q$. Then $\Phi_1(q)=\Phi_2(q)$ (identically) for all $q \in Q$.*

Proof. Was $b \in Q$ such that $\Phi_1(b)<\Phi_2(b)$. Then, putting $\Phi_1(a)=\Phi_2(a)=c$, by Proposition 2.3 there would exist a rational automorphism $\frac{m}{n}$ such that

$$\Phi_1(b)<\frac{m}{n}c<\Phi_2(b).$$

Thus, as $\Phi_1(b)<\frac{m}{n}c=\Phi_1\left(\frac{m}{n}a\right)$ and $\Phi_2\left(\frac{m}{n}a\right)=\frac{m}{n}c<\Phi_2(b)$, we get, by Lemma 2.1.1, $b<\frac{m}{n}a<b$, an absurd conclusion. Similarly the assumption $\Phi_2(b)<\Phi_1(b)$ would lead us to a contradiction. Consequently, we have $\Phi_1(b)=\Phi_2(b)$ for every $b \in Q$. Q.E.D.

Proposition 2.5. *Let Φ_1 and Φ_2 be automorphisms of Q such that $\Phi_1(a)<\Phi_2(a)$ for some $a \in Q$. Then $\Phi_1(q)<\Phi_2(q)$ for all $q \in Q$. (In this case we write $\Phi_1<\Phi_2$ simply).*

Proof. If the statement was not true, we could assume the existence of some $b \in Q$ such that $\Phi_1(b)>\Phi_2(b)$, (If $\Phi_1(b)=\Phi_2(b)$ then $\Phi_1(q)=\Phi_2(q)$ for all $q \in Q$).

Put $c=\Phi_1(b)-\Phi_2(b)$ $(\in Q)$, then by Proposition 1.5 there exists $n \in \boldsymbol{N}$ such that $nc>\Phi_1(a)$ and $nb>a$. Hence $n^{-1}a<b$.
Then, there exists $m \in \boldsymbol{N}$ such that $\frac{m}{n}a<b\leqq\frac{m+1}{n}a$.
Thus,

$$\Phi_1(b)\leqq\Phi_1\left(\frac{m+1}{n}a\right)=\frac{m+1}{n}\Phi_1(a)<\frac{m}{n}\Phi_2(a)+n^{-1}\Phi_1(a)$$

$$<\Phi_2(b)+n^{-1}\Phi_1(a)<\Phi_2(b)+c\,.$$

This contradicts with the equality $\Phi_1(b)=\Phi_2(b)+c$. Q.E.D.

Let $\boldsymbol{P}$ be the set of all rational automorphism of Q. By Proposition 2.5 in $\boldsymbol{P}$ is defined order of elements r_1 and $r_2\in\boldsymbol{P}$ such that $r_1q<r_2q$ for any $q\in Q\Rightarrow r_1<r_2$. In $\boldsymbol{P}$ addition and multiplication are defined by

$$r_1+r_2\in\boldsymbol{P}\Leftrightarrow(r_1+r_2)(q)=r_1(q)+r_2(q)\quad\text{for all } q\in Q$$
$$r_1\cdot r_2\in\boldsymbol{P}\Leftrightarrow r_2(r_1q)=r_2(r_1q)\quad\text{for all } q\in Q\,.$$

(cf. Propositions 2.2 and 2.4)

In $\boldsymbol{P}$ the addition and multiplication satisfy the wellknown rules of addition and multiplication of rational numbers.

A pair of subsets $\boldsymbol{P}^-$ and $\boldsymbol{P}^+$ of rational automorphism $\boldsymbol{P}$ are called Dedekind's pair of $\boldsymbol{P}$, if and only if $\boldsymbol{P}^-$ and $\boldsymbol{P}^+$ are not empty, $\boldsymbol{P}^-\cup\boldsymbol{P}^+=\boldsymbol{P}$, $\boldsymbol{P}^-\cap\boldsymbol{P}^+=\emptyset$(empty) and $r_1\in\boldsymbol{P}^-$, $r_2\in\boldsymbol{P}^+\Rightarrow r_1<r_2$.

Proposition 2.6. *Let Q be a positive system of quantities satisfying the axiom of continuity and let $a\in Q$. If $\boldsymbol{P}^-$ and $\boldsymbol{P}^+$ are Dedekind's pair of $\boldsymbol{P}$, then there exists just one $c\in Q$ such that $r_1a\leqq c\leqq r_2a$ for every $r_1\in\boldsymbol{P}^-$ and for every $r_2\in\boldsymbol{P}^+$.*

Proof. Let Q^- and Q^+ be subsets of Q defined by

$$Q^-=\{q\in Q;\ q<ra \text{ for all } r\in\boldsymbol{P}^+\}\,,$$
$$Q^+=\{q\in Q;\ {}^{\exists}r\in\boldsymbol{P}^+,\ ra\leqq q\}\,.$$

Then Q^- and Q^+ are Dedekind's pair of Q.

Put
$$c=(Q^-\,|\,Q^+)\,.$$

First assume c is the largest element of Q^-. Then, $c<ra$ for all $r\in\boldsymbol{P}^+$, and $c\geqq ra$ for all $r\in\boldsymbol{P}^-$. (If $c<r_1a$ for some $r_1\in\boldsymbol{P}^-$, then as $r_1a\in Q^-$, this contradicts to that c is the largest element of Q^-.)

Second assume c is the smallest element of Q^+. Then, $c=r_0a$ for some $r_0\in\boldsymbol{P}^+$, and $ra<r_0a=c$ for all $r\in\boldsymbol{P}^-$. Further, as $\{ra;\ r\in\boldsymbol{P}^+\}\subset Q^+$, we have $c\leqq ra$ for all $r\in\boldsymbol{P}^+$.

The uniqueness of c in Proposition 2.6 follows from Proposition 2.3. Q.E.D.

C. Theorem of isomorphism. Let Q and Q' be positive systems of quantities satisfying the axiom of continuity.

Proposition 2.7 (Theorem of isomorphism). *Let $a\in Q$ and $a'\in Q'$ be* *given. Then, there exists just one linear mapping (isomorphism)* Φ *of* Q *onto* Q' *such that* $\Phi(a)=a'$.

Proof. To define the desired linear mapping Φ, take an arbitrary $q \in Q$ and let $\boldsymbol{P}^-_{(q)}$ and $\boldsymbol{P}^-_{(q)}$ be defined by

$$\boldsymbol{P}^-_{(q)} = \{r \in \boldsymbol{P};\ ra<q\} \text{ and } \boldsymbol{P}^+_{(q)} = \{r \in \boldsymbol{P};\ ra \geqq q\} \text{ respectively}.$$

Then $\boldsymbol{P}^-_{(q)}$ and $\boldsymbol{P}^+_{(b)}$ form Dedekind's pair of rational automorphisms.

Thus, by Proposition 2.6 there exists just one $q' \in Q'$ (depending on q) such that $r_1a' \leqq q' \leqq r_2a'$ for every $r_1 \in \boldsymbol{P}^-_{(q)}$ and every $r_2 \in \boldsymbol{P}^+_{(q)}$. Hence we define the mapping Φ in such a way that $\Phi(q)=q'$. Clearly we have $\Phi(a)=a'$.

Now let $\Phi(q_i)=q'_i$ $(i=1, 2)$. Then we have to show that Φ is linear:

$$\Phi(q_1+q_2) = q'_1+q'_2\,.$$

Let $q_3=q_1+q_2$ and $\boldsymbol{P}^-_i=\{r \in \boldsymbol{P};\ ra<q_i\}$ $(i=1, 2, 3)$. Then we get $\boldsymbol{P}^-_3=\{r_1+r_2;\ r_1 \in \boldsymbol{P}^-_1,\ r_2 \in \boldsymbol{P}^-_2\}$. Because, first we easily see $\{r_1+r_2;\ r_1 \in \boldsymbol{P}^-_1,\ r_2 \in \boldsymbol{P}^-_2\} \subset \boldsymbol{P}^-_3$. To show $\boldsymbol{P}^-_3 \subset \{r_1+r_2;\ r_1 \in \boldsymbol{P}^-_1,\ r_2 \in \boldsymbol{P}^-_2\}$, let $r \in \boldsymbol{P}^-_3$. Then, as $ra<q_1+q_2$, putting $d=\text{Min}\{q_1+q_2-ra,\ q_1,\ q_2\} \in Q$, by Proposition 2.3 there exist $r_i' \in \boldsymbol{P}(i=1, 2)$ such that $q_i-\dfrac{1}{2}d<r_i'a<q_i$ $(i=1, 2)$. Then, $r_i' \in \boldsymbol{P}^-_i$ and $ra \leqq q_1+q_2-d<(r_1'+r_2')a<q_1+q_2$. Thus, putting $r_i=\dfrac{r_i'}{r_1'+r_2'}r (i=1, 2)$, we have $r_i \in \boldsymbol{P}^-_i$ and $r=r_1+r_2$. For $r_ia=\dfrac{r_i'}{r_1'+r_2'}ra \leqq \dfrac{r_i'}{r_1'+r_2'}(r_1'+r_2')a=r_i'a<q_i$.

Now let $\boldsymbol{P}^+_3=\{r \in \boldsymbol{P};\ ra \geqq q_3=q_1+q_2\}$. Then $\boldsymbol{P}^-_3$ and $\boldsymbol{P}^+_3$ are Dedekind's pair of rational numbers. And by the definition of Φ, putting $\Phi(q_3)=q_3'$, we get

$$r_1a'<q_3' \leqq r_2a' \quad \text{for every } r_1 \in \boldsymbol{P}^-_3 \text{ and every } r_2 \in \boldsymbol{P}^+_3.$$

Thus, we have to prove $q_3'=q_1'+q_2'$.

If it was $q_3'<q_1'+q_2'$, there would exist $r' \in \boldsymbol{P}$ such that

$$q_3'<r'a'<q_1'+q_2'\,.$$

By the similar method as the case $ra<q_1+q_2$ before, there exist $r_i' \in \boldsymbol{P}^-_i$ $(i=1, 2)$ such that $r_1'+r_2'=r'$. Thus $r' \in \boldsymbol{P}^-_3=\{r \in \boldsymbol{P};\ ra<q_3\}=\{r \in \boldsymbol{P};\ ra'<q_3'\}$ contradicting to $q_3'<r'a'$.

If it was $q_3'>q_1'+q_2'$ there would exist $r' \in \boldsymbol{P}$ such that

$$q_3'>r'a'>q_1'+q_2'\,.$$

And similarly as above there exist $r_i' \in \boldsymbol{P}^+_i$ $(i=1, 2)$ such that $r_1'+r_2'=r'$. Hence $r' \in \boldsymbol{P}^+_3=\{r \in \boldsymbol{P};\ ra \geqq q_1+q_2\}$ contradicting to $r'a'<q_3'$.

The uniquness of Φ is clear, by Proposition 2.4. Q.E.D.

3. Ring of automorphisms and field of real numbers

A. Semi-ring of automorphisms of Q. Let Q be a positive system of quantities satisfying the axiom of continuity, and let Φ be the set of all automorphisms of Q (the set of all linear mappings of Q onto Q).

In Φ are defined sum and product as follows:

$$\Phi_1+\Phi_2 \text{ by } (\Phi_1+\Phi_2)(q) = \Phi_1(q)+\Phi_2(q) \quad \text{for all } q\in Q .$$
$$\Phi_2\circ\Phi_1 \text{ by } (\Phi_2\circ\Phi_1)(q) = \Phi_2(\Phi_1(q)) \quad \text{for all } q\in Q .$$

Proposition 3.1. *For addition (summation) in Φ hold the commutative and associative laws:*

$$\Phi_1+\Phi_2 = \Phi_2+\Phi_1, \quad (\Phi_1+\Phi_2)+\Phi_3 = \Phi_1+(\Phi_2+\Phi_3) .$$

Proposition 3.2. *For summation and product in Φ hold the distributive and associative laws*

$$\Phi_1\circ(\Phi_2+\Phi_3) = \Phi_1\circ\Phi_2+\Phi_1\circ\Phi_3,$$
$$(\Phi_1+\Phi_2)\circ\Phi_3 = \Phi_1\circ\Phi_3+\Phi_2\circ\Phi_3,$$
$$(\Phi_1\circ\Phi_2)\circ\Phi_3 = \Phi_1\circ(\Phi_2\circ\Phi_3) .$$

Proposition 3.3. *For the product in Φ holds the commutative law* $\Phi_1\circ\Phi_2=\Phi_2\circ\Phi_1$.

Proof. Let $a\in Q$, then we have to show $\Phi_1\circ\Phi_2(a)=\Phi_2\circ\Phi_1(a)$.

If it was not so we might assume $\Phi_1\circ\Phi_2\ (a)<\Phi_2\circ\Phi_1(a)$. Thus, by Proposition 2.3 there would exist a rational automorphism $r=\frac{m}{n}$ such that

$$\Phi_1\circ\Phi_2(a)<r\Phi_1(a)<\Phi_2\circ\Phi_1(a) .$$

As by Proposition 2.2 $r\Phi_1(a)=\Phi_1(ra)>\Phi_1\circ\Phi_2(a)$, we get by Lemma 2.1.1 $ra>\Phi_2(a)$ and hence $r>\Phi_2$. Further, as $rb<\Phi_2(b)$ with $b=\Phi_1(a)$, we get $r<\Phi_2$, contradicting to the above consequence $r>\Phi_2$.

Similar assumption $\Phi_1\circ\Phi_2(a)>\Phi_2\circ\Phi_1(a)$ would give us a contradiction.

Q.E.D.

B. Field of real numbers. Now let us introduce 0 (zero) and negative elements $-\phi$ ($\phi\in\Phi$) as follows:

We define 0 as an ideal element such that

$$\phi+0 = 0+\phi = \phi \quad \text{for all } \phi\in\Phi .$$

Further for every given $\phi\in\Phi$ we define $-\phi$ by

$$\phi+(-\phi) = (-\phi)+\phi = 0 .$$

Proposition 3.4. *The set* $\boldsymbol{R}$ *of all elements* ϕ, 0 *and* $-\phi$ *with* $\phi\in\boldsymbol{\Phi}$ *forms a commutative group with respect to the addition.*

In $\boldsymbol{R}$, an extension of $\boldsymbol{\Phi}$, we define the product by

1) If $\phi_1, \phi_2\in\boldsymbol{\Phi}$ the product $\phi_1\circ\phi_2$ remains the same as in $\boldsymbol{\Phi}$
2) $(-\phi_1)\circ\phi_2=\phi_2\circ(-\phi_1)=-(\phi_1\circ\phi_2)$ with any $\phi_1, \phi_2\in\boldsymbol{\Phi}$
3) $(-\phi_1)\circ(-\phi_2)=\phi_1\circ\phi_2$ with any $\phi_1, \phi_2\in\boldsymbol{\Phi}$
4) $\phi\circ 0=0\circ\phi=0$ with any $\phi\in\boldsymbol{\Phi}$

Proposition 3.5. *The sum and product defined above make* $\boldsymbol{R}$ *a commutative field.* $\boldsymbol{R}$ *is essentially independent of* Q ($\boldsymbol{R}_Q$ *is isomorphic to* $\boldsymbol{R}_{Q'}$, *only if* Q *and* Q' *are positive systems of quantities with axiom of continuity*)

Supplement to Proposition 3.4. Let $\phi_i\in\boldsymbol{\Phi}$ $(i=1, 2)$. We define the addition in $\boldsymbol{R}$ as follows.

(1) $\phi_1+\phi_2$ remains the same as in $\boldsymbol{\Phi}$

(2) $$\phi_1+(-\phi_2)=(-\phi_2)+\phi_1=\begin{cases}\phi_1-\phi_2 & \text{if } \phi_2<\phi_1\\ 0 & \text{if } \phi_1=\phi_2\\ -(\phi_2-\phi_1) & \text{if } \phi_1<\phi_2\end{cases}$$

(3) $(-\phi_1)+(-\phi_2)=(-\phi_2)+(-\phi_1)=-(\phi_1+\phi_2)$

(4) $(-\phi)+0=0+(-\phi)=-\phi$ and $0+0=0$.

Supplement to Proposition 3.5. Proof. Let $a\in Q$ be fixed then the 1–1 correspondence $\phi\leftrightarrow\phi(a)=q$ $(\phi\in\boldsymbol{\Phi}_Q, q\in Q)$ gives an isomorphism (1–1 linear mapping) of $\boldsymbol{\Phi}_Q$ with Q with respect to the addition: $\boldsymbol{\Phi}_Q\simeq Q$. As $Q\simeq Q'$ by Proposition 2.7, we see $\boldsymbol{\Phi}_Q\simeq Q\simeq Q'\simeq\boldsymbol{\Phi}_{Q'}$ with respect to the addition (and the order).

Further regarding $\boldsymbol{\Phi}_Q$ and $\boldsymbol{\Phi}_{Q'}$ to make them isomorphic also with respect to the product, we can conclude that to $1_Q\in\boldsymbol{\Phi}_Q$ must correspond $1_{Q'}\in\boldsymbol{\Phi}_{Q'}$, since $1_Q^2=1_Q$ and $1'^2_{Q'}=1'_{Q'}$. Hence to $n_Q\in\boldsymbol{\Phi}_Q(n\in\boldsymbol{N})$ must correspond $n_Q'\in\boldsymbol{\Phi}_{Q'}$ with the same $n\in\boldsymbol{N}$. Thus to $r_Q\in\boldsymbol{\Phi}_Q$ with a rational $r\in R$ must correspond $r_{Q'}\in\boldsymbol{\Phi}_{Q'}$ with the same r.

Now let $\phi\in\boldsymbol{\Phi}_Q$ and assume $\phi\notin\boldsymbol{P}$ (rational automorphism). Let $\boldsymbol{P}^-$ and $\boldsymbol{P}^+$ be defined by $\boldsymbol{P}^-=\{r\in\boldsymbol{P}; r<\phi\}$ and $\boldsymbol{P}^+=\{r\in\boldsymbol{P}; r>\phi\}$. Then $\boldsymbol{P}^-$ and $\boldsymbol{P}^+$ form Dedekind's pair and there exists just one $\phi'\in\boldsymbol{\Phi}_{Q'}$ such that

$$r_{-(Q')}\leqq\phi'\leqq r_{+(Q')}\quad\text{for every } r_-\in\boldsymbol{P}^- \text{ and every } r_+\in\boldsymbol{P}^+ .$$

By the isomorphism of $\boldsymbol{\Phi}_Q$ with $\boldsymbol{\Phi}_{Q'}$ with respect to the order, (because of additoin) we see that to ϕ must correspond ϕ'. Consequently we can regard $\boldsymbol{\Phi}_Q$ and $\boldsymbol{\Phi}_{Q'}$ coincide as systems of addition and product (semi-rings) in abstract sense.

As $\boldsymbol{R}$ is uniquely derived from $\boldsymbol{\Phi}$ we see that $\boldsymbol{R}_Q$ and $\boldsymbol{R}_{Q'}$ coincide as fields in abstract sense. We call thus the abstract system $\boldsymbol{R}$ the system of real numbers and $\boldsymbol{\Phi}$ the system of positive real numbers.

C. Logarithmic function. Let Φ be the positive system of real numbers.

Proposition 3.6. *Let $\boldsymbol{\Psi}$ be defined by $\boldsymbol{\Psi}=\{\phi\in\boldsymbol{\Phi};\ \phi>1\}$. Then the set $\boldsymbol{\Psi}$ satisfies the postulates $\mathrm{I}_1\sim\mathrm{I}_4$, $\mathrm{II}_{1,2}$, $\mathrm{III}_{1,2}$, if we replace the multiplication-symbol in $\boldsymbol{\Psi}$ by the addition-symbol. Thus we can regard $\boldsymbol{\Psi}$ as a positive system of qunatities with the axiom of continuity replacing the symbol $\circ$ in $\boldsymbol{\Psi}$ by the symbol $+$.*

Proposition 3.7. *Let $\boldsymbol{\Psi}$ be the same one given in Proposition 3.6. Let $b\in\boldsymbol{\Psi}$ $(b>1)$, then there exists uniquely a 1–1 correspondence f of $\boldsymbol{\Psi}$ with $\boldsymbol{\Phi}[f(\psi)=\phi,\ \psi\in\boldsymbol{\Psi},\ \phi\in\boldsymbol{\Phi}]$ such that $f(b)=1$ and $f(\psi_1\circ\psi_2)=f(\psi_1)+f(\psi_2)$.*

The mapping f: $\boldsymbol{\Psi}\to\boldsymbol{\Phi}$ is called the *logarithmic function* with the basis b, and we write

$$f(\psi)=\log_b\psi\quad({}^{\forall}\psi\in\boldsymbol{\Psi}).$$

We extend the logarithmic function onto $\boldsymbol{\Phi}$ (the positive system of real numbers) as follows

(1) If $\phi>1$ then $\log_b\phi$ remains the same as above.

(2) If $\phi=1$ then we define $\log_b\phi=0$.

(3) If $\phi<1(\phi\in\boldsymbol{\Phi})$ we define $\log_b\phi=-\log_b(\phi^{-1})$.

Proposition 3.8. *The logarithmic function on $\boldsymbol{\Phi}$ satisfies* $(b>1)$

$$\log_b(\phi_1\circ\phi_2)=\log_b(\phi_1)+\log_b(\phi_2),$$
$$\log_b(b)=1,\quad \log_b 1=0.$$

References

[1] R. Dedekind: Was sind und was sollen die Zahlen ?, F. Vieweg, Braunschweig, 1887.

[2] E.G.H. Landau: Grundlagen der Analysis, Akademische Verlag, Leipzig, 1930 (Chelsea, 1960).

[3] T. Takagi: The concept of numbers, Iwanami Shoten, Tokyo, 1949 (in Japanease).

On Cauchy problem for a system of linear partial differential equations with constant coefficients

(with H. Furuya)

[Proc. Japan Acad., **53** (1977) 1–3]

(Communicated by Kôsaku YOSIDA, M. J. A., Dec. 13, 1976)

1. Introduction. We shall consider the Cauchy problem for a system of partial differential equations for a system of unknown functions $u_\mu = u_\mu(t, x)$ ($\mu = 1, \cdots, k$) of two independent real variables t and x:

$$\partial_t u_\mu = \sum_{\nu=1}^{k} P_{\mu\nu}(\partial_x) u_\nu \quad (\mu = 1, \cdots, k),$$

where $P_{\mu\nu}(\zeta)$ are polynomials in ζ with constant complex coefficients. Using vector-matrix notations we can write for the above system of equations as

$$\partial_t u^{\downarrow} = \boldsymbol{P}(\partial_x) u^{\downarrow}, \tag{1}$$

where $u^{\downarrow} = (u_\mu, \mu \downarrow 1, \cdots, k)$ and $\boldsymbol{P}(\zeta) = (P_{\mu\nu}(\zeta)^{\mu\downarrow 1, \cdots, k}_{\nu \to 1, \cdots, k})$.

Let $\mathcal{F}$ be a linear space of (generalized) complex vector valued functions on $\boldsymbol{R}^1$ such that $\mathcal{S}^k \subset \mathcal{F} \subset \mathcal{S}'^k$,[1] where the topology of the space on the left side of $\subset$ is finer than that of the space on the right side of $\subset$.

The Cauchy problem for the equation (1) is said to be forward $\mathcal{F}$-well posed on the interval $[0, \tau]$ ($\tau > 0$), if and only if the following two conditions are satisfied.

1) (*Unique existence of the solution*) *For any* $u_0^{\downarrow} \in \mathcal{F}$ there exists a unique $\mathcal{F}$-valued solution $u^{\downarrow} = u^{\downarrow}(t, x)$ of (1) for $t \in [0, \tau]$ with the initial condition $u^{\downarrow}(0, x) = u_0^{\downarrow}(x)$.

2) (*Continuity of solution with respect to the initial value*) If the initial value $u_0^{\downarrow}$ tends to zero in $\mathcal{F}$, then the solution $u^{\downarrow} = u^{\downarrow}(t, x)$ of (1) with the initial value $u^{\downarrow}(0, x) = u_0^{\downarrow}(x)$ also tends to zero in $\mathcal{F}$ uniformly for $t \in [0, \tau]$.

Since the operator $P(\partial_x)$ does not depend on the time variable t, we can easily see that the forward $\mathcal{F}$-well posedness does not depend on $\tau > 0$, hence we can simply use the forward $\mathcal{F}$-well posedness without mentioning the interval $[0, \tau]$.

Making use of the Fourier transform with respect to the space variable x

$$v^{\downarrow}(\xi) = (2\pi)^{-1/2} \int_{-\infty}^{\infty} e^{-i\xi x} u^{\downarrow}(x) dx,$$

1) $u^{\downarrow} \in \mathcal{S}^k$ ($\mathcal{S}'^k$) means that $u_\mu \in \mathcal{S}$ ($\mathcal{S}'$) for every $\mu = 1, \cdots, k$, where $\mathcal{S}$ denotes the set of all rapidly decreasing C^∞ functions on $\boldsymbol{R}^1$ and $\mathcal{S}'$ means the dual space of $\mathcal{S}$.

the Cauchy problem of the equation (1) can be formally reduced to that of the ordinary differential equation for the $\hat{\mathcal{F}}$-valued unknown function $v^{\dagger}=v^{\dagger}(t,\xi)$

(2) $$\partial_t v^{\dagger}=P(i\xi)v^{\dagger},$$

where $\hat{\mathcal{F}}$ is the Fourier transform of $\mathcal{F}$.

It is well known that for some function spaces, for example for $\mathcal{F}=\mathcal{S}^k$ or $(\mathcal{D}_{L^2})^k$, the necessary and sufficient condition for the forward $\mathcal{F}$-well posedness of (1) is given by the Petrovski correctness: "*The real parts of all eigen-values of the matrix* $\boldsymbol{P}(i\xi)$ are bounded above for $\xi\in\boldsymbol{R}^1$."[2]

In this note we shall show that the Petrovski correctness is *necessary* for the $\mathcal{F}$-well posedness of (1) provided that $\mathcal{S}^k\subset\mathcal{F}\subset\mathcal{S}'^k$.

2. The necessity of the Petrovski correctness. In the case $\mathcal{S}^k\subset\mathcal{F}\subset\mathcal{S}'^k$, the necessity of the Petrovski correctness for the forward $\mathcal{F}$-well posedness comes from the following proposition.

Proposition. *If $\boldsymbol{P}(i\xi)$ does not satisfy the Petrovski correctness, then, for the solution $v^{\dagger}=v^{\dagger}(t,\xi)$ of the equation (2), we can construct a sequence of initial values $v_n^{\dagger}(\xi)\subset C_0^{\infty}(\boldsymbol{R}^1)$*[3] *such that $v_n^{\dagger}\to 0$ in $\mathcal{S}^k$ as $n\to\infty$, but, at $t=\tau>0$, $v_n^{\dagger}(\tau,\xi)\not\to 0$ in $\mathcal{S}'^k$ as $n\to\infty$.*

To prove this proposition, let $\lambda=\tilde{\lambda}(\xi)$ be eigen-value of $\boldsymbol{P}(i\xi)$ such that

$$\mathcal{R}e\,\tilde{\lambda}(\xi)=\mathrm{Max}\,\{\mathcal{R}e\,\lambda_j(\xi)\,;\,j=1,\cdots,k\}.$$

And we use following lemmas, of which we shall omit the proof.

Lemma 1. *There exist $l\in\boldsymbol{N}$ and $h\in\boldsymbol{Z}$*[4] *and a normalized*[5] *eigen-vector $v_0^{\dagger}(\xi)$ of $\boldsymbol{P}(i\xi)$ corresponding to the eigen-value $\tilde{\lambda}(\xi)$ such that, for $\xi\geqq R$ with a sufficiently large $R>0$,*

$$\tilde{\lambda}(\xi)=\xi^{h/l}f(\xi^{-1/l}),\qquad v_\nu(\xi)=f_\nu(\xi^{-1/l}),$$

$(v_0^{\dagger}(\xi))=(v_1(\xi),\cdots,v_k(\xi))$, where $f(\zeta)$ and $f_\nu(\zeta)$ are regular analytic for $|\zeta|\leqq R^{-1}$ and $f(0)\neq 0$.

Lemma 2. *Let $\varepsilon>0$ and $\rho\in C_0^{\infty}(\boldsymbol{R}^1)$ be such that*

$$\mathrm{supp}\,(\rho)\subset[-1,1],\quad \rho(\xi)\geqq 0,\quad \int_{-1}^{1}\rho(\xi)d\xi=1,$$

and let

$$v_{(\alpha)}^{\dagger}(\xi)=\exp\,(-2^{-1}(1+\xi^2)^{\varepsilon})\rho(\xi-\alpha)v_0^{\dagger}(\xi),$$

where $v_0^{\dagger}(\xi)$ is the eigen-vector of $\boldsymbol{P}(i\xi)$ given in Lemma 1.

Then, there exists $R_1>R>0$ such that $v_{(\alpha)}^{\dagger}\subset\mathcal{S}^k$ for $\alpha\geqq R_1$ and $v_{(\alpha)}^{\dagger}\to 0$ in $\mathcal{S}^k$ as $\alpha\to+\infty$.

Lemma 3. *Let $\tilde{\lambda}(\xi)$ and $v_0^{\dagger}(\xi)$ be the same as above, and $\psi(\xi)\geqq 0$*

---

2) Cf. [1] and [2] of the references.

3) By $C_0^{\infty}(\boldsymbol{R}^1)$ we denote the set of all complex valued C^{∞} functions on $\boldsymbol{R}^1$ with compact support.

4) $\boldsymbol{N}$=the set of all natural numbers. $\boldsymbol{Z}$=the set of all rational integers.

5) $|v^{\dagger}|=(\sum_{\nu=1}^{k}|v_\nu|^2)^{1/2}=1$, if $v^{\dagger}=(v_1,\cdots,v_k)$.

be a C^∞ function such that $\psi(\xi)=0$ for $\xi\leqq R_1$ and $\psi(\xi)=1$ for $\xi\geqq R_1+1$. Then, for any $\varepsilon>0$ and $\tau>0$,

$$\phi^{\prime}(\xi)=\psi(\xi)\exp(-2^{-1}(1+\xi^2)^{\varepsilon}-i\tau\mathcal{I}_m\tilde{\lambda}(\xi))\bar{v}_0^{\prime}(\xi)^{6)}\in\mathcal{S}^k.$$

Proof of Proposition. Let $v^{\prime}_{(\alpha)}(\xi)$ be the vector given in Lemma 2, which is also an eigen-vector of $P(i\xi)$ corresponding to the eigen-value $\tilde{\lambda}(\xi)$, and put

$$v^{\prime}_{(\alpha)}(t,\xi)=\exp(t\tilde{\lambda}(\xi))v^{\prime}_{(\alpha)}(\xi).$$

Then $v^{\prime}=v^{\prime}_{(\alpha)}(t,\xi)$ $(t\geqq 0)$ is the solution of the equation (2) with the initial condition $v^{\prime}_{(\alpha)}(0,\xi)=v^{\prime}_{(\alpha)}(\xi)$. By Lemma 2 we have $v^{\prime}_{(\alpha)}\to 0$ in $\mathcal{S}^k$ as $\alpha\to+\infty$. Now assume that $\mathcal{R}_e\,\tilde{\lambda}(\xi)$ is *not* bounded above for $0\leqq\xi<\infty$.[7] Then, by Lemma 1, we have $h\geqq 1$ and $\mathcal{R}_e f(0)=a>0$. Let $\phi^{\prime}(\xi)$ be the function given in Lemma 3. Then, if $\alpha>R_1+1$, we have

$$\begin{aligned}\langle v^{\prime}_{(\alpha)}(\tau,\cdot),\phi^{\prime}(\cdot)\rangle_{R^1}&=\int_{-\infty}^{\infty}\psi(\xi)\rho(\xi-\alpha)\exp(\tau\,\mathrm{Re}\,\tilde{\lambda}(\xi)-(1+\xi^2)^{\varepsilon})d\xi\\&=\int_{\alpha-1}^{\alpha+1}\rho(\xi-\alpha)\exp(\tau\,\mathrm{Re}\,\tilde{\lambda}(\xi)-(1+\xi^2)^{\varepsilon})d\xi.\end{aligned}$$

And, as

$$\int_{\alpha-1}^{\alpha+1}\rho(\xi-\alpha)d\xi=1,$$

by mean value theorem,

$$\langle v^{\prime}_{(\alpha)}(\tau,\cdot),\phi^{\prime}(\cdot)\rangle=\exp(\tau\,\mathrm{Re}\,\tilde{\lambda}(\xi_1)-(1+\xi_1^2)^{\varepsilon})$$

with some $\xi_1\in(\alpha-1,\alpha+1)$. But, as $\mathrm{Re}\,\tilde{\lambda}(\xi)=\xi^{h/l}(a+\delta(\xi))$, where $\delta(\xi)\to 0$ as $\xi\to\infty$, taking ε such that $0<\varepsilon<h/(2l)$, we have, as $\alpha\to\infty$,

$$\tau\,\mathrm{Re}\,\tilde{\lambda}(\xi_1)-(1+\xi_1^2)^{\varepsilon}=\xi_1^{h/l}(\tau a+\delta_1(\xi_1))\to+\infty,$$

where $\delta_1(\xi_1)\to 0$ as $\xi_1\to\infty$. This shows that $v^{\prime}_{(\alpha)}(\tau,\cdot)\not\to 0$ in $\mathcal{S}^{\prime k}$ as $\alpha\to+\infty$. Q.E.D.

As the Fourier transform is an isomorphic and homeomorphic mapping of $\mathcal{S}$ onto $\mathcal{S}$ and of $\mathcal{S}'$ onto $\mathcal{S}'$, we obtain, in consequence of Proposition, the following theorem.

Theorem. *Let $\mathcal{S}^k\subset\mathcal{F}\subset\mathcal{S}^{\prime k}$, where the topology of the space on the left side of $\subset$ is finer than that of on the right side of $\subset$. Then the Petrovski correctness is necessary for the Cauchy problem of the equation* (1) *to be forward $\mathcal{F}$-well posed.*

References

[1] S. Mizohata: The Theory of Partial Differential Equations. Cambridge Univ. Press (1973).

[2] I. M. Gelfand and G. E. Shilov: Generalized Functions, Vol. 3 (Translated from Russian) (1967). Academic Press.

6) $\bar{v}^{\prime}=(\bar{v}_1,\cdots,\bar{v}_k)$ if $v^{\prime}=(v_1,\cdots,v_k)$, hence $(v^{\prime},\bar{v}^{\prime})=|v|^2$.

7) The proof goes quite similarly, when $\mathcal{R}_e\,\tilde{\lambda}(\xi)$ is not bounded above for $-\infty<\xi\leqq 0$.

On Cauchy problem for linear partial differential equations with constant coefficients *(with H. Furuya)*

[Funkcialaj Ekvacioj **22** (1979) 223–229]

1. Introduction

We shall consider the Cauchy problem for a system of linear partial differential equations for a system of unknown functions $u_\mu = u_\mu(t, x)$ $(\mu=1, \cdots, k)$ of independent real variables (t, x), with $t \in \boldsymbol{R}^1$ and $x=(x_1, \cdots, x_m) \in \boldsymbol{R}^m$:

$$\partial_t u_\mu = \sum_{\nu=1}^{k} p_{\mu\nu}(D_x) u_\nu \ (\mu=1, \cdots, k),$$

where $\partial_t = \partial/\partial t$, $D_x = (\partial/\partial x_1, \cdots, \partial/\partial x_m)$ and $p_{\mu\nu}(\zeta)$ are polynomials in $\zeta = (\zeta_1, \cdots, \zeta_m)$ with constant coefficients. Using vector-matrix notations we can write the above system of equations as

$$(1) \qquad \partial_t u^{\downarrow} = \boldsymbol{P}(D_x) u^{\downarrow},$$

where $u^{\downarrow} = (u_\mu\ \mu \downarrow 1, \cdots, k)$ and $\boldsymbol{P} = (p_{\mu\nu}\ {}^{\mu\downarrow 1,\cdots k}_{\nu\downarrow 1,\cdots k})$.

Let $\mathscr{S}$ be the set of all complex valued rapidly decreasing C^∞ functions on $\boldsymbol{R}^m$ with the usual well known topology and $\mathscr{S}'$ be the dual space of $\mathscr{S}$. By $\mathscr{S}^k$ we denote the product space $\mathscr{S} \times \cdots \times \mathscr{S}$ (k-times) and by $\mathscr{S}'^k$ the product space $\mathscr{S}' \times \cdots \times \mathscr{S}' = (\mathscr{S}^k)'$. Now let $\mathscr{G}$ be a linear space of (generalized) complex vector valued functions on $\boldsymbol{R}^m$ such that $\mathscr{S}^k \subset \mathscr{G} \subset \mathscr{S}'^k$, where the topology of the space on the left side of $\subset$ is finer than that of the space on the right side of $\subset$.

The Cauchy problem for the equation (1) is said to be **forward $\mathscr{G}$-well posed** on the interval $[0, \tau]$ $(\tau > 0)$ if and only if the following two conditions are satisfied:
1) (*Unique existence of the solution*) For any $\mathring{u}^{\downarrow} \in \mathscr{G}$ there exists a unique $\mathscr{G}$-valued solution $u^{\downarrow} = u^{\downarrow}(t, x)$ of (1) for $t \in [0, \tau]$ with the initial condition $u^{\downarrow}(0, x) = \mathring{u}^{\downarrow}(x)$.
2) (*Continuity of solution with respect to the initial value*) If $\mathring{u}^{\downarrow}(x)$ tends to zero in $\mathscr{G}$, then the solution $u^{\downarrow} = u^{\downarrow}(t, x)$ of (1) with the initial value $u^{\downarrow}(0, x) = \mathring{u}^{\downarrow}(x)$ also tends to zero in $\mathscr{G}$ uniformly for $t \in [0, \tau]$.

Since the operator $\boldsymbol{P}(D_x)$ does not depend on the time variable t, we can easily see that the forward $\mathscr{G}$-well posedness does not depend on $\tau > 0$, hence we can simply say of the forward $\mathscr{G}$-well posedness without mentioning the interval $[0, \tau]$.

Making use of the Fourier transform with respect to the space variable x

$$v^{\natural}(\xi)=(2\pi)^{-m/2}\int_{R^m} e^{-i\xi\cdot x}u^{\natural}(x)dx, \qquad \xi=(\xi_1, \cdots, \xi_m)\in \boldsymbol{R}^m,$$

the Cauchy problem of the equation (1) can be formally reduced to that of the ordinary differential equation for the $\tilde{\mathscr{G}}$-valued unknown function of t, $v^{\natural}=v^{\natural}(t, \xi)$

$$(2) \qquad \partial_t v^{\natural}=\boldsymbol{P}(i\xi)v^{\natural},$$

where ξ is a parameter and $\tilde{\mathscr{G}}$ is the Fourier transform of $\mathscr{G}$.

It is known that for some function spaces, for example $\mathscr{G}=\mathscr{S}^k$ or $(\mathscr{D}_{L^2})^k$, the necessary and sufficient condition for the forward $\mathscr{G}$-well posedness of the equation (1) is given by the **Petrovski correctness** "*The real part of all eigen-values of the matrix* $\boldsymbol{P}(i\xi)$ *are bounded above for* $\xi\in\boldsymbol{R}^m$".

In this note we shall show that the *Petrovski correctness is necessary* for the forward $\mathscr{G}$-well posedness provided that

$$\mathscr{S}^k\subset\mathscr{G}\subset\mathscr{S}'^k.$$

When the independent space variable is one dimensional, $x\in\boldsymbol{R}^1$, we have already published the same result [3], using the property of algebraic function of a single independent variable. In this note we do not use the property of algebraic functions, but we use the complex integration formula

$$\exp(t\boldsymbol{P}(i\xi))=\frac{1}{2\pi i}\int_{\mathscr{C}} e^{t\zeta}(\zeta\boldsymbol{I}-\boldsymbol{P}(i\xi))^{-1}d\zeta.$$

Here we have also to mention that in 1974 Master Jun'ichi Sato has obtained the same result for the case of single equation

$$\partial_t u=P(D_x)u \quad (x\in\boldsymbol{R}^m,\ k=1),$$

which has not been published in printed journal.

2. Proposition and Lemmas

Let $\lambda_j(\xi)$ $(j=1, \cdots, k)$ be eigenvalues of the $k\times k$ matrix $\boldsymbol{P}(i\xi)$ and $\hat{\lambda}(\xi)$ be an eigen-value of $\boldsymbol{P}(i\xi)$ such that

$$\mathscr{R}e\,\hat{\lambda}(\xi)=\operatorname*{Max}_{1\leq j\leq k}\mathscr{R}e\,\lambda_j(\xi).$$

Then, *the Petrovski correctness of the equation* (1) *is equivalent to the existence of constants* C_0 *and* C_1 *such that*

$$(3) \qquad \mathscr{R}e\,\hat{\lambda}(\xi)\leq C_0+C_1\log(1+|\xi|) \qquad \text{for all } \xi\in\boldsymbol{R}^m \text{ (cf. [1]).}$$

As the Fourier transform is an isomorphic and homeomorphic mapping of $\mathcal{S}$ onto $\mathcal{S}$ and of $\mathcal{S}'$ onto $\mathcal{S}'$, we have only to prove the following proposition.

Proposition. *If the equation* (1) *is not Petrovski correct, we can construct a sequence* $\{\mathring{v}_n^{\downarrow}(\xi)\}_{n\in N}\subset C_0^\infty(\boldsymbol{R}^m)$ *such that* $\mathring{v}_n^{\downarrow}\to 0$ *in* $\mathcal{S}^k$ *as* $n\to\infty$, *but for the solution* $v_n^{\downarrow}=v_n^{\downarrow}(t,\xi)$ *of the equation* (2) *with the initial condition* $v_n^{\downarrow}(0,\xi)=\mathring{v}_n^{\downarrow}(\xi)$ *we have* $v_n^{\downarrow}(t,\xi)\not\to 0$ *in* $\mathcal{S}'^k$ *as* $n\to\infty$ *for* $t>0$, *where* $\boldsymbol{N}$ *denotes the set of all natural numbers and* C_0^∞ *denotes the set of all* C^∞*-functions with compact supports.*

For the proof of this proposition we shall give some lemmas previously.

Lemma 1. *There exist natural numbers* l_0, l_1 *and constants* C_0, C_1 *such that*

$$\|(\zeta\boldsymbol{1}-\boldsymbol{P}(i\xi))^{-1}\|\leqq C_0(1+|\xi|)^{l_0} \tag{1.1}$$

$$\|D_\xi(\zeta\boldsymbol{1}-\boldsymbol{P}(i\xi))^{-1}\|\leqq C_1(1+|\xi|)^{l_1}, \qquad (\xi\in\boldsymbol{R}^m,\ \zeta\in\boldsymbol{C}) \tag{1.2}$$

if $\mathrm{Min}_{1\leqq j\leqq k}|\zeta-\lambda_j(\xi)|=1$, *where the norm* $\|A\|$ *of a matrix* A *is defined by* $\|A\|=\sup\{|Av^{\downarrow}|;|v^{\downarrow}|=1\}$.

Proof. Cf. [4], p. 157.

Lemma 2. *With the same natural number* l_1 *and constant* C_1 *as in Lemma* 1, *we have*

$$\|D_\xi\exp(t\boldsymbol{P}(i\xi))\|\leqq C_1e^t(1+|\xi|)^{l_1}\|\exp(t\boldsymbol{P}(i\xi))\| \qquad \textit{for } t>0. \tag{2.1}$$

Proof. Let $\mathscr{C}_\xi$ be a closed curve (generally not connected) in the complex plane $\boldsymbol{C}$ with positive orientation such that

$$\mathscr{C}_\xi=\{\zeta\in\boldsymbol{C};\ \mathrm{Min}_{1\leqq j\leqq k}|\zeta-\lambda_j(\xi)|=1\}. \tag{2.2}$$

Then we have by the complex integration along $\mathscr{C}_\xi$

$$D_\xi\exp(t\boldsymbol{P}(i\xi))=\frac{1}{2\pi i}\int_{\mathscr{C}_\xi}e^{t\zeta}D_\xi(\zeta\boldsymbol{1}-\boldsymbol{P}(i\xi))^{-1}d\zeta \qquad \text{(cf. [4], p. 155).}$$

Thus, by Lemma 1,

$$\|D_\xi\exp(t\boldsymbol{P}(i\xi))\|\leqq\frac{1}{2\pi}C_1(1+|\xi|)^{l_1}\int_{\mathscr{C}_\xi}|e^{t\zeta}||d\zeta|. \tag{2.3}$$

But, as $|\zeta-\lambda_j(\xi)|=1$ with some j if $\zeta\in\mathscr{C}_\xi$, with $a_j^{\downarrow}(\xi)$ a normalized eigen-vector of $\boldsymbol{P}(i\xi)$ corresponding to the eigenvalue $\lambda_j(\zeta)$, we have for, $\zeta\in\mathscr{C}_\xi$, $t>0$,

$$\begin{aligned}|e^{t\zeta}|&\leqq e^{t\Re\lambda_j(\xi)+t}=e^t\,|e^{t\lambda_j(\xi)}a_j^{\downarrow}(\xi)|\\&=e^t\,|\exp(t\boldsymbol{P}(i\xi))a_j^{\downarrow}(\xi)|\leqq e^t\,\|\exp(t\boldsymbol{P}(i\xi))\|.\end{aligned}$$

Hence from (2.3) we get (2.1).

Lemma 3. *With the same natural number l_1 and constant C_1 as in Lemma* 1 *we have*

$$\|\exp(tP(i\xi'))-\exp(tP(i\xi))\|\leqq 2C_1e^t(2+|\xi|)^{l_1}|\xi'-\xi|\,\|\exp(tP(i\xi))\|, \tag{3.1}$$

if $t>0$ *and* $C_1e^t(2+|\xi|)^{l_1}|\xi'-\xi|<1/2$.

Proof. Let $\xi(s)=(1-s)\xi+s\xi'$ for $0\leqq s\leqq 1$ and put $Y(s)=\exp(tP(i\xi(s)))$. Then, by Lemma 2,

$$\begin{aligned}\left\|\frac{d}{ds}Y(s)\right\| &= \|D_\xi \exp(tP(i\xi(s)))(\xi'-\xi)\| \\ &\leqq C_1e^t(1+|\xi(s)|)^{l_1}\|Y(s)\|\cdot|\xi'-\xi|.\end{aligned} \tag{3.2}$$

But, as $|\xi(s)-\xi|\leqq|\xi'-\xi|$, we have from (3.2) putting $\eta=\mathrm{Max}_{0\leqq s\leqq 1}\|Y(s)-Y(0)\|$,

$$\eta\leqq C_1e^t(2+|\xi|)^{l_1}|\xi'-\xi|(\|Y(0)\|+\eta).$$

Therefore, if $C_1e^t(2+|\xi|)^{l_1}|\xi'-\xi|<1/2$, we get

$$\|Y(1)-Y(0)\|\leqq 2C_1e^t(2+|\xi|)^{l_1}|\xi'-\xi|\,\|Y(0)\|,$$

which shows (3.1).

Lemma 4. *With the same natural number l_0 and constant C_0 as in Lemma* 1, *we have*

$$\|\exp(tP(i\xi))\|\leqq kC_0e^t(1+|\xi|)^{l_0}e^{t\,\mathcal{R}e\,\lambda(\xi)} \qquad \textit{for } t>0. \tag{4.1}$$

Proof. As $\exp(tP(i\xi))=1/2\pi i\int_{\mathscr{C}_\xi}e^{t\zeta}(\zeta\mathbf{1}-P(i\xi))^{-1}d\xi$ and $|e^{t\xi}|\leqq e^{t\,\mathcal{R}e\,\lambda(\xi)}+t$ for $\zeta\in\mathscr{C}_\xi$, by Lemma 1 we get (4.1).

3. Proof of Proposition

1°. If the equation (1) is not correct, i.e., if there do not exist constants C_0 and C_1 such that (3) holds, we can find a sequence of points $\{\xi^{(n)}\}_{n\in N}\subset \boldsymbol{R}^m$ such that

$$\mathcal{R}e\,\lambda(\xi^{(n)})>n^3\log(1+|\xi^{(n)}|) \quad\text{and}\quad |\xi^{(n+1)}|>|\xi^{(n)}|+2. \tag{4}$$

Then we construct a sequence of initial values $\mathring{v}_n^{\downarrow}(\xi)$ by

$$\mathring{v}_n^{\downarrow}(\xi)=(1+|\xi^{(n)}|)^{-n^2}\rho_{\delta_n}(\xi-\xi^{(n)})a^{\downarrow}(\xi^{(n)}), \tag{5}$$

where $a^{\downarrow}(\xi)$ is a normalized eigen-vector of $P(i\xi)$ corresponding to the eigen-value

$\hat{\lambda}(\xi)$, and $\rho_\delta(\xi)=\delta^{-m}\rho_1(\delta^{-1}\xi)$ $(\delta>0)$ with $\rho_1(\xi)\in C_0^\infty(\boldsymbol{R}^m)$ such that $\rho_1(\xi)\geqq 0$, supp (ρ_1) $\subset\{\xi\in\boldsymbol{R}^m; |\xi|\leqq 1\}$, $\int\rho_1(\xi)d\xi=1$ and

$$(6)\qquad \delta_n=(1+|\xi^{(n)}|)^{-n}.$$

Thus we have $\mathring{v}_n^{\downarrow}\to 0$ in $\mathscr{S}^k$ as $n\to\infty$. Because for any multi-indices α, $\beta\in\boldsymbol{N}_0^m$ $(\boldsymbol{N}_0=\{0\}\cup\boldsymbol{N})$ we have

$$|\xi^\beta D_\xi^\alpha\mathring{v}_n(\xi)|\leqq\sup_{|\xi-\xi^{(n)}|\leqq\delta_n}|\xi^\beta|\cdot(1+|\xi^{(n)}|)^{-n^2}\delta_n^{-m-|\alpha|}C_\alpha,$$

where $C_\alpha=\sup_{|\xi|\leqq 1}|D_\xi^\alpha\rho_1(\xi)|$. Hence as $\delta_n\leqq 1$

$$|\xi^\beta D_\xi^\alpha\mathring{v}_n^{\downarrow}(\xi)|\leqq(1+|\xi^{(n)}|)^{-n^2+|\beta|+(m+|\alpha|)n}C_\alpha\to 0$$

uniformaly on $\boldsymbol{R}^m$ as $n\to\infty$.

2°. Now to prove that the sequence of the solutions $v^{\downarrow}=v_n^{\downarrow}(t,\xi)=\exp(t\boldsymbol{P}(i\xi))\mathring{v}_n^{\downarrow}(\xi)$ of the equation (2) with the initial values $v_n^{\downarrow}(0,\xi)=\mathring{v}_n^{\downarrow}(\xi)$ does not tend to zero in $\mathscr{S}'^k$ as $n\to\infty$ for $t>0$, we shall construct a function $\varphi^{\downarrow}(\xi)\in\mathscr{S}^k$ such that

$$\left|\int_{\boldsymbol{R}^m}v_n^{\downarrow}(t,\xi)\cdot\varphi^{\downarrow}(\xi)d\xi\right|\to\infty\qquad\text{for } t>0.$$

First consider a vector-valued step function

$$\psi^{\downarrow}(\xi)=(1+|\xi^{(n)}|)^{-n^2}a^{\downarrow}(\xi^{(n)})$$

for $|\xi|<|\xi^{(1)}|+1$ if $n=1$, but for $|\xi^{(n-1)}|+1\leqq|\xi|<|\xi^{(n)}|+1$ if $n\geqq 2$. And define a vector-valued C^∞-function $\varphi^{\downarrow}$ by $\varphi^{\downarrow}(\xi)=\rho_{1/2}*\psi^{\downarrow}(\xi)$. Then

$$(7)\qquad \varphi^{\downarrow}(\xi)=(1+|\xi^{(n)}|)^{-n^2}a^{\downarrow}(\xi^{(n)})\ \text{(constant)}\qquad\text{for } |\xi-\xi^{(n)}|<1/2,$$

and $\varphi^{\downarrow}\in\mathscr{S}^k$. Because for $|\xi^{(n-1)}|+1\leqq|\xi|<|\xi^{(n)}|+1$ we have

$$|\xi^\beta D_\xi^\alpha\varphi^{\downarrow}(\xi)|=|\xi^\beta|\cdot|D^\alpha\rho_{1/2}*\psi^{\downarrow}(\xi)|\leqq C'_\alpha|\xi^\beta||\psi^{\downarrow}(\xi)|\leqq C'_\alpha(1+|\xi^{(n)}|)^{-n^2+|\beta|}\to 0$$

as $|\xi|\to\infty$, where $C'_\alpha=\mathrm{Max}_{|\xi|\leqq 1/2}|D^\alpha\rho_{1/2}(\xi)|$.

Now we have

$$(8)\qquad \int_{\boldsymbol{R}^m}v_n^{\downarrow}(t,\xi)\cdot\varphi^{\downarrow}(\xi)d\xi=I+II,$$

where

$$I=\int_{\boldsymbol{R}^m}\{\exp(t\boldsymbol{P}(i\xi^{(n)}))\mathring{v}_n^{\downarrow}(\xi)\}\cdot\varphi^{\downarrow}(\xi)d\xi$$

and

$$II=\int_{R^m}\{\exp(tP(i\xi))-\exp(tP(i\xi^{(n)}))\}\mathring{v}_n^{\downarrow}(\xi)\cdot\varphi^{\downarrow}(\xi)d\xi.$$

As $\exp(tP(i\xi^{(n)}))a^{\downarrow}(\xi^{(n)})=e^{t\hat{\lambda}(\xi^{(n)})}a^{\downarrow}(\xi^{(n)})$ from (5) we have

$$\exp(tP(i\xi^{(n)}))\mathring{v}_n^{\downarrow}(\xi)=(1+|\xi^{(n)}|)^{-n^2}\rho_{\delta_n}(\xi-\xi^{(n)})e^{t\hat{\lambda}(\xi^{(n)})}a^{\downarrow}(\xi^{(n)}).$$

Hence by (7), as $\delta_n\leqq 1/2$,

$$(9)\qquad I=\int_{|\xi-\xi^{(n)}|\leqq\delta_n}(1+|\xi^{(n)}|)^{-2n^2}\rho_{\delta_n}(\xi-\xi^{(n)})e^{t\hat{\lambda}(\xi^{(n)})}d\xi=(1+|\xi^{(n)}|)^{-2n^2}e^{t\hat{\lambda}(\xi^{(n)})}.$$

As $|\xi^{(n)}|\geqq n$ and $C_1e^t(2+|\xi^{(n)}|)^{l_1}|\xi-\xi^{(n)}|<1/2$ for $|\xi-\xi^{(n)}|\leqq\delta_n=(1+|\xi^{(n)}|)^{-n}$ if n is sufficiently large, we get by Lemma 3 and (7)

$$\begin{aligned}|II|&\leqq\int\|\exp(tP(i\xi))-\exp(tP(i\xi^{(n)}))\|\,|\mathring{v}_n^{\downarrow}(\xi)|\cdot|\varphi^{\downarrow}(\xi)|\,d\xi\\&\leqq 2C_1e^t(2+|\xi^{(n)}|)^{l_1}\|\exp(tP(i\xi^{(n)}))\|\,(1+|\xi^{(n)}|)^{-2n^2}\\&\quad\times\int_{|\xi-\xi^{(n)}|\leqq\delta_n}|\xi-\xi^{(n)}|\,\rho_{\delta_n}(\xi-\xi^{(n)})d\xi\\&=2C_1e^t(2+|\xi^{(n)}|)^{l_1}(1+|\xi^{(n)}|)^{-2n^2}\delta_n\,\|\exp(tP(i\xi^{(n)}))\|.\end{aligned}$$

Thus, further by Lemma 4 and (6), if n is sufficioiently large,

$$|II|\leqq Ce^{2t}(2+|\xi^{(n)}|)^l(1+|\xi^{(n)}|)^{-2n^2-n}e^{t\mathfrak{Re}\hat{\lambda}(\xi^{(n)})},$$

where $C=2kC_1C_0$ and $l=l_1+l_0$. Hence by (4), if n is sufficiently large,

$$\begin{aligned}|I+II|&\geqq|I|-|II|\\&\geqq(1+|\xi^{(n)}|)^{-2n^2}e^{t\mathfrak{Re}\hat{\lambda}(\xi^{(n)})}\{1-Ce^{2t}(2+|\xi^{(n)}|)^l(1+|\xi^{(n)}|)^{-n}\}\\&>\tfrac{1}{2}(1+|\xi^{(n)}|)^{tn^3-2n^2}\to\infty\quad\text{as }n\to\infty\quad\text{for }t>0.\end{aligned}$$

Q.E.D.

After all we have established the following theorem.

Theorem. *Let* $\mathcal{S}^k\subset\mathcal{G}\subset\mathcal{S}'^k$, *where the topology of the space on the left side of* $\subset$ *is finer than or equal to that of on the right side of* $\subset$. *Then the Petrovski correctness is necessary for the Cauchy problem of the equation* (1) *to be forward* $\mathcal{G}$*-well posed.*

References

[1] Gårding, L., Linear hyperbolic partial differential equations with constant coefficients, Acta Math., **85** (1951), 1–62.

[2] Gelfand, I. M. and Shilov, G. E., *Generalized Function*, Vol. 3 (Translated from Russian), Academic Press, 1967.

[3] Furuya, H. and Nagumo, M., On the Cauchy problem for a system of linear partial differential equations with constant coefficients, Proc. Japan Acad., **53** (1977), 1–3.
[4] Nagumo, M., *Theory of Partial Differential Equations*, Asakura Publ. Co., 1974 (in Japanese).

nuna adreso:
Huruya, H.
Tokorozawa Kita High School
Tokorozawa, Saitama, Japan
Nagumo, M.
2-11-29, Midori-cho
Koganei-shi, Tokyo, Japan

(Ricevita la 6 de oktobro, 1978)

On some quasi ordinary differential equation

[Suugaku, 43 (1991) 266–268]

[I] Consider the following equation

$$\text{(EQ)} \qquad \frac{dy}{dx} = F(y) + \Phi[y] + f(x) \qquad (-\infty < x < \infty)$$

where

$$\Phi[y]_x = \int_0^\infty y(x-t)\omega(t)dt.$$

To state our problem we begin with a definition of a family of $\mathcal{F}_Q$.

Family of functions $\mathcal{F}_Q$. $\mathcal{F}_Q$ is a set of continuous functions (real or complex valued) $y(x)$ with real x varying on $(-\infty, \infty)$ which satisfy the following condition:

$y \in \mathcal{F}_Q$ (where Q is a positive real number) means $y = y(x)$ is a continuous function for $x \in (-\infty, \infty)$ such that there exists a constant $\|y\| \geq 0$ (norm) defined by

$$\text{(O)} \qquad \sup_{x \in (-\infty,\infty)} |y(x)|e^{-Qx} = \|y\| < \infty$$

Specifically, $\mathcal{F}_Q$ is a set of continuous functions such that there exists a constant $\beta \geq 0$ satisfying

$$|y(x)| \leq \beta e^{Qx} \qquad (-\infty, \infty).$$

In the above the minimum value among β is $\|y\|$ which satisfies $\|y\| \leq \beta$.

Particularly $\|y\| = 0$ is equivalent to $y(x) = 0$ (identically).

Lemma 1. *$\mathcal{F}_Q$ is linear. That is*

i) *$y \in \mathcal{F}_Q$ leads to $cy \in \mathcal{F}_Q$ and $\|cy\| = |c|\|y\|$ holds.*

ii) *$y_1, y_2 \in \mathcal{F}_Q$ leads to $y_1 + y_2 \in \mathcal{F}_Q$ and*

$$\|y_1 + y_2\| \leq \|y_1\| + \|y_2\|.$$

The proof is omitted.

Lemma 2. *$\mathcal{F}_Q$ is a complete normed space. That is if*

$$\lim_{\substack{n\to\infty\\ m\to\infty}} \|y_n - y_m\| = 0 \quad \text{for} \quad y_n \in \mathcal{F}_Q$$

then there exists $y_\infty \in \mathcal{F}_Q$ uniquely such that

$$\lim_{n\to\infty} \|y_n - y_\infty\| = 0.$$

The proof is omitted.

Lemma 3. *Let be*

$$y_t(x) = y(x-t), \quad t \in (-\infty, \infty).$$

Then $y_t \in \mathcal{F}_Q$ and $\|y_t\| = \|y\|e^{-Qt}$ holds.

Proof. By (O) (and $x - t \in (-\infty, \infty)$) we have

$$\sup_{-\infty<x<\infty} \{|y(x-t)|e^{-Q(x-t)}\} = \|y\|.$$

Hence we obtain

$$\sup |y_t(x)|e^{-Qx} = \|y\|e^{-Qt}, \quad y_t \in \mathcal{F}_Q.$$

□

Lemma 4. *For $y \in \mathcal{F}_Q$ let be*

$$(J_y)_x = \int_{-\infty}^{x} y(\xi)d\xi.$$

Then we have

$$J_y \in \mathcal{F}_Q, \quad \|J_y\| \leq Q^{-1}\|y\|.$$

Proof. As

$$\int_{-\infty}^{x} |y(\xi)|d\xi \leq \int_{-\infty}^{x} \|y\|e^{Q\xi}d\xi = \|y\|Q^{-1}e^{Qx},$$

we have $J_y \in \mathcal{F}_Q$, $\|J_y\| \leq Q^{-1}\|y\|$. □

[II] For the equation (EQ) we consider the following problem.

(1) $y \in \mathcal{F}_Q$

(2) $F(y)$ is continuous funcion of y (whol domain of real number or complex number) such that

$$|F(y_1) - F(y_2)| \leq L|y_1 - y_2|, \quad \text{and} \quad F(0) = 0$$

hold for some non-negative constant L.

(3) $\omega(t)$ in the domain of $\Phi[y]$ is continuous on $0 \leq t < \infty$ and has

$$\int_0^{\infty} |\omega(t)|dt = K\ (finite)\ \geq 0.$$

(4) $f(x)$ in the right hand side of (EQ) belongs to $\mathcal{F}_Q$.

Under these conditions we consider solution of (EQ). By the following Lemma 5 and 6 $F(y), \Phi[y]$ and f belong to $\mathcal{F}_Q$. The problem we consider is that of the existence and the uniqueness of solution of

(5) $$y(x) = \int_{-\infty}^{x} F(y)_\xi d\xi + \int_{-\infty}^{x} \Phi[y]_\xi d\xi + f(x).$$

Observe that the right hand side of (5) belongs to $\mathcal{F}_Q$ for $y \in \mathcal{F}_Q$ (by Lemma 4).

Here we state Lemma 5 and 6.

Lemma 5. *If $y_1, y_2 \in \mathcal{F}_Q$ then we have*

$$|F(y_1) - F(y_2)| \leq L\|y_1 - y_2\|e^{Qx} \quad (-\infty, \infty)$$

and

$$\left|\int_{-\infty}^{x} \{F(y_1) - F(y_2)\}_\xi \, d\xi\right| \leq L\|y_1 - y_2\|Q^{-1}e^{Qx} \quad (-\infty, \infty).$$

Remark. If $y_1 = y$ and $y_2 = 0$ then we have $F(y) \in \mathcal{F}_Q$ and

$$\int_{-\infty}^{x} F(y)_\xi d\xi \in \mathcal{F}_Q.$$

Proof. By $y_1, y_2 \in \mathcal{F}_Q$

$$|F(y_1)_x - F(y_2)_x| \leq L|y_1 - y_2|_x \leq L\|y_1 - y_2\|e^{Qx} \quad (-\infty, \infty)$$

holds. Hence we have

$$\left|\int_{-\infty}^{x} \{F(y_1)_\xi - F(y_2)_\xi\} \, d\xi\right| \leq L\|y_1 - y_2\| \int_{-\infty}^{x} e^{Q\xi} d\xi$$
$$= L\|y_1 - y_2\|Q^{-1}e^{Qx}. \quad (-\infty, \infty)$$

□

Lemma 6. *$\Phi[y]$ is a bounded linear operator from $y \in \mathcal{F}_Q$ to $\Phi[y]$ such that*

$$|\Phi[y]_x| \leq K\|y\|e^{Qx} \quad (-\infty, \infty)$$

and

$$\left|\int_{-\infty}^{\xi} \Phi[y]_\xi d\xi\right| \leq KQ^{-1}e^{Qx}\|y\|$$

holds.

Proof. By Lemma 3 we obtain

$$y(x-t) = y_t \in \mathcal{F}_Q \quad \text{and} \quad |y(x-t)| \le \|y\| e^{Qx} e^{-Qt}.$$

Hence we have

$$\int_0^\infty |y(x-t)||\omega(t)|dt \le \|y\| e^{Qx} \int_0^\infty e^{-Qt}|\omega(t)|dt.$$

And as is $0 < e^{-Qt} \le 1 \quad (0 \le t < \infty)$, we obtain

$$\int_0^\infty e^{-Qt}|\omega(t)|dt \le K.$$

Therefore we obtain

$$|\Phi[y]_\xi| \le \|y\| K e^{Qx}.$$

Furthermore we have also

$$\begin{aligned} \left| \int_{-\infty}^x \Phi[y]_\xi d\xi \right| &\le \|y\| K \int_{-\infty}^x e^{Q\xi} d\xi \\ &= \|y\| K Q^{-1} e^{Qx}. \end{aligned}$$

□

[III] First of all we deal with *the uniqueness of solution.* $y_1, y_2 \in \mathcal{F}_Q$ are solutions of (5), then we have by Lemma 5 and 6

$$\begin{aligned} |y_1 - y_2| &\le \int_{-\infty}^x |F(y_1) - F(y_2)|_\xi d\xi + \int_{-\infty}^x \Phi[y_1 - y_2]_\xi d\xi \\ &\le \|y_1 - y_2\| L Q^{-1} e^{Qx} + \|y_1 - y_2\| K Q^{-1} e^{Qx} \\ &= Q^{-1}(L+K) e^{Qx} \|y_1 - y_2\|. \end{aligned}$$

And hence we have

$$\|y_1 - y_2\| \le Q^{-1}(L+K)\|y_1 - y_2\|$$

By taking

$$Q > L + K \tag{6}$$

we have $Q^{-1}(L+K) < 1$, which leads to $\|y_1 - y_2\| = 0$, that is $y_1 = y_2$. This is *the unique solution of* (5).

Next on *the existence of solution.* For $y \in \mathcal{F}_Q$ we define $G[y]$

$$G[y]_x = \int_{-\infty}^x F(y)_\xi d\xi + \int_{-\infty}^x \Phi[y]_\xi d\xi.$$

Let be

$$\varphi_0(x) = \int_{-\infty}^{x} f(\xi)d\xi.$$

Then we have $\varphi_0 \in \mathcal{F}_Q$. Define $\varphi_n(x)$ successively

(7) $$\varphi_{n+1}(x) = G[\varphi_n]_x + \varphi_0(x) \quad (n = 0, 1, 2, \cdots)$$

(successive approximation). Then $\varphi_n(x) \in \mathcal{F}_Q$, and by Lemma 5 and 6 we have

$$\begin{aligned} |\varphi_{n+1} - \varphi_n| &= |G[\varphi_n]_x - G[\varphi_{n-1}]_x| \\ &\leq \int_{-\infty}^{x} |F(\varphi_n)_\xi - F(\varphi_{n-1})_\xi| d\xi + \int_{-\infty}^{x} |\Phi[\varphi_n - \varphi_{n-1}]| d\xi \\ &\leq Q^{-1}(L+K)e^{Qx}\|\varphi_n - \varphi_{n-1}\| \quad (n = 1, 2, \cdots). \end{aligned}$$

Here taking $Q^{-1}(L+K) = P$ we have

$$\|\varphi_{n+1} - \varphi_n\| \leq P\|\varphi_n - \varphi_{n-1}\|.$$

Therefore

$$\|\varphi_{n+1} - \varphi_n\| \leq P^n\|\varphi_1 - \varphi_0\|.$$

Under (6), we have $P < 1$. Because of

$$\varphi_{n+1}(x) = \varphi_0(x) + \sum_{\nu=0}^{n} (\varphi_{\nu+1} - \varphi_\nu)_x$$

$\varphi_n(x)$ converges in $\mathcal{F}_Q$ (with respect to the norm). Set

$$\lim_{n\to\infty} \varphi_n(x) = Y(x).$$

We conclude that $y = Y(x)$ is a solution of (5), that is of (EQ), (the unique solution under (6)) in $\mathcal{F}_Q$.

Remark that $y = Y(x - \alpha)$ in a solution of (EQ) with $f(x - \alpha)$ as the right hand side when $y = Y(x)$ is a solution in $\mathcal{F}_Q$ of (EQ) (regardless of (6) which is a sufficient condition for the uniqueness of solution).

And if $y = 0$ $(-\infty < x < \infty)$ is a solution of (EQ), then necessarily $f(x) = 0$ $(-\infty < x < \infty)$ follows. But when $f(x) = 0$ (identically), it is not necessary that a solution y of (EQ) in $\mathcal{F}_Q$ is $y(x) = 0$ (identically) (in the case of not supposing (6)). This fact will be stated later.

[IV] Supplement.

Lemma 7. *Let $u(x)$ be continuous on $(-\infty, \infty)$ and*

$$u(x) = 0 \quad \text{for} \quad x \leq \alpha$$
$$|u(x)| \leq \overline{u}e^{\beta x} \quad \text{for} \quad x > \alpha,$$

where β and $\overline{u}$ are constants satisfying $0 \leq \beta \leq Q$ and $\overline{u} \geq 0$ respectively. Then $u \in \mathcal{F}_Q$ and

$$\|u\| \leq \overline{u}e^{(\beta-Q)\alpha}$$

hold. In particular, if $u(x)$ is bounded in $\alpha < x$, then $u \in \mathcal{F}_Q$ and

$$\|u\| \leq \overline{u}e^{-Q\alpha} \quad (\beta = 0)$$

hold.

Corollary. *If a solution of (EQ) $y(x)$ is equal to 0 for $x \leq \alpha$, then the right hand side $f(x)$ of (EQ) is necessarily equal to 0 for $x \leq \alpha$. Conversely if $f(x)$ is equal to 0 for $x \leq \alpha$ under the condition (6), then the solution $y(x)$ in $\mathcal{F}_Q$ of (EQ) is equal to 0 for $x \leq \alpha$.*

Proof. For a solution $y = y(x)$ such that $y(x) = 0$ for $x \leq \alpha$ we have $y(x-t) \equiv 0$ because of $x - t \leq \alpha$ for $t \geq 0$. Hence we have $F(y) = 0$, $\Phi[y]_x = 0$ and $\dfrac{dy}{dx} = 0$ $(x \leq \alpha)$. Therefore it is necessary that $f(x) = 0$ for $x \leq \alpha$. Conversely, assume $f(x) = 0$ for $x \leq \alpha$ and the condition (6). Then for the sequence of functions $\varphi_n(x)$ defined by (7) we have $\varphi_0(x) = 0$ for $x \leq \alpha$. And successively $\varphi_n(x) = 0$, $\quad n = 1, 2, \cdots$ are derived. Therefore the solulion $y(x) = \lim_{n\to\infty} \varphi_n(x)$ is equal to 0 for $x \leq \alpha$.

[V] Now we will state here the problem which has inspired us to consider the problem considered in the above. The equation we considered originally is

$$\text{(8)} \qquad \frac{dy}{dx} = ay + \int_0^\infty y(x-t)\omega(t)dt$$

where $\omega(x)$ satisfies the condition in (3) of [II]. The problem considered in this section is to find a solution that is to exist on $-\infty < x < \infty$ and bounded on $-\infty \leq x < 0$. For trial we put $y = e^{\lambda x}$ into (8) for $\omega(x) \geq 0$. Let be

$$\phi(\lambda) = \int_0^\infty e^{-\lambda t}\omega(t)dt, \qquad \mathrm{Re}(\lambda) \geq 0$$

and

$$\text{(9)} \qquad \lambda = a + \phi(\lambda).$$

Then we have $\phi(\lambda)$ is continuous on $\mathrm{Re}(\lambda) \geq 0$, $|\phi(\lambda)| \leq K$ and analytically regullar on $\mathrm{Re}(\lambda) > 0$. Furthermore $\phi(0) = K$ and $\lim_{\mathrm{Re}(\lambda)\to\infty} \phi(\lambda) = 0$ hold. However we can not find a solution λ of (9). Therefore we confine ourselves to consider the problem for real case.

Let us consider the graph of

$$y = a + \phi(\lambda)$$

for $a \geq 0, \quad \lambda \geq 0$.

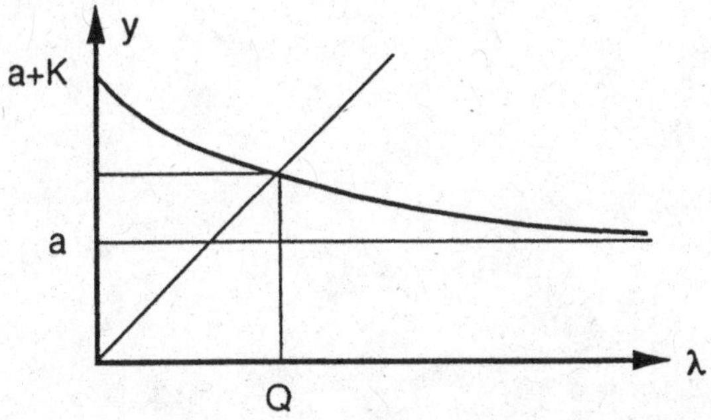

As ϕ is monotone decreasing on $0 \leq \lambda < \infty$ such that $\phi(0) = K$, $\phi(+\infty) = 0$, we have the graph in the above. We obtain the unique point of intersection $\lambda = Q \geq 0$ between $y = \lambda$ and the right hand side $y = a + \phi(\lambda)$ of (9). Therefore not only $y = e^{Qx}$ but also $y = ce^{Qx}$ (c : constant) are solution of (8). The problem remained is whether the solution (8) but $y = ce^{Qx}$ exists or not.

It seems for us that 'Fourier-Laplace transform' may be necessary. But we have never learnd it yet.

Therefore in this note we have confined ourselves to the uniqueness of solution. We set ay in (8) in the form $F(y)$, and add $f(x)$ in the right hand side of (8) in order that $y(x) = 0$ is not the only solution of (8). And then we have obtained the result of this note. On the contrary the solution $y = e^{Qx}$ of (8) is a function belonging to $\mathcal{F}_Q$ but is excluded from set of solutions of (EQ) ($f(x) = 0$ identically). We regret the alternative.

Still more we can take the value of y in a vector space (of finite dimension) or in a Banach space, with real independent variable $x: \ -\infty < x < \infty$. And we replace absolute values of y and others by the norm $||y||$ and $F(y)$ by a bounded linear operator A_y (not necessarily linear) and $\phi(y)$ by

$$\Phi[y] = B \int_0^\infty y(x-t)\omega(t)dt$$

where B is a bounded linear operator. And the condition (6) can be replaced by

$$Q > \|A\| + \|B\| K,$$

where $\|A\|$ and $\|B\|$ is the operator norm of A and B respectively. Under these replacement we can obtain the same as in this note.

As I am not a so hard worker by nature and in addition have been growing senile, I should be very happy if I am learned anything around these problems treated in this note by intelligent people.

(Submitted Aug. 16, 1990)

(Translated from Japanese by A. Tsutsumi)

Appendices

On articles of Mitio Nagumo in the theory of ordinary differential equations

YASUTAKA SIBUYA

Papers of Mitio Nagumo on ordinary differential equations (in this volume) are 1–9, 11–14, 16, 23–25, 27–32, 43, and 53. They can be divided into twelve groups as follows:

1. (1, 4, and 16): In these papers the well-known Nagumo's uniqueness conditions are given and explained. In paper 16, this condition is looked at from the point of view of convergence of successive approximations and comparison theorems.

2. (3 and 6): In these papers, fundamental existence, uniqueness and dependence on data of solutions of an initial-value problem whose right-hand member $f(t,x)$ is not continuous with respect to t and x are studied. More precisely speaking, in paper 3 the case when f is discontinuous in x is investigated. In paper 6, the difference of solution $\vec{x}(t)$ and $\vec{y}(t)$ of two systems of differential equations $\frac{d\vec{x}}{dt} = \vec{f}(t,\vec{x})$ and $\frac{d\vec{y}}{dt} = \vec{F}(t,\vec{y})$ is studied in case when $\vec{f}$ and $\vec{F}$ satisfy the Carathéodory conditions and the integral $\int_a^t [\vec{f}(t,\vec{x}) - \vec{F}(t,\vec{x})]dt$ is small for each fixed $\vec{x}$.

3. (5 and 14): These papers concern the Kneser theorem. Let R be the attainable set from a given point P_0 by solution curves of a system of differential equations: $\frac{d\vec{x}}{dt} = \vec{f}(t,\vec{x})$, where $\vec{f}$ is continuous. The main results of paper 14 (joint with M.Hukuhara) are

(1) for a given point P on the boundary of R, there exists a solution curve which joins points P_0 and P on the boundary of R;

(2) the solution curve joining P_0 and P on the boundary may go into the interior of R after passing through P; such an example is constructed.

(3) even though any sections of R by a plane t =a constant are continuums, such sections are not necessarily simply connected; such an example is constructed.

4. (8, 9, and 11): In these papers, fundamental theorems concerning ordinary differential equations whose right-hand members depend on a certain vector-valued function $\vec{u}(t)$ are studied under the assumption that $\vec{u}(t)$ is either piecewise continuous or absolutely integrable. These papers can be used in the study of modern optimal control theory.

5. (27): A deep analysis concerning an extension of solutions of ordinary differential equations is given in this paper. The problem is to give a necessary and sufficient condition that every solution with its initial-point in a set E remains in E for $t \geq 0$.

6. (2 and 7): These papers concern oscillation of solutions of linear differental equations. The main problem is a lower bound of the length of an interval on which a non trivial solution of an n-th order linear homogeneous differential equation can admit n zeros. It is also proved that there exists a nontrivial solution of an n-th order linear homogeneous differential equation such that it admits $n-1$ prescribed zeros. Uniqueness of such solutions is discussed.

7. (12 and 13): In these papers (joint with M.Hukuhara), asymptotic behavior of solutions of linear differential equations as the independent variable tends to infinity is systematically studied. In paper 13, a quite general result concerning nonlinear cases is derived and is used in the study of linear cases.

8. (23, 28, 29, 30, 31): In these papers, the well-known Nagumo method for solving nonlinear boundary-value problems by using upper and lower functions is given and explained. In papers 23 and 28, nonlinear differential equations of second order are treated. In papers 29, 30 and 31, a system of differential equations $\frac{d\vec{x}}{dt} = \vec{f}(t, \vec{x})$ is considered. Let $x_1, \cdots ; x_n$ be n entries of $\vec{x}$. The main problem in these papers is to establish existence and uniqueness of solution $\vec{x}(t)$ which satisfies a condition: $x_j(t_j) = a_j$ $(j = 1, \cdots, n)$ for a prescribed $\{t_1, \cdots, t_n; a_1, \cdots, a_n\}$. This problem is also treated by the method of "upper" and "lower" functions in real and complex cases.

9. (25): This paper treats a problem of singular perturbations systematically. The main problem is behavior of solutions of $\lambda y'' + f(x, y, y', \lambda) = 0$ as $\lambda \to 0$. When this paper was published, singular perturbations did not exist.

10. (43): In this paper (joint with K.Isé), a normal form of a system of nonlinear ordinary differential equations at a critical point is derived under an assumption that the right-hand members are only differentable with respect to variables. This problem was studied extensively by many mathematicians such as Poincaré under the assumption that the right-hand members were analytic. The main problem in this paper is to derive a normal form under an assumption weaker than analycity. The method in this paper is quite different from the traditional analysis based on analyticity.

11. (24): Let $v(\vec{x}, y)$ be a continuously differentiable function in a domain: $0 \leq y \leq a, a_j + Ay \leq x_j \leq b_j - Ay$, where $\vec{x} = (x_1, \cdots, x_n)$ and $a_j < b_j$. If

$$\left|\frac{\partial v}{\partial y}\right| \leq A \sum_{n=1}^{n} \left|\frac{\partial v}{\partial x_j}\right| + B|v| + C, \qquad |v(\vec{x}, 0)| \leq M \; ,$$

where A, B, C and M are positive constants, then

$$|v(\vec{x}, y)| \leq Me^{By} + \frac{C}{B}\left(e^{By} - 1\right) .$$

This is Haar's inequality. In this paper, Haar's inequality is derived from a general comparison theorem concerning first order partial differential equations. Haar's inequality can be regarded as a generalization of the Gronwall inequality and utilized to study uniqueness of solutions of first order partial differential equations.

12. (32 and 53): These papers are originarily written in Japanese. In paper 32, existence, uniqueness and asymptotic stability of periodic solutions of a second order nonlinear ordinary differential equation of the form:

$$\frac{d^2x}{dt^2} + a(x)\frac{dx}{dy} + \phi(x) = f(t)$$

are investigated. The method is based on various properties of the function: $P(x, y) = \left(\frac{1}{2}\right)\left(y^2 + (y - A(x))^2\right) + \Phi(x)$, where $A(x) = \int_0^x a(\xi)d\xi$ and $\Phi(x) = \int_0^x \phi(\xi)d\xi$, and a suitably defined length of curves in the (x, y)-plane. Paper 53 is an evidence that Mitio Nagumo is still active. In this paper, he considers an equation: $\frac{dy}{dx} = F(y) + \Phi[y] + f(x)$ $(-\infty < x < +\infty)$, where $\Phi[y]_x = \int_0^\infty y(x-t)\omega(t)dt$, under the following assumptons:

(1) $|F(y_1) - F(y_2)| \leq L|y_1 - y_2|$ for some nonnegative constant L, and $F(0) = 0$,
(2) $\int_0^\infty |\omega(t)|dt = K < +\infty$,
(3) there exists a positive constant Q such that $f(x)e^{-Qx}$ is bounded on the interval $-\infty < x < +\infty$.

He shows that, if $Q > L + K$, then there exists one and only one solution $y(x)$ such that $y(x)e^{-Qx}$ is bounded on the interval $-\infty < x < +\infty$. He also remarks that a homogeneous equation: $\frac{dy}{dx} = ay + \int_0^\infty y(x-t)\omega(t)dt$ admits a nontrivial solution $y = e^{Qx}$ if we choose a positive number Q suitably. Here, he assumes that $a > 0$ and $\omega(x) \geq 0$. Naturally, $0 < Q < a + K$.

Paintings on the ceiling of the Sistine Chapel of the Vatican are a work of Buonarroti Michelangelo and his apperentices. Works of Mitio Nagumo are not masterpieces of this category. Mitio Nagumo is a medicineman in the sense of native american jargon. He talks about his vision which came to him through intensive searching. He is an excellent talker. Listen to him carefully. you will feel his joy and frustration. Hopefully, the reader will enjoy reading these articles.

On articles of Mitio Nagumo in the theory of partial differential equations

SIGERU MIZOHATA

Papers of Mitio Nagumo on partial differential equations (in this volume) are 22, 26, 35, 36, 40–42, 44, 48, 49, 51, 52. They can be divided into six groups as follows:

1. (22): Nagumo proposes his view-point on the analytic treatment of the continuous linear transformations defined in a linear metric space. Here metric means a norm $|A|$ defined for all continuous linear transformations A. The basic notions of infinitesimal calculus and Cauchy's integral formula are extended to this metric ring, and several basic problems are treated clearly under minimum assumptions. Although the facts stated here are now popular, this paper is worth of reading.

2. (26): This paper, published in 1942, gives a great influence to the development of nonlinear partial differential equations. In this paper, the classical Cauchy-Kowalewski theorem is treated from a new view point, and a powerful result is obtained. Namely he starts from the assumption that the given nonlinear partial differential equation is analytic in the space variable x but merely continuous in the time variable t. He proves that there exists a unique solution $u(x,t)$ which is continuously differentiable in t with values in analytic functions in x. The theorem proved here is now called Nagumo's theorem. The extension of Nagumo's theorem begins with the works of T.Yamanaka (1960), L.V.Ovsjannikov (1965), I.M.Gelfand & C.E.Silov (1967), and F.Treves (1968) etc., and further development was achieved by L.Nirenberg (1972) and T.Nishida (1977). The references [1], [2], [3] cited at the end give informations on this subject including its applications.

3. (35, 36, 40 and 49): These papers concern the study of elliptic and parabolic equations. The first three papers concern nonlinear problems, and paper 49 concerns an extension of second order elliptic operators.

Paper 35 (joint with Simoda) gives, for homogeneous second order elliptic equations, a sufficient conditon for the non-existence of bounded non trivial solutions on all of R^m. In the introduction it is shown that for the equation of a form

$$\Delta u - c(x)u = 0,$$

the condition $c(x) > 0$ is not enough to guarantee the non-existence of the non trivial bounded solution. They study the elliptic equation of the form

$$\sum a_{ij}(x)\partial^2_{ij}u + \sum b_k(x)\partial_k u - c(x)u = 0,$$

$x = (x_1, ..., x_m)$, with $c(x) > 0$.
By using a suitable auxiliary function $H(x)$, they state a theorem for non-existence under a form of comparison theorem. The argument is very interesting and can be applied also to nonlinear equations.

Paper 36 gives a comparison theorem for parabolic equations. The argument is almost the same as in paper 35.

In paper 40, Nagumo treats the existence theorem for the first boundary-value problem for the elliptic eqation of the form:

$$\sum a_{ij}(x)\partial^2_{ij}u = f(x, u, \partial_i u). \tag{*}$$

This is a very elaborated work and it contains important principles for resolution of problems of this kind. He starts from Schauder's result, and assumes the existence of two functions $\overline{\omega}, \underline{\omega}(x)$, which he calls quasi-supersolution (-subsolution) of the equation (*), satisfying some inequalities. Assuming for f, $|f(x, u, p)| \leqq B|p|^2 + T$, the existence theorem is obtained with a supplementary condition. This work was developed later by Y. Hirasawa, K. Akô, and H. Kusano etc,. For further development see reference [4].

4. (41, 42): These concern hyperbolic systems.

Paper 41 is joint work with Y.Anasako. It treats the Cauchy problem for the semi-linear hyperbolic systems in two independent variables. They follow the method of Perron, but the assumption on the coefficients are relaxed. Namely for the strictly hyperbolic system

$$\partial_x u_i = \sum_{j=1}^{k} \lambda_{ij}(x, y)\partial_y u_j + f_i(x, y, u), \quad (1 \leqq i \leqq k).$$

They assume that $\lambda_{ij} \in C^2$ (except that $\partial^2_{xx}\lambda_{ij}(x, y)$ need not exist), and that $f_i(x, y, u) \in C^1$ (except that $\partial_x f_i$ need not exist). Then for the initial data $u_i(0, y) = \varphi_i(y) \in C^1$, there exists a unique solution $u(x, y) \in C^1$.

Paper 42 treats the Cauchy problem for general hyperbolic systems. In it the outline of the argument is shown. However the paper describing the detailed argument is not found in the list of articles.

5. (44, 48): These concern the theory of perturbation for evolution equations. In paper 48 Nagumo proposes his view-point on perturbation problems in general Banach spaces. The description is very clear and new notions are introduced.

These two papers will serve as a good guide for research on concrete problems.

6. (51, 52): These papers (joint with H.Furuya) are concerned with the initial-value problem for partial differential equations with constant coefficients. The problem is to give a criterion of the well-posedness in any topological vector space $\mathcal{G}$ satisfying $(\mathcal{S}) \subset \mathcal{G} \subset (\mathcal{S}')$. By using Fourier transformation, it is shown that the Hadamard condition is necessary and sufficient for that problem. These papers are very interesting.

References

[1] L. Nirenberg, *An abstract form of nonlinear Cauchy-Kowalewski theorem*, J. Diff. Geom. **6** (1972), 561-576.

[2] T. Nishida, *A note on a theorem of Nirenberg*, J. Diff. Geom. **12** (1977), 629-633.

[3] T. Kano and T. Nishida, *Sur les ondes de l'eau avec une justification mathématique des équations des ondes en eau peu profonde*, J. Math. Kyoto Univ **19-2** (1979), 335-370.

[4] K. Schmitt, *Boundary value problems for quasi-linear second order elliptic equations*, Nonlinear Analysis, Methods & Applications **2-3** (1978), 263-309.

On Mitio Nagumo's miscellaneous mathematical papers

MASAYA YAMAGUTI

Professor Mitio Nagumo has obtained many remarkable results in the fields of ordinary and partial differential equations. But he is also very talented in mathematical theory of somewhat abstract mathematical topics like functional spaces or topological linear spaces. His most famous pioneering work is about the analytic treatment of Operators on Banach Space:(paper 22) as Professor S. Mizohata already mentioned. Since 1929, he worked in this direction. We can divide his miscellaneous papers into four groups as follows:

1. (15, 17–19 and 21): In these papers, he studied "mean value" and its generalization. Paper 15 defined a very general notion of mean value using a function $\phi(\chi)$ which is monotone increasing continuous in the interval [a,b]

$$\mu(\chi_1, \chi_2, \cdots, \chi_n) = \phi^{-1} \sum_{i=1}^{n} \frac{\phi(\chi_i)}{n}. \qquad (*)$$

He got a necessary and sufficient condition for μ which takes the form (*) for one fixed function. Adding another condition to the above, he got the usual arithmetic mean and geometric mean of the numbers $\chi_1, \chi_2, \cdots, \chi_n$ as two special cases.

In paper 17, he considered some combinatorial properties of linear real combinations of real vectors in the Euclidean plane. He succeeded in obtaining a remarkable theorem which enables us to characterize the usual center of gravity and its topological isomorphism.

In paper 18, he treated linear combinations of vectors with complex components. His theorem is the following : Let G be the group of linear transformation $\mathbf{R}_n \to \mathbf{R}_n$. We suppose that there is a topological isomorphism $T: \mathbf{R}_n \to \mathbf{R}_n$ such that $T^{-1}GT = G$, Then T is a linear transformation of $\mathbf{R}_n$ or T is an operator such that $T\chi = T_1\overline{\chi}$. Here $\overline{\chi}$ is a complex conjugate of a vector χ , and T_1 is another linear operator of $\mathbf{R}_n$.

In paper 19, he discussed a generalization of mean value as a generalization of the principle of the least square. He attached a number,

$$M_\phi(\xi_1, \xi_2, \cdots, \xi_n),$$

for numbers as the minimum of the following quantity:

$$\sum_{i=1}^{n} \phi(|\chi - \xi|),$$

here $\phi(\chi)$ is a continuous monotone function for $\chi \geq 0$.

In paper 21, he found a well-known fact about Hilbert space: The necessary and sufficient condition for a linear metric space with an inner product to be a Hilbert space. This result happened to be the same as a result found by P. Jordan and J von Neumann in the same year.

These papers mentioned above are a kind of series of preparations for his most famous paper 22.

2. (34, 37–39): In these papers, he developed a very original approach to the notion of degree of mapping defined first by Brouwer. He used infinitesimal calculus. This result is very valuable for mathematicians in the fields of analysis. They can use this notion very freely due to Nagumo's results.

3. (45–47, [a54]): In these papers, he tried to study the retopologization of some functional space for which an unbounded operator becomes a bounded operator for the new topology.

4. (10, 20, [A32], [A33], 33, [A35], [A36], [A38], 50): In paper 10, he found a necessary and sufficient condition for the sequence of functions to be uniformly summable. Also, he applied this to one variational problem.

On the life and works of Mitio Nagumo by Sigeru Mizohata and Michihiro Nagase

Professor Mitio Nagumo was born on the 7th of May, 1905 (in the late Meiji Era). The following is a brief chronological record of his life as a mathematician:

1927	First paper, on the uniqueness of ordinary differential equations, published
March 1928	Graduated from the Department of Mathematics, Faculty of Science, Imperial University of Tokyo
March 1931	Appointed Lecturer at Faculty of Technology, Imperial University of Kyushu
February 1932	Visited Göttingen
March 1934	Returned from Göttingen, appointed Lecturer at the Department of Mathematics, Faculty of Science, Imperial University of Osaka
September 1934	Appointed Associate Professor at the Imperial University of Osaka
June 1934	First volume of a private mimeographed journal *Zenkoku Shijou Suugaku Dannwakai* (Journal of Pan-Japan Mathematics Colloquium), published
March 1936	Appointed Professor at Faculty of Science, Imperial University of Osaka
March 1937	Recieved the degree of Doctor of Science from the Imperial University of Tokyo
May 1960	Visited the Universidade do Rio Grande do Sul, Brazil On the way to Brazil, visited the Courant Institute, New York
June 1961	Returned from Brazil
June 1963	Visited the National Tsing Hua University in Taiwan
July 1964	Returned from Taiwan
December 1966	Retired from the Imperial University of Osaka
January 1967	Recieved the title of Honorary Professor at the Imperial University of Osaka
December 1966	Appointed Professor at Faculty of Science and Technology,

	Sophia University, Tokyo
March 1976	Retired from Sophia University (reached, mandatory retirement age)

Following this chronological record, let us trace his mathematical life.

Professor Nagumo began his mathematical career as an active researcher in differential equations under the late Professor Takuji Yosie at the Imperial University of Tokyo, which, at that time, was one of the most active places in the world in the field of differential equations. His first paper was published in 1926 when he was a 21-year-old student. In this paper he gave a sufficient condition, known as Nagumo's condition, for the uniqueness of the solution of ordinary differential equations. He also published five papers on problems in ordinary differential equations in his school years. In that era, not only mathematics but also many sciences in Japan were deeply influenced by Germany and his early works containing the above papers were written in German. After graduating from the Imperial University of Tokyo he continued research in the university as a graduate student, writing three joint papers with Professor Masuo Hukuhara on the stability of solutions of ordinary differential equations.

In 1931 he transferred to the Faculty of Technology, the Imperial University of Kyushu, and the next year he visited Göttingen. Professor Nagumo's mathematics were greatly influenced by the research life in Göttingen. In 1934, after returning to Japan he transferred from Kyushu to the Faculty of Science, Imperial University of Osaka, where he remained until 1966. Thus he spent more than 32 years of his research life in Osaka.

At the time he transferred to the Imperial University of Osaka, he and Professor Hukuhara, based on their previous experience of generating good ideas by mutual correspondence began a private mimeographed journal *Zenkoku Shijou Suugaku Danwakai*. This journal was suggested by Professor Nagumo and was published in collaboration with mathematicians in seven imperial universities and in imperial universities in Taipei and Seoul. In this journal, all contributors were permitted to pose conjectures, freely publish a variety of papers, and introduce new ideas without referees. This journal was published for 15 years, from 1934 untill 1949, and Professor Nagumo contributed 48 papers. All of these were written in Japanese; they contained important works and new ideas such as "Banach Algebras", from which we can see his enormous talent as a researcher. One of these is translated into English and is included in this volume (paper 32).

Professor Nagumo is both an excellent researcher and a very good teacher of mathematics. Before each lecture he gave students printed summaries, which he typed himself. His lectures, given in a low voice, were rich in content. He has been a strict but warm-hearted teacher and has influenced many students. In the 1950s and 1960s, many young mathematicians attended his seminars; they formed the "Nagumo School". In those days the seminars of the Nagumo School were usually opened by conversations with Professor Nagumo, and all participants really enjoyed these occasions. Professor Nagumo took great pleasure in having an atmosphere in which young mathematics students could freely choose their subjects and have free discussions with each other. Many coauthors of Professor Nagumo's joint works were students at that time. Professor Nagumo himself published "Degree of Mapping and Existence Theorem" [B2] in 1948 and he also had attempted to simplify the theory of Leray-Schauder, which was not then well understood.

In the late fifties, Mr. Hiroki Tanabe, Mr. Taira Shirota, and others joined the "Nagumo School". Mr. Kumano-go, later to be Professor Nagumo's successor, became his student. Mr. Kumano-go became one of the pioneers of the theory of pseudo-differential operators. Unfortunately, he passed away at the age of 47, in 1982. This was the most unhappy event in Professor Nagumo's mathematical life.

At this time, Professor Nagumo was particularly interested in a work by Professor Leray in France and one by Professor Friedrichs in New York. Paper 47 was written in order to unify these two works and simplify their arguments. He regretted that, in Japan, there were very few mathematicians who paid attention to the works of Petrowsky and Sobolev.

In 1958 the famous work of A. P. Calderón concerning the uniqueness of solutions in the Cauchy problems of partial differential equations appeared in the *American Journal of Mathematics.* Professor Nagumo himself tackled this paper heartily; he organized a special informal meeting to discuss the problem of uniqueness in partial differential equations and also the problem of singular integral operators. This meeting was successful and research using this powerful tool, "singular integral operators" began in our country.

In 1960 Professor Nagumo visited the Universidade do Rio Grande do Sul, Brazil. On the way to Brazil, he visited the Courant Institute in New York, staying there for 2 weeks and renewing his friendship with Professor Friedrichs and others from Göttingen.

Professor Nagumo's interest was not only in differential equations; he was also interested in many fields related to the theory of differential equations. For example, in 1935 he had already proposed the basic idea of "Normed Rings (Banach Algebras)" in *Zenkoku Shijou Suugaku Danwakai*; this was written in Japanese. This investigation was done earlier than the one carried out by I.M. Gelfand, Professor K. Yosida noted that " Professor Nagumo has investigated the same notion as the one investigated by I.M.Gelfand. It is very regrettable that he did not publish it in a scientific paper." Professor M.Takesaki of UCLA pointed out at the Colloquium "Danwakai" at Osaka University in 1992, that the pioneer of the theory of operator algebra in Japan was Professor Nagumo of Osaka University.

As stated before, in Professor Nagumo's early days, his papers, except for several joint works, were written in German. From 1949 to 1950 he published seven papers in Esperanto, one of which is translated from Esperanto to English in this volume [A34]. He had a strong interest in Esperanto and tried to promote its use in the world of mathematics; in those days he gave lectures in Esperanto. After this time, all his papers, except for several joint works in French, were published in English. In general, although his papers have an elementary character, so that one can read them with little preliminary knowledge, one finds in them brilliant ideas.

After retiring from Osaka University, Professor Nagumo transferred to the Faculty of Science and Technology at Sophia University, Tokyo. He has written two joint papers on Cauchy problems with his student at this university. Since retiring from Sophia University at age 70, he has been living quietly at Koganei in Tokyo, enjoying oil painting and mathematics.

Bibliography

1. List of articles by Mitio Nagumo

[A1] Eine hinreichende Bedingung für die Unität der Lösung von Differentialgleichungen erster Ordung. Japan. J. Math., 3 (1926) 107–112

[A2] Über die Nullstellen der Integrale von gewöhnlichen linearen homogenen Differentialgleichungen. Japan. J. Math., 4 (1927) 169–178

[A3] Über das System der gewöhnlichen Differentialgleichungen. Japan. J. Math., 4 (1927) 215–230

[A4] Eine hinreichende Bedingung für die Unität der Lösung von gewöhnlichen Differentialgleichungen n-ter Ordnung. Japan. J. Math., 4 (1927) 307–309

[A5] Über Integralkurven von gewöhnlichen Differentialgleichungen. Proc. Phys-Math. Soc. Japan. 9 (1927) 156

[A6] Über die Konvergenz der Integrale der Functionenfolgen und ihre Anwendung auf das gewöhnliche Differentialgleichungssystem. Japan. J. Math., 5 (1928) 97–125

[A7] Über die Nullstellen der Integrale von gewöhnlichen linearen homogenen Differentialgleichungen, II. Japan. J. Math., 5 (1928) 225–238

[A8] Über das Verhalten der Folge der Integralsysteme von gewöhnlichen Differentialgleichungen. Proc. Imp. Acad. Tokyo, 4 (1928) 450–453

[A9] Über das Verhalten der Folge der Integralsysteme von gewöhnlichen Differentialgleichungen. Japan. J. Math., 6 (1929) 89–118

[A10] Über die gleichmässige Summierbarkeit und ihre Anwendung auf ein Variationsproblem. Japan. J. Math., 6 (1929) 173–182

[A11] Anwendung der Variationsrechnung auf gewöhnliche Differentialgleichungssysteme welche willkürliche Funktionen enthalten. Japan. J.

Math., 6 (1930) 251–261
[A12] (with M. Hukuhara) On a condition of stability for a differential equation. Proc. Imp. Acad. Tokyo, 6 (1930) 131–132

[A13] (with M. Hukuhara) Sur la stabilité des intégrales d'un système d'équations différentielles. Proc. Imp. Acad. Tokyo, 6 (1930) 357–359

[A14] (with M. Hukuhara) Un théoremè relatif à l'ensemble des courbes intégrales d'un système d'équations différentielles ordinaries. Proc. Phys-Math. Soc. Japan, 12 (1930) 233–239

[A15] Über eine Klasse der Mittelwerte. Japan. J. Math., 7 (1930) 71– 79

[A16] Über das Verfahren der sukzessiven Approximationen zur Integration gewöhn-licher Differentialgleichung und die Eindeutigkeit ihrer Integrale. Japan. J. Math., 7 (1930) 143–160
[A17] Über eine kombinatorische Eigenschaft der linearen Verbindung von Vektoren auf der Ebene. Nachr. Ges. Wiss. Göttingen, I,32(1932) 560–568
[A18] Über eine kennzeichnende Eigenschaft der Linearkombination von Vektoren und ihre Anwendung. Nachr. Ges. Wiss. Göttingen, I,35(1933) 36– 40
[A19] Über den Mittelwert, der durch die kleinste Abweichung definiert wird. Japan J. Math., 10 (1933) 53– 56

[A20] (with M. Moriya) Über die Ordnung einer Permutation. Proc. Phys-Math. Soc. Japan, 15 (1933) 1– 3

[A21] Charakterisierung der allgemeinen euklidischen Räume durch eine Postulate für Schwerpunkte. Japan J. Math., 12 (1936) 123–128

[A22] Einige analytische Untersuchungen in linearen, metrischen Ringen. Japan J. Math., 13 (1936) 61– 80

[A23] Über die Differentialgleichung $y'' = f(x, y, y')$. Proc. Phys-Math. Soc. Japan, 19 (1937) 861–866

[A24] Über die Ungleichung $\frac{\partial u}{\partial y} > f\left(x, y, u, \frac{\partial u}{\partial y}\right)$. Japan J. Math., 15 (1938) 51– 56

[A25] Über das Verhalten der Integrale von $\lambda y'' + f(x, y, y', \lambda) = 0$ für $\lambda \to 0$. Proc. Phys-Math. Soc. Japan, 21 (1939) 529–534
[A26] Über das Anfangswertproblem partieller Differentialgleichungen. Japan J. Math., 18 (1942) 41– 47

[A27] Über die Lage der Integralkurven gewöhnlicher Differentialgleichungen. Proc. Phys-Math. Soc. Japan, 24 (1942) 551–559

[A28] Über das Randwertproblem der nicht linearen gewöhnlichen Differentialgleichungen zweiter Ordnung. Proc. Phys-Math. Soc. Japan, 24

(1942) 845–851

[A29] Eine Art der Randwertaufgabe von Systemen gewöhnlicher Differentialgleichungen. Proc. Phys-Math. Soc. Japan, 25 (1943) 221–226

[A30] ——, II Proc. Phys-Math. Soc. Japan, 25 (1943) 384–390

[A31] ——, III Proc. Phys-Math. Soc. Japan, 25 (1943) 615–616

*[A32] Sufiĉaj kondiĉoj por ke loke topologia bildado estu unuobla. J. Osaka Inst. Sci. Tech., 1 (1949) 33- 35[1]

*[A33] Noto pri la diferenciebleco de eksponenta funkcio. J. Osaka Inst. Sci. Tech., 1 (1949) 121

[A34] Domajnokonserveco ĉe plenkontinua ŝovado en funkciala spaco. La Funkcial. Ekvac. 3 (1949) 62- 67

*[A35] Rimarkoj pri fikspunktaj teoremoj en funkcialaj spacoj. La Funkcial. Ekvac. 3 (1949) 74- 76

*[A36] Karakteraj ecoj de linia kontinuumo. J. Sci. Gakugei Fac. Toku-shima Univ,. 1 (1950) 7–9

*[A37] Apliko de la variacia kalkulo al la parta diferencia ekvacio de la una ordo. J. Osaka Inst. Sci. Tech., 2 (1950) 85- 88

*[A38] Pri la sendependeco de kontinuaj funkcioj. J. Osaka Inst. Sci. Tech., 2 (1950) 89- 90

[A39] Degree of mapping of manifolds based on that of Euclidean open sets. Osaka Math. J., 2 (1950) 105–118

[A40] (with S. Simoda) Sur la solution bornée de l'équation aux dérivées partielles du type elliptique. Proc. Japan Acad., 27 (1951) 334–339

[A41] (with S. Simoda) Note sur l'inégalité différentielle concernant les équations du type parabolique. Proc. Japan Acad., 27 (1951) 536–539

[A42] A theory of degree of mapping based on infinitesimal analysis. Amer. J. Math., 73 (1951) 485–496

[A43] Degree of mapping in convex linear topological spaces. Amer. J. Math., 73 (1951) 497–511

[A44] A note on the theory of degree of mapping in Euclidean spaces. Osaka Math. J., 4 (1952) 1- 9

[A45] On principally linear elliptic differential equations of the second order. Osaka Math. J., 6 (1954) 207–229

[A46] (with Y. Anasako) On Perron's method for the semi-linear hyperbolic system of partial differential equations in two independent variables. Osaka Math. J., 7 (1955) 179–184

[1]* These do not appear in this collection.

[A47] On linear hyperbolic system of partial differential equations in the whole space. Proc. Japan Acad., 32 (1956) 703–706

[A48] (with K. Isé) On the normal forms of differential equations in the neighborhood of an equilibrium point. Osaka Math. J., 9 (1957) 221–234

[A49] On singular perturbation of linear partial differential equations with constant coefficients, I. Proc. Japan Acad., 35 (1959) 449–454

*[A50] (In Japanese) Uniqueness of the solution for the problem of Cauchy – Introduction to the theory of Calderón. Sugaku, 10 (1959) 247–255

[A51] (with E. B. Cossi) A note on closed linear operators. Anais da Acad. Brasil. de Ciências, 33 (1961) 277–279

[A52] (with E. B. Cossi) A note on the solubility of an abstract functional equation. Anais da Acad. Brasil. de Ciências, 34(1962) 11–12

[A53] Re-topologization of functional space in order that a set of operators will be continuaous. Proc. Japan Acad., 37 (1961) 550–552

[A54] Perturbation and degeneration of evolutional equations in Banach spaces. Osaka Math. J., 15 (1963) 1– 10

*[A55] (In Japanese) Continuousization of operator systems. Sugaku, 14 (1963) 164–166

[A56] A note on elliptic differential operators of the second order. Proc. Japan Acad., 41 (1965) 521–525

[A57] Quantities and real numbers. Osaka J. of Math. 14 (1977) 1– 10

[A58] (with H. Furuya) On Cauchy problem for a system of linear partial differential equations with constant coefficients. Proc. Japan Acad., 53 (1977) 1– 3

[A59] (with H. Furuya) On Cauchy problem for linear partial differential equations with constant coefficients. Funkcialaj Ekvacioj 22 (1979) 223–229

[A60] (in Japanese) On some quasi ordinary differential equation. Suugaku, 43(1991) 266–268

There are 48 Japanese papers published on a private mimeographic journal "Zenkoku Shijou Suugaku Danwakai". Except [A61] below these do not appear in this collection.

[A61] (in Japanese) On the periodic solution of an ordinary differential equation of second order, Zenkoku Shijou Suugaku Danwakai, (1944) 54–61

Bibliography

2. List of books by Mitio Nagumo

[B1] Calculus of Variation, Iwanami , Tokyo, 1935 (in Japanese)

[B2] Degree of Mapping and Existence Theorem, Kawade, Tokyo, 1948 (in Japanese)

[B3] Calculus of Variation, Asakura , Tokyo, 1951 (in Japanese)

[B4] Differential Equation, I, Kyoritsu, Tokyo, 1955 (in Japanese)

[B5] Modern Theory of Partial Differential Equation, Kyoritsu, Tokyo, 1957 (in Japanese)

[B6] Partial Differential Equation, Iwanami , Tokyo, 1958 (in Japanese)

[B7] Introduction to the Theory of Banach Space, I, II, Instituto de Matematica, Universidade do Rio Grande do Sul, Porto Alegre, 1961, 1965

[B8] Theory of Partial Differential Equation, Asakura, Tokyo, 1974 (in Japanese)